“十四五”时期国家重点出版物
出版专项规划项目

基础材料强国制造技术路线

钢铁材料卷

中国科协先进材料学会联合体
中国金属学会

组织编写

U0222896

化学工业出版社

·北京·

内容简介

《基础材料强国制造技术路线 钢铁材料卷》阐述了用于基础零部件制造、船舶及海洋工程、轨道交通、汽车、能源、油气输送、石油化工、建筑、工程机械等的先进钢铁材料的关键指标和发展战略；钢铁材料主要产品和技术流程，资源综合利用、能耗及排放特征以及节能、环保的关键技术；钢铁行业智能装备、智能系统、工业专用软件、新一代信息技术的应用和冶金流程在线检测、冶金工业机器人、钢铁复杂生产过程智能控制系统、全流程一体化计划调度系统、全流程质量管控系统、能源与生产协同优化系统、设备精准运维系统、钢铁供应链全局优化系统、钢铁工业互联网平台等技术的发展路径。

本书可供钢铁行业、企业、科研院所及主管部门参考。

图书在版编目（CIP）数据

基础材料强国制造技术路线. 钢铁材料卷 / 中国科协先进材料学会联合体，中国金属学会组织编写. 一北京：化学工业出版社，2022.11
"十四五"时期国家重点出版物出版专项规划项目
ISBN 978-7-122-42102-9

Ⅰ.①基… Ⅱ.①中… ②中… Ⅲ.①钢-金属材料-研究②铁-金属材料-研究 Ⅳ.①TB3②TG14

中国版本图书馆 CIP 数据核字（2022）第 163205 号

责任编辑：李玉晖 杨 菁 胡全胜 　　　　　　文字编辑：陈立璞
责任校对：边 涛 　　　　　　　　　　　　　装帧设计：李子姮

出版发行：化学工业出版社（北京市东城区青年湖南街 13 号　邮政编码 100011）
印　　装：河北鑫兆源印刷有限公司
787mm×1092mm　1/16　印张 34　彩插 1　字数 637 千字　2023 年 6 月北京第 1 版第 1 次印刷

购书咨询：010-64518888 　　　　　　　　售后服务：010-64518899
网　　址：http://www.cip.com.cn
凡购买本书，如有缺损质量问题，本社销售中心负责调换。

定　　价：168.00 元

基础材料强国制造技术路线丛书
总编委会

组织委员会

干 勇 赵 沛 贾明星 华 炜 高瑞平
伏广伟 曹振雷

丛书主编

翁宇庆

丛书副主编

聂祚仁 钱 锋

顾问委员会

曹湘洪 黄伯云 屠海令 蹇锡高 俞建勇
王海舟 彭 寿 丛力群 李伯耿 熊志化

基础材料强国制造技术路线 钢铁材料卷
编委会

序

"基础材料强国制造技术路线丛书"立足先进钢铁材料、先进有色金属材料、先进石化化工材料、先进建筑材料、先进轻工材料及先进纺织材料等基础材料领域，以市场需求为牵引，描述各行业领域先进基础材料所面临的问题和形势，摸清我国相应材料领域先进基础材料供需状况，深入分析未来先进基础材料发展趋势，统筹提出先进基础材料领域强国战略思路、发展目标及重点任务，制定先进基础材料 2020~2035 发展技术路线图，并提出合理可行的政策与保障措施建议，为我国材料强国 2035 战略实施提供基础支撑。

2017 年 12 月，中国工程院化工、冶金与材料学部重大咨询项目"新材料强国 2035 战略研究"立项，"先进基础材料强国战略研究"是该项目研究中的一个课题。该课题依托中国科协先进材料学会联合体，充分发挥联合体下中国金属学会、中国有色金属学会、中国化工学会、中国硅酸盐学会、中国纺织工程学会和中国造纸学会六大行业学会的专家资源优势，聚焦各自行业的先进基础材料，历时近两年调研和多轮研讨，对课题进行研究。专家们认为：基础材料的强国战略应是精品制造、绿色制造、智能制造一体三面的战略方向。囿于课题经费，课题组只开展了精品制造的研究。继而在众多院士的呼吁和支持下，2018 年 12 月中国工程院化工、冶金与材料学部重大咨询项目"2035 我国基础材料绿色制造和智能制造技术路线图研究"立项。在这两个重大咨询项目研究成果的基础上形成本套丛书。

基于项目研究的认识，我国先进基础材料强国在于基础材料产品的精品制造、材料制备的绿色制造和材料生产流程的智能制造，并在三个制造的强国征途中发展服务型制造。精品制造是强国战略的根本，智能制造是精品制造的保证，绿色制造是精品制造的途径。这是一体多面的关系，相互支撑。这里所指的精品制造并非简单意义上的"高端制造"或"高价值制造"，而是指基础材料行业所提供的最终产品性能是先进的、质量是稳定的、每批次性能是一致的，服役的是安全的绿色产品。可以说，非精品无以体现基础材料制造强国的高度，非绿色无以实现基础材料制造强国的发展，非智能无以指明基础材料制造强国的方向。

值得欣慰的是，我们的认识符合了党中央对基础材料发展的要求。2020 年 10 月 29 日，中国共产党第十九届中央委员会第五次全体会议通过的《中共中央关于制定国民经济和社会发展第十四个五年规划和二〇三五年远景目标的建议》第 11 条中提到："推动传统产业高端化、智能化、绿色化，发展服务型制造。"本套丛书的出版为落实党中央的建议，提供了有力的支持。

本套丛书的编写，凝聚了六大行业一批顶级专家们的无数心血。"精品制造"由黄伯云院士、俞建勇院士和我共同负责，"绿色制造"由聂祚仁院士负责，"智能制造"由钱锋院士负责，三个"制造"的汇总由我负责。在六个学会领导的共同支持下，经近百位专家、学者和学会专职工作人员不懈努力完成编写，由化学工业出版社编辑出版。在此我向所有参与编写、审定的院士、专家表示衷心的感谢。真诚地希望本套丛书能为政府部门决策提供参考，为学者进行研究提供思路，为企业发展表明方向。

　　"芳林新叶催陈叶，流水前波让后波。"我坚信，通过一代代人的不断努力，基础材料制造强国的愿望一定能实现，也一定会实现。

中国工程院院士

庚子年腊月

前言

钢铁行业是支撑我国制造业和国防工业发展的基石，也是国民经济中举足轻重的基础产业。建国初期我国钢产量仅为 16 万吨，经过"156 项工程"[❶]中钢铁项目的建设、"三大五中十八小"[❷]建设、三线建设，逐步形成规模化钢铁生产工业体系，改革开放后宝钢的兴建开启了我国钢铁工业现代化发展阶段。进入新世纪以来，我国钢铁产量和消费量长期占世界一半以上，钢铁行业进入加速发展阶段，我国已经成为当之无愧的世界第一钢铁生产大国和消费大国。

当前，我国钢铁企业的生产、研发和管理水平不断提高，诞生了一大批世界一流的产品和技术。曾经"卡脖子"的大型舰船用钢、轴承钢、核电用钢、高铁用钢等材料则被一一攻克。在钢铁工业绿色制造方面，我国绿色环保标准体系和工艺技术已经整体处于世界领先水平，吨钢能源消耗达到世界一流水平〔2020 年我国钢铁综合能耗 545kg（标准煤）/t（钢）〕。尤其是在京津冀地区，由钢铁生产带来的粉尘、SO_2、NO_x 等主要大气污染物已经得到有效控制，生态环境明显改善。在钢铁工业智能制造方面，我国已具备了良好的自动化和信息化条件，正在积极探索智能生产方面的技术突破。未来，我国钢铁行业将实现大数据、人工智能、云计算等新一代信息技术与研发、设计、生产、管理、服务等制造活动的各个环节深度融合，建立具有信息深度自感知、智慧优化自决策、精准控制自执行等功能的先进制造系统与模式，充分发挥信息技术在缩短产品研发周期、提高生产效率、提升产品质量、降低资源能源消耗等诸多方面的巨大作用，真正实现钢铁工业的"智慧制造"。

如今，在我国"碳达峰""碳中和"重大战略目标指引下，钢铁行业也在制定自身的"双碳"时间表，积极探索实施路径，布局"双碳"技术和人才。可以预见的是，未来我国钢铁领域将产生一大批先进的低碳和无碳工艺技术。应对减碳压力对传统流程产生极大冲击的同时，也是我国钢铁产业实现从跟随到引领的重大机遇。

本书是对中国工程院化工、冶金与材料学部 2018—2020 年"新材料强国2035 战略研究"中的"先进基础材料强国战略研究"及"2035 我国基础材料

---

❶ "156 项工程"是 20 世纪 50 年代苏联等国援建中国的一系列重点工矿业项目的统称。

❷ 原冶金部于 1957 年 8 月在《第一个五年计划（1953—1957）基本总结与第二个五年计划（1958—1962）建设安排（草案）》中，做出建设"三大、五中、十八小"的部署。"三大"指鞍钢、武钢和包钢三大基础。"五中"指在山西太原、四川重庆、北京石景山、安徽马鞍山、湖南湘潭建设 5 个年产钢（30～100）万 t 的中型钢厂。"十八小"指在 18 个省、区新建、扩建 18 个年产钢（10～30）万 t 的小型钢铁厂。

绿色制造和智能制造技术路线图研究"两个重大咨询项目中钢铁领域研究成果的提炼总结。全书内容分为 3 篇，第 1 篇是精品制造，从钢铁产品出发，主要对基础零部件用钢、船舶及海洋工程用钢、先进轨道交通用钢、能源用钢等 11 类主要品种，介绍其应用范围，分析现状问题，描绘发展愿景。第 2、3 篇则是绿色制造和智能制造，主要从生产流程和工艺技术出发，分别着眼于近期、中期及远期目标，梳理三大"关键技术"（推荐应用的关键技术、加快工业化研发的关键技术和积极关注的关键技术）。绿色制造篇从能源消耗、资源综合利用和污染物排放 3 个方面，梳理了石灰、焦化、烧结、球团、炼铁、炼钢、轧钢、污废处理等流程中共 101 项推荐应用的技术、73 项加快研发的技术和 46 项积极关注的技术。智能制造篇从智能装备、智能系统、工业软件和新一代信息技术 4 个方面归纳整理了 24 项推荐应用的关键技术、23 项加快工业化研发的关键技术和 17 项积极关注的关键技术。

　　本书汇集了近百位专家学者的学识与智慧，得到了翁宇庆、聂祚仁、钱锋等院士高屋建瓴的指导，中国金属学会专家委员会诸多行业同仁等多次通过各种方式提出了大量具体修改意见。本书的撰写及数据统计主要由中国金属学会相关专业分会及挂靠单位组织专家完成，其中精品制造篇由中国钢研科技集团有限公司、北京科技大学、中国宝武钢铁集团有限公司、鞍钢集团等单位相关专家编写，绿色制造篇由中国冶金科工集团有限公司组织中冶赛迪集团有限公司、中冶建筑研究总院有限公司、中冶焦耐工程技术有限公司等单位负责编写，智能制造篇由中国钢研科技集团有限公司自动化研究院、中国宝武钢铁集团有限公司相关专家编写。项目历时 3 年多的调研、整理、编写和修改，很多专家、学者及工程技术人员都倾注了大量的心血和热情，在此不一一列举，谨通过本书向所有参与课题研究、审定和资料撰写的院士、专家及工作人员表示崇高的敬意和感谢，同时，也向我国钢铁强国之路上不断奋斗的广大冶金科技工作者致敬，希望本书能为一线科技工作者提供借鉴。

　　由于编者水平所限，书中不足之处敬请读者批评指正！

中国金属学会
2021 年 10 月

目录

023 第3章 船舶及海洋工程用钢

035 第4章 先进轨道交通用钢

043　第 5 章　先进汽车用钢

105   第 12 章   其他先进钢铁材料

第 2 篇   绿色制造

117   第 1 章   钢铁绿色制造概况

133　第 2 章　钢铁行业资源综合利用现状和趋势

149　第 3 章　钢铁行业节能现状和趋势

163 | 第4章　钢铁行业环保现状和趋势

467　第 7 章　钢铁绿色制造建议

第 3 篇　智能制造

473　第 1 章　钢铁行业智能制造发展现状与智能化需求

第1篇　精品制造

第1章
总　论

根据工业和信息化部发布的《新材料产业"十三五"发展规划》与《新材料产业发展指南》，新材料分三类：先进（升级）基础材料、关键战略性材料、前沿材料。基础材料通常包括钢铁、有色、化工、建材、轻工、纺织等材料，而先进基础材料是指其中应用性能优异，特别是在主要行业和部门起到重要支撑与保障作用的材料。本书仅限于先进钢铁基础材料。

1.1 我国钢铁产业发展概况

20 世纪 90 年代，我国钢铁工业发展迅速，技术进步成效显著，企业改革稳步推进。1996 年全国钢产量超过 1 亿 t，成为世界第一产钢大国。到 2000 年末，平炉钢基本被淘汰，连铸比达到 87.3%，达到当时世界钢铁行业的平均水平。2005 年，我国一举扭转了钢铁贸易净进口的局面，实现了钢铁进出口基本平衡，并在随后几年一跃成为世界上最大的钢铁出口国。2017 年，全国钢产量达到 8.317 亿 t，占世界钢产量的 49.66%，吨钢综合能耗降到 570.83g（标准煤）/t，与国际先进水平的差距大大缩小；钢材自给率从 2001 年的 88.9% 提高到 106.3%，国内市场占有率从 2001 年的 84.3% 提高到 98.7%，即使钢材出口量出现回落，出口钢材仍达 7543 万 t。

我国现已建立材料类（金属材料）国家重点实验室 5 个、科技部的国家实验室 16 个、国家工程技术研究中心 15 个、国家发改委的国家工程实验室 5 个、国家工程研究中心与企业技术中心 34 个，科研创新水平有了大幅提高。我国黑色冶金、冶金学和金属加工三类（按国际标准分类）发明专利申请数和我国学者发表国际科学论文数量增长迅速，引起了国际科技界的广泛关注。

在技术推广方面，我国冶金行业先进技术和管理推广体系已较为完善，有中国金属学会、中国钢铁工业协会、冶金科技中心等一批学术团队和先进技术推广机构，以及一批国内领先、国际有学术影响的冶金专业期刊。

在教育人才培养体系和学科建设方面，已覆盖了基础教育、高等教育、专科教育、职业教育、技工培训、继续教育和在职教育等，并建立了一批博士后流动站以及工程硕士和工程博士的培养基地，为钢铁工业发展源源不断地培养与输送数以百万计的各层次工程技术和管理人才；建成了覆盖冶金工艺领域的学科体系，包括钢铁、焦化、耐火、铁合金、碳素制品、有色等制造流程、技术装备、自动化、企业管理、贸易营销等分支学科、边缘学科和新兴学科，并构建了创新人才继续教育体系，以高层次技术领军人才为核心，以专业技术团队为主力，整合优化企业科研、生产、质量、标准、营销等各系统资源，为高端人才打造发展平台。

在工程设计和建设体系方面，我国现已拥有一批总体达国际领先水平的冶金设计院、工程咨询公司和工程公司，近年来自主建设了以鞍钢鲅鱼圈、京唐钢铁为代表的可循环钢铁生产流程项目，承担了一批海外钢铁项目，已拥有世界上最现代化、最大型冶金装备的设计、建设能力；有 4000m³ 高炉 20 座，200t 以上大型转炉 45 座，大型宽厚板轧机 18 套，中厚板轧机 76 套，热轧宽带钢轧机 81 套，冷连轧生产线 70 条，可逆式冷轧机 148 套。

我国钢铁产业布局调整已初步呈现从资源依托型向邻近沿海、沿江和靠近钢铁产品消费市场的区域转移，宝钢湛江、武钢防城港开始建设，我国钢铁工业消费主导型与资源主导型相结合的布局雏形已初步形成。

宝钢和武钢、鞍钢和攀钢以及以各省为单位的钢铁企业重组都取得初步成效。钢铁行业绿色化意识不断加强，积极实施"走出去"和"请进来"发展战略，在国内加大与国外投资者的合作，一批企业积极在国内开采铁矿资源，合资建厂，建钢材加工配送中心，使国际化向更深层次发展。

1.2 先进钢铁材料需求和形势分析

对于量大面广的钢铁材料，我国的品种数量已能够满足各行业的需求，国内市场占有率达 97% 以上，还有适当数量出口。各类钢材的生产能力和市场占有率如表 1-1-1 和表 1-1-2 所示。

表 1-1-1 2017 年钢材主要品种表观消费量

品种名称		2017 年/万 t	2016 年/万 t	同比增长/%	钢材品种结构/%		
					2017 年	2016 年	差值
钢材总计		98607	94439	4.41	100.0	100.0	0
铁路用材合计		449	389	15.4	0.46	0.41	0.05
长材	长材合计	44081	40512	8.81	44.70	42.90	1.80
	大型型钢	1396	1486	-6.10	1.42	1.57	-0.15
	中小型型钢	4394	4186	4.95	4.46	4.43	0.03
	棒材	5903	3374	74.96	5.99	3.57	2.42
	钢筋	19983	19292	3.58	20.27	20.43	-0.16
	线材（盘条）	12405	12173	1.91	12.58	12.89	-0.31
板带材	板带材合计	45071	44613	1.03	45.71	47.24	-1.53
	中（特）厚板材	19215	17766	8.16	19.49	18.81	0.68
	特厚板	736	748	-1.61	0.75	0.79	-0.04
	中厚板带小计	18479	17018	8.59	18.74	18.02	0.72
	厚钢板	2637	2527	4.34	2.67	2.68	0.01

续表

品种名称		2017 年/万 t	2016 年/万 t	同比增长/%	钢材品种结构/%		
					2017 年	2016 年	差值
板带材	中钢板	3189	2783	14.6	3.23	2.95	0.28
	中厚宽钢带	12654	11708	8.07	12.83	12.40	0.43
	薄宽板带合计	20566	20266	1.48	20.86	21.46	-0.60
	热轧薄宽板带小计	6546	6603	-0.87	6.64	6.99	-0.35
	热轧薄板	989	955	3.53	1.00	1.01	-0.01
	热轧薄宽钢带	5557	5648	-1.61	5.64	5.98	-0.35
	冷轧薄宽板带小计	8317	8207	1.34	8.43	8.69	-0.26
	冷轧薄板	3197	3284	-2.54	3.24	3.47	-0.23
	冷轧薄宽钢带	5120	4926	3.95	5.19	5.22	-0.03
	镀层板（带）	4345	4291	1.25	4.41	4.54	-0.13
	涂层板（带）	341	254	34.12	0.35	0.27	0.08
	电工钢板（带）	1017	911	11.7	1.03	0.96	0.07
	窄钢带合计	5289	6580	-19.62	5.36	6.47	-1.61
	热轧窄钢带	4422	5482	-19.34	4.48	5.81	-1.32
	冷轧窄钢带	867	1098	-21.00	0.88	1.16	-0.28
管材	管材合计	7146	7082	0.92	7.25	7.50	-0.25
	无缝钢管	2218	2113	4.99	2.25	2.24	0.01
	焊接钢管	4928	4969	-0.82	5.00	5.26	-0.26
其他钢材合计		2169	2088	3.89	2.20	2.21	-0.01

表 1-1-2　2017 年钢材三大类品种表观消费量和市场占有率、自给率

类别	消费量/万 t	产量/万 t	进口量/万 t	出口量/万 t	市场占有率/%	自给率/%
钢材合计	98606.7	104818.3	1329.8	7541.3	98.7	106.3
长材	44529.2	46329.9	160.0	1960.7	99.6	104.0
板带材	44892.9	48103.3	1063.3	4273.7	17.6	107.2
管材	7532.6	7927.2	60.8	455.4	99.2	105.2

　　战略性产品转型升级用关键材料虽然数量不大，但对相关行业起重要支撑和保障作用，今后应重点加强原始创新和技术研发，紧跟战略性行业发展急需，从各方面满足战略行业转型提出的新要求，解决战略性产业材料应用中的问题。

　　我国钢铁行业目前存在几个主要问题，一是企业发展战略仍未摆脱数量扩张的影响，产品开发追求大而全，自主创新机制和内生动力问题没得到根本解决；二是节能、环保、绿色、可持续发展问题仍需改进，许多企业达不到国家提出的超低排

放标准，缺乏相应的技术支撑；三是产能和产量过剩，不仅总量过剩，也存在结构性过剩问题；四是铁矿石供需失衡，对进口铁矿石依存度大，加上供需双方市场地位不对等造成铁矿石价格波动大；五是体制和机制问题，在深化企业改革、行业有效自律、市场竞争环境方面都存在一些问题。

我国钢铁行业今后的发展趋势，一是走绿色发展之路，用最少的物耗和能耗生产高品质的产品，同时实现废固、废气、废水减排，产品和副产品的资源化可持续利用，使生产成本进一步降低，提高国际竞争力，帮助下游用钢企业发展；二是实现质量升级，采用先进工艺和技术，特别是全流程智能化制造技术，使产品稳定性、可靠性和实用性达世界先进水平；三是实现品牌化，加强与下游产业合作，提供产品研发技术服务和材料解决方案。

1.3 2035 年钢铁强国主要目标

为使我国钢铁工业在 2035 年进入世界领先行列，主要需实现如下目标：

① 钢铁产品完全满足国内市场需求，自给率达 99%以上，高牌号无取向和取向硅钢、高强度汽车板、高强高韧钢板、发电用高压锅炉管、高性能齿轮钢和轴承钢、高速重载铁路用车轮和车轴钢等高附加值钢材自给率提高到 90%。钢材品种能满足下游行业升级要求，产品质量总体达世界先进水平，高强度、长寿命、耐腐蚀、耐候钢材消费比例增加；高消耗、高排放钢材消费比例减少；钢材品种和质量能保障国民经济与国防建设需求。

② 钢铁工业绿色发展达到国际先进水平，全行业能源消耗、污染物排放强度和总量有所下降，大部分钢铁企业与其他行业之间实现生态连接。

③ 形成完善的基础研究、制造技术、应用技术的研发体系，行业自主创新体系全面形成，企业自主创新能力普遍提升。一批行业重大共性技术研究取得突破，工业化应用取得实质性进展，部分关键技术引领世界钢铁工业发展。冶金装备制造、技术研发和创新能力持续提升，工程设计和建设达世界一流水平。

④ 钢铁企业国际竞争力增强，拥有 3～5 家具有世界一流技术水平、装备水平、产品水平、管理水平、国际竞争力和国际影响力的大型企业集团，产业集中度提高，规模前 10 名的钢铁企业粗钢产量在总产量中的占比不低于 70%。

⑤ 国际经营水平大幅提升，在境外资源开发、市场开拓、产业拓展方面取得进展，具有钢铁工业设计技术、装备成套输出能力的工程公司在国际市场份额占 15%。

2035 年我国钢铁强国主要指标如表 1-1-3 所示。

表 1-1-3　钢铁强国主要指标

一级指标 （权重）	二级指标	2010 年 实现	2016 年 实现	2019 年 实际	2025 年 目标	2035 年 目标
规模发展 0.1951	国家钢产量占世界总产量的比例/%	44.56	49.64	53.30	<50.00	<42.00
	人均钢消费/[kg/(人·年)]	432.10	484.70	670.00	595.00	485.00
	优特钢产量占全国钢产量的比例/%	9.96	8.21	—	15.00	20.00
质量效益 0.3620	人均钢产量/(t/人)	430	—	711	623	517
	销售利润率（大中型）/%	—	0.94	4.43	>6.00	>8.00
	产品国内市场占有率/%	—	98.7	98.9	99.0	99.5
	吨钢综合能耗/[kg(标准煤)]	599.49	585.56	553.70	<540.00	<500.00
结构优化 0.2116	世界 500 强中中国钢企数量	—	5	5	—	—
	产业集中度 CR10/%	48.6	34.1	36.8	60.0	70.0
	电炉钢比/%	10.4	4.6	10.0	20.0	35.0
	二次精炼比/%	—	73.47	—	>80	>85
持续发展 0.2113	研发投入比/%	0.88	—	1.00	2.00	3.00
	高炉渣利用率/%	—	99.92	98.86	99.50	99.80
	吨钢 SO_2 排放/kg	1.76	0.66	0.46	0.35	<0.30
	吨钢 NO_x 排放/kg	1.11	1.04	0.85	0.50	<0.30
	吨钢 COD 排放/g	80.1	28.7	12.0	10.0	<8.0
	吨钢耗新水量/m^3	4.11	3.3	2.56	<2.0	<1.8
	智能制造 ERP 和 MES 普及率/%	63.2	64.6	—	80	90

注：产业集中度 CR10——产能排名前十的企业产量和占全国总产量比例。

1.4　实现钢铁材料强国战略途径分析

①　建立先进钢铁标准体系，形成国家标准、行业标准、地方标准和企业标准相配套的先进钢铁标准体系，和国际先进标准接轨，并以先进标准引导产品升级，为钢铁产品达到国际先进标准和"走出去"提供保障。同时，企业应确立以用户为中心的品种质量理念和服务意识，在产品生产、精深加工、材料使用、先期介入方面为用户提供全方位服务，充分发挥先进钢铁标准和用户使用标准规范的引领作用，推动量大面广钢材品种质量的全面提升；提供质量稳定、成本低廉的产品，满足建筑、轻工家电、机械等领域的需求；低成本规模化生产高强、耐蚀、长寿命钢材，继续推广高强度钢筋的使用比例，加快推进钢结构的扩大使用，大力开发钢材新材料、新品种，满足高端装备制造、汽车、铁道、船舶及海洋工程、能源、国防军工等领域产业升级对高端品种和质量的需求。

②　建立具有动态-有序、连续-紧凑运行特点的新一代钢铁流程，实现钢铁工业

的绿色化。加紧满足新环保排放标准的技术研究，加大环保投资和宣传贯彻力度，全面实施清洁生产；全行业普及节能环保技术，提升节能环保设施的效率和水平，实施两化（信息化和工业化）融合，提高企业能源环境管理中心智能化水平；发展循环经济，建设工业生态园区，充分发挥钢铁工业产品制造、能源转换和废弃物处理-消纳再资源化三大功能，实现钢铁工业绿色发展。

③ 围绕绿色化、信息化和产品高端化进行实用技术创新，构建高效技术创新模式和机制。建立以企业为主体，产学研用相结合的开放式研发模式；跟踪市场服务用户，产品研发和技术服务协同，为用户提供一体化材料解决方案；加强上下游产业合作，建成一批具有先期介入、后续服务及推广应用功能的研发中心、重点实验室和产业联盟；保持技术研发投入的持续增长，形成良好的人才激励机制；形成和完善行业重大关键技术的研发攻关和产业化运行机制、共性技术推广应用体制机制，促进创新成果转化和应用；以国家重点建设项目和重大科研项目为依托，实施重点领域和重点产品创新，以洁净钢等质量稳定生产技术为支撑，构建高效低成本市场体系，争取达到世界先进或领先水平；提高冶金装备制造、技术研发和创新能力，在薄带连铸、非高炉炼铁等新技术、新装备的工业化应用方面取得实质性突破。

④ 充分发挥市场在资源配置中的决定作用，加速淘汰落后产能，有效提升产业集中度。按照国家主体功能区规划总体要求调整和优化钢铁产业布局，东中部压缩总量，提升创新能力，西部根据资源市场适度发展，钢铁产业进一步向沿海、沿江、沿边地区布局，内陆有资源和区域市场优势的保持一定规模。城市钢厂发展要符合主体功能区规划，与城市功能拓展和区域经济发展相适应，实现有序转移或发展工业生态和循环经济，实现多元化转型。中小型钢铁企业向产品专业化、地方区域化和绿色化方向发展；大型钢铁企业向多元化、国际化、集成化和绿色化方向发展。

1.5　实现钢铁材料强国的重大技术措施

（1）绿色发展技术

"绿色化"是新"五化"（即新型工业化、信息化、城镇化、农业现代化和绿色化）之一，要把绿色发展转化为新的综合国力和国际竞争优势。"中国制造2025"明确提出"创新驱动、质量优先、绿色发展、结构优化、人才为本"的基本方针，把"绿色制造工程"作为重点实施的五大工程之一。我国自主研发的重大技术包括适应新的资源或劣质资源的钢铁冶炼工艺新技术、钢铁流程的物质流与能源流协同和高效运行技术、焦化废水减量化和末端回收资源化集成技术、烧结工艺优化、余热回收和污染物协同控制为核心的系统集成技术、利用高温冶金工艺装备协同处置各类废弃物的关键技术。

（2）质量升级开发技术

以新的产品标准和产品质量监督为引导，提高大宗钢材产品实物质量，形成在产品稳定性、可靠性和实用性上达到国际先进水平的系统技术。开发国民经济急需的能源、动力、交通运输（汽车、铁道、船舶、航空）、海洋工程和高端装备制造等领域所需的关键钢材产品，满足当期需求及提升持续研发能力。

（3）全流程智能化制造技术

采用新型传感技术、软测量技术、数据融合和数据处理技术，实现关键工艺参数在线连续检测，建立基于工艺机理和数据驱动的综合模型。采用自适应智能控制机制，实现冶金过程关键工艺参数高性能闭环控制。

在冶金流程工程学指导下，研究钢铁生产物质流与能源流的特征和信息模型，分析生产单元输入-输出特征及各单位之间非线性耦合关系、物质流与能量流动态涨落和相互耦合影响，综合考虑效率最大化、耗散最小化、环境友好性，实现多目标协同优化。

应用基于互联网和工业以太网的企业资源计划（ERP）、客户关系管理（CRM）和供应链管理（SCM）电子商务等，更好地满足客户需求，缩短交货期，控制成本。

（4）重大产业链集群和示范

重点突破与下列行业和社会的生态连接：

化工——冶金煤气资源化，利用冶金煤气制甲醇、氢气、LNG 等；

建材——利用冶金渣余热直接生产建材，高效利用钙法、镁法、氨法脱硫副产物；

农业——冶金渣生产土壤调理剂；

有色——钢厂尘泥提取锌、铝等有色金属；

社会——利用钢厂低温余热给社区供热，消化利用城市中水。

（5）上下游用户协同研究和服务

钢铁企业应转向用户为中心的理念和服务意识，在产品研发、技术服务、材料解决方案等领域加强上下游产业合作，建设和完善具有先期介入、后续服务及推广应用功能的研发中心重点实验室和产业联盟，为用户提供一体化材料解决方案。

1.6 技术路线图

见表 1-1-4。

表 1-1-4　技术路线图

年份	2025 年	2035 年
总目标	建成钢铁材料世界强国	保持世界领先
1.满足市场需求	1.国内产品自给率＞99%，关键品种（高强度汽车板，高温高韧钢板，发电用高压锅炉板，高性能齿轮、轴承钢，高铁车轮车轴）自给率达 90% 2.钢材品种满足下游行业升级要求 3.产品质量达世界先进水平，品种、质量保障国民经济和国防建设需求	1.保持产品自给率＞99%的水平，关键品种自给率＞95% 2.品种满足下游行业不断升级的需求 3.质量达世界领先水平
2.绿色发展	1.能源消耗强度和污染物排放强度进一步下降，达国际先进水平。能源消耗总量和污染物排放总量下降 2.企业和其他行业与社会实施生态连接，取得突破并推广	1.绿色发展达国际领先水平 2.企业和其他行业与社会生态连接得到普遍推广
3.技术创新体系	1.形成完善的基础研究、制造技术、应用技术的研发体系、技术创新体系 2.企业自主创新能力普遍提升 3.一批重大共性技术取得突破，一批关键技术引领世界发展 4.冶金装备制造、工程设计和建设达世界一流水平	1.研发体系和创新体系达国际先进水平 2.企业自主创新能力达国际先进水平 3.一大批共性技术、关键技术引领世界发展
4.智能制造	1.工艺参数实时监控、工艺过程闭环控制应用 2.建设 1～2 条不同流程的典型企业智能生产示范	1.工艺参数实时监控、工艺过程闭环控制普遍应用 2.公司智能化生产得到广泛应用
5.企业国际竞争力增强	1.拥有 3～5 家世界一流、具有国际竞争力和影响力的大型企业集团 2.产业集中度 C10≥70%	1.拥有一批具有国际竞争力与影响力的大型企业集团和专业化公司 2.保持集中度 C10≥70%
6.国际经营水平大大提升	1.境外资源开发、市场开拓、产业拓展取得新进展 2.钢铁工艺设计技术、装备成套输出能力占国际市场 15%以上	1.立足于国际竞争力，能对国内外资源开发、市场开拓和产业拓展进行综合发展 2.钢铁工业设计、装备成套输出处国际领先水平

1.7　政策措施及建议

（1）创新能力建设

建立以企业为主体的创新驱动发展模式，从政策上鼓励原始创新、协同创新，加大科技投入，特别是基础研究的投入，统筹协调行业发展战略，建立和完善知识产权与服务市场的技术交易体系。建立高水平的产、学、研、用创新联盟和技术研究平台，全面建设冶金工程创新体系。

（2）体制和机制建设与完善

建立钢铁工业绿色发展监督、评价和考核机制和绿色发展公平竞争机制，坚持钢铁工业内需为主的方针，严控高能耗低附加值钢材出口，支持加工成机电产品出口。

（3）财政金融支持政策

对钢铁企业余能余热利用、城市废弃物消纳和污水处理予以支持和经济补贴。对运行成本高的环保措施予以经济补贴，对实施先进环保节能减排的项目给予低息贷款或减免税。

（4）提高标准和工程设计规范的协同

尽快修订钢材质量标准并与用钢行业的标准及设计规范协同推进，缩小与国际标准的差距，引导钢铁建设项目设计和工程的绿色化。

第2章
基础零部件用钢

2.1 齿轮钢

2.1.1 应用领域和种类范围

齿轮钢用于制作传动系统齿轮箱中的齿轮零件，主要应用于汽车变速箱、铁路机车、高铁齿轮箱、风电机组齿轮箱等，起动力传动作用。齿轮钢主要是中碳低合金钢，采用渗碳、碳氮共渗等工艺进行表面硬化，按其成分体系可以分为 CrNiMo 系、CrNi 系、CrMo 系、MnCr 系、CrMnMo 系和 CrMnTi 系等。一方面，在不同应用领域对齿轮钢的性能要求有所不同（表 1-2-1），例如，高速铁路列车的运行速度快，对齿轮钢的疲劳寿命要求严苛；重载机车的承载需求大，要求齿轮材料具有较高的疲劳强度；汽车行业的飞速发展对零件的高效制造和低成本化要求较高，需要齿轮钢具有较好的切削加工性能和可控成本；风电齿轮尺寸大，在服役过程中面临较大的冲击，对齿轮材料的质量一致性和耐冲击性能有较高要求；航空领域对轻量化要求高，同时需要齿轮材料具有较高的高温强度和服役安全性。另一方面，交通、能源、航空等应用领域通常面临环境条件的剧变，如高温、高湿、高寒等，要求齿轮材料具有较高的环境适应能力，如耐低温冲击韧性、耐沿海气候腐蚀等。随着技术的进步，上述领域对绿色化、轻量化、低成本化的要求日益提高，这也对齿轮钢的综合性能提出了更高的要求。

表 1-2-1 不同服役特征下齿轮钢的性能要求

应用领域	服役特征	性能要求
高铁	超长运行里程——2400 万千米；服役年限长——30 年；服役环境多样——温度、湿度变化大；舒适性——匹配精度高，振动和噪声小	长寿命化，疲劳寿命突破 10^{10} 次；耐低温性能；耐蚀性
重载	承载能力要求高——轴重 30t；磨损大——载重量大；冲击大——启停造成冲击	高疲劳强度；耐冲击磨损
汽车	尺寸小——加工性要求高；用量大——成本优势凸显；舒适性——精确度要求高，振动和噪声小；轻量化——燃油经济性	易加工；低成本；高性能
航空	高安全性；高温强度和稳定性；轻量化要求高；较长服役寿命	高质量一致性；长寿命；高温强度
风电	服役寿命长——10 年；冲击承载大——功率高；轻量化——整体设计；规格大——1500mm 以上	耐冲击；高质量一致性；耐腐蚀

2.1.2 现状与需求分析

我国的齿轮钢生产技术多由国外引进，目前我国的齿轮钢材料已实现自主化生产，产品质量也达到国际先进水平。例如我国的高铁齿轮钢，以 18CrNiMo7-6 为主，已实现自主生产，材料的可靠性和稳定性均满足服役要求。而针对苛刻服役条件的具有超高强度、超长寿命，耐各种特殊环境的高端齿轮钢零件，国内并没有现成技术。

齿轮钢的需求将随着我国汽车市场、轨道交通、航空事业的发展迅速增长。以航空领域为例，国内每年飞机的生产需求量可能超过 500 架，飞机的发动机、传动系统需应用大量的齿轮等零件，预计每年的航空齿轮产值在 20 亿元以上。而随着海外市场的开拓以及各国经济的发展，各中小型国家对汽车、轨道、航空的需求也将进一步增加，齿轮钢的需求也将随之提升。

2.1.3 存在的问题

（1）标准体系落后或缺失，产品牌号混乱

我国的齿轮钢产品牌号众多，性能差别较大，质量标准体系混乱，有待优化完善。例如，国内采用的高铁齿轮钢引进自国外，缺乏相关的质量控制标准体系，高速动车组齿轮钢的生产仍采用国外标准，与国内实际生产条件脱节严重。

（2）冶金质量控制水平参差不齐，与国外先进水平差距较大

我国的齿轮钢生产设备达到了国际先进水平，但是生产控制技术水平不足，导致产品的纯净度较低、质量一致性较差，有待提升。例如，国外齿轮钢已经非常普遍地采用了氧含量低于 10ppm❶的钢材，而国内齿轮钢能稳定批量供货的氧含量在 20ppm 以下；国外高性能齿轮钢的淬透性带宽可以稳定控制在 4HRC 以内，而我国高端产品的淬透性带宽仅能稳定控制在 6HRC 以内。此外，在带状组织控制、非金属夹杂物控制等方面还有一定的差距，严重影响其服役安全性。

（3）基础研究落后，高端产品研发进程缓慢

我国的齿轮钢技术仍处于跟研阶段，与国外先进水平相比，存在研究基础薄弱、研发体系不健全、研发进程缓慢等问题。例如，国外已经开发出成熟的高温渗碳齿轮钢技术，渗碳温度达到 980℃，而我国普遍采用的技术仍是 930℃，导致生产周期长、工艺成本高；国外已经开发出成熟的易切削齿轮钢，加工性能优异，满足高效制造需求，而我国限于硫化物控制技术较差，产品加工性能仍有较大差距；在超长寿命、高疲劳强度齿轮钢研发方面，我国的研发进程也有所滞后。

（4）材料评价标准体系不足，服役寿命有差距

我国齿轮材料的评价标准已经具备了一定的基础，但是与发达国家相比仍有差距。例如，由于国内轨道交通起步较晚，试验方法和评价手段还不完善，与国际水平存在差距，导致设备的规定服役寿命较短，缺少有效的时间验证。

（5）基础数据积累不足，应用设计水平较为落后

我国的齿轮钢技术起步较晚，相关的基础数据积累较为薄弱，导致材料应用设计缺乏有效的数据支撑，在装备设计时轻量化、高功率密度方面表现较差。例如，

---

❶ 1ppm=1×10^{-6}。

日本的高铁齿轮箱额定寿命与实际寿命的差值在 50%以内,充分发挥了材料的性能,而我国的齿轮箱因缺乏有效的数据支撑,额定寿命较为保守,安全系数普遍在 2.0 以上,造成了材料的浪费,同时在轻量化方面差距显著。

2.1.4 发展愿景

2.1.4.1 战略目标

2025 年:突破生产应用共性技术,解决量大面广品种的质量稳定性问题,实现产品的质量升级;同时,通过突破高温渗碳技术、易切削技术,努力实现低成本化、绿色化生产。建立齿轮钢生产与后续零件设计、加工和使用之间高效畅通的集成创新链,在齿轮钢的冶金质量与工艺性能(如加工工艺性能、热处理工艺性能)和应用性能(如疲劳性能)之间的关系方面,积累基础数据,促进基础零部件用钢质量提升,降低加工成本,为零部件优化设计提供有力的材料数据(如可靠的基础零部件用钢材料疲劳 S-N 曲线[1])。

2035 年:研发高端产品,摆脱进口依赖。目前我国高端产品严重依赖进口,例如,国内现有材料无法保证风电齿轮箱 20 年无故障的高可靠性使用要求,需要彻底解决高端产品严重依赖进口的局面。

2.1.4.2 重点发展任务

2025 年:提升风力发电用大尺寸、长寿命轴承齿轮钢稳定性;开发高铁用长寿命齿轮钢、重载机车用高承载能力齿轮钢;开展高硫含量易切削齿轮钢加工制造技术研究;开发高纯净真空脱气轴承齿轮钢质量稳定控制工艺技术;提升第二代航空用轴承齿轮钢的质量性能;研究第三代航空用轴承齿轮钢的工程化和应用技术。

2035 年:开发风力发电用大尺寸、耐寒、耐蚀、轻量化轴承齿轮材料;开发高铁用超长寿命齿轮钢;基于汽车轻量化、超长寿命、高效制造等发展需求,开发新一代高性能齿轮钢。

2.2 轴承钢

2.2.1 应用领域和种类范围

轴承钢用于各类滚动轴承套圈和滚动体,包括高速铁路轴箱、齿轮箱轴承和牵引电动机轴承,航空发动机主轴轴承,飞机机体轴承、起落架轴承和传动系统用轴

---

[1] 应力范围 S 与到破坏时的寿命 N 之间的关系曲线。

承、汽车轮毂轴承、变速箱轴承和电动机轴承等。滚动轴承钢主要包括高碳铬轴承钢、渗碳轴承钢、中碳轴承钢、不锈轴承钢、高温轴承钢等五大类。高速铁路用轴承钢主要包括高碳铬轴承钢 GCr15（100Cr6）、GCr15SiMn、GCr18Mo（100CrMo7）、渗碳轴承钢 G20CrNi2Mo（20NiCrMo7）等；航空用轴承钢主要包括高碳铬轴承钢 GCr15（52100），高温轴承钢 8Cr4Mo4V（M50），高温渗碳轴承钢 G13Cr4Mo4Ni4V（M50NiL），不锈轴承钢 G102Cr18Mo（440C）、40Cr15Mo2VN（X15DN）、G30Cr15MoN（Cronidur30）、G15Cr14Co12Mo5VNb 等；汽车用轴承钢主要包括高碳铬轴承钢 GCr15（100Cr6）、渗碳轴承钢 G20CrMo（20CrMo4）、中碳轴承钢 G55Mn（56Mn4）等。滚动轴承在高交变应力作用下工作，因此要求轴承钢具有高的表面硬度（≥58HRC）、耐磨性能和接触疲劳性能等。另外根据轴承服役环境的不同，有时还要求具有耐温、耐蚀、耐冲击等性能，以满足不同领域轴承长寿命和高可靠性的使用要求。

2.2.2 现状与需求分析

目前我国轴承钢的生产工艺按成本和质量升高、批量减小的顺序包括真空脱气、电渣重熔和双真空，目前分别主要用于汽车用、高速铁路用、航空用轴承钢的生产。

真空脱气工艺可实现大批量生产，是我国目前使用的主要生产工艺。2016～2018 年我国年产真空脱气轴承钢均在 400 万 t 左右，主要钢种为 GCr15（占 80%以上）、GCr15SiMn、G20CrMo、G55Mn 等。国内 GCr15 真空脱气轴承钢中质量等级最高的特级优质钢已达到国际先进水平，如江阴兴澄特种钢铁有限公司，每年有 70%的高端轴承钢供应国内及国外轴承企业用于生产相关汽车轴承部件，但特级优质钢占比只有 15%，总体来说，我国高碳铬轴承钢仍以中低端为主。目前我国汽车用轴承钢主要采用真空脱气工艺生产制造，但多用于国产中低端轿车轴承；国产高端与合资及进口轿车的发动机、变速箱和电动机轴承等多采用进口轴承，电动汽车的电动机轴承目前 100%依靠进口，其所用轴承材料的情况尚不十分清楚。

电渣重熔质量稳定性较高，但批量较小、成本较高。目前我国年产电渣重熔轴承钢 20 万 t 左右，主要钢种为 GCr15、GCr15SiMn、GCr18Mo、G20CrNi2Mo、G102Cr18Mo、40Cr15Mo2VN、G30Cr15MoN、Cr4Mo4V 等。我国 160km/h 以下铁路客车、铁路货车及城市地铁和轻轨车辆轴承等均采用电渣重熔钢。我国重载铁路列车轴箱轴承已实现了国产化，主要牌号为高碳铬轴承钢 GCr15 和 G20CrNi2MoA 等，寿命和可靠性与国外同类产品相当，可满足重载铁路列车的使用要求；目前正在向低成本化迈进，积极开发真空脱气钢代替电渣重熔钢的试验研究工作。"十三五"期间，我国打破了城市地铁列车轴箱轴承由国外厂商垄断的局面，宝塔实业（原西北轴承）完成了城市地铁列车轴箱轴承的国产化研制和考核，首批产品已于 2018 年在北京 8 号线地铁列车使用，瓦轴等其他轴承企业也相继形成了地铁轴箱轴承的批量供货。部分航空轴承也采用电渣重熔钢加工制造。目前，我国 200~250km/h、300~350km/h 高速列车用轴承仍 100%依赖进口。"十三五"期间，国家重点开展"高速列车转向架用轴承核心关键技术"研究项目，进行高速铁路用轴承钢三种工艺研制，以期实现高速铁路轴承及用钢的国产化。

双真空工艺具有极高的纯净度和良好的组织均匀性,质量稳定性高,但批量小、成本高。目前我国年产双真空轴承钢 100t 左右，主要用于航空轴承，如航空发动机主轴轴承等的生产制造。我国现役航空轴承的主要用钢仍为第一代钢，以高碳铬轴承钢 52100（GCr15）、不锈轴承钢 440C（G102Cr18Mo）等为代表，是在常温下（最高使用温度小于 200℃）使用的钢种，虽然表面硬度较高，但存在耐蚀性或耐温性、疲劳寿命差的问题。目前正研究推广第二代钢，即在中温下使用（最高使用温度小于 300℃）的钢种，以高温轴承钢 M50（Cr4Mo4V）、高温渗碳轴承钢 M50NiL（G13Cr4Mo4Ni4V）、耐温耐蚀轴承齿轮钢 Pyrowear675 为代表。其中高温轴承钢和高温渗碳轴承钢具有高的表面硬度（60HRC 以上）、耐温、耐磨和疲劳性能等，以提高航空发动机轴承及齿轮的寿命和可靠性。第三代轴承齿轮钢以高温不锈渗碳轴承钢 CSS-42L（G15Cr14Ni2Co12Mo5VNb）和高氮不锈钢 X30CrMoN15-1（G30Cr15MoN）为代表，具有表面超高硬度、心部高强韧、耐温、耐蚀的以及长寿命和高可靠性特点。高温不锈渗碳轴承钢 CSS-42L 具有极高的表面硬度（≥65HRC）、高的强韧性和良好的耐蚀性及疲劳寿命等，最高使用温度达到 500℃。高氮不锈钢 X30CrMoN15-1 则具有高的表面硬度（60HRC 以上）、优异的耐蚀性能和疲劳性能、良好的强韧性等。第三代轴承齿轮钢 G15Cr14 Ni2Co12Mo5VNb 已研究应用于第四代航空发动机齿轮，尚未在航空轴承中得到应用，将作为首选材料大力研究和推广应用；G30Cr15MoN 目前也正在研发应用于大飞机机体等的轴承中，也成为高耐蚀轴承（海洋大气环境下）的首选材料。而针对新一代航空发动机对轴承等构件高承载、高 DN（轴承内径×轴承转速）值、耐高温、耐蚀、长寿命、高可靠性和轻量化的需求，催生新工艺新材料的发展。新一代 1900~2500MPa 超高强韧、深层渗氮耐温轴承钢，耐温耐蚀轴承钢以及低密度无磁耐温耐蚀轴承材料也在研发当中。

汽车轴承是需求量最大的轴承产品，约占轴承总产量（套）的 50%。按照我国真空脱气轴承钢年产量 400 万 t 计算，考虑到汽车轴承较轻，汽车用轴承钢的需求量按 1/4 计算也有 100 万 t 左右。近年来，随着我国新能源汽车的飞速发展，电动机轴承的需求量将急剧上升，需要研发准高温和耐温耐蚀轴承钢用于电动机轴承，提高其寿命和可靠性。

2018 年我国动车组累计产量达 2724 辆，比上年累计增长 4.9%。如果只计算高铁的轴箱轴承用钢量，一个标准动车组轴承用钢约需 6.4t，总计约需要 2 万 t。按其增速预测，到 2025 年约需要 3 万 t，到 2035 年约需要 5 万 t。重载铁路列车目前对电渣重熔轴承钢的需求量在 20 万 t 左右，随着铁路的发展，30t 轴重重载铁路机车轴承批量应用，预计到 2025 年达到 25 万 t，2035 年达到 30 万 t 的规模。地铁增速很快，2020 年全国地铁列车超过 1 万辆，以每辆轴承用钢 3.2t 计算，约需要轴承钢 3 万 t；增幅按 10% 计算，到 2025 年需要轴承钢 5 万 t，到 2035 年预计在 12 万 t 以上。综上所述，高速铁路用轴承钢（高铁、重载、城市地铁等各类轴箱轴承、齿轮箱轴承和牵引电动机轴承用钢等）预计 2025 年达到 35 万 t，2035 年达到约 50 万 t。

目前现役航空发动机、飞机机体和传动系统轴承多采用国产航空用轴承钢加工制造，年需求量在 1000t 左右。随着新一代航空发动机和大飞机等项目的启动，航空用轴承钢的需求量将大幅增加。目前大飞机轴承 100% 依靠进口，国家已陆续启动了部分轴承的国产化项目。预计到 2025 年，航空用轴承钢的年需求量将达到 2000t 左右，到 2035 年达到约 5000t。

2.2.3　存在的问题

我国轴承钢的质量评价仍以半定量为主，针对高纯净轴承钢缺乏定量有效的质量评价方法和体系，且质量稳定性普遍存在一定问题。由于长期依赖进口，我国高速铁路用轴承钢缺乏应用数据，因此造成应用困难。航空用轴承齿轮钢方面，缺乏对现有轴承齿轮钢的新型热处理研究和满足新一代航空发动机及传动系统要求的轴承齿轮钢。汽车用轴承钢方面，缺乏对低成本高性能的耐中温轴承钢的研究。

2.2.4　发展愿景

2.2.4.1　战略目标

2025 年：通过对高速铁路用轴承钢新钢种新工艺的开发，实现质量性能及稳定性的提升。满足 200～250km/h、300～350km/h、400km/h 及以上高速铁路轴承的用钢要求，实现低成本高性能高速铁路轴承用真空脱气轴承钢的生产及应用。实现我国第二代和第三代航空用轴承齿轮钢批量稳定生产，质量性能达到或超过国外的先进水平；实现我国新一代航空用轴承齿轮钢的工程化及应用，满足我国现役和在研航空发动机、机体、起落架及传动系统轴承的用钢要求，不断提高其寿命和可靠性；实现我国航空轴承集成技术创新和产业升级。实现我国高纯净真空脱气轴承钢批量稳定生产；研发出低成本高性能的汽车轴承用钢，满足我国高端汽车及新能源汽车轴承的用钢要求，不断提高其寿命和可靠性；实现我国汽车轴承集成技术创新和产业升级。

2035 年：研发新一代的高性能轴承用钢，不断提高轴承钢的冶金质量与性能的稳定性和一致性，大力开展轴承钢的应用技术研究和数据库建设，实现航空、航天、交通、能源等关键轴承用材的全面国产化。

2.2.4.2 重点发展任务

2025 年：实现高速铁路用低成本真空脱气轴承钢的稳定化生产，初步完成低成本中碳无渗碳轴承钢和无碳化物贝氏体轴承钢的研发；完成特殊热处理与复合表面处理技术的实验室研究并实现应用；形成轴承精度与轴承服役性能的检验及评价技术，进行高速铁路用轴承的实验室台架实验和实际工况下的装车应用实验研究；形成真空脱气轴承钢在高速铁路用轴承的生产示范线和应用范例。

2035 年：开发高性能轴承用钢，实现低成本中碳无渗碳轴承钢、低碳纳米贝氏体轴承钢的稳定工业化生产应用，建立长寿命和高可靠性高速铁路用轴承钢的质量评价体系、国家标准与大数据平台；完成低成本高性能耐温耐蚀用轴承钢的开发及应用；研发新一代航空用轴承齿轮钢。

2.3 模具钢

2.3.1 应用领域和种类范围

模具钢主要包括 H13、H13mod 等系列化的热作模具钢，属于合金钢，应用范围包括高铁车体挤压成形模具，汽车缸体、壳体、高强车身结构件等零部件成形模具等。高铁用高端模具钢主要为能够保证高强度铝合金车体挤压成形的高性能、高耐磨性、长寿命（过铝量≥50t）热挤压模具钢。汽车用高端模具钢主要为能够保证汽车缸体、壳体、高强车身结构件等零部件高性能、高精密、高效率、低成本成形制造的高品质、长寿命（10 万模次）压铸模具钢和长寿命（20 万模次）热冲压成形模具钢等。

2.3.2 现状与需求分析

目前国内对于中小尺寸普通高铁车体铝合金挤压模具普遍采用 H13 钢，对于大尺寸、长寿命的高端挤压模具钢主要依赖进口。在汽车压铸模具钢方面，中低端模具用钢以国产 H13 电渣钢为主，占比约 70%，高端用压铸模具钢 80% 以上还依赖进口材料。我国也发展了一些新品种，部分厂家的实物质量性能能够达到国际先进水平，但是质量稳定性还不能满足要求。在热成形模具材料方面，中低端以 H13 钢为主，高端以 1.2367Modified 类型和 Cr7V 新品种为主。相对于压铸用钢来说，热成形用 H13 钢的冲击韧性级别更低，国内材料普遍在 $A_{kv} \leqslant 10.8J$ 级别。未来随着热冲压成形汽车钢强度的进一步提高，热成形模具钢的冲击韧性、耐磨性以及导热性能有待进一步提升。

随着我国高速铁路路网规模的不断扩大，我国高速列车的需求量将会逐步增加，未来对高铁车体挤压模具钢的需求量也将进一步增加，对材料的使用寿命、尺寸精度、尺寸规格要求更高。为满足新型高强轻质铝合金挤压成形的需要，未来我国高铁车体挤压模具钢将向着大型化、高冲击韧性级别方向发展，主体材料的冲击韧性将达到 240J 级别，尺寸规格要能够实现 $\phi1000mm$。汽车制造方面，高性能、长寿命、大型、复杂、精密压铸模具钢以及高导热性、高耐磨性热成形模具钢是未来发展的重点。

2.3.3　存在的问题

我国模具钢存在的问题表现在下列几个方面：

①　自主创新能力有待提高。我国模具用钢研发投入明显不足，模具钢一直作为配套材料而未引起相关部门足够的重视。迫于市场竞争，模具钢生产企业过于追求低成本，研发投入不足。产业技术基础急需提高，共性技术研究体系缺失。

②　产业链协同发展不够。造成我国关键模具不能满足高端装备制造业发展要求的原因是多方面的，既与上游模具材料行业的技术和产业发展现状有关，又与下游行业模具设计、制造、热处理，甚至是物流及金融等产业链的各个环节有关。这些环节都分属各有关行业，大都联系不够密切，配合不够默契，协同程度较差。

③　标准落后。我国模具钢的标准落后、验收标准低，没有专业化的高端模具钢标准进行准入制度的规范。而国外针对不同模具的使用要求建立了严格的专业化标准，如北美压铸协会（NADCA），通过协会指定高端模具用钢的准用标准，只有质量性能达到标准的生产厂商才能被纳入可采购厂商范围内，严格规范了模具钢的选材和使用。目前国内没有一家模具钢企业能进入到该标准内。

④　模具钢的服务落后。国外先进模具钢生产厂早就建立了理念先进、功能齐全的模具钢销售公司和应用协会。世界著名的瑞典一胜百公司集一流的模具钢制造、研发、销售、热处理、应用、技术指导等功能为一体，形成了布局全球的模具钢销售和服务网络。我国的模具钢服务落后，国内模具钢经销商在模具钢销售上的服务意识和水平与国外先进水平还有一定差距。

2.3.4　发展愿景

2.3.4.1　战略目标

2025 年：针对我国高速铁路列车运量增加的需求和 400km/h 以上高速列车车体高强轻质材料对长寿命模具的需求，研制出适应新型高强难变形铝合金挤压的高耐磨高热强性模具材料，突破高均匀化、长寿命制备关键技术，满足 400km/h 以上高速列车车体成形需求，建立我国高铁车厢挤压用模具钢国家标准；围绕我国高端汽车、新能源汽车关键部件以及轻量化高强轻质合金成形模具的需求，研制出新型高等向性、高热强性、高导热性、高耐磨热作模具材料，突破高均匀性高等向性制备、模具长寿命加工及热处理等关键技术，材料的实物质量达到世界先进水平。

2035 年：突破高铁、汽车等高端装备用高端热作模具钢稳定化生产与应用技术，研制新型高性能模具钢材料，获得国际认证（NADCA）并打入国际高端市场；高端模具钢年产量和用量达到 10^5t，国内市场占有率达到 90%以上，实现完全自主保障。

2.3.4.2　重点发展任务

2025 年：发展高速列车车体高耐磨长寿命大型挤压模具钢，模具材料指标达到 A_k[1]≥240J 级别，解决模具开裂、耐磨性不足的问题，使用寿命提高 100%；发展高端汽车动力系统用长寿命大型压铸模具钢，模具材料指标达到横向心部冲击韧性 A_{kv}[2]≥19J 级别，等向性≥0.85；发展 1500MPa 级以上超高强度汽车钢热成形模具钢，模具材料指标达到 300～500℃热导率≥34W/(m·K)，A_{kv}≥10.8J 级别，实现 1500MPa 级热成形模具钢的完全自主保障能力。

2035 年：发展高速列车车体高耐磨长寿命大型挤压模具钢，研制新型高性能合金材料，模具材料指标达到 A_k≥260J 级别，满足铝合金车体轻质高强成形需求，特大型挤压模具钢自主保障率 100%实现稳定化生产，研制车体整体挤压前沿模具技术；发展高端汽车动力系统用长寿命大型压铸模具钢，研制新型高性能压铸模具合金材料，模具材料指标达到 A_{kv}≥26J 级别，等向性≥0.9，实现高端汽车动力系统压铸模使用寿命突破 15 万次，长寿命模具钢自主保障率 100%实现稳定化生产；发展 1500MPa 级以上超高强度汽车钢热成形模具钢，研制新型高导热高耐磨热成形模具合金材料，模具材料指标达到 300～500℃热导率≥40W/(m·K)，A_{kv}≥13.6J 级别，满足 2000MPa 级高强钢成形模具需求，使用寿命≥20 万次，自主保障率 100%。

---

❶ 冲击功。

❷ V 型缺口冲击功。

第3章

船舶及海洋工程用钢

3.1 先进船体用钢

3.1.1 应用领域和种类范围

先进船体用钢包括船体结构用钢板、管路用钢管、结构用型钢等，使用钢种主要包括低合金钢板/管钢/型钢、不锈钢和耐腐蚀钢、复合钢板等。其中，船体结构用钢板包括高强度耐低温船用钢、高止裂韧性钢、油船货油舱用耐腐蚀钢、船体结构用耐海水腐蚀钢、船体用复合钢板等；船体管路用钢管包括输送管路用普通钢管及压载舱/货油舱用耐腐蚀钢管；船体结构用型钢主要包括球扁钢和 L/T 型钢。根据不同应用，性能要求如表 1-3-1 所示。

表 1-3-1 船体用钢性能要求

应用	性能要求
高强度耐低温船用钢	E 级、F 级及更低评价温度，强度等级 36～70kg，A_{kv}（-60℃）≥50J(T)，A_{kv}（-60℃）≥70J(L)，CTOD[①]（-10℃）≥0.4mm，NDTT[②]≤-75℃
高止裂韧性钢	强度等级满足船级社规范要求，脆性断裂止裂韧性 K_{ca}≥8000N/mm$^{3/2}$
油船货油舱用耐腐蚀钢	力学性能满足船级社规范要求，耐腐蚀性指标：上甲板≤2mm（25 年外推），内底板≤1mm/年
船体结构用耐海水腐蚀钢	力学性能满足国际船级社规范要求，耐蚀性较现有船板提高 20%～30%
船体用复合钢板	力学性能满足国际船级社规范要求，覆材为奥氏体不锈钢、双相不锈钢等，满足不同船型的耐蚀性能要求
船体管路用钢管	技术指标需满足船级社规范要求，耐蚀管路用钢其耐蚀性指标为碳钢钢管的 2～3 倍以上
船体结构用型钢	成分及力学性能执行船级社规范，外形等技术要求满足相关国家标准或国际标准

① CTOD，Crack Tip Opening Displacement，裂纹尖端张开位移。
② NDTT，Nil-Ductility Transition Temperature，无塑性转变温度。

3.1.2 现状与需求分析

目前我国在船用低温钢品种上钢级已经达到 70kg，最高质量等级达到 F 级，其中 47kg 最大厚度达到 100mm，70kg 最大厚度达到 50mm，各钢级产品在我国重大工程上实现了应用，如极地凝析油轮、极地甲板运输船、破冰船、"蓝鲸 1 号"超深水钻井平台、"维京龙"北海钻井平台等。2016 年，广船国际承接了俄罗斯 Yamal 项目中极地凝析油轮的建造。2017 年，我国最大的海工企业中集来福士承建了挪威订购的"维京龙"号北极钻井平台。尽管我国造船企业承接了少量具有低级别冰区符号的船舶订单，但由于缺乏极地船舶设计和制造经验，与芬兰、日本、韩国、美国和俄罗斯等极地船舶建造强国相比有很大差距，尤其是极地原油运输破冰船和极地 LNG 运输破冰船等高技术极地船舶几乎是空白。

面对未来发展，大线能量焊接用船体钢、40kg 以上级别极地船舶用超高强易焊接钢、51kg/56kg 大厚度止裂钢、低成本 LNG/LEG/LPG 船用钢、船体结构用耐海水腐蚀钢等品种及其配套焊接材料有着较大的市场需求。我国在"中国制造 2025"、高技术船舶专项、"十三五"重点专项等规划中，将 36kg/40kg 极地船舶用钢、100mm EH40/EH47 止裂钢、32kg/36kg 级 LPG 船用低温钢等列为重点研发品种，力争 3～5 年内在材料研发和工程化应用上实现突破，使我国的钢铁工业、船舶设计建造真正领跑世界，上述高端船舶用钢产品的年需求量预计达到 40 万 t。

3.1.3　存在的问题

我国在高端船舶用钢领域的基础材料研发已经有一定的储备，但在材料关键特性，如断裂、疲劳、腐蚀、摩擦磨损等的评价体系方面缺乏相关的检测评价手段及评价标准；国内先进的中厚板企业在工艺装备、配套装备及制造能力上已经比肩甚至超过国外企业，但在设备能力的挖掘、工艺技术的创新上还比较落后，没有完全实现产品与工艺相结合、依托装备的技术进步实现产品的创新升级。在部分高端产品的实物质量、自主创新、应用研究上显著落后于世界领先企业，如日本新日铁在耐蚀钢板及钢管的研发、生产及应用上处于国际领先地位，研发出压载舱及货油舱用耐蚀钢管，实现全球供应；韩国 POSCO、日本 JFE 等在超高强度止裂钢的研发上居于世界领先地位，关键的脆性断裂止裂韧性指标 K_{ca} 均已稳定地达到 8000N/mm$^{3/2}$ 以上，而且开发出 50kg、56kg 超高强度止裂钢的原型钢，并实现工业化；俄罗斯、芬兰、日本、美国、韩国等在船用低温钢上领先我国，在各类破冰船上实现应用。

3.1.4　发展愿景

3.1.4.1　战略目标

2025 年：聚焦我国船舶工业发展需求，在特种船舶用钢领域主要开展表 1-3-2 所示关键品种的研发工作。为满足我国极地船舶用钢的迫切需求，集装箱船用钢的止裂钢脆性断裂指标提升到 $K_{ca} \geq 8000$N/mm$^{3/2}$、最大厚度达到 100mm，开发出船舶压载水舱及货油舱耐蚀管路用钢板及钢管，满足造船及焊接所需的大热输入量船舶用钢需求。

表 1-3-2　特种船舶用钢关键品种

目标		船舶用低温钢	大厚度高止裂性钢	船用高耐蚀钢	大线能量焊接船板
产品技术	钢种牌号	FH420~FH690（8~50mm）	EH40BCA/EH47BCA (100mm)	A~E、AH32~DH36（6~50mm）	EH36、EH40
	性能指标	满足国际船级社规范要求，低温韧性技术指标如下：A_{kv}(-60℃)≥50J(T)，A_{kv}(-60℃)≥70J(L)，CTOD（-10℃）≥0.4mm，NDTT≤-75℃	力学性能满足国际船级社规范要求，止裂韧性指标如下：NDTT≤-60℃，K_{ca}≥8000N/mm$^{3/2}$	力学性能满足国际船级社规范要求，耐蚀性较现有船板提高20%~30%	力学性能满足国际船级社规范要求，焊接线能量200~400kJ/cm
需求量		8 万 t/a	20 万 t/a	2 万 t/a	10 万 t/a

2035 年：开发出超高强度 50kg、56kg 集装箱船用止裂钢，高强度船体结构用轻质钢（实现船体减重 5%以上）和 400kJ/cm 及以上大线能量焊接钢板。

3.1.4.2　重点发展任务

2025 年：发展船体结构用耐低温钢、船用耐腐蚀钢板/钢管、集装箱船用高止裂钢（K_{ca}≥8000N/mm$^{3/2}$）。

2035 年：发展 50kg、56kg 集装箱船用止裂钢，船体结构用轻质钢，400kJ/cm 及以上大线能量焊接钢。

3.2　先进海洋平台用钢

3.2.1　应用领域和种类范围

海洋平台是在海洋上进行作业的特殊场所,主要用于海上油气的钻探和开发。其中钻探设施主要包括自升式钻井平台和半潜式钻井平台,开采设施主要包括固定式导管架平台、顺应塔平台、张力腿平台、立柱式平台以及浮式生产储油装置等。由于海洋平台服役期比船舶类长 50%,采用的钢板必须具有高强度、高韧性、抗疲劳、抗层状撕裂、良好的焊接性及耐海水腐蚀等性能。目前国际海洋平台用钢主要级别为屈服强度 355MPa、420MPa、460MPa,海洋平台用钢板主要分为高强钢板和耐蚀钢板两大类。

3.2.2　现状与需求分析

我国海洋建设用钢及耐蚀钢需求量为 60 万 t/a。目前中国的钢铁企业虽然已经基本能生产各种规格、品种的船舶和海洋工程用钢，但与世界上最先进的钢铁企业仍有差距,高端及大规格新材料主要依赖进口,自给率不足 15%。例如,目前我国 EH36(屈服强度 355MPa)以下平台用钢基本实现国产化,占平台用钢量的 90%,但关键部位所用大厚度、高强度钢材仍依赖进口。目前正在开发 127~260mm 厚 690MPa 级齿条钢特厚板,以实现特厚高强齿条用钢板的国产化,满足 400ft(1ft=0.3048m)以上自升式海洋平台建造要求,预计年需求量约 10 万 t。未来要实现导管架平台用钢升级换代,开发 420MPa、460MPa 级高强韧特厚钢板及配套焊接技术,稳定产品质量、建立统一产品规范、减轻平台结构、提高建造效率,全面推动导管架平台设计和材料的升级换代。

3.2.3 存在的问题

(1)研发新产品的创新性和前瞻性不足

从日本研发耐蚀钢、推广平台用钢的过程可以看出,他们经常走访船东、船企等用户,了解其对新产品的需求,根据用户的要求,组成由研究所、船级社、协会等相关机构共同参加的联合研发体系,使用户有很高的积极性配合钢企研发、使用、推广新产品;而我国钢企满足于规模产量大、效益好的成形产品,对新产品首先关心的是产量和效益,缺乏创新性和前瞻性。

(2)知识产权保护意识较弱

国外钢铁强国一旦确定研发新产品后,即提前在别的国家申请专利,对自己的知识产权进行保护。新产品研发成功后,即刻得到应用并在相关的国际组织中提出标准草案,以达到引领新产品的目的,同时也可能对其他国家形成贸易壁垒。

(3)产品结构处于中低端水平

目前我国虽然可以生产出绝大多数的船舶、海洋工程用钢,但在产品的综合性能、经济性,产品质量的均匀性、稳定性以及表面质量等方面与国外先进钢企还有一定差距。

3.2.4 发展愿景

3.2.4.1 战略目标

2025 年:开发 180~260mm 厚 690MPa 级齿条钢特厚板,实现特厚高强齿条用钢板的国产化,满足 400ft 以上自升式海洋平台建造要求,产品的关键服役性能达到或超过同类型进口产品,并实现示范应用。导管架平台用钢升级换代,开发 420MPa、460MPa 级高强韧特厚钢板及配套焊接技术,稳定产品质量、建立统一产品规范、减轻平台结构、提高建造效率,全面推动导管架平台设计和材料的升级换代。

2035 年：形成具有我国海域特色的全系列、全品种海洋平台用钢体系。

3.2.4.2 重点发展任务

2025 年：开发 180～260mm 厚 690MPa 级齿条钢特厚板，完善国产材料的应用性能数据，进行 400ft 以上自升式海洋平台关键节点的建造考核。针对导管架平台轻量化的需求，开发 420MPa、460MPa 级高强韧特厚钢板及配套焊接技术，突破批量材料质量稳定性控制技术，完善产品规范及应用数据。

2035 年：开展 400ft 以上自升式海洋平台用 180～260mm 厚 690MPa 级齿条钢特厚板的示范建造研究，建立建造规范和焊接工艺规程，开展 690MPa 级齿条特厚板的批量应用。开展导管架平台用 420MPa、460MPa 级高强韧特厚钢板的批量应用，建立建造和焊接工艺规程。

3.3 深海油气钻采储用关键材料

3.3.1 应用领域和种类范围

深海油气钻采储用关键材料主要用于深海油气钻探、开采、汇集、输送等工况环境，包括海洋管用钢和深海钻采集输系统用特殊钢。

海洋管包括隔水管、钢悬链立管、高应变海洋输送管等，主要采用低合金钢。首先，由于海洋管所处的复杂服役条件，如海风、波浪、水流速、海底黏土、高温高压、浪涌、涡激振动、冰载荷、内载荷等，因此对于钢悬链立管材料的性能要求极为苛刻，包括高疲劳强度、大塑性变形能力、优异的断裂韧性等。目前使用的钢级主要为 X60 和 X65 水平，随水深增加，为降低立管自重、降低壁厚，钢级应有进一步提升。而为提高海底管线的抗压溃性能，则要求高应变海洋输送管具有较大的壁厚（≥30mm）。随着管线钢厚度规格的提升，DWTT 断裂韧性的厚度敏感性增加，同时由于钢板厚度规格的提升，生产过程中总压缩比减少，组织细化受到限制，而细化的显微组织是保证管材具有优异断裂韧性的关键。其次，由于深海管线在管道铺设和运行过程中受到深水海流和浊流的影响，管材纵向需承受较大的塑性变形，因此对深海管线钢来说，不但要具有陆地上同级别钢管要求的横向强度、韧性、DWTT 等性能，同时还要求纵向具有较低的屈强比、高的均匀伸长率等。

我国南海中、南部低纬度热带深海海域具有高温度，高盐度，高压，原油含高浓度 H_2S、CO_2、Cl^- 等强腐蚀性特点。深海钻采集输系统用特殊钢特指在中低纬度（热带、亚热带）的深海（>1500m）中使用的先进不锈钢和耐蚀合金材料，普遍具有低合金钢和普通不锈钢所不具备的高强韧性、高耐蚀性和无磁性等特殊物理性能。

其中的不锈钢包括定向钻探用第三代无磁不锈钢、远洋平台油气开采用超级不锈钢和深海水下汇集系统用超级不锈钢材料。定向钻探用第三代无磁不锈钢为 Cr-Mn-N 型奥氏体不锈钢，主要用于海油深井无磁钻铤、旋转导向部件，具有无磁性、高屈服强度、无晶间腐蚀等特点。远洋平台油气开采用超级不锈钢包括超级双相不锈钢和超级奥氏体不锈钢，具有耐应力腐蚀/点蚀/缝隙腐蚀、高强度特点，主要应用于低纬度海油井油套管、特种热交换器等部件。深海水下汇集系统用超级不锈钢主要指超级双相不锈钢超细长管材和超级奥氏体不锈钢异形材，具有耐点蚀/缝隙腐蚀、高韧性特点，主要应用于深海脐带缆、海底特种泵阀等部件。耐蚀合金主要为镍基合金，包括海油远洋输送用耐蚀合金复合材料（铁镍基/镍基耐蚀合金复合管），具有高耐蚀、高塑性特点，主要应用于低纬度海油井口至海岸处理的原油输送管道。

3.3.2　现状与需求分析

海洋管方面，我国迄今为止在深海钻井隔水管和钢悬链立管技术方面仍处于空白，依赖进口，但发达国家只出口成套装备，对相关材料研制技术和装备制造技术不肯透露，并且价格十分昂贵。而在高应变海洋输送管方面，我国海洋管道建设已覆盖国家所有海域，从渤海、黄海、东海到南海都有海洋管道运营。与发达国家相比，我国海底管道应用在管道壁厚与铺设水深方面明显低于世界先进水平。近年来，我国各大钢厂和制管企业相继开始了海洋管材的研发，基本掌握了 1500m 以内深海管材的制造技术，而大于 1500m 水深的管材制造技术尚属空白。英国在北海海底的 X70 钢管最大壁厚达到了 34mm，在阿拉伯海进行的 3500m 深水管线试验中，使用了厚度规格 36～44mm 的高强度管线钢。而我国的南海荔湾项目，水深为 1480m，钢管壁厚为 28.6～31.9mm，钢级包括 X65 和 X70，其中 X70 的用量还较少。我国海洋油气勘探开发用管材研究开发起步较晚，技术相对比较落后，与发达国家及用户需求相比，还存在较大差距。

目前我国每年约需要（5～10）万 t 的高性能隔水管、钢悬链立管与高应变海洋输送管。随着未来 10 年我国将深水油气田开发技术由 1000m 到 3000m 的规划发展，深海油气钻采输用高性能管材的需求量将逐渐提高。

深海钻采集输系统用特殊钢方面，定向钻探用第三代无磁不锈钢低端 0.3N 钢种国内已能够大量生产，国内市场占有率达 90% 以上，但此钢种性能不满足深海定向钻探要求；而高端 0.6N 以上钢种国内无企业能实现全流程稳定生产，全部从 SBO（美）、Jorgensen（美）、DAIDO（日）进口。我国远洋平台油气开采用超级不锈钢油套管、特种热交换器等部件及材料、深海水下汇集系统用超级双相不锈钢超细长管材和超级奥氏体不锈钢异形材均不能稳定全流程工业化生产，全部依赖进口。海油远洋输送用铁镍基/镍基耐蚀合金复合管生产成本高、竞争力低，缺乏系统的整管检测手段，市场占有率不足 20%，国内 80% 以上从国外进口。未来要逐渐淘汰低端钢种，如 0.3N 型无磁不锈钢，向高端不锈钢和耐蚀钢方向发展。

3.3.3 存在的问题

目前国内没有完整的隔水管系列产品体系与生产经验，特别是高端产品，技术仅被其他国家少数几个公司掌握；钢悬链立管则完全依赖进口，高钢级产品亟待开发；深海高应变海洋输送管尚处于空白；深海钻采集输系统用特殊钢方面高端产品也严重依赖进口。主要存在以下问题：

① 缺乏材料成分设计手段和能力。如第三代无磁不锈钢采用间隙+变形复合强化手段和先进的等温变形生产技术，其最终性能、化学成分和制备工艺之间联系极为密切，国内在该钢种新材料设计方面的研究几乎为零。

② 材料成形水平低。如第三代无磁不锈钢、超级双相不锈钢、超级奥氏体不锈钢和铁镍基耐蚀合金，其异形复杂结构件、超细长管材、大口径管材、小型结构件成形水平低，导致成材率低、性能不稳定、进口依赖性强。

③ 材料制备和测试手段不足。如镍基耐蚀合金、低合金钢、不锈钢复合材料等成形加工和大型整管性能检测设备欠缺。

3.3.4 发展愿景

3.3.4.1 战略目标

2025 年：完成 X60～X80 钢级深海隔水管和钢悬链立管、X65～X70 钢级深海输送管的材料研发和生产技术研究，产品的关键服役性能达到或超过同类型进口产品，并在 2000m 以上深海工程中实现示范应用；定向钻探用第三代无磁不锈钢和海油远洋输送用耐蚀合金复合材料取代进口材料。

2035 年：完成 X90～X100 钢级深海隔水管和钢悬链立管、X80～X90 钢级深海输送管的材料研发和生产技术研究，产品的关键服役性能达到或超过同类型进口产品，并在 3000m 以上深海工程中实现示范应用；远洋平台油气开采和深海水下汇集系统用超级不锈钢材料取代进口材料；深海钻采集输系统用特殊钢具备国际市场竞争力。

3.3.4.2 重点发展任务

2025 年：对定向钻探用第三代无磁不锈钢奥氏体单相平衡机制及间隙原子固溶

行为、奥氏体单相材料变形强韧化晶体学机理和等温变形加速固态相变材料动力学机理等开展研究,将第三代无磁不锈钢的相对磁导率降低 15%以上,强韧性提升 20%以上,晶间腐蚀敏感性降低 30%以上;对远洋平台油气开采用超级不锈钢细管高塑性焊接工艺及性能、异形超级奥氏体不锈钢构件高韧性变形和焊接工艺及性能等开展研究,实现海洋铺设和服役环境中双相不锈钢管超长超细管材及超级奥氏体不锈钢异形结构件无溃压开裂、无腐蚀失效;对深海水下汇集系统用超级不锈钢主合金元素量化双相稳定效应、间隙原子双相分配扩散动力学特征及机理等开展研究,实现双相不锈钢管脐带缆的最大作业水深从 500m 提高到 3000m,抗张、抗压性提高 15 倍以上,响应时间大幅缩短,抗腐蚀性比碳钢管提高 10 倍以上;对海油远洋输送用耐蚀合金复合材料异种材料界面工程、耐蚀合金-钢梯度结构材料强韧匹配微区域设计等开展研究,实现耐蚀合金-钢复合管横向伸长率在内衬提升至 55%以上、整管提升至 45%以上,在驳船铺设和多向洋流冲击环境中无塑性变形,成品造价降低 10%以上。

2035 年:设计和制造出定向钻探用第四代无磁不锈钢材料、新型远洋平台油气开采和深海水下汇集系统用超级不锈钢材料以及适合我国南海和全球热带海域的油气远洋输送用耐蚀合金复合材料,彻底摆脱对国外产品的依赖性,主要技术指标优于国外同类产品。全面提升无磁不锈钢、超级不锈钢、耐蚀合金复合材料等新材料的设计水平和应用性能预测水平。

3.4 岛礁基础设施用钢

3.4.1 应用领域和种类范围

岛礁基础设施结构用钢按钢种可分为低合金钢、合金钢、不锈钢以及不锈钢复合材料等。耐海洋大气腐蚀钢属于低合金钢,耐海水腐蚀钢包括合金钢、经济型不锈钢,耐高离子腐蚀钢筋属于合金钢,耐蚀复合钢材覆层材料为不锈钢、芯部材料为低合金钢。低合金钢应采用重防腐或阴极保护等防护措施,合金钢可裸露或轻防护使用。南海岛礁基础设施必须满足 50 年以上服役的寿命要求,需要耐候钢的南海海洋大气年腐蚀速率≤0.015mm/a;耐海水腐蚀钢的南海海水全浸年腐蚀速率≤0.03mm/a;南海岛礁混凝土环境耐蚀钢筋的耐氯离子腐蚀性能是 20MnSi 普通钢筋的 4 倍以上;经济型双相不锈钢耐点蚀当量≥24,吨钢成本较耐点蚀当量相当的 316 不锈钢降低 30%以上,厚度设计减薄 20%以上;不锈钢覆层复合材料吨钢成本较全不锈钢材料降低 40%以上,降低维护成本 50%以上。

3.4.2　现状与需求分析

日本、韩国等国家先后开发了 Ni-Mo 系、3Ni-Cu 系、Si-Al 系、Ca-Ni 系等耐海洋大气耐候钢；日本研制出可兼用于飞溅带和全浸带的 MariloyG 耐海水腐蚀钢，耐蚀能力是普碳钢的 2 倍以上；美国 MMFX 钢铁公司开发出 MMFX 系列高强耐蚀高 Cr 钢筋，可替代不锈钢钢筋应用于重点建筑、桥梁和道路工程；美国 STELAX 公司开发出 NUOVINOX 不锈钢复合钢筋，美国、日本等国家还开发出不锈钢复合钢板和钛-钢复合板等耐蚀复合钢材。上述耐蚀钢大部分获得了工程化应用。而我国在上述品种的研发方面起步较晚，近年来虽然获得了一些特色的耐蚀钢技术或试制产品，但在腐蚀基础研究、应用连接技术、产品技术标准和使用设计规范等方面严重不足，耐蚀钢产品尚未在南海岛礁环境中获得工程化应用。

由钢铁研究总院等研发的双相不锈钢钢筋小批量应用于南海岛礁建设，太钢不锈钢钢筋产品也成功应用于港珠澳大桥建设。然而，国内经济型不锈钢钢筋制造与应用技术仍不成熟。

从降低不锈钢钢筋的合金成本和钢筋使用量出发，美国 MMFX 钢铁公司开发出的中高 Cr 高强耐蚀钢筋，已成功应用于美国、加拿大和墨西哥等国家沿海地区，设计使用寿命在 50 年甚至 100 年以上；国内钢铁研究总院、沙钢、南钢、马钢等开发的海洋工程混凝土用高耐蚀钢筋处于试制阶段，尚缺乏腐蚀基础研究与应用技术研究。

20 世纪末，美国 STELAX 公司生产的 NUOVINOX 不锈钢复合钢筋突破了废铁屑、不锈钢的压缩结合组坯、热轧复合技术瓶颈，与传统的实心不锈钢钢筋相比，成本降低约 40%，产品开始推广并应用到海港建筑、滨海电站建筑、海岸堤坝建筑、海洋隧道、桥梁建筑和海上油气田陆地终端等领域。近几年，我国钢铁研究总院、湖南三泰等单位突破了钢筋连铸坯与不锈钢管的固-固洁净界面组坯、热轧复合技术，成功试制了力学性能稳定的不锈钢复合钢筋，已进入推广应用阶段。

美国开发的 ASTM A588—Corten 耐候结构钢在一般海洋大气环境下稳态腐蚀速率小于 0.01mm/a，设计使用寿命在 50 年以上。日本开发了 BHS500W、BHS700W 等耐腐蚀性能更高的 Ni-Cu 系耐海洋大气腐蚀钢和 MariloyG 耐海水腐蚀钢结构用钢，应用于日本南部沿海地区桥梁和岛礁等的建设。2014 年科技部批准 973 国家重点基础研究发展计划项目"海洋工程装备材料腐蚀与防护关键技术基础研究"（2014CB643300），其中钢铁研究总院承担的子课题"高湿热海洋环境化学-电化学交互作用机制"部分开展了南海海洋环境下新型耐候钢的腐蚀行为研究等基础理论研究工作，阐述了高湿热海洋大气服役环境下环境因素与材料耐蚀性之间的耦合关系，优化设计了适合于南海海洋大气环境用的新型耐候钢。但与国外相比，我国高性能的耐海洋大气腐蚀钢和耐海水腐蚀钢的品种开发与应用水平仍存在着较大的差距。

目前国内外针对南海岛礁地区高湿热、强辐射、近海岸、高 Cl⁻ 浓度特殊腐蚀环境的耐蚀钢研究基本处于空白状态，既没有产品技术标准，也没有设计使用规范。

南海西沙和南沙群岛需要进行基础设施新建和改建，急需开发新型合金体系的耐候钢、耐海水腐蚀钢、耐蚀钢筋等基础设施用钢及配套防腐材料以及相关应用连接技术、产品技术标准和使用设计规范。

耐候钢市场发展迅速，据相关资料估计，2017 年度耐候钢市场用材达 7000 万 t，形成产值 3500 亿元，带动相关制造业行业利润约 500 亿元。由于耐候钢的技术要求较高、生产流程较为严格，属于中高端钢铁产品；耐候钢整个市场上供给需求平稳、价格稳定，目前市场供货价在 5000～6000 元/t。未来还需根据我国矿产资源和装备特点，开发出适应南海岛礁环境的新型经济型高耐蚀钢筋系列、耐大气腐蚀或耐海水腐蚀钢结构用钢及其配套防腐材料以及相关应用连接技术、产品技术标准和使用设计规范。

3.4.3　存在的问题

目前南海岛礁基础设施用钢还面临很多困难和急需解决的问题，具体如下：

（1）科研投入不足

目前岛礁基础设施用钢的研发工作尚处于起步阶段，主要以实验室研究为主，远远落后于陆地建筑材料的研发工作，缺乏适用于南海地区的成熟耐蚀钢品种。海洋环境基础设施用耐蚀钢研发周期长、投资大，例如耐海洋大气腐蚀钢、耐海水腐蚀钢必须经过不同周期多次实地挂片试验才可以定型，给材料研制带来了巨大挑战，前期基础研究投入不足极大地制约了岛礁基础设施用钢的开发。

（2）缺乏相关技术标准和设计规范

由于南海岛礁地区高湿热、强辐射、近海岸、高氯离子浓度的特殊腐蚀环境，已有的混凝土结构设计规范、耐久性设计规范等并不适用，缺乏相关的产品技术标准和腐蚀性能评价体系，岛礁基础设施用钢的发展受到极大的制约。

3.4.4　发展愿景

3.4.4.1　战略目标

2025 年：突破成分设计、组织调控、高可靠连接与装配等关键技术，发展新型高耐候耐蚀合金钢、经济型不锈钢与耐蚀合金及其复合材料；需要耐候钢的海洋大气年腐蚀速率≤0.015mm/a，经济型不锈钢及其复合材料耐点蚀当量≥24，耐蚀钢筋的耐氯离子腐蚀性能是 20MnSi 钢筋的 4 倍以上，设施与建筑用钢结构、钢混构件的维护成本降低 50%以上。攻克岛礁基础设施用耐蚀钢的应用连接技术，建立岛礁环境耐蚀钢产品技术标准和应用设计规范。

2035 年：建立南海岛礁基础设施用耐蚀钢腐蚀性能评价方法以及材料腐蚀数据库，实现耐海洋大气腐蚀钢结构与钢混结构满足 50 年以上服役寿命要求，兼用于飞溅带和全浸带的耐海水腐蚀钢结构满足 25 年以上服役寿命要求。

3.4.4.2 重点发展任务

2025 年：优化并获得南海岛礁基础设施用耐海洋大气腐蚀钢、兼用于飞溅带和全浸带的耐海水腐蚀钢以及耐氯离子腐蚀钢筋系列原型，开发提高耐蚀性的冶金质量与组织调控新技术，研究模拟复杂海洋环境的加速腐蚀评价方法并搭建平台原型。在西沙、南沙建立耐蚀钢实地挂片试验基地，逐步进行不同技术路线、不同腐蚀周期的耐蚀钢实地实海挂片考核试验研究，初步掌握南海岛礁基础设施用钢腐蚀规律及合金元素作用机理，研发出相应的配套防腐涂料、应用连接技术和产品技术标准以及使用设计规范，并开展示范应用。

2035 年：全面攻克耐海洋大气腐蚀钢、兼用于飞溅带和全浸带的耐海水腐蚀钢、耐氯离子腐蚀钢筋的生产与应用关键技术，开展南海岛礁基础设施用耐蚀钢腐蚀性能评价研究与寿命预测，建立材料腐蚀数据库，满足南海岛礁长寿命、高安全基础设施的新建与升级需要。

第4章
先进轨道交通用钢

4.1 钢轨用钢

4.1.1 应用领域和种类范围

先进钢轨用钢应用范围包括高速铁路、重载铁路等，主要是珠光体钢轨钢和贝氏体钢两大类。珠光体钢轨钢可分为碳素轨钢（通常以 C-Si-Mn 合金体系为主，为高碳亚共析钢，钢中锰含量小于 1.30%，又称普通轨钢），微合金轨钢（在碳素钢轨合金体系中加入微量合金元素如 V、Nb、Re 等），低合金轨钢（碳素钢轨中添加了合金元素，如钢中加入 0.80%～1.20%Cr 的 EN320Cr）。贝氏体钢以低碳高硅锰合金体系为主，添加 Cr、Mo、Ni、V、B 等合金元素。珠光体钢轨性能要求：抗拉强度≥1330MPa，轨头顶面硬度 390～450HB；贝氏体钢轨性能要求：抗拉强度≥1380MPa，伸长率≥12%，−20℃断裂韧性≥60MPa·m$^{1/2}$。

4.1.2 现状与需求分析

目前，国内外使用的钢轨主要为共析型珠光体钢轨。随着铁路运输向重载、高速方向发展，钢轨和列车承受的应力增加，运行条件恶化，现有珠光体型钢轨由于磨损、疲劳等导致的剥离、塌陷甚至是断裂等伤损频率大幅增加，铁路维护费用显著上升。为此，国内外进行了新一代钢轨钢开发，开发方向以减少和防止轨道因疲劳和磨损等造成的失效为目的。近年来，全球范围内高速重载钢轨的开发主要集中在珠光体型钢轨的升级和贝氏体型钢轨的开发两方面。通过成分调整及工艺优化，珠光体型钢轨强度得到显著提高，可达 1300MPa 级别。

珠光体钢轨按其最低抗拉强度(从轨头部位取样)可分为 780MPa、880MPa、980MPa、1080MPa、1180MPa 和 1200～1300MPa。强度为 1080MPa 及以上的钢轨被称为耐磨轨或高强轨。2010 年，日本开发出碳含量超过共析点的过共析轨，并通过欠速淬火工艺获得了钢轨表层细珠光体组织。据报道，珠光体片层间距细化到 0.07μm，接近工业化生产的极限 0.05μm，具有很好的耐磨性。美国匹兹堡大学也开展了类似合金成分的高耐磨钢轨研究，其核心机理是控制非金属夹杂物形貌、细化珠光体片层和细化奥氏体晶粒尺寸。针对钢轨的腐蚀情况，国内外对珠光体型耐腐蚀钢轨也开展了研究，强度以 980MPa 级别为主。

贝氏体钢轨方面，目前以低碳高硅锰合金体系为主，添加合金元素，如美国的 J6、J9 贝氏体钢轨和道岔轨，英国的高硅锰[Si 质量分数＞1.5%，Mn 质量分数＞2%)]

无碳贝氏体钢轨。我国清华大学开发了高锰贝氏体钢轨[Mn 质量分数＞2.0%]等，其强度级别在 1200MPa 级以上。

4.1.3　存在的问题

高速、重载条件下，我国目前大量使用的珠光体-铁素体型钢轨容易出现表层剥离、剥落等失效现象。中高碳珠光体钢轨存在最高屈服强度偏低、抗热损伤差等问题。贝氏体钢是一种具有发展优势和应用潜力的新钢种，从国外研究现状看，贝氏体钢轨的研究已成为一种发展趋势。但其在钢轨上的运用目前并不成熟，必须进行合金设计、生产工艺和使用性能等方面的综合研究，改善钢轨的抗接触疲劳和抗剥离性能，提高轮轨材料的服役安全裕度。

4.1.4　发展愿景

4.1.4.1　战略目标

2025 年：突破抑制先共析渗碳体析出的过共析钢轨合金设计、控轧控冷及先进热处理工艺集成技术，贝氏体钢轨及道岔的洁净化冶炼、均质化连铸、精准组织性能调控等集成技术。

2035 年：建立综合考虑安全性与经济性的高速、重载钢轨服役性能考核与综合评价体系。

4.1.4.2　重点发展任务

2025 年：研究贝氏体相变过程中碳和合金元素配分对复相组织形态、数量、尺寸、亚结构的影响规律以及在珠光体转变过程中碳和合金元素扩散对先共析渗碳体形成、形态的影响机制，探讨过共析珠光体钢中的网状/片状先共析渗碳体，贝氏体钢中的贝氏体、铁素体、马氏体及块状/板条状残余奥氏体在循环应力、循环应变、滚动接触应力作用下的行为和反应及其对低周疲劳、高周疲劳、滚动接触疲劳的影响规律和本质，建立过共析钢轨钢和贝氏体钢轨钢成分-组织-性能关系。

2035 年：开展基于组织性能演变和服役条件的高速、重载钢轨滚动接触疲劳裂纹扩展机理研究，提出高速、重载服役条件下摩擦磨损与滚动接触疲劳的损伤容限控制技术，形成高速、重载钢轨全寿命周期的耐磨损和抗疲劳设计原理及方法。

4.2　高铁车轮用钢

4.2.1　应用领域和种类范围

高铁车轮用钢主要应用于 200km/h 以上的高铁车轮。目前世界上所使用的高铁车轮用钢其微观组织均为珠光体和少量铁素体,经过特殊的车轮踏面淬火工艺获得, 有中碳低合金钢和高碳碳素钢两种类型, 分别以欧洲 EN13262 和日本 JIS E5402-1 两大标准体系为主。欧洲高铁车轮采用中碳钢并微合金化的技术路线, 主要采用 ER7 和 ER8。日本高铁车轮采用了高碳高强度的技术路线, 主要为 SSW-Q3R。高铁车轮国产化方面,借鉴欧洲的中碳珠光体型高铁车轮钢体系,发展了 V 微合金化以及 Si 合金化的中碳车轮钢。高铁车轮用钢要求轮辋磨耗极限处硬度范围在 255~300HB, 断裂韧性 $\geqslant$70MPa·m$^{1/2}$, 光滑试样 10^7~10^8 周次拉压疲劳强度极限不下降; 车轮整体疲劳性能要求在辐板最大径向应力 $\pm$240MPa 下完成 10^7 周次循环后无裂纹产生。

4.2.2　现状与需求分析

目前我国高铁轮对的研发方面起步较晚,还处于跟踪仿制阶段。高铁车轮国产化方面,借鉴欧洲的中碳珠光体型高铁车轮钢体系,我国自主研发和生产了 D1 和 D2 高铁车轮,试制的性能指标达到国际先进水平,但尚未规模化生产和应用。由于缺乏原始创新的积累与沉淀,零部件成套性差且没有批量装车运营经验。存在基础研究不深入、不细致,实验室小试样检测不系统、不全面,整体检测、系统检测存在技术不足、投入不足等问题,应用数据积累不全面,应用上仍有障碍。

高铁车轮的创新以及发展趋势包括以下几个方面:

① 高安全性、高可靠性、超长寿命。不仅要具有高强度和高韧性,还需要具有高的疲劳强度。条件疲劳极限的周次由 10^7 向 10^8~10^{10} 发展。

② 更高速度。适应 350km/h 及以上的速度,速度越快,对材料性能的要求可能越苛刻,未来需要探索和研究。

③ 成本效益。从全寿命周期综合成本降低的角度进行新材料新工艺的创新,如为了提高材料性能和寿命,制造成本可能提高,但维护成本大幅度降低。

④ 环境友好性。低能耗、低排放、低噪声等。

4.2.3　存在的问题

目前服役的中碳珠光体型高铁车轮（绝大部分进口欧洲）存在容易多边形化、踏面剥离严重、出现脆性上贝氏体组织等主要问题，可进一步引起车轮噪声增加、镟修周期缩短甚至是诱发裂纹、提前失效等重大问题。首先，多边形化可以通过提高强度进行改善，但牺牲了韧性，如何匹配强韧性可以既减轻多边形化问题又避免辋裂，成为值得研究的科学问题之一。其次，材料成分体系、显微组织、关键性能指标与踏面剥离程度的关系尚不明确，减轻踏面剥离的有效措施尚不明确；最后，上贝氏体异常组织是引起踏面疲劳损伤、提前失效的主要原因。这些车轮失效时的走行千米数均未超过 30 万千米，远低于动车组车轮 240 万千米的正常服役寿命。动车组车轮踏面过早地出现踏面疲劳损伤不仅会影响列车的运行安全和品质，而且也会加重车轮镟修或换轮的频次，增加车轮的维护成本，即在降低车轮使用寿命的同时也带来了巨大的经济损失。上贝氏体组织的形成原因及消除方法尚不明确。

此外，随着高速列车的速度逐步迈向 400km/h 以上，250～350km/h 高铁车轮的适应性也有待深入研究，由此为 400km/h 以上高铁车轮的开发奠定基础。

4.2.4　发展愿景

4.2.4.1　战略目标

2025 年：阐明抗多边形化抗辋裂高铁车轮的强韧性最佳匹配、影响珠光体高铁高速车轮踏面剥离程度和诱发上贝氏体组织的关键因素，开发出新型抗多边形化抗剥离的 350km/h 高铁用国产化高速车轮。

2035 年：突破 350km/h 高铁车轮批量稳定的生产关键技术，实现国产化率 50%以上，多边形化和踏面剥离程度减轻 20%以上，出现上贝氏体组织概率降低 50%以上。开发出 400km/h 以上高铁用国产化高速车轮，完成示范应用及推广应用。

4.2.4.2　重点发展任务

2025 年：研究抑制高铁车轮多边形化和轮辋辋裂的强韧性最佳匹配；阐明珠光体高铁车轮关键成分、组织类型与分布、关键性能指标对踏面剥离程度的影响规律与机制；研究珠光体高铁车轮踏面淬火热处理过程中上贝氏体组织的形成原因及有效抑制措施；开发新型抗多边形化抗剥离的 350km/h 高铁用国产化高速车轮。

2035 年：研究批量稳定的生产关键技术，进行规模化应用，建立材料成分-工艺-性能数据库；引领开发 400km/h 以上高铁用国产化高速车轮，建立产品技术条件或标准，进行示范应用。

4.3 高铁车轴用钢

4.3.1 应用领域和种类范围

高铁车轴用钢主要用于 200km/h 以上动车组列车车轴，通常可分为碳素钢和合金钢两类。两种车轴材料从含碳量来说都是中碳钢。350km/h 以上高铁车轴用钢要求抗拉强度 680～850MPa，屈服强度≥450MPa，光滑试样和缺口试样 10^7 周次旋转弯曲疲劳强度极限分别大于等于 350MPa 和 215MPa；全尺寸疲劳性能要求轴身外表面在受力≥240MPa 下完成 10^7 周次循环后无裂纹产生。

4.3.2 现状与需求分析

欧洲高铁车轴一般为合金钢（EA4T 合金元素含量低于 5%，属于低合金钢；30NiCrMoV12 合金元素含量约为 6%，属于中合金钢），采用正火+调质处理（淬火+高温回火），获得贝氏体/回火马氏体组织，具有良好的强韧性匹配，加以抛丸强化处理以及对轮座表面喷涂涂层，形成表面残余压应力并提高轮座抗磨损能力，延长车轴的使用寿命；日本高铁车轴采用中碳碳素钢，经调质处理后，对表面进行高频淬火热处理，使表面形成细晶马氏体组织，具有很高的硬度，并可获得一定深度的硬化层，具有合适的残余压应力，而心部组织则具有较好的韧性，经热处理后的车轴钢具有良好的疲劳强度和抗冲击性能。日本车轴钢与欧洲车轴钢相比，原材料成本低，但是热处理工艺复杂、控制难度较高；欧洲车轴钢虽然原材料成本高，但是热处理工艺相对简单。根据我国目前的钢坯冶炼水平以及车轴生产企业实际热处理工艺装备情况，国产化高速动车组车轴的研制开发优先选用了合金化调质热处理的技术路线。现役动车组用高速车轴用钢以 EA4T 为主，少部分使用 S38C（CRH2 型车）、30NiCrMoV12（CRH5 型车），全部进口欧洲或日本。国产高铁车轴借鉴了欧洲中碳 CrMo 和 NiCrMoV 体系，发展了 V 微合金化的中碳 CrMo 系和适当 Ni 合金化的中碳 CrNiMoV 系高铁车轴，自主开发出 DZ1 和 DZ2 高铁车轴，试制的性能指标达到国际先进水平，与进口车轴同车装配于 250km/h 和 350km/h 的动车组，目前已完成了 120 万千米的运行考核。

高铁车轴用钢的创新以及发展趋势包括以下几个方面：

① 高安全性、高可靠性、超长寿命。不仅要具有高强度和高韧性，还需要具有高的疲劳强度。条件疲劳极限的周次由 10^7 向 10^8～10^{10} 发展。

② 更高速度。适应 350km/h 及以上的速度，速度越快，对材料性能的要求越苛

刻，未来需要探索和研究。

③ 成本效益。从全寿命周期综合成本降低的角度进行新材料新工艺的创新，如为了提高材料性能和寿命，制造成本可能提高，但维护成本大幅度降低。

④ 环境友好性。如低噪声等。

4.3.3 存在的问题

我国在高铁车轴的研发方面起步较晚，缺乏原始创新的积累与沉淀；质量稳定性因实际控制技术水平不稳定、企业生产管理不严等而不能得到有效的保障；相关技术条件的制定仅仅参考了欧洲、日本的技术标准，缺乏系统、全面的数据支撑；存在基础研究不深入、不细致，实验室小试样检测不系统、不全面，整体评价、系统检测存在技术能力不足，经费投入不足等问题，应用数据积累不全面。

4.3.4 发展愿景

4.3.4.1 战略目标

2025 年：突破高铁车轴用钢批量稳定化制造技术，全面实现国产化，技术水平达到国际先进水平，并制定完善的高铁和城市轨道交通用车轴钢的评价体系与技术标准。

2035 年：突破传统高铁车轴材料体系，建立高铁车轴用钢大数据库，实现高铁车轴部件疲劳寿命提高 100%以上，完全实现自主保障。

4.3.4.2 重点发展任务

2025 年：通过创新合金体系设计，突破高洁净度高均质化冶金制备、高强韧热处理及部件制造等关键技术，提高 350km/h 等级行走部件可靠性和使用寿命，开发 400km/h 等级用车轴材料及部件，满足部件服役要求，实现自主保障，填补国际空白。

2035 年：突破传统高铁车轴材料体系，研制新型高铁车轴用钢，实现钢材疲劳寿命提高 100%以上，建立全链条或全流程中材料冶金质量、组织特征、生产工艺、力学性能、应用环境与性能（包括运行环境与速度、载荷谱、失效行为等）的数据结构或数据库。

第5章
先进汽车用钢

5.1 汽车用先进高强钢

5.1.1 应用领域和种类范围

先进高强度钢（AHSS）板在汽车上主要用于汽车底盘和车身的结构件、安全件等，主要包括双相（DP）钢、复相（CP）钢、相变诱导塑性（TRIP）钢、孪晶诱发塑性（TWIP）钢、马氏体（MS）钢、铁素体贝氏体（FB）钢、淬火配分（Q&P）钢、中锰钢（MMnS）、热成形（PH）钢等。汽车钢应具有良好的碰撞性能、刚度、成形与可制造性，以及低成本、轻量化等特征。基于车辆碰撞安全性和轻量化的需求，车身不同部位的汽车钢应具有两类性能特点：一是高强塑积（强塑积是抗拉强度与塑性指标断后伸长率的乘积）；二是超高强度。高强塑积汽车钢用于车身吸能区时可提高碰撞吸能效果，用于车身安全件时可提高超高强度钢零件的成形能力；超高强度钢则主要用于车身结构件和安全件，碰撞时不发生变形从而保护成员安全，同时高强度化可以实现零件厚度减薄从而实现轻量化。

5.1.2 现状与需求分析

相比于过去，我国普通低强度钢在汽车中的应用比例降低，自主品牌汽车高强度钢、热成形钢的使用比例逐年增加。以长城哈弗汽车高强钢使用情况为例，2017年，高强度钢比例达到 68%，600MPa 级以上钢板使用比例占 35%，热成形钢比例达到 11%，相比于 2011 年显著提高，高强度钢的使用提高了轻量化水平和汽车碰撞安全性。但是，与合资品牌和国外品牌相比，我国自主品牌乘用车在高强度钢使用比例、强度级别以及镀锌板的使用方面仍有较大差距。

宝钢、首钢、鞍钢等有技术特色的超高强钢陆续投放市场，目前，除部分高端产品外，均可以满足国内汽车制造的需求；汽车钢品种和强度级别覆盖低强度钢、高强度钢和超高强度钢全部系列，形成了 590～1180MPa 级双相（DP）钢、复相（CP）钢系列，590～980MPa 级别增强成形性双相（DH）钢，1300～1700MPa 级别马氏体（MS）钢以及 1300～2000MPa 级热冲压成形（HPS）钢，这些汽车钢在品种和强度级别等方面与发达国家相当，但是质量稳定性控制水平低于欧美，明显低于日本。在第二代先进高强钢方面，宝钢和鞍钢都实现了 TWIP980 钢的工业试制，处于推广应用阶段，比肩韩国浦项、安赛乐米塔尔等国际知名公司走在了世界前列。在第三代汽车钢的生产和应用方面，我国在国际上处于领先地位，例如宝钢、鞍钢等利用先进的退火产线领先于其他国家生产的 QP980、QP1180 等高端汽车钢产品，已经在中国一汽、上汽、长安、长城自主品牌汽车上应用。目前，美国安赛乐米塔尔公司试制了 QP980 钢，正处于汽车厂认证适用阶段。我国太钢、宝钢、鞍钢等都生产出中锰第三代汽车钢，处于推广应用阶段，发展阶段领先于国外。整体来讲，我国汽车用高强度钢发展水平、零件制造和高强度钢的应用情况都落后于国外，但部分产品领先于国外。充分利用国内行业资源优势，做出好钢、把钢用好，对于汽车行业、钢铁行业乃至国家战略部署都具有重要的战略意义。

高强度钢的成形技术主要有冷成形和热成形两大类，其中冷成形主要包括冷冲压、辊压、内高压成形、三维辊弯成形。我国高强度钢的冷成形水平较欧美和日本存在明显差距，日本 1200MPa 以下的零件都以冷冲压为主，只有保险杠防撞梁等少数零件采用辊压成形，而我国高强度钢较多用辊压成形和热成形。我国热冲压成形技术虽然起步较晚但发展规模较大，相对于冷冲压成形，热成形技术对于超高强度零件的成形难度相对较低，但是热成形高端模具材料仍需要大量进口。

5.1.3　存在的问题

目前我国高强度汽车钢面临的问题之一是应用技术缺乏。与软钢相比，先进高强度钢成形中开裂、回弹、起皱、模具损伤、翘曲等问题大量出现，尤其是高强度钢机械落料剪切应变在成形过程中导致的开裂现象、高强度钢零件的回弹现象还在困扰着高强度钢的应用。由于高强度钢抵抗变形的能力较大，要求压机吨位提高，对冲压设备磨损比较大，对装备能力要求高。由于缺乏系统的技术研究和生产经验，高强度钢冷成形问题得不到很好的解决，目前强度水平高于 1200MPa 的高强度级别复杂零件大都采用热成形工艺生产，虽然避免了冷冲压技术短板带来的系列问题，但存在成本高、生产效率低、表面质量差等不可避免的缺点。具有高强塑积特征的第三代汽车钢卓越的成形性使其足以与硼钢和铝相竞争，但是目前在冷成形技术方面研究不够，沿用第一代钢零件设计和制造工艺，尚未充分体现出其高塑性优势。三维辊弯成形可用于提高刚度、减小 A 柱的宽度改善驾驶员视野，我国开始了应用但明显落后于国外。变曲率辊弧技术，国外已经用于保险杠防撞梁，而国内刚刚开发成功。激光拼焊热成形门环产品在小偏置碰撞和轻量化方面有很好的作用，但国内还没有主机厂采用。

高强度汽车钢面临的另一个问题是，虽然产线装备能力强，但是缺乏数据积累，质量波动大。由于强度较高、加工硬化严重、轧制负荷大，极易出现厚度波动严重、板形控制难度大等尺寸精度问题。由于轧制变形和热处理对高强度钢的力学性能影响大，钢板生产流程长且控制偏差会经各环节累积放大，因此高强度钢的质量一致性控制难度大。例如，目前国外最高的抗拉强度达到 1700MPa，用于量产的达到

1500MPa，而国内用于量产的仅达到 1300MPa，且平整度与国外有较大差距，钢板平整度差导致零件精度降低。高强度钢中常加入更多的合金元素（如 Si、Mn、Cr、Mo、Al）以获得良好的强度和塑性，Si、Mn、Cr 等合金元素在热轧过程高温下发生氧化生成氧化物容易形成热轧表面遗传，在冷轧退火过程中发生选择性氧化，降低表面质量影响涂装性能。铝硅涂层热成形激光拼焊板由于国外垄断导致价格偏高，镀锌板的热成形工艺技术还没有突破国外垄断。国外高强度钢生产和使用具有较长的历史，积累了丰富的数据和经验，而我国高强度钢生产装备能力虽强但缺乏数据积累，造成高强度钢质量一致性低于国外先进水平。

5.1.4 发展愿景

5.1.4.1 战略目标

2025 年：针对车身不同部位对先进高强度钢和零件的性能需求，发展系列强度、塑性的先进高强度汽车钢体系，系统解决高强度汽车钢质量一致性问题，建立高强度钢尤其是高强塑积汽车钢零件的设计、制造和评价体系。

2035 年：根据多材料车身的发展趋势，发展钢与轻质材料的匹配及连接技术、具有更低密度的新一代轻质超高强韧汽车钢板。

5.1.4.2 重点发展任务

2025 年：开展先进高强度钢的质量一致性控制研究和应用技术研究，如高强塑积汽车钢的零件设计与制造、超高强度汽车钢回弹控制、超高强度汽车钢剪切边裂纹敏感性控制。

2035 年：开展轻质超高强韧钢技术基础及产业化技术研究，发展汽车异质材料连接技术。

5.2 汽车弹簧钢

5.2.1 应用领域和种类范围

弹簧主要用于汽车的底盘系统，应用要求包括抗疲劳、抗弹性减退、轻量化和设计满载静应力。钢板弹簧约占汽车自重的 5%，其重量与设计满载静应力的平方成正比；弹簧、紧固件主要用于底盘系统，所用材料属于合金钢技术领域。弹簧用钢主要包括 51CrV4、52CrMoV4 等。

5.2.2 现状与需求分析

国外钢板弹簧的设计满载静应力已达 700MPa，而国内均低于 600MPa。弹簧钢的发展趋势是向经济性和高性能化方向发展，如国外近年来开发的 UHS1900、UHS2000、ND120S 等耐腐蚀疲劳的高强度弹簧钢和 SRS60、ND250S 等弹减抗力优良的高强度弹簧钢。

5.2.3 存在的问题

由于冶炼、轧制技术的制约，我国弹簧钢材料水平与国外先进水平有一定的差距，主要存在表面质量差、成分偏析、夹杂物含量高等缺陷，影响了产品的疲劳寿命和抗松弛能力，限制了许用应力的提高。发达国家温喷丸和复合喷丸技术已应用于钢板弹簧的生产，而国内还处于研究阶段。单片簧技术（含保护装置）在欧美已在商用车上广泛应用，国内还处于研究阶段。

5.2.4 发展愿景

5.2.4.1 战略目标

2025 年：突破生产应用共性技术，包括高强度弹簧的延迟断裂问题、疲劳寿命问题；解决量大面广品种的质量稳定性问题，包括弹簧钢线材表面质量控制水平问题、弹簧钢夹杂物控制问题，实现产品的质量升级；同时，通过突破低成本合金设计技术、低成本延迟断裂控制技术，努力实现高强度弹簧钢低成本化，实现低成本 2000MPa 以上强度级别弹簧钢的工业应用。

2035 年：研发高端产品，进一步提升自主知识产权的弹簧钢在汽车领域高端车型的应用比例。目前我国高端弹簧产品主要依靠进口以及合资企业，急需通过材料设计、弹簧制造、服役评估全链条地开发拥有自主知识产权的高端弹簧材料，满足汽车领域尤其是新能源汽车对高强抗延迟断裂弹簧材料的需求。

5.2.4.2 重点发展任务

2025 年：提升汽车弹簧质量稳定性，开展弹簧钢表面质量控制技术研究，开发弹簧钢中的夹杂物改性与控制技术、弹簧钢氢脆敏感性评价与控制技术；研究开发汽车悬架用 2000MPa 以上抗延迟断裂弹簧钢的工程化和应用技术。

2035 年：基于汽车轻量化、长寿命、经济性等发展需求，开发商用车、乘用车用高强度、耐腐蚀、抗延迟断裂高质量稳定弹簧材料，研究开发材料设计、材料制造、弹簧制造、服役评价全流程整套核心技术，实现我国高端弹簧材料的系列化、自主化，突破工程化应用。

5.3 汽车紧固件用钢

5.3.1 应用领域和种类范围

乘用车装配线上 70%以上的装配采用螺栓连接，一台乘用车的螺栓连接数量约 850 个，重量约 30kg。紧固件的性能要求包括强度级别和抗延迟断裂性能。

5.3.2 现状与需求分析

我国是紧固件出口大国，出口量几乎占产量的一半，但出口的产品大部分为低端产品。同时我国关键紧固件 70%以上依赖进口，且进口价格为出口价格的 7 倍。紧固件用钢直接决定了紧固件的性能质量，我国高强度紧固件用钢的研究与工业发达国家相比起步稍晚，因此，我国紧固件用钢从无到有大多仿制美国、欧洲、日本等国外材料，关于高强度紧固件硬度波动控制方面的研究与国外差距较大。国外高强度紧固件用钢的质量稳定性控制在较高水平，如其硬度波动不大于 3HRC，而我国在 5～8HRC 的水平。目前我国关于高强度紧固件用钢的研究主要采用合金化方法，而针对制造工艺过程对紧固件用钢组织性能控制方面的研究较少，尤其是对质量稳定性影响较大的淬透性波动范围控制、低温韧性控制、回火稳定性控制等问题未得到足够重视，导致我国高端紧固件用钢与国外存在技术及质量的明显差异。

针对我国紧固件用材料整体质量稳定性低的问题，正在研发高质量稳定以及耐延迟断裂的紧固件材料。未来需要针对恶劣的服役环境，研发高强度耐腐蚀抗延迟断裂紧固件材料（12.9 级以上），建立稳定服役的数据库，突破超高强度级别紧固件材料的稳定服役。

5.3.3 存在的问题

紧固件材料整体质量稳定性低，主要表现在不同炉次、不同热处理批次的硬度波动较大，力学性能一致性差，造成长期服役不稳定。目前缺乏针对特定服役环境的紧固件材料（耐候、高温、低温），10.9 级以上紧固件在服役环境下的氢脆机理以及在氢环境下的稳定服役评估尚未建立量化的评价标准，缺乏适用大规格紧固件且能够满足心部淬透的低成本紧固件材料。

5.3.4　发展愿景

5.3.4.1　战略目标

2025 年：通过突破高强度紧固件用钢基础材料的设计开发、制造流程及工艺优化等关键技术和基础科学问题，实现重点基础紧固件材料产品的高性能、质量稳定可靠生产。

2035 年：攻克紧固件用钢生产、紧固件制造、紧固件应用评估的全流程质量控制与材料应用关键技术。将标准制定与新产品、新技术、新材料的研究结合起来，开展紧固件用钢技术标准的升级研究，建立完备的知识产权和标准体系，提升我国紧固件用钢材料产业整体竞争力，满足我国高端制造业、战略性新兴产业对高强度紧固件用钢的需求。

5.3.4.2　重点发展任务

2025 年：基于汽车领域对紧固件用钢的高强化与高质量要求，开发 10.9 级以上低成本抗延迟断裂紧固件用钢以及紧固件线材表面质量控制技术、热处理硬度波动控制技术，提升我国紧固件用钢的整体质量水平。

2035 年：针对我国紧固件材料产业提升的需求，需要重点研发大尺寸高质量稳定的紧固件材料，研究不同等级紧固件材料服役过程的氢脆机理，研制铁路高性能防松紧固件材料，建立 12.9 级以上紧固件材料稳定服役数据库，整体推动我国紧固件材料的质量稳定性提升。

第6章
能源用钢

6.1 先进核电用钢

6.1.1 应用领域和种类范围

先进核电用钢主要应用于核电站核岛和常规岛关键设备制造，主要包括反应堆压力容器、蒸汽发生器、稳压器、堆内构件、控制棒驱动机构、主管道、主泵、核级阀门、汽轮机发电机等。本节中涉及的堆型包含先进压水堆、钠冷快堆和高温气冷堆，均为我国已开展工程建设的核电堆型。其中先进压水堆为三代核电技术，是我国核电的主力堆型，其设计运行温度为 300～350℃；钠冷快堆和高温气冷堆为四代核电技术，我国正在进行示范工程建设。钠冷快堆设计运行温度为 450～550℃，高温气冷堆设计运行温度为 650～750℃。

先进核电用钢种类较多，属于品种多、批量小、性能要求极高的结构材料，主要涵盖低合金钢、高合金耐热钢、不锈耐热钢、镍基及铁镍基耐热耐蚀合金等，品种包括铸锻件、板材、管材、棒材、焊材等。其中，核级低合金钢主要用于反应堆压力容器、蒸汽发生器、稳压器壳体及支撑部件、常规岛汽轮机转子、钢制安全壳、中间热交换器等，大多服役在高温、高压、流体冲刷腐蚀、强中子辐照等恶劣环境下，因此要求材料具有合适的强度和优异的韧性、良好的淬透性、大型锻件或宽厚板截面组织和性能均匀性，偏析与夹杂物少、晶粒细、组织稳定，工艺性能好（冷热加工、焊接、热处理），抗中子辐照脆化能力强等；钢种主要包括 SA-508Gr.3c1.1 钢、SA-508 Gr. 3c1.2 钢、SA-533B 钢、3.5NiCrMoV 钢、SA-738B 钢、2.25Cr1Mo 钢等。核级不锈耐热钢主要用于堆容器、堆内构件、一回路管道、泵体、阀门等长期在高温高压下工作的部件,在高温、高压、高流速、强放射性介质条件下工作，承受瞬态工况、事故工况变载荷叠加条件，因此要求具有足够的室温及 350℃强度，良好的塑性、断裂韧性和疲劳性能与良好的耐高温高压水腐蚀性能、抗应力腐蚀断裂能力和抗均匀腐蚀能力以及良好的焊接性能、冷热加工性能和抗中子辐照脆化能力；钢种主要有奥氏体不锈耐热钢和马氏体不锈耐热钢，其中奥氏体不锈耐热钢有 Z3CN18-10（控氮）、Z2CN19-10（控氮）、304、304L、321、316、316L、316LN、316H、316Ti 等，马氏体不锈耐热钢有 Z12CN13、SA336 F6a、改型 403、F6NM、9Cr1MoV、HT9、T91、ODS 钢等。核级镍基及铁镍基耐热耐蚀合金主要应用于堆芯格架、堆内构件、蒸发器传热管、氦-氦中间换热器等高温腐蚀环境下工作的部件，运行环境恶劣，应具备良好的高温蠕变性能、导热性能、抗应力腐蚀断裂和均匀腐蚀能力以及良好的加工性能、焊接性能和抗中子辐照脆化能力等；钢种主要包括 Inconel 718、Inconel 625、Inconel X750、Inconel 600、Inconel 690 和

Incoloy800H 合金等。

6.1.2　现状与需求分析

相比于美、日等国家，我国先进核电用钢技术总体上"起步较晚，发展迅速，尚未建成体系"。近年来，随着大型先进压水堆和高温气冷堆重大专项的实施及钠冷快堆示范电站的建设，我国不断突破核电设备材料的"瓶颈性"技术，解决了大部分材料的"有无问题"，其中核级低合金钢、不锈耐热钢、镍基及铁镍基耐热耐蚀合金以及部分核级焊材等核心材料，基本实现了自主制造。压水堆核电关键设备和材料国产化率已经达到 85%，主设备部件已经实现国产化，钠冷快堆和高温气冷堆关键设备材料大部分已实现了国产化。总体上，我国核电设备材料产品从国产化向自主化不断迈进，材料技术研究总体呈现离散和割裂特征，部分材料的性能稳定性和产品合格率与国际尚有一定差距。我国现有核电材料技术基本能满足核电工程建设和产业发展需求，但还不足以支撑核电技术创新突破，因此需要进一步创新一批先进核电材料技术，使我国成为核电材料技术强国。

核级低合金钢方面，我国目前已经完全掌握了三代压水堆核电站 SA-508Gr.3C1.1 钢、SA-508Gr.3C1.2 钢、SA-533B 钢、SA-738B 钢、3.5NiCrMoV 钢等低合金钢材料技术，实现了反应堆压力容器、蒸汽发生器、稳压器、汽轮机转子等大型锻件和板材以及安全壳钢板的国产化和自主化。核级低合金钢大型锻件和宽厚板需要重点关注以下关键制造技术：①材料最佳成分设计及精确控制技术；②高纯净高均匀钢锭冶炼控制技术；③大型一体化锻件锻造技术；④宽厚板轧制技术；⑤保证低温韧性的热处理技术。经过多年全行业攻关，我国三大重型机械厂（第一重型、第二重型、上海重型）都有生产制造二代和三代压水堆核电压力容器大锻件的装备和能力，其中一重形成了全套锻件的供货能力，产品性能指标达到国际上主要核电大型锻件材料制造商的水平，但是在产品稳定性方面与整体技术水平世界领先的日本制钢所尚有一定差距。随着核电技术不断进步，核电设备趋向大型化、一体化以及更高性能要求，大部分核级低合金钢的应用遇到了瓶颈，表现为厚截面锻件的淬透性不足、难以获得良好的强韧性匹配、尺寸和重量达到了工业制造极限，因此需要开发具有更高淬透性和更好强韧性匹配的下一代核级低合金钢。"十三五"期间，我国成功开发了替代 SA-508Gr.3 钢的新一代核压力容器用 SA-508Gr.4N 钢，成功试制了 ϕ4000mm×1000mm 新型特厚大锻件；研制了替代 SA-533B 钢的新一代核压力容器用 SA-543B 钢板，成功试制了 100mm 厚的宽厚板。此外，还研制了核电安全壳 SA-738B 钢板的下一代钢种，后续将对新钢种的应用性能开展深入研究，推动其在后续型号上的工程应用。

目前，我国已经掌握压水堆核电不锈耐热钢材料技术，已实现不锈耐热钢大型锻件、管、板的国产化和自主化。奥氏体不锈钢 Z3CN18-10、304 和 304H 制造堆芯支承板、上支承板、出口管嘴、吊篮法兰、上支承法兰，马氏体不锈钢 Z12CN13、F6NM 制造压紧弹簧，316LN 奥氏体不锈钢整体锻造主管道，均已实现核电工程应用。其中，堆芯支承板厚度达 450mm，重量超过 32t，是二代堆内构件超低碳奥氏体不锈钢锻件中尺寸、重量最大的锻件，制造难度最高，我国已掌握其关键制造技术。Z3CN18-10 奥氏体不锈钢锻件广泛应用于二代核电。对于马氏体不锈钢而言，由于抗拉强度及冲击韧性均要求较高，为兼顾两者性能，特别是三代 AP1000 压水堆压紧弹簧设计要求强度不变、韧性大幅度提高（夏比 V 型冲击温度从 20℃降至 10℃，要求侧向膨胀量≥1.0mm），性能极难达到。通过攻关，我国已经掌握了二代和三代核电所有堆内构件锻件材料的生产制造技术，掌握了国际领先的三代核电 AP1000 堆内 F6NM 马氏体不锈钢环锻件的生产制造技术，率先制造出世界首批 AP1000 压紧弹簧环锻件。三代核电 AP1000 主管道采用整体锻造 316LN 超低碳控氮奥氏体不锈钢锻件，在 AP1000 技术转让合同中是唯一没有技术转让或技术支持的关键设备，制造难度非常大。通过攻关，我国已率先掌握了 AP1000 三代核电整体锻造主管道的关键制造技术，处于国际领先水平，正处在三代核电的推广应用阶段。目前我国正在开展快堆 316H 等不锈耐热钢的攻关。

核级镍基及铁镍基耐热耐蚀合金方面，2009 年以前我国压水堆蒸汽发生器 690 合金 U 形传热管全部依赖进口。通过攻关，我国的宝钢特钢、宝银特种钢、久立特材三家企业已经建成了 690U 形传热管完整的配套生产线，突破了 690U 形传热管关键制造技术，目前可以提供满足二代加和三代核电技术要求的 690 成品管，产品实物质量优于国外同类产品，国产产品将广泛应用于三代核电。经过高温气冷堆重大专项实施，我国国产高温气冷堆镍基/铁镍基合金已经获得较大比例的使用，如蒸汽发生器用的 800H 传热管坯料、800H 板材，6625 合金的板材和管材，控制棒驱动机构的 6625 棒材等。核级镍基/铁镍基合金材料研究和制造方面，已形成实力强劲的材料研究机构和制造企业，为高温气冷堆用镍基/铁镍基合金改进和新材料的研制提供了有力保证。

6.1.3　存在的问题

尽管我国在"十三五"期间核级低合金钢、不锈耐热钢、镍基/铁镍基合金材料及制造技术均有了显著提高，大部分产品性能指标达到国际主要核电材料制造商的水平，甚至率先开发出了部分核电材料及产品，但是在个别产品质量稳定性、性能均匀性、制造成本、精密制造等方面，新材料新技术开发应用以及材料规范标准方面与世界领先水平尚有差距。主要表现在以下几个方面：

（1）核电大型铸锻件钢锭冶炼凝固技术应更加重视

在我国，大型铸锻件生产过程中"重变形和热处理、轻冶炼凝固"现象严重。我国对于大型钢锭的精炼技术、钢锭模设计与优化、凝固与冷却过程中的收缩和变形规律、化学成分偏析的控制等尚未很好掌握。对于铸件变形规律及变形量大小与合金材质、铸件尺寸规模及铸件结构等多方面因素的预测和控制，目前我国企业大多仍然依靠经验。总体上，我国大型钢锭的凝固组织质量和日本制钢所差距比较明显。

（2）数值模拟技术在大型部件制造过程中的应用有待提高

数值模拟技术对于在提高大型铸锻件工件质量、减少材料消耗、提高生产效率、缩短试制周期等方面可以提供实质指导。国外大型铸锻件已使用数值模拟技术来指导生产，针对缩孔、疏松、裂纹、残余应力和残余变形、偏析等缺陷，通过凝固过程数值模拟预测，可以将新产品60%以上的问题在设计阶段消除。目前，国内越来越重视数值模拟技术在辅助工艺设计中的重要作用，许多重机厂已经初步普及了凝固模拟技术中的温度场计算和缩孔、疏松预测，国内 FT-STAR、华铸 CAE，国外 Magamasoft、Procast 等凝固过程数值模拟软件在国内铸造企业中已经得到比较广泛的应用，缩孔、疏松的问题已经基本解决。但是，国内对于热应力分析以及在此基础上的裂纹预测、残余应力和变形预测尚没有普及应用。

（3）核级焊接材料需加大开发和应用力度

我国压水堆、高温气冷堆已经大量使用了304不锈钢、316不锈钢、2.25Cr1Mo 材料的国产焊材，这些国产材料的母材与焊材技术已经比较成熟，只是在高温蠕变强度与高温应变疲劳强度等方面还缺少数据。对含矾的铬钼钢如9Cr1MoV，国产的焊材还不成熟，基本上都采购国外焊材。另外如800H合金、6625合金和6617合金，国产焊材均不成熟，需要研制。总体来看，我国核电材料配套焊材缺项或质量不够稳定，现有的国产材料还不能满足国内核级部件的需要。

（4）新材料和新技术开发与应用能力不足

我国核电用钢领域的主要国际竞争对手有：日本制钢所，韩国斗山重工，德国曼内斯曼，意大利 FOMAS 公司、FORGIATURA，美国 SMC 公司、ATI 公司。不可否认，目前国内核电材料研究机构和制造企业对于新材料和新技术的开发与应用能力与国外相比还有相当的差距，我国应加大核电材料研发与制造技术的革新和升级能力建设，进一步提高我国核电材料的国际竞争力。

（5）核电材料规范标准和体系尚未建立

我国核电技术走"引进、消化、吸收、再创新"的发展之路。至今，我国引进了美国、法国、俄罗斯、加拿大等国的核电技术，核电设备选材、生产和采购采用的是美国、法国和俄罗斯的标准规范，至今我国尚未形成自主的核电材料标准规范和体系。因此，尽快建立我国自主的核电材料标准规范和体系，将为我国核电技术发展和突破奠定基础，也将支撑我国核电技术的自主化和"走出去"战略实施。

6.1.4 发展愿景

6.1.4.1 战略目标

2025 年：显著提高核电用钢材料性能和产品质量稳定性，开展信息技术与增材制造技术在核电设备材料的应用研究，开发新材料新技术的应用布局。

2035 年：形成我国自主的先进核电用钢规范标准体系，建立先进核电用钢研究评价体系和公用技术平台，抢占技术制高点，通过创新引领，提升竞争力甚至实现能力飞跃。

6.1.4.2 重点发展任务

2025 年：①核电大型锻件质量保障和过程控制与低成本制造技术。加强制造全流程的工艺最优化和早期判废研究，做到制造全流程工序间组织性能精确可控，实现产品批次稳定。研发冶炼浇注技术，不断改善大钢锭的质量，提高大钢锭的利用率；开发大型复杂锻件的近净成形制造技术，实现少或无余量机械加工，提高材料利用率，并且控制表面完整性。②新材料新技术开发与工程应用。研制新一代核电材料及配套焊接材料，实现工程应用。开发核电重型构件的增材制造技术，建立增材制造核电重型构件技术标准和全套性能数据库，通过验证试验，建立全套技术标准体系。

2035 年：①核电材料设备数字化设计制造一体化及协作问题。基于设计数字化和制造数字化的逐步推进，为设计院与设备制造企业之间搭建交互式的设计和制造平台，提高整体协作效率。②核电材料全寿期服役性能评估技术。研究掌握核电材料及关键部件制造缺陷评定与剩余寿命预测的关键技术，为制造阶段开展寿期服务业务提供技术依据。③核电材料规范标准与体系化建设。建立我国核电关键材料自主标准规范，形成我国核电材料体系及性能评价指标体系。

6.2　630～700℃高蒸汽参数先进超超临界机组关键用材

6.2.1 应用领域和种类范围

630～700℃高蒸汽参数先进超超临界机组关键用材包括锅炉侧和汽轮机侧用耐热材料。通常，锅炉用材主要是耐高温高压管道，汽轮机用材包括大型锻造转子、气缸、叶片和紧固件等，主要钢种包括新型马氏体耐热钢 G115、奥氏体耐热钢、铁镍基和镍基耐热合金，性能要求包括高温持久和蠕变强度（一般要求 10 万小时持久强度不低于 100MPa）、优异的组织稳定性、良好的冷热加工性能、良好的抗氧化和抗腐蚀性能和良好的焊接性能等。

6.2.2　现状与需求分析

目前，我国 630～700℃高蒸汽参数先进超超临界机组锅炉侧关键用材研发及技术储备已进入国际第一梯队。我国已构建了 630～700℃高蒸汽参数先进超超临界机组锅炉侧关键用材体系，其中 G115 马氏体耐热钢、C-HRA-1 耐热合金、C-HRA-2 耐热合金、C-HRA-3 耐热合金和 C-HRA-5 奥氏体耐热钢全部为我国自主知识产权的新型耐热材料。我国自主研发的 G115 新型马氏体耐热钢，是目前世界上唯一可工程化用于 630℃蒸汽参数的马氏体耐热钢。

但是，在高蒸汽参数先进超超临界机组汽轮机侧关键用材方面，我国的研发相对滞后。目前，我国商用 600℃蒸汽参数超超临界电站机组汽轮机转子材料全部进口，630～700℃高蒸汽参数先进超超临界机组汽轮机侧关键用材研发才刚刚起步。

目前，世界上最先进的商用火电站是 600℃超超临界二次再热燃煤电站，其使用的耐热材料为 T/P92 耐热钢。T/P92 耐热钢的使用极限温度为 628℃，若进一步提升蒸汽参数，必须使用更高持久强度的新型马氏体耐热钢。目前，国内生产 T/P92 耐热钢的厂家主要有内蒙古北方重工业集团有限公司、扬州诚德钢管有限公司、衡阳钢管等，年产量约 10 万 t，满足国内要求，并出口国外。我国正准备开展 630～650℃超超临界燃煤示范电站建设，自主研发的 G115、C-HRA-5 耐热钢完全满足 630～650℃超超临界燃煤示范电站用材要求，随着 630℃示范电站建设，未来市场潜力巨大。我国自主研发的 C-HRA-1、C-HRA-2、C-HRA-3 和 C700R1 耐热合金满足 650～700℃超超临界燃煤示范电站用材要求，未来市场潜力巨大。

以 1 台 630℃蒸汽参数先进超超临界机组示范项目锅炉侧关键用材计算为准，G115 马氏体耐热钢的需求为：锅炉内约 500t，锅炉外管道约 1400t，合计约 1900t。为考虑经济性，一般电厂设计 2 台锅炉，因此，一座 630℃蒸汽参数先进超超临界电厂，G115 马氏体耐热钢的需求合计约 3800t。汽轮机侧用材种类多，用量也不少。

6.2.3　存在的问题

① 关键用材的基础研究和应用研究经费有限。前瞻性耐热材料技术急需加快推进，以抢占先机，急需国家层面加大经费支持力度。

② 国产耐热材料难以大规模推广。以 P92 钢为例,在电站四大管道中,业主一般指定用国外 P92 钢。目前,我国以内蒙古北方重工为代表的优秀企业,已经生产出完全满足要求的 P92 钢,且价格低于国外 P92 钢,更重要的是综合性能水平高于国外 P92 钢,但仍受困于现有局面。我国在电站用高温管道领域已赢得反倾销战,虽然形势有所好转,但从根本上扭转局面,仍需要一段时间。

③ 大型锻件批量生产质量不稳定,难以实现进口替代。以 600℃汽轮机侧大型锻造转子材料 FB2 钢为例,目前商用 600℃超超临界电站汽轮机转子 FB2 基本全部进口。我国一些重点企业及相关单位曾经试图国产化,但由于产品综合性能低于国外,难以实现替代。

6.2.4 发展愿景

6.2.4.1 战略目标

2025 年:电力装备领域实现自主研制及应用,自主知识产权高端装备市场占有率大幅提升,核心技术对外依存度明显下降,基础配套能力显著增强,重要领域装备达到国际先进水平。

2035 年:自主知识产权高端装备市场占有率 100%,基础配套能力进一步增强,重要领域装备达到国际领先水平。

6.2.4.2 重点发展任务

2025 年:建立 630℃高蒸汽参数电站用自主研发耐热新材料各类产品的全流程生产和质量控制标准体系。推动 630℃高蒸汽参数大型高效超净排放煤电机组关键用国产耐热材料的工程化、产业化和示范工程应用。实现燃煤发电净效率突破 50%,每年累计节煤 6 亿~8 亿吨标准煤,使我国成为世界上燃煤发电参数最高的国家。

2035 年:建立 650~700℃高蒸汽参数电站用自主研发耐热新材料各类产品的全流程生产和质量控制标准体系。推动 650~700℃高蒸汽参数大型高效超净排放煤电机组关键用国产耐热材料的工程化、产业化和示范工程应用。

6.3 高性能电工钢

6.3.1 应用领域和种类范围

电工钢作为一类功能性钢铁材料,在电力和电信工业广泛应用,用于制造发电机、电动机、变压器、互感器、继电器等设备，在电能的生成、传输与使用方面起到了关键的作用。电工钢的主要性能需求是高磁感、低铁损。由于电工钢的铁损与工作频率的平方或钢板厚度的平方成正比，与其自身的电阻率成反比，为了降低铁损，在高频电机中的电工钢需要具备超薄的厚度，并通过加硅达到较高的电阻率。针对电工钢高磁感、低铁损的需求，目前正在发展超高磁感低铁损取向电工钢、高牌号无取向电工钢和 6.5%Si 无取向电工钢。

6.3.2　现状与需求分析

（1）超高磁感、低铁损取向电工钢

目前，超高磁感主要通过单独或复合添加晶界偏聚元素和改善工艺的方法来实现。日本在这方面有很多研究报道，提出了不同的提高磁感的方法，最高可达到 1.96T。然而，尽管超高磁感取向硅钢的制造方法已被大量专利文献报道，但到目前为止，仍未见到超过 1.94T 的取向硅钢实现工业化生产。

（2）高牌号无取向电工钢

高牌号无取向硅钢是指硅含量（质量分数）2.6%以上的无取向硅钢，其生产方法到目前已接近成熟。目前世界最高牌号为 50W230 类产品，该类产品已在二十年前被开发出来，各大厂家的产品说明书中已有罗列，我国已实现生产，但更高牌号的产品至今未见报道。

（3）6.5%Si 无取向电工钢

6.5%Si 无取向电工钢的铁损远低于 3%Si 无取向电工钢，磁致伸缩系数极低，可在较高的频率下实现低铁损和无噪声化。但 6.5%Si 电工钢脆性大、硬度高，加工困难，采用传统方法很难生产。目前，世界上制备高硅钢已达到工业化生产的方法是日本 JFE 采用的化学气相沉积（CVD）法，但是这一方法能耗大，气体腐蚀性强，对设备损害大，且产生的腐蚀性气体一旦泄漏会严重污染环境。制备高硅钢的其他方法还有浸渗-扩散、等离子体增强化学气相沉积法（PVCD）、快速凝固法、粉末法等，但都处于探索阶段，绝大部分至今仍未走出实验室。国内研发也主要集中在各大学，目前宝武集团青山基地已完成铸轧法生产 6.5%高硅钢的实验室开发，处于中试设备的调试整改阶段。

6.3.3　存在的问题

目前国内 6.5%Si 高硅产品以及 0.1mm 及以下极薄带硅钢严重依赖进口技术，产品的主要来源是日本企业。6.5%高硅钢含硅量高、室温下硬度高、冷轧脆性大，工业化生产难度大。国内极薄带取向硅钢的磁性能也与日本有较大差距，且生产研究电工钢极薄带的企业不多，市场上电工钢极薄带的整体性能水平较差。

6.3.4 发展愿景

6.3.4.1 战略目标

2025 年：突破系列规格超高磁感、低铁损取向电工钢，高牌号无取向电工钢等高性能电工钢成分设计及制备工艺关键技术，实现工业化验证试制，成功开发具有自主知识产权的高性能电工钢样品。

2035 年：建立我国高性能电工钢材料体系，具备系列规格高性能电工钢批量制造能力并推广应用，摆脱技术依赖，实现自主可控。

6.3.4.2 重点发展任务

2025 年：成功开发出 0.30mm、0.27mm 或 0.23mm 厚度规格的超高磁感、低铁损取向电工钢，0.15mm 或 0.20mm 厚度规格适合中频条件下应用的无取向电工钢；完成 0.10mm 及以下取向电工钢薄带、0.10～0.20mm 的 6.5%Si 钢带实验研究，提供合格样品。

2035 年：制备出 0.30mm、0.27mm 或 0.23mm 厚度规格的超高磁感、低铁损取向电工钢产品，0.15mm 或 0.20mm 厚度规格适合中频条件下应用的无取向电工钢产品，0.10mm 及以下取向电工钢薄带，形成批量制造能力，并完成 1～2 台样机的制备；制备出 0.10～0.20mm 的 6.5%Si 钢带，形成板宽不小于 250mm 的小批量制造能力，并完成 1～2 台样机的制备。

6.4 非晶合金带材

6.4.1 应用领域和种类范围

非晶合金带材属于快淬金属，作为新一代的软磁材料，采用快速凝固技术制造，是当今综合性能最为优异的软磁材料；其突出的特点是高磁导率和低损耗，对变压器等磁性器件的节能降耗意义重大。非晶带材已广泛应用于电力系统的各种配电变压器（包括所有电压等级的油浸式变压器和干式变压器），目前国内外正在大力开发非晶带材在高频高效电机中的应用，其中新能源汽车、高速机床、高频发电机等领域正在开始规模化采用非晶电机。除高饱和磁感应强度和低损耗外，非晶合金带材还要求高叠片系数、低脆性、低磁致伸缩系数，以缩小器件体积、提升安全性和操作便利性、降低噪声。

6.4.2　现状与需求分析

自 2000 年安泰科技成功研发了国内首条千吨级铁基非晶合金带材生产线之后，又在 2010 年顺利投产了万吨级非晶带材生产线。经过十多年的发展，目前国内已有多家非晶材料的生产企业，装备投资的总产能已经超过 20 万 t，是世界上非晶合金带材产能最大的国家。而在国外，目前只有美国和日本两个非晶合金带材生产基地具备非晶合金带材产能。国内主要的非晶合金带材制造企业大都具备材料及工艺的研发能力，如安泰科技股份有限公司、青岛云路先进材料技术股份有限公司等，通过自主研发，不断地改进和提升材料的制造工艺、改善和提高材料的品质，现在国产非晶合金带材的特性已超越美、日公司。截止到 2017 年，国内非晶合金带材使用已经全部国产化。在国际市场上，国产非晶合金带材及制品已远销北美、欧洲、东南亚等十多个国家和地区，质量受到客户的认可和好评。2018 年国际市场的占有率在 40% 以上，完全打破了美、日企业的垄断局面。

目前用户市场对非晶合金带材的需求主要有以下几个方向。

① 高饱和磁感应强度的新材料：提高磁性器件的工作磁密，缩小器件体积；

② 具有良好韧性的材料：降低材料脆性，提升组件产品的结构强度，增加材料应用过程中的可操作性；

③ 低磁致伸缩系数的材料：降低磁性器件的噪声；

④ 产品物理特性：提高叠片系数、减小带材尺寸偏差、增加材料尺寸规格，以适应不同需求。

6.4.3　存在的问题

① 长期以来，我国非晶合金材料领域的主要产品牌号基本上都是在借鉴国外产品的基础上进行局部适应性创新，非晶合金材料体系基础研发较为薄弱和分散，缺乏原创的非晶合金材料系列，材料自主创新能力需要加强；

② 非晶合金带材的质量稳定性有待进一步改善，各个制造企业之间同类产品的特性存在一定差异；

③ 生产非晶带材所用的原材料成本较高，阻碍了产品应用领域的进一步拓展；

④ 非晶合金带材生产自动化水平较低，生产效率和产品品质存在较大的提升空间；

⑤ 非晶合金带材的应用技术急需提高，如在变压器铁芯等下游产品的加工方式、评价手段、生产效率等方面。

6.4.4 发展愿景

6.4.4.1 战略目标

2025 年：实现变压器和电机用高饱和磁感应强度、低损耗、良好加工性能的铁基非晶合金材料的突破；实现低成本原材料在非晶合金带材制造领域的应用，扩大非晶带材的应用领域；提升非晶合金带材生产自动化水平，提高生产效率，改善产品质量一致性；实现非晶带材在高效电机定子铁芯中的批量应用。

2035 年：形成具有自主知识产权的非晶合金材料体系，实现高饱和磁感应强度铁基非晶材料的产业化；实现非晶配电变压器用非晶带材的升级换代；实现高度自动化的铁基非晶合金带材大生产；实现非晶带材在高效电机定子铁芯中的工业化应用。

6.4.4.2 重点发展任务

2025 年：高饱和磁感应强度铁基非晶材料的开发；低成本原材料在铁基非晶合金带材生产中的应用技术开发；高效电机定子用非晶铁芯设计和产业化技术开发。

2035 年：高饱和磁感应强度铁基非晶材料的开发和应用；铁基非晶合金带材生产自动化和智能制造技术开发；高效电机定子用非晶铁芯应用技术开发。

第 7 章
油气输送用高强韧管线钢

7.1 应用领域和种类范围

管道运输是一种利用管道作为运输工具长距离输送液体或气体物资的方式,具有运量大、成本低、不易受气候和地面其他条件限制、可连续作业等多方面的优点,因而被认为是最经济、安全、有效的石油和天然气运输方式。近年来,随着石油天然气使用量的不断增加和油气资源的枯竭,油气开采逐渐向边远地区转移。从经济、安全方面考虑,管道建设正在向大型化发展,同时长距离输运要途经各种不同的地理环境,如地震带、严寒带、人口稀疏地区、人口稠密地区、深海等,因此,要求管线钢具有高强高韧、抗冲击变形等性能。目前针对不同服役环境,高级别管线钢研究和应用的热点主要集中在以下几种类别:深海抗疲劳管线钢、抗大变形管线钢、低温高强韧管线钢、大口径厚壁管线钢、超高强度管线钢等。我国使用的管线钢有 L-X52 低强度管线钢、X60~X70 中高强度管线钢。目前国内油气长输管线工程建设中主要使用的是采用微合金化和控轧控冷技术的 X80 级高强度低合金管线钢。

7.2 现状与需求分析

我国管道工程发展、高钢级管线钢及钢管的研发应用具有研发周期短、应用速度快和实施效果好等显著特点,已建成了全世界瞩目的西气东输管线和全球规模最大的西气东输二线和三线,材料和设备完全实现了国产化。目前,我国 X80 强度级别的管道总长度位居世界第一,生产与应用均达到了国际领先水平。随着油气开采向极地、深海等边远地区转移,再加上长距离油气输送途经区域地质的不稳定性,"十三五"期间我国已相继开发出了 X80 级抗大变形管线钢、X80 大口径厚壁管线钢(管径 1422mm,壁厚最大 31.8mm)、低温 X80 管线钢(服役温度-20℃)、X65/X70 海底管线钢(最大水深 1500m),并且已经实现了工业应用。超高强度的 X90 与 X100 管线钢国内也已经进行了大量研究,十多家钢铁公司已经通过了中石油组织的千吨级试制,性能已达到国外实物产品同等水平,目前正在进行应用论证阶段,相关标准仍需进一步完善。

我国天然气资源大约 60% 集中在西部地区,主要是塔里木和长庆天然气、新疆煤制气。进口天然气包括中亚天然气、俄罗斯西伯利亚和东伯利亚天然气。上述天然气资源大部分需要通过管道实现"西气东输"和"北气南运"。目前已建成的管道有:川气东送、西气东输、西气东输二线、西气东输三线、陕京四线等。中石油正在建设中俄东线的中段和南段,正在规划西气东输四线、五线,中石化正在建设新粤浙管道、鄂安沧管道等工程,该系列工程的建设给我国高钢级管线钢市场带来了巨大需求。预测我国油气长输管道每年需要 X70 和 X80 级管线钢管（100～300）万 t。

同时，随着油气输送向长距离、地质多元化方向发展，普通的 X80 管线钢已经无法满足苛刻的服役环境对管材性能的要求，因此各种特殊附加性能的高强韧管线钢亟待研究和开发，如深海高强韧抗疲劳管线钢、耐海水微生物腐蚀管线钢、极地高钢级管线钢、大口径厚壁管线钢等具有特殊性能的高强韧管线钢，这将会成为未来 10～15 年油气管道用管线钢发展的主要方向。

7.3 存在的问题

随着边远油气田、极地油气田、深海油气田和酸性油气田等恶劣环境油气田的开发，对新时期的管道工程建设提出了更高的要求。当代管道工程面临两大主题：①提高长距离管道输送能力的经济性要求；②应对不同恶劣环境服役管道的安全性需求。加大管道直径、提高管道工作压力是提高管道输送量的有力措施，并成为了目前油气管道发展的主要方向之一。一般认为，管线钢每提高一个级别，可使管道造价降低 5%～15%。如在油、气管道建设中，采用 X80 代替 X70，可降低成本 7%；采用 X100 代替 X70，则可降低成本 30%。然而，随着管线钢钢级的提升，管材断裂韧性的厚度规格效应越来越敏感。如国内 22mm 规格 X80 钢板可以实现批量稳定化生产，DWTT[❶]韧脆转变温度控制在-20℃左右，但 27.5mm 规格 X80 钢板的试制中，却出现了大量-15℃ DWTT 性能不合格的问题。随着管线钢强度的不断提高，为了在恶劣环境下安全服役，管线钢必须有大的韧性储备，为防止管道的断裂，要求管线钢管有更高的起裂韧性和止裂韧性，如 X100 管线钢的韧性止裂问题正是制约其工程应用和发展的重要因素之一。

另外，为了应对不同恶劣环境管道服役的安全性需求，对高钢级管道的厚度尺寸效应、耐蚀性、低温断裂韧性、抗变形等性能方面的技术要求也日益提高。国内的耐腐蚀管线钢能做到的最高钢级为 X70，并且也只能耐 H_2S 腐蚀；基于应变设计的 X80 抗大变形管线钢国内应用的最大厚度为 26.4mm，并且成材率极低；基于应变设计的深海管线钢的最大厚度需求可达 40mm 以上；中俄东线作为我国第一条低温管道设计的最低温度仅-20℃,而在极寒地区服役的管线钢要求-40℃以下的低温断裂韧性。在低温管道和大输量厚壁 X80 管道方面，我国产品的性能指标还和国际先进水平还有较大差距，这成为新一代高强韧管线钢发展亟待解决的主要技术难题。

---

❶ DWTT，Drop-Weight Tear Test，落锤撕裂试验。

7.4 发展愿景

7.4.1 战略目标

2025 年：针对边远地区油气田、深海油气田和极地油气田等恶劣环境油气开采需求，研制出适用于各种特殊环境的高强高韧管线钢新材料，保证油气在这些恶劣环境下安全输送，同时降低制造和运维的成本。具体目标：突破高强韧性、高强塑性的多相组织调控和工艺优化关键技术，低温厚规格钢板/带成分设计和相变控制、低温厚壁钢管焊接接头韧化控制等关键技术，特厚规格钢板强韧塑化和组织均匀化控制关键技术；使我国高强高韧管线钢及其制备技术达到世界先进水平，满足我国恶劣环境地区油气田开采的迫切需求。

2035 年：有步骤、有计划地开展各种特殊性能高强韧管线钢品种和应用技术开发，并推进标准规范和示范工程建设，满足未来 10～15 年我国油气管网建设的需求，并以此为契机，进入国际高端市场，逐步建立由用户需求持续驱动的材料研发和应用研究体系，使我国油气勘探开发体系由被动型转为主动创新型。

7.4.2 重点发展任务

2025 年：深海油气输送用高强度抗疲劳管线钢方面，针对 3000m 深海油气输送对高钢级抗疲劳管线的需求，开展 X70～X80 深海管线钢的设计和研发，明确高强塑性、强应变硬化能力、高断裂韧性、低各向异性等综合性能匹配的物理冶金学原理，高强韧性、高塑性相变组织工艺优化控制技术，使得最大壁厚指标达到 40mm；极地油气输送用超低温管线钢方面，主要针对极地区域极寒条件下的油气输送需求，开展低温服役条件下高强韧管线钢的材料研发和生产技术研究，探索 X80 管线钢低温断裂韧性控制的金属学原理，形成低温钢板/带成分设计、相变动力学及组织精细化控制技术，使材料低温性能指标达到-20℃ DWTT≥85%，-50℃ CVN❶≥245J；基于应变设计的特厚规格管线钢方面，针对基于应变设计的海底或陆地服役管线钢品种，形成超厚规格管线钢断裂韧性控制技术，完成最大厚度规格为 40mm 管线钢板的强韧塑化和组织性能均匀化研究。

2035 年：深海油气输送用高强度抗疲劳管线钢方面，研究高应变管线钢焊接接头韧化控制技术、过强匹配控制技术和热区软/硬化控制技术，最大壁厚指标达到

---

❶ CVN，Charpy V-Notch Impact Toughness，夏比 V 型冲击韧性。

38mm，与国产不预热焊材配套，在深海油气田实现万吨级示范应用，最大应用深度不低于 1500m；极地油气输送用超低温管线钢方面，产品的关键服役性能达到或超过俄罗斯或其他国外同类型产品；开发的基于应变设计特厚规格管线钢板及配套高线能量埋弧焊材实现千吨级示范应用。最后，引导形成以高强韧、厚规格、易焊接、低成本为特征的高性能管线钢材料体系、标准体系。

第8章
石化压力容器用钢

8.1 石化压力容器用钢应用领域和种类范围

8.1.1 应用范围

石化压力容器用钢应用于石油化工容器装置的框架和主体结构。石油、天然气、煤等化工原料，通常要经过钻探、开采、输送、储存、加工、转化、产品储存等多个环节，每个环节又由不同工艺和特定的装备来完成。石化装备通常分为专用设备、通用设备和仪器仪表。石化专用设备包括工业炉、反应设备、换热设备、塔器、储运设备以及专用机械，其中石化容器涉及化工原料输送、储存、加工、转化和产品储存等多个环节，是石化行业最常见的专用设备类型。因此，石化容器用钢也是石化行业使用最为广泛、用钢量最大的金属材料之一。

8.1.2 所属钢种

石化容器用钢一般分为通用型（压力）容器用钢、耐低温（压力）容器用钢和中高温耐热及临氢钢、耐蚀钢等四类。①通用型以 Q345R（16MnR）、ASTM A537M 等最为典型，可大量应用于相对宽松的服役环境。②低温钢的主要功能是在服役过程中防止材料因低温脆性而发生意外失效。低温韧性是其关键技术指标之一，通常用低温冲击功来表征。低碳细晶粒钢可适用于-70℃以上环境，典型品种有 16MnDR、09MnNiDR。含 Ni 低温钢适用于-60～-196℃的较宽范围，Ni 含量越高，适用环境温度越低。典型品种有 3.5%Ni、5%Ni 和 9%Ni 等。低于-196℃的环境没有专用低温容器钢，一般使用奥氏体不锈钢。③在炼化装置中，设备往往需要承受高温高压环境，并可能处于临氢、高温硫和硫化氢的工况下，使用条件苛刻，以 Cr-Mo 钢为主。典型品种有 15CrMoR、12Cr2MoR、12Cr2Mo1VR 等。④耐蚀型压力容器用钢（或其他有色金属）主要包括不锈钢、耐蚀有色金属和合金、不锈钢-钢复合材料、耐蚀有色金属-钢复合材料等几类。

8.2 石化压力容器用钢现状与需求分析

8.2.1 石化压力容器用钢"十三五"期间现状

我国目前现行的石化压力容器用钢有 4 个标准，如表 1-8-1 所示。

表 1-8-1　我国压力容器用钢标准牌号汇总

标准号	名称	钢种牌号数量		
		通用型	低温型	中高温临氢型
GB/T 713—2014	《锅炉和压力容器用钢板》	5	—	7
GB/T 19189—2011	《压力容器用调质高强度钢板》	2	2	—
GB/T 3531—2014	《低温压力容器用钢板》	—	6	—
GB/T 24510—2017	《低温压力容器用镍合金钢板》	—	4	—

（1）通用型

我国通用型压力容器用钢有 7 个钢牌号（GB/T 713—2014 标准中有 5 个正火型钢种，GB/T 19189—2011 标准中有 2 个调质型钢种），正火型压力容器用钢的屈服强度级别为 245～420MPa 和 490MPa。其中 Q370R 和 Q420R 的产品厚度和适用面均无法满足大范围压力容器用钢的建造需要，尤其是 Q420R 的最大厚度仅为 30mm，只能用在少量特殊场合。

① 我国的通用型压力容器用钢只有 7 种，容器设计和建造者的选择面非常有限。这 7 种牌号中，12MnVR 是专用大线能量焊接石油储罐用钢，07MnMoVR 通常适用于焊接裂纹敏感性要求较高的球罐，Q420R 应用的最大厚度为 30mm，产品厚度严重受限，实际上在工程应用中最为常用的钢种也只有 Q245R 和 Q345R 等 2～3 种。

② 我国主力压力容器用钢牌号仍然是 Q345R（16MnR），虽然历经 40 余年的发展，在其冶炼、化学成分、韧性水平的技术要求方面均有大幅的提高，但是钢的强度等级一直保持 345MPa 级别。与该钢种相匹配的国外牌号有 ASTM 体系的 A299 和 A516-Gr.70、JIS 体系的 SPV355 以及 EN 体系的 P355（GH、N、M）。但是，随着工业体系的成熟和完善，国外相继发展了强度级别为 420MPa 和 460MPa 的通用型压力容器用钢品种，如 JIS 体系的 SPV410 和 SPV450、EN 标准的 P420M、P460（N、M）等。

③ 交货状态的技术规定过于机械化，我国目前规定压力容器用钢的主要交货状态为热处理态，低强度级别的采用正火态或正火+回火态，高强度级别则采用调质态（淬火+回火）。国外标准与我国标准相比具有较大的灵活性，JIS G 3115：2005 虽然规定了各种强度等级压力容器用钢的交货状态，但也强调经供需双方协商可以进行适当调整；而 EN 10028 标准则直接提供了各种交货状态的钢种牌号供选择，如正火型常规碳素钢、正火型细晶粒钢、TMCP 型细晶粒钢和调质型细晶粒钢等。

材料的应用研究和基础数据积累严重缺乏，影响容器用钢的设计和选材。目前，材料的生产研发和工程应用脱节情况严重，生产企业往往只注重产品研发和推广，却忽略了材料的应用研究和基础数据积累，导致用户"有材料可用，却不知如何最好地使用"。在许多压力容器设备中，经常面临高温高压的工作环境，材料的耐高温持久性能是最为重要的应用数据，却没有渠道获取。即使像目前使用非常成熟的 Q345R 钢材料，也很难找到超过 1 万小时的高温持久性能方面的数据。

（2）低温型

我国低温压力容器用成熟钢种主要有低合金钢、镍钢和不锈钢三类，纳入低温压力容器专用材料标准的共有 8 个牌号。我国低温压力容器用钢材料的研究与开发经历了仅半个世纪的历程，从大力开发无镍低温钢、低合金高强度低温钢、镍系低温钢，直至近年来的高锰奥氏体钢，已经发展了三十多年，取得了许多里程碑式的成就。具有如下特点：

① 我国低合金低温钢材料的研发和应用独具特色，相对比较成熟，最低使用温度达到-70℃，与日本等国家的情况基本相当。09MnNiDR 等已成为国际上相对知名的低温钢牌号（与 EN 10028 中的 13MnNi5-3 钢种类似，又具有自己的特点）。

② 我国大规模研发和应用镍系低温钢的时间较晚，虽发展迅速且有工程应用成功案例，但总体上与国际先进水平相比仍较落后。我国的 3.5%Ni、5%Ni 和 9%Ni 钢均是为了满足市场的工程迫切需要而参照国外标准牌号进行研仿开发的，研究、开发、应用和纳标过程迫切而不充分。例如，9%Ni 钢虽然已实现了国产化，但在应用过程中出现钢板剩磁过高、影响焊接质量和效率的问题，说明 9%Ni 钢板还需要进行更充分的应用研究工作。事实上，虽然日本和美国等工业国家的镍系低温钢已经非常成熟，但仍然对 Ni 系低温钢尤其是 9%Ni 钢进行了大量研发和改进，并在原有基础上开发出许多新型改良钢种，如与传统 9%Ni 钢相比，安全裕量更高的"超级 9%Ni 钢""DQT-9%Ni 钢"和成本大幅降低的"7%Ni 钢"等。而我国在成功开发出 9%Ni 钢后，对相关产品和后续研发的关注与支持力度明显下降。

③ 奥氏体不锈钢中奥氏体组织稳定，延展性和低温韧性良好。该类钢既可制造储存和运输 LNG 的设备，也可制造储存液氮和液氧的低温设备，但钢中需要添加大于 12%的 Cr 元素和 8%以上的 Ni 元素，面临着高昂的成本。高锰奥氏体低温钢组织性能与奥氏体不锈钢类似，但其制造成本比不锈钢显著低廉。2010 年韩国浦项钢铁联合造船厂和五大船级社共同启动了 LNG 用高锰奥氏体低温钢母材和焊材开发的相关项目。在研究开发出相关产品后，该相关钢材和焊材的生产制造、服役条件等在 2014 年被韩国国家标准院纳入作为高锰奥氏体低温钢新的标准，并在 2017 年申请通过了美国 ASTM 标准认证。2019 年初，国际海事组织（IMO）正式将超低温高锰奥氏体钢登记注册为国际技术标准。实物建造方面，韩国早在 2015 年就建造了相关 LNG 储罐模型并对其进行了相关超低温性能测试。

为应对韩国高锰奥氏体钢纳入 IMO 标准和 ASTM 标准对国内相关低温储罐用钢产业造成的影响，在科技部和工信部等的联合推动下，高校、科研院所、钢铁企业、造船厂以及中国船级社等单位积极参与，目前已在成分设计、轧制工艺、机理研究等方面取得重要进展，以舞钢、鞍钢等为代表的钢铁企业也具备了相关生产装备和工艺条件。但与韩国相比，我国无论是在材料研制、应用评价方面还是在标准规范等方面均存在较大差距，亟待开展相关工作。

④ 无论是低合金低温钢、镍系低温钢，还是高锰奥氏体钢，均缺乏与钢板相配套的铸锻件、法兰、管材及其他零配件的标准和研发生产途径，给低温压力容器的设计和选材带来困难。

（3）中高温及临氢型

加氢反应器、高压换热器、热高压分离器等厚壁加氢设备，因长期在高温、高压、临氢环境下操作，对材料的要求非常高。作为该类设备主体材料之一的 2.25Cr-1Mo 厚钢板，因技术要求高、制造难度大，国内长期依赖进口，价格高、交货周期长，经常成为制约项目建设的瓶颈。

根据我国石油行业的发展需要和石油产品需求结构的变化，加氢裂化和精制成套应用技术比例逐渐加大。高硫（硫含量大于 1%）原油进口数量逐年递增，加工含硫原油对工艺设备材料的耐蚀性有更高的要求。我国对加氢反应器专用 Cr-Mo 钢的需求量急剧上升。

目前 150mm 以下的 Cr-Mo 钢板基本可实现国产化批量供应，但是 150mm 以上 Cr-Mo 钢板的产品质量稳定性和相关应用技术研究非常缺乏。我国 Cr-Mo 钢的未来发展需求和趋势包括：

① 发展专用的 Cr-Mo 钢标准。随着我国 Cr-Mo 钢品种研发和应用技术的逐步成熟，发展加氢反应器和分离器用 Cr-Mo 临氢钢产品专用标准是大幅提高 Cr-Mo 钢应用水平的重要途径。

② 150～250mm 厚度规格钢板的国产化是我国加氢反应器全面实现板焊替代锻焊、大幅降低建造成本的关键因素。

8.2.2 需求分析

我国石化压力容器用钢发展至今，材料牌号已基本可以满足使用要求，未来的需求和发展趋势主要集中在以下方面：

（1）精细化、专业化、多品种化

发达国家由于工业发展时间长，体系相对成熟，压力容器用钢材料正朝着精细化、专业化的方向发展，品种也随着服役工况的不同而变化，使每一个品种都更为合适地发挥其优势作用，过去一种或几种材料牌号"包打天下"的局面不再存在。甚至同一种材料成分或牌号的钢种，也可以由于交货状态的不同，而选择性地应用于不同的服役环境。例如，对于通用型容器用钢，多层压力容器可选用 SA-225 或 SA-724，搪玻璃用压力容器可选用 SA-562，考虑更低碳当量的材料可选用 SA-841。在中高温临氢钢方面，更是需要不断有新材料品种推出（仅 ASME 规范就有多达二十多种牌号可供选择），来满足各种不同的高温高压和临氢环境要求。

（2）材料系列化配套供应

石化领域压力容器设备，主要建造材料是钢板，与之相配套还应有一定量的管件（无缝管和焊管）、铸件、锻件、法兰等零配件。随着国外容器用钢材料体系的日臻成熟，如钢板相配套的零配件材料也逐渐完善。例如，在美国通用型压力容器仅 ASME 标准体系就有大量的管件、棒型材、铸锻件、法兰、阀门、钢丝及其他零部件材料等相应的产品和牌号、不同强度级别和综合性能、不同的适用工况可供选择，达近百种之多，种类非常齐全。低温钢领域也表现得较为明显，在美国和日本，建造 LNG 储罐，不仅可采购到 9%Ni 低温钢板，也有相应的 9%Ni 锻钢、管件供应；韩国高锰奥氏体钢通过相关认证和评价之后，一方面正在进行实船建造，另一方面也正在加紧开展罐体配套的锻件和钢管的研制。而在国内，则只能通过修改储罐设计规范，用其他产品来替代。

（3）注重设备服役的安全性

随着炼化和储运环境的恶化及设备运行要求的提高，对设备服役安全性的要求与日俱增。设备的安全性主要体现在材料服役的安全上。煤液化的工作温度为 480℃，以前采用 2.25Cr-1.0Mo 钢生产反应容器，使用寿命较短，且易出现安全事故。采用 2.25Cr-1.0Mo-0.30V 钢后，将工作极限温度提高至 500℃以上，安全裕量显著增加。

（4）在保证安全的前提下考虑全寿命经济性

随着石化容器服役环境的日益苛刻，材料成本在装备中的成本快速增加，发达国家在石化容器用钢的选材方面遵循"在保证安全的前提下考虑全寿命经济性"原则。①在保持结构设计不变的情况下，选用既能保证安全又可降低选材成本的材料。例如，LNG 储罐，9%Ni 钢被应用主要是因为钢板和焊接接头均具有良好的断裂韧性——起裂韧性和止裂韧性，能有效保证储罐的安全。近十年来，日本采用 Cr-Mo 微合金化、特殊热处理和 TMCP 在线工艺共同作用生产了 6%Ni 钢和 7%Ni 钢，已被证实具有和 9%Ni 钢相当的低温断裂韧性，可以应用于 LNG 储罐，而材料成本则可以降低 25%以上。②在保证结构设计不变的情况下，选用更长寿命的材料，使设备单位时间的建设和运营成本降低。例如，过去在石化领域大批量采用不锈钢制作油气运输管道，对于某些腐蚀气氛极强（如硫酸露点腐蚀）的环境，不锈钢管道的更换频率很高。若采用钛合金管或者钛-钢复合管，尤其是后者，虽然一次性材料成本投入较高，但后续的维修、更换费用大大降低，全寿命成本得以显著降低。③改变结构设计，选用性能更优的材料，通过降低设备重量来降低材料成本。国际上常见的做法是，在每吨钢成本不显著增加的情况下，选用强度级别更高的钢种（如从 SA-841 的 C 级提高至 E 级，强度提高 25%以上，成本增加不超过 15%），通过减少材料采购数量来保证设备的全寿命经济性。

正在发展的材料：150mm 厚度以下的 12Cr2Mo1R 和 12Cr2Mo1VR 钢板，LNG 储罐用高锰奥氏体低温钢。

待发展的材料：超大型临氢设备用 150～250mm 厚度的 12Cr2Mo1R 和 12Cr2Mo1VR 钢板，7%Ni 低温钢（用于 LNG 储罐内壁，替代 9%Ni 钢），550MPa 和 690MPa 级高强容器用钢。

8.3　石化压力容器用钢存在的问题

① 材料标准和牌号相对较少，与工业发展水平不配套，有空缺。例如，美国 ASTM 拥有近百种压力容器专用钢标准，还有与之相配套的材料标准数百种。日本也有 11 个专用压力容器用钢标准，材料牌号上百种。我国只有 4 个专用的压力容器用钢材料标准和一个设计标准，共 23 个牌号。我国没有专门的中高温临氢 Cr-Mo 钢标准，只在 GB/T 713—2014 中设置了 15CrMoR 等 6 个牌号，而美国仅 ASME SA387 一个压力容器用 Cr-Mo 合金钢板标准，就包括 8 个级别 10 个牌号的钢种，加上其他标准涉及的牌号达数十种之多。

② 强度等级、牌号规划设计系统性不足。对于通用型压力容器用钢，通常情况下强度等级一般以 40～70MPa 为台阶进行划分，如热轧和正火型容器用钢，分为 345MPa、390MPa 和 460MPa。我国则存在 345MPa、370MPa 和 420MPa 这样的划分，且部分牌号等级的适用面过窄。

③ 材料使用的强度级别和最高强度级别均偏低。我国通用的压力容器用钢为 Q345R，屈服强度级别为 345MPa，而日本使用 SPV410 和 SPV490 已经较为普遍；最高的屈服强度仅为 490MPa，而美国、日本等国的最高强度级别已经达到 690MPa，且大量使用。

④ 材料牌号主要针对容器用钢板，而建造压力容器设备所需的管件、棒型材、铸锻件、法兰、阀门、钢丝及其他零部件材料等相应的产品和牌号严重缺乏，影响到压力容器设备的设计与选择。

⑤ 我国压力容器用钢的应用研究和基础数据严重缺乏，导致用户在选材和使用中的困扰；很多钢牌号直接参照国外标准和产品等同采用，甚至还没有国产化批量产品。例如 08Ni3DR（3.5%Ni）钢，我国参照美国 ASME SA203 标准选用，已累计使用进口 3.5%Ni 钢数十万吨，虽然最近刚纳入国家标准体系，却仍没有国产化工程应用，应用研究数据不够，影响材料最大限度地发挥其技术和性能特点。即使像目

前使用非常成熟的 Q345R（过去的 16MnR），在超过 1 万小时的高温持久数据方面也是不全面的。

⑥ 批量产品质量的显著波动性影响石化容器用钢长期应用的稳定性。正是由于发展时间短、产品牌号的专用性不强等特点，各种工况下产品的成分、工艺和性能对石化装置的适用性不强，用户不得不投入额外的力量开展应用技术研究。相应的应用成果在不同装置和服役环境下的转化效率不高。

8.4　石化压力容器用钢发展愿景

8.4.1　战略目标

2025 年：通用型压力容器用钢：实现通用型压力容器用钢的高强化，主体用钢等级由 245～345MPa 向 390～460MPa 升级，用量占比达到 60% 以上；低温压力容器用钢：开发出高锰奥氏体钢等新型的超低温压力容器用钢，形成全品种系列低温压力容器用钢体系；中高温及临氢压力容器用钢：实现高温临氢钢品种的系统化，完成专用标准的纳标和应用。

2035 年：创建压力容器用钢自主开发和应用体系，兼顾材料的通用性和专用性，通过全面系统的应用技术研究和开发，保障材料全生命周期的高质量运行，满足各类工况条件下石化装备的全寿命使用要求。

8.4.2　重点发展任务

2025 年迫切急需的项目：

① 对于通用型压力容器用钢，重点开展新一代高强度容器钢板研究，强度级别在 390～460MPa，交货状态多样化，全面满足大型化石化装置的高质量发展需求；

② 对于低温压力容器用钢，主要针对 7%Ni 钢、高锰奥氏体钢等高端容器用钢的需求和发展现状，开展钢板组织性能调控和性能稳定化技术研究；

③ 对于高温及临氢压力容器用钢，重点开展 150mm 以上超厚规格 2.25Cr-1Mo-0.25V 临氢钢的产品质量稳定性研究，并加快推进专用 Cr-Mo 钢标准的建立；

④ 加强石化压力容器用钢的应用技术研究，如腐蚀、疲劳、低温、高温数据评估等，建立典型品种的石化容器用钢全寿命材料数据库。

2035 年前瞻性的项目：

新产品开发不再是石化容器用钢的主要任务，针对越来越精细化的设备使用需求，产品的专用性和多样化需求将是主要矛盾，因此产品质量稳定性问题将是普遍存在的主要问题，开展石化压力容器用钢质量能力分级评价和产品质量升级工作，以适应不同工况需求。

8.4.3 实施路径

加强"全链条研究，一体化实施"，坚持问题导向、需求牵引，强化全链条跨行业的研发模式，发挥产业联盟等团体在产业链中的优势，使压力容器用钢产品实现从研仿体系到循环创新的自主转变。围绕核心问题，加强材料基因组、大数据计算在解决关键技术上的高效作用。

8.5 措施和建议

（1）提高技术创新能力，推动创新驱动发展

加强国家科研投入力度，以基础研究、关键技术创新突破，引领行业技术进步，促进产业技术升级。设立国家项目支持，以国家项目为载体，积极构建以市场为导向、以企业为主体、产学研用相结合的现代化创新体系，推进全链条协同创新。实施项目带动战略，构建联合创新体的协同创新机制，推进全行业的技术进步。

（2）推进体制机制创新环境建设

完善"政、产、学、研、用"研发机制，支持企业与大专院校、科研机构以及用户企业建立稳定合作的"产学研用"团队，大力推进协同创新机制，鼓励产业联盟在全行业协同创新中发挥作用，支持其重大科研项目落地。努力推荐联盟等方式的协同创新机制建立，扩大开放，增强共享、共赢意识。

（3）加快产业结构调整、产品转型升级

引导企业的发展重点从产能增加转到质量效益提升上来，推动企业从规模增长型向质量效益型转变。鼓励企业走"专、精、特、新"发展道路，打造具有国际竞争力的企业，提高我国石化压力容器用钢在中高端市场上的份额，鼓励淘汰落后产品、落后生产方式，引导用户使用优质材料，在高端材料上给予税费以及其他优惠支持。

（4）完善标准化体系，提高标准水平

建立我石化压力容器用钢的标准体系、评价认证体系，提高基础标准的技术水平，以标准带动产业技术提升，淘汰落后产能，促进品种结构升级。积极提高国际标准化工作的参与与对接。

第 9 章

新一代功能复合化
建筑用钢

9.1 高强耐火耐候房屋建筑钢

9.1.1 应用领域和种类范围

房屋建筑包括居民住宅、厂房、办公用房、教育用房、商业及服务用房以及其他类房屋建筑，是钢铁行业最重要的下游行业,通常采用钢筋混凝土或钢结构作为主体结构，同时还包括了很多功能性设施和装修、装饰工程，如屋面、墙面、护栏等。钢筋混凝土用钢主要包括钢筋、钢丝、钢棒、钢绞线等，按钢种可分为碳素结构钢、优质碳素结构钢、低合金高强度钢等。钢结构的类型范围很广，有梁柱、桁架、框架等，大量用于建设轻、中型工业厂房，大跨度公用建筑，高层、超高层建筑等，采用热轧和焊接 H 型钢以及各种厚度规格的钢板，主要为碳素结构钢、低合金钢、高性能功能复合型钢种、螺栓钢等。

建筑结构向高层、超高层发展，对材料的性能要求提出了新的挑战。从强度级别方面来看，要求 235MPa、345MPa、420MPa、460MPa、500MPa 以至于 690 MPa 以上级别；在综合性能上，要求具有良好的可焊性或低裂纹敏感性；抗震方面除了要求良好的塑性和低温冲击功吸收能力以外，还要求具有低的屈强比；耐火要求方面，要求钢材在高温状态下仍具有较高的强度，一般要求 600℃的屈服强度不小于常温强度的 2/3 等。同时还要求厚钢板具有良好的 Z 向性能，对抗低周疲劳性能、耐候性能也都提出了新的要求。基于绿色建筑的发展理念，还要求建筑钢具有一定的耐候性，尤其是对于沿海建筑或岛礁建筑等腐蚀环境苛刻的区域，需要提高建筑钢的耐腐蚀性能，从而减少防腐维护成本，提升建筑的寿命。在湿度大、温度高、氯离子含量高的服役条件下钢材是否具有良好的耐腐蚀性能，对于建筑物的安全是至关重要的。可以发现，当前和未来的建筑结构钢其性能要求越来越复合化、功能化。

690MPa 级功能复合化建筑钢板的应用要求为：屈服强度 $R_{eL} \geqslant 690MPa$，抗拉强度 $R_m \geqslant 770MPa$，$R_{eL}/R_m \leqslant 0.85$，断面收缩率 $A \geqslant 18\%$，$-40℃ A_{kv} \geqslant 69J$；在腐蚀环境氯离子沉降量 $\leqslant 0.05mg/(dm^2 \cdot 天)$ 的区域，腐蚀速率 $\leqslant 0.015mm/a$；600℃下 3h 屈服强度不小于常温强度的 2/3 等。

9.1.2 现状与需求分析

近年来兴起的高层钢结构和大跨度空间结构建筑需要用到厚板，而普通的低合金高强钢（如 Q345）厚板效应较明显，厚板（50～100mm）的屈服强度较薄板（＜16mm）

下降约 20%，且其他力学与工艺性能也不能满足使用要求。2005 年我国 GB/T 19879—2005《建筑结构用钢板》标准颁布，将建筑结构用钢种扩大为 Q235GJ、Q345GJ、Q390GJ、Q420GJ 及 Q450GJ 系列，但目前国内主要使用的仍然是 Q345GJ、Q390GJ 钢种，仅少数使用 Q420GJ、Q460GJ 钢种。国产 GJ 系列钢材从首次应用于天津云鼎大厦开始，已经在国内多个重大项目上被广泛采用。宝钢开发的 Q460E-Z35 厚钢板是目前国内最高等级的建筑结构用钢，且实现了批量稳定供货，已应用于中央电视台新台址等建筑工程。唐钢、邯钢等企业都成功开发了不同等级的高建钢并应用在多项重点工程。但是我国钢结构用钢强度与国际先进水平相比仍有差距，德国柏林索尼中心、日本横滨 Landmark 大厦均采用了屈服强度 690MPa 级钢板，日本新日铁住金研发中心大楼更是采用了屈服强度 880MPa 级钢板。我国的建筑用钢应用最高强度水平仅为 460MPa，应用在"鸟巢"的建设上，"上海中心"建造仅用到 420MPa 级别。随着建筑物向超高、超大跨度的大型化方向发展，GJ 系列钢材的应用将更加普及，接下来需要强化高端产品的市场开拓。

日本于 1988 年率先开发了耐火钢。我国耐火钢的相关研究起步较晚，目前马钢、宝钢、武钢等单位积极研发新型耐火钢，并取得了一定成果，例如马钢的 490MPa 级耐火 H 型钢产品、宝钢的 Nb 系列耐火耐候钢板、武钢的 WGJ510C2 耐火耐候钢板等。传统耐火钢采用高 Mo 成分设计，目的是利用 Mo 在高温时的固溶强化作用，保证高温时的屈服强度不低于室温的 2/3，然而生产成本相对于常规建筑用钢大幅度增加，在很大程度上妨碍了耐火钢在现代钢结构建筑中的广泛使用。目前对低 Mo 耐火钢的研究仍在紧密的进行中，以武钢为代表的钢厂投入了大量人力物力进行耐火钢的研究开发，研制成功了高性能耐火耐候建筑用钢 WGJ510C，并制作成耐火钢管劲性柱应用于上海中国残疾人体育艺术培训基地和北京中国国家大剧院，但耐火钢在建筑上的应用业绩还是很少。随着高层钢建筑的不断发展，对耐火钢的强度要求也越来越高，我国需要加快研发速度，缩小与国外先进水平的差距，同时向低成本的方向发展，尽早实现耐火钢的普及应用。

普通钢结构的耐腐蚀性较差，需要隔一定时间就重新涂装，维护费用较高。耐候钢通过添加少量合金元素，使其在金属基体表面形成保护层，以提高钢材的耐腐蚀性能。与不锈钢相比，耐候钢添加的合金元素较少，而不像不锈钢那样达到百分之十几，因此价格较为低廉。我国对于耐候钢的研究起步较晚，于 20 世纪 60 年代初试制成功并应用于铁路。从 20 世纪 90 年代开始，为了适应中国爆炸式发展的基建，打破外国垄断并争取更广阔的市场，研究者们将目光转向低成本、高强度、耐腐蚀性能更高的新型高性能耐候钢的开发，因此对于高耐候、耐火、高强、抗震功能化钢种的需求越来越迫切。在耐蚀性相关的加速腐蚀评价方法和评价体系方面，美国针对耐候钢提出了 I 因子，日本针对国土领域涵盖区域提出了适用于其领土的

V 因子方法。我国应该加紧研发,通过近 20 年左右的数据积累和大数据技术形成自己的独特评价方法和评价指标。

9.1.3 存在的问题

我国在建筑钢生产和研发方面与国际水平差距较大,存在的问题具体体现在:钢结构用钢占比低,发达国家的钢结构建筑用钢占比达 30%,而我国仅占 5%~6%左右;强度水平较低,强度波动大;功能单一,缺乏功能复合化钢种;耐蚀性能亟待提高,缺乏适用于南海等高温高湿高盐环境的耐蚀钢筋、耐蚀钢板等;耐蚀性相关的加速腐蚀评价方法和评价体系缺失。

9.1.4 发展愿景

9.1.4.1 战略目标

2025 年:构建高强功能化建筑钢的材料体系和智能制造体系,形成配套焊材与应用技术、材料性能评价方面的关键技术;构建高性能钢的智能制造体系,形成工艺优化和窄工艺窗口稳定控制技术;确定提升质量水平和降低性能波动方面的关键问题,制定和修改钢结构建筑用钢发展所必需的标准和规范。

2035 年:形成高性能功能复合化建筑钢的材料体系,实现高性能建筑钢的多功能复合、结构-功能一体化,满足高强韧、抗震、耐火、耐蚀等多功能性能要求。超高强度建筑钢板的强度达 780MPa 级,耐蚀性能满足高温、高湿、高氯离子浓度地区需求,建立相关的耐蚀性能加速腐蚀试验标准及相关的设计指南或设计规范,提出适用于中国领土的腐蚀性能评价指标因子。

9.1.4.2 重点发展任务

2025 年:形成一套完整的材料体系设计机理,尤其是在功能复合情况下,从成分设计、组织控制方面进行系统研究,提出优化成分、工艺,建立成分-工艺-组织-性能的智能化数据结构,通过大量的数据积累和大数据技术,形成窄工艺窗口控制技术,精准控制,降低性能波动,提升产品的整体质量水平,保证材料的强塑性、稳定的低屈强比和耐火性能,同时提高耐蚀性;在配套焊材与应用技术方面,研发埋弧焊、焊条电弧焊和气体保护焊各种焊接方式的焊材,研究熔敷金属和焊接工艺,实现焊接高效化。建立服役过程中的腐蚀检测及腐蚀数据积累方法,形成室内加速腐蚀干湿循环试验方法以及相关的标准。实现 690MPa 高强韧抗震耐蚀耐火钢板、型钢以及配套连接材料的推广应用。

2035 年:实现建筑钢强度进一步提升到 780MPa 级,同时进一步扩展其应用环境，研发适合于极端腐蚀环境的功能复合化钢板、高耐蚀钢筋以及相关的型钢等以及完善配套连接材料。解决相关的生产关键技术，提高产品质量的稳定性和均匀性，并建立相关的设计指南或设计规范，促进高性能建筑钢产品的大范围推广应用。

9.2 桥梁用钢

9.2.1 应用领域和种类范围

桥梁钢结构行业是交通运输业发展所需的基础行业，包括铁路桥梁、公路桥梁和跨海大桥桥梁；所用结构用钢可分为桥梁结构钢、高强度桥索钢和高强度螺栓钢。桥梁结构钢产品主要包括高强度桥梁钢板、低温桥梁钢板、耐候桥梁板、桥梁复合板、桥梁用纵向变截面(LP)钢板、桥梁用型钢以及其他功能化钢板。其中，高强度桥梁钢板应用最为广泛，主要为低碳低合金钢；低温桥梁钢板主要是针对寒冷工作条件，对冲击韧性要求苛刻，根据实际工况条件需要考核-40℃（E 级）、-60℃（F级）甚至是-80℃的低温冲击性能；无涂装耐候钢桥梁可以大幅减少普通钢桥的涂装费用，而传统耐候钢在岛礁的飞溅区、潮差区甚至是近海大气区等苛刻的海洋环境条件下耐蚀性难以实现 100 年寿命期限的结构耐久性要求；若全部采用不锈钢，除了成本问题之外，其焊接性能、力学性能等难以满足结构的承载能力设计，因此不锈钢+低合金钢复合钢材在沿海及岛礁桥梁建设中具有很好的应用前景；纵向变厚度钢板因具有有效降低结构自重、减小地震作用和构件截面尺寸等特点，能够增加有效使用空间、降低基础造价、缩短施工周期，被广泛应用在船舶、桥梁以及建筑行业。另外中厚板 MAS 轧制等平面形状控制方法也采用变厚度技术来改善钢板矩形度，提高轧件成材率。

桥梁钢的另外一个大类是桥索钢，对强度、塑性、弹性模量、扭转、缠绕性能等都提出了很高的要求。桥索钢强度极限、轻量化是不断追求的目标。高强度桥索钢产品包括钢丝、盘条和缆索，主要为高碳低合金钢。缆索用热镀锌钢丝作为大型桥梁(悬索桥、斜拉桥)的"生命线"，其强度每提高 10%，则缆索截面积可下降 10%以上。随着桥梁建设向跨越海峡和海洋的特大跨度方向发展，高强度桥梁缆索用热镀锌钢丝已成为国内外桥梁缆索技术发展的趋势，具有广阔的市场前景。

高强度螺栓连接作为钢桥连接的重要方式，因效率高、性能好、安全可靠，在工程领域得到了广泛的应用。高强度螺栓的强度水平一般分为 8.8 级、9.8 级、10.9级和 12.9 级四个级别，通常为调质处理的中碳钢或中碳合金钢，也有非调质钢、硼钢、F-M 双相钢或者低碳马氏体钢。

9.2.2　现状与需求分析

随着桥梁建设过程中所面临的恶劣服役条件越来越复杂，对桥梁结构用钢在力学性能、工艺性能和耐候性能等方面的要求逐渐提高。国内桥梁结构用钢沿着"碳锰钢→低合金钢→高强钢→高性能钢"的发展轨迹，朝着高强度、低屈强比、优良的低温韧性、良好的耐蚀性和抗疲劳性方面发展。

高强钢可以减轻结构自重，是桥梁发展的一个必然趋势。我国已经列入 GB/T 714—2015 中的牌号有 Q345q(D/E/F)、Q370q(D/E/F)、Q420q(D/E/F)、Q460q(D/E/F)、Q500q(D/E/F)等，国内鞍钢、宝武、首钢、舞阳、南钢等大型钢铁企业都具备供货能力。目前，中国桥梁行业由于受设计水平、材料制造、配套部件、应用技术等因素限制，与国际先进水平的差距还非常大。美日等国在 2000 年前后就开发使用了 690MPa 级桥梁钢。20 世纪 60 年代以来，美国、日本等开始使用无涂装耐候桥梁钢，制定了应用指南，345～460MPa 级的耐候桥梁钢获得广泛应用。到 2000 年日本 7% 和美国 45%的桥梁已经采用了耐候钢，其中无涂装耐候钢使用已经占有相当高的比例。国内实现应用的桥梁钢板最高强度级别仅为 500MPa，对于 690MPa 级桥梁钢板，仅个别钢企做了一些前瞻性研究，尚无应用业绩，对屈强比也没有明确要求。

我国在多年来耐候钢研究的基础上，紧跟国外高性能耐候桥梁用钢的研究及应用步伐，成功开发了耐普通大气腐蚀的 Q345q(D/E/F)NH、Q370q(D/E/F)NH、Q420q(D/E/F)NH、Q460q(D/E/F)NH、Q500q(D/E/F)NH、Q550q(D/E/F)NH 等牌号，已经列入 GB/T 714—2015 标准中。其中，Q345q(D/E)NH～Q500q(D/E)NH 已经在国内桥梁工程批量应用。更高强度的耐候桥梁钢板研发尚在进行中。

在低温桥梁板的开发方面，鞍钢生产的极低温环境的 Q420qFNH 已经被中俄合作设计建设的黑河—布拉戈维申斯克黑龙江（阿穆尔河）公路大桥（简称黑河大桥）选用。该地区历史极端温度为-47.7℃。黑龙江省交通规划设计院在黑河大桥的主桥和索塔钢结构上采用了鞍钢 Q420qFNH 耐候钢。寒冷区域的桥梁建设需要更高强度的低温桥梁钢板。

使用复合板作为桥面结构替代现有桥梁板可满足桥梁防腐百年的设计要求，后期免维护，整体经济效益可观。国内钢-钛复合板的主要生产单位有：宝钛、西北有色、四川惊雷、鞍钢、济钢、昆钢、南钢、河南荣盛等。主要生产方法是爆炸法、爆炸+轧制法，这两种方法在市场上的份额超过 70%。不锈钢复合板已用于合肥铁路枢纽南环线特大桥等工程。2020 年贯通的我国第一座铁路悬索桥五峰山长江大桥的桥面板结构采用复合钢板，在桥梁结构钢基材表面复合 3mm 厚的 316 不锈钢板，全桥不锈钢复合板设计用量达 4474t。

相对于传统钢板，纵向变厚度钢板的生产开发难度大。1993 年，日本钢铁制造公司 JFE Steel Co(其前身为川崎制铁公司)开始生产单向变厚度 LP 钢板，现已能生产 8 种变截面 LP 钢板。LP 钢板的厚度最小为 10mm，最大厚度为 80mm，最大宽度为 5000mm。JFE 公司生产的 LP 钢板长度为 6～20m，最大重量为 18t。随着桥梁建设和造船业的发展，欧洲各钢厂也相继开发了 LP 钢板的轧制技术。近年来，宝钢和鞍钢也掌握了 LP 钢板的生产与应用技术，包括模型设计、轧制设备优化以及轧制过程中的具体控制方法，打破了国外长期的技术垄断。

目前，国际上桥索钢强度逐步提高至 1960MPa 级（韩国蔚山桥）。我国桥索钢研究虽然起步较晚，但发展很快，强度级别大多为 1770MPa。随着跨海大桥和高铁桥梁建设的发展，桥梁跨径和载荷进一步提高，对于高强度桥索钢有很大的需求。我国的沪通铁路长江大桥桥索钢强度已经达到了 2000MPa，现在桥梁设计者对桥索钢甚至提出了 2500MPa 的需求。随着桥梁跨度的不断增加，桥梁建设不断提升的性能需求间接地促进了桥梁缆索用热镀钢丝强度的提升。因此，桥梁缆索用热镀钢丝的强度提高理所当然地成为国内外桥梁缆索技术未来发展的重要趋势。

高强度螺栓钢方面，国内外公路桥梁最高采用 8.8 级螺栓，铁路桥最高采用 10.9 级螺栓。20 世纪日本曾采用 11.9 级和 13.9 级桥梁螺栓，但因延迟断裂而遭弃用。12.9 级及以上螺栓，目前已应用于发动机，但未见应用于桥梁的报道。国内有一些耐候螺栓的报道，但是均在 10.9 级以下。随着桥梁荷载与跨径的提高，对螺栓也提出了更高设计应力和轻量化的要求，最有效的措施是螺栓的进一步高强化。应用 12.9 级抗延迟断裂耐候螺栓是桥梁工程发展的必然趋势。

我国桥梁以每年 3 万多座的速度递增，目前公路桥梁就已超过 80 万座，高铁桥梁总长达 1 万余千米，已成为世界桥梁大国。然而我国钢结构桥梁主要用于特大跨径，截至 2015 年底，我国公路钢结构桥梁占比不足 1%，远低于美国的 35% 和日本的 41%。"八纵八横"高铁网和国家公路网规划对桥梁发展需求极大。《推动共建丝绸之路经济带和 21 世纪海上丝绸之路的愿景与行动》预示着海外桥梁工程建设将有重大需求。这些都将推动高性能桥梁钢的进一步发展。

9.2.3　存在的问题

国内发展高强钢耐候和低温板面临的主要问题有：钢的强塑性、低温韧性、焊接性、断裂与疲劳性能难以兼顾；缺乏配套的焊接材料与焊接工艺（尤其是埋弧焊材料与工艺）；高强钢冷热加工性能与工厂规模化应用的难题；相应的高强钢设计制造施工规范空白；极端苛刻环境下耐候钢的综合性能调控难控制，质量标准尚未确定，焊接难度大、效率低，焊缝冶金质量控制难度大、成本高；高强度桥梁钢板的屈强比要求很高，但屈强比与结构安全之间的关系尚未确定，焊接接头韧性和焊缝耐候性需要与母材匹配。

复合桥梁板存在的主要问题有：中国基础建设的快速发展以及"一带一路"的建设面临极为复杂、多样的自然环境挑战；品种众多的复合板的应用与配套开发和生产需要完整的技术线路图；复合板在桥梁上的应用，缺少系统的设计规范、标准体系；复合板在桥梁建造、施工和维护中需要的技术体系尚需创建与完善；关于在桥梁上应用复合板，在全生命周期上是否具有优势，需要建立整体的评价体系。

纵向变截面板的制造需要根据用户对钢板的形状和性能要求、板坯原始尺寸、轧机参数等计算轧制规程，包括总的轧制道次、变截面轧制的道次、各道次的压下量、变截面轧制时的初始设定辊缝和厚度变化坡度，综合考虑压下量、轧制载荷和液压缸的行程等。在保证设备安全、板形和力学性能良好的前提下，进行轧制道次和压下量的设定。由于纵向变厚度钢板的厚度变化对自身材性与构件性能的影响不可忽视，国外已对其性能和设计进行了相关研究，但是目前国内仍处于萌芽阶段。应用方面目前仅有宝钢和鞍钢具备部分产品的生产能力。

桥梁用热轧型钢面临的主要问题有：现有型钢高度最大仅 1180mm，限制了其在桥梁工程中的应用；现有的强度等级较低，一般为 235MPa、345MPa、420MPa；型钢生产缺乏控轧控冷手段，材料性能难以提高；型钢规格系列没有标准化、系列化，导致孔型选项较少。

功能化桥梁钢板存在以下问题：功能化钢板的类型较少；缺乏大线能量焊接工况下焊接接头质量满足结构安全要求的钢板；极低屈服强度钢板在桥梁中的应用较少；长涂装寿命用钢方面的研究尚属空白。

在生产设备与技术方面，由于国内钢厂与国外先进水平相比尚有不小的差距，产品的性能稳定性和均匀性都有待提高，包括强塑性、屈强比与低温韧性。在产品研发方面，国内大多数钢厂还缺少自主的创新引领，基础研究薄弱，以跟随国外产品为主。在耐候钢的开发方面，也需要不断积累腐蚀数据，指导进一步的产品设计。随着产品的升级换代，我国的桥梁标准与规范也需要修改，以兼容新开发高性能材料的特点，促进其广泛应用。美国和日本在耐候桥梁选材（钢板、焊材、螺栓）设计、制造、安装等方面已形成标准规范，我国还没有专业的耐候桥梁设计、制造、施工等国家或行业规范，现有耐候钢桥多半采用企业规范进行尝试，不利于推广应用。

9.2.4 发展愿景

9.2.4.1 战略目标

2025 年：解决高性能桥梁钢在材料体系设计和机理、配套焊材与应用技术、材料服役性能方面的关键技术，发展高性能桥梁钢体系，解决桥梁钢制造工艺、深加工工艺和质量稳定性方面的关键问题，制定和修改钢结构桥梁用钢铁材料创新发展所必需的标准和规范。

2035 年：实现高性能桥梁钢的多功能复合、结构-功能一体化，满足高强韧、抗震、耐蚀、易焊和降噪等多方面的要求。超高强度桥梁板的强度达 890MPa，甚至是 960MPa，具备优良的耐候性及低温韧性，桥索钢强度达 2500MPa，螺栓钢的强度达 13.9 级以上，且具备良好的抗氢致开裂性能。为节约能源，大线能量焊接的热输入逐步提高，从 50kJ/cm 到 150kJ/cm，甚至是 400kJ/cm，母材的体系设计一并考虑大线能量焊接的要求。

9.2.4.2 重点发展任务

2025 年：在材料的体系设计与机理方面，需要建立成分-组织-工艺之间的关系，保证材料的强塑性、稳定的低屈强比和易焊接性，同时提高耐候性和抗延迟断裂能力；在配套焊材与应用技术方面，研发埋弧焊、焊条电弧焊和气体保护焊各种焊接方式的焊材，研究熔敷金属和焊接工艺，实现焊接最优化，同时需要稳定化锈层，提高耐候性；在材料服役性能方面，其断裂失效与疲劳止裂需要深入研究，提高韧性。对服役过程中的腐蚀行为需要进行研究并积累观测数据，建立优化的成分体系和制造工艺，以保证产品质量的稳定性和均匀性。实现 690MPa 耐候钢板、2000MPa 桥索钢和 12.9 级螺栓钢的商业化生产和大范围稳定应用。

2035 年：实现桥梁钢在强度上的进一步飞跃，设计耐候桥梁钢、桥梁用复合板、桥梁用型钢和 LP 板以及功能化桥梁钢的体系，解决相关的生产关键技术，提高产品质量的稳定性和均匀性，并建立相关的技术规范，促进这些产品在各类桥梁上的应用。

第 10 章
工程机械用钢

10.1 700MPa 以上级别高强度钢板

10.1.1 应用领域和种类范围

700MPa 以上高强度钢板主要应用于混凝土泵车、起重机、大型电铲、钻机、推土机铲斗、煤炭综采液压支架等工程机械和煤矿机械结构件，属于低合金钢，屈服强度级别主要为 700MPa、890MPa、960MPa、1100MPa、1300MPa。工程机械由于其作业条件、作业对象、使用环境的特殊性，对所用钢材的要求除要具有高强度外还应具有良好的焊接性能及成形性；考虑在高寒地区作业的需要，还应具备良好的低温韧性；对往复性作业工况，需要良好的耐疲劳性能；在露天、井下等环境工作的工程机械，还需要一定的耐腐蚀性。700MPa 以上高强度钢板按组织类型可分为三大类：回火马氏体钢、低碳贝氏体钢和铁素体基析出强化钢。其中回火马氏体钢采用调制热处理工艺，钢板的显微组织为回火马氏体，由于需要淬火处理，碳含量相对较高，同时需要添加较多的淬透性元素，碳当量也因此较高；调质钢强度波动小、性能稳定性高，所能生产的钢板厚度也更厚，但生产工序长、成本高，5mm 以下的薄规格钢板板形难以保证。与前者相比，低碳贝氏体钢强烈依靠轧制过程的控轧控冷技术，省去了淬火工艺，碳当量相对较低，具有良好的焊接性能，但是在轧制过程中，钢板厚度越厚，要达到理想的细化晶粒效果及其他控制效果也就越难。因此，与调质钢相比，低碳贝氏体钢所能生产的厚度规格较低。就目前技术而言，板厚一般在 50mm 以下。低碳贝氏体钢的显微组织为粒状贝氏体或板条贝氏体，伸长率低、冷成形性能差。铁素体基析出强化钢是至今全球范围内最先进的类型，同样对控轧控冷工艺参数依赖性强，采用低碳成分设计，通过微合金元素在铁素体基体上大量析出，起到大幅度提高强度的作用。基于铁素体优良的塑性与韧性和低碳当量，铁素体基析出强化钢焊接性能、冷成形性能等综合机械性能最为优越；缺点是所能生产的板厚薄，一般在 14mm 下，目前全球所能生产的最高级别为 700MPa 级，厚度规格在 12mm 以下。热轧态铁素体基高强度钢由于生产成本低、生产流程短、性能优良，在生产薄规格、成形与焊接性能方面具有调质钢与低碳贝氏体钢无法比拟的优势，因而受到了广泛的关注，也成为研究者与钢铁生产企业关注的热点。

10.1.2 现状与需求分析

目前，国内宝武、鞍钢、太钢、首钢、山钢、涟钢、南钢、湘钢等厂家均可以生产 700MPa 级工程机械用钢。中厚板主要采用 Cr、Ni、Mo、B 合金化和调制工艺生产,热连轧薄板主要采用钛微合金化和 TMCP 工艺生产,基本已实现国产化。

目前国内知名机械制造厂家如徐工、中联重科、三一重工等所需的 890MPa 及以上级别钢板,国内通常采用调质热处理工艺生产。三一重工采用 20MnTiB 调质热处理工艺生产,其他两家公司的中厚板产品基本由宝钢、南钢、舞钢供应,8mm 以下薄板则需要大量从国外进口,如瑞典 SSAB、芬兰 RUUKKI、日本新日铁等。国内涟钢、宝钢等企业研发了 900MPa 及以上薄规格高强度板,最高钢级达到 1100MPa,部分替代了进口。针对传统调质钢生产工艺复杂、合金成本高等的问题,国内宝钢和太钢曾尝试了采用 TMCP 工艺生产 900MPa 以上级别热连轧薄板,通过低温卷取获得马氏体或贝氏体组织,再辅以低温回火改善韧塑性,但因带钢生产板形控制难度非常大,且钢板的弯曲性能非常差,没有实现批量化生产。

高强度结构钢板是大型工程机械装备制造的关键原材料,随着我国工程机械行业向高端、高技术含量、高附加值、大吨位的"三高一大"发展,工程机械装备制造在钢板的高强韧性匹配、易焊接、冷成形性、高平直度板形等方面提出了更高的要求。目前 960MPa 及以下级别钢国内涟钢、南钢等已实现批量供货,但性能稳定性与进口产品仍有差距,亟待提升;1100MPa 级钢已开始小批量试制,尚未形成稳定供货;工程机械行业还提出了 1300MPa 级钢的需求,在我国尚属空白。

在生产工艺方面,国外 SSAB 等企业已大量采用 TMCP 工艺生产 960MPa 级高强度钢,具有流程短、能耗低、成本低的优势;而我国生产此强度级别的钢仍主要采用传统调质工艺,需要发展 960MPa 级别钢 TMCP 生产工艺。

10.1.3 存在的问题

① 高性能产品尚不能稳定生产。高强度钢的强韧性对冶金质量和微观组织很敏感,而国内产品的冶金质量和工艺控制水平不能满足相关要求,从而导致钢板强韧性变化较大;而相关钢材的性能富余量不大,性能的波动往往导致产品性能不合格,由此给工程机械终端产品带来较大的安全隐患。如 700MPa 级别以下的工程机械用钢可以稳定生产,而 960MPa 及以上强度级别的高强度钢板产品性能不稳定,强韧性的配合通常处在临界水平,故性能稳定性要求较高的产品往往采用进口钢材。

② 超高强度(960MPa 以上)薄规格(厚度≤8mm)钢板的生产工艺技术尚需进一步研究开发完善。该厚度规格钢板需要采用热连轧机组或炉卷轧机生产,轧后需要进行热处理,而国内绝大多数的热连轧生产线尚未配备系统完善的后续热处理装置,且剪切、开平、精整等配套措施也不配套,导致钢板内应力较大、板型不良。也有尝试采用在线淬火工艺生产该强度级别薄规格钢板的,但强韧性富余量很小、通卷性能波动较大及板型不良等问题可能是制约这一技术发展的主要障碍。

③ 厚规格工程机械用钢板的性能稳定性需要深入研究和改进。厚规格产品需要钢材具有足够的淬透性和均匀的冷速，而生产成本的严格控制制约了合金元素的大量添加，由此导致厚规格产品的组织性能稳定性不足以及沿厚度方向的性能波动。充分发挥价格低廉的合金元素的作用、降低合金元素的偏析、完善超快冷技术是重要的研究与发展方向。

④ 高强度条件下保证钢材的冷成形性能和焊接性能需要深入研究和改进。工程机械制造过程中需要对钢板进行冷成形和焊接，强度较低时很容易实现，而当强度显著提高后则成为严重的制约因素。保证高强度钢板(特别是厚规格钢板)的冷成形性能及焊接工艺简单化是国内外共同面临的技术难题。例如，目前煤矿开采液压支架用超高强度钢需要焊前预热，预热温度在 100℃以上，这明显提高了制造成本并恶化了工作条件，如何降低焊前预热温度甚至不用预热，是超高强度钢焊接迫切需要解决的问题。同时，高强度钢都需要焊后保温处理，对于较大的部件采用整体回火，需要建造较大的保温炉，不仅使生产成本大幅增加，而且大大延长了加工时间。

⑤ 960MPa 以上强度级别工程机械用钢的研制开发需要尽快开展工作。随着工程机械行业的发展，对工程机械用钢的强韧性不断提出更高的要求，如国内工程机械龙头企业已提出了强度级别 1300MPa 以上钢板的需求。尽管目前其需求量并不大，但却代表了工程机械用钢今后的发展方向，国际上已有相关的研究工作报道。为此，必须进行相关产品的研究开发工作，以保证我国工程机械行业的持续发展。

10.1.4　发展愿景

10.1.4.1　战略目标

2025 年：完善开发超高强度（960～1100MPa）工程机械用结构板相关应用技术，克服制约工程机械装备发展的材料瓶颈，推动工程机械用高端钢材的全面国产化和批量稳定生产，满足工程机械行业的用钢需求并推动工程机械的升级换代。

2035 年：实现 1300MPa 以上级别超高强度工程机械用结构板的生产和应用，达到国际领先水平，全面替代进口并推动大型重载起重机、长臂混凝土泵车、高端煤采液压支架等三种有代表性的大型工程机械的升级换代。

10.1.4.2　重点发展任务

2025 年：960~1100MPa 级高强度薄规格（≤8mm）工程机械用结构板的开发；焊接无预热或低预热型高强度工程机械用钢板的开发。

2035 年：超高强（≥1300MPa 级）薄规格（≤8mm）工程机械用钢板的开发；高强度低密度（≤7.0g/cm³）工程机械用钢板及应用技术的研发。

10.2　高性能耐磨钢

10.2.1　应用领域和种类范围

耐磨钢广泛用于矿山机械、煤炭采运、工程机械、农业机械、建材、电力机械、铁路运输等部门，例如，球磨机的钢球、耐磨钢衬板，挖掘机的斗齿、铲斗，各种破碎机的轧臼壁、齿板、锤头，拖拉机和坦克的履带板，风扇磨机的打击板，铁路辙叉，煤矿刮板输送机用的中部槽中板、槽帮、圆环链，推土机用铲刀、铲齿，大型电动轮车斗用衬等。以上所列举的是经受磨料磨损的耐磨钢的应用，而各种各样的机械中凡是有相对运动的工件，皆会产生各种类型的磨损，都会有提高工件材料耐磨性、使用耐磨钢的要求。常规耐磨钢板主要是通过硬度提高耐磨性，耐磨钢的硬度级别也从 NM300（钢板布氏硬度约 300HB）发展到 NM700（钢板布氏硬度 700HB）。在矿用设备制造过程中钢板需要经整板冷弯、机加工、焊接等多道工序，对耐磨钢板不仅要求耐磨性，同时要求具备一定的冷变形能力，而且对机加工及焊接性能也要求较高。高性能耐磨钢主要为低合金钢及合金钢，目前使用的耐磨钢按组织类型划分主要包括低合金马氏体耐磨钢、贝氏体耐磨钢和中高锰奥氏体耐磨钢。中高锰奥氏体耐磨钢是历史最悠久的耐磨钢，广泛应用于铸造耐磨件，在中、高冲击载荷下可通过表面加工硬化提高耐磨性。贝氏体耐磨钢主要是指组织由贝氏体、铁素体和残余奥氏体构成的复相无碳化物贝氏体钢（又称为准贝氏体钢）。贝氏体耐磨钢强韧性匹配良好，但其碳含量比相同硬度的马氏体钢高 50%以上，焊接性较低，焊缝开裂倾向较大。低合金马氏体耐磨钢是我国矿用机械行业应用最广泛的耐磨钢，与中高锰奥氏体耐磨钢和贝氏体耐磨钢相比，具有生产工艺简单、成本低、综合性能优良稳定等明显优势，代表了矿用机械用耐磨钢的发展方向。

10.2.2　现状与需求分析

高性能耐磨钢目前主要采用硬度400HB及450HB的马氏体耐磨钢。瑞典SSAB、日本 JFE、德国迪林根等是世界领先的耐磨钢板生产企业，通过多年研发和技术积累，可批量生产出适应不同服役环境的低合金马氏体耐磨钢系列，钢板最高硬度达700HB，最厚规格达150mm。国内兴澄特钢、鞍钢、南钢、宝钢等企业的耐磨钢板在硬度级别和厚度规格范围等方面已接近国外产品水平，但质量稳定性尚需提升。东北大学自主研发出可实现极薄和特厚规格(3～200mm)钢板的辊式淬火装备技术、基于超快冷却的新一代 TMCP 装备技术，并在国内半数以上大中型钢企应用于耐磨钢和超高强度钢生产。钢铁研究总院研制出超细晶低温耐磨钢、低成本中锰马氏体耐磨钢等新型耐磨钢，批量应用于三一重工、兖矿等企业。

据不完全统计，我国每年因磨损而报废的矿山机械超过数百亿元，每年因磨损引起的资金投入超过千亿元。可见，材料耐磨性能的提高可有效解决复杂工况下矿山机械的短寿命问题，对矿山开采、破碎和运输的节能节材、循环经济及可持续发展具有重要的战略意义和经济效益。随着矿山采掘、破碎和运输难度的增加，高性能耐磨钢需求迫切。现有常规马氏体耐磨钢无法满足矿山高效率、低成本采掘、破碎和运输设备的需求，具有高耐磨性和良好加工性的新型颗粒增强马氏体耐磨钢在国家相关研发计划的支持下正在稳步发展，常规马氏体耐磨钢（NM360～NM500）在矿山机械领域的用量将逐步减少。

10.2.3　存在的问题

传统低合金马氏体耐磨钢通过简单的提高硬度可改善耐磨性，但导致钢材加工性能变差。如何通过创新合金和组织设计，在不增加硬度和不降低加工性能的前提下提高耐磨性，这将是耐磨钢最重要的发展方向。近年来，钢铁研究总院在多年耐磨钢研究的基础上，结合矿山采运实际磨损工况，提出"超硬颗粒增强耐磨性"技术新思路，初步实现了耐磨性比相同硬度的传统耐磨钢显著提升的"超硬碳化物颗粒增强超细晶高耐磨性钢板"的工业化试制和井下工况试用，取得了良好效果，但是新型钢板特有的合金优化设计、结构特性调控、稳定的制造工艺以及耐磨性增强机理，仍需进一步研究。

总结起来，我国高性能耐磨钢存在的问题表现在以下几个方面：

① 新型耐磨钢还处于研发及试生产阶段，性能稳定性仍需提升；

② 新型耐磨钢全流程生产工艺尚需进一步开发，以满足批量生产的需求；

③ 目前工程机械用耐磨钢标准已经不能满足矿山高效采掘、破碎和运输用机械设备的发展需求，需要进行修订和制订新的标准。

10.2.4　发展愿景

10.2.4.1　战略目标

2025 年：研制出适用于复杂工况矿山采掘、破碎和运输的新型高性能系列化耐磨钢，建立适合不同服役工况、不同强度级别的耐磨钢体系，技术水平、使用寿命达到国际先进水平，满足我国万吨级采掘、破碎和运输生产线的需求。到 2025 年，矿山采运用高耐磨性钢年产量和用量达到 20 万吨，基本替代现有常规马氏体耐磨钢，耐磨性较现有传统钢种提高 1.5 倍以上，国产化率突破 90%，市场占有率达到 60% 以上。

2035 吨：优化高性能耐磨钢生产工艺及成本，耐磨性较传统马氏体耐磨钢提高 2 倍以上；完善品种结构及标准体系，实现国产化率 100%，在矿山开采、破碎、运输机械等多个应用领域完全替代传统耐磨钢。

10.2.4.2　重点发展任务

2025 年：开发出高耐磨性钢板高洁净度冶炼、均质无缺陷铸坯/铸锭凝固控制技术，钢板截面组织性能均匀性及板型尺寸精准控制的关键控制轧制技术，组织精准调控与热处理控制技术，组织与内应力协同控制技术以及成形、焊接、加工等应用与评价等系列新型关键技术。

2035 年：生产出硬度级别 400～500HB，厚度规格 4～80mm，心部硬度不低于表面硬度的 90%，适用于矿山采掘、破碎和运输的高耐磨性钢板系列产品，耐磨性达到相同硬度的传统低合金耐磨钢的 1.5 倍以上。

10.3　掘进机刀具用钢

10.3.1　应用领域和种类范围

掘进机刀具用钢，主要应用于地铁、铁路、公路等隧道工程盾构掘进机/全断面隧道掘进机（TMB）长寿命高耐磨滚压破岩刀圈（滚刀）刀具，包含高碳 H13（5Cr5MoSiV1）、42CrMo、AISI4340（40CrNiMoA）等钢，属于合金钢。盾构掘进机刀具用钢要能够保证盾构掘进机/TMB 刀盘用滚刀刀圈的高性能、高耐磨、长寿命、低成本成形制造。根据刀圈的失效形式分析，刀圈材料需要具有高硬度（>56HRC）、高强度（抗拉强度>2000MPa）、高热稳定性能、良好的抗氧化能力和抗腐蚀能力、高耐磨粒磨损性能及良好的冲击韧性（A_{ku}>20J）。这样的刀圈在掘进时既耐磨，又能在遭受巨大冲击时避免发生崩裂或塑性变形，对材料要求性能极为苛刻。

10.3.2　现状与需求分析

我国的盾构、隧道掘进机及刀具产品和技术发展相对国外较为落后。经过科技部的大力支持，目前我国已经能够自主生产盾构机、隧道掘进机设备，并且已经远销国外，但是某些关键零部件在技术上仍然落后于国外，例如盾构机刀具、隧道掘进主驱动、轴承等。

2017~2019 年我国盾构机市场需求量分别为 344 台、410 台、477 台，每年全国新增直径 4m 以上大型盾构机的数量为 30~40 台。目前世界上尺寸最大的隧道盾构机的刀盘，单盘镶嵌的刀具数量超过 200 件，为盾构机刀具用钢营造了广阔的市场。由于其需求量较大，近年来不少大学、研究机构和企业纷纷展开盾构、隧道掘进机刀具的研究试制工作，但大多数处于仿制阶段。目前我国盾构机的刀具产品与技术仍然比较落后，主要依赖进口。据不完全统计，国内需求刀圈高碳 H13 材料每年在 4000t 以上，相配套的刀体材料 42CrMo 则在万 t 以上，这部分材料档次低、用户要求不高，一般在普钢厂和中间商采购。各种盾构机刀具每年需求（30~40）亿元，其中全断面盾构机刀具需求每年约 15 亿元；国内盾构机刀具企业年销售额约 1.5 亿元，且均未形成专业生产线，产品质量稳定性较差，而进口盾构机刀具年销售额高达 13.5 亿元。2020 年盾构刀具的年需求预计超过 20 亿元。高硬度、高耐磨性、抗冲击盾构刀具用钢是未来必须发展的重点。

10.3.3　存在的问题

我国掘进机刀具用钢存在的问题表现在以下几个方面：

① 我国盾构机刀具整体技术水平和为客户提供全面解决方案的能力与国外先进水平相比还存在不足，国产盾构机刀具还没有批量出口。

② 产品总体水平偏低，性能不稳定，耐磨性不足。产品的性能和质量与用户的需求之间还有很大差距，内在质量不稳定。

③ 自主创新能力有待提高。我国掘进机刀具用钢研发投入明显不足，迫于市场竞争，钢材生产企业过于追求低成本，产业技术基础急需提高，共性技术研究体系缺失。

④ 标准落后。掘进机刀具用钢的标准落后，验收标准低。

10.3.4　发展愿景

10.3.4.1　战略目标

2025 年：针对我国隧道工程盾构掘进机/全断面隧道掘进机（TMB）长寿命高耐磨滚压破岩刀圈（滚刀）刀具的需求，研制出适应不同地质条件、岩石类型的系列化刀具用钢新材料，降低刀具使用成本。突破高耐磨、高均匀化、长寿命材料制备关键技术与长寿命刀具加工及热处理关键技术，材料的实物质量达到世界先进质量水平，满足我国隧道建设领域需求。建立我国盾构掘进机刀圈（滚刀）刀具的国家标准。

2035 年：突破隧道工程盾构掘进机/全断面隧道掘进机（TMB）等高端装备用

刀具用钢的稳定化生产与应用技术，打入国际高端市场，国产高端盾构机刀具用钢年产量和用量达到 5 万吨，国内市场占有率达到 90%以上，支撑我国 1000 余台隧道掘进机盾构刀具制造，实现完全自主保障。

10.3.4.2　重点发展任务

2025 年：重点开展新材料设计及研发，针对不同的地质条件，如软弱岩石(＜25MPa)、中等坚硬岩石(25～100MPa)和较坚硬及坚硬岩石，匹配不同强韧性刀具用钢，使刀具磨损状况更趋合理；研究大型钢锭的微观偏析规律及其控制机理；发展钢锭的低偏析凝固技术，液析碳化物及组织均匀化控制技术，刀具材料高性能、高稳定性热处理工艺技术；研究大挤压力下刀具材料的失效机理及磨损机理；进行表面处理技术的研究工作，材料指标达到硬度≥56HRC 时 A_{ku}≥20J 级别，解决刀具材料开裂及耐磨性不足的问题，使用寿命提高 80%。

2035 年：长寿命高耐磨性刀具实现稳定化生产，自主保障率达到 100%，材料指标达到硬度≥58HRC 时 A_{ku}≥20J 级别；同时发展刀具的真空钎焊技术以及耐磨层堆焊技术、盾构机刀具零配件质量检测方法和控制技术，使用寿命提高 100%。

10.4　大线能量焊接材料

10.4.1　应用领域和种类范围

大线能量焊接是指线能量大于 50kJ/cm 的焊接，常用的大线能量焊接方法为埋弧焊、气电立焊和电渣焊。埋弧焊的焊接线能量能达到 100kJ/cm 左右，而气电立焊能达到 500kJ/cm，电渣焊则可以达到 1000kJ/cm。与常规焊接相比，采用大线能量焊接具有焊接速度快、焊接施工道次少等优点，显著提高了焊接施工效率，可大幅度节省焊接建造成本。大线能量焊接相对于小线能量焊接的区别是：焊缝和热影响区高温停留时间增长，相变温度区间时间增长。高温时间增长会使原始奥氏体晶粒粗大化，相变温度区间时间增长会使先共析铁素体增多、M-A 组元数量增多、尺寸增大，从而显著地降低焊缝及焊接热影响区的韧性。因此，要实现大线能量焊接的工程应用，大线能量焊接材料是需要开发的关键材料，提高大线能量焊缝的低温韧性是需要解决的关键技术。

10.4.2　现状与需求分析

20 世纪 70 年代末至 80 年代初期,日本几家钢厂分别研制成功了焊接线能量可达

50～150kJ/cm 的大线能量焊接用钢及配套焊接材料。90 年代中期，随着国际上采用大型集装箱船进行货物运输的趋势加快，要求在舷侧上部使用厚壁（65mm 左右）、强度高（＞390MPa），且能进行超大线能量（500kJ/cm）焊接的钢板，日本又开发出 YP390 大线能量焊接船体用钢及配套焊接材料。该钢板采用大线能量二氧化碳气体保护焊方法进行焊接，焊接效率比传统小线能量焊接提高了 10 倍，该钢种现已在日本造船行业广泛应用。国内针对电渣焊材料、气电立焊材料也开发了相应的产品，能够满足强度级别较低钢种的一般大线能量焊接需要；在较高强度钢种和特殊性能钢种方面，我国尚无相关适合大线能量焊接用的高强度焊接材料。在研发方面，近十年宝钢、武钢、鞍钢、首钢等企业以及钢铁研究总院、东北大学、北京科技大学等科研院所，针对 315MPa、355MPa 和 390MPa 船体用钢板大线能量焊接用钢及配套焊接材料，开展了一些研究工作，焊接线能量达到 50～100kJ/cm。我国在 420MPa 大线能量焊接的多丝埋弧焊材料、500MPa 以下的气电立焊焊丝方面也开展了一些研发工作，但其综合发展情况来看，在品种、性能和工程应用方面与国际先进水平还有较大差距。

大线能量焊接技术应用于中厚板的焊接有明显优势。近年来，随着船舶、桥梁、海上钢结构、超高层建筑、压力容器、石油和天然气管线等制造业的迅速发展，我国中厚钢板生产规模急速扩大，年产量已超过 7000 万 t。随着我国经济的快速发展，中厚钢板的生产规模和应用还将进一步扩大。随着焊接技术的不断改善，埋弧焊、气电立焊、电渣焊等大线能量焊接技术将成为大型钢结构中厚板的主要焊接手段，这将极大地提高焊接效率，节约能源、降低成本。这些符合国家节能增效政策的生产技术将在许多行业迅速推广，同时也将极大地促进大线能量焊接用钢的需求量增加和相关技术的发展，上述行业和相关领域都将成为大线能量焊接用钢的潜在用户。而且，随着很多领域和产品结构的不断升级，大线能量焊接用钢的潜在用户群也将进一步扩大。但我国尚未针对这些钢种和工程应用开发相应的大线能量焊接材料，需尽早开展这方面的产品开发和工程应用研究工作。

10.4.3　存在的问题

国外已开发了一些埋弧焊丝、气电立焊丝和电渣焊丝，100～500kJ/cm 大线能量焊接材料已获得较多使用，特别是日本的大线能量焊接材料在品种和性能方面都处于领先水平。我国也有部分研究院所和厂家开发了大线能量焊接材料，如适合 Q390、Q420 大线能量焊接的多丝埋弧焊材料，屈服强度 500MPa 以下的气电立焊焊丝，但我国实施造船、建筑、桥梁、大型储罐等大线能量焊接的焊接材料均从国外厂商购买。我国自行生产的产品在强度级别、低温韧性、适用的焊接线能量上限和焊接材料品种等方面与国外相比有较大差距，需加大投入进行大线能量焊接材料的机理研究、品种开发和工程化应用工作。

10.4.4　发展愿景

10.4.4.1　战略目标

2025 年：针对几种用量大的中厚板，开展大线能量焊接材料及工艺研究工作（强度级别 460～590MPa，焊接线能量大于 100～500kJ/cm，焊缝金属-40℃韧性高于 47J）；并进行工程应用研究工作，以扩大大线能量焊接的工程应用。

2035 年：针对更高强度级别的中厚板，开发适合更大大线能量焊接的材料及工艺（强度级别 690～785MPa，焊接线能量大于 100～500kJ/cm，焊缝金属-40℃韧性高于 34J），并进行工程应用研究工作。

10.4.4.2　重点发展任务

2025 年：实现焊缝金属强度 460MPa 以上，焊缝金属-40℃韧性高于 47J，埋弧焊接线能量大于 100kJ/cm 焊接材料的研制和气电立焊线能量大于 500kJ/cm 焊接材料的研制；实现焊缝金属强度 590MPa 以上，焊缝金属-40℃韧性高于 47J，埋弧焊接线能量大于 100kJ/cm 焊接材料的研制和气电立焊线能量大于 500kJ/cm 焊接材料的研制。

2035 年：实现焊缝金属强度 690MPa 以上，焊缝金属-40℃韧性高于 34J，埋弧焊接线能量大于 100kJ/cm 焊接材料的研制和气电立焊线能量大于 500kJ/cm 焊接材料的研制；实现焊缝金属强度 785MPa 以上，焊缝金属-40℃韧性高于 34J，埋弧焊接线能量大于 100kJ/cm 焊接材料的研制和气电立焊线能量大于 500kJ/cm 焊接材料的研制。

第 11 章

高品质不锈钢及耐蚀合金

11.1　应用领域和种类范围

高品质不锈钢包括超级奥氏体不锈钢、Cr-Mn-N 型奥氏体不锈钢和超级铁素体不锈钢。超级奥氏体不锈钢与普通 Cr-Ni 系奥氏体不锈钢相比，成分具有高 Cr-Ni-Mo、高 N 合金化、高纯净度的特点，因此超级奥氏体不锈钢的力学性能、耐均匀腐蚀性能和耐各种局部腐蚀性能均有较大幅度提升，常用于烟气脱硫、热带海洋工程等，要求具有高耐蚀性和长服役寿命。Cr-Mn-N 型奥氏体不锈钢属于节 Ni 型不锈钢，采用 Mn、N 元素部分或全部替代 Ni 的方式，使不锈钢基体保持面心立方的奥氏体晶格结构，具有良好的热加工工艺性能，代表钢种有 Cr18Mn18N、Cr13Mn18N、Cr20Mn22N 等，主要用于深海和陆地油气定向钻采服役环境中，要求无磁性和具有长服役寿命。Fe-Cr-Mo 超级铁素体不锈钢具有优异的耐均匀腐蚀和局部腐蚀性能，代表钢种有 UNS44660、SeaCure 等，主要用于热带海洋工程、海水淡化、海水介质热交换器等高温、高盐度服役环境，要求具有高耐蚀性、长服役寿命和低韧脆转变温度（DBTT≤-40℃）。

耐蚀钢主要包括铁镍基耐蚀合金和镍基耐蚀合金，根据在苛刻服役环境如氯化物、强酸、高温等条件下的耐应力腐蚀、耐晶间腐蚀等特殊性能需要而设计制造。按照成分特点，铁镍基耐蚀合金可为 Ni-Fe-Cr 型(Cr20Ni32、新 13 号)、Ni-Fe-Cr-Mo 型(NS313、Narloy-3)和 Ni-Fe-Cr-Mo-Cu 型(20Cb-3、哈氏 G、Sanicro28、Incoloy825、Nicrofer3127hMo)；镍基耐蚀合金可分为 Ni-Cu 型(Monel-400)、Ni-Cr 型(Inconel600 系、NS411)、Ni-Mo 型(哈氏 B)、Ni-Cr-Mo 型(哈氏 C、Inconel625)、Ni-Cr-Mo-Cu 型等。

11.2　现状与需求分析

目前，我国企业冶金工艺水平、热变形工艺水平普遍较为落后，导致成品成材率比国外同类产品低 50%以上；同时产品的生产和原材料成品大幅偏高，高端钢种短缺 60%以上，高端产品市场占有率不足 20%。超级奥氏体不锈钢国内以 904L（含 Mo 量 4%～5%）为主，正在发展 6%Mo 超级奥氏体不锈钢，而国外以高端的 6%Mo、7%Mo 超级奥氏体不锈钢为主。Cr-Mn-N 奥氏体不锈钢国内以 0.3%N 含量为主，正在发展 0.6%N 高氮奥氏体不锈钢，而国外以 0.6%N 以上含量为主。超级铁素体不锈钢国内以 UNS S44500 等为主，正在发展 UNS S44660，而国外以 UNS S44660 为主。由于合金成分体系较低，我国产品性能与国外产品相比差距较大。国内 904L 超级奥氏体不锈钢、0.3%N 含量 Cr-Mn-N 奥氏体不锈钢、UNS S44500 超级铁素体不锈钢耐蚀性能仅为国外同类产品的 40%～60%，屈服强度和硬度等力学性能比国外产品低 20%以上，晶间腐蚀合格率仅为国外同类产品的 20%左右。未来要发展 7%Mo 超级奥氏体不锈钢，含 N 量大于 0.6%、含 Mo 含 Ni 高性能高氮奥氏体不锈钢和含 Ni 高 Mo 超级铁素体不锈钢。铁镍基和镍基耐蚀合金方面，需要提高材料生产工艺稳定性和性能稳定性，针对特定服役环境对现有钢种的成分进行优化设计，达到降低原材料成本和提升产品竞争力的目的。

11.3　存在的问题

我国高质量不锈钢和耐蚀合金生产起步晚，钢铁企业装备水平参差不齐，先进装备利用率低；生产工艺研究开展缓慢，导致产品冶金质量差，成品性能稳定性差，成品价格高；缺乏材料成分设计手段和能力，创新能力差；没有新牌号、新成分体系技术储备，没有前瞻性产品设计工作，而国外奥托昆普、SMC、卡朋特、ATI 等大型企业产品系列牌号齐全，分别针对不同细分应用领域和市场，具有极强的竞争力。

11.4　发展愿景

11.4.1　战略目标

2025 年：通过一批典型材料和产品作为突破口，在具备生产能力的先进国内特钢企业建立稳定的不锈钢和耐蚀合金产品生产线。通过批量化的典型不锈钢和耐蚀合金产品生产，有效提升冶金水平和制造工艺稳定性，全面提升不锈钢和耐蚀合金产品国产化水平。

2035 年：在我国建立一批全流程、多钢种、规格齐全的大型先进不锈钢和耐蚀合金生产企业，具备国际市场竞争力。

11.4.2　重点发展任务

2025 年：通过针对性的科研立项提升超级奥氏体不锈钢、Cr-Mn-N 奥氏体不锈钢、超级铁素体不锈钢、铁镍基耐蚀合金和镍基耐蚀合金的冶炼工艺水平、热变形工艺水平、产品性能批产稳定性。

2035 年：通过前瞻性的科研立项提升超级奥氏体不锈钢、Cr-Mn-N 奥氏体不锈钢、超级铁素体不锈钢、铁镍基耐蚀合金和镍基耐蚀合金材料设计及应用性能设计水平。

第 12 章
其他先进钢铁材料

12.1 高温合金

12.1.1 应用领域和种类范围

高温合金主要用于燃气轮机和航空航天用发动机，是以金属镍、铁、钴为基，在 600℃以上高温下能承受一定应力并具有优异的抗氧化、抗腐蚀能力的一类先进结构材料，按制备工艺分为变形、铸造和粉末高温合金。

大功率舰用燃气轮机和输出功率达到 200～300MW 的 F 级重型燃气轮机以及输出功率更高的 G 级、H 级重型燃气轮机的燃烧室、过渡导管、导向叶片、涡轮工作叶片以及涡轮盘等许多热端部件均需用高温合金。燃气轮机燃烧室及过渡导管要求材料具有高温抗氧化和抗燃气腐蚀性能、良好的冷热疲劳性能、良好的工艺塑性和焊接性能，在工作温度下长期组织稳定，需用的镍基高温合金主要有 Hastelloy X 和 Nimonic263 等。燃气轮机导向叶片要求材料具有足够的持久强度、良好的热疲劳性能、较高的抗氧化和抗腐蚀能力及长时组织稳定性，目前应用较多的主要有 IN939、IN738、MarM247LC 等多晶铸造高温合金以及 Rene N5、GTD222 等单晶合金。涡轮工作叶片要求材料具有高的抗氧化和抗腐蚀能力、高的抗蠕变和持久断裂能力、良好的机械疲劳和热疲劳性能、良好的高温和中温综合性能以及长时组织稳定性，目前主要应用 IN738、IN939、IN792、K444/K452 等多晶铸造高温合金以及 Rene N5、CMXS-4、D488 等单晶合金。燃气轮机涡轮盘要求材料具有高的屈服强度和蠕变强度、良好的冷热和机械疲劳性能、较高的低周疲劳性能；线膨胀系数要小，无缺口敏感性，目前主要使用 GH4698 和 GH4742、GH4706 和 GH4169 镍基高温合金。

航空发动机涡轮盘、高压压气机盘、高压压气机叶片等转动件主要采用时效强化的 GH4169、GH4720Li、GH4065 等变形高温合金，以铸锻工艺生产。近来，一些大推力、高推重比的航空发动机已开始采用合金化程度更高、组织均匀性更优的 FGH96、FGH97 等粉末高温合金，以粉末冶金坯挤压并锻造工艺生产涡轮盘。涡轮盘在工作中轮缘部位比中心部位承受更高的温度，产生很大的热应力，且受力更为复杂，榫齿部位承受最大的离心力，这就要求高温合金材料具有高的屈服强度和蠕变强度、良好的冷热和机械疲劳性能、较高的低周疲劳性能以及无缺口敏感性。

航空发动机用的机匣、转子封严环和蜂窝环零件要求合金在一定温度范围内保持低膨胀系数并兼有高强度的特性，多采用低膨胀变形高温合金 GH907、GH909、GH783 等制造。燃烧室、加力燃烧室零件大多采用具有高塑性和相对较低强度的固溶强化变形高温合金 GH30、GH128、GH141、GH188 等制造，这些合金具有优良的加工工艺性能和焊接性能，可以保证复杂零件的成形；同时具有良好的抗氧化、耐腐蚀性能，保证零件可在高温燃气气氛下长期工作。近来，也有采用时效强化的变形高温合金制造加力燃烧室壳体，以减轻结构重量。

航空发动机导向叶片、涡轮叶片、复杂结构扩压器机匣、中介机匣等部件通常采用铸造高温合金近净成形，其中单晶高温合金叶片材料及气冷技术是提高发动机涡轮进口温度的关键。导向叶片是涡轮发动机上受热冲击最大的零件，但所受的机械负荷并不大，常见故障是应力引起的扭曲、温度剧烈变化引起的裂纹以及过燃引起的烧蚀，现主要应用定向凝固工艺生产的 DZ125 定向高温合金和 DD407、DD5、DD6 等单晶高温合金；涡轮叶片工作温度比导向叶片稍低，但受力很大而且复杂，要求涡轮叶片材料有高的抗蠕变和持久断裂能力、良好的机械疲劳和热疲劳性能、良好的高温和中温拉伸性能以及抗氧化和抗腐蚀能力，现主要应用精密铸造的 K417G 等多晶铸造高温合金和采用定向凝固工艺生产的 DD402、DD407、DD6 等单晶高温合金；机匣工作中一般受轴向力、扭矩、内压等三种载荷单独及耦合作用，要求 K4169、K648、K424、K202 多晶铸造高温合金在很大的范围温度内具有良好的强度、耐腐蚀、抗氧化等综合性能。在航天动力装置中，如液氢液氧发动机及液氧煤油发动机燃料发生器、涡轮转子、涡轮导向器等热端部件主要采用 GH4169、GH4141、GH4586 及可锻可焊的 GH4202 高温合金。火箭发动机对高温合金材料要求极高，如涡轮泵需承受超低温液氧和燃料的冲刷，且工作转速高、压力大，密封性要求高；大推力液氧煤油发动机涡轮静子等热端部件需满足 750℃、36MPa 富氧燃气工况下的强度和抗烧蚀性能要求。GH4202 是目前我国火箭发动机用量最大的高温合金，占火箭发动机高温合金总用量的 40%。

12.1.2　现状与需求分析

"十三五"期间，国内舰用燃气轮机的高温合金材料已基本完成国产化，批产质量稳步提升，如已解决 GH4698 二级盘组织中存在个别大晶粒的问题，低倍组织合格率超过 90%，使这种在-253～800℃温度范围内具有优良综合性能的高温合金大量应用，成为实现该型号国产化指标的重要支撑。同时，为满足燃气轮机功率提升的需求，开展了直径扩大至 860mm 的 GH4742 高压涡轮盘研制，并要求材料 650℃/50h 持久强度由 823MPa 提高至 873MPa，目前正在攻关解决该合金 ϕ660mm 自耗锭易产生黑斑、白斑等冶金缺陷和大锭均匀化、开坯工艺设计以及投影面积达 0.6m^2 锻件变形失稳的问题。

"十三五"期间，航空发动机及燃气轮机重大专项正式启动，但针对重型燃气轮机的材料研制项目尚处于论证阶段。国内针对重大需求已开展关键高温合金材料的预先研究，首先是突破了 F 级重型燃气轮机用 GH4706 合金大型涡轮盘的制造技术，现直径 2m、重达 6t 的 GH4706 高温合金涡轮盘已在二重万航 8 万 t 压力机上模锻成功，标志着我国已基本掌握了重型燃气轮机核心热端转动部件的核心技术，打破了国外在重型燃机领域长期垄断的局面。目前正针对 G 级、H 级重型燃气轮机需求的 GH4169 大型盘锻件开展预先研究，已突破 690mm 自耗锭制备技术和开坯工艺。

重型燃气轮机叶片与航空发动机叶片相比，零件尺寸增加 10 倍以上，重量增加 20 倍以上，一般这类定向凝固的镍基高温合金叶片长度达到 760mm，重量达到 18kg，而且也有非常严格的尺寸公差，检验和验收标准目前已经接近航空发动机的要求。国内已开始合金及叶片研制，但缺少实验平台，还未进行过部件考核，距工程应用尚需至少 5～10 年的时间。

针对航空发动机的工艺技术攻关、基础研究项目以及配套科研项目已经启动实施。相关项目实施以来，航空发动机涡轮盘、高压压气机盘、高压压气机叶片等转动件主要用时效强化的 GH4169、GH4720Li、GH4065 等变形高温合金，从成分优化到工艺技术均取得明显的进步。在产的主要品种 GH4169 盘锻件和锭型尺寸增大，锭型从过去的 $\phi406$mm 扩大至 $\phi610$mm，冶炼工艺从传统的"两联"升级到"三联"，开坯技术由单向拔长改进为多次镦拔，使棒材组织均匀性极大提升，且表面粗晶环尺寸由 30mm 减小至 10mm，显著改善了国产料的性能一致性，如 650℃拉伸屈服强度的变异系数 C_v 值由 5.08%减小到 2.98%，与进口料水平相当，该新技术正待型号应用考核后推广应用；难变形的 GH4720Li 合金涡轮盘工程化技术得到显著提升，基本解决了开坯表面裂纹、分散大晶粒等问题，组织与性能达到了进口件的冶金质量水平，满足了某型涡轴发动机批产的要求；成分与二代粉末盘相当的 GH4065 合金成分基本固化，已突破大锭冶炼、深度开坯、模锻成形工艺，冶金质量和性能水平均与国外报道相当，向用户交付合格的盘锻件三批次，已进入某大推力、高推重比涡扇发动机的应用考核。

"十三五"期间，FGH96、FGH97 粉末高温合金涡轮盘已不同程度地进入批产，其中 FGH96 合金性能及夹杂物控制水平与美国报道相当，但氧含量相对较高；FGH97 合金涡轮盘已达到俄制盘件的性能和质量水平，FGH97 盘件的性能分散度很小，性能波动在 -3σ 和 $+3\sigma$ 之间，可用于某型发动机大修。近年新研发的第三代高强高损伤容限型粉末高温合金 FGH98/FGH99 中 γ' 相含量高达 50%左右，700℃长时组织性能稳定性比一、二代合金有显著增强，热时寿命提高 20 倍，最高工作温度达到了 760℃左右，主要力学性能达到设计要求，与国外报道相当，正开展双辐板、双组织双性能盘件的研制。针对航空发动机用低膨胀变形高温合金的工作主要集中在解决批产的 GH907 和 GH909 质量问题，现基本达到航标规定的超声波探伤要求；GH783 合金环件的研制在进行中；燃烧室、加力燃烧室应用的固溶强化变形高温合金研究和生产历史较长，已进入稳定生产阶段。针对航空发动机导向叶片、涡轮叶片的研究工作主要集中在提高定向凝固工艺生产的 DD407、DD6 等单晶高温合金的质量稳定性，DD407 成品率已达到 70%左右，接近国外报道的水平；近年来，国内也自主研制了第三代单晶合金 DD33、DD9 以及第四代单晶合金 DD91、DD15 等，主要力学性能与国外报道相当，但叶片的技术成熟度及工程应用与国外先进水平尚有较大差距；多晶铸造高温合金方面，主要在攻克大尺寸、复杂结构机匣的精密铸造工艺，也在开展 750 工作的机匣用多晶铸造高温合金预研，这两方面与国外先进水平也有较大差距。

航天动力装置用常规高温合金产品已进入稳定生产阶段，"十三五"期间开展了大推力液氧煤油发动机用高温富氧环境下 1500MPa 级抗烧蚀高温合金新材料的研制，现已可支撑大运载火箭 60%的工况；现正进行基于合金 Al、Ti、Mo、Cu 等元素含量和显微组织调整提升材料抗富氧烧蚀能力的高通量试验，有望突破热强性和抗富氧烧蚀能力协同提升的技术瓶颈。

从全球产业规模上看，世界高温合金年产量在 30 万 t 左右。其中，美国的年产量最大，达到 10 万 t 左右；其次是日本和德国，年产量分别是 5 万 t 和 3 万 t 左右。我国高温合金产业规模相对较小，年产总量不到美国的 10%。航空运输市场的发展潜力将带动航空发动机市场的蓬勃发展，民用航空发动机的国产化、军机的更新换代以及发动机大修更换部件均将驱动高温合金产业的持续增长。预计十年后我国军、民用航空发动机将达到 5 万台，需用高温合金 2 万余吨，年产值约 80 亿元。

12.1.3　存在的问题

大型高温合金涡轮盘作为重型燃气轮机的核心热端转动部件，其冶金、制造质量和性能水平，在一定程度上决定了燃机的功率、热效率、可靠性与安全寿命。长期以来，发达国家在燃气轮机技术方面对我国进行严格控制，其核心设计技术、热端部件制造与维修技术等对我国拒绝转让，因此大型高温合金涡轮盘锻件及制造技术成为制约我国燃气轮机国产化的主要瓶颈之一。发达国家在 20 世纪 80 年代后期，将 IN706 合金盘锻件首先应用到重型燃气轮机，1995 年开始应用强度水平更高的 IN718 合金盘锻件。而我国对应的 GH4706 盘锻件完成考核、进入工程应用尚需 5～10 年，GH4169 则刚起步研制。

在先进航空发动机及材料研制中，美国一直以技术牵引为主，根据基础研究和需求预测，以验证机为核心积累技术基础，再依据基础条件和需求来研制各型发动机及材料；我国也采用型号牵引方式，但是缺少专业设计所和生产企业的支持，所以经常出现材料跟不上、动力拖整机后腿的问题。一个型号牵引出一套特点各异的高温合金牌号体系，点对点解决了有无问题，满足了型号急需，然而也使得高温合金牌号多、杂、散的问题较为突出，技术基础工作不到位，研发和生产脱节，欠账很多，积累的细节和共性技术问题交互影响，一到批产质量、性能不稳问题即凸显，价格又贵，需方迫于进度和成本压力寻求原料进口。近年来型号需求提升显著，但进口料挤压了国内高温合金产业的发展空间，阻碍了国内高温合金工程化技术水平及产业规模的提高。

12.1.4 发展愿景

12.1.4.1 战略目标

2025 年：国产高温合金 GH4706 盘锻件以及 400mm 级定向/单晶叶片达到设计要求，完成部件考核、进入重型燃气轮机的工程应用；研制出 GH4169 高温合金 1 级透平盘 ϕ2184mm×350mm 锻件和 4 级透平盘+后端轴 ϕ1823mm×2058mm 锻件。达到国产高温合金性价比与欧美相当，国内特殊钢厂生产的变形高温合金拉伸、持久、蠕变和疲劳性能测试结果相对标准值均有 10% 以上的裕度，棒材中心和外缘组织晶粒度均细于 ASTM6 级，探伤平底孔标准从目前的 ϕ2.0mm 提高到 ϕ0.8mm，生产牌号数量压减 50%，"一材多用"型高温合金的产量占比由 15% 上升至 45%，自主保障率达到 70%；第三代粉末高温合金拉伸强度和持久强度提高 10% 以上，陶瓷夹杂物尺寸控制在 50μm 以下；二代单晶叶片铸造合格率达到 80%，突破三代复杂层板冷却单晶叶片先进制造技术，第四代单晶合金满足高推重比发动机需求；复杂薄壁构件无余量精密铸造成品率达到 80%，ϕ75mm 棒料等离子旋转电极制粉收得率达到 85%；关键生产及测试设备备件国产化率 75%；产业规模达 5 万 t/a，产值 100 亿元/年，带动相关行业产值 1000 亿元/年。

2035 年：建立起完善的 H/J 级重型燃气轮机用高温合金体系，实现关键用材及相关生产、测试设备国产化率 80%；高温合金性能指标和稳定性达到国际先进水平，部分牌号和前沿技术达到国际领先水平。建立起完善的航空/航天发动机用高温合金体系，实现关键装备型号用材设计的自主选材保障，关键生产、测试设备及原辅材料国产化率 80%；高温合金性能指标和稳定性达到国际先进水平，部分牌号和前沿技术达到国际领先水平；产业规模达到 10 万 t/a，新增产值 200 亿元/年，带动国民经济相关行业产值 2000 亿元/年。

12.1.4.2 重点发展任务

2025 年：GH4706 高温合金盘锻件工程化技术研究；重型燃气轮机用定向/单晶高温合金及 400mm 级叶片研制；GH4169 高温合金 800mm 以上级铸锭制备及开坯技术研究；高温富氧环境下高强抗烧蚀高温合金新材料研制；粉末高温合金涡轮盘纯净度控制技术研究；第三代单晶复杂型腔叶片制备技术；Ni3Al 合金及涡轮承力

机匣研制;高温合金返回料利用技术;铸造高温合金微量元素作用及控制技术研究。

2035 年: GH4169 高温合金盘锻件研制及工程化技术研究;重型燃气轮机用单晶高温合金及 700mm 级叶片研制;高温合金盘锻件预应力设计技术研究;高温合金 γ/γ′相稳定性与强韧化机制研究。

12.2　超高强度钢

12.2.1　应用领域和种类范围

超高强度钢主要用于大型飞机关键承力部件。由于海洋的国家战略地位空前提高,因而飞机需要长期或频繁服役于海洋环境,这就对超高强度钢的耐蚀性提出了较高要求。由于传统低合金和高合金超高强度钢耐蚀性能较差,只能通过表面涂层改善其耐蚀性能,因此不仅会造成环境污染问题,而且涂层脱落还会给飞机的运行安全带来极大隐患。为了改善这一现状,马氏体时效不锈钢的研究开发和使用成为目前的主要趋势。马氏体时效不锈钢是以无碳/超低碳 Fe-Cr-Ni 马氏体组织为基体,利用马氏体相变强化、固溶强化以及时效过程中高密度、纳米尺度的金属间化合物的析出强化的协同作用获得高强度的超高强度不锈钢,能够兼顾高强度、高韧性以及优异的耐蚀性能。抗拉强度 1.3GPa 以上的牌号包括 17-4PH 和 15-5PH,1.5GPa 以上的牌号包括 Custom465、PH13-8Mo 等。马氏体时效不锈钢主要用于起落架主体、发动机吊挂保险销、底梁腹板、内部框架、连接螺栓、紧固件等。

12.2.2　现状与需求分析

选择超高强度不锈钢材料制造飞机起落架、紧固件等是一直以来技术的发展主流方向。美军 F-15 起落架材料采用 17-4PH,波音 767 采用其改进型 15-5PH,但由于二者力学性能难以满足作为大型飞机起落架材料的要求,需要不断开发出强度更高的不锈钢材料,例如 1.5GPa 强度级别的 PH13-8Mo、1.7GPa 级别的 Custom465 钢等。2000 年以来,基于材料设计方法（materials by design）,美国 Questek 公司于 2008 年前后开发了 1.9GPa 级别的 Ferrium S53 超高强度不锈钢,并且具有与 15-5PH 相当的耐蚀性,目前已在 T-38 教练机和 T-10 攻击机上得到应用;具有更低成本、更高抗应力腐蚀能力的 Ferrium M54 也已进入应用验证阶段。与此同时,欧洲一些国家开发了强度级别分别为 1.7GPa 和 1.9GPa 的低成本超高强度不锈钢,如 MLX17 和 MLX19。我国目前已建立了相对完整的马氏体时效不锈钢的基础研究、技术研发和工程化应用体系,自主生产的 17-4PH、15-5PH、PH13-8Mo 等多种性能指标的型号，基本上可以满足我国国防军工、装备制造、国民经济发展的要求。但与国外先进水平相比，整体仍存在较大差距，而在先进型号的研发和大规格、高性能、高稳定性的工程化应用以及产品开发方面，差距更为明显。

国外在发展超高强度不锈钢的过程中，形成了完整的研发和应用产业链条，建立了相应的标准、规范、手册和数据库，发展出了具有不同性能指标的多种型号，对于满足不同用户的需求和应用场合具有重要意义。而我国则主要围绕重点领域，实现高性能高品质超高强度钢的关键技术突破和关键牌号的示范应用，对于高强度、超高强度不锈钢的研发，虽也获得多项专利，甚至一些牌号的性能已可赶超国外水平，但整体来讲，仍存在可用牌号数量偏少、成本较高、工程化应用稳定性等难点和问题，难以满足高要求、小批量的特殊供应要求，并且多为国外产品的仿制和再创新结果，自主研发能力较弱。可见我国虽跟随国外步伐，但仍存在明显的不足和差距。

针对材料环境服役性能的本质，从材料的研发思路、理论和实验工具、加速认证应用等方面出发进行研究，具有明显的迫切性和必要性。由于发达国家对此方面的重视以及长期研究和发展的积累，目前已有完备可靠的热力学、动力学等各类专用数据库，在多尺度集成计算模拟、材料性能设计和服役性能评价等领域具备成熟的流程体系和应用经验，并且在这一过程中培养了大量的下一代材料科研工作者。目前我国已启动材料基因工程重点研发计划多项任务，旨在通过高校、研究院所和企业的协同合作，建立材料研发的多尺度计算和高通量表征方法、集成数据库平台，解决材料研发和应用周期长、成本高的问题，但在短期内实现研发模式的彻底变革，技术和制度难度都很大。

12.2.3 存在的问题

目前在超高强度不锈钢的理论研究和材料研发方面，传统的"试错"法仍占据较大的比例，新材料研发成本高，系统的计算模拟理论和工具在材料设计领域所占比例较低，缺少材料设计原创性的热力学、动力学专用数据库，鲜有定量的性能预测模型应用案例。

产品方面，现有品种较少，无法满足多样化的供货需求；同种材料不同批次和规格的性能稳定性不足，技术指标相对标准值充裕度不高，制造工艺成熟度不高，无法完成高质量、小批量的稳定供货要求；复杂整体大型模锻技术水平薄弱。此外，该领域企业在现代化管理、运营等方面仍有待进一步提高。

应用方面，由于对零部件服役条件和材料性能参数之间的关系缺乏定量研究，材料设计过程与材料最终应用缺乏有效连接，导致材料从设计并制造完成到最终验证和应用的周期长、成本高，无法满足装备更新换代的要求。此外，税率等政策因素，导致相对于国外供应商，国内供应商需具有更明显的价格优势才可获得相当的竞争力。

12.2.4 发展愿景

12.2.4.1 战略目标

2025 年:建立超高强度钢主干材料系列，突出以中低合金为主的超高强度钢开发，如 G31、G31L 等；发展航空起落架用新一代超高强钢及高强度不锈钢，例如 M54 钢、USS122G 钢等；发展以高合金超高强度为主的航空发动机轴用钢，如 C250、Ari2200 等；发展大型宽体客机用新型超高强度不锈钢，如 C465 等。

2035 年:基于量子力学、第一性原理等手段，开展新一代强韧化理论探讨，解决超高强度化与韧性、耐蚀性、氢脆之间的匹配问题；突破高纯化熔炼、高均质化、纳米级基体组织制备关键核心技术；开发高碰撞、高载荷、高疲劳、环境腐蚀材料应用技术。

12.2.4.2 重点发展任务

2025 年:开发 2200MPa 级别、屈强比大于 0.86 的超高强度钢，满足空天一体化飞机选材需求；开展强动载条件下 3000MPa 极限应力的高强韧超高强度钢研制；开发屈服强度 2000MPa 的超高强度钢及适应于低温-196℃，抗拉强度达到 1230MPa 的泵阀体材料；开发新型高强度不锈钢材料、高强度阻尼合金复合材料等。

2035 年:研发抗拉强度大于 2500MPa、屈服强度大于 2200MPa、断裂韧性 K_{IC} 不低于 55MPa·m$^{1/2}$ 的新材料，兼顾腐蚀、应力腐蚀、高温疲劳的不锈钢材料，基于 3D 打印技术兼顾减振降噪的高强度不锈钢材料以及兼顾无磁性、强磁性等功能的高强度钢。

第2篇 绿色制造

第1章
钢铁绿色制造概况

1.1 钢铁绿色制造的概念和内涵

1.1.1 绿色制造的概念

资源与环境问题是人类面临的共同挑战，可持续发展日益成为全球共识，重塑制造业竞争优势的绿色制造已成为大趋势。绿色制造的本质是具有环境意识的制造（environmentally conscious manufacture）。

绿色制造是一种综合考虑人们的需求、环境影响、资源效率和企业效益的现代化制造模式，是具有良心、社会责任感和处事底线的可持续发展制造模式。绿色制造的目标是使产品从设计、制造、使用到报废的全生命周期对自然环境的影响降到最低，对自然生态无害或危害极小，使资源利用率最高，能源效率降到最低。一方面，通过资源的综合利用、短缺资源的代用、二次资源的利用，减缓资源的耗用，通过节能、节材、可再生资源和绿色能源的利用达到节能的目的；另一方面，通过减少废料和污染物的产生与排放，促进工业产品在生产、消费过程中与环境相容，降低整个工业活动对人类和环境的风险。

整体来说，绿色制造的实现路径涉及环境立法、技术研究两大维度，本书侧重于技术研究维度。

1.1.2 钢铁绿色制造的内涵

钢铁绿色制造，是具有环境意识的钢铁生产制造过程，兼顾源头减量、过程控制和末端治理的显性绿色指标与涉及流程结构、产品结构、能源结构、原料结构等的隐性绿色指标。

钢铁行业的绿色制造目标聚焦于降低吨钢物耗、能耗、水耗，减少污染物和碳排放强度，通过一大批钢铁绿色制造关键共性技术的产业化应用，推动钢铁行业中资源综合利用、节能和减排三大维度指标的显著改进，促进钢铁行业和社会的生态连接，从而实现钢铁企业良好的经济、环境和社会效益制造模式。2019 年 9 月，我国部分重点钢企联合签署发布的《中国钢铁企业绿色发展宣言》，提出了钢铁行业绿色发展的主要理念和方向：

① 坚定绿色发展理念，实现企业与社会和谐共生的可持续发展；
② 突破新一代清洁高效可循环生产工艺和节能减排技术；
③ 完善提高绿色环保标准和技术规范；
④ 推进钢铁制造过程的环境风险源、污染源智能监控；

⑤ 加大环保改造力度，全面实现超低排放；

⑥ 基于全生命周期理念开展生态产品设计，开发优质、高强、长寿命、可循环的绿色钢铁产品；

⑦ 促进资源共享、产业共生、技术统一、生产协同，发展循环经济；

⑧ 钢厂消纳处理城市废钢、废塑料、城市污水；

⑨ 引领低碳工艺、低碳技术的发展，降低温室气体排放。

1.1.3 钢铁绿色制造的现状与趋势

中国钢铁行业是环保意识觉醒较早的工业行业，环保工作在相当长的历史时期一直走在工业领域的前列。大体来看从 20 世纪 70 年代至今，钢铁行业的绿色发展历经了冶炼伴生产品处理、节能降耗和全面绿色化发展等三个阶段，如图 2-1-1 所示。

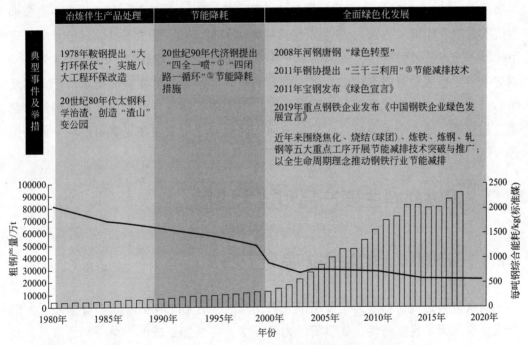

图 2-1-1 钢铁行业绿色发展阶段

① "四全一喷"：炼铁全精料、炼钢全精炼、全连铸、轧钢全一火成材和增加高炉喷煤量。

② "四闭路一循环"：煤气闭路、钢渣和含铁尘泥闭路、工业用水闭路、余热蒸汽闭路，资源循环利用。

③ "三干"：干法熄焦技术、高炉干法除尘技术、转炉干法除尘技术；"三利用"：水资源综合利用技术，高炉炉顶煤气余压发电技术、全烧高炉煤气锅炉技术、低热值煤气燃气轮机技术，固体废弃物综合利用技术。

中国钢铁工业已经进入了新常态，面临着新形势，提出了新要求。未来中国钢铁工业在总结近年来绿色发展的基础上，将进一步用新的方法、新的思路去开发新的绿色流程、装备和技术来面对更高层次的绿色发展，建设有中国特色的绿色钢铁工业生产模式。整体来看体现在以下方面：

突破一批节能减排关键核心技术。采用烧结焙烧烟气循环技术、烧结机新型密封技术及低温烧结技术，探索负压蒸氨、负压脱硫、负压脱苯等新技术；突破高效化炼钢新工艺、氢冶金技术、高效低成本洁净钢生产工艺、新型全废钢冶炼工艺等。

构建钢铁产品全生命周期管控体系，引领全产业链绿色发展。实现数字化手段记录钢铁生产中的污染物排放、能源资源消耗、对下游产业节能减排的贡献等环境绩效信息，衡量产品整个生命周期对环境的影响，以可持续发展的眼光关注原料、运输、生产、回收等全过程，不断改进生产工艺，突出环境效益，增强产品竞争力。同时，在产业链上输送着绿色材料、绿色产品、绿色理念，绿色价值不断提升。

在氢能利用方面，我国钢铁企业为了适应国内国际形势，也在积极推动氢能利用项目。2019 年 1 月份，宝武集团与中核集团、清华大学签订《核能-制氢-冶金耦合技术战略合作框架协议》，主要采用核能电解制氢工艺，但也不排除其他方面的应用扩展。三方将强强联合、资源共享，共同打造核冶金产业联盟。2019 年 3 月，河钢与中国工程院战略咨询中心、中国钢研、东北大学联合组建氢能技术与产业创新中心，共同推进氢能技术创新与产业发展；主要依托钢铁企业自身副产品制氢，制氢工艺成熟、成本相对较低。在应用方面，河钢前期将主要在氢燃料电池产业链进行布局，后期才会发展到富氢冶金技术领域。

1.2 钢铁材料主要产品和技术流程

1.2.1 钢铁材料特性及主要产品

钢铁材料是以铁和碳为主要组成元素，同时含有 Si、Mn、S、P 等杂质元素的合金，具有诸多优良特性，如良好的力学性能，容易加工成形；重复利用率高，是实现循环经济的基础。

钢铁产品回收利用率高达 100%。所有类型的钢铁材料在回收、加工后，低价值钢铁产品中的废钢可转化为高价值的钢铁材料，并用于新的不同等级的钢铁产品之中。据统计，新的钢铁产品中含有的废钢回收料平均占比为 37%。

钢铁生产过程中资源转化率接近 100%，副产品利用率高达 100%。在生产过程中，有 96.3% 的铁矿原料得到有效转化，其中 63.6% 转化为钢铁产品，32.7% 转化为副产品，仅有 3.7%变为无法利用的废弃物。在 32.7%的副产品中，主要包括矿渣、煤气、乳剂和油、含氧化铁和锌粉尘、污泥、化学制品等物料，均可被回收利用。矿渣——可用于水泥、道路建设、化肥、水利工程等；煤气——可用于产生热量和/或电力；乳剂和油——可用作还原剂；含氧化铁和锌粉尘、污泥——可持续利用作为冶炼钢铁的原料；化学制品——可用作化学工业的原料。

按照产品大类划分，钢铁产品主要分为普钢和特钢。我国特钢产量占粗钢总量的比例偏低。2003~2018 年，我国特钢产量占粗钢产量的比例均不到 15%。发达国家特钢比多在 20%以上，全球平均特钢比为 10%，其中瑞典特钢比 50%，位居世界第一。德国、日本、意大利特钢比分别为 23%、19%、17%，均高于全球平均水平。

1.2.2 钢铁材料生产工艺流程

目前钢铁生产工艺主要分为两种，一种是高炉-转炉工艺（BF-BOF），俗称长流程；另一种是电弧炉工艺（EAF），俗称短流程。两种工艺的具体冶炼流程如图 2-1-2 所示。

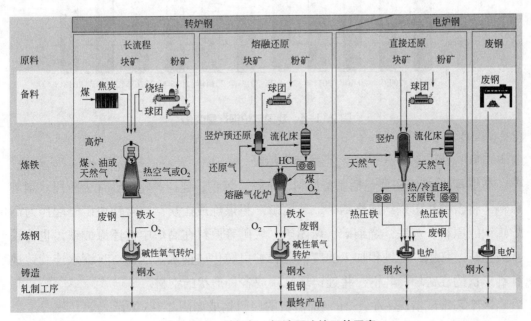

图 2-1-2　炼钢长、短流程冶炼工艺示意

据世界钢铁协会统计，通过长流程、短流程工艺生产出来的钢铁占比约为 75%、25%，长流程工艺占据主导地位。然而，在我国炼钢企业中，电弧炉炼钢产量仅仅占炼钢总量的 9%左右，远远低于世界平均水平（图 2-1-3、图 2-1-4）。

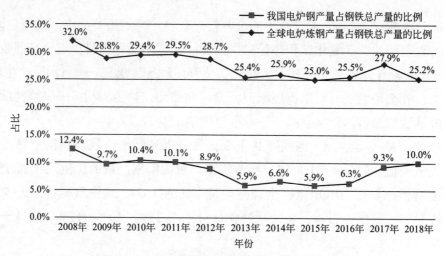

图 2-1-3　国内外电炉钢产量占炼钢总量的比例对比

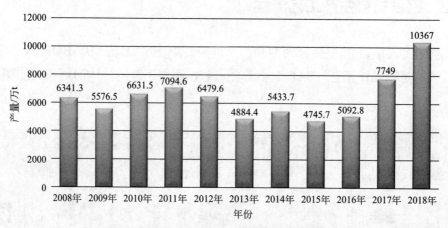

图 2-1-4　我国电炉钢产量变化

（1）高炉–转炉生产工艺流程技术特征

高炉-转炉炼钢主要包括制备原料、炼铁、炼钢、连铸、轧钢等几个阶段。制备原料：将含铁粉矿烧结成烧结矿、球团矿，将煤炼成焦炭，与含铁块矿一起作为高炉炼铁的原料。炼铁：烧结矿、球团矿、块矿等原料在高炉中被还原成铁，也称铁水或生铁。炼钢：生铁和加入的废钢在转炉里转化成钢水。连铸：将钢水连续铸成各种形状的连铸坯。轧钢：将连铸坯轧制成各种形状的钢材。

该工艺常规情况下生产 1t 粗钢需要的原料构成如图 2-1-5 所示。

（2）电弧炉生产工艺流程技术特征

电弧炉生产工艺主要是使用电能熔化回收的废钢。根据设备配置和废钢的资源供应情况，还可以使用其他金属料，例如直接还原铁（DRI）或液态铁水。该工艺没有烧结、焦化、高炉等生产单元，下游加工阶段如连铸、轧制类似于高炉-转炉工艺。

该工艺常规情况下生产 1t 粗钢需要的原料构成如图 2-1-6 所示。除此之外，生产 1t 粗钢还需 2.3GJ 的电能。

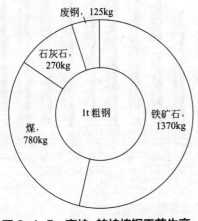

图 2-1-5　高炉-转炉炼钢工艺生产
1t 粗钢所需的原料

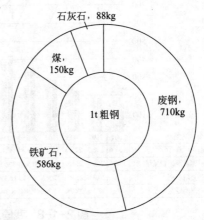

图 2-1-6　电弧炉炼钢工艺生产 1t 粗
钢所需的原料

1.2.3　中国钢铁产能及分布

2018 年，我国钢铁（粗钢）产能主要分布在东北及东部沿海等地区，主要包括河北、江苏、山东、辽宁等省份。2018 年全国各省份（除港澳台外）粗钢产量见图 2-1-7。

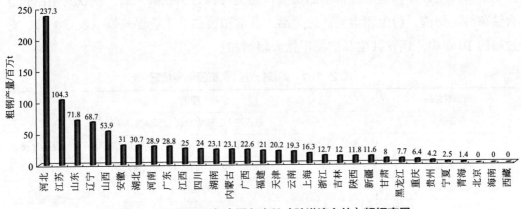

图 2-1-7　2018 年全国各省份（除港澳台外）粗钢产量

从粗钢产量发展趋势上看，我国粗钢产量总体呈逐年递增趋势，但增长率逐年放缓，甚至在 2015 年出现负增长，增长率为-2.2%。近几年，随着钢铁产业回暖，增长率有所回升，2018 年达到 6.6%。另外，我国粗钢表观消费量发展趋势与粗钢产量大致相同（图 2-1-8）。

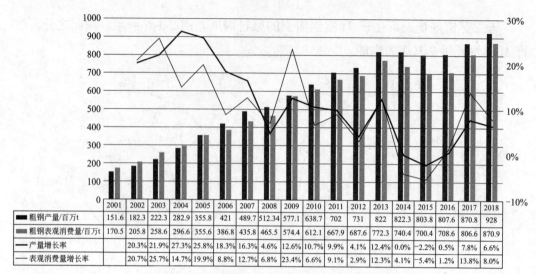

	2001	2002	2003	2004	2005	2006	2007	2008	2009	2010	2011	2012	2013	2014	2015	2016	2017	2018
粗钢产量/百万t	151.6	182.3	222.3	282.9	355.8	421	489.7	512.34	577.1	638.7	702	731	822	822.3	803.8	807.6	870.8	928
粗钢表观消费量/百万t	170.5	205.8	258.6	296.6	355.6	386.8	435.8	465.5	574.4	612.1	667.9	687.6	772.3	740.4	700.4	708.6	806.6	870.9
产量增长率		20.3%	21.9%	27.3%	25.8%	18.3%	16.3%	4.6%	12.6%	10.7%	9.9%	4.1%	12.4%	0.0%	-2.2%	0.5%	7.8%	6.6%
表观消费量增长率		20.7%	25.7%	14.7%	19.9%	8.8%	12.7%	6.8%	23.4%	6.6%	9.1%	2.9%	12.3%	4.1%	-5.4%	1.2%	13.8%	8.0%

图 2-1-8　我国历年粗钢产量及表观消费量趋势

1.3　钢铁资源综合利用、能耗及排放特征

1.3.1　资源综合利用特征

钢铁产业是资源密集、能耗密集、排放密集型产业。在钢铁冶炼制造流程中，伴随钢材产生许多具有潜在价值的材料，此类材料为钢铁共生品。钢铁共生品包含含铁杂料、炉渣、粉尘和尘泥、化学品、乳剂和废油、工业煤气等（表 2-1-1）。在过去的 20 年中，钢铁共生品的使用量大幅增加。

表 2-1-1　钢铁行业共生资源利用情况

钢铁共生品	用途
含铁杂料	直接进入铁前或冶炼工序回收利用
炉渣	水泥、道路施工、农用化肥和钙质土壤调节剂、水利工程的护坡石、海底造林等
粉尘和尘泥	内部和外部利用的氧化铁及合金元素
工业煤气	电和热力
乳剂和废油	还原剂
化学品	化学行业原料

1.3.2　能耗品类及工序特征

钢铁产业是能源消耗大户，是节能减排的重点产业部门。钢铁行业总产值的直接能源消耗一直处于各行业之首，且占能源消耗总和比例稳定。以我国钢铁能耗为例，1997～2015 年之间，制造业能源消耗占总能源消耗的 54%～60%，其中我国钢铁行业能源消耗占总能源消耗的 12%～20%，并将这一比例逐步稳定在 16% 左右。

我国钢铁生产中能源的应用见表 2-1-2。

表 2-1-2　钢铁生产中能源的应用

能源投入	作为能源	作为能源和还原剂
煤	高炉、烧结厂和焦炭厂	焦炭生产、高炉喷吹煤
电	高炉、烧结矿和焦炭厂	—
天然气	高炉、发电机	高炉喷吹、直接还原铁的生产
油	蒸汽生产	高炉喷吹

从钢铁制造流程的工序能耗维度分析，炼铁是钢铁制造流程中的主要能耗工序，占高炉-转炉制造流程总能耗的 63% 左右。其次是铁前工序能耗大，铁前工序总能耗占长流程总能耗的比例约 28.6%。对于电弧炉炼钢的短流程而言，电弧炼钢工序能耗最大，占电炉短流程的 54%。钢铁企业长流程工序能耗占比变化案例见图 2-1-9。

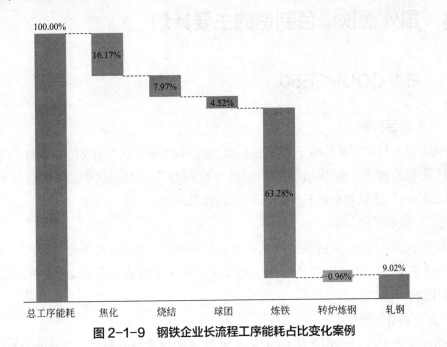

图 2-1-9　钢铁企业长流程工序能耗占比变化案例

1.3.3　排放物料及工序特征

钢铁行业产生污染的环节多，污染排放量大。以排放物料的性质划分，钢铁企业主要的排放物料可分为三类，分别是大气污染物、污水、固体废弃物（表 2-1-3）。

表 2-1-3　钢铁行业三类污染及污染来源

分类	污染物	产生原因	污染来源
大气污染物	SO_2	原料、燃料中硫黄成分燃烧产生	烧结厂
	NO_x	燃烧产生	烧结厂
	煤尘	燃烧产生	烧结炉、加热炉
	粉尘	原燃料运输过程	炼铁、炼钢
污水	固体悬浮物	从排气集尘、高温物质的直接冷却过程产生	排气冷却过程
	油	机械漏油	机械漏油及冷轧机油
	化学需氧量	煤炭干馏的氨水、冷轧和电镀废水	炼焦、冷轧、电镀
	酸碱	冷轧酸洗、电镀脱脂	冷轧
固体废弃物	炉渣	高炉转炉冶炼过程产生	高炉、铁水预处理、转炉、电力、二次精炼设备
	污泥	各类水处理过程产生	水处理环境
	灰尘	各类干式集尘机中产生	干式集尘器

1.4　国外钢铁绿色制造的主要计划

1.4.1　日本 COURSE50

（1）项目背景

2007 年 5 月，日本发布了"美丽星球 50(Cool Earth50)"计划，在该计划中提出了"开发节能技术，使环境保护和经济发展并举"。"创新的炼铁工艺技术开发(COURSE50)"就是为实现这一目标的革新性技术之一。

（2）技术路线

如图 2-1-10 所示，关键核心技术是氢还原炼铁法，即用氢置换部分煤粉和焦炭，以减少高炉 CO_2 排放，以及使用化学吸收法和物理吸附法将高炉煤气中的 CO_2 进行分离和回收。

（3）项目进展

2008 年启动项目；2019 年 COURSE50 完成在日本制铁君津厂的炉容 $12m^3$ 高炉实验；2022 年开展实际高炉工业实验；2030 年实现 1 号机组工业生产；2050 年普及至日本国内所有高炉。

（4）项目目标

使用氢还原炼铁法减排 10%，通过从高炉煤气中分离回收 CO 减排 20%，从而达到整体减排 30% 的目标。

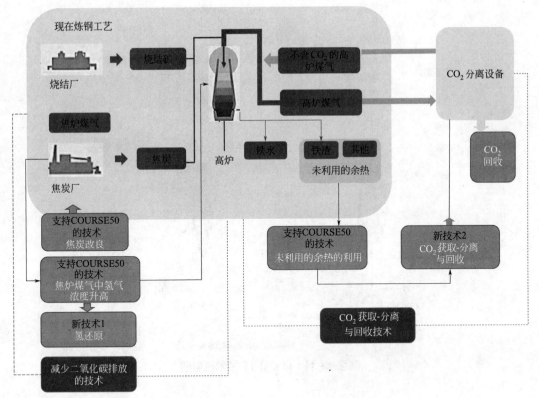

图 2-1-10　COURSE50 技术路线

1.4.2　瑞典 HYBRIT

（1）项目背景

2016 年，瑞典钢铁公司（SSAB）二氧化碳排放量为 600 万 t/a。其 2025 年的减排目标是减少 25%，计划在 2045 年前实现近零排放。瑞典最大的电力与热力供应商——瑞典大瀑布电力公司（Vattenfall）当前的二氧化碳排放量为 2300 万 t/a，目标是在 2030 年实现近零排放。瑞典矿业集团（LKAB）计划到 2021 年，吨矿二氧化碳排放量相比 2015 年下降 12%，达到 27.4kg。基于上述 3 家企业大幅降低碳排放的要求，2016 年，SSAB、Vattenfall 和 LKAB 联合成立了 HYBRIT 项目。

（2）技术路线

突破性氢能炼铁技术 HYBRIT(hydrogen breakthrough ironmaking technology)，旨在用可再生电力生产的氢替代传统炼铁使用的焦炭。在高炉生产过程中用氢气取代传统工艺的煤和焦炭（氢气由清洁能源发电产生的电力电解水产生），氢气在较低的温度下对球团矿进行直接还原，产生海绵铁（直接还原铁），并从炉顶排出水蒸气和多余的氢气，水蒸气在冷凝和洗涤后实现循环使用（图 2-1-11）。

127

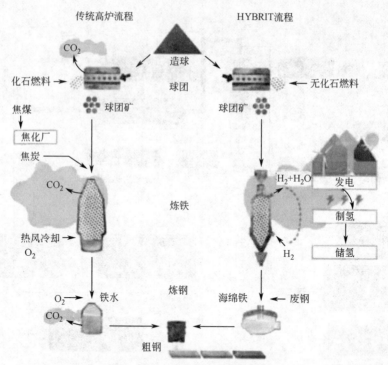

图 2-1-11　HYBRIT 技术示意图

（3）项目进展

2016～2017 年，项目预研阶段；2018～2024 年，中试研究阶段；2025～2035 年，示范运行阶段；2035 年，实现正式的工业化生产。

（4）项目目标

按照 2017 年底的电力、焦炭价格和二氧化碳排放交易价格，HYBRIT 项目采用的氢冶金工艺成本比传统高炉冶炼工艺高 20%～30%。SSAB 采用长流程工艺的吨钢二氧化碳排放量为 1600kg（欧洲其他国家的水平约为 2000～2100kg），电力消耗为 5385kW·h；采用 HYBRIT 工艺的吨钢二氧化碳排放量仅为 25kg/t，电力消耗为 4051kW·h。

1.4.3　德国 H2FUTURE

（1）项目背景

2017 年初，由奥钢联发起的 H2FUTURE 项目旨在通过研发突破性的氢气替代焦炭冶炼技术，降低钢铁生产过程中的二氧化碳排放。H2FUTURE 项目的成员单位包括奥钢联、西门子、Verbund（奥地利领先的电力供应商，也是欧洲最大的水力发电商）公司、奥地利电网（APG）公司、奥地利 K1-MET（Metallurgical Competence Center，冶金能力中心）中心组等。

（2）技术路线

氢气替代焦炭冶炼技术，降低钢铁生产中的 CO_2 排放，见图 2-1-12。

图 2-1-12   H2FUTURE 技术示意图

（3）项目进展

2017 年初，项目启动；2018 年，世界上最大的氢气中试工厂开始建设；2019 年 11 月，全球最大的绿氢试验工厂在奥地利林茨的奥钢联厂成功投产；2020 年，第一批试点测试开始；2021 年 6 月，欧盟委员会资助 H2FUTURE 项目截止。

（4）项目目标

最终目标是到 2050 年减少 80% 的二氧化碳排放。

1.4.4   德国 SALCOS

（1）项目背景

2019 年 4 月份，在汉诺威工业博览会上，德国萨尔茨吉特钢铁公司（以下简称萨尔茨吉特）与特诺思（Tenova）公司（一家为金属上下游行业提供节能降耗技术解决方案的公司）签署了一份谅解备忘录，旨在继续推进以氢气为还原剂炼铁，从而减少二氧化碳排放的 SALCOS 项目。

（2）技术路线

对原有的高炉-转炉炼钢工艺路线进行逐步改造，把以高炉为基础的碳密集型炼钢工艺逐步转变为直接还原炼铁-电弧炉工艺路线，同时实现富余氢气的多用途利用（图 2-1-13）。

（3）项目进展

2016 年 4 月，萨尔茨吉特正式启动 GrInHy 1.0（绿色工业制氢）项目；2017 年 5 月，该系统安装了 1500 组固体氧化物电解槽；2018 年 1 月，完成系统工业化环境运行；2019 年 1 月，完成连续 2000 小时系统测试后，萨尔茨吉特开展了 GrInHy 2.0 项目；2019 年 4 月份，在汉诺威工业博览会上，德国萨尔茨吉特钢铁公司与特诺恩公司签署谅解备忘录，继续推进 SALCOS 项目。

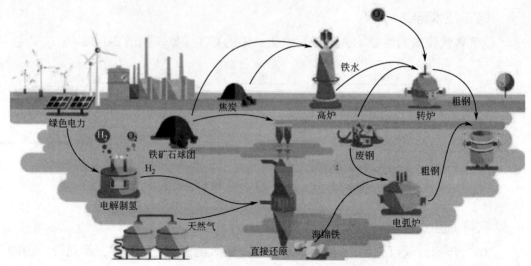

图 2-1-13 SALCOS 技术示意图

（4）项目目标

最终目标是到 2050 年减少 80%的二氧化碳排放。

1.5 我国钢铁绿色制造的主要成绩

1.5.1 政策导向

当今世界，各国都在积极追求绿色、智能、可持续的发展，绿色已经成为世界发展的潮流和趋势。特别是进入 21 世纪以来，绿色经济、循环经济、低碳经济等概念纷纷提出并付诸实践。我国在工业化进程中一直高度重视资源节约和生态环境保护工作，坚持节约资源和保护环境的基本国策。我国工业绿色化发展政策见表 2-1-4。

表 2-1-4 工业绿色化发展政策

时间	绿色化战略导向	具体实施政策
1997~2001 年	十五大提出实施可持续发展战略	
2002~2006 年	十六大以来，党中央相继提出走新型工业化发展道路，发展低碳经济、循环经济，建立资源节约型、环境友好型社会，建设生态文明等新的发展理念和战略举措	2006 年，国务院发布《国家中长期科学和技术发展规划纲要（2006—2020 年）》，明确将"积极发展绿色制造"列为制造业的三大思路之一
2007~2011 年	十七大强调，到 2020 年要基本形成节约能源资源和保护生态环境的产业结构、增长方式和消费模式 十七届五中全会明确要求树立绿色、低碳发展理念，发展绿色经济 "十二五"规划中，"绿色发展"独立成篇，进一步彰显我国推进绿色发展的决心	2009 年《中华人民共和国循环经济促进法》颁布，确定了"国家支持企业开展机动车零部件、工程机械、机床等产品的再创造" 2011 年国家出台《国民经济和社会发展第十二个五年规划纲要》，明确把"节能环保产业"列入战略新兴产业；7 月，科技部发布《国家"十二五"科学和技术发展规划》，明确将"绿色制造"列为"高端制造业"领域六大科技产业化工程之一

时间	绿色化战略导向	具体实施政策
2011~2015 年	十八大报告中首次单篇论述了"生态文明建设",把可持续发展提升到绿色发展高度 报告中第一次提出"推进绿色发展、循环发展、低碳发展"和"建设美丽中国" 中共中央印发《关于加快推进生态文明建设的意见》,首次将"绿色化"作为"新五化"之一	2012 年相继发布《绿色制造科技发展"十二五"专项规划》《工业转型升级规划(2011—2015年)》《高端装备制造业"十二五"发展规划》等 近年来,制定了长江经济带战略、"一带一路"倡议和京津冀协同发展战略等与产业发展密切相关的规划 2015 年出台《中国制造 2025》
2016 年至今	十九大提出"建设生态文明是中华民族永续发展的千年大计""建立健全绿色低碳循环发展的经济体系"	2016 年工信部编制了《智能制造发展规划(2016—2020 年)》《工业绿色发展规划(2016—2020 年)》《绿色制造工程实施指南(2016—2020年)》《绿色制造 2016 专项行动实施方案》
2018 年 7 月	《打赢蓝天保卫战三年行动计划》	经过 3 年的努力,大幅减少主要大气污染物排放总量,钢铁是重点行业
2019 年 4 月	《关于推进实施钢铁行业超低排放的意见》	新建钢铁项目原则上要达到超低排放水平。推动现有钢铁企业超低排放改造,到 2025 年底前,重点区域钢铁企业超低排放改造基本完成,全国力争 80%以上产能完成改造

1.5.2 能耗及排放关键技术指标

我国钢铁工业绿色化发展主要指标见表 2-1-5。

表 2-1-5 钢铁工业绿色化发展主要指标

指标名称	2014 年	2015 年	2016 年	2017 年	2018 年	2019 年
粗钢产量/万 t	82270	80382	80700	83173	92827	99634
短流程占比/%	6.5	5.9	6.3	9.3	10	—
吨钢能耗/[kg(标准煤)]	584.7	573.72	585.66	570.51	555.24	552.96
吨钢 SO_2 排放量/kg	1.19	1.70	0.62	0.55	0.54	—
吨钢 NO_x 排放量/kg		0.69	0.91	0.88	0.89	—

注:数据来源于中国钢铁工业协会统计。

1.5.3 代表性钢企的绿色制造实践

在国家大力推进生态文明建设的大背景下,钢铁工业已经进入减量发展的阶段,绿色发展成为钢铁未来发展的主要方向,也是行业转型升级的关键所在。以宝钢、河钢、沙钢为代表的一大批骨干钢铁企业高度重视绿色发展,扎实推进钢铁绿色制造相关工作。

宝武集团,2018 年粗钢产量 6821 万 t,实现产值 4398 亿元,净利润 338 亿元。宝武以"废气超低排、废水零排放、固废不出厂"为抓手,加快"治气、治水、治固"的"三治"工作；优化能源消费结构，加强低碳工艺技术创新，从源头上实现减排；全方位开展"洁化、绿化、美化、文化"的"四化"行动，全面提升中国宝武本质化生态环保水平，建设"高于标准、优于城区、融入城市"的绿色城市钢厂。在二氧化碳超低排放技术创新上，率先与中核集团、清华大学携手开展核制氢耦合冶金技术研发，策划建设工业级别顶煤气循环氧气高炉创新共享平台，研究冶金与煤化工耦合工艺，通过重构冶炼流程来实现划时代的技术革命和产业创新；宝武炭材料科技有限公司建成具有完全自主知识产权的首套废水零排放示范工程，正在利用其核心技术，为湛江钢铁建设外排水综合利用工程，废水处理环保服务能力得到有效提升；中国宝武集团环境资源科技有限公司在湛江钢铁建成并成功运营首套转底炉项目后，陆续承接宝山基地、韶关钢铁、永钢联峰钢铁转底炉项目，还协同宝钢股份取得钢铁行业首张废油漆桶危废处置经营许可证，逐步将钢铁厂的固废处理能力拓展为城市固废的综合利用能力。

河钢集团作为世界最大的钢铁材料制造和综合服务商之一，已经成为中国第一大家电用钢、第二大汽车用钢供应商，2018 年粗钢产量达 4489 万 t，营业收入达 3068 亿元。河钢秉持"人、钢铁、环境和谐共生"的理念，积极推进"绿色"引领战略，2014～2018 年投入 195 亿元实施了 400 多项绿色改造项目；注重污染物治理与生产工艺、下游产业深度融合，先后应用了基于高炉炉料结构优化的源头和过程硫硝削减技术、烟气选择性循环耦合活性焦脱硫脱硝技术、焦炉煤气制氢基氢能产业链延伸技术、典型产线智能制造技术等多种先进绿色技术，不断优化生产，实现绿色发展。

沙钢集团是中国最大的民营钢铁企业，位列世界 500 强企业。2018 年实现粗钢产量达 4066 万吨，销售收入 2410 亿元。沙钢紧跟时代趋势，坚定不移地实施"打造精品基地，建设绿色钢城"发展战略，先后投入 200 多亿元实施环保节能技术改造，推动企业向绿色制造转型升级，近年来取得了许多优秀成果：建成投用了国内最大规模的自发自用屋顶光伏发电项目；着力打造的转底炉高效处理钢铁流程含铁、锌尘泥资源关键技术集成与示范项目将生产废料变成工业原料，每年循环经济效益占比超两成；以城市绿化标准打造"花园式工厂"将炼焦工厂变成钢城花园，不断优化钢厂环境等。这一系列举措为沙钢带来了绿色发展的新活力。

第 2 章

钢铁行业资源综合利用现状和趋势

2.1 中国单位产钢资源综合利用指标

钢铁生产是以铁矿石为主要原料，煤炭、水、氧气等为辅助原料，借助电力、加热、辊轧等能量输入，生产出钢材、铁制品以及副产物煤气等一系列产品的生产工艺流程。钢铁生产流程是影响企业成本、能耗和环境负荷的关键因素，直接决定了企业的各项指标。每种生产流程都是物质流与能量流的结合，物质流平衡决定了原料量一定的情况下，产品量越少，副产物与污染物排放越多，影响企业的产品效率、污染排放等。主要原料及主要产品损耗物的再回收加工，也是影响企业各项指标的关键因素。辅助原料物质的尽可能循环使用，是减少污染物排放的最重要影响因素之一。钢铁生产过程原料输入及产品和副产物全流程物料平衡图如图2-2-1 所示。

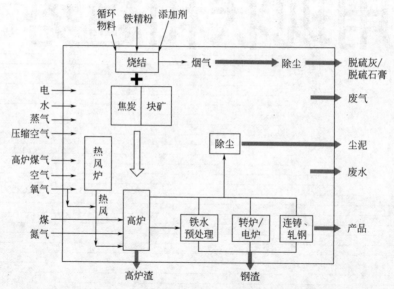

图2-2-1　钢铁生产过程原料输入及产品和副产物全流程物料平衡图

所以，钢铁企业资源综合利用包括一次资源[共伴生矿、矿山废石、尾矿、社会废弃物（废钢、轮胎、电镀污泥等）]和二次资源（固废、废水、废弃、废液等）的利用。从产业链分工来看，钢铁行业绿色制造技术侧重于二次资源的综合利用。

二次资源中的固废主要包括：钢渣、含铁尘泥、高炉渣、钒钛渣、脱硫灰、电厂粉煤灰、废耐火材料和工业垃圾等。

废水主要来源于生产工艺过程用水、设备与产品冷却水、设备与场地清洗水等。废水中含有随水流失的生产用原料、中间产物和产品以及生产过程中产生的污染物。

废气主要在以下工序中产生：①生产工艺过程化学反应排放的废气，如冶炼、烧焦、化工产品和钢材酸洗过程中产生的废气；②钢铁厂的各种窑炉再生产的过程中将产生大量的含尘及有害气体的废气；③原料、燃料的运输、装卸及加工等过程产生大量的含尘废气。对于三类废气中含热焓、热值气体的资源综合利用情况，见本篇 6.11.4 节和 6.11.5 节。

（1）固体废弃物

钢铁企业在生产过程中产生的固体废弃物主要有钢渣（普碳钢钢渣、特钢钢渣、精炼渣、铸余渣等）、含铁尘泥（包括烧结、炼铁、炼钢及轧钢系统收集的除尘灰泥和连铸氧化铁皮等）、高炉渣（包括水渣、干渣）、钒钛渣、脱硫灰、电厂粉煤灰、废耐火材料和工业垃圾等。平均吨钢产生固废 550～650kg（各企业工艺技术不同会有所差异）。

钢渣吨钢产生量 100～150kg，主要包括转炉钢渣、电炉钢渣。钢渣作为二次资源综合利用有两个主要途径，一是作为冶炼溶剂在钢厂内循环利用，二是作为筑路材料、建筑材料或农业肥料的原材料。整体来讲，国内钢渣资源化利用率不足 30%，大部分钢渣堆存。

含铁尘泥主要包括烧结尘泥、高炉瓦斯灰（泥）、转炉污泥、电（转）炉除尘灰、轧钢氧化铁鳞、出铁场集尘等。传统的高炉-转炉钢铁生产工艺中，含铁尘泥总产生量一般为钢产量的 10%～15%。其中烧结工序粉尘产出量占烧结矿产量的 3%～4%，炼铁工序粉尘（泥）产出量占铁水产量的 3%～4%，炼钢工序尘泥产出量约占钢产量的 2%～3%。我国钢铁企业大都采用返回烧结的方法来利用这些尘泥，其中部分尘泥经金属回收（有害元素去除）后返回烧结在钢厂循环。目前，含铁尘泥基本上全部利用。

我国大部分高炉渣采用水淬工艺加工成水渣，水渣具有潜在的水硬胶凝性，可以作为优质的水泥原料，制成矿渣硅酸盐水泥、石膏矿渣水泥、石灰矿渣水泥、矿渣砖、矿渣混凝土等；热泼的高炉渣可以制备混凝土、钢筋混凝土以及 500 号以下预应力钢筋混凝土骨料；高炉渣还可以制取矿渣棉，用作保温、吸声、防火材料等。整体来讲，我国高炉渣综合利用率较高，大于 90%。

脱硫灰是烟气净化过程产生的一种固体废弃物，主要包括湿法脱硫灰和干法脱硫灰。湿法脱硫灰主要成分为二水硫酸钙($CaSO_4 \cdot 2H_2O$)，含量接近 90%。国内湿法脱硫灰主要应用于水泥缓凝剂、胶凝材料、土壤改良剂、建筑石膏制备领域。目前我国还没有关于干法脱硫灰产量以及可行性利用方式的官方统计数据。据不完全统计，干法脱硫灰的产量已超过 1000 万 t，未来还将大幅度增加。干法脱硫灰含硫矿物成分是亚硫酸钙（$CaSO_3 \cdot 0.5H_2O$），属于高钙高硫型混合物。干法脱硫灰中 $CaSO_3 \cdot 0.5H_2O$ 的存在及其含量的不稳定性使脱硫灰极不稳定，严重影响了其在水泥、建筑及农业等方面的资源化利用。目前综合利用难度较大，仅有少部分用于矿山回填或铺路，绝大部分仍然堆放。目前，没有关于脱硫灰的整体利用率数据。

近几年，钢渣资源化利用率从10%提高到30%；含铁尘泥基本上全部利用，只不过采用专用工艺设备处理的较少，就全国来看，估计采用专门工艺设备处理除尘灰的比例不到20%；大部分钢厂对高炉渣进行水淬处理，水淬渣可以全部用于水泥生产，其利用率从2014年的80%提高到现在的接近100%。目前，没有关于脱硫灰的整体利用率数据。固体废弃物利用率统计数据见表2-2-1。

表2-2-1 固体废弃物利用率统计数据　　单位：%

年份	高炉渣	钢渣	尘泥	脱硫灰
2014年	76.7	22	98.5	—
2015年	22	—	—	—
2016年	98.34	22	99.82	73.62
2017年	97.77	<30	99.81	72.05
2018年	98.86	98.81	99.13	—

（2）水资源

水不仅是钢铁行业重要的辅助生产原料之一，更是能量流的重要参与介质。用水工艺遍布钢铁生产的每一个环节，且消耗量巨大。在钢铁厂，水的作用通常为以下几点：一是作为热量交换和能量交换介质，大部分是设备冷却、介质冷却，也有少量余热用作供暖、余热蒸汽发电等；二是冲洗除尘、润湿除油等，包括冲洗设备、堆矿场洒水、润湿炉料等；三是作为工艺用水，如炉渣粒化用水、煤气净化用水、配药剂用水等；四是作为生活用水、厂区绿化用水及消防储备水。一个用水节点可以兼有上述多种作用，如冷轧的很多直接冷却水兼有设备冷却和冲洗除油除尘的作用。要依据钢铁行业生产流程和用水节点更有效地利用水资源，节约水资源。

各个工序的主要用水点见图2-2-2。

原料厂用水主要是卸料除尘用水、露天堆料喷雾用水；循环用水补水量、排水量都少，没有废水外排。料场设置集水坑收集雨水和原料渗漏水。一般就地设置沉淀池等简易处理设施，将集水坑收集的污水进行简单处理后就地回用于原料厂，可以进一步减少补水量。

烧结用水主要是烧结混合工艺用水、工艺设备冷却用水、除尘用水、清扫用水，如果是湿法烟气脱硫还有脱硫用水。不同企业烧结混料等添加的水量因为烧结料性质和地区的差异而有所差别，烧结设备冷却用水点也因为设备的先进程度差别很大。

球团用水与烧结类似，主要是混合用水、造球用水、焙烧过程工艺设备冷却用水、辅助设备冷却用水、除尘用水和冲洗地坪用水。不同规模球团厂的用水指标差别也主要是由于企业个体差异和所用设备的差异造成的，不同品质的进料需求的混合用水和造球用水差异很大。

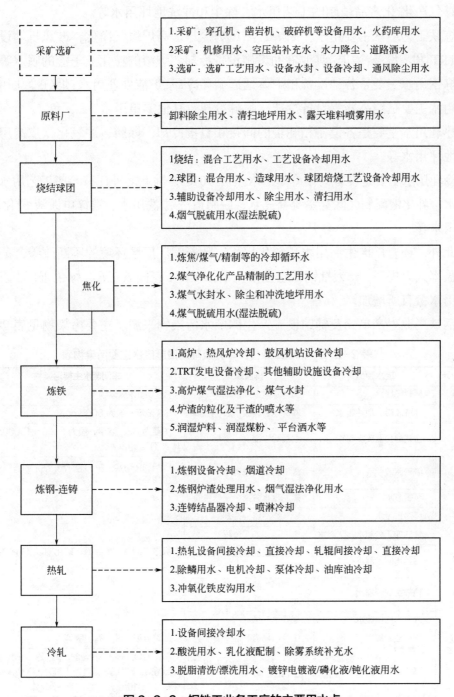

图 2-2-2　钢铁工业各工序的主要用水点

　　焦化一般由煤焦系统、煤气净化、化产品精制和公用设施四大部分组成，用水点庞杂，大体可分为炼焦/煤气/精制等的冷却循环水、煤气水封水、湿熄焦的熄焦用水、煤气净化/化产品精制的工艺用水、除尘和冲洗地坪用水等。

　　炼铁工艺给水主要用于：高炉、热风炉冷却；高炉煤气净化；鼓风机站设备冷却；TRT 发电设备冷却；其他辅助设施设备冷却；炉渣的粒化及干渣的喷水等。

　　炼钢用水主要是各种设备和炉体烟道循环冷却、炉渣处理用水，烟气净化用水。连铸用水主要是结晶器等设备冷却、喷淋冷却及其他零星用水。

　　热轧用水主要是各设备和轧辊的间接和直接冷却、除鳞、冲氧化铁皮沟用水及冲洗地坪用水等。

　　冷轧用水主要是设备间接冷却用水（占 90%），除此之外还有一些工艺用水如酸洗用水、乳化液配制、除雾系统补充水、脱脂清洗/漂洗用水、镀锌电镀液/磷化液/钝化液用水等。

　　此外，还有厂区生活用水和绿化用水。随着钢厂厂区环境的不断改善，厂区绿化覆盖率大大提高，一大批钢铁企业成为清洁工厂、花园式工厂、绿色工厂。因此，绿化用水量有所增加。

　　钢铁工业生产单元及辅助设施产生的废水污染物来源、主要污染物见表 2-2-2。

表 2-2-2　钢铁工业生产单元及辅助设施废水主要污染物表

生产单元	废水种类	排放源	车间废水主要污染物
原料	原料场废水	卸料除尘、冲洗地坪	SS（固体悬浮物）
烧结	冲洗胶带、地坪废水	冲洗混合料胶带、冲洗地坪	SS 浓度一般为 5000mg/L
	湿式除尘器废水	湿式除尘器	主要为 SS，浓度一般为 5000～10000mg/L，其中 TFe 约占 40%～45%
	脱硫废液	烧结机烟气脱硫	pH4～6，SS、Cl⁻浓度高，汞、铅、砷、锌等重金属离子
焦化	蒸氨废水	焦油氨水分离、蒸氨脱酚	高浓度的氨、酚、氰、硫化物以及有机物、油类等
	终冷排废水	煤气终冷直接冷却	
	焦油加工分离水、洗涤水	焦油精制加工过程	
	粗苯车间分离水	粗苯加工的直接蒸汽冷凝分离	
	精苯车间分离水	精苯加工的直接蒸汽冷凝分离	
	煤气水封排废水	煤气水封槽	
	古马隆分离水	生产古马隆产品	高浓度酚、油、有机物等
炼铁	高炉煤气洗涤废水	高炉煤气洗涤净化系统、管道水封	SS、COD 等，含少量酚、氰、Zn、Pb、硫化物和热污染。其中 SS 浓度为 1000～5000mg/L，氰化物 0.1～10mg/L，酚 0.05～3mg/L
	炉渣粒化废水	渣处理系统	主要为 SS，浓度为 600～1500mg/L，氰化物 0.002～1mg/L，酚 0.01～0.08mg/L
	铸铁机喷淋冷却废水	铸铁机	主要为 SS，浓度为 300～3500mg/L

生产单元	废水种类	排放源	车间废水主要污染物
炼钢	转炉烟气湿法除尘废水	湿式除尘器	未燃法废水 SS 以 FeO 为主，燃烧法废水 SS 以 Fe_2O_3 为主，SS 浓度一般为 3000～20000mg/L
	精炼装置抽气冷凝废水	精炼装置	主要为 SS，浓度为 150～1000mg/L
	连铸生产废水	二冷喷淋冷却、火焰切割机、铸坯钢渣粒化	主要为 SS、氧化铁皮、油脂，SS 浓度为 200～2000mg/L，油 20～50mg/L
	火焰清理机废水	火焰清理机、煤气清洗	主要为 SS、氧化铁皮、油脂，SS 浓度为 400～1500mg/L
轧钢（热轧）	热轧生产废水	轧机支撑辊、卷取机、除鳞、辊道等冷却和冲铁皮	主要为氧化铁皮、油脂，SS 浓度为 200～4000mg/L，油 20～50mg/L
轧钢（冷轧）	冷轧酸碱废水	酸洗线、轧线	酸、碱
	冷轧含油和乳化液废水	冷轧机组、磨辊间、带钢脱脂机组及油库	润滑油和液压油
	冷轧含铬废水	热镀锌、电镀锌、电镀锡等机组	铬、锌、铅等重金属离子
自备电厂	高含盐废水	除盐站反洗水或软化站再生排水	酸、碱

一般地，评价钢铁行业用水效率的指标主要有以下几个：

吨钢耗新水量：在一定的计量时间内，企业的工业新水取用量除以该段时间内的产品产量。在《工业企业产品取水定额编制通则》（GB/T 18820—2011）中，定义的"单位产品取水量"为：企业生产单位产品需要从各种常规水资源提取的水量，包括地表水、地下水、城市供水及从市场购得的其他产品水,不包含非常规水源。此处含义与吨钢耗新水量相同，故本书均以吨钢耗新水量来描述。

重复利用率：在一定的计量时间内，企业的重复利用水量除以重复利用水量与取水量的和。

吨钢排水量:在一定的计量时间内,企业的排水量除以该段时间内的产品产量。

表 2-2-3 列出了 2000～2018 年我国钢铁工业协会重点统计钢铁企业的产量与用水指标、排水指标情况。

表 2-2-3　2000～2018 年重点统计钢铁企业产量与用水量情况

年份	重点统计企业粗钢产量	总用水量	新水用量	废水排放量	工业水重复利用率	吨钢新水用量	吨钢废水排放量	全国粗钢总产量	重点企业粗钢产量占全国产量的比例
	万 t	万 m^3	万 m^3	万 m^3	%	m^3/t	m^3/t	万 t	%
2000 年	7755.98	1609682	224613.18	130534.91	86.05	28.96	16.83	12850	60.36
2001 年	12845.32	2302985	241620.47	165130.16	89.51	18.81	12.86	15163.44	84.71
2002 年	15140.93	2439451	235895.69	166119.62	90.55	15.58	10.97	18236.61	83.02
2003 年	18580.51	2482064	250093.66	144583.41	91.16	13.46	7.78	22233.6	83.57

续表

年份	重点统计企业粗钢产量	总用水量	新水用量	废水排放量	工业水重复利用率	吨钢新水用量	吨钢废水排放量	全国粗钢总产量	重点企业粗钢产量占全国产量的比例
	万 t	万 m³	万 m³	万 m³	%	m³/t	m³/t	万 t	%
2004 年	21455.98	2969942	241808.89	144305.25	92.28	11.27	6.73	28291.09	75.84
2005 年	26509.40	3835304	227980.84	121435.39	94.27	8.6	4.58	35323.98	75.05
2006 年	30356.18	4486939	208243.39	114403.55	95.35	6.86	3.77	41914.85	72.42
2007 年	35796.06	5297937	199742.01	106890.34	96.23	5.58	2.99	48928.8	73.16
2008 年	36336.72	5534601.6	188262.61	91283.65	96.32	5.09	2.51	50305.75	72.23
2009 年	38884.28	5902650.02	174932.3	79950.48	97.04	4.5	2.06	57218.23	67.96
2010 年	43833.69	6505355.22	180192.69	72495.02	97.23	4.11	1.65	63722.99	68.79
2011 年	45171.36	6987286.58	181416.7	62793.24	97.40	4.02	1.39	68528.31	65.92
2012 年	44293	6711000	166099	53807	97.52	3.75	1.21	72388.22	64.70
2013 年	53676.00	8124184.71	196886.52	51523.68	97.58	3.67	0.96	81313.89	66.01
2014 年	57300.72	8165059.12	206107.46	49968.35	97.47	3.60	0.87	82230.63	69.68
2015 年	56186.44	8173350.61	198584.35	45315.40	97.57	3.53	0.81	80382.50	69.90
2016 年	54308.95	7699004.13	179179.82	44125.51	97.69	3.30	0.81	80760.94	67.25
2017 年	54763.55	7693699.41	166935.92	42960.28	97.83	3.12	0.78	87074.09	62.89
2018 年	58323.78	7967873.79	169821.87	42003.62	97.89	2.91	0.72	92826	62.83

2.2 中国与国外单位产钢资源综合利用指标对比

2.2.1 行业指标

（1）固体废弃物

含铁尘泥以提取金属以及提取金属后的含铁物料在钢厂循环利用为主。国外含铁尘泥用专用工艺及设备处理比例较高，主要包括 Oxycup 工艺、DK 工艺、转底炉工艺、回转窑工艺、冷固结球团工艺。德国、日本、美国钢厂含铁尘泥处理比例已接近 100%。国内的回转窑工艺和转底炉工艺均引自国外，采用专用工艺及设备对含铁尘泥进行处理的比例较低。

目前，日本的钢渣有效利用率已达到 95% 以上，转炉渣和电炉渣的利用方向分为外销、自使用、填埋。德国的钢渣有效利用率达 98% 以上，其主要利用方向为土建、农肥以及配入烧结和高炉进行再利用。美国的钢渣有效利用率达 98%，其中烧结和高炉再利用、筑路方面利用的钢渣用量占总钢渣利用量的 65% 以上。瑞典通过向熔融钢渣中加入碳、硅和铝质材料对钢渣进行成分重构，回收渣中渣钢后将钢渣用于水泥生产。加拿大将处理后的钢渣用于道路建设。阿拉伯地区利用电炉钢渣作为混凝土掺合料配制出属性更好的混凝土。我国钢渣整体利用率不足 30%，大部分钢渣堆存。

脱硫石膏在运输、干燥、改性、应用等方面的技术性难题在工业发达国家比较好地解决了，且石膏工业都在大规模采用脱硫石膏，应用技术也比较成熟。日本每年排放脱硫石膏 300 万 t，平均利用率达到 97.5% 以上，大部分脱硫石膏用于生产石膏板。德国脱硫石膏被全部利用，主要生产石膏板，另外用作替代高龄土和方解石生产纸的填料和涂胶料。美国主要和天然石膏一起用于生产石膏板，利用率接近100%。

总之，对于含铁尘泥而言，我国采用专业处理设备及工艺对含铁尘泥处理的钢厂较少。目前，宝钢湛江、莱钢、沙钢、马钢等采用回转窑或转底炉对含铁尘泥处理。对于钢渣处理而言，我国钢渣一次处理居于世界领先水平，特别是钢渣辊压破碎-余热有压热闷技术，为国内外首创。同时，未来我国应该加强钢渣尾渣综合利用技术的研究开发。对于脱硫石膏而言，我国与国外差距较大。

（2）水资源

"十三五"期间，我国钢铁行业依靠技术进步和科学管理，通过采用节水新工艺、新技术，完善循环水系统，串接利用水资源，回收利用外排水，扩大非常规水源利用等措施，不断降低产品新水消耗，减少污水排放，取得了较好的节水效果（图2-2-3）。

图 2-2-3 2010～2018 年我国重点统计钢铁企业取排水变化情况

"十二五"到"十三五"期间，国家加强了废水减排和监管的力度，强调水的资源属性，鼓励和推广使用先进节水技术与装备，鼓励企业精细化、智能化管理，通过水资源税改革试点等尝试导向企业科学合理用水，对使用节水节能装备和技术的企业进行补贴和减税。在这些政策的影响下，虽然我国钢铁工业的产量从 2010 年的 63722.99 万吨增长到了 2018 年的 92826 万吨，但重点统计钢铁企业 2018 年与 2010 年相比，各项用水效率指标都有所提升；吨钢新水用量从 $4.11m^3/t$ 降低到 $2.91m^3/t$，吨钢废水排放量从 $1.65m^3/t$ 降低到 $0.72m^3/t$，水重复利用率从 97.23%升高到了 97.89%。企业对废水处理的重视程度和处理技术在近年已经达到比较高的水平，吨钢总用水量从 2010 年的 $148.41m^3/t$ 降低到 2018 年的 $136.61m^3/t$。由数据可见，我国各大钢铁企业已逐步采用先进的工艺技术，加强对各工序用水节水的管理，同时开始重视将污水处理回用作循环冷却水系统的补充水，提高了水循环利用率，使得我国钢铁企业吨钢新水用量持续减少。

从掌握的国外用水管理先进企业各项指标对比看，我国钢铁企业第一批水效领跑企业的用排水水平已经达到国际领先水平，相当一部分钢铁企业的节水技术应用已达到国际先进的水平，但同时还有相当一部分老企业、中小企业仍存在相当大的节水技术应用空间。

2.2.2 典型钢企指标

（1）固体废弃物

国内某 1000 万 t 粗钢产能钢厂采用转底炉对含铁尘泥进行处理，处理比例 32%；68%的含铁尘泥压块返回转炉或直接返回烧结作为原料。采用热闷和滚筒对钢渣进行处理，选铁后的钢渣尾渣大部分外卖给水泥厂，少量钢渣尾渣用于铺路。脱硫石膏混入钢渣或单独出售给水泥厂。

德国蒂森-克虏伯钢铁公司（Thyssen Krupp Stahl, Duisburg-Hamborn, Germany）产生的含铁尘泥，100%采用自己公司开发的 Oxycup 工艺处理。该工艺的主体装置是一个富氧热风化铁竖炉，几乎可以回收传统炼铁、炼钢各工序中产生的所有含铁、碳尘泥和废料，其产品是铁水，铁水经预处理后可用于转炉炼钢，同时可产生高热值煤气、炉渣、富锌粉尘等副产品。

欧洲某钢厂钢渣主要用于道路材料和在钢厂内循环，具体比例如下：45%用于道路材料，14%在钢厂内循环利用，17%在钢厂内临时储存，1%用于水泥，3%用于水利，3%用于化肥，11%储存。

德国某钢厂脱硫石膏主要用于生产石膏板，少量用于生产纸的填料和涂胶料。

（2）水资源

2017 年粗钢产量排名世界前十的国外钢铁企业与国内钢协重点统计企业的吨钢新水用量平均值对比如表 2-2-4 所示。

表 2-2-4 国外钢铁企业吨钢新水用量

企业名称	2017 年粗钢产量/百万 t	吨钢新水用量/m^3
欧洲安赛乐米塔尔	97.03	23.20
日本新日铁	47.36	12.67
韩国浦项	42.19	2.93
日本 JFE 钢铁	30.15	7.03
塔塔钢铁 TSJ	25.11	3.83
塔塔钢铁 TSK		7.66
上述国外企业平均	241.84	13.77
国内钢协重点统计企业	547.63	3.12

上述几个国外大型钢铁企业均为中长流程的钢铁联合企业，而国内钢协重点统计企业中仅三家特殊钢生产企业为短流程，其余企业均为中长流程企业，因此具有可比性。从表 2-2-4 中可以看出，我国钢协重点统计企业的吨钢新水用量 $3.12m^3$，远远低于上述国外企业的加权平均值 $13.77m^3$ 或算术平均值 $9.55m^3$；即使单个企业对比，也仅高于韩国浦项的 $2.93m^3$，且浦项的资料显示，其吨钢取水总量为 $3.76m^3$，其中包含了取用非常规水源市政污水折合吨钢为 $0.83m^3$。而除了浦项之外，仅有塔塔钢铁 TSJ 公司的吨钢新水用量低于 $7m^3$，其余企业均高于 $7m^3$，其中产量最大的安赛乐米塔尔公司吨钢新水用量更是高达 $23.2m^3$。与浦项类似的有非常规水源的钢铁企业横向对比，国内有条件使用非常规水源的钢铁企业，甚至有达到吨钢新水用量仅 $1.07m^3$ 的先进企业（宝钢湛江）。因此结合吨钢新水用量指标与国外钢铁企业的实际情况来看，我国钢协重点统计企业的吨钢新水用量处于世界先进水平。

2.3 国内外资源综合利用措施现状

（1）固废资源利用

1）固废内循环——钢厂内部资源综合利用

废钢：废钢环保切割及转炉投放技术，实现连铸坯切头切尾、轧钢铁皮以及厂区建设中产生的废钢等返回炼钢工序生产。

钢渣经一次处理后，采用破碎-筛分-磁选技术，渣钢返回炼钢工序，磁选粉返回烧结工序，部分尾渣替代白云石、矿石等冶金辅料返回烧结、高炉等工序使用。

未来可关注钢渣熔融还原制备铁水技术。

含铁尘泥：大部分含铁尘泥未经任何技术处理，直接返回烧结工序，在钢厂内循环；部分含铁尘泥采用转底炉工艺、回转窑工艺去除锌钾钠后得到金属还原铁，返回炼钢工序在钢厂内循环。未来可关注含铁尘泥绝空加热还原制备铁水技术，含铁尘泥配碳 30%，隔绝空气加热到 2200～2350℃，易挥发元素在烟尘回收系统中回收处理，并制备铁水。

欧洲国家钢渣采用破碎、磁选技术后，渣钢返回钢铁生产系统，部分尾渣替代白云石、矿石等冶金辅料返回烧结和炼钢工序使用。含铁尘泥采用 Oxycup 工艺、DK 工艺、转底炉工艺、回转窑工艺等技术处理，在钢厂内循环利用。

在内循环方面我国同国外的差距主要表现在含铁尘泥的处理上，国外含铁尘泥大多采用专用工艺设备如 Oxycup 工艺、DK 工艺、转底炉工艺、回转窑工艺等技术装备对含铁尘泥进行处理，得到的金属化球团在钢厂内循环。

2）固废外循环——资源循环再利用

钢渣采用破碎、磁选技术处理，尾渣用于水泥生料及混合料、工程回填、混凝土掺合料等。

含铁尘泥中的热轧副产品氧化铁鳞高附加值深加技术，实现永磁材料生产；冷轧废盐酸再生副产品氧化铁红深加工技术，实现软磁材料生产。目前，国内大部分钢厂或下属企业仅将铁鳞和铁红加工成磁粉等初级产品，并未进入磁性材料深加工领域，低端产品竞争激烈，高端产品供给不足。

高炉渣大多采用因巴法、图拉法、圆盘法等工艺技术处理，处理后经粉磨制成矿渣微粉，主要用于水泥和混凝土。

欧美国家钢渣经破碎磁选技术处理后的尾渣大部分用于道路工程。钢渣用于混凝土和海洋工程在日本得到广泛应用。

在外循环方面，我国与国外的差距主要表现在钢渣处理方面。国外采用高压蒸养、风淬等技术处理后的钢渣，可安全用于道路及建筑行业，利用率高达 90% 以上。国内钢渣处理后，资源化利用率不到 30%。国外含铁尘泥采用深加工高附加值处理后的产品价值较大，国内基本是初级产品，附加值较低。

（2）工业废水

钢铁企业水资源的综合利用，非常重要的原则是节约用水、高效用水，在保证主体工艺用水需求的同时，提高用水效率，减少消耗、降低成本，提高水资源综合利用效率。通常水资源高效利用的技术措施是指可提高工业用水效率和效益、减少水损失、可替代常规水资源等的技术，包括直接节约用水、减少水资源消耗的技术，也包括本身不消耗水资源或者不用水，但能促使降低水资源消耗的技术。国内外钢铁企业采用的节水技术包括：

1）不用水或少用水的工艺技术

焦炉、高炉、转炉干法除尘技术（"三干"技术）、加热炉汽化冷却技术等。通过主体工艺的改进，来减少新水用量，提高水资源利用效率，对钢铁企业节水的总体效果意义重大。

2）工业用水重复利用技术

各种循环水是钢铁企业主要的生产用水，也是节水重点。保证主体工艺稳定、连续的生产是最大的节水、节能。循环水系统就是要在保证主体工艺对水质、水量、水温、水压要求的前提下，尽量提高循环水浓缩倍数，采用多级、串级用水，最大化提高水资源循环利用率。

3）污废水处理技术

钢铁企业的污废水处理主要包括综合工业废水处理、焦化酚氰废水处理以及酸碱、含油冷轧废水处理。

① 综合工业废水处理。综合废水来源一般包括：a.直接或间接循环冷却水系统的强制排污水；b.焦化、冷轧等特种废水处理单元排水；c.软化水或除盐水制备车间产生的浓盐水；d.各车间跑冒滴漏等零星排水。水中主要污染物为悬浮物、油、金属离子等，可生化性差。处理技术一般由预处理和深度处理两部分组成。预处理主要去除悬浮物、油、金属离子等污染物，通常采用除油、混凝沉淀、气浮、过滤等物化处理技术。深度处理主要是通过反渗透等技术降低水中盐分，避免回用生产后导致盐分富集。特别是我国北方地区废水含盐量较高，深度脱盐处理是极其必要的。

② 焦化酚氰废水处理。属钢铁企业的特种废水，处理难度大，是当今钢铁行业环保研究的热点。焦化废水来源主要是炼焦煤中的水分，是煤在高温干馏过程中，随煤气逸出、冷凝形成的。煤气中凡是能溶于水或微溶于水的物质，均在冷凝液中形成复杂的剩余氨水，这是焦化废水中最大的一股废水。其次是煤气净化过程中，如脱硫、除氨和提取精苯、萘和粗吡啶等过程形成的废水。再次是焦油加工和粗苯精制产生的废水。焦化废水污染物种类繁多、成分复杂，如苯类、酚类、硫化物、氰化物、萘蒽、多环和杂环芳烃等，可生化性较差，且多数都属于有毒有害或致癌性物质。处理技术为：前处理→生化处理→精处理。其中前处理技术主要包括调节、除油和前混凝等；生化处理技术以 A、O 的各种生物处理组合工艺为主；精处理技术包括臭氧催化氧化、膜处理技术等。

③ 酸碱、含油冷轧废水处理。冷轧车间酸洗、冷轧、连退、镀锌、彩涂、电镀、平整机、酸再生等生产机组排出的生产废水，该废水含有酸、碱、油、乳化液、表面活性剂、铁、锌、铬等污染物，按废水特性分为含酸废水、稀油废水、含浓油废乳化液废水、平整液废水、含铬废水等。冷轧废水的特点是污染物种类多、浓度高、水质水量变化大，使得处理比较困难。各系统处理技术包括：a.乳化液废水处理系

统:主要采用超滤工艺技术,工艺流程为调节池+气浮设施+超滤设施+生化处理+沉淀过滤;另有化学破乳工艺技术在逐渐推广应用,工艺流程为调节池+破乳设施+气浮设施+生化处理+沉淀过滤,上述两种工艺处理后出水均能达标排放。b.含油废水处理系统:主要采用生化处理工艺技术,工艺流程为调节池+中和+混凝+气浮设施+生化处理+沉淀过滤,出水达标排放。c.平整液废水处理系统:一般采用油水分离技术,处理出水进入含油废水处理系统进一步处理,工艺流程为调蓄池+酸中和反应池+气浮池/沉淀池。d.含铬废水处理系统:一般采用氧化还原工艺技术将 Cr^{6+}转化为 Cr^{3+}后达标排放,工艺流程为调蓄池+两级还原+两级中和+澄清沉淀处理工艺。e.酸性废水处理系统:一般采用中和沉淀工艺技术,工艺流程为调蓄池+一二级中和+混凝+沉淀+过滤,处理出水达标排放。

4) 非常规水源利用技术

钢铁企业作为用水大户,水资源短缺也是制约企业发展的因素之一。在传统水源(地表水、地下水等)逐渐受限的情况下,开发非常规水源就成为必然选项,不少钢企已把海水、市政中水或污水、雨水等作为重要的生产水源,在企业总取水量中占比越来越高。非传统水源的采用必然要采取适用、可靠的处理工艺,才能保证供水能满足钢铁企业循环水对补水水质的要求。

5) 设备节水

设备节水是钢铁企业节水的重要组成部分。通过对现有冷却设备的改进,选择高效冷却设备(如表面蒸发冷却器、高效空气冷却器等),可有效减少水量损失,提高用水效率。

目前,国内的钢铁行业水资源利用经过多年的科技创新及推广,在大部分领域拥有了较为领先的应用技术及相应的工程经验,并且集成能力强,水处理的全过程节水减排技术较为系统,同时正在进行智能化、互联网化的优化研发。当前的技术瓶颈主要为难处理水的技术成熟度不够,行业污水"零排放"技术尚待进一步研发。

2.4 与国外的差距和存在的主要问题

① 我国工业水重复利用率处于世界领先水平。从 2000 年至今约 20 年的时间周期里,国家加强了废水减排和监管的力度,鼓励和推广使用先进节水技术及装备,通过水资源税改革试点等措施,尝试引导企业科学合理用水,对使用节水节能装备和技术的企业进行补贴与减税,将工业水重复利用率从 86.05%提升至 97.89%。

② 我国钢渣资源化利用率偏低,不足 30%,相比日本(95%)、德国(98%)美国(98%)具有一定差距。结合国外钢渣处置发展的经验和我国的国情,建材化利用是规模化消纳钢渣的主要途径,未来应该加快钢渣尾渣综合利用及高温熔渣余

热回收技术的研发。

③ 我国高炉渣综合利用率较高，大于 90%。德国、日本、美国的高炉渣主要利用途径为水泥、混凝土、混凝土制品及路基。我国高炉渣的主要利用途径为矿渣粉，约占总量的 56%，水泥混合料约占 23%，慢冷渣碎石约占 3%。日本有约 2% 的高炉渣用作肥料，美国有部分高炉渣用作土壤调理剂，我国暂时没有高炉渣作为农业产品应用。

④ 我国含铁尘泥有效利用率较高，基本上全部利用。大都采用返回烧结的方法，采用专用工艺及设备（如转底炉）对含铁尘泥进行处理的处理率低；国外主要采用转底炉、回转窑、竖炉工艺等先进工艺及装备。

⑤ 我国在废水治理与利用方面，与国外标杆企业比较，在大部分单项水处理技术上可以基本做到并行，在工业水系统智能管控技术方面的研发有所领先。难降解有机污水深度处理的技术成熟度不够，行业污水"零排放"技术尚待进一步开发。与苏伊士环境集团比较，我国在设备整装成套及高效生物处理技术储备上有差距；与美国纳尔科化学公司相比，我国在药剂研发方面稍显落后。

⑥ 对于钢渣，国内主要采用热闷和滚筒的技术处理，高附加值利用少；国外如日本采用蒸汽陈化法，韩国采用风淬法。

⑦ 对于高炉渣，国内主要采用因巴法、图拉法等水淬技术处理；国外也主要采用类似水淬法。

2.5　未来钢铁行业资源综合利用技术趋势

固废利用方面，未来钢铁行业资源综合利用技术应朝着装备智能化、生产洁净化、处置高效化、产品高值化趋势发展，如固废处理排放智能化技术，尾渣（钢渣、脱硫灰等）大批量、高附加值、多途径利用技术，钢铁渣尘全流程梯级回用技术，高温冶炼渣处理及热能回收一体化技术，冶金灰低成本除杂技术等。同时，以园区、基地为载体的大宗工业固体废物综合利用产业集聚发展模式，将是大宗工业固体废物综合利用产业发展的主要模式。此外，多种固废协同利用和区域产业协同发展的工业固废处理技术也应该得到发展。

水资源利用方面，当前为了应对日趋严峻的水资源形势，钢铁企业采取众多应对措施，开发了多种节水减排技术，以满足生产过程中的新水供应，减少污染排放，保证生产的持续正常进行。经过多年的发展，钢铁企业清洁生产技术已经比较成熟，在钢铁企业各个工序都推广了清洁生产标准。在国家化解过剩产能的大背景下，钢铁企业节水减排技术体现了由单项节水减排技术向集成技术发展，由工艺技术节水减排向信息化技术节水减排、管理技术节水减排等发展的趋势。

未来钢铁行业应根植于我国工业水处理技术基础，综合统筹大型钢铁联合企业的复杂水系统，大力发展工业水处理的智慧化管控技术；在行业难点技术解决方案中取得关键技术突破，并利用集成优势在整体技术工艺整合上形成行业技术特色；创新开发行业急需的新材料、药剂，发挥行业传统优势，并积极拓展在石油化工、制药、矿山等行业的水处理新技术及其应用。主要的发展趋势有：

① 大型工业企业水处理向智能化、物联网化综合管理技术方向发展，大型钢铁联合企业因为水系统的复杂性其趋势尤为明显；

② 工业企业污水"趋零排放"技术越来越受到重视，其中工业污水中难降解污水的深度处理及提标改造技术以及高含盐废水的减量及最终处置技术是技术突破的关键；

③ 物理分离技术所倚重的膜材料以及高级氧化技术所需的催化材料等关键水处理材料的开发是今后工业水处理技术进一步发展的重要因素；

④ 水系统水质稳定处理药剂以及其他高效环保药剂的开发是节水减排不可或缺的环节。

第3章
钢铁行业节能现状和趋势

3.1 中国单位产钢能耗指标规范要求

中国《钢铁工业调整升级规划（2016—2020 年）》明确提出"坚持绿色发展"的基本原则，以降低能源消耗、减少污染物排放为目标，实施绿色改造升级，加快推广应用和全面普及先进适用以及成熟可靠的节能环保工艺技术装备。规划到 2020年，钢铁工业的能源消耗总量在"十二五"的基础上下降 10%以上，吨钢综合能耗小于 560kg(标准煤)，吨钢耗新水量小于 3.2m³。

现行《钢铁企业节能设计标准》（GB/T 50632—2019）、《粗钢生产主要工序单位产品能源消耗限额》(GB 21256—2013)、《焦炭单位产品能源消耗限额》(GB 21342—2013)、电弧炉冶炼单位产品能源消耗限额（GB 32050—2015）对各工序单元的能耗设计指标要求如表 2-3-1 和表 2-3-2 所示。

表 2-3-1 钢铁企业粗钢生产工序能耗要求

序号	工序	规格、内容、类型		工序能耗/[kg（标准煤）/t（产品）]			
				节能设计规范要求	现有装置限定值	新建或改扩建准入值	优秀值
1	烧结	烧结系统		≤47	≤55	≤50	≤45
2		余热回收量		—	—	—	≥10
3	球团	链箅机回转窑	100%磁铁矿	≤25	≤36	≤24	≤15
4			50%磁铁矿、50%赤铁矿	≤36			
5			100%赤铁矿	≤47			
6		带式球团	100%磁铁矿	≤24			
7			50%磁铁矿、50%赤铁矿	≤35			
8			100%赤铁矿	≤46			
9	焦化	顶装焦炉		≤122	≤150	≤122	≤115
10		捣固焦炉		≤127	≤155	≤127	
11		干熄焦蒸汽回收量		—	—	—	≥60
12	高炉炼铁	1000m³级（电动鼓风）		≤400	≤435	≤370	≤361
13		1000m³级（汽动鼓风）		≤415			
14		2000m³级（电动鼓风）		≤395			
15		2000m³级（汽动鼓风）		≤410			
16		3000m³级（电动鼓风）		≤390			
17		3000m³级（汽动鼓风）		≤405			
18		4000m³级以上（电动鼓风）		≤385			
19		4000m³级以上（汽动鼓风）		≤400			
20		炉顶余压发电（干法除尘）		≥42kW·h/t（铁）	—	—	≥42kW·h/t（铁）
21		炉顶余压发电（湿法除尘）		≥42kW·h/t（铁）	—	—	
22		含鼓风电耗（电动鼓风）		≤120kW·h/t（铁）	—	—	

续表

序号	工序	规格、内容、类型		工序能耗/[kg(标准煤)/t(产品)]			
				节能设计规范要求	现有装置限定值	新建或改扩建准入值	优秀值
23	高炉炼铁	电耗(汽动鼓风)		≤40kW·h/t(铁)	—		
24	铁水预处理	单脱硫		≤0.65			
25		脱硫、脱硅和脱磷		≤1.8	—		
26	转炉冶炼	120～200t 转炉		≤-20	≤-10	≤-25	≤-30
27		>200t 转炉		≤-22			
28		转炉工序能源回收量		—			≥35
29	电炉冶炼	85%废钢+15%生铁	工序能耗 无预热无蒸汽回收	≤90	≤86(30～50t) ≤72(≥50t)	≤64 (≥70t)	≤67(30～50t) ≤61(≥50t)
30			有预热无蒸汽回收	≤88			
31			无预热有蒸汽回收	≤82			
32			电耗 无预热无蒸汽回收	≤437*	≤540*(30～50t) ≤450*(≥50t)	≤400 (≥70t)	≤420*(30～50t) ≤380*(≥50t)
33			有预热无蒸汽回收	≤402*			
34			无预热有蒸汽回收	≤437*			
35		70%废钢+30%铁水热装	工序能耗 无预热无蒸汽回收	≤70	≤62(30～50t) ≤48(≥50t)	≤40 (≥70t)	≤43(30～50t) ≤37(≥50t)
36			有预热无蒸汽回收	≤69			
37			无预热有蒸汽回收	≤58			
38			电耗 无预热无蒸汽回收	≤338*	≤390*(30～50t) ≤300*(≥50t)	≤250* (≥70t)	≤270*(30～50t) ≤230*(≥50t)
39			有预热无蒸汽回收	≤314*			
40			无预热有蒸汽回收	≤338*			
41		50%废钢+50%铁水热装	工序能耗 无预热无蒸汽回收	≤56	≤46(30～50t) ≤32(≥50t)	≤24 (≥70t)	≤27(30～50t) ≤21(≥50t)
42			有预热无蒸汽回收	≤56			
43			无预热有蒸汽回收	≤41			
44			电耗 无预热无蒸汽回收	≤247*	≤290*(30～50t) ≤200*(≥50t)	≤150 (≥70t)	≤170*(30～50t) ≤130*(≥50t)
45			有预热无蒸汽回收	≤233*			
46			无预热有蒸汽回收	≤247*			
47	炉外精炼	LF		≤5.43	—	—	—
48		VD		≤6.75			
49		VOD		≤14.06			
50		RH		≤12.56			
51		RH(电工钢)		≤16.11			
52		AOD		≤10.29			
53		CAS-OB		≤0.21			
54	连铸	方坯连铸		≤6.0			
55		板、圆、异型坯连铸		≤7.0			

注: 1.工序能耗中电力折标准煤系数按当量值 0.1229kg(标准煤)/kW·h 计算指标。

2.表中带*为电耗,单位为 kW·h/t(钢水)。

表2-3-2　钢铁企业金属压延加工工序能耗要求

序号	工序	规格、内容、类型	工序能耗 /[kg(标准煤)/t(产品)]	分项能耗/[kg(标准煤)/t(产品)]		
				燃料	电力	其他
1	大、中型轧钢	大型轨梁型钢轧机车间	≤46.2	≤42.7	≤9.2	≤-5.67
2		钢轨在线全长淬火	≤12.3	—	≤12.3	—
3		大型棒材轧机	≤45.2	≤41.6	≤9.2	≤-5.65
4		中型型钢轧机	≤42.8	≤39.2	≤8.6	≤-5.04
5		中型棒材轧机	≤41.5	≤38.6	≤8	≤-5.05
6		H型钢轧机	≤47.5	≤39.1	≤9.5	≤-1.03
7	小型线材轧钢	小型型钢轧机	≤38.2	≤38.2	≤8.0	≤-8.0
8		高速线材	≤41.2	≤35.8	≤14.7	≤-9.38
9	热轧带钢及中厚板	热轧带钢	≤46.7	≤41.0	≤9.8	≤-4.1
10		中厚板	≤52.7	≤46.6	≤8.6	≤-2.5
11		连铸连轧	≤42.3	≤29.18	≤11.06	≤2.05
12	热处理	正火、淬火	≤52.4	≤40.7	≤6.2	≤5.6
13		回火	≤41.5	≤29.7	≤6.2	≤5.6
14		淬火+回火	≤89.0	≤70.4	≤8.6	≤10.0
15	无缝钢管	热连轧管机组	≤73.2	≤58	≤12.9	≤2.3
16		三辊斜轧管机组	≤73.8	≤56.3	≤14.7	≤2.8
17		带导盘二辊斜轧管机组	≤72.6	≤56.3	≤13.5	≤2.8
18		CPE顶管机组	≤73.0	≤59.7	≤11.1	≤2.2
19		热处理/管加工	≤71.8	≤61.1	≤10.1	≤0.6
20		冷轧冷拔钢管	≤98.2	≤68.2	≤14.7	≤15.2
21		热挤压钢管	≤134.5	≤68.2	≤55.3	≤11.0
22	冷轧板带	酸轧产品	≤18.2	—	≤9.2	≤9.0
23		连退产品	≤63.4	≤34.1	≤17.2	≤16.0
24		罩式炉产品	≤66.9	≤29	≤16.0	≤21.9
25		冷轧不锈钢	≤191.5	≤102.4	≤55.3	≤33.8
26		取向电工钢	≤625.3	≤307.1	≤106.9	≤211.3
27		高牌号无取向电工钢	≤241.7	≤102.4	≤45.5	≤93.8
28		低牌号无取向电工钢	≤176.5	≤68.2	≤33.2	≤75.1
29	涂镀	热镀锌产品	≤70.8	≤35.8	≤18.44	≤16.6
30		电镀锌产品	≤111.5	≤34.1	≤35.64	≤41.8
31		彩涂产品	≤124.0	≤70.0	≤24.58	≤29.5
32		电镀锡产品	≤105.5	≤34.1	≤33.18	≤38.1

注：1.表中燃料消耗大中型轧钢按热装温度600℃，热装率80%，小型、线材轧钢按热装温度700℃，热装率85%，常规热连轧按热装温度500℃，热装率60%；中厚板按热装温度400℃，热装率30%计算。

2.表中工序能耗指标和其他项指标包括汽化冷却回收蒸汽量。

　　国家发展和改革委员会、生态环境部、工业和信息化部三部委联合发布的《钢铁行业清洁生产评价指标体系》对钢铁生产各工序单元节能降耗方面的要求如表2-3-3所示。

表 2-3-3　钢铁企业清洁生产评价指标体系节能降耗技术要求

序号	工序	一级指标 指标项	二级指标 指标项	Ⅰ级基准值	Ⅱ级基准值	Ⅲ级基准值
1	烧结	生产工艺装备及技术	装备配置	360m² 及以上烧结机, 配置率≥60%	280m² 及以上烧结机, 配置率≥60%	180m² 及以上烧结机, 配置率100%
2						
3			厚料层技术	≥800mm	≥700mm	≥600mm
4			低温烧结工艺	采用该技术		
5			余热回收利用装备 回收量以蒸汽计 /[kg(标准煤)/t（矿）]	建有烧结余热回收利用装置		
				回收量≥9kg	回收量≥7kg	回收量≥4kg
6			降低漏风率技术	采用降低漏风率的技术		
				漏风率≤35%	漏风率≤43%	漏风率≤50%
7		资源与能源消耗	工序（不含脱硝）能耗 /[kg(标准煤)/t]	≤45	≤50	≤58
8			工序（含脱硝）能耗 /[kg(标准煤)/t]	≤49	≤54	≤62
9			电力消耗（不含脱硝, 回收电量不抵扣）/(kW·h/t)	≤40	≤45	≤50
10			电力消耗（含脱硝, 回收电量不抵扣）/(kW·h/t)	≤50	≤54	≤57
11			固体燃料消耗/[kg(标准煤)/t]	≤41	≤43	≤55
12			生产取水量/(m³/t)	≤0.2	≤0.3	≤0.6
13		产品特征	烧结矿品位/%	≥58	≥56	≥54
14			烧结矿内循环返矿率/%	≤17	≤20	≤27
15			转鼓指数/%	≥83	≥78	≥74
16			产品合格率/%	≥99.7	≥98	≥95
17		清洁生产管理	物料和产品运输(球团、炼铁、轧钢工序同样要求)	大宗物料和产品采用铁路、水路、管道或管状带式输送机等方式运输比例不低于80%，或全部采用新能源汽车或达到国六排放标准的汽车运输	采用清洁运输方式，减少公路运输比例	
18	球团	生产工艺装备及技术	装备配置	建有链箅机-回转窑或带式焙烧装置，单套设备球团生产规模≥300 万吨	建有链箅机-回转窑或带式焙烧装置，单套设备球团生产规模≥200 万t	—
19			余热回收利用设备	采用该技术		—
20		资源与能源消耗	工序能耗/[kg(标准煤)/t]	≤15	≤24	≤36
21			电力消耗/(kW·h/t)	≤16	≤26	≤36
22			燃料能耗/[kg(标准煤)/t]	≤17	≤27	≤34
23			生产取水量/(m³/t)	≤0.2	≤0.3	≤0.5
24			水重复利用率/%	≥95	≥90	≥80
25		产品特征	产品合格率/%	≥99.7	≥98.5	≥95.5
26			球团矿品位/%	≥64	≥62	≥61
27			转鼓指数/%	≥95	≥93	≥91

续表

序号	工序	一级指标 指标项	二级指标 指标项	Ⅰ级基准值	Ⅱ级基准值	Ⅲ级基准值
28	高炉 炼铁	生产工艺 及装备	高炉炉容	4000m³ 以上高炉，配置率≥60%	3000m³ 以上高炉，配置率≥60%	1200m³ 以上高炉，配置率 100%
29			高炉煤气干法除尘装置配置率/%	100	≥60	≥25
30			高炉煤气干法除尘配置脱酸系统/%	100	≥65	≥50
31			高炉炉顶煤气余压利用（TRT 或 BPRT）装置配置	TRT 装置配置率 100%，发电量≥45kW·h/t；或 BPRT 装置配置率≥50%，节电量≥40%	TRT 装置配置率 100%，发电量≥42kW·h/t；或 BPRT 装置配置率≥30%，节电量≥30%	TRT 装置配置率 100%，发电量≥35kW·h/t；或 BPRT 装置配置率≥30%，节电量≥20%
32			平均热风温度/℃	≥1240	≥1200	≥1160
33			均压煤气回收	采用该技术		
34		资源与能源消耗	工序能耗/[kg(标准煤)/t]	≤380	≤390	≤400
35			高炉燃料比/(kg/t)	≤495	≤515	≤530
36			入炉焦比/(kg/t)	≤315	≤340	≤365
37			高炉喷煤比/(kg/t)	≥170	≥155	≥140
38			入炉铁矿品位/%	≥60.0	≥58.5	≥57
39			入炉球团比例/%	≥30.0	≥20.0	≥15.0
40			金属收得率/%	≥95.0	≥90.0	≥88.0
41			生产取水量/(m³/t)	≤0.6	≤0.9	≤1.2
42			水重复利用率/%	≥98.0	≥97.5	≥97.0
43		资源综合 利用	高炉煤气放散率/%	≤0.2	≤0.5	≤1.0
44			高炉冲渣水余热回收利用	配备余热回收装置并使用		—
45	转炉 炼钢	生产工艺 及装备	转炉公称容量	200t 以上转炉配置率≥60%	150t 以上转炉配置率≥60%	100t 以上转炉配置率 100%
46			炉衬寿命/炉	≥15000	≥13000	≥10000
47			转炉煤气净化装置	采用干法除尘技术	采用改进型湿法除尘技术	
48			铁-钢高效衔接技术	采用该技术，铁水温降≤80℃	采用该技术，铁水温降≤100℃	采用该技术，铁水温降≤130℃
49		资源与能源消耗	钢铁料消耗/(kg/t)	≤1060	≤1070	≤1080
50			生产取水量/(m³/t)	≤0.3	≤0.5	≤0.7
51			水重复利用率/%	≥98	≥97	≥96
52			煤气、蒸汽余能余热回收量/[kg(标准煤)/t]	≥38	≥33	≥28
53			冶炼能耗/[kg(标准煤)/t]	≤-30	≤-25	≤-20
54		产品特征	钢水合格率/%	≥99.9	≥99.8	≥99.7
55			连铸坯合格率/%	≥99.9	≥99.85	≥99.7
56	电炉 炼钢	生产工艺 及装备	电炉公称容量	100t 以上电炉配置率 100%	75t 以上电炉配置率 100%	60t 以上电炉配置率 100%
57			电炉烟气余热回收	采用电炉烟气余热回收技术		

续表

序号	工序	一级指标	二级指标			
		指标项	指标项	Ⅰ级基准值	Ⅱ级基准值	Ⅲ级基准值
58	电炉炼钢	资源与能源消耗	钢铁料消耗/(kg/t)	≤1060	≤1080	≤1100
59			生产取水量/(m³/t)	≤0.3	≤0.4	≤0.5
60			水重复利用率/%	≥98	≥96	≥94
61			电炉冶炼（全废钢）能耗/[kg(标准煤)/t]	≤61	≤64	≤72
62			电炉冶炼（30%铁水热装）能耗/[kg(标准煤)/t]	≤45	≤55	≤65
63		产品特征	钢水合格率/%	≥99.9	≥99.8	≥99.7
64			连铸坯合格率/%	≥99.9	≥99.85	≥99.7
65	热轧	生产工艺及装备	加热炉余热回收	双预热蓄热燃烧+加热炉汽化冷却	单预热蓄热燃烧+加热炉汽化冷却，或双预热蓄热燃烧	单预热蓄热燃烧或加热炉汽化冷却
66			热轧薄板、棒线连铸坯送热装技术	热装温度≥600℃，热装比≥40%，热轧薄板采用薄板坯连铸连轧技术	热装温度≥400℃，热装比≥30%	热装温度≥300℃，热装比≥20%
67			辊道连接保温设施	采用该技术		—
68		资源与能源消耗	主轧线工序能耗/[kg(标准煤)/t]	中厚板≤45，棒线/热轧薄板≤48	中厚板≤48，棒线≤53，热轧薄板≤50	中厚板/热轧薄板≤53，棒线≤58
69			燃气消耗/[kg(标准煤)/t]	中厚板≤39，棒线≤32，热轧薄板≤40	中厚板≤43，棒线≤35，热轧薄板≤42	中厚板≤47，棒线≤39，热轧薄板≤45
70			生产取水量/(m³/t)	≤0.60	≤0.75	≤0.90
71			水重复利用率/%	≥98		≥95
72		产品特征	钢材综合成材率/%	棒线/热轧薄板≥99，中厚板≥90	棒线/热轧薄板≥98，中厚板≥89	棒线/热轧薄板≥97，中厚板≥88
73			钢材质量合格率/%	棒线/热轧薄板≥99.8，中厚板≥97	棒线/热轧薄板≥99.5，中厚板≥96	棒线/热轧薄板≥99.0,中厚板≥95
74	冷轧（含热镀锌）	生产工艺及装备	采用酸洗-冷轧联合生产工艺技术	采用该技术		—
75			退火炉烟气余热回收利用技术	采用该技术		—
76		资源与能源消耗	酸轧工序能耗/[kg(标准煤)/t]	≤17	≤20	≤23
77			退火工序能耗/[kg(标准煤)/t]	≤50	≤53	≤56
78			热镀锌工序能耗/[kg(标准煤)/t]	≤55	≤58	≤61
79			燃气消耗/[kg(标准煤)/t]	≤36	≤37	≤38
80			生产取水量/(m³/t)	≤1.1	≤1.3	≤1.5
81			水重复利用率/%	≥95	≥94	≥93
82		产品特征	板材合格率/%	≥99.6	≥99.3	≥99.0
83			板材成材率/%	≥90	≥88	≥85

中国钢铁企业生产常用的能源指标除上述表格中列明的吨钢综合能耗、各单元工序能耗、吨钢生产取水量、各单元工序取水量外，还包括焦炉煤气放散率、高炉煤气放散率、转炉煤气回收量、吨钢耗电量等。

3.2 单位产钢能耗指标实际现状

3.2.1 行业指标

近年来，中国钢铁工业在节能降耗方面取得了长足的进步。"十二五"期间，重点大中型钢铁企业吨钢综合能耗由 605kg(标准煤)下降到 572kg(标准煤)，吨钢耗新水量由 4.10m³ 下降到 3.25m³。"十三五"期间，钢铁企业基于政策驱动和自身的需求，仍持续开展节能降耗工作。重点大中型钢铁企业 2014～2018 年各项能源消耗指标如表 2-3-4 所示。

表 2-3-4 重点大中型钢铁企业 2014～2018 年能源消耗指标

序号	指标项	单位	2014 年	2015 年	2016 年	2017 年	2018 年
1	吨钢综合能耗(标准煤)	kg	584.3	571.85	585.66	570.51	555.24
2	吨钢耗电	kW·h	467.92	471.66	447.74	468.29	451.99
3	吨钢耗新水量	m³	3.3	3.08	3.09	2.91	2.70
4	吨钢烧结工序能耗(标准煤)	kg	48.48	47.19	48.39	48.5	48.60
5	吨钢球团工序能耗(标准煤)	kg	27.09	27.62	26.8	25.59	25.36
6	吨钢焦化工序能耗(标准煤)	kg	97.69	99.48	96.88	99.67	104.88
7	吨钢高炉工序能耗(标准煤)	kg	392.96	387.3	391.52	390.75	392.13
8	吨钢转炉钢工序能耗(标准煤)	kg	-9.94	-11.6	-13.2	-13.93	-13.39
9	吨钢电炉钢工序能耗(标准煤)	kg	58.49	59.67	52.65	58.11	55.70
10	吨钢轧钢工序能耗(标准煤)	kg	59.13	58.02	56.08	56.89	54.32
11	焦炉煤气放散率	%	0.39	1.02	1.05	1.05	0.83
12	高炉煤气放散率	%	2.21	2.04	1.06	1.05	1.05
13	吨钢转炉煤气回收量	m³	106	108	114	114	115.3

注：1. 焦化工序中部分企业上报能耗不含煤气精制部分能耗；

2. 炼钢工序中部分企业上报能耗不含连铸工艺能耗；

3. 吨钢转炉煤气回收量不能仅关注回收量，还要关注转炉煤气热值。

吨钢综合能耗 2016 年较"十二五"末期上升的主要因素为市场需求疲软，钢价偏低，各钢企产能利用率不足拉高了能耗指标。2018 年较 2017 年指标较大程度降低的原因除节能技术的采用外，另一重要因素应为废钢价格一度偏低，即使价格反弹后，由于市场需求强劲，钢价较高，各钢企冶炼过程铁钢比下降所致。

3.2.2 典型钢企指标

钢铁企业制造流程较长，各生产工序多，国内各种规模的钢企由于流程和工序配置不同，其吨钢综合能耗水平差异较大，不能简单比较，工序能耗则具有一定的可比性。表 2-3-5 和表 2-3-6 是国内两个管理水平较高的钢企的能耗指标。其中表 2-3-5 是典型的长流程扁平材制造钢企，其工序从烧结、球团、焦化直到冷轧，设置完整，生产高品质扁平材产品；表 2-3-6 是长流程长材制造钢企，焦炭外购，产品为普通棒、线建筑材。

表 2-3-5　国内某典型长流程扁平材钢企 2018 年能源消耗指标

序号	指标项	单位	指标
1	吨钢综合能耗(标准煤)	kg	590.3
2	吨钢耗电	kW·h	589.65
3	吨钢耗新水	m³	1.07
4	吨钢烧结工序能耗(标准煤)	kg	43.93
5	吨钢球团工序能耗(标准煤)	kg	35.77
6	吨钢焦化工序能耗(标准煤)	kg	105.96
7	吨钢高炉工序能耗(标准煤)	kg	366.89
8	吨钢转炉钢工序能耗(标准煤)	kg	-14.03
9	吨钢热轧工序（扁平材）能耗(标准煤)	kg	43.65
10	吨钢冷轧工序能耗(标准煤)	kg	55.13
11	焦炉煤气放散率	%	0
12	高炉煤气放散率	%	2.01
13	吨钢转炉煤气回收量	m³	99

表 2-3-6　国内某典型长流程长型材钢企 2018 年能源消耗指标

序号	指标项	单位	指标
1	吨钢综合能耗(标准煤)	kg	526.9
2	吨钢耗电	kW·h	324.46
3	吨钢耗新水	m³	1.5
4	吨钢烧结工序能耗(标准煤)	kg	51.39
5	吨钢球团工序能耗(标准煤)	kg	37.92
6	吨钢焦化工序（无焦化）能耗(标准煤)	kg	—
7	吨钢高炉工序能耗(标准煤)	kg	397.04
8	吨钢转炉钢工序能耗(标准煤)	kg	-14.56
9	吨钢热轧工序（长材、窄带）能耗(标准煤)	kg	34.77
10	高炉煤气放散率	%	0.61
11	吨钢转炉煤气回收量	m³	109.7

3.2.3 钢铁生产能源介质流向示意图

插页图 1 展示的是长流程钢铁生产中能源在各主要工序输入、输出、转换的示意图。短流程钢铁生产能量流在炼钢以后类似，不再专门展示。

3.3 节能措施现状

中国是钢铁生产大国，年粗钢产量已经占全球粗钢产量的一半以上，且国内钢铁产能处于"过剩"状态。但中国也是人口大国，人均资源占有量不高，钢铁生产所需的煤、电、天然气、柴油等能源价格与美国、日本、俄罗斯等国家相比相对偏高。钢铁生产中最主要的成本就是铁素和能源成本，自 21 世纪以来，伴随中国钢铁产量的飞速增加，降低能源消耗一直是钢铁企业重点研究方向，国内重点钢铁企业吨钢综合能耗从 2000 年的约 920kg（标准煤）降低到了 2018 年的约 555kg（标准煤），节能降耗工作取得了明显进步。

3.3.1 石灰

石灰竖窑用锥形反射板布料技术、"三代梁式窑"用绝热式燃烧梁技术、双膛竖窑复合布风技术、双膛竖窑牛腿拱顶式环形通道技术、双膛竖窑环形矩阵式燃料供给技术、回转窑窑头尾双层双向片式密封装备技术、烟气余热回收利用技术、自动燃烧控制技术、石灰窑风机变频控制技术。

3.3.2 烧结

优化配料技术、低碳厚料层烧结技术、低温烧结技术、热风烧结技术、混合料预热技术、生石灰多级消化技术、高效节能点火技术、烟气余热回收技术、烧结机综合密封技术、风机变频控制技术。

3.3.3 球团

链算机-回转窑技术、低温焙烧技术、自动燃烧控制技术、汽化冷却技术、风机变频控制技术。

3.3.4　焦化

焦炉大型化技术，分段加热技术，炉墙高效传热技术，焦炉加热优化控制技术，煤调湿技术，单孔碳化室压力调节技术，干法熄焦及高温高压发电技术，煤气初冷器余热制冷/采暖技术，正压烘炉技术，余热蒸氨技术，负压脱苯技术，荒煤气、烟道气余热回收利用技术，焦油减压蒸馏技术，变频调速技术。

3.3.5　高炉炼铁

高炉智能化技术、高风温技术、高喷煤比技术、高顶压技术、高富氧技术、小块焦回收技术、高炉低燃料比操作技术、加湿/脱湿鼓风技术、顶燃式热风炉技术、热风炉自动燃烧控制技术、高炉煤气干法除尘技术、TRT 发电技术、BPRT 技术、冲渣水余热回收利用技术、均排压煤气回收技术、热风炉烟气余热回收利用技术、浓相喷煤技术、喷吹罐余压回收技术、大富氧技术、风机变频控制技术。

3.3.6　转炉炼钢

铁水预处理（脱硫、脱磷、脱硅）技术、"负能"炼钢技术、转炉自动吹炼技术、转炉副枪技术、转炉煤气干法除尘技术、"一罐制"或鱼雷罐车送铁水技术、顶底复吹技术、溅渣护炉技术、机械抽真空技术、水环真空泵技术、转炉煤气和蒸汽回收利用技术、铁水罐（钢水罐、鱼雷罐）加盖技术、铁水罐（钢水罐）一体化管理技术、钢水罐蓄热式/富氧烘烤技术、转炉底吹砖快换技术、风机变频控制技术。

3.3.7　电炉炼钢

电炉大型化技术、超高功率电极技术、强化供氧技术、喷吹煤粉技术、电炉密闭连续加料技术、废钢预热技术、泡沫渣埋弧冶炼技术、烟气余热回收利用技术、钢水罐蓄热式/富氧烘烤技术。

3.3.8　连铸

高效连铸技术，特厚、宽板、大矩形连铸技术，中间罐低过热度快速浇铸技术，中间罐蓄热式/富氧烘烤技术，铸坯热装热送技术，铸坯保温技术。

3.3.9　轧钢

半无头轧制技术、控温轧制技术、控轧控冷技术、带钢粉末彩涂技术、层流冷却技术、中间坯保温技术、直接轧制技术、长材单独传动高速模块轧机技术、长材高精度轧制技术、钢管连续化短流程生产技术、蓄热式加热炉技术、加热炉自动燃烧控制技术、加热炉汽化冷却技术、加热炉（热处理炉）烟气余热回收技术、变频控制技术。

3.3.10　能源公辅

综合污水处理及回用技术，雨水收集技术，深度水处理及"零排放"技术，节水减排智慧管理技术，高参数、小型化煤气发电技术，煤气-蒸汽联合循环发电技术，能源管控中心优化调控技术，单段式橡胶膜密封型煤气柜技术，放散塔自动点火技术，高效水泵、电机节能技术，谐波滤波技术，无功补偿技术，太阳能/风能（有条件时）供电技术，高效率照明灯具技术。

3.4　与国外钢铁企业能源消耗对比

钢铁工业是能耗大户，当前中国钢铁工业总能耗约占全国总能耗的 15%。钢铁工业加强技术升级和结构优化，提升效能，促进我国从钢铁大国向钢铁强国转变，这是中国钢铁行业的共识。"节能减排"是中国的国策，钢铁工业节能降耗不仅是企业应当承担的社会责任和义务，也是企业提升效能的重点；在产能过剩和能源价格偏高的背景下，是提高企业竞争力和可持续发展能力的重要手段，是从"要我节能"转变到"我要节能"的重要基础。

当今世界各国钢铁企业都在为降低能源消耗而努力，但美国、俄罗斯、日本等国家能源价格相对偏低，其发展重心相对偏重于钢铁产品结构和品质，而东南亚、中东等地区的钢铁生产技术相对较差。国际钢铁协会公布的全球吨钢综合能耗平均水平约20GJ/t，包括安赛乐米塔尔、JFE、新日铁、浦项等在内的世界知名钢企的吨钢综合能耗都超过了 20GJ/t，当前中国钢铁企业在能源消耗指标上已明显处于领先水平。

吨钢综合能耗不能简单类比，一是能源折标系数的差距，例如中国电力能源采用的是 1kW·h=0.1229kg(标准煤)的当量值计算，而国外大都采用 1kW·h=0.32～0.35kg(标准煤)的当量值计算，按照长流程吨钢耗电量估算，仅电耗方面就相差约100kg(标准煤)/t 的能耗。二是发达国家的钢铁企业注重钢铁产品的结构和品质，其工艺流程通常延伸到冷轧产品，优特钢占比较重，这也增加了吨钢的能耗指标，如国内钢铁技术领先的宝山钢铁在吨钢综合能耗上就高于全国平均指标。三是欧美发达国家电炉钢占比较高，在很大程度上拉低了平均统计数据。

故简单地对比吨钢综合能耗很难精准做出钢铁企业能耗控制水平高低的判断，但总体判断当前中国钢铁企业的吨钢能耗在世界上处于领先水平的趋势是可以确定的。

3.5 未来钢铁产业节能技术趋势

进入 21 世纪以来，中国钢铁行业在节能降耗技术方面取得了长足的进步，重点钢铁企业吨钢综合能耗从 2000 年的约 920kg(标准煤)/t 降低到了 2018 年的约 555kg(标准煤)/t。纵观当前采取的节能措施，未来钢铁工业发展调控仍然以装置的大型化、低耗能、低排放、智能化为主基调，在节能降耗方面的发展潜力包括下述几个方面。

余热回收利用：钢铁制造各工序伴随大量的能源消耗和高温高热环境，不是所有的余热现在都能被经济地回收。在高温方面，如高炉渣余热、转炉渣余热、转炉煤气中温段余热、铸坯成形过程和轧制过程的余热。在低温方面，各工序存在大量 200℃以下的烟气余热或产品辐射热无法得到经济有效的利用。提高钢铁生产余热回收水平是未来节能技术发展的一个潜力点。

钢铁生产中产生的二次能源高效利用：当前钢铁生产过程中回收的蒸汽、煤气除工序生产使用外，主要用于发电。随着中国国民经济的发展和水力、风力、太阳能等绿色发电技术的推广普及，电力价格长期会呈逐步下降趋势。富余煤气发电是能源的一种较低效的利用方式，应研发冶金煤气直接重整制还原性气体技术以及深加工实现高附加值利用技术，使冶金行业实现清洁能源的高效利用及向化工产业和能源产业延伸，实现冶金、化工、能源行业的深度融合发展。

智能化技术：钢铁生产过程中包括智能检测、智能诊断、大数据挖掘、动态预测、动态调配、智能控制、精细化管控等智能技术的应用。能源管控与主工序单元生产紧密结合，实现能源计划、调度、生产协同和多介质能源利用协同等优化控制模式，达到能源的高效和精准利用，降低能源消耗。

新一代冶炼技术：钢铁生产 70%以上的能源消耗与绝大部分污染物排放都来自炼铁及以前工序，短流程电炉钢的能源消耗和污染物排放远低于长流程转炉钢。在中国乃至全球绝大部分地区废钢资源量并不充分的情况下，长流程钢铁生产工艺还需存在较长时间。新型的铁矿石还原技术也是未来钢铁生产节能减排的发展方向，如高炉煤气循环利用技术、新型直接还原工艺、新的熔融还原工艺、电解铁矿石技术、低成本氢气还原技术、大富氧技术、"铁焦"生产技术、含铁原料配碳技术等。

第4章
钢铁行业环保现状和趋势

4.1 中国单位产钢环保指标

根据中国钢铁工业协会信息统计部 2020 年完成的《中国钢铁工业环境保护统计》,2015～2019 年钢铁行业二氧化硫、氮氧化物和颗粒物、COD 排放量见表 2-4-1。

表 2-4-1　2015～2019 年我国主要污染物排放情况

项目	排放总量/万 t					吨钢排放量/kg				
年份	2015 年	2016 年	2017 年	2018 年	2019 年	2015 年	2016 年	2017 年	2018 年	2019 年
SO_2	136.8	34.21	29.81	33.10	31.00	1.70	0.63	0.54	0.53	0.46
NO_x	55.1	49.66	47.62	—	—	0.69	0.91	0.87	—	—
烟粉尘	72.4	33.61	31.8	35.24	31.97	0.90	0.62	0.58	0.56	0.48
COD	—	1.1658	1.0966	0.8933	0.7774		0.02	0.02	0.01	0.01

从表 2-4-1 中可以看出,近年来,中国钢铁工业烟粉尘、SO_2、COD 的吨钢排放量逐年下降。

4.2 中国与国外单位产钢环保指标对比

4.2.1 行业指标

2014 年 4 月 1 日起施行的《钢铁行业清洁生产评价指标体系》中,针对颗粒物、二氧化硫和氮氧化物的 Ⅰ 、Ⅱ 、Ⅲ 级基准值见表 2-4-2。

表 2-4-2　钢铁行业清洁生产评价指标体系吨钢污染物排放基准值

指标项	Ⅰ级基准值	Ⅱ级基准值	Ⅲ级基准值
吨钢颗粒物排放量/kg	≤0.6	≤0.8	≤1.0
吨钢 SO_2 排放量/kg	≤0.8	≤1.2	≤1.6
吨钢 NO_x（以 NO_2 计）排放量/kg	≤0.9	≤1.2	≤1.8

对新建钢铁企业或在建项目、现有钢铁企业清洁生产水平的评价,是以其清洁生产综合评价指数为依据。对达到一定综合评价指数的企业,分别评定为国际清洁生产领先水平、国内清洁生产先进水平和国内清洁生产一般水平。若评价某钢厂达到国内清洁生产先进水平,所有指标需全部达到 Ⅱ 级基准值指标要求,且综合评价指数得分也需达到一定限值。从全行业吨钢排放量平均值来看,以上污染物均能够满足 Ⅰ 级基准值。

我国钢铁工业排放标准的指标值普遍较国外标准严格,并且在不断推出新的政策标准控制钢铁污染物。2019 年 4 月《关于推进实施钢铁行业超低排放的意见》出台，对钢铁企业的污染物排放提出了更高的要求。目前我国钢铁工业超低排放的要求与其他国家的排放标准对比，见表 2-4-3。

表 2-4-3　中国超低排放要求与国外钢铁行业大气污染物排放标准比较

排放源		中国			英国			德国			马来西亚			日本	
生产工序	生产设施	颗粒物	二氧化硫	氮氧化物	颗粒物	二氧化硫	氮氧化物	颗粒物	二氧化硫	氮氧化物	颗粒物	二氧化硫	氮氧化物	颗粒物	氮氧化物
烧结（球团）	烧结机头球团竖炉	10	35	50	30			10	100		50	500	400	100	220ppm
	链算机回转窑	10	35	50											
	烧结机尾	10												100	
炼焦	焦炉烟囱	10	30	150							10	800	500		
	装煤、推焦	10													
	干熄焦	10	50					20							
炼铁	热风炉	10	50	200	10	250	350				50			30	100ppm
	出铁场	10	—	—	10			10							
炼钢	转炉、电炉、铁水预处理	10	—	—				5~30			50				
轧钢	热处理炉	10	50	200							—	—	500		

由表 2-4-3 可知，对于钢铁行业大气污染物排放，中国超低排放要求的绝大多数指标值比国外相应生产设施排放标准严格。

国内外大中型钢铁企业主要工序废气污染物排放强度对比见表 2-4-4。

表 2-4-4　国内外大中型钢铁企业主要工序废气污染物排放强度对比

单位: kg/t（产品）

工序	烧结		球团		焦化		炼铁		炼钢		轧钢	
	国内	欧盟	国内	欧盟	国内	欧盟	国内	欧盟	国内	欧盟	国内	欧盟
TSP（总悬浮颗粒物）	0.21	0.071~0.85	0.15	0.014~0.15	0.24	0.016~0.3	0.16	0.0054~0.2	0.124	0.014~0.14	0.02	—
SO_2	0.36	0.22~0.97	0.61	0.011~0.21	0.09	0.08~0.90	0.01	0.009~0.34	0.004	0.0038~0.013	0.04	—
NO_x	0.5	0.31~1.03	0.53	0.15~0.55	0.39	0.34~1.78	0.19	0.0008~0.17	0.034	0.008~0.06	0.2	—

由表 2-4-4 可知，从主要工序来看，中国钢铁废气污染物排放强度与欧盟的差距主要表现为球团工序的 SO_2 排放以及炼铁工序的 NO_x 排放。此外，球团、焦化、

炼铁等工序的颗粒物排放与欧盟企业的先进值有一定差距。

我国重点钢企与世界先进钢企污染物排放情况见表 2-4-5。

表 2-4-5　我国重点钢企与世界先进钢企污染物排放情况（吨钢排放）

环保指标	国内重点钢企			国外先进钢厂对标			
	106 家重点大中型钢企	宝钢股份		韩国浦项		日本新日铁	安赛乐米塔尔
	2017 年	2017 年	2018 年	2017 年	2018 年	2017 年	2018 年
SO_2/kg	0.55	0.34	0.36	0.57	0.64	0.346	0.68
烟粉尘/kg	0.59	0.30	0.27	0.09	0.08		–
NO_x/kg	0.88	0.98	0.85	0.85	1.0387	0.74	0.8

由表 2-4-5 可知，除烟粉尘外，我国重点钢企污染物排放统计平均值与世界先进钢企污染物排放水平较为接近，我国先进钢企如宝钢股份主要污染物排放强度优于世界先进钢企。

4.2.2　典型钢企指标

不同的钢铁企业，管理水平、生产装备水平、工艺流程不一致，其单位产品的排放量有一定的差异。选取我国几个大型钢铁联合企业进行对比，其吨钢产品排放的 SO_2、NO_x 及颗粒物见表 2-4-6。

表 2-4-6　我国典型钢铁企业排放强度变化

单位：kg/t（钢）

年份	武钢股份		宝钢股份		太钢股份	
	SO_2	烟粉尘	SO_2	烟粉尘	SO_2	烟粉尘
2013 年	1.41	0.5	0.43	0.46	0.49	0.38
2014 年	1.2	0.51	0.38	0.45	0.4	0.38
2015 年			0.3	0.38		
2016 年	0.40	0.37	0.33	0.33	0.26	0.53
2017 年	0.42	0.31	0.32	0.30	0.25	0.53
2018 年	0.44	—	0.36	0.27	0.24	0.33

由表 2-4-6 可见，近年来典型钢铁联合企业污染物排放强度下降较快，吨钢二氧化硫排放量 0.24～1.41kg，吨钢烟粉尘排放量 0.27～0.53kg。

4.2.3　全流程钢铁生产主要污染物排放示意图

全流程钢铁生产主要污染物排放示意图见图 2-4-1。

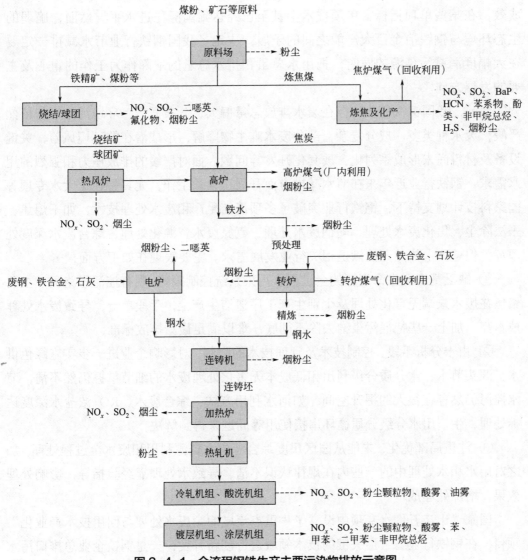

图 2-4-1　全流程钢铁生产主要污染物排放示意图

4.3　国内外环保措施现状

4.3.1　废水

近年来，中国粗钢产量已经占到全球总产量的将近一半，钢铁工业的迅猛发展已成为体现我国综合国力的一个重要标志。但是钢铁企业的水污染控制及废水资源化问题也日渐成为影响我国经济、环境可持续发展的重点、难点问题。在国家、全行业的共同努力下，当前我国钢铁冶金节水减排工作已经取得了较明显的成效，在某些单项指标、单项技术上甚至已经达到国际先进水平。然而，脆弱的生态环境与钢铁冶金巨大产能之间的矛盾，决定了我国钢铁行业节水减排一定要在大幅度消减污染源的同时，把用水总量和排水总量的下降作为工作的重心及主要的发展方向。

目前，我国钢铁行业仍存在废水排放总量偏大、分布面广，环境污染形势依然严峻；废水种类多、成分复杂，部分废水难生物降解，形成潜在的环境风险；关键设备及材料尚未形成系列化、成套化开发等问题。面对严峻的排放压力和强烈的用水需求，钢铁行业近年来在节水减排方面开展了大量工作，尤其是在重大水专项等国家科技计划支持下，钢铁行业突破了多项清洁生产和废水处理技术，如干熄焦、干法除尘、焦化废水处理、轧钢废水处理、氨氮废水资源化处理、综合废水深度处理等，但总体上依然无法满足相关行业发展需求。主要表现在如下方面：

① 缺乏基于全生命周期的全过程水污染系统控制策略，现有控污思路仍然主要聚焦在废水末端无害化处理及个别生产工序清洁生产上，手段单一，导致废水处理成本高，加上一些特征污染物去除不彻底，难以满足最新排放标准；

② 由于分析手段、控制技术及管理技术的限制，对影响企业进一步实施绿色供水、源头节水、水分质分级利用和低成本无害化处理废水的细节掌握仍然不清，节水控污仍然存在很大的提升空间，如河水利用方式、综合废水、RO 浓盐水深度达标处理、生产用水分级分质循环串接使用等问题未得到解决；

③ 注重局部优化，未能从园区尺度综合考虑水资源利用和废水全过程处理，加之对用水和水处理中的一些内在规律认识不清，导致水处理靠经验指导，影响处理效果，增加处理成本。

国家"十二五"水专项中设立了"重点流域冶金废水处理与回用技术产业化"项目，在钢铁行业三个最关键的技术领域进行创新开发：一是钢铁企业总排口污水集中处理回用；二是难降解的焦化污水深度处理资源化利用；三是贯穿钢铁冶金工业生产全过程的用水、排水全流程综合管控以节约用水、减少废水排放。通过关键技术的优化、集成应用以及运行模式的创新，为实现钢铁企业废水资源化、废水排放总量的削减乃至零排放，COD、总氰等重点污染物减排，并推进关键设备、材料的系列化及产业化提供技术支撑。"十三五"水专项项目进行了钢铁行业水污染全过程控污策略、钢铁生产过程典型工序节水、分质/分级供水和水网络智慧管理、废水深度治理回用与二次污染防控等研究，并在京津冀地区千万吨级大型钢铁工业园开展水污染全过程控制综合示范与评估，以满足我国发展绿色钢铁需要解决的先进适用成套产业化技术、全流程综合应用示范和通用性技术规范文件等现阶段的需求，推进钢铁行业水污染治理的不断进步。

4.3.2　SO₂

钢铁行业 SO₂ 排放主要来自于烧结、焦化、炼铁、轧钢、石灰以及发电工序。无烟气控制措施情况下，排放环节和排放浓度情况如表 2-4-7 所示。

表 2-4-7　钢铁行业 SO₂ 排放情况

排放来源	排放浓度
烧结机头烟气	烟气中二氧化硫含量受原料（包括铁料、焦粉、原煤等）成分影响波动大（多为 500～1500mg/m³，特殊地区可达 3000～5000mg/m³）
热风炉排放烟气	烟气中二氧化硫含量主要受燃料（焦炭、喷吹煤和煤气）硫分影响大（多为 30～150mg/m³）
石灰窑烟气	烟气中二氧化硫浓度多为 20～100mg/m³[当有石灰存在时，则 SO_2(g) 被石灰吸收]
煤气锅炉烟气	烟气中二氧化硫含量主要受燃料（煤气）硫分影响大（多为 30～300mg/m³）
轧钢加热炉烟气	烟气中二氧化硫含量主要受燃料（煤和煤气）硫分影响大（多为 20～150mg/m³）
焦炉生产排放烟气	烟气中二氧化硫含量主要受燃料（煤和煤气）硫分影响大（一般低于 300mg/m³）
焦化化产脱苯管式炉排放烟气	烟气中二氧化硫含量主要受燃料（煤气）硫分影响大（多为 30～300mg/m³）
干熄焦排放烟气	干熄焦烟气中二氧化硫主要是焦炭冷却过程产生的，受焦炭中硫成分影响大（多为 100～400mg/m³）

目前国内主要针对烧结和焦化工序开发了大量的治理技术。烧结工序是国内钢铁企业最早关注 SO₂ 治理的工序环节。烧结烟气主要分为湿法、半干法和干法三类，长期以来，形成了多种技术工艺路线。以石灰石-石膏法和石灰吸收法为代表的湿法脱硫技术占有较大的市场份额，半干法脱硫包括高性能烧结废气净化法(MEROS)、循环流化床法、密相干塔法等，也有较多成功应用案例，达到 35mg/m³ 的国家超低排放标准。近年来，为减少二次污染并尽可能地实现副产物的资源化再利用，半干法脱硫和活性炭(焦)吸附脱硫技术以设备运行稳定、占地面积小、无二次污染等优点，逐步成为国内钢铁企业烧结烟气 SO₂ 治理的主要技术。焦炉烟气 SO₂ 治理随着日益严格的排放标准也开始得到企业重视，目前已有部分企业采用喷雾干燥工艺（SDA）、氨法、密相干塔法以及循环流化床的方法，达到超低排放 SO₂ 浓度低于 35mg/m³ 的标准。

随着污染物控制种类的不断增加，无论是投资运行费用还是净化系统复杂性都面临极大的难题。因此，开展高效、低能耗的多种污染物协同脱除技术已成为当前国内研究与实践的热点，典型的技术包括联合吸附法(如钙基脱硫+SCR/SNCR 脱硝)、碳基吸附剂法、等离子体湿法吸收等，较为成熟的技术是活性炭多污染物协同净化技术。典型的应用案例包括太钢、日照等；近期宝钢湛江钢铁 2 台新建的 550m² 烧结机也同步配套建造了 2 套烧结烟气活性炭净化系统；河钢、邯钢在国内率先选用了逆流式活性炭选择性催化还原（CSCR）净化烧结烟气工艺。活性炭吸附法技术工艺简单、占地面积小，可实现多污染物协同治理，具有良好的发展前景。

国外钢铁企业的 SO_2 减排技术，基本也都以石灰石-石膏法、氨法为主，但受脱硫技术地域性影响，在波兰及韩国，除了石灰石-石膏法外，循环流化床法及电化学法脱硫也占到了较大比例。对于协同治理，早在 20 世纪 60、70 年代，德国和日本就先后开始了研发及应用活性炭/焦烟气净化技术。目前该技术已在欧洲和日本、韩国、美国和澳大利亚等国家的多工业领域成功应用。

与国外相比，我国钢铁企业 SO_2 治理起步较晚，最初是从电力行业做技术移植，随着工程应用发展逐步形成了成熟的技术方案，达到了国际先进水平。在多种污染物协同脱除技术方面与国外技术的差距已经很小，甚至已经达到国际先进乃至国际领先水平，但在技术运营、管理以及普及率方面与国外存在较大差距，推广应用还存在不平衡情况，颗粒物排放和 SO_2 排放水平较世界先进水平还有提升空间。

同时随着近年来钢铁行业超低排放标准的发布，对于钢企各工序 SO_2 的排放提出了更高的要求，企业对高炉煤气实施精脱硫的需求也日益强烈。高炉煤气脱硫技术路线分为湿法和干法两大类，湿法脱硫技术根据所用催化剂不同，可分为 PDS 法、络合铁法、栲胶法、888 法等；干法脱硫根据脱硫剂的不同，可分为常温氧化铁脱硫、活性炭脱硫和常温分子筛脱硫等。当前高炉煤气脱硫的工业化应用技术尚未成熟，还没有正式投运的工程项目，处于技术攻坚阶段。

国内高炉煤气脱硫技术方案，借鉴焦炉煤气脱硫技术，多家单位尝试探索有机硫水解后湿法脱硫技术；借鉴石化行业废气脱硫技术，中冶京诚开发基于微晶材料吸附的高炉煤气脱硫技术；基于整体化运营解决方案，中冶赛迪开发中温水解后高效低成本催化剂吸附脱硫技术。上述技术方案，其脱硫效果及运行经济性，还有待工程项目投产后验证。

4.3.3 NO_x

钢铁行业 NO_x 排放主要来自于烧结、焦化、轧钢及发电工序。无烟气治理设施情况下，排放环节和排放浓度情况如表 2-4-8 所示。

表 2-4-8 钢铁行业 NO_x 排放情况

排放来源	排烟温度及浓度情况
烧结机头烟气	烟气温度多在 120~150℃；氮氧化物含量一般为 200~400mg/m³
石灰窑烟气	烟气温度多在 100~250℃；氮氧化物含量小于 150mg/m³
煤气锅炉烟气	烟气温度多在 140~200℃；氮氧化物含量一般小于 150mg/m³
轧钢加热炉烟气	其中常规加热炉烟气温度在 250~350℃，蓄热式加热炉在 120~180℃；氮氧化物含量一般小于 200mg/m³
焦炉生产排放烟气	烟气温度多在 210~350℃；氮氧化物含量一般小于 500mg/m³
焦化化产脱苯管式炉排放烟气	烟气温度多在 270~280℃；氮氧化物含量小于 150mg/m³
干熄焦排放烟气	烟气温度多在 150~300℃；氮氧化物含量一般小于 150mg/m³

我国钢铁行业 NO_x 的防治技术尚处于起步阶段，由于烧结烟气的复杂性，对烧结烟气各类脱硝技术的研究较多，但真正投入工业化运行的相对较少。目前，烧结工序 NO_x 污染防治途径主要有烟气再循环技术、选择性催化还原脱硝技术（SCR）、臭氧氧化法以及活性炭吸附技术。2016 年，宝钢 4 号 600m² 烧结机在原有的两套 CFB 脱硫装置后增设了两套 SCR 脱硝装置；烟气臭氧氧化脱硝技术是通过氧化-吸收双梯段的功能耦合，利用现有脱硫塔对高价 NO_x 和 SO_2 进行协同吸收的高效脱硝技术。目前国内应用臭氧氧化硫硝协同吸收工艺的烧结（球团）烟气净化工程有唐钢中厚板 240m² 烧结机、唐钢不锈钢 265m² 烧结机、宝钢梅钢 180m² 烧结机等。焦化工序 NO_x 的治理途径包括一些过程控制手段，如废气再循环、低氮燃烧技术等，以及末端治理技术，如 SCR 和活性焦法等。其中，SCR 脱硝占据了较大的市场份额，如在宝钢湛江、首钢京唐、邯钢等都应用 SCR 进行焦化脱硝，中冶焦耐（大连）工程技术有限公司在宝钢湛江钢铁炼焦工序建立了世界首台套 "SDA 旋转喷雾脱硫+低温 SCR 脱硝除尘"。同时，从趋势上看活性焦法的应用也逐渐增多，如安钢就采用活性焦法进行焦化脱硫脱硝。此外，自备电厂的 NO_x 污染防治更多地借鉴发电企业 NO_x 污染防治的经验，目前应用最为广泛的控制技术主要包括两类：一是过程控制，如低氮燃烧；二是末端治理，如 SCR、选择性非催化还原脱硝技术(SNCR)以及 SNCR/SCR 技术。

对于 NO_x 减排技术，由于国外排放标准较为宽松，部分工艺采用低氮燃烧技术即可满足排放要求，但大部分发达国家也比较重视 NO_x 污染防治技术的研究，其中日本以及欧洲国家，多采用 SCR 法，而在美国则多选择 SNCR 法。

我国钢铁企业 NO_x 治理技术与国外相比差距不大，同时，由于我国对 NO_x 排放问题的重视，NO_x 治理技术的发展逐步成熟。但由于钢铁废气排放温度普遍偏低，在使用现有 SCR 技术时需要升温作业导致能耗增加，未来应重视超低温 SCR 技术的开发。

4.3.4 颗粒物

钢铁的生产工艺流程主要包括焦化、烧结、炼铁、炼钢、连铸以及轧钢等多项环节。在钢铁的生产过程中，各个工序环节均有颗粒物产生，具有排放源数目繁多、点源面源共存、无组织排放量大的特点。

钢铁企业原料场烟粉尘的控制点主要在卸料堆放及转运料方面，其降尘措施是采用喷洒水覆盖皮带运输或转运以及转运点设置除尘设施及场地设置挡风抑尘网等；烧结工序除尘主要考虑机头和机尾排尘，大多采用静电除尘器和袋式除尘器，也有少量企业采用了电袋复合除尘技术；焦化工序的炼焦环节多采用湿式除尘技术，在备煤、装煤、推焦、筛焦等环节也有采用喷水、袋式除尘、干/湿式地面除尘站等措施的;在炼铁工序,出铁场、热风炉大多采用袋式除尘器,高炉煤气净化方式主要有湿法除尘(重力除尘+文丘里湿法除尘)和干法布袋除尘(重力除尘+布袋除尘)两类;转炉炼钢一次烟气除尘方式有湿法(如两文一塔除尘)和干法(如 LT 电除尘法)两类,湿改干趋势明显;电炉炼钢烟气(一次、二次烟气)通常采用第四孔抽吸+大密闭罩和屋顶罩的方式捕集,捕集后的烟气输送至高效袋式除尘器净化;针对热轧的颗粒物排放,钢铁企业当前采用的控制措施主要是湿式静电除尘、塑烧板除尘;针对冷轧的颗粒物排放,钢铁企业当前采用的控制措施主要是袋式除尘。

目前,我国钢铁企业烟尘净化装备绝大多数为静电除尘器(ESP)和布袋除尘器(BF)。为了满足更为严格的排放标准,实现细颗粒物更好的脱除效果,高频电源技术、移动电极电除尘器技术、电袋复合除尘技术、湿式电除尘器技术等高效除尘及细颗粒物控制技术也在一些工程项目中得到了应用,取得了良好的脱除效果,但目前市场占比还不大。此外,针对颗粒物排放源多、分布广的特点,部分企业集成各类颗粒物治理技术提出了全流程烟粉尘控制方案,例如京唐配套建设 90 台布袋除尘器全部采用高效率覆膜滤料,排放浓度 $20mg/m^3$,11 台电除尘器排放浓度 $30mg/m^3$,排放浓度均达到排放限值要求;原燃料场设置 20m 高的防风抑尘网,配备喷水抑尘设施;所有转运站受料点均采用最先进的双层密封技术进行密封,设置集尘罩;高炉料仓卸料、焦炉出焦等过程除尘采用皮带移动密封通风槽技术;焦炉实现无烟装煤;高炉出铁场采用侧吸和顶吸罩技术;炼钢工序建设了屋顶三次除尘系统;除尘灰采用气力输送或全封闭式罐车运输。

欧洲和美国、日本等除尘技术已经较为成熟,污染排放总量也在降低,故而除尘技术少有更新。不同于中国,在美国、欧洲、日本、韩国湿式除尘技术研究较多。此外,国外多孔陶瓷膜过滤除尘技术已在煤炭气化、废物焚烧、废物热解和玻璃熔化等高温烟气治理领域得到初步应用。

与国外相比,国内的除尘技术偏向于选用成熟技术。随着国家环保标准的提高,我国的除尘技术达到了超低排放的水平,但在钢铁厂无组织排放治理与管理方面与国外存在较大差距。

在除尘新技术方面,我国已开始关注高效除尘、高温除尘以及细颗粒控制技术的研发和引进,但与国外技术还存在一定差距,如在细颗粒控制技术上,国内技术还未实现滤料的自主研发和成本降低,覆膜滤料在高过滤速度下保证过滤效率的性能方面与国外技术还存在差距。

4.3.5　噪声

钢铁工业是产生噪声污染的主要行业之一,烧结、炼铁、炼钢、连铸、轧钢、氧气站、自备电厂等产生不同程度的噪声。钢厂噪声源包括除尘风机、空压机等空气动力性噪声，以及发电机、汽轮机、轧机各种水泵等设备设施工作时产生的机械噪声。其噪声等级大都在 80～130dB（A）之间。

噪声治理通常有三种控制途径：控制噪声源、传播途径上降低噪声和噪声接收点（如操作人员）进行防护。当前钢铁企业的降噪途径主要为控制噪声源和传播途径降噪两种，如对主要的噪声源采取消声、隔声、减振等降噪措施，以减少噪声源对环境的影响。目前钢厂采取的降噪措施一般有：

（1）合理布置总图以减轻噪声影响

在满足工艺生产及运输要求的前提下，全厂总平面布置统筹考虑，尽可能将噪声低的生产单元或设施靠厂界布置，减小噪声对周围环境的影响。

（2）先进工艺和低噪声设备选型

采用先进的工艺流程，在设备选型上尽可能选择低噪声设备，从源头控制噪声对周边环境的影响。

（3）消声、隔声等控制措施

各种空气动力性噪声源如除尘风机、引风机、鼓风机、助燃风机、空压机、高炉放风阀、余热锅炉汽包和锅炉排汽等均设置消声器，一些高噪声的噪声源如燃气轮机、高炉调压阀组等同时包裹隔声材料；对一些目前尚无有效治理方法的声源如轧机、矫直机、转炉、各种水泵等利用建筑隔声，降低生产噪声对环境的影响。

采取相关措施后，大型钢铁联合企业治理后的设备处岗位噪声值可控制在85dB(A)以下，厂界噪声可以满足环境噪声标准，但某些电炉短流程钢铁企业及以轧钢工序为主的特钢企业由于场地布局的局限性，存在厂界噪声难以达标的情况。我国钢铁企业噪声污染综合治理技术与国外相比差距不大。

4.3.6 固废

国内工业固废的处置方式包括处理、处置和储存。其中综合利用仍然是工业固体废物处理的主要途径，一般工业固废综合利用率为 42.5%。

工业固废的综合利用途径主要集中在：

① 生产建材。包括以下几个方面：a.冶金的矿渣和矿山废石可以用来当作铺路的碎石和混凝土的骨料；b.一些具有水硬性的工业废物可以作为生产水泥的原材料；c.诸如粉煤灰、煤矸石、赤泥、电石渣、市政污泥等固废可以用来生产建筑用砖；d.某些工业固体废弃物可作铸石和微晶玻璃生产的原料；e.用高炉矿渣、煤矸石、粉煤灰等作为原料生产矿棉，用高炉渣生产膨胀矿渣等轻骨料。

② 回收工业固废中可利用的成分替代一些原材料以及研发新产品。如洗矸泥炼

焦用作燃料、煤矸石沸腾炉发电、硫铁矿烧渣炼铁、钢渣作冶炼熔剂、陶瓷基与金属基废弃物制成复合材料等。

③ 改良土壤和生产化肥。如利用炉渣、粉煤灰、赤泥、黄磷渣、钢渣和铁合金渣等制作硅钙化肥，利用铬渣制造钙镁磷化肥等。

④ 回收能源。一些工业固体废弃物具有潜在能源可以利用。

国外工业固废处理技术较为成熟，且多以综合利用为主，远远高于我国工业固废综合利用率，如尾矿综合利用率在发达国家平均水平为 60%，而我国仅为 20%。固废处理技术方面，国外基于全生命周期的思想，充分考虑对资源和环境的影响，形成了一些新技术。如采用等离子体法处理固体废物，在国外也得到了较大的关注。

4.3.7　CO_2

4.3.7.1　CO_2排放现状及排放分析

由于钢铁企业存在工艺流程、产品结构、原料来源等差异，其 CO_2 排放情况也有较大的差距。从工艺流程来看，钢铁生产主要有以天然资源、煤炭等为源头的高炉-转炉"长流程"（BF-BOF 流程）和以废钢、电力为源头的电炉"短流程"（EAF流程）两类。国际钢铁协会进行的 LCI 研究表明，高炉-转炉流程的 CO_2 排放量约为电炉流程的 3.5 倍。对于同样流程而言，产品的深加工程度越高或钢种附加值越高，其能耗和 CO_2 排放越高。而同一种流程结构中，不同的原料条件，焦炭及石灰的自产率以及外购铁水率，都可能导致不同的吨钢产品 CO_2 排放量。

对全流程联合钢铁企业来说，CO_2 的排放主要集中在铁前工序，铁前各工序 CO_2 排放总量占总排放量的比例接近 90%。目前，按照国家发改委指定的温室气体核算办法，中国特大型全流程钢铁企业的吨钢 CO_2 排放系数在 1.7 左右。按照实际的碳平衡进行核算，钢铁企业铁前工序单位产品的排放系数范围分别为：焦化 0.5～0.6，烧结 0.2 左右，高炉 1.2～1.4。

与国际上电炉短流程炼钢占比较高不同，我国钢铁生产以长流程为主，铁钢比高，能源结构中以煤炭为主，因此铁钢比高也是我国钢铁行业平均吨钢 CO_2 排放较多的主要原因。

4.3.7.2　国内外钢铁企业低碳工艺及技术

钢铁低碳工艺及技术主要包括减碳技术、无碳技术、去碳技术三大类。减碳技术包括炉顶煤气循环氧气高炉、非高炉炼铁等低碳新工艺技术以及通过提高化石燃料或其他能源使用效率减少碳排放的技术，如副产煤气资源化、TRT 发电、CCPP 等技术；无碳技术是指采用非化石燃料等净排放为零的新能源介质进行钢铁生产的技术，包括利用太阳能、生物质能等；去碳技术是指将产生的 CO_2 进行封存或者再利用的技术，如 CCS 技术、CCUS 技术。

目前，国内外以提高化石燃料或其他能源使用效率来降低碳排放的减碳技术较为成熟，如副产煤气资源化、TRT 发电、CCPP 等，但大部分的无碳技术及去碳技术，尚处于研究阶段，投入实际生产运用的较少。

（1）国外低碳工艺技术

① 欧盟　欧盟非常重视对于低碳技术的研发，并且在这一领域投入了大量的资金。2004 年，欧盟结合钢铁工业决定实施超低 CO_2 排放项目（ULCOS）。经过多轮选择，从包括 CCUS 在内的 80 多项低碳工艺技术中选择出 4 项突破性技术：高炉炉顶煤气循环利用技术；新熔融还原工艺；先进的直接还原工艺；电解铁矿石技术。现阶段的重点是高炉炉顶煤气循环利用技术。该项目计划持续的时间为 15～20 年，目标是实现碳排放量减半。

② 日本　日本钢铁企业通过提高厂内的二次能源自发电率和余热蒸汽回收利用率降低 CO_2 排放。如新日铁住友公司通过煤调湿、余热回收、TRT、CDQ、GTCC、转炉煤气回收等技术，实现了资源高效利用和能源高效转化，从而显著降低了 CO_2 的排放。

③ 美国　美国的低碳工艺技术主要有两项：

一是氢气闪速熔炼法。铁精矿粉不经过烧结或者球团造块，在悬浮状态下被热还原气体还原生产铁水。热还原气体可以是 H_2，也可以是由煤、重油等经过不完全燃烧产生的 CO，或者 H_2 和 CO 的混合气体。试验发现，新技术比常规高炉工艺的 CO_2 排放量显著降低。目前犹他大学已完成实验室研究。

二是熔融氧化物电解法（molten oxide electrolysis，MOE）。将铁矿石溶解在二氧化硅和氧化钙的高温溶液中，让电流通过该溶液，带负电的氧离子移至阳极，放电析出变成阳极气体；带正电的铁离子移至负极，放电变成元素铁沉淀在电解槽底部。MOE 法在电解过程中只有 Fe^{3+} 还原，不产生 CO_2，仅产生氧气作为副产品。热力学计算的 MOE 工艺能耗为 310kg（标准煤）/t，远低于高炉炼铁能耗。目前麻省理工学院已完成实验室研究。

（2）国内低碳工艺技术

目前国内正在研究以及实施的低碳工艺技术包括各种余热利用与回收技术、副产煤气资源化（如发电利用、制化工产品）、非高炉炼铁、采用电炉短流程炼钢、CO_2 气体作为资源应用于炼钢、氢能冶金、炉顶煤气循环氧气高炉、复合喷吹、余热用于协调处置生物质能碳汇、钢铁行业 CCS 技术等新兴低碳技术。一方面通过提高能源利用效率减少化石能源的消耗，另一方面，对排放的 CO_2 进行捕集、封存或者再利用。但在捕碳领域目前由于技术成本较高，同时技术成熟度尚不完善，国内外均未大规模应用。

4.3.8　有机物

钢铁企业含有机物的废水，主要来源于焦化、炼铁、热轧、冷轧等生产工序，同时在钢铁企业总排口综合污水中也含有一定量的有机物。相对于其他主要含悬浮物、油以及氧化铁皮等的废水来说，含有机物废水的处理增加了工艺的复杂性，尤其是焦化废水及冷轧废水处理是钢铁企业含有机物废水处理中的难点。

焦化废水是在煤炼焦、煤气净化、化产品回收及化工产品精制中产生的废水。焦化废水中含有挥发酚、萘、联苯、吡啶等多种难降解有机化合物以及大量的铵盐、硫化物、氰化物等无机化合物，成分极其复杂、环境危害大、处理难度高，属于一种难以降解的工业有机废水。焦化废水的典型处理工艺可按照其处理工艺段划分为"物化处理+预处理+生化处理+后处理+深度处理+回用处理"。目前生物处理法是处理焦化废水中 COD 等污染物有效和低成本的方法，仍然处于不可替代的地位，但也存在处理效率偏低、反应池体积偏大等问题。同时，高级氧化技术及吸附法、膜分离法等深度处理及回用技术也逐渐成为焦化污水处理及回用的主流技术。多种焦化废水深度处理技术联合，深度处理后梯级回用于循环水补充水、原料洒水、烧结配料、高炉冲渣、转炉焖渣等场合，最终实现零排放，是焦化废水深度处理领域的研究发展方向。

冷轧含油和乳化液废水主要来自于冷轧机组、磨辊间和带钢脱脂机组以及各机组的油库排水等。该类废水具有污染物杂质多、油及 COD 含量高、化学稳定性好、水质变化幅度大、废水排放量大等特点，是冷轧废水中最难处理的一类污水。根据除油的原理，含油及乳化液废水的处理技术大体上为物理分离、化学去除和生物降解。含油废水的处理难度大，往往需要多种方法组合使用，如重力分离、离心分离、溶剂抽提、气浮法、化学法、生物法、膜法、吸附法等。超滤法正逐渐成为冷轧含油及乳化液废水处理的主体工艺，而破乳、气浮等传统物理化学法作为超滤系统的预处理可起到辅助作用，最后的达标处理通常采用 MBR 法。

4.4　与国外的差距和存在的主要问题

国内长流程钢铁企业污染物排放主要集中在铁前的焦化、烧结、高炉炼铁工序，而铁前的烧结工序排放污染物的占比最大，焦化排放污染物的种类最多。烧结工序 SO_2 的排放量大约占钢铁全厂的 70%，NO_x 的排放量占钢铁全厂的 50% 左右。"十三五"期间，国内焦化、烧结、球团领域烟气治理技术发展迅速，除了引进国外先进治理技术以外，大量自主研发的高效脱硫、脱硝技术也得以应用实施，并取得了良好的效果。中国国内从当前排放控制要求以及实际实施效果方面来看,已处于国际先进水平。尤其是超低排放改造意见的提出,对钢铁行业尤其是铁前工序的环保排放提出了更高的要求。相比起来,国外较多的短流程钢厂避开了铁前焦化、烧结、炼铁这些排放大户,对高效脱硫、脱硝以及除尘等污染治理技术的依赖程度不高。目前我国钢铁企业环保排放与国外的差距和存在的主要问题有:

① 我国重点钢企平均吨钢颗粒物排放量高于国际先进企业,吨钢 SO_2、NO_x 排放量与世界先进钢企污染物排放水平较为接近。从工序来看,中国国内与欧盟的差距主要体现在球团工序的 SO_2 排放及炼铁工序的 NO_x 排放以及球团、焦化、炼铁等工序的颗粒物排放。

② 我国钢铁企业吨钢 CO_2 排放量差异较大,主要是企业之间的产品结构、技术装备水平、生产条件、统计范围等方面差异较大。我国特大型全流程钢铁企业的吨钢 CO_2 排放系数在 1.7 左右,接近国际先进水平;但从全行业来看,与国际水平有一定差距,主要原因是我国铁钢比高。

③ 脱硫领域,高效、低能耗的多种污染物协同脱硫技术是当前国内研究与实践的热点。在除尘、脱硫、脱硝联合治理领域,我国技术已经达到国际先进乃至国际领先水平,多污染物协同脱除技术方面与国外技术的差距已经很小,但在技术运营、管理以及普及率方面与国外存在较大差距。高炉煤气脱硫领域,工业化应用技术尚未成熟,还没有正式投运的工程项目,处于技术攻坚阶段。

④ NO_x 治理领域,我国钢铁企业 NO_x 治理技术与国外相比差距不大。由于我国对 NO_x 排放问题的重视,NO_x 治理技术的发展逐步成熟,但由于钢铁废气排放温度普遍偏低,在使用现有 SCR 技术时需要升温作业导致能耗增加,未来应重视超低温SCR 技术的开发。

⑤ 粉尘控制方面,钢铁厂无组织排放治理与管理方面与国外存在一定差距。随着智慧环保无组织一体化管控技术的发展,无组织管控和治理技术也将走向成熟。国内的除尘技术偏向于选用成熟技术,随着国家环保标准的提高,开始关注高效除尘、高温除尘以及细颗粒控制技术的研发和引进,但与国外技术还存在一定差距。

⑥ 二噁英排放控制及治理方面。目前我国钢铁企业产生的含铁尘泥、含油铁屑等均通过烧结回用,而烧结烟气除了活性炭吸附以外,其他脱硫脱硝措施对二噁英的脱除效果不理想。国内二噁英排放指标与发达国家排放标准控制要求有一定差距。

⑦ VOC 治理方面。应借鉴发达国家经验,尽快制定钢铁生产 VOC 的排放清单及行业标准,以明确企业的 VOC 排放类型及排放量,从源头减少 VOC 的产生。同时,结合现有烟气循环技术和末端治理技术,达到协同减少 VOC 排放的目的。

⑧ 水处理领域,我国缺乏基于全生命周期的全过程水污染系统控制策略,现有控污思路仍然主要聚焦在废水末端无害化处理及个别生产工序清洁生产上。

⑨ 噪声污染综合治理领域，国内技术与国外相比差距不大。采取相关措施后，大型全流程钢铁联合企业治理后的设备处岗位噪声值可控制在 85dB(A)以下，厂界噪声可以满足环境噪声标准。

⑩ 减碳技术领域，国内外除了传统的以提高化石燃料或其他能源的使用效率来降低碳排放的减碳技术，如副产煤气资源化、TRT 发电、CCPP 等低碳技术较为成熟之外，大部分的低碳工艺和低碳技术，如 CCS 技术等，尚处于研究阶段，投入实际生产运用的较少。

4.5　未来钢铁产业环保技术趋势

在颗粒物治理方面，为满足现有钢铁行业超低排放的需求，现有除尘技术升级改造研究将会持续得到关注，可充分借鉴电力行业在工业颗粒物控制上的技术进步，开发适应冶金工业各工序、各类型烟气特点的专有颗粒物减排净化技术。此外，发展复合型的新型除尘设备以及除尘设备的大型化和管理自动化，并在除尘过程中增加对烟气余热的回收也将成为除尘技术的发展趋势。

在脱硫方面，未来的发展主要集中在脱硫副产物多元化利用、二次污染抑制、碳材料改性及其他污染源（荒煤气、高炉煤气）脱硫方面的研究。在脱硝技术研究方面，主要为开发低温 SCR 技术以及源头 NO_x 控制技术，另外失活脱硝催化剂的再生及废催化剂的处置技术也将得到较多关注。此外，活性炭/焦烟气脱硫脱硝技术符合当下国家产业政策、环保政策要求，随着超低排放标准的提出，此项技术会将进一步得到推动和优化。

在低碳方面，钢铁行业是温室气体排放大户，未来面临持续的减排压力，大范围大规模的减排需要国内外技术的颠覆式革新，如氢冶金、生物质冶金以及钢铁行业 CCS/CCUS 技术的突破及广泛应用。

第 5 章
钢铁绿色制造发展目标

5.1　基本原则

钢铁行业的绿色制造目标聚焦于降低吨钢物耗、能耗、水耗，减少污染物和碳排放强度，通过一大批钢铁绿色制造关键共性技术的产业化应用，推动钢铁行业中资源综合利用、节能和减排三大维度指标的显著提升，实现钢铁行业和社会的生态连接，从而实现钢铁企业良好的经济、环境和社会效益制造模式。

5.2　发展需求与行业总体环境负荷关系

（1）中国 2025 年和 2035 年的钢产量

我国 2019 年度粗钢产量 9.28 亿 t，人均钢材消费量 590kg/a。参考同年度已完成城镇化且工业化体系较健全的国家（德国、日本、意大利）人均钢材消费量 445～515kg/a，美国、俄罗斯和法国人均钢材消费量 216～307kg/a，综合考虑中国经济发展、工业化进程和最大产钢国地位，未来我国人均粗钢消费量将稳定在 400～450kg/a。预计 2025 年中国粗钢消费量将稳定在（6～6.5）亿 t，到 2035 年将逐步降至（5.5～6.0）亿 t。

（2）行业总体环境负荷

2018 年我国温室气体排放总量为 100 亿 t，钢铁工业 CO_2 排放量占全国的 15%。据《中国应对气候变化的政策与行动 2018 年度报告》表述，我国于 2030 年 CO_2 排放达到峰值。

5.3　钢铁行业 2035 年绿色制造技术路线图

5.3.1　发展愿景

2025 年，我国钢铁行业绿色制造达到世界先进水平；2035 年，我国钢铁行业绿色制造保持世界先进水平，在某些领域达到世界领先水平。2025 年、2035 年我国钢铁行业绿色制造发展愿景见表 2-5-1、表 2-5-2。

表 2-5-1　2025 年我国钢铁行业绿色制造发展愿景

序号	主要方向	愿景
1	优化钢铁流程结构，充分利用废钢资源	2025 年短流程钢产量占比达 20%，2035 年短流程钢产量占比达 35%，实现一批高效、低能耗世界领先的生产线（如无头轧制等）和低碳、无碳冶金新工艺
2	优化钢铁耗能结构，提升能源利用效率	减少煤等石化燃料用量和占比，充分利用非石化能源（如核电、水电、风电、太阳能等），实现行业总能耗和吨钢能耗大幅下降
3	强化减排技术应用，降低行业排放强度	2025 年吨钢 CO_2 排放降到 1.74t，2035 年吨钢 CO_2 排放降到 1.14t

表 2-5-2　2035 年我国钢铁行业绿色制造发展愿景

一级指标	二级指标	2025 年愿景	2035 年愿景
资源综合利用	钢铁行业吨钢能耗/kg(标准煤)	<540	<500
	钢铁行业吨钢新水用量/m³	1.84	<1.65
污染物减排	钢铁行业吨钢 SO_2 排放/kg	0.35	<0.30
	钢铁行业吨钢 NO_x 排放/kg	0.50	<0.30
	钢铁行业吨钢 COD 排放/g	10	<8
废旧资源循环利用	钢铁行业水重复利用率/%	98	99
	钢铁行业高炉渣综合利用率/%	100	100
	钢铁行业钢渣利用率/%	50	98

5.3.2　钢铁行业发展技术路线图

为推动我国钢铁行业 2035 年绿色制造愿景目标的实现,基于优化钢铁流程结构、优化钢铁耗能结构和降低行业排放强度三个维度，分 2020～2025 年和 2025～2035 年两个时间周期，制定关键技术及装备的发展技术路线（表 2-5-3、表 2-5-4）。

表 2-5-3　2020～2025 年期间关键技术及装备发展建议

序号	主要方向	重点任务
1	优化钢铁流程结构，充分利用废钢资源	降低铁钢比技术 电炉密闭加料及废钢预热技术
2	优化钢铁耗能结构，提升能源利用效率	竖窑用锥形反射板布料技术 低碳厚料层烧结技术 带式焙烧技术 基于炉腹煤气指数优化的炼铁智能大数据及高炉智能生产技术 高效铁钢界面技术 连铸坯直接热送热装技术 小口径连轧"以热代冷"技术 热轧全线的温度精准控制技术 热送热装 复杂工业水系统的全流程节水减排智能管控集成技术 小型化高参数煤气发电技术 钢企气体能源输配动态仿真及管网规划技术
3	强化减排技术应用，降低行业排放强度	高效环保原料储运技术 清洁高效大容积焦炉炼焦技术 转炉湿式电除尘器 钢渣辊压破碎-余热有压热闷工艺技术 盐酸废液再生技术 不锈钢除尘灰(粉尘)在钢厂自循环综合利用技术

表 2-5-4 2025~2035 年期间关键技术及装备发展建议

序号	主要方向	重点任务
1	优化钢铁流程结构，充分利用废钢资源	短流程冶炼原料准备技术 金属化球团焙烧技术 大功率新型直流电弧炉电源供电技术
2	优化钢铁耗能结构，提升能源利用效率	800t/d 以上规模石灰双膛竖窑技术 非高炉炼铁技术 一体化精炼工艺及装备技术 高温液态熔渣干法粒化及显热回收技术 高温熔渣高效处理及余热回收一体化技术 四辊轧制技术 煤气-蒸汽联合循环发电技术（CCPP） 大型钢铁联合企业节水减排智慧化管理系统 钢厂能源流与物质流动态耦合优化调配技术 冶金煤气深加工实现高附加值利用技术
3	强化减排技术应用，降低行业排放强度	绿色高效特大型焦炉炼焦新技术 氢系燃料喷吹清洁烧结技术 无酸酸洗技术 薄板坯连铸连轧无头轧制技术 型钢近终形铸轧一体化技术 微合金钢板坯表面边角裂纹控制技术 不锈钢渣的无害化处理和综合利用技术

第6章

钢铁绿色制造关键技术

6.1 关键技术分类及评估

技术系统的进化遵循一定的模式和规律，其发展在一定限度内是可预测的。根据 Triz 理论，技术的发展是呈现阶段性的 S 曲线，包含婴幼期、成长期、成熟期、衰弱期（图 2-6-1）。

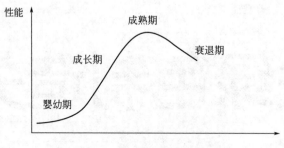

图 2-6-1 Triz 技术发展 S 曲线

钢铁绿色制造关键技术以资源综合利用、节约生产能耗、减少污染排放为准则，代表钢铁绿色制造的典型新技术，其所属成熟阶段包含婴幼期、成长期、成熟期三个阶段。基于技术成熟阶段性，考虑专利数量、工业应用案例、市场占有率等指标将钢铁绿色制造关键技术分为以下三类：

推荐应用的关键技术：技术发展属于成熟期，有较多专利发明，且在国内外多家钢铁企业应用实践反应良好。此类技术市场占有率较高，行业认可度较好。

加快工业化研发的关键技术：技术发展属于成长期，有部分发明专利，行业内有工业应用场景并且应用效果较好。此类技术相比传统技术具有明显的节能减排优势，市场前景广阔。

积极关注的关键技术：技术发展属于婴幼期。此类技术为专业的前沿技术，技术理论科学合理。

6.2 原料

原料单元是为满足烧结、球团、焦化、高炉对原料和燃料的稳定均匀性要求而提供存储和混匀以及对自产固体废弃物进行均质化、高值化、资源化综合处理的设施。

6.2.1 排放和能源消耗

6.2.1.1 原料单元物质流入流出类型

① 输入：外购的铁粉（块）矿、球团、白云石、石灰石、含铁杂料、工业水、电、压缩空气。

② 输出：混匀矿、块矿、球团、白云石、石灰石、除尘灰。

6.2.1.2 工艺单元对环境的影响

① 废水：露天料场受矿石、煤等物料污染的雨水溢出水。废水的应对措施是收集沉淀后进行集中处理。

② 废气：原料场无废气排放。

③ 噪声：矿石破碎和筛分产生的噪声。对噪声的应对措施主要是设置封闭降噪设施。

④ 固废：料场堆（取）料扬尘、胶带机输送转运扬尘、筛分粉尘是重要的大气污染源；粉尘、废胶带、废布袋是主要固废。对扬尘的应对措施是设置机械抽风除尘，收集后进行集中回收利用。封闭料场是环保治理和限制无组织排放的有效措施。堆废胶带由胶带厂回收利用，废布袋收集后送炼钢焚烧处理。

6.2.1.3 原料单元能源消耗

原料单元能源消耗统计见表 2-6-1。

表 2-6-1 原料单元能源消耗统计表

能源名称	单位	实物单耗
电	kW·h/t（原料）	1.364
工业回用水	t/t（原料）	0.003
压缩空气	m^3/t（原料）	0.4

6.2.2 推荐应用的关键技术

高效环保原料储运技术。

【技术描述】基于钢铁冶金企业需要的矿石、煤、副原料等散状原料耗量巨大、品种繁多、性质各异、储量不一的特点，采用封闭仓、格组合模式，按需分配，把原料、配料储存、整合在一起，实现一个料场满足多品种物料环保储存和配料作业的需求。

【技术类型】×资源综合利用；√节能；√减排（在三种技术维度中选择一种或多种）。

【技术成熟度与可靠度】该技术属于成熟研发成果，已获得国内发明专利授权 5 项、国际发明专利授权 1 项（日本），核心发明专利获中国专利优秀奖；实用新型专利授权 27 项；3 项专利向欧盟、美国、巴西、印度申请。已实现工业化应用，目前已经在宝武集团、河钢集团、包钢集团等国内钢厂广泛应用，韩国、欧洲、印度等国家和地区的钢厂也开始应用。

【预期环境收益】大幅提升料场储存能力，节约用地 50%以上；大幅降低环境污染，扬尘污染减少 90%以上，人员操作环境改善；减少物料损耗，减少损耗 85% 以上；能耗降低、设备寿命延长，降低煤的水分，降低炼铁、焦化能源消耗；优化整体布局，缩短物料运输距离。

【潜在的副作用和影响】无。

【适用性】可用于所有钢铁企业原料场新工厂和现有工厂，还可应用于港口散料料场、火电厂的煤场等。

【经济性】就粉尘释放而言，封闭原料场能大幅降低环境污染，扬尘污染减少 90%以上，减少损耗 85%以上，基本消除料场雨水污染。以年转运物料 2000 万 t（钢厂产能约 730 万 t/a）计算，物料损耗减少 0.5%，则减少损耗物料约 10 万 t/a。

6.2.3　加快工业化研发的关键技术

（1）智能配料混矿技术。

以降低高炉铁水成本为目标，通过分析研究高炉顺行、烧结产量质量及加工成本、原料采购成本等，运用大数据等技术，提出优化一体化配矿方案。根据配矿方案，合理组织混匀配槽和混匀堆取作业，实现智能配料混匀作业。

（2）短流程冶炼原料准备技术

研究短流程冶炼原料准备技术，充分考虑各种资源产生、回收、加工、分类、储运等的协调配置，经济可靠地满足短流程冶炼生产的需求，实现资源的有效循环利用。

6.2.4　积极关注的关键技术

（1）新流程冶炼原料准备技术

持续跟踪氢冶炼高炉、Midrex 和 HyL 竖炉技术，COREX 技术，Finex 技术，HIsmelt 等，开发适用于新型冶炼工艺的原料场技术。

（2）高效环保原料储运技术

研究能进一步提升储存效率的环保原料场工艺和提升节能环保效率的节能皮带机。一方面提升土地的利用效率，节约土地资源；另一方面新型节能环保皮带机能降低能耗，节约资源，降低环境影响。

（3）智慧原料场技术

无人化、数字化、智能化的物料管理、存储、混匀、配送和动态管理是原料场技术发展的重要方向。通过信息网络、自动控制、3D 扫描、移动互联、GIS 地理空间信息、智能识别、精确定位、云计算、物流仿真分析与诊断等技术的综合运用，实现原料场的生产操作运营智慧化，减少空载运行，提升运行效率，降低能耗，包括智能物流、智能存储、智能混匀、智能装备、智能管控、智能互联。

6.3 石灰

6.3.1 排放和能源消耗

6.3.1.1 工艺单元物质流入流出类型

① 输入：石灰石、燃料（燃气、煤粉）、电、鼓风、压缩空气、氮气、新水。

② 输出：石灰、原料除尘灰（主要成分 $CaCO_3$）、成品除尘灰（主要成分 CaO）、废气、固废。

6.3.1.2 工艺单元对环境的影响

① 废气：主要为煅烧烟气和冷却废气以及生产过程中产生的粉尘。粉尘主要产生处有：原料进料、筛分、输送和成品筛分、输送等过程。废气中 SO_x 基本没有，NO_x 浓度超过 $150mg/m^3$ 且呈脉冲波动式分布。CO_2 浓度约为 $25\% \sim 35\%$，主要来源于燃料燃烧和石灰石分解。

② 噪声：生产过程中的设备运转噪声，主要包括振动筛、风机、水泵、液压站运转产生的噪声。

③ 固废：主要来源于循环水泵房水池污泥。

机械化竖窑工艺、套筒窑工艺、梁式窑工艺、双膛窑工艺、回转窑工艺及产污点见图 2-6-2～图 2-6-6。

6.3.1.3 石灰单元单位产量的输入输出能源量

以目前国内钢企生产数据报表为依据，整理收集了各类窑型单位产量的输入输出能源量（表 2-6-2～表 2-6-6）。由于数据来源渠道较窄、数据量较少，部分数据可能会存在以偏概全的问题，仅作参考。

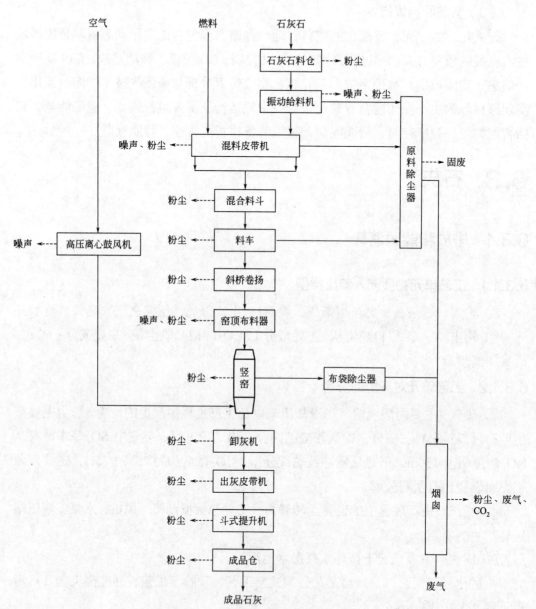

图 2-6-2 机械化竖窑工艺及产污点

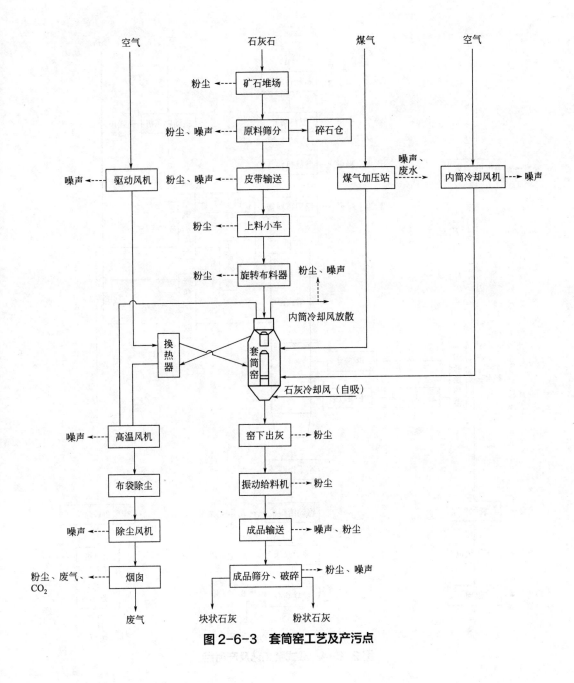

图 2-6-3 套筒窑工艺及产污点

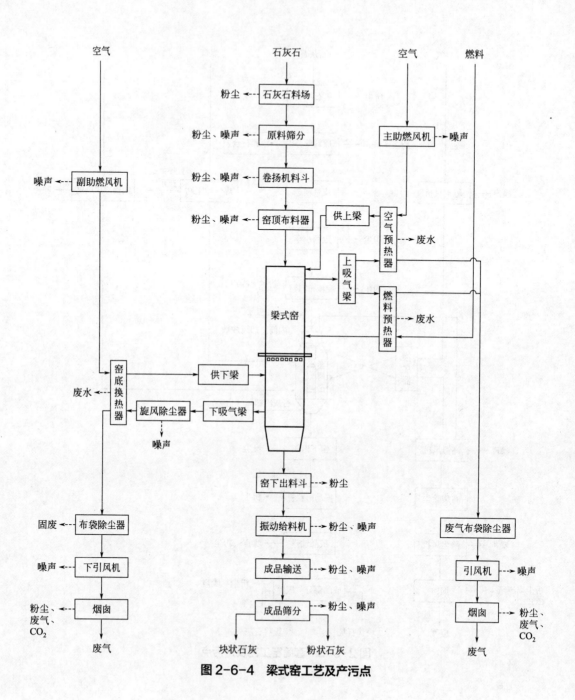

图 2-6-4　梁式窑工艺及产污点

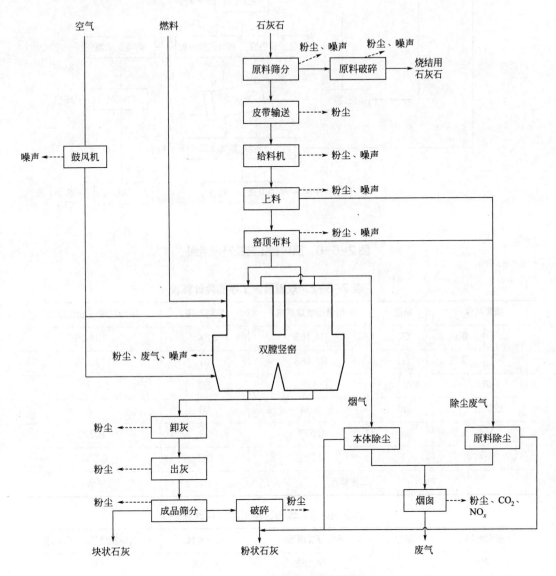

图2-6-5 双膛窑工艺及产污点

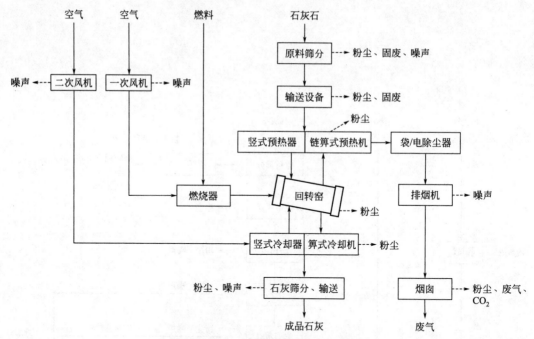

图 2-6-6　回转窑工艺及产污点图

表 2-6-2　双膛竖窑工序能耗计算表

能源名称		单位	折合标准煤系数	实物单耗	折标准煤/[kg/t(CaO)]
燃料	煤粉	GJ	34.163	3.845	131.36
	煤气	GJ	34.163	3.971	135.66
电		kW·h	0.1229	55	6.76
压缩空气		m³	0.04	50	2
氮气		m³	0.671	13	8.723
新水		t	0.257	0.2	0.0514
工序能耗					149.11

表 2-6-3　套筒竖窑工序能耗计算表

能源名称	单位	折合标准煤系数	实物单耗	折标准煤/[kg/t(CaO)]
煤气	GJ	34.163	4.598	157.1
电	kW·h	0.1229	43	5.28
压缩空气	m³	0.04	40	1.6
氮气	m³	0.671	10	6.71
新水	t	0.257	0.19	0.05
工序能耗				166.67

表 2-6-4　梁式竖窑工序能耗计算表

能源名称		单位	折合标准煤系数	实物单耗	折标准煤/[kg/t(CaO)]
燃料	煤粉	GJ	34.163	4.598	160.19
	煤气	GJ	34.163	4.807	164.22
电		kW·h	0.1229	40	4.92
压缩空气		m³	0.04	42	1.68
氮气		m³	0.671	12	8.05
新水		t	0.257	0.17	0.04
工序能耗					174.88

表 2-6-5　回转窑工序能耗计算表

能源名称		单位	折合标准煤系数	实物单耗	折标准煤/[kg/t(CaO)]
燃料	煤粉	GJ	34.163	5.016	181.64
	煤气	GJ	34.163	5.225	178.5
电		kW·h	0.1229	36	4.42
压缩空气		m³	0.04	42	1.68
氮气		m³	0.671	8	5.37
新水		t	0.257	0.1	0.03
工序能耗					193.14

表 2-6-6　机械化竖窑工序能耗计算表

能源名称		单位	折合标准煤系数	实物单耗	折标准煤/[kg/t(CaO)]
燃料	煤粉	GJ	34.163	5.22	188.79
	煤气	GJ	34.163	5.43	185.5
电		kW·h	0.1229	39	4.79
压缩空气		m³	0.04	51	2.04
氮气		m³	0.671	8.92	5.99
新水		t	0.257	0.1	0.03
工序能耗					201.64

在表 2-6-2～表 2-6-6 的基础上，将其划分为竖窑和回转窑两大类，并以其为对象，结合往年石灰生产标准，初步拟定了 2035 年石灰窑单位产品能耗限定值和污染物排放限定值，分别见表 2-6-7 和表 2-6-8。

表 2-6-7　2035 年冶金石灰工序单位产品能耗限定值

窑型			单位产品能耗限定值/[kg(标准煤)/t]
冶金石灰工序	竖窑	煤粉	≤150
		煤气	≤160
	回转窑	煤粉	≤175
		煤气	≤170

表 2-6-8　2035 年冶金石灰工序单位产品污染物排放限定值

单位：mg/m³

窑型		粉尘外排限定值	NOₓ外排限定值	CO₂外排限定值
冶金石灰工序 竖窑	煤粉	10	50	体积浓度≤5%
	煤气	10	50	体积浓度≤5%
回转窑	煤粉	10	50	体积浓度≤5%
	煤气	10	50	体积浓度≤5%

　　针对表 2-6-7、表 2-6-8 的限定值，从多方面着手，对石灰窑的节能减排、绿色低碳类关键技术做了策划布局，如图 2-6-7 所示。

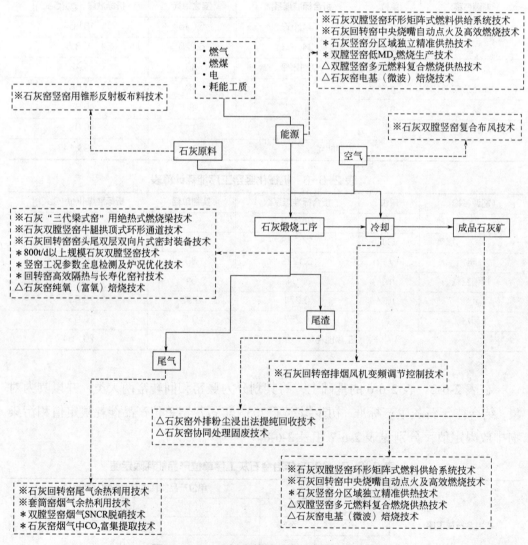

图 2-6-7　石灰窑节能减排关键技术导航图

※必须应用的技术；*加快工业化研发的关键技术；△积极关注的关键技术

6.3.2 推荐应用的关键技术

6.3.2.1 竖窑用锥形反射板布料技术

【技术描述】窑膛内石灰石粒度分布不均匀，会导致气体通过窑膛横截面也不均匀，因此将导致窑内燃料燃烧与热量传递不均，从而生产出质量不均匀、不稳定的产品。由于料斗旋转将石灰石分布均匀化，可有效防止偏料现象的发生。通过技术可实现合理化布料，在窑膛进料口下方设有一个特殊锥形挡板，当窑膛进料时，通过挡板分料作用使得石灰石被引导到窑膛横截面外侧，大粒度石灰石滚动到窑膛横截面中央，而小粒度石灰石被留在窑膛横截面外侧，这样就避免了窑内的"窑壁效应"，使得窑膛界面中央和周边的气流阻力一样，从而使得石灰石煅烧更加均匀，进而提高产品成品率，降低产品单耗。如果用于传统机械化竖窑，还能够使得石灰石和固体燃料在窑内形成点网状分布；料面形状可以通过挡板的调整来任意调节，以达到最佳程度。

【技术类型】×资源综合利用；√节能；×减排。

【技术成熟度与可靠度】该技术属于成熟研发成果，已实现工业化应用，如盐城华港环保建材有限公司、扬州恒润海洋重工有限公司的 600t/d 并流蓄热式活性石灰双膛竖窑。在国内双膛窑工程中，该技术市场覆盖率超过 90%，在石灰竖窑中市场覆盖率约为 50%。

【预期环境收益】预计使用本套双膛竖窑均匀上料及布料技术，能够实现系统成品率提高 2%～3%，从而使得系统单耗降低 2%～3%。

【潜在的副作用和影响】暂无。

【适用性】可用于所有新建竖窑和现有竖窑。但该系统不适用于使用回转窑法进行石灰生产的工厂。

【经济性】以 600t/d 石灰双膛竖窑为例，成品率提高 3%，则代表每年多产出约 5400t 的成品矿；按照价格 600 元/t 计算，年经济效益可达 324 万元左右。

6.3.2.2 基于绝热燃烧和多段密封的三代梁式窑技术

（1）"三代梁式窑"用绝热式燃烧梁技术

【技术描述】石灰"三代梁式窑"用绝热式燃烧梁，包括梁体，梁体内设有空气通道和燃料管路，燃料管路从空气管路穿过，可实现强化隔热保温。燃烧梁为矩形梁、T 形梁或 F 形梁。梁体的下部和/或侧面设有烧嘴，空气通道和燃料管路与烧嘴连通。梁体的外部设有护板和绝热层，绝热层涂装在梁体的外部，护板包覆在绝热层的外部。绝热层为绝热材料层或绝热涂层。绝热燃烧梁通过梁体的外部涂装绝热层、绝热层的外部包覆护板，有效减少了通过梁体和导热油系统向外传递的热量，降低了石灰窑的热量损失和石灰生产的成本。

图 2-6-8 为石灰"三代梁式窑"用绝热式燃烧梁结构。图中 1 为护板，2 为绝热材料层，3 为空气通道，4 为烧嘴，5 为梁体，6 为导热油出口，7 为导热油入口，8 为过桥板，9 为燃料管路，10 为绝热涂层，11 为冷却介质流通空腔。

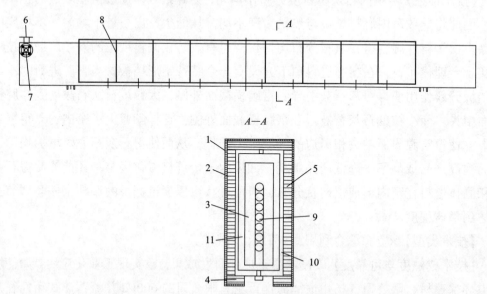

图 2-6-8 石灰"三代梁式窑"用绝热式燃烧梁结构示意图

【技术类型】×资源综合利用；√节能；×减排。

【技术成熟度与可靠度】该技术已广泛应用，已形成成熟成果和工业推广，如盐城华港环保建材有限公司的三代梁式窑。该技术成果在国内三代梁式窑中市场覆盖率超过 60%。

【预期环境收益】运用该技术后可以显著地降低石灰窑热量损失和生产成本，节能 4%。

【潜在的副作用和影响】暂无。

【适用性】可用于所有具有三代梁式窑的新工厂。

【经济性】三代梁式窑采用绝热式燃烧梁，将导热油温差严格地控制在 2℃以内，导热油散热量降低到原来的 8%以内，节能 4%以上。

（2）"三代梁式窑"用三段密封式出灰技术

【技术描述】石灰"三代梁式窑"用三段密封式出灰技术是将通用的直通式出灰通道改为密闭式三段出灰通道，以强化系统密封。每段通道的壳体上都固定着驱动气缸和曲柄，气缸的驱动轴和曲柄相连，曲柄再和气缸连杆相连后同阀盖相连，然后在驱动气缸的带动下，在电子控制室的控制下，第一、二、三段出灰机通道上的阀盖交互开启和闭合，使竖窑中烧制成的活性石灰凭自重落到传送带上。三代梁式窑采用三段密封式的出灰形式，采用"容重+称重"形式出灰，不仅提高了出灰计量的精度，杜绝了冷却风漏风，而且大大提高了冷却风的利用效率，减少了能耗，大幅提高了环保水平，工作环境也得到了有效改善。采用密封式出灰，不仅节约了总装机容量，降低了电耗，而且提高了出灰温度的控制能力。三段密封式出灰装置结构见图2-6-9。

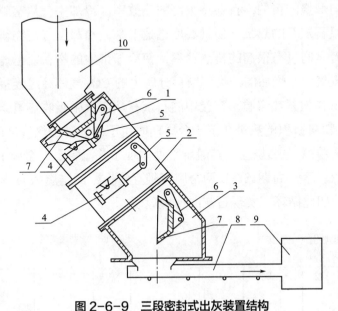

图2-6-9　三段密封式出灰装置结构

1—第一段出灰机壳体；2—第二段出灰机壳体；3—第三段出灰机壳体；4—驱动气缸；5—曲柄；

6—气缸连杆；7—阀盖；8—密闭传送带；9—石灰库房；10—竖窑

【技术类型】×资源综合利用；√节能；√减排。

【技术成熟度与可靠度】该技术已广泛应用，已形成成熟成果和工业推广，如盐城华港环保建材有限公司。在国内三代梁式窑中该技术市场覆盖率超过30%。

【预期环境收益】运用该技术后梁式窑可在不停风的情况下连续工作，能提高产品产量和质量。排灰时梁式窑内空气不泄漏，不污染环境，不损耗活性石灰，减少80%的出灰系统粉尘排放，提高3%的产量。

【潜在的副作用和影响】暂无。

【适用性】可用于所有具有梁式窑的新工厂。

【经济性】三代梁式窑采用三段密封式的出灰形式，提高了冷却风的利用效率，减少了能耗，大幅提高了环保水平，减少80%的出灰系统粉尘排放，提高3%的产量。

6.3.2.3　低能耗长寿化双膛竖窑技术

（1）双膛竖窑复合布风技术

【技术描述】复合布风技术是在煅烧带采用并流加热形式，而在预热带和冷却带采用逆流布置,以实现合理化布风。双膛煅烧周期换向的石灰窑工艺方案如图 2-6-10 所示。图中 A 和 B 两个窑膛在煅烧带底部相互连通,物料沿两个窑膛分别向下运行。在窑膛 A 煅烧时,助燃空气和燃料在窑膛 A 中与物料并流,使最热的火焰与温度较低且吸热量最大的物料接触,相对而言温度较低的燃料气体与逐步煅烧好的物料接触,以达到均匀煅烧的目的,且保持很高的热效率。冷却空气从窑膛底部送入,吸收冷却带中高温石灰石的热量,使其温度迅速下降。冷却空气与物料在冷却带逆流运动,因此两者之间具有很高的传热速率,使冷却带中的物料能迅速降温至排料温度。冷却后的废气和燃烧后的产物与物料分解出的 CO_2 气体经过连接通道进入窑膛 B。此时窑膛 B 作为蓄热窑膛,窑膛中的石灰石从废气中吸收热量,同时使废气冷却到较低温度,物料蓄积的热量在下一个周期时用于加热参加燃烧之前的助燃空气。在这种情形下窑膛 A 为燃烧膛,其煅烧带处体现了并流特点;窑膛 B 为预热窑膛,体现了蓄热特点。下一周期 A、B 两窑膛将相互轮换,即窑膛 A 成为预热膛,窑膛 B 成为燃烧膛。如此循环,实现石灰的连续煅烧。

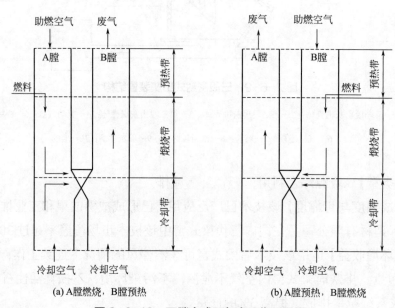

(a) A膛燃烧,B膛预热   (b) A膛预热,B膛燃烧

图 2-6-10 双膛立式石灰窑工作原理图

【技术类型】×资源综合利用;√节能;√减排。

【技术成熟度与可靠度】该技术已广泛应用,已形成成熟成果和工业推广,如盐城华港环保建材有限公司、扬州恒润海洋重工有限公司的 600t/d 并流蓄热式活性石灰双膛竖窑。在双膛石灰窑工程中,该技术成果市场覆盖率接近 100%。

【预期环境收益】运用该技术后可以显著地降低石灰生过烧率,提高活性度,使石灰产品质量显著提高。缩短物料预热与冷却时间,既保证了煅烧初始阶段的供热强度，又可以有效避免煅烧末期烟气温度过高造成石灰石过烧，影响产品质量。废气温度比国外技术降低 10℃，热回收率增大 3%，单位热耗降低 150kcal/kg（1kcal/kg=41.868J/kg）。

【潜在的副作用和影响】 暂无。

【适用性】 可用于所有具有石灰双膛竖窑的新工厂。

【经济性】 以盐城华港环保建材有限公司的 600t/d 双膛石灰窑为例，分析石灰窑项目对应用单位产生的经济效益。与公司原有 3 座梁式石灰窑相比，该技术窑每吨成品石灰节约燃煤 22kg，节约高炉煤气 176m³，节约电耗 19kW·h。该项目主要经济指标见表 2-6-9。

表 2-6-9　主要经济指标

技术每吨石灰经济效益	118.1 元/t	技术一次投资	5000 万元/台
技术年度经济效益	2338.38 万元/年	技术回收一次投资成本周期	2 年

（2）双膛竖窑牛腿拱顶式环形通道技术

【技术描述】 双膛竖窑由互为镜像的两个竖式窑膛组成，两个窑膛之间通过设置在中部的环形通道相连。石灰窑生产运行中两个窑膛交替实现蓄热和煅烧功能，达到提高能源利用率的目的。环形通道处温度高达 900℃，通道内压强达 20kPa，是石灰窑装备上工况环境最恶劣、最容易出现结构破坏的地方之一。双膛窑环形通道设计的关键在于如何在保证双膛有效连通的情况下，提高环形通道处的结构强度，延长设备寿命。该技术在窑壳底部外墙上砌筑牛腿结构，在牛腿顶部设置拱脚，牛腿之间砌砖弧形拱结构，弧形拱上砌筑内筒。煅烧膛内筒内形成的高温烟气，从同侧的牛腿间隙进入环形通道，从蓄热膛侧的牛腿间隙进入蓄热膛内膛，从而实现两个窑膛之间的有效连通。同时，由于连接通道底部采用牛腿拱顶结构，砌筑结构的自身重量均匀地传递到底部牛腿结构上，因此具有很好的结构强度。双膛窑环形通道结构见图 2-6-11。

【技术类型】 ×资源综合利用；√节能；×减排。

【技术成熟度与可靠度】 该技术属于成熟研发成果，已实现工业化应用。在双膛石灰窑工程中，市场覆盖率超过 60%。

【预期环境收益】 预计使用本套双膛竖窑牛腿拱顶式环形通道技术，能够使环形通道寿命由 1 年延长至 2 年以上，从而延长全窑大修周期。

【潜在的副作用和影响】 暂无。

【适用性】 可用于所有新建双膛竖窑和现有双膛竖窑。但该系统不适用于使用回转窑法进行石灰生产的工厂。

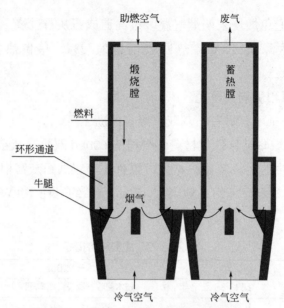

图 2-6-11　双膛窑环形通道示意图

【经济性】预计使用本套双膛竖窑牛腿拱顶式环形通道技术，能够使环形通道寿命由 1 年延长至 2 年以上，从而延长全窑大修周期，降低石灰窑后期运行成本。

（3）双膛竖窑环形矩阵式燃料供给系统技术

【技术描述】石灰石煅烧分解生成生石灰和二氧化碳的反应是典型的吸热反应，需要吸收大量热量。为保证石灰石分解反应顺利进行，需要将石灰石在石灰窑内加热升温至 1100℃左右，温度过高或过低，都会对产品产质量产生不利影响。因此，在煅烧石灰石的过程中，需要合理化分布燃料，以保证窑内各部位物料精准供热，使各处物料均匀受热。该技术在石灰竖窑圆形截面上布置若干数量的燃料喷枪，组成环形矩阵。入窑燃料在环形矩阵中二次分配后，再精准地送入窑膛各处。通过上述技术，可以有效避免传统单点供热导致的燃料分布不均问题。同时，由于环形矩阵的设计兼顾了截面上沿径向方向的散热差异，因此可以使截面各处的供热量更加匹配当地热消耗，从而提高产品质量，降低生产能耗。双膛竖窑环形矩阵式燃料供给示意图见图 2-6-12。

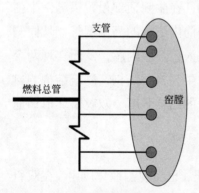

图 2-6-12　双膛竖窑环形矩阵式
燃料供给示意图

【技术类型】×资源综合利用；√节能；×减排。

【技术成熟度与可靠度】该技术属于成熟研发成果，已实现工业化应用，几乎应用于国内所有的双膛石灰竖窑。市场覆盖率接近 70%。

【预期环境收益】预计使用本套环形矩阵式燃料供给系统技术，能够实现系统单耗降低 2%～3%。

【潜在的副作用和影响】暂无。

【适用性】可用于所有新建竖窑和现有竖窑。但该系统不适用于使用回转窑法进行石灰生产的工厂。

【经济性】以 600t/d 石灰双膛竖窑为例，系统单耗降低 3%，则代表每年节约标准煤 825t；以标准煤价格 800 元/t 计算，年经济效益可达 66 万元。

6.3.2.4　基于高效燃烧的石灰回转窑技术

（1）回转窑中央烧嘴自动点火及高效燃烧技术

【技术描述】在用于煅烧活性石灰的回转窑系统中，燃烧系统是非常关键的核心部分，一般由燃料供给系统、一次空气风机、点火系统、燃烧器和控制系统等组成。在燃烧系统应用中，应特别重视以下两点：

① 安全可靠化自动点火　任何一套燃烧器装置在使燃料发生燃烧的初期，都要经过火种的引燃程序。一般用来表现烧嘴点火的最简捷方式，是由人工将点燃的火把置于烧嘴的下端，当燃料喷出烧嘴时，使燃料点燃并产生燃烧。但是这种点火方式往往是不可靠、不安全的。针对此问题，开发出内嵌可自动按程序点火的烧嘴装置，实现可自动控制、运作的准确、可靠的点火操作，达到安全点火的目的，是未来石灰回转窑燃烧系统的必然趋势。

② 高效燃烧　回转窑烧嘴在生产过程中，其燃烧效率与石灰回转窑系统的节能、减排指标直接关联，而供热燃烧过程中燃料的压力、热值波动以及火焰的形状、位置等都会对燃烧效率造成影响。因此，针对燃料压力、热值波动工况开发出燃料稳定输送技术，使得烧嘴端接收的燃料各方面参数趋于稳定，从而实现回转窑烧嘴的稳焰燃烧生产。同时，开发出回转窑火焰监测技术，通过实时监测窑内火焰形状、位置来调整烧嘴的空燃比、一次二次风比等参数，从而在确保回转窑石灰煅烧质量的前提下降低烧嘴火焰峰值，实现长焰、中焰等清洁燃烧生产。这对于推进石灰回转窑节能减排化的高效燃烧生产有重要意义。

【技术类型】×资源综合利用；√节能；√减排。

【技术成熟度与可靠度】该技术属于成熟研发成果，已实现工业化应用。在国内石灰回转窑工程项目中，市场覆盖率超过 70%。

【预期环境收益】预计使用本套回转窑自动点火及高效燃烧技术，能够实现系统燃料单耗降低 5%～10%，NO_x 排放降低 5%左右。

【潜在的副作用和影响】暂无。

【适用性】可用于所有新建和现有回转窑。但该系统不适用于回转窑法以外的石灰窑窑型。

【经济性】以 1000t/d 石灰回转窑为例，燃耗为 183kg(标准煤)/t，燃料单耗降低 5%，则代表每生产 1t 石灰成品可节约标准煤约 9.15kg，每年节约标准煤 3020t；以标准煤价格 800 元/t 计算，年经济效益可达 242 万元。同时亦可降低末端 NO_x 脱除负荷。

（2）回转窑窑头尾双层双向片式密封装备技术

【技术描述】窑头尾密封效果不好，易导致回转窑与窑头箱、窑尾箱接口处冒火、漏料，从而导致系统能耗指标上升、产量下降。该技术为一种活性石灰回转窑窑头尾密封装置，以强化系统密封，包括罩于回转窑筒体密封端部的罩体和轴向凸出于罩体的密封连接部，密封连接部的凸出末端设置为两斜面相交的轴向凸出结构。轴向内倾斜的斜面上固定有金属密封鱼鳞片，轴向外倾斜的斜面上固定有由摩擦板、密封毡和压板组成的板式密封装置。该技术采用双层双向片式密封，利用金属密封鱼鳞片自身的弹性变形与回转窑筒体前端紧密接触，减弱了在生产中因筒体热胀冷缩、窜动、弯曲、径向调动等因素影响下造成的密封缝隙过大而漏风漏灰现象；在外侧增加一层板式密封装置，由钢丝绳拉紧，既保证了密封性，又保证了在筒体工作时因热膨胀而伸长的影响下密封性能不受影响。回转窑窑头尾双层双向片式密封示意图见图 2-6-13。

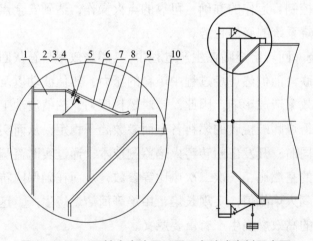

图 2-6-13　回转窑窑头尾双层双向片式密封示意图

1—密封连接部；2—螺栓；3—垫片；4—螺母；5—金属密封鱼鳞片；6—密封毡；7—摩擦板；

8—压板；9—冷风套；10—回转窑筒体

【技术类型】×资源综合利用；√节能；×减排。

【技术成熟度与可靠度】该技术属于成熟研发成果，已实现工业化应用。在国内石灰回转窑项目中，市场覆盖率超过 70%。

【预期环境收益】预计使用本套回转窑窑头尾双层双向片式密封装备技术，能够有效降低窑内散热，实现系统热耗降低 5%～7%。

【潜在的副作用和影响】暂无。

【适用性】可用于所有新建回转窑和现有回转窑。但该系统不适用于使用竖窑法进行石灰生产的工厂。

【经济性】以 1000t/d 石灰回转窑为例，吨矿热耗为 183kg(标准煤)/t，在此基础上降低 3%，则每生产 1t 成品矿可节省标准煤约 5.5kg，年节约标准煤 1815t；以标准煤价格 800 元/t 计算，年经济效益可达 145 万元左右。

（3）回转窑排烟风机变频调节控制技术

【技术描述】排烟风机在石灰回转窑系统中占有非常重要的位置，从煅烧工艺角度上衡量，它通常被称为回转窑系统的心脏。排烟风机的作用在于排出回转窑系统内的废余气体，形成回转窑系统内的负压状态和良好的通风环境，引导热量进行有效的传递和交换，以保持窑内稳定的热工制度和各种气体成分的相对稳定性。

回转窑对于排烟风机的基本要求是它应具备整个煅烧工艺系统所需要的排风（烟）速度、数量和可变能力。为此，通常采取在排烟风机前端（入口处）设置闸板、翻板（风门）的方式来调节控制排烟风机风量。风量控制对于回转窑的节能指标影响较大，若风量过大，则被烟气带走的热量过多会导致能耗上升；若风量过小，则满足不了系统需要的排烟速度，易导致生产工况恶化甚至发生生产事故。

为此，研发并应用回转窑排烟风机变频调节控制技术，将石灰回转窑各生产参数与排烟风机电动机转速关联起来，针对回转窑生产工况的波动实时推算并通过变频方式实时调节排烟风机的电动机转速，从而达到使整套回转窑系统稳产、优产的目的。

【技术类型】×资源综合利用；√节能；×减排。

【技术成熟度与可靠度】该技术属于成熟研发成果，已实现工业化应用。在国内石灰回转窑工程中，市场覆盖率超过 50%。

【预期环境收益】预计使用本套回转窑排烟风机变频调节控制技术，能够实现系统燃料单耗降低 10%～20%。

【潜在的副作用和影响】暂无。

【适用性】可用于所有新建和现有回转窑。但该系统不适用于回转窑法以外的石灰窑窑型。

【经济性】以 1000t/d 石灰回转窑为例，电耗为 36kW·h/t，电耗降低 20%，则代表每生产 1t 石灰成品可节约用电约 7kW·h，年节电 231 万 kW·h，以 0.8 元/(kW·h) 计算，年经济效益可达 185 万元。

小结与建议：未来石灰窑行业的发展，低能耗是必然趋势。按照 2035 年能耗限定值来规划，将要淘汰掉一部分现有落后产能，另一部分则须通过新建或改造的方式应用本节中所述的节能技术，方可满足规划要求。

6.3.3　加快工业化研发的关键技术

6.3.3.1　800t/d 以上规模石灰双膛竖窑技术

【技术描述】大型石灰窑是石灰工业规模化发展的必需装备，也是石灰工业绿色生产的核心点。目前石灰市场主要以回转窑和竖窑为主，其中回转窑单窑产量已可达到 1200t/d，但缺点是能耗值过高[吨矿热耗达 170kg(标准煤)]，而双膛竖窑虽然能耗值低[吨矿热耗＜100kg(标准煤)]，但多方面技术瓶颈导致其无法大型化，目前竖窑最大单窑产量为 600t/d。因此，为满足国家对石灰行业的要求，开发 800t/d、1000t/d甚至是 1200t/d 的大型化石灰双膛竖窑是必然趋势。

800t/d 以上生产规模双膛竖窑技术是在现有 600t/d 双膛竖窑技术的基础上发展而来的。该技术在不改变现有物料移动速度的条件下，通过扩大窑膛直径、增加煅烧截面面积，达到提高双膛竖窑产能的目的。与之相配套的是，通过上料控制和布风结构优化技术，克服因窑膛内径增大导致的壁面效应增加、截面布风不均匀难题，在提产的同时，保证产品质量的稳定性和一致性。

【技术类型】×资源综合利用；√节能；√减排。

【技术成熟度与可靠度】该技术属于较成熟研发成果，已完成了部分子项技术的研究，预计首台套时间 2023 年。

【预期环境收益】预计使用 800t/d 以上规模石灰双膛竖窑技术，能够实现系统工序能耗降低 5%～10%左右，污染物排放降低 10%～15%左右。

【潜在的副作用和影响】暂无。

【适用性】可用于所有新建竖窑和现有竖窑。但该系统不适用于使用回转窑法进行石灰生产的工厂。

【经济性】以现有的 600t/d 石灰双膛竖窑为例，系统工序能耗降低 10%，则代表吨矿耗标准煤量减少 14kg；按照标准煤价格 800 元/t 计算，年经济效益可达 222万元左右。同时污染物排放降低 15%，工序后端的脱硫脱硝负荷也会随之减轻。

6.3.3.2　竖窑分区域独立精准供热技术

【技术描述】窑膛内的温度均匀程度，特别是窑膛煅烧带水平截面的温度均匀程度直接影响成品石灰质量。当截面上各处温度差别较大时，会导致窑膛内石灰受热不均，容易造成某些地方温度低于煅烧温度，导致该处的石灰生烧；而某些地方温度高于煅烧温度，导致该处的石灰过烧。生烧和过烧都会严重影响石灰产、质量，对石灰生产不利。通过对石灰窑的截面进行区域划分，并根据划分的不同区域散热量计算所需的供热量，在各喷枪支管入口设置流量调节阀和流量计，控制各分区喷枪煤气流量，可达到精准供热、均匀受热的效果，如图 2-6-14 所示。

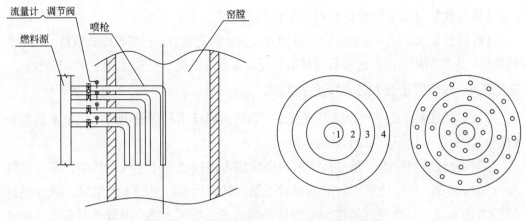

图 2-6-14　竖窑分区域独立精准供热示意图

【技术类型】×资源综合利用；√节能；√减排。

【技术成熟度与可靠度】该技术已开展研究，形成初步技术成果，但尚未形成成熟成果和工业推广，预计首台套时间 2030 年。

【预期环境收益】运用该技术后能实现对石灰窑精准供热，预计能降低 5% 的燃料消耗量，减少 5% 的氮氧化物排放，提高 5% 的产量，活性氧化钙和氧化镁含量提高 8%。

【潜在的副作用和影响】暂无。

【适用性】可用于所有具有石灰竖窑的新工厂。

【经济性】该系统成本预计在 100 万元，预计提产效益、石灰石提质效益、燃料节约费用、电耗节约费用总计 320 万元/年。

6.3.3.3　竖窑工况参数全息检测及炉况优化技术

【技术描述】通过运用炉窑热工、反应动力学原理，开发石灰竖窑全息监测管理系统。全息监测管理系统能实时计算石灰石煅烧分解率、出口烟气浓度、炉内温度分布和预热带、煅烧带、冷却带高度，对炉况进行优化控制，对石灰质量进行预报，对各系统的数据进行关联分析、数据挖掘、模型建立，自动进行经济运行指导、试验及分析、故障诊断与预警、趋势分析、设备健康状态评估，依据评估规范生成设备评估报告，实现对石灰竖窑状态信息的全方位感知、获取，并将全息数据与石灰竖窑三维模型关联，进行画面展示，实现所见即所得。

【技术类型】×资源综合利用；√节能；√减排。

【技术成熟度与可靠度】该技术已开展研究，形成初步技术成果，但尚未形成成熟成果和工业推广，预计首台套时间 2028 年。

【预期环境收益】运用该技术后能实现对石灰竖窑工况参数全息监测及炉况优化，预计能降低 10% 的燃料消耗量，减少 5% 的氮氧化物排放，提高 20% 的产量。

【潜在的副作用和影响】暂无。

【适用性】可用于所有具有石灰竖窑的新工厂。

【经济性】该系统成本预计在 200 万元，预计提产效益、石灰石提质效益、燃料节约费用、电耗节约费用、大修节约费用、设备运行维护费与人工费总计 500 万元/年。

6.3.3.4 双膛竖窑低 NO_x 燃烧生产技术

【技术描述】通过空气分级燃烧技术、燃料再燃技术和煤粉喷枪优化技术的组合使用，降低生产过程产生的 NO_x。

空气分级燃烧技术，是分两个阶段向窑膛内提供燃烧用空气。其中大部分空气先与燃料混合，在燃烧器下游形成相对低温、贫氧而富燃料的主燃烧区，减少燃料型 NO_x 的形成；其余空气通过一专用管路喷入主燃烧区下游，形成相对低温、富氧而贫燃料的二次燃烧区，使之完全燃烧，并限制热力型 NO_x 的形成。

燃料再燃技术，是先将大部分燃料送入主燃区，在过量空气系数接近 1 的条件下燃烧，然后其余燃料作为还原剂在燃烧器下游的某一合适位置喷入再燃区。再燃区过量空气系数小于 1，属于还原气氛，能使已生成的 NO_x 被富余燃料还原，同时抑制了新 NO_x 生成。再燃区下游再布置燃尽风以形成燃尽区，保证再燃区出口未完全燃烧产物燃尽。

空气分级燃烧技术和燃料再燃技术工艺流程如图 2-6-15 所示。

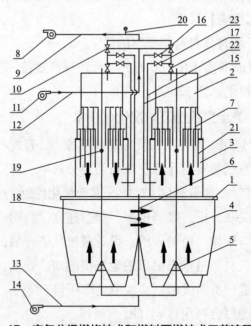

图 2-6-15 空气分级燃烧技术和燃料再燃技术工艺流程示意图

1—双膛石灰窑本体；2—预热带；3—煅烧带；4—冷却带；5—冷却风帽；6—烟气连接通道；7—喷枪；8—排烟风机；

9—排烟管路；10—三通阀；11—助燃风机；12—助燃风管路；13—冷却风管路；14—冷却风机；15—燃尽风管路系统；

16—燃尽风调节阀；17——次风调节阀；18—喷氨点；19—煅烧带测温点；20—烟气 NO_x 浓度检测点；21—再燃燃料喷枪；

22—再燃风管路系统；23—再燃风调节阀

煤粉喷枪优化技术有旋流叶片分离式煤粉分流喷枪、旋风分离式煤粉分流喷枪、弯管分离式煤粉分流喷枪等不同结构的喷枪，主要是利用特殊结构将原煤粉流束分为富流束和贫流束两股，在石灰窑内形成两股浓度不同的煤粉束喷吹分布，从而实现石灰窑在生产时的浓淡燃烧，进而有效抑制石灰窑内 NO_x 的生成量。

【技术类型】×资源综合利用；×节能；√减排。

【技术成熟度与可靠度】该技术已开展研究，形成初步技术成果，但尚未形成成熟成果和工业推广，预计首台套时间 2023 年。

【预期环境收益】运用该技术后能实现双膛竖窑低 NO_x 燃烧，预计能减少 30%～40%的氮氧化物排放。

【潜在的副作用和影响】暂无。

【适用性】可用于所有具有双膛石灰竖窑的新工厂。

【经济性】该系统成本预计在 200 万元，预计减少 NO_x 处理费用 450 万元/年。

6.3.3.5　双膛竖窑烟气 SNCR 脱硝技术

【技术描述】石灰石煅烧温度在 1100℃左右，煅烧段火焰温度超过 1300℃。在高温环境下，助燃空气中的 N_2 容易与 O_2 发生反应，生产 NO 和 NO_2。测量数据表明，双膛竖窑尾气中 NO_x 浓度较高，平均值约为 120ppm，峰值浓度超过 250ppm，若直接排放，会造成较严重的环境污染。该技术在双膛窑环形通道处喷洒含氨基的还原剂（如氨水、尿素溶液等），利用还原剂将通过环形通道的高温烟气中的 NO_x 还原成 N_2，从而达到降低烟气 NO_x，净化尾气的目的。由于环形通道处烟气温度约为 900℃，正好处于选择性非催化还原反应温度区间（850～1100℃），因而具有较高的脱除率。同时该技术省去了烟气二次加热的能源消耗，因此经济效果显著。双膛竖窑烟气 SNCR 脱硝示意图见图 2-6-16。

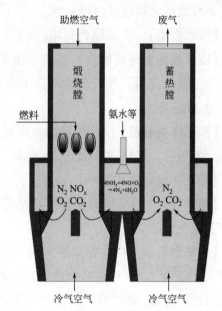

图 2-6-16　双膛竖窑烟气 SNCR 脱硝示意图

【技术类型】×资源综合利用；√节能；×减排。

【技术成熟度与可靠度】该技术属于加快工业化研发的关键技术，前期研究工作已较为扎实全面，目前急需工业化应用与推广。该技术适用于国内所有的双膛石灰竖窑，预计首台套时间 2025 年。

【预期环境收益】预计使用本套双膛竖窑烟气 SNCR 脱硝技术，能够实现降低石灰窑尾气氮氧化物约 60%。

【潜在的副作用和影响】暂无。

【适用性】可用于所有新建双膛竖窑和现有双膛竖窑。但该系统不适用于使用回转窑法进行石灰生产的工厂。

【经济性】该技术属于环境效益，无可量化经济指标。

6.3.3.6　回转窑高效隔热与长寿化窑衬技术

【技术描述】回转窑窑身炉衬是回转窑的一个核心组成部分，炉衬结构的好坏可直接影响到回转窑的隔热效果、生产热效率和使用寿命。现有技术下的窑衬结构砌筑方式有整体砌砖式和砖料交替式两种。现有技术的两套窑衬结构方案均存在各自缺陷，严重影响回转窑衬体的寿命及质量。

该技术结合全砖砌筑式窑衬结构与砖料交替式窑衬结构两种方案技术的特点，取长补短，采用一种多浇注料带复合式回转窑窑衬结构。该结构将预制砖分成若干组，每组两端均由现浇料带锁口，既可解决全砖砌筑式技术对预制砖安装精度要求高、施工进度难保证的难题，又可避免出现砖料交替式技术所存在的因欠烘烤现浇料过多导致的窑衬强度过低问题。

【技术类型】×资源综合利用；√节能；×减排。

【技术成熟度与可靠度】该技术属于较成熟研发成果，已实现在其他（如冶金）领域的工业化应用，在石灰回转窑上尚未普及，应加快工业化研发应用。预计首台套时间 2024 年。

【预期环境收益】预计使用回转窑高效隔热与长寿化窑衬技术后，使用寿命可以增加一倍以上，年作业率提升 2%左右。

【潜在的副作用和影响】暂无。

【适用性】可用于所有新建回转窑和现有回转窑。但该系统不适用于使用竖窑法进行石灰生产的工厂。

【经济性】以某回转窑系统为例，该窑生产工况下窑内气氛温度 1250℃，窑壁温度 350℃，至 2009 年该窑大修为止，使用寿命 2 年零 3 个月，年平均作业率 88%；改造后燃料介质、物料成分与窑内气氛温度不变，生产工况下窑壁温度下降至 225℃，至今为止该窑已使用 4 年以上，年平均作业率可达 90.4%。延长使用寿命后，有效节约了石灰窑更换周期内的设备投资成本。

小结及建议：减排、长寿与智能是石灰窑领域的热点，目前已有多项该方向在研技术形成了阶段性研究成果，有的技术已在其他领域成熟应用只是尚未移植到石灰窑领域。应加快此类技术的工业化研发应用，提升石灰窑行业的性能指标。

6.3.3.7 石灰窑烟气中 CO_2 富集提取技术

【技术描述】 在提取烟气中的 CO_2 时，含量高低对于装备的规模及运行经济性影响很大，如烟气中的 CO_2 含量越低，提取就越困难。而石灰窑生产中排出烟气内 CO_2 的含量，一般在 25%～35% 之间，有的甚至高达 40% 左右，相比以焦炭、煤气焦、煤或油为燃料的锅炉或其他工业炉的烟气，石灰窑烟气内二氧化碳含量明显更高。因此，以石灰窑烟气为原料气来制取 CO_2，更合理也更有价值。

我国石灰煅烧窑的规模各异，窑型千差万别，机械化程度相差较大，窑的煅烧制度、送风方式、密封程度等因素都对窑气中 CO_2 含量的高、低有直接影响。依照制取 CO_2 在选择原料气种类时应尽量采用 CO_2 含量较高烟气的原则，应尽可能采用能将石灰窑烟气内 CO_2 富集后再提取的技术手段，以此降低提取成本、提高提取效率。

目前，较可能实现的石灰窑烟气 CO_2 富集手段有：

烟气内循环：通过将石灰窑烟气进行系统内循环，将烟气引入煅烧系统作为传热介质气体再次参加生产，以此来不断增加烟气内 CO_2 的含量值，达到富集 CO_2 的目的。

密封再燃技术：通过将烟气引入密封容器内，在不漏入外界空气的条件下，将烟气内的残余可燃物进行二次再燃，以此提高烟气内 CO_2 的含量。

【技术类型】 √资源综合利用；×节能；×减排。

【技术成熟度与可靠度】 该技术属于不成熟研发成果，目前尚未开展相关系统化研发工作，属于未来应积极关注的技术。

【预期环境收益】 预计使用本套石灰窑烟气 CO_2 富集提取技术，能够实现系统 CO_2 回收 50% 左右。

【潜在的副作用和影响】 暂无。

【适用性】 可用于所有新建和改造的石灰窑，不限窑型。

【经济性】 以 600t/d 石灰双膛竖窑为例，其烟气排放量为 5 万 m^3/h，CO_2 浓度约 24%，如能将 50% 的 CO_2 回收，则每年可生成 CO_2 副产品约 9 万 t；按照市场价格 1000 元/t 计算，则 CO_2 副产品年度经济效益约为 9000 万元。

6.3.4 积极关注的关键技术

6.3.4.1 石灰窑外排粉尘浸出法提纯回收技术

【技术描述】 双膛竖窑在泄压过程中存在粉尘外排的问题，导致环境污染和资源浪费。本提纯回收技术，在石灰窑除尘装置收集粉尘的基础上，通过氧化钙分离回收装置实现对氧化钙的提纯及收集，可有效防止粉尘外排现象的发生，有利于资源节约和环境保护。在释放阀下方设有石灰窑除尘装置和氧化钙分离回收装置。在泄压过程中，粉尘由于其自身重力进入石灰窑除尘装置中被收集起来，而后进入氧化钙分离回收装置；粉尘中的氧化钙通过与水的化学反应 $CaO+H_2O \xrightarrow{\quad\quad} Ca(OH)_2$ 被收集起来，其余的杂质粉尘则进入污水处理池中。通过本提纯回收技术，提高了原料的利用率，减少了对环境的污染。

【技术类型】√资源综合利用；√节能；√减排。

【技术成熟度与可靠度】该技术还未开展研究工作（仅提出概念），未在双膛石灰窑中应用。

【预期环境收益】预计使用本套石灰窑外排粉尘浸出法提纯回收技术，能够实现石灰窑外排粉尘量降低 30%。

【潜在的副作用和影响】暂无。

【适用性】可用于所有双膛竖窑。但该系统不适用于使用回转窑法进行石灰生产的工厂。

【经济性】以 600t/d 石灰双膛竖窑为例，该技术回收富集 $Ca(OH)_2$ 速率以 2.5kg/t 计算，则每年回收 $Ca(OH)_2$ 量约为 495t；按照 $Ca(OH)_2$ 价格 2500 元/t 计算，年经济效益可达 123.8 万元左右。

6.3.4.2 双膛竖窑多元燃料复合燃烧供热技术

【技术描述】石灰竖窑燃料主要有煤气和煤粉两类，其中煤气燃料较煤粉燃料具有成本低、燃烧装置简单等优点，因此通常作为石灰竖窑首选燃料。但由于煤气属于炼铁炼钢等工序的副产品，受上游工序影响较大，因此煤气管网压力一般波动较大，使得以煤气作为单一燃料源的燃气石灰竖窑生产稳定性较差。为解决燃气石灰竖窑生产稳定性较差的问题，提出了一种可有效提高生产稳定性、增加生产适应性的石灰竖窑多元燃料复合燃烧供热技术。当煤气压力不足时，通过将一部分喷枪内介质切换为煤粉，实现石灰竖窑在低煤气压力下的稳定运行，降低燃料成本。同时，开发石灰窑电加热、微波加热、富氢燃料加热技术，减少窑内碳系化石燃料添入量，亦是减少石灰窑 NO_x、CO_x 排放的较优手段之一。

【技术类型】×资源综合利用；√节能；×减排。

【技术成熟度与可靠度】该技术属于技术概念，正在开展技术研究。

【预期环境收益】运用该技术后能实现有效提高石灰竖窑生产稳定性、石灰石质量，增加生产适应性，提高 5% 的产量，降低 5% 的燃料消耗量。

【潜在的副作用和影响】暂无。

【适用性】可用于所有使用煤气和煤粉的石灰竖窑新工厂及现有工厂。

【经济性】该系统成本预计在 100 万元，预计提产效益、石灰石提质效益、燃料节约费用总计 180 万元/年。

6.3.4.3 石灰窑纯氧（富氧）焙烧技术

【技术描述】目前石灰窑助燃介质多为空气，在焙烧过程中空气里的 N_2 极易转

化为热力型 NO_x，从而加重石灰窑排放污染。该技术提出在维持窑内焙烧温度不变的基础上，用纯氧或富氧空气来替代常规空气充当石灰窑助燃介质，从而达到清洁减排的效果。

【技术类型】 ×资源综合利用；×节能；√减排。

【技术成熟度与可靠度】 该技术属于技术概念，正在开展技术研究。

【预期环境收益】 运用该技术后能实现有效减少石灰窑 NO_x 排放量，NO_x 排放值预计在现有水平上降低 15%。

【潜在的副作用和影响】 暂无。

【适用性】 可用于所有使用煤气和煤粉的石灰竖窑新工厂及现有工厂。

【经济性】 暂时无法统计。

6.3.4.4 石灰窑电基（微波）焙烧技术

【技术描述】 目前石灰窑多采用传统碳系燃料（煤粉或煤气），在燃烧过程中易产生大量的 NO_x、CO_x、二噁英等污染物，对环境造成恶劣影响。针对此情况，该技术拟采用电基焙烧技术，用电阻加热元件或微波元件对窑内物料进行加热，从而实现清洁能源替代传统碳系燃料的技术突破。

【技术类型】 ×资源综合利用；×节能；√减排。

【技术成熟度与可靠度】 该技术还在概念阶段，正在开展技术研究。

【预期环境收益】 运用该技术后能实现有效减少石灰窑多污染物排放量，NO_x 预计减排约 50%；CO_x 预计减排约 20%。

【潜在的副作用和影响】 暂无。

【适用性】 可用于所有使用煤气和煤粉的石灰竖窑新工厂及现有工厂。

【经济性】 暂时无法统计。

小结及建议：未来在石灰窑市场，通过采用多种技术手段实现工序生产自清洁，同时协同处理城市固废将成为大趋势。此类技术目前刚起步，政府应予以扶持和鼓励，加大对该方面技术的关注度。

6.4 烧结

6.4.1 排放和能源消耗

6.4.1.1 工艺单元物质流入流出类型

① 输入：铁矿石、含铁杂料、焦粉、生石灰、石灰石、白云石、新水、电、空气、氮气、压缩空气。

② 输出：烧结矿、废气、除尘灰、返矿。

6.4.1.2 工艺单元对环境的影响

（1）废气

烧结工艺的大气污染主要有颗粒物和有害气体，针对不同的污染物需采取专项技术措施进行治理。烧结生产时原料准备、配料混合、破碎冷却、成品整粒等工序产生的大气污染物为颗粒物，烧结工序产生的大气污染物为颗粒物和 SO_x、NO_x、二噁英、VOC、CO 等。烧结烟气经过净化处理达到规定的排放标准后排放。烧结工序废气排放量大、污染物浓度高，污染负荷约占整个钢铁生产流程的 37%，是钢铁行业实现绿色生产的难点和重点。表 2-6-10 为烧结原烟气中污染物生成浓度和排放限值。烧结烟气粉尘 SO_x、NO_x、二噁英等污染物排放要求不断提高，2025 年重点区域钢铁企业超低排放改造基本完成，2035 年整个钢铁行业烧结烟气全面实现超低排放。烧结烟气中还含有一定量的有毒气体 CO 和 VOC，目前我国尚未作出明确规定，例如德国就要求烧结工序 VOC 不得高于 75mg/t，我国部分地区如唐山市对 CO 的浓度限值为 6000ppm，不久的将来在整个烧结行业将关注于此。另外，烧结厂区扬尘点众多，有的是开放型无组织排放，有的具有高温、高湿、高浓度，有的密度小且粒度细，粉尘无组织排放和岗位环境也是未来需要关注的重点。烧结矿冷却同样会产生大量热废气，目前烧结企业基本是将高温段热废气进行余热回收，中低温段低品位含尘热废气直接外排，导致大量废气粉尘的无组织排放，这是我国钢铁厂 2025 年前需重点解决的问题之一。

表 2-6-10 烧结工艺的大气排放标准

污染物项目	原烟气浓度	排放限值		
		中国 2015 年普通限值	中国 2020 年修改单	超低排放要求
颗粒物/(mg/m³)	1000~5000	50	20	10
二氧化硫/(mg/m³)	400~1500	200	50	35
氮氧化物（以 NO_2 计）/(mg/m³)	200~400	300	100	50
二噁英类/[ng（TEQ）/m³]	0.8~2.0	0.5	0.5	0.1
CO/(mg/m³)	4000~10000	—	—	—
VOC/(mg/m³)	—	—	—	—

注：2020 年修改单，即《钢铁烧结、球团工业大气污染物排放标准》(GB 28662—2012)等两项国家环境保护标准修改单。

（2）噪声

烧结工艺的噪声源主要是高速运转的设备，包括各类风机、破碎机、振动筛、振动给料机等。其中较为严重的是风机产生的噪声。在采取措施前，风机噪声最大声级可达 115dB(A)，其他噪声源通常在 95dB(A) 以下。噪声污染源较单一，通过设置消声器、密闭消声、隔离等相应措施，可以得到有效的控制。

（3）固废

烧结工艺产生的固体废物主要为除尘器收集的灰尘和生产工艺中散落的物料。对于原料准备、配料混合、破碎冷却、成品整粒等环节产生的粉尘和烧结机头电除尘器第一、二电场收集的粉尘，可直接返回或经简单预制粒再返回烧结进行循环利用。而对于烧结机头电除尘器第三、四电场（个别烧结厂无四电场）收集的粉尘，因氯、钾、钠、铅、锌等腐蚀性元素和重碱金属含量较高，直接返回烧结系统不但会影响烧结自身运行，且会进一步富集到高炉引起"结瘤"，一般需通过湿法冶金或火法冶金处理后再进入烧结系统。

6.4.1.3 烧结生产单元单位产量的输入输出能源量

某大型烧结机单位成品烧结矿工序能耗见表 2-6-11。烧结节能减排关键技术见图 2-6-17。

表 2-6-11　大型烧结机（ > 360m² ）吨成品烧结矿工序能耗计算表

能源名称	单位	折合标准煤系数	实物单耗	折标准煤/[kg/(t·s)]
固体燃料	kg	0.9714	48.92	47.53
焦炉煤气	m³	0.5714	4.51	2.73
电	kW·h	0.1229	42	5.1
生活水	t	0.0414	0.4	0.02
工业净水	t	0.0475	0.14	0.01
压缩空气	m³	0.0152	38.16	0.58
回收				
蒸汽	kW·h	0.1	70	7
工序能耗				49.03

6.4.2　推荐应用的关键技术

6.4.2.1　优化配料技术

【技术描述】在满足烧结矿化学成分要求和供矿条件的基础上，查明铁矿石的制粒行为和成矿行为，建立铁矿石性能与烧结矿产质量指标之间的内在关系，通过优化配矿使烧结原料具有良好的制粒性能和成矿性能，实现高产、优质、低耗烧结生产。

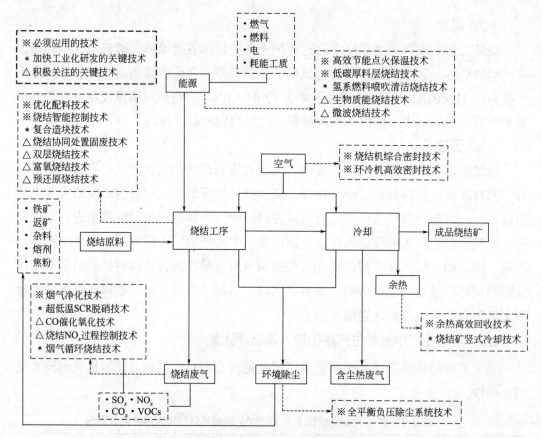

图 2-6-17　烧结节能减排关键技术导航图

【技术类型】√资源综合利用；√节能；×减排。

【技术成熟度与可靠度】该技术属于成熟研发成果，已实现工业化应用，几乎应用于国内外所有大型烧结工程，例如宝钢基于吨钢原料成本考虑，通过优化配矿技术应用，低廉褐铁矿配比达 60%。但现行的优化配矿多以原料成本最优为目标，未充分考虑不同矿种烧结性能的差异性和可互补性，缺乏对技术指标和经济指标等多指标的综合评价。

【预期环境收益】优化配矿对节能减排的影响取决于各钢铁企业用矿结构和矿种来源，对于矿种繁多、成矿性能差异较大的原料体系，采用优化配矿后烧结机利用系数绝对值可提高约 0.2～0.4，吨烧结矿节约固体燃耗约 1～3kg 标准煤。

【潜在的副作用和影响】暂无。

【适用性】可用于所有具有多矿种烧结的新工厂和现有工厂。

【经济性】在满足烧结矿性能不变的前提下，结合各种铁矿石入厂价格，采用优化配矿技术后，吨烧结矿原料成本降低 15～30 元。

6.4.2.2 高效节能点火保温技术

【技术描述】点火保温的主要目的是将混合料中的固体燃料点燃从而形成燃烧带，进而使得表层混合料在点火炉高温烟气与固体燃料燃烧放热的作用下烧结，并对炽热的表层烧结矿进行保温，避免冷空气直接激冷，导致其强度下降。为了降低烧结的点火能耗，多年来国内外研究者开发了多种点火装备，有代表性的包括线式烧嘴点火炉、多缝式烧嘴点火炉、面燃式烧嘴点火炉、幕帘式点火炉、混合式点火炉等，点火能耗基本处于 60MJ/t。自 1994 年以来，点火保温炉上的技术发展几乎处于停滞状态，近几年开发出了双斜带式点火炉，并在国内外大型烧结工程成功应用，点火能耗降至 60MJ/t 以下。它是将两列烧嘴均向中部倾斜，形成连续均匀的高温区，缩短点火时间，节省煤气用量。采用热风与微负压点火技术，通过提升点火助燃空气温度，增加点火热焓；同时对点火负压进行精准控制，减少热损失，实现低能耗点火。

【技术类型】×资源综合利用；√节能；√减排。

【技术成熟度与可靠度】该技术属于成熟研发成果，已应用于国内外大型烧结工程，例如宝钢 2～4 号烧结机、越南台塑烧结机，市场占有率约 50%。共申请专利近 70 项，发明专利 30 项，其中"一种并联预热烧结点火炉用燃气和助燃空气的方法及系统"（ZL201310738264.2）专利获中国专利优秀奖。

【预期环境收益】采用高效节能点火技术后，每吨烧结矿点火能耗由传统的约 0.08GJ 下降至约 0.035GJ。

【潜在的副作用和影响】暂无。

【适用性】可用于所有烧结新工厂和现有工厂。

【经济性】采用高效节能点火技术后，因烧结点火能耗降低和烧结返矿率减少，每吨烧结矿生产成本降低约 2 元。

6.4.2.3 低碳厚料层烧结技术

【技术描述】利用厚料层的蓄热，可以降低下部料层配碳量，从而降低固体燃耗，减少碳排放。燃料配加量降低，一方面使最高烧结温度下降，有利于燃烧带变薄，料层热态透气性改善，氧化性气氛增加，烧结矿 FeO 含量降低；另一方面有助于烧结从高温向低温发展，促进优质铁酸钙粘结相生成，抑制了烧结料层的过烧和轻烧等不均现象，从而改善烧结矿冶金性能。料层厚度的增加，使烧结高温氧化区保持时间延长，烧结矿结晶充分，结构得以改善，固体强度提高，同时有利于褐铁矿分解后产生的裂纹和空隙弥合及自致密，从而提高褐铁矿用量，扩大铁矿石资源范围。此外，料层厚度增加使得强度低的表层烧结矿和使用的优质铺底料数量相对减少，有利于提高烧结矿的成品率和入炉比例。虽然厚料层烧结具有一系列的优势，但实际生产中一味盲目地加厚料层又存在料层透气性不佳和热量分布不均的问题。相应的支撑技术包括全活性石灰强化烧结技术、生石灰消化技术、强化混匀制粒技术、偏析布料技术、蒸汽预热混合料技术、负压合理调控技术等。

【技术类型】 ×资源综合利用；√节能；√减排。

【技术成熟度与可靠度】 该技术属于成熟研发成果，已实现工业化应用。进入21 世纪以来，我国多数烧结厂料层厚度处于 700～750mm，新近建设的宝钢本部 600m² 烧结机料层厚料高达 900mm。该技术市场占有率达 70%以上，以宝钢 3 号烧结机为典型工程业绩的低碳厚料层烧结技术作为"高效节能环保烧结技术及装备"技术成果创新点之一荣获 2017 年国家科技进步二等奖。

【预期环境收益】 料厚每增加 100mm，成品率提高 0.5%～1%，转鼓指数提高约 1%，FeO 含量降低约 0.5%，固耗降低约 1kg(标准煤)/t。

【潜在的副作用和影响】 暂无。

【适用性】 可用于所有烧结新工厂和现有工厂。

【经济性】 料厚每增加 100mm，每吨成品矿生产成本可下降 1～3 元，对于一台 600m² 的烧结机来讲，年经济效益达 1000 万元。

6.4.2.4 烧结机综合密封技术

【技术描述】 烧结机漏风主要包括烧结机头尾漏风、滑道漏风、台车之间漏风、管道系统漏风、双层卸灰阀漏风等，相应的综合密封技术包括负压吸附式端部密封技术、新型滑道密封技术、烧结机台车密封技术、气动双层卸灰阀技术等。负压吸附式端部密封技术以负压作为密封动力，迫使风箱密封板与烧结机台车底板侧部贴合，达到接合部的密封，巧妙地解决压差与密封的矛盾。顶部密封板由分体式改为整板式，彻底消除了传统分体式浮动密封体之间的间隙导致的漏风，而且省去了灰箱。开发了一种将固相与气相分开密封的智能气固分离式密封双层卸灰阀，密封效果不受固相物料的影响；配备的智能控制系统可识别和排除阀门卡阻，确保阀门密封严密。

【技术类型】 ×资源综合利用；√节能；√减排。

【技术成熟度与可靠度】 该技术在国内外得到了广泛应用，国内应用至宝钢、安钢、日照钢铁等，市场占有率达 50%，其中宝钢湛江 2#550m² 烧结机初期测试漏风率仅 17.8%；国外应用至越南台塑钢、日本和歌山钢等，其中和歌山 185m² 烧结机测试漏风率仅 16.7%。该技术共申请专利近 80 项，发明专利 40 项。"烧结机综合密封技术及装备的研究"技术成果经中冶集团科技成果鉴定达国际先进水平。

【预期环境收益】 我国近年来在役烧结机的漏风率多为 40%～50%，每获得 1t 成品烧结矿需要消耗的空气量约为 2000m³(标态)，采用烧结机综合密封技术后，漏风率可下降至 20%以下，则每获得 1t 成品烧结矿需要消耗的空气量降为 1500m³(标态)；对于一台 600m² 烧结机来讲，年排放废气量可减少 30 亿 m³(标态)。

【潜在的副作用和影响】 暂无。

【适用性】 可用于所有烧结新工厂和现有工厂。

【经济性】 采用烧结机综合密封技术后吨烧结矿减少主抽风机电耗约 4kW·h，对于一台 600m² 烧结机来讲，年经济效益达 1500 万元。

6.4.2.5　环冷机高效密封技术

【技术描述】 冷却是烧结造块工艺过程不可或缺的核心环节，传统的机械式密封环冷机漏风率高达 30%~35%，吨矿冷却风量近 3000m³，冷却电耗大、余热品位低、废气排放量大。为此，开发了以水作密封介质的液密封环冷机和以球团环冷机结构为模板的转臂式环冷机，大幅降低了环冷机漏风率和冷却风量。

【技术类型】 ×资源综合利用；√节能；√减排。

【技术成熟度与可靠度】 液密封环冷机被广泛应用至国内宝钢、日照钢铁、本钢等，还被推广至越南台塑钢等，目前漏风率可低至 5%。转臂式环冷机因具有在传统机械式密封环冷机基础上易于改造的优势，也被应用至攀钢、中天钢铁、日照钢铁、本钢等钢铁企业，漏风率可低至 10%。在环冷机密封方面共申请专利近 50 项，其中"液密封环冷机多功能双层台车"获得国家专利金奖。

【预期环境收益】 采用环冷机高效密封技术后，吨烧结矿需要的冷却风量可降至 2000m³(标态)以下，相比传统机械式密封环冷机可少产生热废气近 2000m³(标态)。

【潜在的副作用和影响】 暂无。

【适用性】 液密封环冷机适于新建烧结工程，转臂式环冷机适于传统机械式密封环冷机改造工程。

【经济性】 采用环冷机高效密封技术后吨烧结矿减少冷却风机电耗约 1.5kW·h，因热废气品位提升，吨烧结矿余热回收过程可多产生过热蒸汽 10~20kg，对于一台 600m² 烧结机来讲，年经济效益达 1500 万元。

6.4.2.6　全平衡负压除尘系统技术

【技术描述】 烧结过程涉及多个除尘系统，除尘系统在设计中需要保证一定的安全余量，同时，由于工艺运行状况的变化，运行过程中也会出现需用风量的变化。传统的定风量除尘系统无法根据工况条件的变化自动调节运行风量，因此导致系统长期在超需用风量的状态下运行，造成了能量的浪费、运行费用的增加。全平衡负压除尘系统技术，从全系统角度考虑除尘工程的最终性能，通过全系统除尘管网阻力平衡计算保证系统设计平衡率达到 100%，从而使得系统运行时除尘风量、管道流速等参数与设计值保持一致，避免了风量和流速运行状态偏离带来的一系列问题，能够保证除尘系统长期稳定节能运行。

【技术类型】×资源综合利用；√节能；√减排。

【技术成熟度与可靠度】该技术除了被应用于新近建设的烧结工程外，如宝钢，还被应用于老烧结厂除尘改造，如三明钢。该技术已获授权专利4项。

【预期环境收益】采用全平衡负压除尘系统技术，烟囱颗粒物排放浓度≤10mg/m³，岗位粉尘浓度≤8mg/m³，环境除尘治理达到钢铁企业超低排放要求。

【潜在的副作用和影响】暂无。

【适用性】可用于所有烧结新工厂和现有工厂。

【经济性】除尘系统整体能耗降低10%～20%，滤袋寿命延长20%以上。

6.4.2.7 烧结智能控制技术

【技术描述】烧结过程智能控制技术逐步成为进一步挖掘烧结生产节能减排潜力的重要手段。水分、层厚、风量、固体燃料配比和烧透点等操作参数的控制影响烧结能耗，固体燃料粒度与配比控制还直接影响烧结过程 SO_2 和 NO_x 的排放。21世纪以来，电子信息技术快速发展，我国烧结企业自动化水平得到了不断提升，目前基础自动化控制系统配置率高、常规检测仪表配置齐全，对配料采用了自动配料装置和系统，对混合料水分、料层厚度、点火温度、烧结终点等也采用了自动监测装置。过程控制方面，我国相关技术人员基于过程机理、数据驱动以及专家经验，应用数值分析、数理统计、时间序列、神经网络、模糊理论、专家系统等方法，建立了大量过程模拟、参数优化、过程控制等模型。烧结过程优化控制、烧结综合控制专家系统、主抽自适应变频等技术在国内大型烧结机得到了比较普遍的应用，在提高产品质量和节能减排方面均有明显效果。未来仍需围绕智能控制和智能装备开展研究工作。

【技术类型】×资源综合利用；√节能；√减排。

【技术成熟度与可靠度】近年来在监测技术、控制模型、岗位无人化和装备智能化等烧结智能生产方面均取得了较大的技术进步，作业率、劳动生产率等指标得以大幅优化。由于关键工艺参数难以在线直接检测或检测不准确以及模型自身存在的可靠性、适应性不足等问题，目前大多数模型只能作为工艺生产的参考工具，对于生产过程闭环和优化控制尚无全面实现。当前，国内正结合大数据、深度学习、机器视觉、智能机器人、智能感知等高新技术进行智能烧结相关课题研发。

【预期环境收益】通过智能控制，可减少烧结过程燃料消耗约2～3kg(标准煤)/t，从源头减少污染物产生量；通过原燃料条件及生产过程分析，精准预测烧结烟气污染物排放规律和排放浓度，实现烧结过程和末端治理的适时调控，提高烟气净化效率，减少污染物排放量。

【潜在的副作用和影响】暂无。

【适用性】可用于所有烧结新工厂和现有工厂。

【经济性】目前：每台烧结机岗位工人（含烟气净化与余热）35 人左右，利用系数达 1.4t/(h·m²)，工序能耗下降 1kg(标准煤)/t，一级品率 90%。2025 年：每台烧结机岗位工人（含烟气净化与余热）25 人左右，利用系数达 1.45t/(h·m²)，工序能耗下降 1kg(标准煤)/t，一级品率 95%。2035 年：每台烧结机岗位工人（含烟气净化与余热）8 人左右，基本实现无人化，利用系数达 1.5t/(h·m²)以上，工序能耗下降 1kg(标准煤)/t。

6.4.2.8 烟气脱硫脱硝技术

【技术描述】双级活性炭技术：利用活性炭(AC)吸附性能，可同时吸附或者转化多种有害物质(SO_2、NO_x、二噁英、重金属及粉尘)。工业实践中采用两级活性炭吸附模式，主要由两级吸附塔、解析塔、输送、制酸等系统组成。其中一级塔脱硫除尘、二级塔脱硝抑尘，吸附了污染物的活性炭送往解析塔中进行加热再生，再生后的活性炭送往吸附塔循环使用，再生产生的高浓度 SO_2 气体送往制酸系统制备高价值副产品。

半干法+SCR 技术：利用半干法（如循环流化床、旋转喷雾法等）的脱硫与选择催化还原脱硝组合的一种工艺。工艺流程为原烟气经脱硫塔、除尘器后进入 SCR 脱硝反应器，由于脱硫后烟气温度较低（约 90℃），在进入 SCR 及反应器前需要进行升温到最佳活性温度区间；然后烟气进入 SCR 反应器脱硝，最终达标排入大气。

【技术类型】√资源综合利用；√节能；√减排。

【技术成熟度与可靠度】双级活性炭烟气多污染物净化技术属于成熟研发成果。该技术能够实现烧结烟气超低排放，即出口 SO_2≤35mg/m³，NO_x≤50mg/m³、粉尘≤10mg/m³，目前已申报专利 100 余项，获得 PCT 专利及国家发明专利 60 余项。该技术目前已经成功应用在国内 10 个工程 19 台/套之中，在国内大型烧结烟气净化工程市场占有率超过 50%，典型企业示范包括宝钢三烧、宝钢二烧、永阳钢铁、安阳钢铁等，产生经济效益约 37 亿元。该技术获得了国家科技进步二等奖、冶金科学技术一等奖、全国冶金行业优秀工程设计奖一等奖等。

半干法+SCR 组合式技术属于成熟研发成果，目前已在国内实现多项工业化应用。

【预期环境收益】该技术实现了污染物超低排放，以宝钢本部 2 台双级活性炭烟气净化工程为例：

① 污染物减排。以宝钢 3#烧结烟气净化工程为例，一年按照 8432h 计：

年减排 SO_2 量=2000000×(600-6)×10^{-9}×8432=10017(t)

年减排 NO_x 量=2000000×(290-25)×10^{-9}×8432=4469(t)

年减排粉尘量=2000000×(37-9)×10⁻⁹×8432=472(t)

② 资源化综合利用。烟气净化过程中产生的 SO_2 通过资源转化变为 98%浓硫酸，年生成副产物浓硫酸量=10017/64×98/0.98=15652(t)。

【潜在的副作用和影响】双级活性炭工艺无副作用和影响；半干法+SCR 组合式工艺存在副产物脱硫灰产生量大、难以综合利用，并会产生危废脱硝催化剂的问题。

【适用性】可用于所有烟气治理工程。

【经济性】采用双级活性炭烟气净化后，不需要对烧结烟气进行加热处理，并具有超低排放的能力，具有节能减排的效果。

半干法+SCR 技术运行成本较高，需要对烟气进行加热处理。

两项技术工序能耗及对比如表 2-6-12～表 2-6-14 所示。

表 2-6-12 双级活性炭工序能耗计算表

能源名称	单位	折合标准煤系数	实物单耗	折合标准煤/[kg/(t·s)]
高炉煤气	m³	0.114	7.54	0.8594
焦炉煤气	m³	0.6143	0.06	0.0401
氮气用量	m³	0.014	2.89	0.0403
电力单耗	kW·h	0.1229	9.94	1.2216
工业净水	t	0.002	0.032	0.0002
工序能耗				2.2

表 2-6-13 半干法+SCR 工序能耗计算表

能源名称	单位	折合标准煤系数	实物单耗	折合标准煤/[kg/(t·s)]
高炉煤气	m³	0.114	23.61	2.692
焦炉煤气	m³	0.6143	0.34	0.209
蒸汽	t	105.7	0.004	0.3743
电力单耗	kW·h	0.1229	15.48	1.903
工业净水	t	0.105	0.032	0.0033
工序能耗				5.18

表 2-6-14 双级活性炭工艺与半干法+SCR 技术对比

指标	半干法+SCR	双级活性炭技术
SO_2排放浓度/(mg/m³)	＜35	＜10
NO_x排放浓度/(mg/m³)	＜50	＜50
粉尘排放浓度/(mg/m³)	＜10	＜10
二噁英排放浓度/[ng-(TEQ)/m³]	未见报道	＜0.05
安全性	高	高
同步作业率	低	高
投资	略低	略高
运行成本（含折旧）/(元/t)	15～17	14～16
资源化	CaO、$CaSO_3$、$CaSO_4$混合物难处理，易产生二次污染	SO_2制备浓硫酸等，炭粉作为燃料再造粒

小结与建议：烧结技术的发展趋势以低耗、高效、清洁为宗旨的特征愈发明显，上述推荐应用的关键技术中绝大部分已经进行过工业生产实践的验证，对烧结节能和减排有明显的作用并取得了显著的经济效益，应大力进行推广应用以实现 2025 年的规划目标。

6.4.3 加快工业化研发的关键技术

6.4.3.1 烧结矿竖式冷却技术

【技术描述】相比现有烧结矿环冷机的大风快冷错流冷却方式，烧结矿竖式冷却技术采用小风慢冷厚料层原理来对烧结矿进行冷却。较小的冷却风（约为环冷机冷却风量的 30%～40%）在炉膛内自下而上垂直穿过烧结矿，与自上而下缓慢流动的烧结矿形成逆流热交换，增加冷却时间（约为环冷机冷却时间的 2～3 倍），提高冷却料层厚度，对烧结矿进行冷却。其中，竖式冷却炉是气固换热的场所，是整个竖式冷却系统的关键核心所在。冷却后的低温烧结矿通过下部的排料装置有序定量地排出，冷却热风从竖式冷却炉上部的出风口进入余热锅炉；经过锅炉的热废气再经过除尘及循环风机重新引入竖式冷却炉下部，作为冷却循环介质使用。

【技术类型】×资源综合利用；√节能；√减排。

【技术成熟度与可靠度】当前该技术正处于工业化研发阶段，在国内已有几家应用的案例，比如天津天丰钢铁、梅山钢铁、兴澄特钢等，并且正在建设的有鞍钢、瑞丰钢铁等，但基本都未完全达到理想效果。普锐特冶金技术有限公司进行了竖式冷却技术的研究，并在鞍钢 265m² 烧结机旁建立了一套竖式冷却系统，竖式冷却炉为圆形炉型。该竖式冷却系统预计 2021 年投入运行，其效果有待考察。

【预期环境收益】①冷却设备漏风率大大降低：常规烧结矿冷却装置的漏风率高达 40%～50%，较大的漏风率使得风机的电耗增加、烧结矿层透气性差，新型烧结矿冷却机采用密闭的腔室对烧结矿进行冷却，良好的气密性使其漏风率接近于零；②冷却设备气固换热效率提高：烧结矿冷却方式由错流换热转变为逆流换热，使散料床换热装置效率得到较大提高；③热废气品位提高：热废气温度趋于稳定，全面提高了回收烧结矿显热的质量，同时使得所有冷却机出口热废气温度保持在 450～550℃这样一个较高的水平上，比常规冷却机出口热废气温度高 150℃左右；④烧结矿显热回收率可以提高到 70% 以上。

【潜在的副作用和影响】暂无。

【适用性】可用于所有烧结矿生产的新工厂和现有工厂。

【经济性】按全国年产烧结矿 10 亿 t 计算，一年多回收的显热相当于 630 万 t 标准煤。

6.4.3.2 复合造块技术

【技术描述】该方法基于不同含铁原料制粒、造球、烧结与焙烧性能的差异，提出了原料分类、分别处理、联合焙烧的技术思想。将造块用全部原料分为造球料（pelletizing materials）和基体料(matrix materials)两大类，造球料包括传统的铁精矿、难处理和复杂矿经磨选获得的精矿、各种细粒含铁二次资源等与黏结剂；基体料则是除上述原料以外的其他原料，包括全部粒度较粗的铁粉矿、熔剂、燃料、返矿，当含铁原料中细精矿为主（比例超过 60%）时，基体料也包括部分细粒铁精矿。在工艺路线上，该方法将质量分数占 20%～60%（具体比例视不同企业的具体情况而定）的造球料制备成直径为 8～16mm 的酸性球团，而将基体料在圆筒混合机中混匀并制成 3～8mm 的高碱度颗粒料，然后再将这两种料混合，并将混合料布料到带式烧结或焙烧机上，采用新的布料方法优化球团在混合料中的分布，通过点火和抽风烧结、焙烧，制成由酸性球团嵌入高碱度基体组成的人造复合块矿。在成矿机制方面，混合料中的酸性球团以固相固结获得强度，基体料则以熔融的液相黏结获得强度。

【技术类型】√资源综合利用；√节能；√减排。

【技术成熟度与可靠度】该技术当前处在工业化研发阶段，在个别企业已有应用案例。包头钢铁公司 2008～2015 年使用该技术进行了以含氟精矿为主要原料的工业生产。粉尘预制粒环节已于 2019 年在宝钢正式投产。

【预期环境收益】复合造块法集烧结法和球团法的优点于一体，与烧结法相比，可在相同料高下大幅提高烧结机生产率，在相同的烧结速度下可实现超高料层（>800mm）操作，获得提高产品质量和节约燃料消耗的显著效果。与球团法相比，复合造块法对原料的适应范围更广，不仅可以处理细粒铁矿，而且可以处理用球团法难以处理的钢铁厂含铁尘泥、黄铁矿烧渣等，扩大了钢铁生产可利用的资源范围。

【潜在的副作用和影响】暂无。

【适用性】适用于新建烧结工厂。

【经济性】该技术在包头钢铁公司应用的工业试验期，在 pH1.53 的条件下，采用复合造块工艺使烧结机作业率提高 2.81%，平均产量提高 210t/d，固体燃耗降低 7.87kg(标准煤)/t。高炉使用复合块矿后，入炉铁品位提高 0.19%，矽石添加量由原来的 25.87kg/t 降低至 13.6kg/t；高炉利用系数提高 0.209t/(m^3·d)，焦比降低 13.41kg/t，煤比增加 6.77kg/t，渣比降低 41.0kg/t。

此外，还利用复合造块理念提出了"粉尘预制粒"技术思路并应用于宝钢烧结工程，即将宝钢厂区内的含铁粉尘集中后经造球处理送入烧结系统生产烧结矿。该系统年处理相关粉尘约 101 万 t，年产生球 116 万 t，粒度为 3～10mm，含铁约 43%。

6.4.3.3　氢系燃料喷吹清洁烧结技术

【技术描述】 从点火炉后一定范围内的烧结料面顶部以定量浓度、定量流速喷入定量燃气，使其在烧结负压的作用下被抽入料层并在燃烧层附近被点燃放热。该技术以一定热值的清洁燃气代替更多热值的固体燃料，可优化料层高度方向的热量分布，拓宽料层高温区宽度，促进铁酸钙相生成，降低煤燃烧产生的污染物量，实现节能、减排、提质。

【技术类型】 ×资源综合利用；√节能；√减排。

【技术成熟度与可靠度】 燃气喷吹清洁烧结技术目前已被成功应用于梅钢、韶钢、中天钢铁等烧结工程，运行状况稳定，取得了良好的节能减排效果。随着相关技术的完善发展，氢系燃料喷吹清洁烧结技术预计可在 2024 年实现大规模应用。

【预期环境收益】 每吨矿配入 $1.15m^3$ 焦炉煤气，减少焦粉量 1.5～1.8kg，同时降低 NO_x 排放 5%～10%，降低 CO_2 排放 2%。

【潜在的副作用和影响】 暂无。

【适用性】 可用于所有烧结矿生产的新工厂和现有工厂。

【经济性】 每吨矿配入 $1.15m^3$ 焦炉煤气，减少焦粉量 1.5～1.8kg，5～10mm 小粒级减少 1.46%，成品率提高 0.3%，对于一台 $360m^2$ 烧结机，年度经济效益可达 300 万元。

6.4.3.4　超低温 SCR 脱硝技术

【技术描述】 烧结烟气排放温度约在 110～170℃之间，采用活性炭脱硫后，烟气温度在 140℃左右；而其他脱硫方式，如湿法脱硫后烟气温度在 50℃左右，半干法脱硫后烟气温度在 100℃左右。然后进行 SCR 工艺脱硝后，需要对烟气进行加热，消耗大量的煤气，因此开发活性温度在 140℃低温下的抗硫、抗水能力强的脱硝催化剂，具有很好的经济与环保效益。

【技术类型】 √资源综合利用；√节能；√减排。

【技术成熟度与可靠度】 该技术正在加快工业化研发的进程，目前已经申请专利 20 余项，预计 2025 年左右可实现首套装置投入应用。

【预期环境收益】 采取低温 SCR 脱硝催化剂，工艺布置需要先脱硫再脱硝，优先采取单级活性炭+低温 SCR 技术。该工艺可显著减排污染物，达到超低排放标准，污染物减排量与烧结烟气中原始烟气浓度相关。

【潜在的副作用和影响】 暂无。

【适用性】 可用于所有烧结烟气治理。

【经济性】 采用活性炭烟气净化+低温 SCR 技术，不需要对烧结烟气进行加热处理，经过深度脱硫后直接进入低温 SCR 脱硝反应器脱硝，实现超低排放。

小结与建议：上述技术均处于工业化研发阶段，理论研究和实验室试验研究等基础工作已比较扎实，预计在工业化应用后会促进烧结工业向低耗、高效和清洁的方向发展。随着国家产业政策和环保标准的调整，上述技术应加快工业化研发，择机适时落地实现工业化应用，以验证技术效果和进行推广应用。

6.4.3.5 烟气循环烧结技术

【技术描述】烟气循环烧结技术是将一部分烧结烟气返回至烧结机台车料面再次利用的烧结方法。一方面可以明显减少废气的排放量，降低脱硫脱硝装置的投资和运行成本；另一方面，还可回收利用烧结烟气携带的显热和潜热（CO），从而节约固耗。

【技术类型】×资源综合利用；√节能；√减排。

【技术成熟度与可靠度】烟气循环烧结技术在国内外钢铁企业均有应用案例，从已应用的循环工艺效果来看，主要存在循环率低、风流系统不稳定、烧结矿产质量指标下降等问题，使得多条工艺被迫停用。另外，采用烟气循环技术后，尽管末端治理的烟气处理量减少了，但污染物浓度和含水率更高，脱硫脱硝系统如何高度匹配也是关键问题之一。

【预期环境收益】烧结烟气量减少约 20%～30%，NO_x 生成量减少约 10%，二噁英减排率约 20%。

【潜在的副作用和影响】烧结矿产质量略受影响。

【适用性】适用于烟气净化规模小，不匹配主工艺的烧结厂。

【经济性】烟气循环烧结技术运行稳定时，吨烧结矿工序能耗可降低 2kg 标准煤。

6.4.4 积极关注的关键技术

6.4.4.1 预还原烧结技术

【技术描述】该技术是一种制备预还原炉料的方法，是在烧结过程中使铁矿石发生部分还原的生产工艺。其基本理论依据是：在预还原烧结过程中，铁矿石的还原主要是在还原剂为固态下进行的直接还原，不受气体平衡的限制，还原剂的利用率较高。因此，将铁矿石的一部分还原由高炉工序转移到烧结工序，可以提高还原剂的使用效率。通过调整相关的烧结工艺参数，达到烧结矿部分还原的目的。

【技术类型】√资源综合利用；√节能；√减排。

【技术成熟度与可靠度】预还原烧结矿炼铁技术目前尚处于试验研究阶段，从理论上证实了预还原烧结矿炼铁工艺节能减排，产品性能优良，但在工业化生产方面尚无示范工厂，一些工艺实现上的技术问题还有待进一步研究。

【预期环境收益】预还原烧结矿炼铁工艺较传统烧结矿炼铁工艺不仅总能耗降低和 CO_2 排放减少，而且预还原烧结矿的组织结构和冶金性能更好。首先，大于 40% 的还原过程在烧结机上进行，减轻了高炉负荷，降低了炼铁工艺的焦比，减缓了炼铁工艺对焦炭的依赖，减少了总 CO_2 排放量；其次，预还原烧结矿结构疏松、孔隙发达，同时可以避免高炉上部的低温还原粉化问题，且高炉的软熔带厚度将更薄，从而使得高炉料层透气阻力减小，炉内压差降低，生产率提高；最后，高炉中预还原烧结矿的还原行为不再受到 CO/CO_2 气体反应平衡的限制，还原效率更高。

【潜在的副作用和影响】预还原烧结由于高温条件、气氛等相比常规烧结发生了巨大的变化，其预还原过程存在以下问题：①预还原烧结过程以还原性气氛为主，会阻碍 S 的脱除；②预还原烧结原料中配入了大量的含碳燃料，其烧结过程的温度高于常规烧结，容易造成烧结矿过熔，并增加设备的高温损耗；③预还原烧结实际能达到的还原度仅为 40%~45%，远低于同样 C/Fe 下的传统直接还原工艺；④生产预还原烧结矿，会使烧结工艺及炼铁工艺废气中 CO/CO_2 的比例增加，C 的利用效率降低，烟气中的 CO 也有泄漏的隐患；⑤预还原烧结过程中，较强的还原性气氛有助于重金属和碱金属杂质的脱除，烟气中有害物质的排放增加；⑥预还原烧结过程的温度更高，烧结时间更长，相应的烧结生产效率更低。

【适用性】适用于特殊矿处理或钢铁厂粉尘处置。

【经济性】高炉使用预还原烧结矿时，高炉软熔带厚度减薄、炉压差减小，对提高高炉生产率具有很大的作用。另外，随着还原率的提高，高炉内的透气阻力减小。此外，由于焦比和单位烧结矿耗量下降，生产焦炭所用的煤和燃料的消耗，烧结机所用的焦炭、无烟煤的消耗以及电耗均有所下降，如表 2-6-15 所示。

表 2-6-15　使用预还原铁矿石时炼铁过程消耗的估计值

设备	项目	单位	未采用预还原矿	采用预还原矿
高炉	焦比	kg/t（铁水）	370	352
	预还原铁矿石	kg/t（铁水）	0	130
	烧结矿	kg/t（铁水）	2111	1042
	高炉鼓风量	m³/t（铁水）	982	936
	氧量	m³/t（铁水）	37	38
焦炉	煤	kg/t（铁水）	585	556
	燃料	Mcal/t（铁水）	332	310
烧结机	铁矿石	kg/t（铁水）	1258	1082
	碎焦	kg/t（铁水）	39	31
	无烟煤	kg/t（铁水）	21	18
	电能	kW·h/t（铁水）	42	36

6.4.4.2　双层烧结技术

【技术描述】该技术最早由苏联的 А.П.尼古拉耶夫在 1930 年提出，是一种将烧结料层分为两层同时进行烧结以达到烧结矿增产效果的方法。苏联某烧结厂进行了料层厚度为 300mm 的工业试验，由于下层燃料燃烧时经常熄灭，因此该方法一直没有得到推广应用。双层点火烧结法必须在与富氧烧结相结合的条件下进行，埃及开罗冶金研究院采取了通工业用氧气的方法可以一定程度上解决其存在的问题，但是其采用的工业用氧中氧气含量达到 95%，只能在实验室研究，无法用于工业生产。日本住友金属工业株式会社等对双层烧结进行了一些实验室工艺研究，设计了两段点火烧结生产方法和装备，甚至于三段式点火烧结方法和装备，也是由于下层燃料燃烧时会熄灭，设计结果未获实施。近期有研究结果表明，双层烧结对烧结 NO_x 的减排也有一定的效果。

【技术类型】×资源综合利用；√节能；√减排。

【技术成熟度与可靠度】该技术目前尚属于试验研究阶段，从理论上证实了双层烧结技术可以大幅提高烧结矿生产效率、降低烧结 NO_x 的排放量，但在工业化生产方面尚无示范工厂。我国鞍钢在没有富氧烧结的条件下，成功地对预烧结时间和双层布料上、下层厚度的比例关系进行了研发与优化，对现有 $360m^2$ 旧烧结机的供料系统和点火器提出改造方案，并开展了一系列测试研究和工业试验跟踪工作，取得了双层预烧结大幅增产的效果，烧结矿质量满足高炉冶炼要求。

【预期环境收益】鞍钢进行的实验室研究中，双层预烧结工艺取得的烧结效果如表 2-6-16 所示。其中单层烧结工艺的料厚为 700mm，双层预烧结工艺的料高为 1000mm，上、下料高分别为 350mm 和 650mm，预烧结时间为 20min。与传统单层烧结比较，采用双层预烧结工艺，烧结利用系数由 $1.26t/(m^2 \cdot h)$ 提高到 $1.60t/(m^2 \cdot h)$，提高了近 27%，烧结固体燃耗降低，但烧结成品率及烧结矿转鼓强度有所降低。

表 2-6-16　不同烧结工艺指标的对比

料高	垂直烧结速度 /(mm/min)	成品率/%	转鼓强度/%	利用系数/[t/(m²·h)]	固体燃耗 /[kg(标准煤)/t]
单层烧结	18.37	68.37	61.53	1.26	46.13
双层预烧结	20.30	66.76	60.87	1.60	45.81

【潜在的副作用和影响】烧结矿强度会有所下降，能耗有所升高。

【适用性】适用于规模较小、产能需求量大的烧结厂。

【经济性】鞍钢进行的工业试验表明，采用超高料层双层烧结工艺，烧结机台时产量从基准期的 450.6t 提高到试验期的 523.2t，提高了 16.11%。高炉使用该工艺烧结矿顺行情况良好，高炉平均产量 4925t/d，风量 $3880m^3/min$，高炉利用系数、燃料比及风量与基准期基本一致。

6.4.4.3　烧结 NO_x 过程控制技术

【技术描述】当前烧结烟气 NO_x 减排主要依赖末端脱硝技术，主要有 SCR 法、活性炭法、臭氧氧化法等，但均存在流程复杂、投资大、成本高等问题。低 NO_x 全流程控制烧结技术基于烧结过程中燃料性质、燃料配比、烧结矿碱度、燃烧温度和气氛、烧结原料及过程生成物、燃料分布状态等因素对 NO_x 生成行为的影响分析，开发出以燃料预处理技术为代表的 NO_x 过程控制方法。烧结烟气中 NO_x 主要来自于固体燃料，且以燃料型为主，排放量与燃料的燃烧环境密切相关。该技术利用生石灰消化产生的黏度极强的石灰乳对疏水性较差的燃料进行表面预处理，并在焦粉表面黏附少量细粒级含铁物料，形成以燃料为核、石灰乳挂浆、含铁物料裹覆的燃料结构。一方面，通过改善燃料在烧结制粒小球中的分布状态，降低燃料燃烧时表面气氛中的氧势；另一方面促使燃料表面快速形成异相还原反应的催化剂，即铁酸钙系物质，最终在保证烧结指标不降低的前提下，综合利用两者的特点实现烧结烟气 NO_x 的减排。

【技术类型】 ×资源综合利用；×节能；√减排。

【技术成熟度与可靠度】 该技术目前仍处于开发和推广阶段，从理论和实验室研究层面上证实了可以降低烧结 NO_x 排放量，但在工业化生产方面尚无示范工厂。

【预期环境收益】 该技术中改性后的燃料易参与制粒，均匀分布于制粒小球内部，一方面可改善烧结料的制粒效果，提高料层透气性；另一方面可调控燃料的燃烧环境，减少烧结 NO_x 的产生，预期可降低 NO_x 生成量 15%～20%。

【潜在的副作用和影响】 暂无。

【适用性】 理论上该技术可用于所有钢铁厂。

【经济性】 较常规末端治理脱硝技术，需增加燃料预处理装置，预计投资建设成本略有增加，末端烟气脱硝装置运行维护费用降低 1/4。

6.4.4.4 生物质能烧结技术

【技术描述】 生物质能烧结技术是使用光合作用产生的有机可燃物替代焦粉和无烟煤的前沿烧结技术，不仅可以将化石燃料部分替代为可再生清洁能源，还可以降低烧结过程产生的 CO_x、SO_x、NO_x 等污染物的排放量。由于生物质燃料与常规化石燃料的燃烧特性存在显著差别，为降低生物质燃料替代化石燃料对烧结矿产量和质量指标的不利影响，该技术通过优化生物质燃料制备、调控生物质燃料的燃烧特性等强化措施，在一定程度上控制生物质燃料对烧结矿产量和质量指标的影响，使生物质能较高比例地应用到铁矿烧结工艺中，达到烧结燃料可再生和降低 CO_x、SO_x、NO_x 等污染物排放的目的。

【技术类型】 √资源综合利用；√节能；√减排。

【技术成熟度与可靠度】 生物质能烧结技术目前仍处于开发和推广阶段，从理论和实验室研究层面上证实了该技术可以在不影响烧结矿产质量指标的前提下，将 20%～40%的焦粉替代为秸秆炭、木质炭、果壳炭等生物质炭。但是工业化生产层面，生物质能烧结技术尚无示范工厂。

【预期环境收益】 实验室试验中，当木质炭、秸秆炭、果壳炭替代焦粉比例分别为 40%、20%、40% 时，CO_x 排放量分别减少 18.65%、7.19%、22.31%；SO_x 减排 38.15%、31.79%、42.77%；NO_x 减排 26.76%、18.31%、30.99%。预计工业化应用后，烧结烟气中 CO_x、SO_x、NO_x 等污染物含量可以显著降低。

【潜在的副作用和影响】实验室试验中，随着生物质燃料替代焦粉比例的提高，烧结速率加快，烧结矿成品率、转鼓强度和利用系数都呈降低的趋势。因此，工业中使用生物质能烧结技术可能会对烧结矿的产质量指标产生不利影响。

【适用性】可用于所有生物质能源丰富地区的烧结新工厂和现有工厂。

【经济性】一方面，使用生物质炭带来的污染物减排可降低烧结烟气治理成本。另一方面，生物质能源本身的价格相比化石燃料较低，但其采集、运输、炭化等环节产生经济成本导致优质的生物质炭价格比焦粉更高。在生物质炭大规模工业化生产之前，生物质能烧结技术的直接经济性尚待确定。

6.4.4.5 微波烧结技术

【技术描述】微波烧结是近年来迅速发展起来的一种材料领域的加热烧结技术，后被引入铁矿烧结工艺。它不同于通过传导、辐射、对流机制传递热量的传统加热烧结方法，而是利用微波的特殊波段与物质的基本结构耦合产生高速振动，从而产生热量，达到加热的目的。微波与物质相互作用产生的热效应是微波烧结的理论基础，因此微波应用于烧结过程，物料要求是良好的微波吸收体。理论上，对微波具有良好吸收性能的铁原料，可以在降低燃料消耗甚至是不需要添加燃料的情况下加热物料烧结成功。目前，对微波烧结技术的应用研究最多的是微波加热点火技术。微波热风点火通过加热空气，将气体温度提高到所需温度后，喷射至料层表面进行点火，不仅避免了煤气的使用，消除了煤气燃烧时产生的废气污染，而且提高了点火气流中的氧气含量，使得焦粉得到充分燃烧，提高了焦粉的利用率，从而达到节能减排的目的。同时，空气与多孔换热陶瓷发生热交换的过程中，气体得到离化，并产生高活性的热离子气体，可加速热化学转换，促进表层混合料中燃料的充分燃烧。

【技术类型】×资源综合利用；√节能；√减排。

【技术成熟度与可靠度】微波烧结技术目前仍处于开发和推广阶段，宝钢曾进行过微波热风点火的扩大试验，从理论和实验室研究层面上证实了该技术的可行性，但目前尚无示范工厂。

【预期环境收益】由于微波烧结技术可以在降低燃料消耗甚至是不需要添加燃料的情况下加热物料进行烧结，传统烧结工艺中主要由焦粉和无烟煤等燃料燃烧带来的 NO_x、VOC 等污染物排放将大幅减少。此外，在微波加热烧结点火的研究中，微波热风点火能耗为 $25.08MJ/m^2$，仅为煤气点火能耗的 21.61%，同时点火废气中的 SO_2 和 NO_x 含量明显低于煤气点火时的含量，节能减排效果非常显著，可解决钢铁企业焦炉煤气供应紧张情况，提高环境指标。

【潜在的副作用和影响】暂无。

【适用性】可用于所有烧结新工厂和现有工厂。

【经济性】据相关研究,微波烧结技术有良好的经济性。以微波热风点火技术为例,工业型微波热风点火系统及相关单元的工程造价约为4200万元,一台机器年效益约为770万元,投资回报期约需5.5年。

6.4.4.6 烧结烟气催化氧化技术

【技术描述】烧结烟气中含有 $5000 \sim 10000 mg/m^3$ 的CO,每1mol的CO氧化可放出257.2kJ的热量,反应产热可供给相关工序。但活性高、耐中毒能力强催化剂的缺乏,催化剂中毒机制及催化氧化过程机理的不明确等问题严重制约了CO催化氧化技术的工业化应用,因此开发适用于含 SO_2、Cl^-、H_2O 及碱/碱土金属等工业复杂烟气工况下CO氧化脱除的催化剂具有重要意义。通过载体的选择、活性组分及助剂的添加、制备工艺的改进等,实现催化活性高、储氧释氧能力强、结构稳定、抗中毒能力优的催化剂制备,并进行催化剂产业化制备工艺的开发,最终形成催化剂的工业化应用。

【技术类型】√资源综合利用;√节能;√减排。

【技术成熟度与可靠度】处于研究开发阶段。

【预期环境收益】CO催化氧化脱除的同时可放出大量热能,这部分热能可供给有热量需求的其他工序。CO脱除的同时实现了资源化利用,以废治废,符合绿色发展的理念,是一种具有良好应用前景的新技术。

【潜在的副作用和影响】暂无。

【适用性】可用于所有烧结烟气治理。

【经济性】CO催化氧化放出的热量可加热烧结烟气,理论计算 $1000mg/m^3$ 的CO完全氧化为 CO_2 放出的热量可以使单位体积的烧结烟气升高8℃左右,热效应显著。当其与中温SCR脱硝技术耦合时,可以节省大量的能源或辅助装备,降低投资及运行成本。

小结与建议:上述技术中大部分技术目前处于实验室研究阶段,对烧结技术的促进作用初步显现,但缺乏绝对量化的判断。同时,对烧结工艺本身的适应性、烧结矿产质量指标、烟气排放情况异动缺乏直接的证据,仍需进一步研究判断。但是,据现有认识判断,上述技术预计将促进烧结工艺向低耗、高效和清洁的方向发展。

6.5 球团

目前球团生产工艺主要有竖炉工艺、链箅机-回转窑工艺和带式焙烧机工艺。竖炉工艺因规模小、产品质量差、设备故障率高等问题,是国家计划淘汰的工艺方法,故不做分析比较。目前主流工艺是后两种工艺,国内产能市场占有率超过60%和20%。

6.5.1 排放和能源消耗

6.5.1.1 球团单元物质流入流出类型

① 输入：铁精矿、黏结剂、煤粉、新水、除盐水、煤气、电、空气、氮气、压缩空气、鼓风。

② 输出：氧化球团矿、废气、散热。

链箅机-回转窑、带式焙烧机工艺流程见图 2-6-18、图 2-6-19。

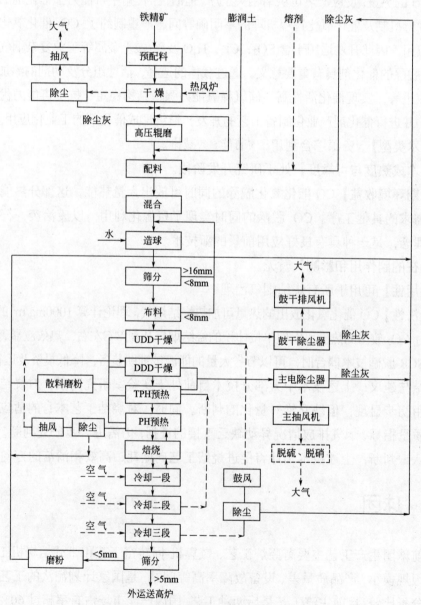

图 2-6-18 链箅机-回转窑工艺流程图

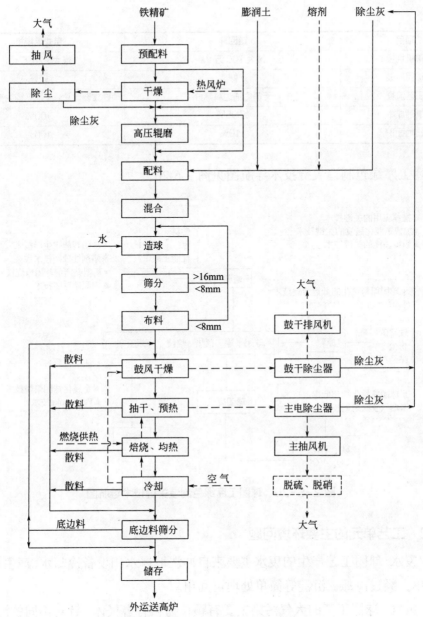

图 2-6-19　带式焙烧机工艺流程图

链回环与带式焙烧机的比较见表 2-6-17。

表 2-6-17　链回环与带式焙烧机比较

项目	链回环	带式焙烧机
原料要求	磁铁矿、赤铁矿、混合矿	磁铁矿、赤铁矿、混合矿
原料适应性	强	较弱
燃料要求	气体、固体、液体或混合燃料	气体、液体燃料
操作灵活性	操作在三台设备上进行，较为复杂；但原料品种变化时，工艺调整容易	操作在一台设备上进行，操作简单；但原料品种变化时，工艺调整难

续表

项目	链回环	带式焙烧机
单机规模	最大 700 万 t/a	最大 925 万 t/a
球团质量	好	较好
工艺流程	无铺底铺边料筛分	须独立设置筛分，配置铺底铺边料系统
制造成本	约 95%	100%
占地面积	110%	100%

球团工序绿色制造关键技术导航图见图 2-6-20。

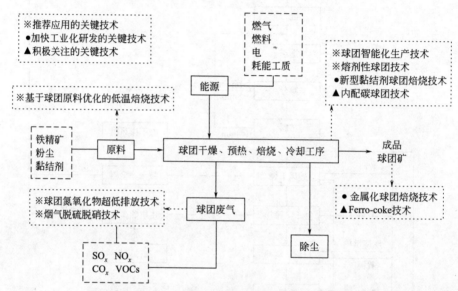

图 2-6-20　球团工序绿色制造关键技术导航图

6.5.1.2　工艺单元的主要环境问题

① 废水：球团工艺产生的废水主要来自冲洗地坪水和设备冷却水；产生量较少、成分简单，经过冷却、沉淀等简单处理可回用。

② 废气：球团工艺的大气污染主要有颗粒物和有害气体，针对不同的污染物需采取专项技术措施进行治理。球团工艺的大气排放标准见表 2-6-18。

表 2-6-18　球团工艺的大气排放标准

污染物项目	排放限值		
	中国 2015 年	中国 2017 年修订公告	超低排放标准
颗粒物/(mg/m³)	50	20	10
二氧化硫/(mg/m³)	200	50	35
氮氧化物（以 NO_2 计）/(mg/m³)	300	100	50
二噁英类/[ng(TEQ)/m³]	0.5	0.5	0.1

③ 噪声：球团工艺的噪声源主要是高速运转的设备，包括各类风机、振动给料机等。其中较为严重的是风机产生的噪声。在采取措施前，风机噪声最大声级可达115dB(A)，其他噪声源通常在95dB(A)以下。噪声污染源较单一，通过设置消声器、密闭消声、隔离等相应措施，可以得到有效的控制。

④ 固废：球团工艺产生的固体废物主要为除尘器收集的灰尘和生产工艺中散落的物料。这些灰尘和物料可回收，并作为烧结/球团原料回用。

6.5.1.3 球团单元单位产量的输入输出能源量

球团工序能量输入输出情况见图2-6-21。

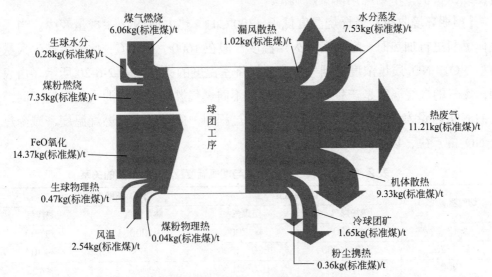

图2-6-21 球团工序能量输入输出情况

链箅机-回转窑、带式焙烧机两种工艺不同原料的工序能耗见表2-6-19。

表2-6-19 两种工艺不同原料的工序能耗比较

单位：kg(标准煤)/t(球团)

工艺/能耗	现有赤铁矿工序能耗	现有磁铁矿工序能耗	2035年赤铁矿工序能耗	2035年磁铁矿工序能耗
链箅机-回转窑工艺	39	19	35	17
带式焙烧机工艺	42	22	38	20

6.5.2 推荐应用的关键技术

6.5.2.1 带式焙烧技术

【技术描述】随着炼铁生产对球团矿质量和品种要求的不断提高以及我国铁矿资源日渐贫杂化、多样化，我国以磁铁矿为主要原料生产普通酸性氧化球团矿的模式也随之转变，生产球团的原料范围也逐渐拓宽。对于难利用的铁矿资源，用其制备球团矿，通常存在焙烧温度高的问题，不但导致能耗升高，同时增加了热力型 NO_x 大量生成的风险。因此，如何降低球团焙烧温度，实现球团矿的低能耗、低污染生产，对于球团行业的绿色发展具有重要意义。

【技术类型】×资源综合利用；√节能；√减排。

【技术成熟度与可靠度】目前该技术已经得到球团厂的高度重视，特别是为了应对达标排放，部分企业不得不牺牲质量，降低焙烧温度。该技术刚好可以克服这一问题，在不影响球团质量的前提下通过优化原燃料结构来降低焙烧温度，取得了显著的经济价值，市场应用前景广阔。

【预期环境收益】当燃烧温度低于 1300℃时，热力型 NO_x 生成量较少。当采用气体燃料进行加热时，燃气实际火焰温度一般在 1600～1850℃，此时会产生大量热力型 NO_x。NO_x 质量浓度与烟气温度及燃烧室温度的关系如表 2-6-20 所示。由表可知，燃气的燃烧温度是产生 NO_x 的关键。不同燃气燃烧时达到的火焰温度不同，产生的 NO_x 含量差异也较大，因此，在生产过程中，应尽量降低燃烧温度，减少热力型 NO_x 的产生，以达到节能减排的效果。

表 2-6-20　NO_x 体积分数与烟气温度及燃烧室温度的关系

烟气温度/℃	燃气燃烧温度/℃		NO_x 质量浓度/(mg/m³)	
	焦炉煤气	贫煤气	焦炉煤气	贫煤气
≥1350	≥1800	≥1700	<800	约500
约1325	1780～1790	1680～1690	约650	约400
1300	1775	1670～1680	约600	≤400
1250	≤1750	≤1650	≤500	≤350

【潜在的副作用和影响】暂无。

【适用性】可用于所有氧化球团矿生产的新工厂和现有工厂。

【经济性】采用基于球团原料优化的低温焙烧技术后，球团焙烧温度较常规方法降低 30～100℃，节约能耗 3～10kg（标准煤），氮氧化物排放量减少 10%～30%,具有显著的节能减排效果。

6.5.2.2　球团智能化生产技术

【技术描述】过去粗放型的球团生产方式已经不能满足未来球团的发展要求，信息化、自动化和智能化已经成为球团厂重要的发展方向，部分智能化的生产技术也在一些球团厂得到了应用，不仅可以减少人工操作、减轻劳动负荷、提高生产效率、降低能耗，而且对产品质量指标和生产环境都有积极的影响。

【技术类型】×资源综合利用；√节能；√减排。

【技术成熟度与可靠度】目前该技术已经得到了球团厂的高度重视，皮带机的无人值守技术、自动优化配矿技术、智能造球及生球自动检测技术、生产过程智能诊断及精细化管控技术、生产过程智能控制技术等一系列的信息化、自动化和智能化技术都有示范应用，并且有快速推广应用的趋势，将是未来几年的主要发展方向。

【预期环境收益】工序的智能化不仅减少人工劳动，提高工作效率，而且对设备的运行、工序的连续有好处，故障和问题也更少，环境也更加友好，所以说智能化的工厂也是绿色化的工厂。

【潜在的副作用和影响】暂无。

【适用性】　可用于所有氧化球团矿生产的新工厂和现有工厂。

【经济性】采用球团智能化生产技术后，将有效提高球团生产的作业效率，具有显著的节能减排效果。

6.5.2.3　球团氮氧化物超低排放技术

【技术描述】一种球团烟气超低 NO_x 排放的生产系统。该生产系统包括链箅机，按照链箅机-回转窑氧化球团生产工艺的走向，链箅机依次设有鼓风干燥段(UDD)、抽风干燥段(DDD)、预热一段(TPH)和预热二段(PH)。首先对 TPH 和 PH 之间进行串风处理，防止 PH 段高 NO_x 烟气进入 TPH 段，同时对 PH 段烟气进行高温脱硝处理（先进再燃技术，温度 850～1150℃）；然后再将预热二段(PH)底部风箱出风口引出的管道连接至 SCR 系统的烟气入口，利用烟气的温度（300～500℃）进行 SCR 脱硝。结合 SCR 法和 SNCR 法脱硝技术，工艺简单，脱 NO_x 效果显著，解决了目前球团企业 NO_x 排放超标的技术难题，真正实现了球团生产过程"节能、减排和超低 NO_x 生产"。

【技术类型】×资源综合利用；√节能；√减排。

【技术成熟度与可靠度】该技术作为投资成本最少和运行成本最低的球团超低排放控制技术，受到了球团企业的一致认可。随着超低排放要求的执行，该技术很快会在球团厂全面推广应用。中冶长天申请专利 20 多项，作为超低排放主导方案在球团厂进行投标。

【预期环境收益】采用球团氮氧化物超低排放技术处理后，球团可以实现超低排放要求，而且运行成本较低、安全可靠（表 2-6-21）。

表 2-6-21　球团氮氧化物超低排放技术的指标

项目	单位	设计值	备注
NO_x 原始浓度	mg/m³	700	
SNCR 效率	%	20～30	
SCR 效率	%	90～95	
NO_x 排放浓度	mg/m³	≤50	含氧 16
氨的逃逸率	mg/m³	≤3	
脱硝成本	元/t	2.06	按 8000h 考虑

【潜在的副作用和影响】暂无。

【适用性】可用于所有氧化球团矿生产的新工厂和现有工厂。

【经济性】较常规末端治理脱硝技术，投资建设成本减少 1/3，运行维护费用降低 2/3。

6.5.2.4 熔剂性球团技术

【技术描述】熔剂性球团矿是指含 CaO 或 MgO 的球团矿，其二元碱度一般在 0.8～1.3 之间。国外添加白云石、石灰石、镁橄榄石等生产熔剂性球团，已有较多工业生产实践。我国目前以高碱度烧结矿配加酸性球团矿的炉料结构为主，且球团生产工艺以链算机-回转窑为主，熔剂性球团生产实践较少。

一方面，随着钢铁行业节能减排压力的增大，球团矿入炉比例持续增加，发展熔剂性球团的条件日趋成熟；另一方面，随着高铁低硅烧结的发展，为维持高炉生产顺行，烧结矿中的 MgO 需往球团中转移，提高烧结矿的质量，降低烧结能耗，同时改善球团矿的冶金性能。我国高炉炉料结构由"高碱度高镁烧结矿+酸性球团矿"向"高碱度低镁烧结矿+低碱度含镁球团矿"转变，实现炼铁生产的整体优化。

【技术类型】×资源综合利用；√节能；√减排。

【技术成熟度与可靠度】熔剂性球团技术是响应精料方针的一项重要举措，属于先进的高炉炼铁方法之一。随着高品位铁矿资源的减少，精矿生产和应用的规模化发展，该技术将获得一定的市场。

【预期环境收益】某钢铁厂使用的熔剂性球团与酸性球团的冶金性能如表 2-6-22 所示。由该表可知熔剂性球团的冶金性能明显优于酸性球团矿，有利于提高高炉冶炼系数和产量，降低焦比。

表 2-6-22　熔剂性球团矿和酸性球团矿的冶金性能

试样名称	熔滴性能									还原粉化指数		还原度 RI/%	还原膨胀指数 PSI/%
	$T_{10\%}$/℃	$T_{50\%}$/℃	ΔT_1/℃	T_s/℃	ΔH_s/mm	ΔP_m/Pa	T_d/℃	ΔT_2/℃	ΔH/mm	RDI+6.3/%	RDI+3.5/%		
酸性球	920	1108	188	1212	43	3430	1392	180	27	67.98	79.84	64.23	10.52
熔剂性球	1049	1309	260	1281	31	1029	1401	120	27	75.87	78.34	81.14	8.29

【潜在的副作用和影响】暂无。

【适用性】可用于所有氧化球团矿生产的新工厂和现有工厂。

【经济性】梅钢在 4070m³ 大高炉进行了镁质球团应用实践，其结果表明：高炉采用镁质球团后，高炉风量(BV)、理论产量和焦比均有所提高，煤比降低；平均燃料价格降低 38982 元/天，平均铁水利润增加 9779 元/天，合计总收益为 48761 元/

天。此外，采用镁质球团后铁水中的 Si 含量有所降低，S 含量显著降低，由基准期的 0.026%左右降低到试验Ⅱ期后期的 0.020%左右。

6.5.2.5 烟气脱硫脱硝技术

参见 6.4.2.8 节。

6.5.3 加快工业化研发的关键技术

6.5.3.1 新型粘结剂球团焙烧技术

【技术描述】粘结剂作为球团矿生产过程中重要的原料之一，其性能对球团矿质量影响巨大。性能优异的粘结剂，需具备用量少、球团性能好、成本低等优点，能够提高球团矿的铁品位，改善球团矿的质量指标。由此可见粘结剂优化也是实现球团提质、高炉节能减排的一种有效手段。单一的膨润土原料，不但资源消耗量大，而且使球团产品品位低、焦比和冶炼残渣高，从而使钢铁产量降低。国际上高炉用球团矿铁品位一般≥65%(我国目前≥64%)，同时 SiO_2 含量要在 2%~3%。为达到这一质量指标必须严格控制入厂铁精矿的品位，同时应选用优质粘结剂，严格控制膨润土的加入量，国外一般为 0.6%~0.8%。为此，开发低比、低残留量的球团生产用新型高效节能粘结剂，取代或部分取代常规的膨润土，是提高入炉球团矿 TFe 品位，实现节能减排、节约膨润土资源、提高产量的有效途径，能显著提高钢铁企业的整体经济效益。

【技术类型】×资源综合利用；√节能；√减排。

【技术成熟度与可靠度】新型粘结剂技术的开发，不仅可以提高球团矿品位，而且节能减排效果显著，但目前成本较膨润土高很多，只能作为膨润土改性的添加剂，部分代替膨润土消耗。对于追求球团铁品位的企业，该技术已经得到青睐。

【预期环境收益】将新型粘结剂应用于球团矿工业生产，不但大大提高了产品性能，而且综合节能减排效果良好、经济效益显著。从产品实际应用的技术要点上看：①可以增强分散性、热稳定性，提高物料成核率；②可以增强生球强度和防爆裂性能；③可以调解原料水分，提高球团矿还原软化温度，改善球团矿的还原性，稳定造球作业；④可以降低带入球团矿中 SiO_2、Al_2O_3 的含量；⑤可以缩短球团矿高温焙烧时间，提高球团矿产量，降低能耗；⑥可以减少膨润土用量，提高球团矿品位，降低硅含量，实现节能减排。

【潜在的副作用和影响】暂无。

【适用性】可用于所有氧化球团矿生产的新工厂和现有工厂。

【经济性】以鞍钢球团生产成本为基础，按膨润土 340 元/t，球团矿每 1%铁品位单价 10 元计算，当球团配加 1.5%膨润土时，每吨球团矿的膨润土成本为

15×340/1000=5.10（元）；配加 0.8%有机粘结剂时，球团矿品位升高 0.2%，经济价值增加 2.00 元，故 5.10+2.00=7.10（元）便是使用有机粘结剂的盈亏点，此时，每吨有机粘结剂的成本为 7.10×1000/8=887.5（元）。当有机粘结剂的价格低于 887.5 元/t 时，球团生产成本降低。

6.5.3.2 金属化球团焙烧技术

【技术描述】用还原剂在铁矿石软化温度以下将铁的氧化物还原为金属铁的工艺方法称为"直接还原法"或"金属化法"，其产品统称为"直接还原铁"。当用这种方法生产金属化程度低的产品时，又称为"预还原法"，所得产品则通常称为"预还原铁"。直接还原铁（或预还原铁）由于是在低温固态条件下获得的，未经熔化仍保持矿石外形，但因还原失氧形成大量气孔，在显微镜下观察形似海绵，因此通常又称为"海绵铁"。

海绵铁的特点是含碳低（<1%），不含硅锰等元素，而保存了矿石中的脉石。这些特性使其不宜大规模用于转炉炼钢，而只适于代替废钢作为电炉炼钢的原料或用于高炉炼铁。通常用于炼铁的多为金属化程度低(40%～70%)和酸性脉石较高(SiO_2>5%)的海绵铁。已开发的金属化球团矿生产工艺有很多，比较成功地应用于生产的主要工艺与设备有气基还原法的固定床还原法和竖炉法工艺、煤基直接还原法的回转窑法和转底炉法工艺。根据我国的资源和能源特点以及产业发展战略规划要求，金属化球团焙烧技术被列为鼓励类发展方向。

【技术类型】√资源综合利用；√节能；√减排。

【技术成熟度与可靠度】随着废钢资源的不断回笼、环保要求的日益严苛，该技术流程短、三废排放量少、作为废钢的稀释剂等优势不断显现，发达国家的工业发展历程也证明了非高炉炼铁是未来的发展趋势，因此，该技术一旦在规模、能耗、产品质量等方面取得进步将会取代现有的钢铁生产方式。

【预期环境收益】表 2-6-23 为非高炉炼铁工艺的污染物排放情况与高炉对比。几种工艺对比可以发现天然气基的 Midrex 和 HYL 工艺排放污染物的情况最佳，其次是 ITmk3。气基 Midrex 竖炉工艺即使使用煤气化技术，其生产直接还原铁的工艺与高炉相比，排放的污染物仍然较少。

表 2-6-23　非高炉炼铁工艺的污染物排放情况与高炉对比

炼铁工艺	SO_2	NO_x	粉尘	CO_2
高炉/[kg/t（铁水）]	1.410	1.090	1.220	2000
天然气基 Midrex/[kg/t（DRI）]	0.025	0.21～0.51	0.0508	1000
天然气基 HYL/[kg/t（DRI）]	0.1063	0.1173	0.00271	1200
煤气化气基 Midrex/[kg/t（DRI）]	—	—	—	1500
ITmk3/[kg/t（DRI）]	0.19	0.90	—	比同规模高炉减少 30%以上

非高炉炼铁之所以可以大幅降低污染物的排放量，主要是因为大幅度降低了焦煤的使用量，并且减少了球团、烧结以及焦化工序等高炉炼铁流程中生成的污染物。

【潜在的副作用和影响】 暂无。

【适用性】 可用于所有金属化球团矿生产的新工厂和现有工厂。

【经济性】 冶炼结果证明，当炉料中金属化铁每增加 10% 时，焦比可降低 5%～6%，生产率可提高 5%～9% 左右。而用于电炉炼钢的多为金属化程度较高(80%～95%)、脉石含量低($SiO_2<5\%$)的海绵铁。国外认为采用海绵铁进行电炉炼钢时冶炼周期能缩短一半，产量可提高 45%，而耐火材料、电极和氧气消耗都能相应降低。

小结与建议：金属化球团焙烧技术是未来钢铁短流程冶炼的重要发展方向，但是尚不成熟。随着废钢资源的大量快速回笼，急需加大力度进行该技术的研发。

6.5.4 积极关注的关键技术

球团内配碳技术。

【技术描述】 在赤铁矿球团中配加炭粉，利用高温条件，含碳球团的"自还原"和"再氧化"可以实现赤铁矿球团的低温焙烧，减少外部能量供应，达到节能降耗、减少污染的目的。主要机理如下：升温过程中，内配的炭粉发生热解反应，析出挥发分，挥发分中的 CO 和 H_2 与赤铁矿反应将少部分 Fe_2O_3 还原生成 Fe_3O_4。同时炭粉燃烧使氧分压发生变化，由于 O_2 扩散作用的影响，球团内部的碳难以完全燃烧，产生了一定量的 CO，将 Fe_2O_3 还原成 Fe_3O_4 和 FeO；当球团内部的碳被完全消耗后，生成的 Fe_3O_4 和 FeO 发生再氧化，释放出热量促进 Fe_2O_3 的再结晶，并且生成次生赤铁矿。次生赤铁矿的活度大于原生赤铁矿，因此提升了球团矿强度。通过"还原-氧化-高温再结晶"实现了赤铁矿球团的低温焙烧，同时也保证了球团强度。

【技术类型】 ×资源综合利用；√节能；√减排。

【技术成熟度与可靠度】 该技术可以用于赤铁矿球团的制备工艺，球团矿的强度更好，焙烧温度大幅降低，节能减排效果显著。目前赤铁矿球团的生产过程都有采用该技术，但此类球团生产线很少，造成该技术的发展受限。

【预期环境收益】 在焙烧温度 1280℃、焙烧时间 10min 的条件下，研究了碳的添加量对球团强度及冶金性能的影响，结果分别如表 2-6-24 和图 2-6-22 所示。碳含量的增加对于生球强度没有明显恶化。炭粉本身虽然疏水，但由于粒度较细，适当增加炭粉用量，有利于改善混合料的成球性，保证生球强度。但值得注意的是若生球经过干燥处理，炭粉含量较高的干燥球强度相对较低。

对比未配碳时的适宜焙烧条件 1280℃、10min，球团内配 2% 焦粉时，能在 1200℃、10min 的条件下达到相当的球团强度，这无疑可以降低焙烧温度、减少燃料消耗。

表 2-6-24　碳含量变化对生球强度的影响

编号	碱度	MgO /%（质量）	C /%（质量）	膨润土配比 /%（质量）	生球抗压强度 /[kg/P]	落下强度 /[次/(0.5m·P)]	干燥球抗压强度 /[kg/P]
1	0.25	1.0	0	0.3	1.3	8	5.5
2	0.25	1.0	1	0.3	1.4	8	4.7
3	0.25	1.0	2	0.3	1.3	9	4.2
4	0.25	1.0	3	0.3	1.3	8	4.2

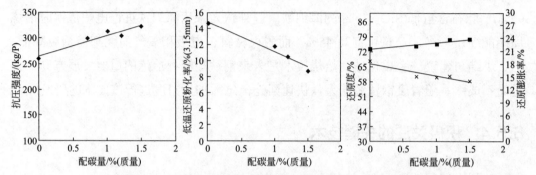

图 2-6-22　碳含量变化对焙烧球强度及冶金性能的影响

【潜在的副作用和影响】暂无。

【适用性】可用于赤铁矿生产氧化球团矿的新工厂和现有工厂。

【经济性】对于 1kg 未配碳球团，其焙烧温度为 1280℃时所需热量为 2060kJ。对于配碳量 2%球团，其焙烧温度为 1200℃，此时需要热量 1987kJ，其中依靠外部供热 1573.2kJ，占比达 75.5%，内配碳提供热量 421.3kJ，占比达 21.2%。对比可知，未配碳时，球团焙烧所需热量几乎全由外部供热提供，其能耗远高于配碳后外部供热提供的 1573.2kJ。由此可知，通过内配碳降低了焙烧温度，减少了能耗。以某厂现场生产的相关参数及数据为例进行计算，热废气温度为 50℃，各项热损失之和占总热需求量的 25%，可得配碳量 2%的球团较未配碳时可降低 42%~45%的燃料消耗。

6.6　焦化

6.6.1　排放和能源消耗

6.6.1.1　工序物质流入流出类型

焦化工序是将炼焦煤经高温干馏生产焦炭，副产荒煤气经净化处理后回收焦炉煤气及化工产品的流程工业，具有焦化产品制造、高效能源转换和废弃物消纳-处理三大功能。焦化工序资源消耗见图 2-6-23。

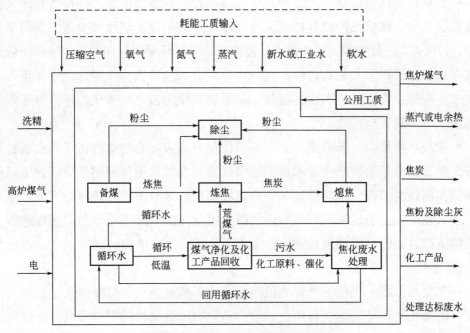

图 2-6-23　焦化工序资源消耗图

① 输入：洗精煤、化工原料、催化剂、新水或工业水、软水、高炉煤气、电、氧气、氮气、蒸汽、压缩空气。

② 输出：焦炭、焦粉、焦炉煤气、化工产品（煤焦油、粗苯、硫铵或浓氨水或无水氨、硫黄或硫酸）、蒸汽或电、余热、除尘灰、处理后达标的废水。

6.6.1.2　工序的主要环境影响

焦化包括备煤、炼焦、熄焦、焦处理、煤气净化等生产系统（或装置）。备煤包括精煤储存、破（粉）碎、转运等环节；炼焦包括装煤、推焦、焦炉加热等环节；熄焦包括干法熄焦或湿法熄焦环节；焦处理包括焦炭整粒、筛分、转运、储存等环节；煤气净化包括冷凝鼓风、脱硫、脱氨、脱苯等单元及焦油储槽、苯储槽等设施。

焦化生产是钢铁工业污染物排放种类最多的工序，对环境潜在的危险也最大。其主要环境影响包括：

（1）废气

1）污染控制技术现状

① 备煤

• 主要污染源　主要污染物是煤料在储存、运输、粉碎过程中产生的煤尘。主要污染源有火车（汽车）受煤坑、（捣固）预粉碎机室、（筛分）粉碎机室、储配煤库及煤转运站、通廊等。

● 污染控制技术现状　火车或汽车来煤的接收，逐步由露天改进为封闭大棚，并设抑尘设施；炼焦煤的储存由露天堆放逐步发展到设置防风抑尘网，再向半封闭煤场、封闭煤场、储配煤库（煤筒仓）过渡；厂内煤料采用封闭通廊、半封闭通廊、管式带式输送机等方式进行运输，煤料转运采取抑尘措施，少部分企业采用布袋除尘技术；破碎、筛分过程产生的废气，采用袋式除尘器进行净化处理，以有组织形式排放，可实现达标排放。

● 主要环境影响　部分焦化企业煤料储存方式未能全部做到密闭料仓或封闭煤场等，南方部分早期投产企业采用的是带式输送机加罩运输而不是封闭通廊运输，应加快实施煤料储存、运输特别是场外运输的超低排放改造；煤料黏性大、水分大时，带式输送机上的运输煤料在转运溜槽处可能无法全部下落而黏附在输送带上，自滚筒下部返回时可能掉至通廊内，需人工半年或一年清扫一次。

② 炼焦

● 主要污染源　包括：装煤逸散烟气，出焦逸散烟气，机侧炉头逸散烟气，湿法熄焦时熄焦塔顶排出的含有焦尘、酚、硫化物和氰化物的混合蒸汽，干熄焦的逸散烟气及放散烟气，焦炉本体的装煤孔盖、炉门、小炉门及上升管盖等处连续泄漏的无组织排放烟气，焦炉烟囱持续性排放的燃烧废气。

● 污染控制技术现状　装煤烟尘治理：主要包括装煤除尘地面站技术、密闭装煤技术、（捣固）导烟车技术，同时配合高压氨水喷射或单孔炭化室压力调节技术，或单独使用或组合使用。颗粒物可以实现达标排放。

出焦烟尘治理：干式除尘地面站技术。颗粒物及 SO_2 可以实现达标排放。

机侧炉头烟治理：顶装焦炉采用车载式除尘或干式除尘地面站净化技术处理，捣固焦炉采用干式除尘地面站技术净化处理。颗粒物及 SO_2 可以实现达标排放。

熄焦污染治理：湿法熄焦的熄焦塔中部设水雾捕集装置，塔顶设置折流板；干法熄焦采用干式除尘地面站技术，颗粒物可以实现达标排放。与湿法熄焦相比，干熄焦的环保治理措施更为完善。

焦炉无组织逸散烟气治理：装煤孔盖与座之间采用球面接触，增加其严密性；炉门采用弹性刀边、弹簧门栓、悬挂空冷式，炉门刀边密封靠弹簧顶压，使刀边受力均匀，增强密封效果；炉顶上升管盖及桥管与阀体承插采用水封结构，避免上升管盖和桥管承插处出现冒烟；上升管根部采用铸铁底座，杜绝了上升管根部因损坏而引起的冒烟冒火现象。近年来，部分焦化项目应用单孔炭化室压力调节技术以保持结焦过程中炭化室压力稳定。既不过大，避免冒烟冒火、烧坏护炉铁件、污染环境；也不过小，避免吸入空气、烧损焦炭、损坏炉体。

焦炉烟气治理：为有效降低焦炉燃烧废气中各种污染物的排放，首先采用预防技术，然后再采用末端治理技术。预防技术包括采用净化后的焦炉煤气或高炉煤气加热、废气循环、分段加热、焦炉加热温度精准控制以及良好的焦炉砌体维护修补等。末端治理技术目前有 3 种工艺技术路线可供选择：

先脱硝后脱硫工艺：先充分利用烟气的高温进行脱硝（SCR），然后再进行脱硫。脱硫可采用干法、半干法或湿法脱硫，湿法脱硫通常需要配湿电除尘，干法、半干法脱硫通常配布袋除尘；

先脱硫后脱硝工艺：先采用干法脱硫或半干法脱硫或新型催化脱硫后，再进行脱硝（SCR）；

同时脱硫脱硝工艺：活性焦/活性炭脱硫脱硝，需要配设脱硫再生装置生产硫铵或硫酸。

焦处理：焦炭的输送采用封闭通廊或管带式输送机运输；焦炭的筛分、整粒及转运采用布袋除尘技术；焦炭封闭储存。

• 主要环境影响　现有部分企业装煤过程产生的 SO_2 和 BaP 排放浓度超标，需采用单孔炭化室压力调节技术或对装煤烟气进行脱硫来实现达标排放。

部分企业机侧炉头烟尘未采取治理措施或者采用效果不佳的车载式除尘。

湿法熄焦排放烟气对环境污染较严重，而部分独立焦化企业未配置干熄焦，大多数焦化企业为节约投资采用湿法熄焦备用，均未能彻底消除湿法熄焦对环境的污染；同时，干熄焦烟气中 SO_2 排放浓度超标，需采取脱硫措施。

早期建设的焦炉，单孔炭化室生产能力较小，炉孔数多，装煤、推焦次数多，密封面长，未采用分段加热技术，能耗高，导致间歇性污染及连续性污染排放量大，应通过技术改造采用分段加热型大容积焦炉技术来提升源头减量效果。

部分企业焦炉炉龄较长、窜漏严重，部分企业焦炉的热工参数和加热制度不合理，急需密封炉体或改变热工制度。

焦炉烟囱排放废气的末端治理——脱硫脱硝技术的普及程度还需提高；重污染天气、焦炉周转时间延长导致烟气温度下降时如何提高脱硝效率待解决；焦炉烟气中一氧化碳还未得到治理；活性炭法再生解吸气的处理待解决等。

部分企业焦炉炉体的无组织排放仍较为严重，需要单孔炭化室压力调节技术或采用焦炉无组织逸散烟尘收集处理技术进一步加强。

干熄后焦炭的运输、整粒、筛分、转运及储存等工作场所，空气中粉尘浓度难以达到规定的容许浓度。时间加权平均容许浓度 $4mg/m^3$，短时间接触容许浓度 $64mg/m^3$。

③ 煤气净化

• 主要污染源　煤气净化过程排放的有害物主要来自化学反应和分离操作的尾

气、燃烧装置的烟囱等。主要污染物为颗粒物、NO_x、NH_3、H_2S、挥发性有机物等。主要污染源有：冷鼓、库区各焦油储槽产生的 BaP、氰化氢、酚类、非甲烷总烃、氨和硫化氢等；苯储槽在装卸过程及大小呼吸等过程产生的挥发性有机物，主要是苯类；脱硫再生尾气主要含有氨和硫化氢；硫铵干燥尾气主要是氨和颗粒物；制酸尾气等。

• 污染控制技术现状　硫铵干燥尾气：采用旋风除尘+水洗，实现达标排放；脱硫再生尾气：采用酸洗+碱洗+水洗，需再送入焦炉或干熄焦燃烧；冷鼓及苯储槽：冷鼓装置产生的废气采用压力平衡系统或洗净塔工艺（洗净塔技术稳定，达标较困难，需再将废气燃烧处理），粗苯蒸馏和油库各储槽放散管排出气体采用压力平衡系统或洗净塔工艺处理；制酸尾气：采用蒸氨废水洗涤+电除雾器除酸雾实现达标排放（制酸标准），部分地区要求再送至焦炉烟气脱硫脱硝装置进一步净化。

• 主要存在的环境问题　脱硫再生尾气仅靠洗涤技术无法实现达标排放；粗苯管式炉废气中 SO_2 排放浓度超标；VOC 治理技术普及率较低；部分企业 VOC 治理采用排气洗净塔技术，排气洗净塔的治理效果较差，很难保证废气的排放达标。

④ 焦化废水处理站排放废气

• 主要污染源　焦化废水处理过程中产生挥发性有机物 VOC 及 NH_3、H_2S 等恶臭污染物。

• 污染控制技术现状　通常措施是对集水井、曝气池、调节池、气浮池、污泥浓缩等环节采用密闭收集措施并进行处理，常采用生物法处理。

• 主要存在的环境问题　绝大多数焦化企业未对焦化废水处理站排放废气进行收集和处理。

2）焦化工序大气污染治理水平

2012 年，我国开始正式执行《炼焦化学工业污染物排放标准》(GB 16171—2012)，重点地区逐步执行特排限值；2019 年 4 月，生态环境部等五部委发布《关于推进实施钢铁行业超低排放的意见》(环大气 [2019] 35 号)；2018～2020 年，我国部分重点地区，如河北、山东、山西、河南、唐山等地，陆续出台省、市、地方超低排放标准或政策、法规；2020 年 6 月，《炼焦化学工业污染物排放标准》(GB 16171—2012) 开始修订。

随着国家和地方环保排放标准的不断提高、在线监测技术的广泛应用以及环保执法的日益严格，加速了焦化废气治理技术的快速发展。就废气治理排放标准和治理技术而言，中国焦化已走在全世界的前列。只不过国内企业众多，不同企业处于不同的地区，执行的排放指标不同，差异较大。

以焦炉烟气中氮氧化物排放为例，我国一般地区排放限值为 500mg/m³，特排限值为 150mg/m³，国家超低排放限值为 130mg/m³，部分地方（如唐山）超低排放限值为 100mg/m³。欧洲排放指标为焦炉煤气加热 500mg/m³，贫煤气加热 350mg/m³。日本一般地区为 350mg/m³，个别地区为 226mg/m³（110ppm），极个别地区为 144mg/m³（70ppm）。可见，中国执行的是全世界最严格的排放标准。正是因为排放标准差异，国外仅依靠源头减量及过程控制技术就可实现达标排放，而中国则必须依靠源头减量+过程控制及末端治理的综合治理技术才能实现达标排放。

3）未来发展趋势及关注重点

2019 年发布的《关于推进实施钢铁行业超低排放的意见》（环大气［2019］35 号），从有组织排放、无组织排放、污染监测以及大宗物料运输等方面对焦化企业的大气污染治理提出了极其严格的要求。综合分析，未来焦化领域在废气（含粉尘）治理方面，关注的重点有：大力加强清洁高效大容积焦炉炼焦技术、焦炉烟气脱硫脱硝技术、单孔炭化室压力调节技术、机侧逸散烟尘治理技术、煤气净化尾气治理及 VOC 治理技术的推广应用，全面推进焦化行业全流程超低排放技术改造，重点开发绿色高效特大型焦炉炼焦新技术、焦炉烟气低温脱硫脱硝及一体化脱除 CO 的超低排放技术以及焦炉无组织逸散烟气治理技术等新技术。

（2）废水

焦化废水是一种组分复杂、难于处理的工业废水，含有较高浓度的 COD、酚、氰、氨氮等污染物。焦化工序产生的废水可分为三类，即生活污水、生产污水及生产净废水。除源头减量外，对焦化废水还应采用分质分级的末端治理技术进行处理。生产污水（蒸氨废水、含酚废水）送焦化废水处理站，生活污水经化粪池处理后送焦化废水处理站。生产净废水送至焦化废水处理站回用处理单元或者送钢铁企业（或园区）综合污水处理厂处理。

焦化废水经预处理、生化处理、高级氧化处理、回用处理后，绝大部分作为循环水的补充水回用焦化，剩余的浓盐水再经深度处理后可用于洗煤、熄焦、高炉冲渣或烧结拌料。未来，应重点关注焦化废水分质分级深度处理技术的推广应用和采取措施确保熄焦循环水的水质达标。

近年来，钢铁联合企业的焦化厂逐步采用全干熄工艺，而烧结和高炉工序内自身产生的废水就用不完，不愿意使用处理后的焦化废水；同时，中国有众多的独立焦化企业没有高炉或烧结，大多数已配置了干熄焦，根本没有消耗浓盐水的地方。这就要求对含盐较多的浓盐水（或浓缩液）进行进一步的处理。未来，焦化废水处理技术的研发重点是开发基于多膜集成过程的焦化废水资源化与零排放技术。

此外，更关键的是源头减量和过程控制技术的应用，如煤调湿技术、间接蒸氨技术、焦化污水分质分级深度处理技术、煤气净化分离水无害化回用技术等，以减少废水生成量。

（3）废液

焦化生产对废液多采取送回工艺系统、不外排的处置方式：

脱硫单元间冷器排污水、终冷洗苯单元终冷塔排污水、粗苯蒸馏单元油水分离器排放的分离水等送吸煤气管道（负压），不外排；

煤气净化装置各单元设备管道放空液排入地下放空槽，由泵送回系统，不外排；

干熄炉顶水封槽及放散装置水封槽排放的浊水(含焦粉)经水箱澄清后循环使用，不外排。

除上述废液外，焦化生产中生成量最大、最难处理的当属脱硫废液。我国焦化企业多采用脱硫效率高、生产稳定的以氨为碱源的湿式氧化法脱除荒煤气中的 H_2S。早期工艺为从煤气中脱除的 H_2S 在脱硫液中氧化为单质硫，采用熔硫工艺生产低纯硫磺；脱硫过程中产生的脱硫废液采用提盐工艺提取硫氰酸铵及硫代硫酸铵粗盐。但生产运行存在如下问题：一是产品硫黄纯度低、质量差，销售困难，经济效益差或无经济效益；二是采用提盐工艺提取的硫氰酸铵及硫代硫酸铵粗盐产品，无市场需求，长期大量积压于库房中，无法售出，形成新的焦化固废，不仅造成资源浪费，而且危害环保。未来，应大力推广应用脱硫废液及低品质硫黄制酸资源化利用技术。

（4）固废（含城市废弃物消纳）

1）污染控制技术现状

对焦化生产过程产生的固体废弃物采用如下技术进行处理：

焦油氨水分离装置产生的焦油渣、蒸氨单元排出的少量沥青渣，集中送备煤系统配入炼焦煤中。

粗苯蒸馏单元再生器产生的再生器残渣集中送油库焦油槽，作为产品，不外排。

脱硝装置设置了在线再生装置，对SCR脱硝催化剂或活性炭进行加热再生。SCR脱硝催化剂由催化剂生产厂回收利用，无外排。活性炭再生系统排出的固体活性炭落入下部渣车，定期送往备煤系统配入炼焦煤或送往高炉、烧结工序作燃料。活性炭输送过程中产生的粉料集中收集后送焦化废水处理站，作为污水吸附剂，实现活性炭废料的资源化利用。

脱硫废液制酸装置使用的催化剂寿命为 8～10 年，到期后由制酸催化剂生产厂回收利用，无外排。

焦化污水处理站产生的剩余污泥送烧结作为燃料或者送备煤系统配入炼焦煤中。

备煤系统废气治理回收的煤尘加湿后回送备煤系统中，再次利用。

焦炉装煤、出焦、机侧除尘、干熄焦及筛储焦除尘等系统收集的粉尘（以焦粉尘为主）由料仓储存，定期用吸排罐车外运；备用湿熄焦收集的焦粉定期外运，送高炉、烧结或者外卖，作为燃料或原料。

各生活垃圾倒至指定垃圾箱，然后定期由垃圾车运至垃圾场统一处理。

2）焦化固废污染治理水平

除早期建设的焦化项目外，我国大部分焦化企业对焦化工序内部产生的各种固体废弃物均进行了有效处理，其治理技术与世界先进水平相当。

随着城市化和工业化进程的加快，城市及工业固废逐渐增多，处理困难，日渐成为一大社会难题。20 世纪末，德国、日本等开始研究利用焦炉、干熄焦的高温环境来处置城市固废的相关技术，以解决城市钢厂面临的生态困境。经研究，适合于焦化处理的固废有：城市固废中的废塑料、废橡胶以及工业（钢铁）企业产生的废胶带、废轮胎等固体废弃物，河道及湖泊淤泥，生物质等。

利用焦炉处理废塑料，在日本已经成功应用于工业生产，而且达到了年处理废塑料 20 万吨的生产规模。我国在"十一五"时期也进行了相关研究，但无在用工业化装置。

3）未来发展趋势及关注重点

● 焦化工序内　在进一步加大焦化固废掺煤炼焦技术推广应用的基础上，未来，应重点关注脱硫脱硝带来的副产物有效处置难题。焦炉烟气处理技术中钠基干法（半干法）脱硫因能稳定达标特别是非常容易达到超低排放要求，且建设投资低、运行成本不高而广受推崇。但钠基干法（半干法）脱硫存在一个致命短板，是脱硫灰固废的处理难题。脱硫灰的主要成分是硫酸钠。虽然硫酸钠是基础化工原料，但脱硫灰中还含有其他杂质，直接使用或处置难度很大。目前的出路是将其作为水泥生产的助磨剂，但一来消耗量受限，二来受运输距离的限制，水泥厂没有积极性，需要焦化企业自费运输甚至另付处置费。所以急需对焦炉烟气钠基干法脱硫副产物进行无害化处理和资源化利用。

● 焦化工序外——消纳社会废弃物　我国早期的钢铁企业多建在城市周边，对城市环境影响较小。随着城市化进程的加快，城市不断向周边扩展，日益逼近甚至将钢铁企业包围起来。而近年来，人们对美好生活的追求要求更加舒适的环境，要求城市钢厂搬迁的呼声日益高涨且不断付诸实施，对钢铁（焦化）企业的生存提出了严峻挑战。如何实现与城市的生态共融是钢铁（焦化）行业未来必须考虑的问题。

工业企业特别是冶金企业生产过程中产生的废轮胎、废胶带及城市固废中的废塑料、废橡胶、电木等含碳有机固废属于难降解高分子聚合物处理困难，且我国每年产生量、蓄积量巨大。利用焦化工艺处理这些难降解高分子聚合物，是可以实现大规模无害化处理的工业实用技术。该工艺对原料要求相对较低，允许含氯原料进入焦炉，而且可以全部利用现有炼焦及其配套系统进行产物回收和净化，因此易于大规模推广应用。基于焦炉的高温干馏环境，将难降解高分子聚合物转化为焦炭、焦油和煤气，实现冶金企业及城市固废中难降解高分子聚合物的资源化利用和无害化处理。

（5）二氧化碳

焦化工序 CO_2 的排放主要来源于燃料燃烧如焦炉烟囱排放废气、干熄焦放散排放废气以及解冻库、管式炉、开工锅炉等燃用煤气设施排放的废气，还有焦化生产消耗各种能源和载能工质间接带来的 CO_2 排放。目前主要采取源头减量的控制措施进行控制。

为实现《巴黎气候变化协定》我国确定的"二氧化碳排放力争于 2030 年前达到峰值，努力争取 2060 年前实现碳中和"宏伟目标，在全球钢铁工业进一步控制二氧化碳排放量的背景下，钢铁工业的未来发展将侧重于短流程、直接还原铁及氢冶金技术，这对焦化工业提出了新的要求。为了适应这一变化，未来焦化工业应大力发展焦炉煤气深加工实现高附加值利用技术及冶金煤气深加工实现高附加值利用技术（以钢铁流程内富含 C 的高炉煤气和转炉煤气与富含 H_2 的焦炉气合成化工产品是本质减排二氧化碳的冶金流程优化技术），重点研发适应冶金低碳生产的革命性焦化技术——生产两种产品的炼焦新技术（氢气高炉用高强度、高反应性焦炭以及焦炉高温荒煤气直接重整制还原性气体，实现深层次的节能减排和低碳生产）。

（6）噪声

焦化工序产生的噪声包括由于机械的撞击、摩擦、转动等运动而引起的机械噪声以及由于气流的起伏运动或气动力引起的空气动力性噪声，主要噪声源有煤粉碎机、振动筛，焦炉机械、各除尘风机，干熄焦循环风机、干熄焦锅炉放散管、汽轮机本体、发电机励磁机、汽轮机防腐检查管，煤气鼓风机，焦化废水处理站鼓风机，各种泵类等。一般情况下，在采取噪声控制措施前，各主要噪声源均大于 85dB。

现有技术对噪声的控制主要采取控制噪声源与隔断噪声传播途径相结合的办法。主要控制措施包括：声源治理——选用低噪声的产品，设消声器；隔声吸声——室内隔声，设备采取隔声措施或带隔声罩；减振措施——独立基础、减振基础，总图布置及绿化等。经采取上述控制措施，环境噪声强度将大为降低，厂界噪声可满足《工业企业厂界环境噪声排放标准》中的 3 类标准规定，即厂界噪声昼间小于 65dB，夜间小于 55dB。

焦化生产过程中污染环节详见图 2-6-24、图 2-6-25。

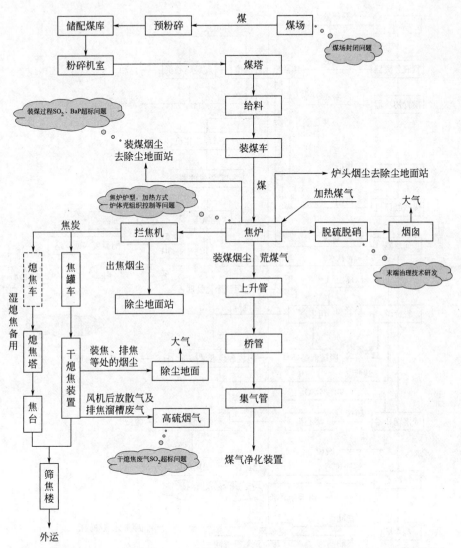

图2-6-24　备煤、炼焦、熄焦、焦处理工艺流程及污染环节框图（以顶装焦炉为例）

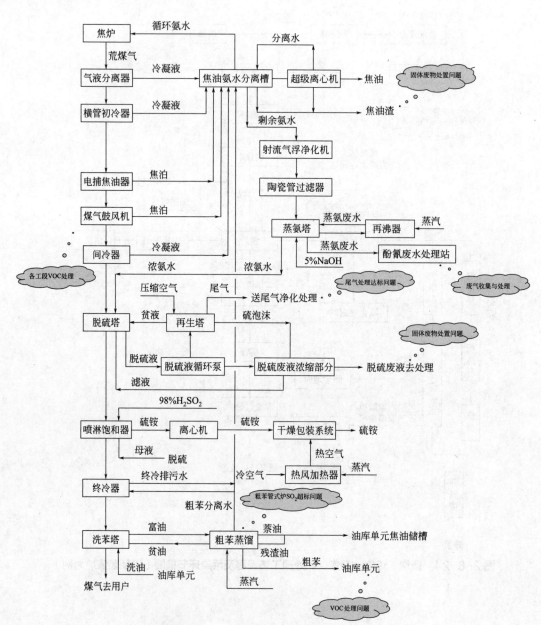

图 2-6-25 煤气净化系统工艺流程及污染环节框图

6.6.1.3 工序单位产量（吨焦）输入输出能源量

（1）焦化工序节能技术现状

焦化生产是一个能源转换过程。经过多年发展，开发应用了多项节能技术：

1）采用干熄焦回收红焦热量产生高温高压蒸汽。

2）利用上升管水夹套回收荒煤气显热。

3）焦炉炉体采取多种措施提高结构严密性减少煤气漏失，采取隔热措施减少炉体散热；蓄热室采用薄壁格子砖，增大蓄热面积，减少废气带走热量；减薄炭化室墙以提高传热效果。

4）焦炉采用废气循环与分段加热相结合的组合燃烧技术，改善高向加热均匀性；配置计算机加热优化控制与管理系统，降低炼焦耗热量。

5）初冷器上段采用余热水回收荒煤气低温显热，回收的热量用于制冷，节约蒸汽用量。

6）煤气净化采用各种高效换热设备，充分回收物料热能。

7）回收制酸废热锅炉烟气余热或者焦炉烟气余热产生蒸汽。

8）焦油氨水分离工艺采用立式槽密闭分离结构，循环氨水对焦油起到自动加热保温作用，不需消耗蒸汽加热。

9）采用负压脱苯，减少或替代蒸汽用量。

10）对不同温度的水和不同压力参数的蒸汽，实现梯级利用。

11）采用变频调速技术和节能型机电设备，采用节能照明灯具，节约电能。

12）部分设备和管道保温保冷。

13）回收蒸汽凝结水，节省新水用量。

（2）焦化工序能源利用水平

以混合煤气加热的顶装焦炉的工序能耗见表2-6-25。

表2-6-25 焦化工序能耗计算表（以混合煤气加热的顶装焦炉）

能源名称	单位	折合标准煤系数	实物单耗	折标准煤/[kg/t(焦)]
一、投入				1285.7～1361.8
精煤（灰分9.875%～9.375%）	t	1015.7～1021.4	1.2658～1.3333	1285.7～1361.8
二、产出				1262.9～1325.3
焦炭（灰分12.5%）	t	982.8	1	982.8
焦炉煤气（热值17490kJ/m³）	m³	0.5968	367～440	219～262.6
焦油	kg	1.1429	39.2～53.3	44.8～60.9
粗苯	kg	1.4286	11.4～13.3	16.3～19

续表

能源名称	单位	折合标准煤系数	实物单耗	折标准煤/[kg/t(焦)]
三、消耗				162.3~175.5
生产用水	m³	0.0414	2.5~3.5	0.1~0.1
循环水	m³	0.0475	45~50	2.0~2.4
低温水	m³	0.757	8~9	6.1~6.8
除盐水	m³	0.189	0.53~0.58	0.1~0.1
电	kW·h	0.1229	50~55	6.1~6.8
蒸汽（中压）	t	103.8	0.2~0.25	20.8~26.0
蒸汽（低压）	t	97.8		~
氮气	m³	0.0169	3.7~4.7	0.1~0.1
压缩空气	m³	0.0152	15~20	0.2~0.3
焦炉煤气（热值 17490kJ/m³）	m³	0.5968	60~63	35.8~37.6
高炉煤气（热值 3139kJ/m³）	m³	0.1071	763~803	81.7~86
干熄焦焦炭烧损	kg	0.9828	9.5	9.3
四、回收能源				65.3~75.1
蒸汽（高压 CDQ）	t	118.7	0.55	65.3
蒸汽（低压）	t	97.8	0~0.1	0~9.8
五、单位工序能耗				119.8~136.9

以焦炉煤气加热的捣固焦炉的工序能耗见表 2-6-26。

表 2-6-26　焦化工序能耗计算表（以焦炉煤气加热的捣固焦炉）

能源名称	单位	折合标准煤系数	实物单耗	折标准煤/[kg/t(焦)]
一、投入				1342.1~1424.6
精煤（灰分 9.5%~9%）	t	1020~1025.7	1.3158~1.3889	1342.1~1424.6
二、产出				1308.6~1377.7
焦炭（灰分 12.5%）	t	982.8	1	982.8
焦炉煤气（热值 17490kJ/m³）	m³	0.5968	421~500	251.2~298.4
焦油	kg	1.1429	48.7~65.3	55.7~74.6
粗苯	kg	1.4286	13.2~15.3	18.9~21.9
三、消耗				161.8~175.4
生产用水	m³	0.0414	2.5~3.5	0.1~0.1
循环水	m³	0.0475	45~50	2.0~2.4
低温水	m³	0.757	8~9	6.1~6.8

续表

能源名称	单位	折合标准煤系数	实物单耗	折标准煤/[kg/t(焦)]
除盐水	m³	0.189	0.53~0.58	0.1~0.1
电	kW·h	0.1229	50~55	6.1~6.8
蒸汽（中压）	t	103.8	0.2~0.25	20.8~26.0
蒸汽（低压）	t	97.8		~
氮气	m³	0.0169	3.7~4.7	0.1~0.1
压缩空气	m³	0.0152	15~20	0.2~0.3
焦炉煤气（热值17490kJ/m³）	m³	0.5968	196~207	117~123.5
干熄焦焦炭烧损	kg	0.9828	9.5	9.3
四、回收能源				75.1
蒸汽（高压CDQ）	t	118.7	0.55	65.3
蒸汽（低压）	t	97.8	0.1	9.8
五、单位工序能耗				120.3~147.3

近年来，随着干熄焦、上升管余热回收等节能技术的广泛推广，中国焦化节能水平已走在世界的前列。新建企业吨焦能耗普遍较低，多能达到吨焦能耗的先进值，但不同企业差异较大，早期建设的焦化项目由于节能技术不完善，达到准入值困难。

（3）未来发展趋势及关注重点

鉴于目前技术条件，焦化工序无论是源头节能还是余热余能余压的回收，均未得到极其充分的挖掘和应用，潜力较大。焦化工序未来节能的重点应关注：加强长寿化全干熄技术、焦炉荒煤气余热回收利用、焦炉烟道气余热回收利用、负压脱苯、热泵蒸氨和余热蒸氨等成熟节能技术在全国的推广应用；完善煤调湿技术；加大换热式两段焦炉技术、亚临界超高温干熄焦余热发电工艺技术、利用高压余热锅炉回收荒煤气显热技术及氨分离膜从废水中分离氨等技术的开发力度；逐步以高效余热-导热油为能源网络集成替代以蒸汽为主的动力网络；加大能效评估诊断和能效优化，深度挖掘节能潜力，降低吨焦能耗。

未来，钢铁工业实现低碳生产，对焦炭的需求量将逐渐降低，这将促使焦化行业在关注焦炭价值的同时，还需关注炼焦副产物——焦炉煤气如何实现高附加化利用：通过深加工生产清洁燃料、化工产品，或者制氢用于冶金、石化、化工、氢能源和燃料电池。基于焦炉煤气中氢气含量高的特点，焦化行业可向纵向下游化工产业以及横向能源产业延伸，实现焦化行业与冶金、化工、能源行业的深度融合发展。值得重点研发的技术有：冶金煤气（焦炉煤气、高炉煤气、转炉煤气）深加工实现高附加值利用技术、焦炉高温荒煤气直接重整制还原性气体技术。

6.6.2　推荐应用的关键技术

6.6.2.1　清洁高效大容积焦炉炼焦技术

【技术描述】大容积焦炉具有如下优点：环保水平高、同等规模焦炉孔数少、连续性与阵发性污染物排放量少，源头减排；单位产能所需劳动定员少、劳动生产率高；焦炭质量好（或炼焦成本低）；占地面积小；吨焦散热少。

大容积焦炉包括大容积顶装焦炉和大容积捣固焦炉两类。其特征是单孔炭化室生产能力大，一般而言，顶装焦炉炭化室高度不小于 6.98m，捣固焦炉炭化室高度不小于 6m。

炼焦实现清洁生产的重要一环是源头降低焦炉烟气中氮氧化物的生成。常规焦炉多采用废气循环来解决焦炉的高向加热均匀性以及减少氮氧化物的生成。随着炭化室高度的增加和生产能力的强化，仅靠废气循环技术难以达到理想效果。大容积焦炉采用组合式低氮燃烧技术，其特征包括：

① 用废气循环与分段加热相结合的组合燃烧技术，具体技术手段包括：废气循环、分段加热，分段空气量可调，外部烟气回配；

② 高效强化传热技术：减薄炉墙，高导热硅砖炉墙；

③ 焦炉加热精准控制技术；

④ 采用低热值贫煤气加热。

【技术类型】√资源综合利用；√节能；√减排。

废气循环、分段加热相结合的组合燃烧技术已列入《炼焦化学工业污染防治可行技术指南》（HJ 2306—2018）；高导热硅砖技术已列入《国家重点节能低碳技术推广目录》（2017 年本节能部分）；焦炉加热精准控制技术已列入《产业结构调整指导目录（2019 年本）》钢铁鼓励类。

【技术成熟度与可靠度】该技术属成熟技术，在德国、日本、韩国在 20 世纪 90 年代已得到应用。我国在 2005 年开始研发并逐步推广应用，目前该技术占我国焦炉生产能力的 15%左右。该技术在近年新建项目中已得到普遍应用（占比 90%以上），如宝武钢铁、鞍钢、河钢唐钢、首钢京唐、山西美锦、山西潞宝等项目。

【预期环境收益】应用该技术，通过源头减排可减少吨焦污染物排放量 12%以上。

氮氧化物生成量降低 50%：贫煤气加热焦炉从 450～650mg/m³ 降至 250～330mg/m³；焦炉煤气加热焦炉从 800～1200mg/m³ 降至 350～650mg/m³；

无组织排放减少：装煤、推焦次数减少 40%，密封面长度减少 9% 以上；

加热煤气用量减少，从而减少烟囱废气量 4%，即降低 NO_x、CO_2、SO_2 和粉尘排放量 4%。

采用该技术，平均每吨焦炭能耗降低折合 4.6kg（标准煤）。

【潜在的副作用和影响】 暂无。

【适用性】 对新建焦炉，成套技术可完全应用。对现有焦炉，部分单项技术如外部烟气回配（针对单烧焦炉煤气焦炉）、焦炉加热精准控制技术可应用。

该技术可稳定达到一般地区排放限值，无法满足特排限值要求。

【经济性】 应用该技术，砖型数量增加且复杂程度增加、成品率降低，导致建设投资增加，但运行成本降低，且具有较好的社会效益。

炉组生产能力提升 50%，且劳动定员最多可减少 30%。

可改善焦炭质量（原因：装煤堆密度提升）。在焦炭质量相同时，可降低优质炼焦煤用量 1%～5%（捣固炼焦降低优质炼焦煤用量比例明显）。

6.6.2.2 长寿化全干熄技术

【技术描述】 干熄焦是钢铁工业重大节能环保技术。经过近 20 年的发展，我国干熄焦的配置率已达到全国焦炭产能的 55% 左右（钢铁联合企业达到 98% 以上），且普遍应用高温高压发电技术。但前些年，我国干熄焦普遍存在着砌体使用寿命短、检修频繁（需一年一检修）等难题。干熄焦检修期间，熄焦只能使用备用的湿法熄焦，而高炉频繁切换干熄、湿熄焦炭，易导致炉况不稳。

干熄焦长寿化技术通过分析干熄焦砌体损坏机理、开发并试用新型耐材、优化关键部位砌体结构和提升关键设备性能，延长干熄焦的检修周期；对钢铁联合企业推荐采用全干熄工艺，以干熄焦热备方式彻底取代湿熄焦冷备，使本企业生产的焦炉全部采用干法熄焦，既可以降低维修成本，又可以回收能源，更重要的是保障高炉生产顺行。

【技术类型】 ×资源综合利用；√节能；√减排。

【技术成熟度与可靠度】 该技术属于成熟技术，在多家联合钢铁企业的干熄焦改造项目中已得到应用。

鞍钢 140t/h 干熄焦利用长寿化技术改造后，实现干熄焦检修周期延长一倍。近年新建设干熄焦的检修周期已普遍由一年延长至两年。

全干熄技术，早年在宝钢本部已得到成功应用，近年新建焦化项目也逐步推广，如宝钢湛江、马钢、河钢、纵横钢铁等。

【预期环境收益】 以与 170 万 t/a 焦炭配套的 220t/h 干熄焦为例，利用长寿化技术后，平均每年节约检修时间 19 天，有效提高焦炭干熄率 3.5% 以上，即 5.9 万 t

焦炭，从而节约标准煤 7.9 万 t，有效减排含酚等蒸汽 3.3 万 t。全干熄技术，效益更为明显。

【潜在的副作用和影响】暂无。

【适用性】该技术完全适应新建与原有干熄焦改造项目。采用全干熄时，占地相对较大，且需考虑锅炉负荷率不宜低于 50%。

【经济性】以 220h/t 干熄焦为例，其寿命约 12 年，应用长寿化技术后，每年提升焦炭产量 5.9 万 t。12 年间，只需经历 2 次中修、4 次小修。相比改造前，节省中修费用 2×700 万元、小修费用 4×330 万元，平均每年节约检修费用 200 万元。

按照每吨焦炭产生 0.55t 高温高压蒸汽换算，蒸汽价格按照 160 元/t 计算，全年蒸汽效益增加 500 万元。

综上所述，应用长寿化技术后，单台 220h/t 干熄焦平均每年可提高 700 万元效益。

以全干熄技术取代传统的"干熄焦+湿熄焦备用"技术，每个项目的投资会增加 1 亿～1.2 亿元。综合考虑其直接经济效益（维修费用减少、蒸汽产量增加、焦炭全干熄）及间接经济效益（高炉生产顺行），投资回收期为 4～5 年。

6.6.2.3　焦化固废掺煤炼焦技术

【技术描述】焦化生产工序会产生焦油渣、酸焦油、蒸氨残渣、生化污泥、废矿物油与含矿物油废物、除尘收集的煤尘等固体废弃物。将以上废弃物收集起来，根据物料属性的不同，采用加热、搅拌、制粉等工艺预处理后，与炼焦煤混匀送入焦炉在高温条件下共热解，利用焦炉及化产品回收系统，转化为焦炭、焦油和焦炉煤气，避免废弃物对环境造成污染。

【技术类型】√资源综合利用；×节能；√减排。

该技术已列入国家发改委《产业结构调整指导目录（2019 年本）》钢铁鼓励类。

【技术成熟度与可靠度】该技术属于成熟技术，在近年新建焦化项目已得到工业化应用，部分老焦化企业经过技改已应用该技术，如鞍钢焦化厂、纵横钢铁焦化厂焦油渣添加装置。

【预期环境收益】近年来，固废管理日趋严格。应用该技术，可将焦化工序产生的部分固体废物掺入炼焦煤中循环利用，实现无害化处理，减少外排对环境的危害或者减少外排处理费用。以年产 150 万 t 焦炭的焦化企业为例，每年可处理焦油渣 4000t、酸焦油及蒸氨残渣 20t、焦化酚氰废水产生的剩余污泥 15000t、废矿物油与含矿物油废物 20t。

【潜在的副作用和影响】通常情况下无副作用。当固废中铁离子含量较多时，对焦炉炉墙寿命不利；当固废中 Na^+、K^+ 含量较高时，掺煤炼焦后进入焦炭，对焦炭在高炉内的热态强度不利。

【适用性】该技术既适用于新建焦化企业，也适用于现有焦化企业备煤系统的改造。固体废物应与入炉煤料均匀混合，掺入比例一般不宜高于入炉煤料的 2%。在钢铁联合企业，焦化酚氰废水产生的剩余污泥可送烧结工序。

【经济性】以年产 150 万 t 焦化企业为例，每套固体废物添加装置投资约 800 万元，每年可减少近 20000t 固体废物外排，实现无害化处理。

6.6.2.4 单孔炭化室压力调节技术

【技术描述】单孔炭化室压力调节技术是通过执行机构改变荒煤气流通断面，实现调节并稳定炭化室内压力的技术。该技术一方面实现无烟装煤，另一方面可以稳定炭化室压力，防止冒烟冒火，减少焦炉无组织排放，同时防止炭化室在结焦末期出现负压，延长炉体寿命等。

当前单孔炭化室压力调节技术主要有国内的 CPS、OPR 技术以及国外的 PROven 及 SOPRECO 技术等。CPS 技术利用焦炉原有水封阀作为调节装置，利用气动执行机构控制其开度状态；OPR 系统利用水封液位改变荒煤气流通断面，利用气动执行机构控制调节装置内液位变化。以上两种技术既可以采用集气管微正压+高压氨水引射（兼做备用）技术路线，也可以采用较大负压+中压蒸汽备用技术路线，实现无烟装煤及整个结焦过程中炭化室的压力稳定。PROven 技术同样采用气动执行机构控制液位的升降，改变荒煤气流通断面的工艺；SOPRECO 技术通过控制半球形调节装置的旋转角度，改变荒煤气流通断面，实现无烟装煤与炭化室压力稳定。后两者采用较大负压+中压蒸汽备用技术路线。

【技术类型】×资源综合利用；√节能；√减排。

该技术已列入《国家重点节能低碳技术推广目录》（2017 年本节能部分）、《炼焦化学工业污染防治可行技术指南》(HJ 2306—2018)。

【技术成熟度与可靠度】该技术属于成熟研发成果，各单孔炭化室压力调节技术均已实现工业化应用。CPS 技术已在宝钢、山东浩宇新泰正大、湖北金盛兰等焦化项目实现工业应用；OPR 技术已在首钢京唐二期焦化项目实现工业应用；PROven 技术已在马钢、武钢、太钢等焦化项目实现工业应用；SOPRECO 技术已在山东日照钢铁焦化项目实现工业应用。

【预期环境收益】该技术几乎不向大气产生污染，与传统地面站相比，以 150 万 t/a 焦化项目为例，每年可多回收荒煤气 390 万 m^3，折合标准煤 2230t，相当于每年减排 CO_2 6200t、SO_2 65t、NO_x 12t。

应用单孔炭化室压力调节技术，可彻底避免装煤除尘地面站烟囱的排放，每年减排粉尘 14t、SO_2 56t。此外，大幅减少焦炉的无组织排放。

【潜在的副作用和影响】集气管负压过低时，易将煤尘、焦尘吸入集气管，导致煤气净化操作困难，需采取相应措施减小不利影响。

【适用性】该技术适用于新建焦化项目和现有焦化项目技术提升。CPS技术特别适合于现有焦炉改造项目。

不采用高压氨水备用的项目，需以中压蒸汽作为停电时装煤烟尘治理的备用措施。

【经济性】以年产210万t焦炭的2×70孔7.65m焦炉为例，与除尘地面站相比，投资高2500万元（引进国外技术及设备时，差异3200万～3500万元），且维修费用高于传统除尘地面站。取消除尘地面站，每年可节约用电80万kW·h。

6.6.2.5 焦炉烟气脱硫脱硝技术

【技术描述】焦炉加热用焦炉煤气或高炉煤气燃烧后产生的废气中含有大量的SO_2、NO_x和粉尘颗粒物等大气污染物。通过源头减排、过程控制等技术仍不能满足当前焦化行业日益严格的排放要求，必须采用焦炉烟气脱硫脱硝技术，配套相应的烟气末端治理装置。此外，焦炭在干法熄焦过程中从焦炭装入、排出装置、循环气体放散管等处逸散的烟气中，含有较高浓度的SO_2，无法满足环保要求，必须对这部分高硫烟气进行脱硫。

焦炉烟气脱硫脱硝技术种类较多，脱硫技术包括碳酸氢钠干法脱硫、旋转喷雾和循环流化床半干法脱硫、氨法和双碱法等湿法脱硫、活性炭吸附脱硫、新型催化法脱硫等；脱硝技术主要采用NH_3-SCR选择性催化还原技术，脱硝催化剂有钒钛催化剂、锰系催化剂和活性炭。脱硫和脱硝单项技术可进行不同组合，形成"干法（半干法）脱硫+布袋除尘+中低温SCR脱硝"技术、"氨法脱硫+GGH+SCR脱硝+GGH"技术、活性炭脱硫脱硝技术、"新型催化法脱硫+GGH+SCR脱硝+GGH"技术、"中高温SCR脱硝+湿法脱硫"技术等。其中，"干法（半干法）脱硫+布袋除尘+中低温SCR脱硝"技术和活性炭脱硫脱硝技术应用最广、稳定性好，是目前工业化应用的主流技术。

干熄焦高硫烟气脱硫，首先对含尘烟气进行预除尘，除尘后高硫烟气可送至焦炉烟气脱硫脱硝装置汇合处理，或单独采用干法脱硫技术、活性炭吸附脱硫技术进行脱硫，最终实现达标排放。

【技术类型】×资源综合利用；×节能；√减排。

该技术已被列入《炼焦化学工业污染防治可行性技术指南》（HJ 2306—2018）、《关于推进实施钢铁行业超低排放的意见》（环大气[2019]35号）。

【技术成熟度与可靠度】焦炉烟气脱硫脱硝技术目前属于成熟研发成果，已实现工业化应用，在大气污染防治重点区域已得到广泛应用。宝武钢铁湛江焦化、宝武钢铁宝山焦化、山东浩宇焦化、贵州黔桂天能等采用"半干法脱硫+布袋除尘+中低温 SCR 脱硝"已连续稳定运行 5 年，鞍钢焦化采用"干法脱硫+布袋除尘+中低温 SCR 脱硝"技术、安阳钢铁焦化和沙钢焦化采用活性炭脱硫脱硝技术、首钢京唐焦化采用"氨法脱硫+GGH+SCR 脱硝+GGH"技术等均已投入工业化应用。

【预期环境收益】焦炉烟气脱硫脱硝技术的推广应用大幅降低了污染物排放总量。以年产 150 万 t 焦化企业为例，通过脱硫脱硝技术，可满足 $SO_2 \leq 30mg/m^3$、$NO_x \leq 150mg/m^3$、颗粒物 $\leq 10mg/m^3$ 的超低排放要求，减排 SO_2 0.23kg/t(焦)、NO_x 1.25kg/t(焦)、颗粒物 0.08kg/t(焦)。

干熄焦高硫烟气初始 SO_2 浓度高，可达到 $1000 \sim 1500mg/m^3$,经脱硫技术治理后可减排 SO_2 0.13kg/t(焦)。

【潜在的副作用和影响】焦炉烟气脱硫脱硝技术目前主要涉及脱硫副产物的处理问题。初期钠基脱硫灰主要用于水泥助磨剂，随着技术的大规模应用，大量的脱硫灰随之产生，对下游接收企业造成巨大压力。随着脱硫灰进一步资源化利用技术的研究，该问题能够得到妥善解决。

【适用性】焦炉烟气脱硫脱硝技术种类较多，"干法（半干法）脱硫+布袋除尘+中低温 SCR 脱硝"技术适用于各种焦炉烟气工况，活性炭脱硫脱硝技术适用于初始 NO_x 浓度不大于 $450mg/m^3$ 的烟气工况，"中高温 SCR 脱硝技术+湿法脱硫"技术适用于初始烟气温度 280℃以上的高温烟气工况。

干熄焦高硫烟气脱硫技术适用于各种规模的干熄焦工艺。

【经济性】以年产 150 万 t 焦炭的焦化企业为例，不同脱硫脱硝技术的建设投资差异较大，活性炭脱硫脱硝工艺投资较高，约 1 亿元，折合吨焦投资约 66 元，其他工艺投资约 4500 万～5500 万元，折合吨焦投资约 35 元。装置年运行成本主要为电费、脱硫剂、脱硝剂和催化剂的消耗，折合吨焦成本 7～10 元。

6.6.2.6 机侧逸散烟尘治理技术

【技术描述】焦炉机侧车辆在摘炉门、推焦、平煤、头尾焦处理及炉门刀边清扫过程中，有少量烟尘从炉门、平煤孔、尾焦斗等处外逸，造成焦炉炉顶、炉门附近烟尘污染。随着环保要求的日益严格，机侧逸散烟尘治理也成为炼焦生产全流程污染防治中的一个重要环节。

机侧逸散烟尘治理主要有车载式除尘和干式除尘地面站两种方式，新建项目以后者为主。除尘地面站式机侧逸散烟尘治理系统包括推焦机吸气罩、集尘干管和地面站净化设备三部分，工艺流程如下：推焦机吸气罩→集尘干管→火花捕集器→（预喷涂）→脉冲袋式除尘器→风机→消声器→烟囱→大气，满足烟尘超低排放要求，粉尘颗粒物排放浓度 $\leq 10mg/m^3$。

【技术类型】×资源综合利用；×节能；√减排。

该技术已被列入《关于推进实施钢铁行业超低排放的意见》(环大气[2019]35 号)。

【技术成熟度与可靠度】机侧逸散烟尘治理技术属于成熟、稳定技术，但普及率不高，约有 30%的装置配套了机侧逸散烟尘治理设施，如宝武钢铁湛江焦化、宝武钢铁宝山焦化、纵横钢铁焦化、首钢京唐焦化等，陆续实施改造的有鞍钢焦化、唐山中润等焦化企业。

【预期环境收益】焦炉机侧烟尘治理技术可有效治理焦炉机侧逸散烟尘，改善操作区域环境，降低粉尘排放量。以年产 150 万 t 焦化企业为例，通过机侧逸散烟尘治理，可满足颗粒物≤10mg/m³ 的超低排放要求，减排粉尘颗粒物 2.9kg/t(焦)。

【潜在的副作用和影响】暂无。

【适用性】机侧逸散烟尘治理技术适用于各种规模的顶装、捣固焦炉。该技术可与焦炉同步建设，也适用于旧有焦炉的环保提升改造。

【经济性】以年产 150 万 t 焦炭的焦化企业为例，建设 1 套机侧逸散烟尘治理系统投资约 1500 万元。

6.6.2.7 脱硫废液及低品质硫磺制酸资源化利用技术

【技术描述】焦炉煤气氨法湿式氧化脱硫工艺具有脱硫脱氰效率高、运行成本低等突出特点，在焦化行业内获得广泛应用，成为焦炉煤气脱硫脱氰的主流工艺（占比约 80%以上）。但是，该脱硫工艺也存在着"卡脖子"的问题，如脱硫废液缺乏有效处理，污染环境；产品硫黄，杂质含量高、纯度低，市场销售极为困难。

脱硫废液及低品质硫黄制酸资源化利用技术，可彻底解决上述脱硫工艺存在的"卡脖子"问题。将低品质硫黄及脱硫废液转变为可以回收利用的有价值的化工产品硫酸，用作焦化行业焦炉煤气脱氨生产硫酸铵的原料，使焦炉煤气脱硫后硫资源得到有效循环利用，实现绿色循环生产。

【技术类型】√资源综合利用；×节能；√减排。该技术已列入国家发改委发布的《产业结构调整指导目录（2019 年本）》钢铁鼓励类。

【技术成熟度与可靠度】该技术属于成熟技术，在近年新建焦化企业已得到工业化应用，部分老焦化企业经过技改已应用该技术。2015 年首次成功应用于南钢焦化，成功投产后推广至山东铁雄冶金、新泰正大焦化、山西永鑫煤焦化等项目。

【预期环境收益】采用脱硫废液及低品质硫黄制酸资源化利用技术，可彻底解决焦炉煤气氨法湿式氧化脱硫工艺存在的上述"卡脖子"问题。以南钢焦化制酸项目（对应的炼焦规模为 180 万 t/a)为例，每年可处理脱硫废液 18250t、低纯度硫黄 4380t，生产硫酸（100%）21450t/a，减少硫氰酸铵及硫代硫酸铵废固 4100t/a，折合减排二氧化硫 3500t/a，相当于减排二氧化硫 1.94kg/t（焦），对焦化行业资源循环利用、节能减排、实现绿色生产意义重大。

【潜在的副作用和影响】暂无。

【适用性】该技术适用于氨法湿式氧化脱硫副产低纯度硫黄及以脱硫废液（含有硫氰酸铵、硫代硫酸铵、硫酸铵等含硫铵盐）为原料制取工业硫酸的应用场景，不适用于钠法（以碳酸钠为碱源）湿式氧化脱硫工艺以及采用碳酸钾、碳酸钠作为碱源的真空碳酸盐法脱硫工艺。

【经济性】以南钢焦化低纯硫黄及脱硫废液制酸项目（对应的炼焦规模为 180 万 t/a）为例，每年可生产硫酸（100%）21450t。产品硫酸作为该厂焦炉煤气脱氨、生产硫酸铵的原料，替代外购，实现了硫资源的有效循环利用。与建设前相比，每年可节省运行成本 500 万元，相当于降低运行成本 2.77 元/t（焦）。

6.6.2.8　煤气净化尾气治理及 VOC 治理技术

【技术描述】（湿式氧化法）脱硫再生尾气治理：采用碱洗、酸洗和蒸氨废水三级洗涤，使尾气 NH_3 含量≤30mg/m³。洗涤后尾气可送往干熄焦或焦炉燃烧后再进入烟气脱硫脱硝单元继续处理。

硫铵结晶干燥尾气治理：采用旋风分离除尘+排气洗净塔洗净的净化技术，使尾气满足《炼焦化学工业污染物排放标准》（GB 16171—2012）的要求。

VOC 治理技术：推荐采用压力平衡式氮封系统，使各生产单元和油库产生的放散气经压力控制后进入鼓风机前负压煤气管道，不直接外排至大气。

【技术类型】×资源综合利用；×节能；√减排。

【技术成熟度与可靠度】该技术已实现工业化应用，在国内多个工程中得到应用，装置运行稳定，如包钢焦化、鞍钢焦化、山西阳光焦化等。

【预期环境收益】采用尾气治理技术后，显著改善了厂内作业环境，满足《炼焦化学工业污染物排放标准》（GB 16171—2012）特别排放限值要求。

【潜在的副作用和影响】暂无。

【适用性】（湿式氧化法）脱硫再生尾气治理技术：适用于采用湿式氧化法脱硫工艺的煤气净化流程；硫铵结晶干燥尾气治理技术：适用于采用硫铵工艺的煤气净化流程；VOC 治理技术：适用于全部煤气净化流程。

【经济性】以氮气消耗量 1500m³/h 的 VOC 治理系统为例，工艺投资为 300 万元，增加能耗 0.002kg(标准煤)/t(焦)。

6.2.2.9　负压脱苯技术

【技术描述】通过真空装置维持蒸馏塔内负压，以降低富液中各组分的沸点，从而达到降低蒸馏温度、降低蒸馏所需热量、减少热源（煤气、蒸汽或导热油）的目的。负压脱苯技术包括非直接蒸汽负压脱苯和直接蒸汽负压脱苯两种。

非直接蒸汽负压脱苯是利用负压状态下洗油各组分实沸点蒸馏的原理从洗油中分离三苯物质。由于负压状态下，三苯物质与洗油其他组分的相对挥发度明显提升，故非直接蒸汽负压脱苯的蒸馏效率高、分离能耗低，而且蒸馏过程不产生废水（富油洗苯带入煤气水分除外）。最新一代的双负压非直接蒸汽脱苯技术结合热耦合原理利用余热进行贫油再生，脱苯能耗进一步降低。非直接蒸汽负压脱苯的加热热源可采用中压蒸汽（3.8MPa 以上中压蒸汽结合再沸器供热）、焦炉煤气（结合管式炉供热+烟气达标排放）、导热油（回收上升管余热结合再沸器供热）。

直接蒸汽负压脱苯工艺是在负压状态下，利用过热蒸汽提供的热量加热富油（间接蒸汽加热），同时在脱苯塔内使用水蒸气汽提（直接蒸汽入塔）。因为脱苯塔内上升的气流中含有水蒸气，所以操作温度较低。正常生产时温度约为 170℃。由于运行温度低，贫油结渣不明显，质量稳定，再生容易，因此洗油更新量小，运行经济。

【技术类型】×资源综合利用；√节能；√减排。

【技术成熟度与可靠度】双负压非直接蒸汽负压脱苯技术已经成功用于河北沧州渤海焦化项目、泰山钢铁焦化项目等。

直接蒸汽负压脱苯技术已成功应用于首钢京唐二期、马钢老区改造、唐钢美锦、山西立恒二期焦化项目。

【预期环境收益】以贫油循环量 320～360m³/h、粗苯产量 6～6.5t/h 的工程为例，采用双负压非直接蒸汽负压脱苯技术后，废水排放比常规正压工艺减少 90%，热耗比常规正压工艺减少 40%以上。

以贫油循环量 160m³/h、粗苯产量 2.8t/h 的工程为例，采用直接蒸汽负压脱苯技术后，每生产 1t 粗苯比正压工艺节省 50%的洗油消耗和 25%的能源消耗，能耗可由 7.8kg(标准煤)/t（焦）降为 5.8kg(标准煤)/t（焦）。

【潜在的副作用和影响】暂无。

【适用性】可用于所有包含脱苯流程的焦炉煤气净化工艺。

【经济性】以贫油循环量 320～360m³/h、粗苯产量 6～6.5t/h 的工程为例，相比正压工艺，采用双负压非直接蒸汽负压脱苯技术后，产生的经济效益可在 1.5 年回收技改投资。

以贫油循环量 160m³/h、粗苯产量 2.8t/h 的工程为例，采用直接蒸汽负压脱苯工艺后，相比正压工艺产生的经济效益如表 2-6-27 所示。

表 2-6-27 直接蒸汽负压脱苯相比正压工艺产生的经济效益

与正压工艺相比吨苯的新增效益	113 元	技改一次投资	500 万元/套
与正压工艺相比年度的新增效益	276 万元/a	技改回收一次投资成本周期	2 年

6.6.2.10　余热蒸氨技术

【技术描述】焦化企业传统蒸氨过程多采用蒸馏汽提工艺,通常以蒸汽为热源提供蒸馏热量,一般处理 1t 剩余氨水需消耗约 170kg/h 的低压蒸汽,能耗较高。采用焦化生产过程的余热作为蒸氨热源,可大幅降低蒸氨的能耗。

负压蒸氨技术是通过真空装置维持蒸氨塔内负压,以降低蒸氨温度,从而实现利用焦化过程余热(如烟道气余热或烟道气发生的低压蒸汽、循环氨水余热、回收上升管余热的导热油或其他热水余热)给蒸氨塔釜供热,降低蒸氨能耗目的的。工艺流程为:蒸氨塔顶通过真空系统实现蒸氨塔在负压下操作,同时实现氨水提浓。塔釜利用焦化过程余热给蒸氨塔釜的再沸器供热,完成废水蒸氨过程。负压蒸氨可将常规蒸氨工艺处理 1t 剩余氨水的热耗由 0.1Gcal(约合 170kg/h 低压蒸汽)降至0.065Gcal(约合 110kg/h 低压蒸汽)。

【技术类型】×资源综合利用;√节能;√减排。

【技术成熟度与可靠度】负压蒸氨已经在内蒙古金石煤业公司和山西孝义金达公司实施。

【预期环境收益】以处理 100t/h 剩余氨水,蒸氨废水含氨量控制在 100mg/L 以下的废水冷却至 40℃再排至生化处理,生产 40℃、18%(质量分数)的浓氨水为例,应用负压蒸氨技术后,热耗降低 30%～40%。

【潜在的副作用和影响】暂无。

【适用性】可适用于任何规模的焦化剩余氨水蒸氨工艺、非焦化氨水蒸馏工艺,不但适用于新建工程,也适用于老厂改造。

【经济性】以处理 100t/h 剩余氨水(对应为 300 万 t/a 焦炭产能),蒸氨废水含氨量控制在 100mg/L 以下,废水冷却至 40℃再排至生化处理,生产 40℃、18%(质量)的浓氨水为例,采用负压蒸氨,与常规常压蒸氨相比,投资增加 10%～15%,投资回收期不超过 2 年。

6.6.2.11　热泵蒸氨技术

【技术描述】目前焦化企业普遍采用蒸馏汽提工艺处理剩余氨水,需要以蒸汽为热源提供蒸馏热量,一般处理 1t 剩余氨水需消耗约 170kg/h 的低压蒸汽,能耗较高。

常压蒸氨塔塔顶氨汽温度在 98～103℃,为中温热源,采用第二类吸收式热泵可将其 45%～50%的热量传给过热水或蒸汽,再间接加热蒸氨塔塔底废水。一般情况下,焦化蒸氨塔塔顶氨汽可利用的潜热约占塔底蒸氨给热量的 50%～60%,因此采用第二类吸收式热泵后,塔底蒸氨消耗热源可节约 22.5%～30%。

采用 Aspen Plus 模拟计算优化蒸氨工艺,可将原常规蒸氨工艺处理 1t 剩余氨水需消耗的约 170kg/h 低压蒸汽量降至约 130kg/h。再在优化后的蒸氨工艺基础上,采用此技术回收塔顶热量，可进一步降低蒸氨蒸汽的消耗至 100kg/h。

工艺流程为：采用第二类吸收式热泵机组替代常规蒸氨分缩器，蒸氨塔顶的氨汽进入热泵机组，经部分冷凝换热后，汽液混合物进入汽液分离器，分离出的液相稀氨水由泵输至塔顶回流，汽相进入氨冷凝冷却器形成浓氨水。热泵机组将蒸氨塔塔顶氨汽的潜热在热泵机组内提升温度后加热循环热水，用于加热塔底废水作为部分热源给蒸氨塔供热。

【技术类型】×资源综合利用；√节能；√减排。

【技术成熟度与可靠度】该技术已实现工业化应用，投产稳定运行 1 套（山东铁雄焦化），在建 7 套。

【预期环境收益】以处理 100t/h 剩余氨水，蒸氨废水含氨量控制在 100mg/L 以下，废水冷却至 40℃再排至生化处理，生产 40℃、18%（质量）的浓氨水为例：

与常规蒸氨工艺相比，优化操作参数后的蒸氨工艺降低了 23.5%的蒸汽消耗，同时也降低了 17.6%的循环水消耗，总运行成本降低 22.5%。在此基础上应用该技术，低压蒸汽消耗量进一步降低 23%，运行成本进一步降低 15%。

二者累计，与常规蒸氨相比，优化后的热泵蒸氨技术节省了 41%的低压蒸汽消耗，节约了 13%的循环水用量，运行成本降低 34%。

【潜在的副作用和影响】暂无。

【适用性】可适用于任何规模的焦化剩余氨水蒸氨工艺、非焦化氨水蒸馏工艺，不但适用于新建工程，也适用于老厂改造。

【经济性】以处理 100t/h 剩余氨水（对应为 300 万 t/a 焦炭产能），蒸氨废水含氨量控制在 100mg/L 以下，废水冷却至 40℃再排至生化处理，生产 40℃、18%（质量）的浓氨水为例，与常规蒸氨工艺相比，采用优化后蒸氨+热泵技术的蒸氨工艺，每年可节约运行成本 723 万元，合 2.41 元/t（焦）。

6.6.3　加快工业化研发的关键技术

6.6.3.1　绿色高效特大型焦炉炼焦新技术

【技术描述】研究开发清洁高效特大型焦炉（炭化室高 8m 以上顶装焦炉及炭化室高 7m 以上捣固焦炉）炉体核心技术、配套装备关键技术，进行炼焦新技术的系统集成，形成与中国炼焦煤资源特征相适应的超大型焦炉炼焦新技术及其配套装备，建成世界上生产能力最大、技术装备水平最高、环保水平最先进、劳动生产率最高的顶装焦炉和捣固焦炉。

焦炉超大型化具有如下优点：环保水平高，同等规模焦炉孔数少，连续性与阵发性污染物排放量显著减少；单位产能所需劳动定员少，劳动生产率大幅提升；焦炭质量好（或炼焦成本低）；占地面积小；吨焦投资低、散热少。

【技术类型】 √资源综合利用；√节能；√减排。

【技术成熟度与可靠度】 世界范围内顶装焦炉炭化室高度在 8m 以上的仅投产 2 座，是德国施韦尔根的 2×70 孔 8.43m 焦炉，炉组产能达 260 万 t/a。国内，目前投产的产能最大的是炭化室高 7.65m 的顶装焦炉，炉组产能 210 万 t/a。当前世界范围内已投产的最大捣固焦炉炭化室高 6.78m，炉组产能达 170 万 t/a。

近年来，国内外焦化行业进入兼并重组、更新换代新时期，亟需超大型焦炉以进一步降低建设投资，提升生产效率，实现节能减排。

【预期环境收益】 应用该技术，通过源头减排方式可减少吨焦污染物排放量 10% 以上，吨焦能耗降低 3% 以上。

【潜在的副作用和影响】 暂无。

【适用性】 适应于建设规模 220 万 t/a 以上的超大型焦化项目。当项目占地受限制时，优势明显。

【经济性】 与 7m 焦炉相比，220 万 t/a 以上规模焦炉占地可节省 30%～40%，吨焦投资可降低 10% 以上，劳动生产率提升 30%。

6.6.3.2 超高压超高温干熄焦余热发电工艺技术

【技术描述】 我国干法熄焦余热发电技术自 20 世纪 90 年代以来发展很快，钢铁企业干熄焦率已达 98% 以上，且普遍应用高压高温发电技术。独立焦化企业在环保政策推动下加速建设，干法熄焦余热发电技术已经成为焦化企业提高企业竞争力的重要技术手段。

焦化流程是能源转换的流程工业，追求能源流高效转化是企业价值的目标所在。随着我国电力技术理论和装备制造业的技术进步，实现超高压超高温干熄焦余热发电已成为可能。

在干熄焦回收红焦显热并在锅炉中变成蒸汽的过程中，不能只注重蒸汽量的回收，而忽视了蒸汽品质，要注重锅炉与发电机组的匹配耦合及利用价值。大锅炉-大发电机的热电系统，热机效率高，单位电能的能耗低，而且易于实现企业电能自给，经济效益好。

超高压超高温干熄焦，其特征包括：除氧器由大气式改进为压力式；锅炉由常规形式改进为超高压再热锅炉；汽轮机由常规非再热形式改进为超高压一次中间再热形式；锅炉本体结构根据工艺要求可调整。

【技术类型】 ×资源综合利用；√节能；√减排。

【技术成熟度与可靠度】 该技术属于创新技术。2018 年 9 月通过了中国金属学会"超高压超高温干熄焦余热发电工艺技术及装备成套工程开发"的项目论证，认为该项目以提高干熄焦系统能效、能源转换价值为目标，以超高压超高温干熄焦余热发电工艺技术理论和计算为可行性支撑，以超高压超高温干熄焦余热发电工艺用小型化汽轮机及再热式自然循环锅炉技术装备开发为保证，提高了干熄焦全流程能源转换效率，实现了能源价值高效转换的系统集成创新。

【预期环境收益】应用该技术，吨焦可多发电 20kW·h，相当于多节约 2.458kg 标准煤[按《焦炭单位产品能源消耗限额》（GB 21342—2013）中规定的电力当量值折算系数 0.1229kg(标准煤)/kW·h 计算]，少排放二氧化碳 6.44kg。按全年焦炭产量 130 万 t 计算，全年多节约 3195t 标准煤，少排放 8372t 二氧化碳、27.16t 二氧化硫、23.65t 氮氧化物。

【潜在的副作用和影响】暂无。

【适用性】对 160t/h 及以上规模的干熄焦余热发电适用。该技术适用于 20MW 及以上机组，机组过小该技术的经济性较差；超过 50%的抽汽工况，该技术不建议使用。

【经济性】应用该技术，发电净功率比同等干熄焦规模高温高压机组多发电 13%～16%。

6.6.3.3　换热式两段焦炉技术

【技术描述】现代冶金对焦炭质量要求日益提高，需要大量优质炼焦煤，然而世界上优质炼焦煤资源有限且不可再生。目前采用的焦炉炉体结构复杂，且需对炼焦过程产生的燃烧废气和废水进行处理，焦化的投资和运行成本较高。理想的炼焦新技术应做到投资少、运行成本低、节能、环保，同时能够改善焦炭强度，扩大炼焦用煤范围。

预热煤炼焦技术开发较早，曾在国外实现了工业化，大量研究者也通过试验证明了通过预热煤炼焦能够明显改善焦炭质量或者增加弱粘结性煤用量。我国也于 20 世纪 60 年代开始对预热煤炼焦技术进行探索，对其提高焦炭质量的机理进行了深入研究。

换热式两段焦炉通过改变传统焦炉的结构形式和炼焦工艺实现预热煤炼焦。采用干燥预热室、换热室和燃烧室-炭化室一体化的立式结构设计，主要特征是用换热室取代传统焦炉的蓄热室，并在炉体上部引入干燥预热室，形成干燥预热室-炭化室的两段结构；炼焦煤料的干燥预热和干馏过程分别在干燥预热室和炭化室内分两段完成，煤料在干燥预热室内脱水、干燥、预热后进入炭化室进行干馏；焦炉加热用的空气和煤气（采用贫煤气加热时）在换热室内被预热后进入燃烧室燃烧，煤气燃烧后产生的热量首先用于煤料的干馏，燃烧废气经过换热室预热空气和煤气（采用贫煤气加热时）后进入干燥预热室，干燥预热装炉煤后经烟囱排出；在干燥预热室完成干燥、预热的煤料经过密闭的输煤管道，靠自重装入炭化室干馏，可有效避免装煤带来的环境污染。

【技术类型】√资源综合利用；√节能；√减排。

【技术成熟度与可靠度】该技术已完成第 1 阶段基础理论研究、第 2 阶段单元试验，第 3 阶段于 2016～2018 年在河北旭阳焦化建成半工业试验装置（三孔试验炉）开展了工业试验。

【预期环境收益】炼焦煤经预热后入炉，不含水分，经计算剩余氨水量可减少85%，焦化废水可减少 2/3；燃烧室燃烧温度降低约 100℃，NO_x 排放量减少。同时，由于结焦时间缩短，炉体散热量减少，炼焦煤气消耗量减少，相应的燃烧废气热损失减少。经过计算，总的耗热量可以降低 18%以上。

【潜在的副作用和影响】炭化室装干煤过程中煤粉尘随荒煤气带入煤气净化系统，需要单独处理。

【适用性】可用于新建焦炉。

【经济性】对应年产 150 万 t 焦炉，按照全焦产率 75%计算，采用换热式两段焦炉实现干燥预热煤炼焦，可带来的效益如下：

按降低炼焦耗热量 18%计算，可节约 3.42 万 t（标准煤）/a；

占煤料 10%左右的水不进入焦炉炭化室，可减少焦化废水 22.2 万 t/a；

在焦炭质量相同时，可多配入弱粘结性煤。

6.6.3.4 焦炉烟气脱硫脱硝副产物资源化利用技术

【技术描述】该技术主要包括焦炉烟气干法（半干法）脱硫副产物（钠基脱硫灰）资源化利用技术及活性炭脱硫脱硝副产物（活性炭粉、解析气）资源化综合利用技术。

脱硫灰主要成分为 Na_2SO_4、$NaCl$、Na_2CO_3、COD 和不溶颗粒物。钠基脱硫灰资源化利用技术通过多工序处理进行提纯，去除杂质后进入 MVR 蒸发结晶系统进行蒸发结晶，得到产品纯度 98%的硫酸钠，实现脱硫灰资源化、高附加值利用。

活性炭脱硫脱硝副产物资源化综合利用技术处理对象包括活性炭颗粒循环使用过程中挤压、磨损产生的活性炭粉和富集气体解析气。活性炭粉通过筛分、过滤收集后，可用作高炉喷吹燃料或生产活性炭的原料使用；富集气体解析气主要成分是富集的 SO_2，经氨水洗涤后可作为硫铵生产原料。

【技术类型】√资源综合利用；×节能；√减排。

该技术已列入国家发改委发布的《产业结构调整指导目录（2019 年本）》钢铁鼓励类。

【技术成熟度与可靠度】钠基脱硫灰资源化利用技术目前正在进行实验室研究和工业小试阶段。活性炭脱硫脱硝副产物利用技术已实现工业化应用，安阳钢铁焦化厂焦炉烟气脱硫脱硝装置产生的活性炭粉和解析气分别送至高炉喷吹和焦化硫铵单元使用。

【预期环境收益】近年来，钠基干法脱硫技术已成为焦炉烟气脱硫、干熄焦高硫烟气脱硫的主流工艺之一。钠基脱硫灰资源化利用技术投入工业化应用后，能彻底解决钠基干法脱硫技术存在的固废难题。

【潜在的副作用和影响】暂无。

【适用性】钠基脱硫灰资源化利用技术适用于所有采用碳酸钠、碳酸氢钠作为脱硫剂的烟气脱硫工艺。活性炭脱硫脱硝副产物（活性炭粉、解析气）资源化综合利用技术适用于各种规模的活性炭脱硫脱硝工艺。

【经济性】焦炉烟气脱硫脱硝副产物资源化利用技术将烟气治理产生的副产物变废为宝，完成焦炉烟气脱硫脱硝技术最后一环，在脱除污染物、创造良好社会效益和环保效益的同时，通过副产物资源化利用，产生部分收益，降低焦炉烟气脱硫脱硝治理的运行成本。

6.6.3.5 焦炉烟气低温脱硫脱硝及脱除 CO 的超低排放技术

【技术描述】研发低温条件下，脱除焦炉烟气中 SO_2、NO_x、CO 和颗粒物等多种污染物的技术。通过该技术实现焦炉烟气污染物达到或优于超低排放标准：$SO_2 \leqslant 10mg/m^3$，$NO_x \leqslant 100mg/m^3$，$CO \leqslant 150mg/m^3$，颗粒物 $\leqslant 10mg/m^3$。

【技术类型】×资源综合利用；×节能；√减排。

2018 年国家《环境保护税法》已将工业锅炉烟气中的 CO 污染物纳入征税对象。

【技术成熟度与可靠度】焦炉烟气低温脱硫脱硝及脱除 CO 的超低排放技术目前正在进行实验室研究。

【预期环境收益】焦炉烟气中的 CO 浓度在 $300 \sim 800mg/m^3$（使用焦炉煤气加热）或者 $2000 \sim 4000mg/m^3$（使用贫煤气加热），通过本项技术可实现 $CO \leqslant 150mg/m^3$ 的超低排放目标。采用本项技术可减排一氧化碳 0.467kg/t（焦）（使用焦炉煤气加热）或者 6.32kg/t（焦）（使用贫煤气加热）。

【潜在的副作用和影响】暂无。

【适用性】该技术适用于各种规模的焦炉。

【经济性】为脱除 CO 及低温条件下具有较高的脱硝效率，新型催化剂的费用即运行成本会增加。相比经济效益，该技术的价值主要体现在环保效益和社会效益。

6.6.3.6 基于多膜集成过程焦化废水资源化与零排放技术

【技术描述】生化处理后的焦化废水通过膜分离、蒸发结晶处理，可实现废水的再生利用及零排放。

双膜法回用技术：生化处理后的焦化废水含有一定量的硬度、碱度，因此在进入膜分离系统前需进行软化处理。通过采用药剂软化、离子交换技术去除废水中的碱度、硬度，再使用介质过滤、超滤截留废水中的悬浮物、胶体物质、有机污染物。反渗透主要用于脱盐处理，反渗透产水可作为再生水回用，浓水进入蒸发结晶单元处理。

多膜集成零排放技术：反渗透浓水通过"电催化碳膜-高选择性纳滤膜"实现一、二价离子的高效分离；对一价高盐废水，采用电渗析高效再浓缩成套技术、双极膜电渗析处理浓盐废水制备酸碱技术、高效节能 MVR 结晶分盐资源化技术，实现焦化废水的零排放治理。

【技术类型】√资源综合利用；×节能；√减排。

【技术成熟度与可靠度】双膜法回用技术为成熟技术，已在国内部分焦化企业得到应用。如新疆八钢焦化、乌海经济开发区海勃湾工业园万吨级污水处理及中水回用工程、山东钢铁日照精品基地项目等。

多膜集成零排放技术尚处于实验室研发/小试阶段。

【预期环境收益】以配套 100 万 t/a 焦化项目、处理能力 100m³/h 的焦化废水处理站为例，采用双膜法回用技术，每年可节省工业新水 61.32 万 t。

以配套 100 万 t/a 焦化项目、处理能力 100m³/h 的焦化废水处理站为例，实施多膜集成零排放技术，每年可节省工业新水 85.85 万 t。

【潜在的副作用和影响】双膜法回用技术会产生 25%～30% 的反渗透浓水，若无低品质水用户予以消纳，直接排放同样会对环境造成污染。

多膜集成零排放技术除了产出回用水、氯化钠、硫酸钠等产品外，还会产生少量废物——杂盐，需按规范妥善处理。

【适用性】双膜法回用技术会产生 25%～30% 的反渗透浓水，这部分废水处理后可用于洗煤、冲渣、熄焦等，更适用于钢铁联合企业的焦化项目；对于独立焦化企业，因无使用低品质水的用户，为了实现全厂废水零排放，需要采用多膜集成零排放技术。

【经济性】以配套 100 万 t/a 焦化项目、处理能力 100m³/h 的焦化废水处理站为例，采用双膜法回用技术投资约为 2000 万～3000 万元，每吨水运行成本约 4～6 元。

6.6.3.7 煤调湿技术

【技术描述】煤调湿技术是"装炉煤水分控制技术"的简称，以蒸汽或者高温烟气为热源，与炼焦煤间接或直接换热，将其在装炉前除去一部分水分，以实现如下目的：不因装炉煤水分过低引起焦炉和煤气净化装置操作困难；提高炭化室装煤量，缩短结焦时间，提高焦炭质量，降低炼焦耗热量；有利于焦炉连续稳定操作，延长焦炉寿命。煤调湿技术主要有以蒸汽为热源的蒸汽管回转干燥机技术以及以热废气为热源的流化床技术两种。

【技术类型】 √资源综合利用；√节能；√减排。

【技术成熟度与可靠度】 该技术在日本应用较为成功，并已实现深度调湿，装入煤水分低至 2.5%。

在我国，近年来先后投用了部分装置，如太钢焦化、济钢、邯钢焦厂、宝钢焦化、柳钢焦化、马钢焦化等，入炉煤水分在 8%左右。但大部分装置投用后由于系统工艺技术协同优化不及时，对炼焦及煤气净化生产操作影响较大，遂逐步停用。在当前焦化工艺面临洁净化、高效化的新形势，特别是在独立焦化企业废水消纳渠道受阻的困境下，有必要重新认识这项技术的重要性，故还需进一步完善和改进。

【预期环境收益】 运用该技术后,入炉煤含水量每降低 1%，炼焦耗热量相应降低 82MJ/t（焦）；如装炉煤水分降低至 5%，则可减少 1/3 的剩余氨水量。

【潜在的副作用和影响】 入炉煤水分降低，其运输及转运过程需配备完善的烟尘治理措施；对炼焦及煤气净化生产操作有不利影响。

【适用性】 可用于任意规模的焦化厂。

【经济性】 运用该技术后,焦炭的冷态强度可提高 1%～1.5%，反应后强度 CSR 可提高 1%～3%。

6.6.4 积极关注的关键技术

6.6.4.1 氢气高炉用高强度、高反应性焦炭制造技术

【技术描述】 以氢为还原剂，反应速度快，产物是 H_2O，具有降低焦比、增大生产能力、显著减排 CO_2 等优点。氢气高炉中，氢还原反应是吸热反应，要求焦炭具有更高的反应性。高炉期望焦炭具有较高反应性的同时，还要求具有较高的热强度以增强高炉的透气性。而焦炭的高强度和高反应性是反向相关的。目前炼焦工业只能生产高强度、低反应性焦炭。因此，高强度、高反应性焦炭制造技术是新一代氢气高炉能否实现 CO_2 减排和改善生产效率的关键。

我国优质强粘结性煤仅能满足未来 30 年的炼焦生产。因此，必须研究充分利用弱粘结性煤甚至不粘煤生产优质焦炭的技术以解决我国炼焦煤资源安全问题。

【技术类型】 √资源综合利用；√节能；√减排。

【技术成熟度与可靠度】 目前，世界钢铁强国钢企吨钢 CO_2 排放量约 1.6～1.8t，且已开展氢冶金技术研究。日本 COURSE50 拟将吨钢 CO_2 排放量减少 30%至 1.15t，韩国 COOLSTAR 拟减少 15%排放，欧洲 ULCOS 拟减少吨钢 CO_2 排放量至 1t。我国钢企目前吨钢 CO_2 排放量为 1.7～1.9t，减排压力巨大。高炉系统排放约占钢铁生

产 CO_2 排放总量的 80%，开发创新性高炉技术实现绿色低碳发展尤为重要。

日本针对高强度、高反应性焦炭进行了多年研究，2009 年成立国家项目"创新性的炼铁技术的先导性研究"，日本钢铁协会建立高强度、高反应性焦炭生产技术研究会进行技术开发，包括：JFE 的热压块-竖炉法（国家项目），新日铁的结焦后焦炭改质法和结焦前预混合法；日本东北大学的使用超级煤 HPC 生产铁焦。

我国部分大学和机构针对高反应性焦炭的制备及煤萃取技术进行了实验室研究。

【预期环境收益】预期研发出冷态强度和热态强度与传统焦炭相当，但反应性可从目前的 20%～30%提升至 50%以上，弱粘结性煤比例提升 10%，从而满足氢气高炉所需的高强度、高反应性焦炭，以期降低能耗、减排 CO_2 10%以上。

【潜在的副作用和影响】暂无。

【适用性】该技术为配套未来新一代低碳高炉的关键技术。

【经济性】与传统高炉炼铁相比，该技术能降低能耗、降低焦化，提高高炉产率，经济性好。

6.6.4.2 焦炉高温荒煤气直接重整制还原性气体技术

【技术描述】焦炉煤气是焦化行业的主要副产品。我国具有丰富的焦炉煤气资源，年产量接近 $2000×10^8 m^3$。COG 中 H_2 含量 55%～60%、CH_4 含量 23%～27%，是一种富氢气源。该技术以将高温荒煤气直接转化为可满足高炉炼铁、直接还原铁或化工合成、氢能源等行业需求的富氢还原气为目标，利用荒煤气自身的高温，通入氧气及蒸汽，促使荒煤气中的焦油、苯类大分子有机物发生重整反应，生成 H_2 与 CO 为主的还原性气体。

【技术类型】√资源综合利用；√节能；√减排。

【技术成熟度与可靠度】截至目前，国外使用净化后的焦炉煤气制还原性气体在直接还原铁项目有过工业应用，但使用荒煤气（未经净化的焦炉煤气）直接制还原性气体，还仅停留在理论研究及试验阶段，至今未有规模化的工业应用实例。

【预期环境收益】荒煤气所含的热量全部用于工艺转化，能源利用效率显著提升；煤气净化流程大幅缩短；通过对荒煤气中焦油、苯类化合物的高附加值高效利用，为冶金、能源工业的低碳、绿色化发展提供低成本还原气。

【潜在的副作用和影响】暂无。

【适用性】该技术为下一代低碳炼焦技术。部分海外焦化项目，不希望对焦油及苯进行回收，该技术较为适合。

【经济性】该技术可实现焦炉荒煤气经煤气净化及化工合成的长流程转变为直接高温重整的短流程，设备、占地与投资大幅减少。

6.6.4.3　氨分离膜从废水中分离氨技术

【技术描述】利用选择性氨分离膜，实现在较低温度下（不超过 60℃）从含氨废水中回收氨的技术。通过该技术实现含氨废水中氨氮含量不高于 100mg/L，能耗比常规蒸氨低 50%以上。

【技术类型】×资源综合利用；√节能；√减排。

【技术成熟度与可靠度】氨分离膜从废水中分离氨技术目前已完成实验室研究，具备工业化实验条件。

【预期环境收益】氨分离膜从废水中分离氨技术可以大幅降低从废水分离氨的能耗，与常规蒸氨过程相比，不用中低压蒸汽，洁净化程度高；氨分离过程避免大量水的汽化，节能效果明显。

【潜在的副作用和影响】暂无。

【适用性】该技术适用于各种规模的剩余氨水蒸氨。

【经济性】以处理 50t/h 的含氨废水为例，采用氨分离膜从废水中分离氨技术，预计工程投资比常规蒸氨过程节省 30%，占地节省 50%，运行成本降低 50%以上。

6.6.4.4　Ferro-coke 技术

【技术描述】在炼铁过程中，通过将煤炭(70%)和低品位矿石(约 30%)进行混合成形、干馏得到一种复合球团，包含金属铁和焦炭。在煤炭变为焦炭的过程中，通过金属铁与 CO_2 反应生成还原性球团，大大提高了催化反应的反应速度。由于 CO 浓度的增加，铁矿石的还原反应在较低温度下也会进行，降低了使用还原材料的比例。能够使用劣质煤和铁矿石进行节能，同时减少二氧化碳的排放。目前高炉预计可以节约 10%的能源，并将高品位煤的使用比例减少 20%。

【技术类型】×资源综合利用；√节能；√减排。

【技术成熟度与可靠度】该技术生产的铁焦是实现低碳高炉炼铁的一种新型碳铁复合炉料。高炉使用铁焦后可降低热储备区温度，提高冶炼效率，降低焦比，从而实现 CO_2 减排。日本经济产业省认识了铁焦技术在节能方面的优异表现，且认为实现实用化的可能性很高，将铁焦作为战略性节能革新技术纳入 COURSE50 项目，并考虑到 2030 年左右以 1500t/d 产能规模投入实际应用。届时，铁焦技术将成为日本钢铁业的主要减排项目之一。中国《钢铁工业调整升级规划（2016—2020 年)》将复合铁焦新技术列为前沿储备节能减排技术。在此背景下，基于我国原燃料条件提出了热压铁焦新型低碳炼铁炉料制备与应用新工艺，涉及热压铁焦制备与优化、热压铁焦反应性和反应后强度优化以及配加热压铁焦对高炉综合炉料熔滴性能的影响等方面的研究。东北大学的研究成果得到了国内钢铁企业的高度关注和高度评价，目前正与企业开展应用合作研究，在实验室研究的基础上进行热压和炭化处理工艺优化以及关键装备选型设计工作，并开展工业化试验，验证实际效果。

【预期环境收益】JFE 公司于 2011 年成功开发铁焦技术，在京滨厂中型高炉，代替 10%焦炭（中试规模，铁焦日产 30t），经过多次连续使用后，取得炉况正常、焦比下降的显著效果。2013 年，在千叶厂 5153m³ 的高炉上进行了试验，铁焦使用量 43kg/t（铁），高炉操作稳定，燃料比降低 13～15kg/t（铁）。2016 年开始正式进入实证研究阶段，在 JFE 西日本制铁所福山地区建设一座日产能为 300t 的实证设备，目的是扩大生产规模，确立可长期应用的操作技术等。

【潜在的副作用和影响】暂无。

【适用性】可用于传统室式焦炉工艺和矿煤压块竖炉炭化工艺。

【经济性】研究表明，在复合铁焦使用量 30%、炉顶煤气循环 48.8%的情况下，吨铁能耗降低 22.1%、焦比降低 16.4%、碳排放降低 51.8%，而生铁产量提高 39.8%，节能减排效果十分显著。

小结与建议：球团内配碳技术和铁焦技术是日本最早开发的技术，在我国的科研院校得到了进一步的开发和试验研究。随着非焦煤资源的日益匮乏，该技术可以缓解这方面的压力。

6.7　炼铁

6.7.1　排放和能源消耗

6.7.1.1　高炉单元物质输入输出类型

高炉工序物质输入输出关系见图 2-6-26。

（1）输入

固体：烧结矿、球团、块矿、含铁杂料、焦、煤、白云石、石灰石、耐火材料；

液体：重油、工业新水、除盐水、液压油、润滑油脂；

气体：氧气、氮气、蒸汽、压缩空气、高炉鼓风；

能源：高炉煤气、转炉煤气、焦炉煤气、天然气、电。

（2）输出

固体：水渣、高炉重力灰、高炉煤气布袋灰、出铁场除尘灰、矿焦槽及其他除尘灰、干渣、出铁场垃圾、废旧耐火材料；

液体：铁水、生活污水、水渣溢流水、区域雨排水、废弃液压油和润滑油脂；

气体：热风炉烟气、矿焦槽和出铁场除尘烟气、水渣蒸汽及水系统冷却塔蒸汽；

能源：高炉煤气、炉顶料罐排压煤气、TRT 发电、水渣余热（水渣循环水和蒸汽）、烟气余热。

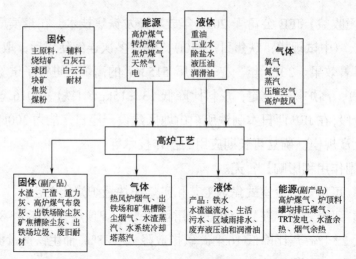

图 2-6-26　高炉工序物质输入输出关系

6.7.1.2　工艺单元的主要环境影响

（1）废水

高炉炼铁产生的废水主要是炉体设备冷却产生的间接冷却水、炉渣粒化产生的溢流废水、铸铁机冷却废水、生活污水及区域雨排水等。高炉区域的水串级使用，除生活污水和区域雨排水外，只有少量水渣溢流水外排，原则上可以做到生产废水零排放。高炉废水浓度标准及治理措施见表 2-6-28。

表 2-6-28　高炉废水浓度标准及治理措施表

序号	废水种类	pH	主要成分和浓度/(mg/L)			治理措施	备注
			COD	SS	BOD$_5$		
1	间接冷却废水	6~9				冷却、过滤后循环使用	部分排污水作为冲渣水补充水，部分送全厂统一处理后回用
2	炉渣粒化产生的废水	6~9		3000		沉淀、冷却后循环使用	零排放
3	铸铁机冷却废水			2000		沉淀、冷却后循环使用	零排放
4	生活污水及其他	6~9	350	300	250	经化粪池初步处理后排至生产生活污水排水管网	送全厂统一处理后回用

（2）废气

高炉工程废气主要包括矿焦槽除尘、出铁场及炉顶系统除尘、制粉与喷吹站除尘、铸铁机除尘、碾泥机除尘及修罐库除尘处理后的烟气，检验中心除尘、干煤棚除尘、物料转运站除尘后的烟气，高炉煤气、热风炉烟气、炉顶均压废气，水渣处理的蒸汽、循环水系统冷却塔的蒸汽等。表 2-6-29 为高炉工程废气排放标准及治理措施。

表2-6-29 高炉工程废气排放标准及治理措施表

序号	污染源	污染物名称	排放标准浓度/(mg/m³)	治理措施	治理效果
1	热风炉废气	烟尘	<10	采用清洁煤气	达标排放
		SO₂	<50		
		NOₓ	<200		
2	除尘废气				
2.1	矿、焦槽	粉尘	<10	布袋除尘器	达标排放
2.2	出铁场、炉顶	烟尘	<10	布袋除尘器	达标排放
2.3	制粉与喷吹站	粉尘	<50	布袋除尘器	达标排放
2.4	铸铁机、扒渣间	烟尘	<30	布袋除尘器	达标排放
2.5	碾泥机、修罐库	粉尘	<30	布袋除尘器	达标排放
2.6	物料转运站	粉尘	<30	布袋除尘器、单机除尘器	达标排放
2.7	干煤棚	粉尘	<30	布袋除尘器	达标排放
2.8	检验中心	粉尘	<30	布袋除尘器	达标排放
3	蒸汽				
3.1	水系统冷却塔蒸汽	—	—	—	达标排放
3.2	水渣蒸汽	烟尘（渣棉）	—	—	达标排放
		H₂S	—	—	达标排放
		SO₂	—	—	达标排放
		NOₓ	—	—	达标排放

（3）噪声

高炉主要噪声源有高炉冷风放风阀、炉顶均压煤气放散管、煤气净化系统减压阀组、高炉鼓风机、TRT、除尘风机、热风炉助燃风机、助燃风放风阀、制粉站排风机、水泵、空压机等。主要噪声源及控制措施见表2-6-30。对产生噪声的生产设备采取相应的消声、隔声等措施后，可有效减轻对厂界和环境的影响。

表2-6-30 高炉工程主要噪声源及控制

序号	主要噪声源	声源强度/dB(A)	噪声控制	治理效果/dB(A)
1	冷风放风阀	120	消声器	90
2	炉顶均压煤气放散管	115	消声器	85
3	煤气净化系统减压阀组	115	消声器、隔声罩	85
4	鼓风机	105	隔声罩、消声器、建筑隔声	75
5	汽轮机	110	消声器、建筑隔声	85
6	锅炉排汽	120	消声器	90
7	除尘风机	95~105	消声器	70~80
8	热风炉助燃风机	105	隔声材料、消声器	85

275

续表

序号	主要噪声源	声源强度/dB(A)	噪声控制	治理效果/dB(A)
9	制粉系统排风机	100	消声器、建筑隔声	80
10	TRT	95	建筑隔声	85
11	水泵	85	建筑隔声	75
12	空压机	95	建筑隔声	85

（4）固废

高炉产生的固体废物主要包括高炉渣、高炉煤气除尘灰和其他除尘灰、锅炉灰渣以及工业垃圾等。高炉单元主要固体废物产生的比例及处置措施见表 2-6-31。

表 2-6-31　高炉固体废物产生比例及处置措施

序号	名称	产生量占比/%	处置措施
1	高炉煤气除尘灰	3.6	送烧结工序回收利用
2	除尘系统除尘灰	7.9	送烧结工序回收利用
3	水渣（含水率 15%）	80	外售利用
4	干渣	3.7	外售利用
5	废耐材和工业垃圾	2.8	废耐材分类回收，工业垃圾部分回填、筑路，部分送渣场处置

（5）CO_2

高炉工序 CO_2 排放分析与测算，应全面考虑输入端焦炭和煤粉及其他碳质能源、电力消耗、动力消耗，输出端的铁水、煤气灰、TRT 电力回收、并入管网的高炉煤气等。通过碳平衡计算高炉工序的 CO_2 排放指标，排放的碳应为输入端的碳总量减去输出端产品及副产品中碳排放权的抵扣，即高炉工序 CO_2 排放=输入端的 CO_2 折合量-输出端的碳排放权抵扣，具体以表 2-6-32 我国某典型高炉（2000m³）的 CO_2 排放计算为例。

表 2-6-32　我国高炉工序 CO_2 排放计算表

输入端			输出端		
项目	折合 CO_2 量/kg	比例/%	项目	折合 CO_2 量/kg	比例/%
焦炭	1184.87	69.54	铁水	147	8.63
煤粉	449.37	26.37	进入管网 BFG	347.9	20.42
其他燃料（COG）	8.98	0.53	TRT 发电回收量	12.47	0.73
动力消耗	66.18	3.88	煤气灰	16.5	0.97
—	—	—	工序 CO_2 排放	1185.9	69.6
合计	1703.9	100	合计	1703.9	100

6.7.1.3 高炉单元单位产量的输入输出能源量

我国某大型高炉工序能耗计算见表 2-6-33。

表 2-6-33 高炉工序能耗计算表

序号	能源名称	实物单耗		标准煤折算系数		单耗 /[kg(标准煤)/t]	比例
		单 位	数 值	单 位	数 值		
1	能源消耗					544.219	100%
1.1	焦炭	t/(t·hm)	0.315	t/t(焦炭)	0.9801	308.732	56.73%
1.2	喷吹煤	t/(t·hm)	0.165	t/t(喷吹煤)	0.8571	141.421	25.99%
1.3	CDQ 粉	t/(t·hm)	0.013	t/t(CDQ 粉)	0.7645	9.938	1.83%
1.4	焦炉煤气	m³/(t·hm)	0.6979	t/×10⁴m³	6.43	0.448	0.08%
1.5	高炉煤气	m³/(t·hm)	568	t/×10⁴m³	1.14	64.752	11.90%
1.6	电	kW·h/(t·hm)	113	t/×10⁴kW·h	1.229	13.840	2.54%
1.7	高压氧气	m³/(t·hm)	0.03	t/×10⁴m³	0.69	0.002	0.00%
1.8	低压氧气	m³/(t·hm)	64.9	t/×10⁴m³	0.43	2.790	0.51%
1.9	氮气	m³/(t·hm)	30.5	t/×10⁴m³	0.14	0.427	0.08%
1.10	压缩空气	m³/(t·hm)	19.32	t/×10⁴m³	0.13984	0.270	0.05%
1.11	新水	m³/(t·hm)	0.56	t/×10⁴m³	1.05	0.059	0.01%
1.12	纯水	m³/(t·hm)	0.0018	t/×10⁴m³	97.6	0.021	0.004%
1.13	蒸汽	t/(t·hm)	14.37	t/t	0.1057	1.519	0.28%
2	能源回收					174.246	
2.1	高炉煤气回收	m³/(t·hm)	1475.682	t/×10⁴m³	1.14	168.228	
2.2	TRT 发电回收	kW·h/(t·hm)	48.96766	t/×10⁴kW·h	1.229	6.018	
高炉炼铁工序能耗						369.97	

注：此表以我国某大型高炉（5050m³）为例进行工序能耗计算，优于钢铁行业（高炉炼铁）清洁生产评价指标体系I级基准值要求的≤380kg(标准煤)/t，代表当前我国高炉炼铁的先进指标。

6.7.2 推荐应用的关键技术

当前高炉的节能减排和环保技术已经得到了广大炼铁工作者的高度重视，已经很成熟的节能技术，小块焦回收、软水密闭循环、热风炉烟气余热回收、高炉煤气干法除尘、TRT 技术、高炉喷煤、顶燃式热风炉、热风炉余压回收和喷吹罐余压回收等已经得到了广泛应用；环保除尘技术，矿焦槽和出铁场除尘、水渣处理技术、高炉循环水串级使用零排放技术、各种隔声消声技术等也已经得到了广泛应用，成为新建高炉设计的标配。最近发展成熟起来的炉顶均压煤气回收、水渣蒸汽消白、低燃料比操作技术、大数据智能化技术、BPRT、烧结矿分级入炉、高炉冲渣水预热回收等需要得到尽快推广应用。

6.7.2.1 炉顶均压煤气回收技术

【技术描述】高炉炉料(焦炭和含铁材料)经由炉顶料罐装入高炉，最常见的方式是使用高炉半净煤气通过均排压装置实现料罐压力和大气及炉内压力的平衡，料罐排压时排放到大气中的高炉煤气可以通过一套煤气回收系统实现减排和二次利用。该系统中，排压煤气经旋风除尘器、回收阀、回收管网进入煤气精除尘后，进入厂区净煤气总管回收利用。

【技术类型】×资源综合利用；√节能；√减排。

【技术成熟度与可靠度】该技术属于成熟研发成果，拥有实用新型专利4项，已实现工业化应用。该技术已经在日本、韩国、欧洲等地区的众多高炉上得到成功应用，在中国河北等北方地区的许多高炉上也得到有效应用。目前，该技术的市场占有率较低，约10%，需进一步推广应用。

【预期环境收益】装料期间炉顶气体(CO和H_2)和灰尘排放的多少取决于诸如炉顶料罐容积、每天装入的料批数量和炉顶气体压力等因素。宝钢湛江高炉的相关指标见表2-6-34。

表2-6-34 宝钢湛江高炉主要参数

参数	单位	数据	参数	单位	数据
产量	t/d	11200	炉顶压力	bar(1bar=10⁵Pa)	3
料批数量	天⁻¹	140	炉顶温度	℃	150
装入罐数	天⁻¹	280	年作业天数	天	360
料罐几何容积	m³	100	年回收煤气量	×10⁶m³/a	16.6

使用该系统已经实现炉顶气体排放量减少85%的显著效果。

【潜在的副作用和影响】暂无。

【适用性】可用于所有具有装料系统的新高炉和现有高炉。但该系统不适用于使用除高炉煤气以外其他气体给炉顶料罐加压的高炉。

【经济性】宝钢湛江，2015年的投资成本为150万元，每年生产402万t铁水。就粉尘排放而言，该项项目每年可实现166t灰尘的减排，从回收高炉煤气中获得的收益可达160万元/年以上。

6.7.2.2 基于炉腹煤气指数优化的炼铁智能大数据及高炉智能生产技术

【技术描述】高炉强化冶炼应以炉腹煤气量指数、炉身煤气效率和炉缸面积利用系数的指标体系来替代冶炼强度理论的指标体系。高炉应以燃料比不增加为前提进行强化冶炼操作，应以提高煤气利用率来追求更低的燃料比，走节能减排的可持续发展道路。高炉的系统设计和中心加焦操作，都要以炉腹煤气指数和吨铁炉腹煤气量数据为指导，防止在高炉强化操作的同时导致燃料比上升。提倡精料、高风温、高富氧、大喷煤的高炉操作方针，实现更好的节能减排效果。

在传统高炉炼铁流程基础上优化升级，建立了以炉腹煤气量指数为核心的高效低耗理论体系，开发了基于炉腹煤气量指数理论和全炉仿真的大型高炉炉型优化技术；充分结合大数据应用技术，努力构建钢厂炼铁生产的互联网+大数据平台，通过进一步系统地搭建工业化研发"高炉炼铁大数据平台"，实现各个企业端口的后续接入；逐步完善数据样本信息，后续通过数据挖掘技术，对炼铁工序海量数据进行深度挖掘，探索提高炼铁技术的方法，建立大数据共享中心，实施生产管理一体化，并且逐步将生产管理由经验向可视化、数字化、智能化方向转变，最终实现"高炉智能化生产的技术"的稳步落地。以此构建更高准确率的智能化生产管控系统，实现高炉更加稳定、高效生产，降低工序能耗，减少碳排放。

【技术类型】×资源综合利用；√节能；√减排。

【技术成熟度与可靠度】该技术属于工业研发攻关成果，已在我国部分钢厂实现初步验证应用，包括韶钢铁前集控系统、宝钢炼铁集控系统、武钢铁前集控系统、南钢铁前集控系统等。以韶钢集控系统为例，人员效率提高40%，预计节能降本的效益达到2亿元/年。

【预期环境收益】该技术预期收益主要体现在高炉生产经营及管理上的效率提升，如生产操作少人化或无人化、操作智能化等层面上的贡献，通过操作优化，实现高炉燃料比降低25kg/t（铁）、CO_2减排78kg/t（铁）的效果，一座600万t炼铁厂，可实现46.7万tCO_2的减排效果。

【潜在的副作用和影响】暂无。

【适用性】可用于所有新建、大修高炉或现役高炉生产管控智能化改造项目。

【经济性】实施该技术可以对钢铁企业的生产经营和管理起到巨大的改善作用，经济性主要是管理及运营成本上的效益。"互联网+"技术的应用打破了传统冶金企业封闭的技术圈，开辟了更为广阔的发展平台。一方面，大数据技术使得炼铁企业有效缩减了以往对数据存储、处理和硬件、场地方面的巨大投资，提升技术人员的工作效率；另一方面通过对数据的深度挖掘及智能化学习，提升有效数据的利用率，更好地帮助技术人员掌握冶金过程的各种规律性。韶钢铁前的智能化改造项目，实现了每年18500万元的效益。

6.7.2.3　BPRT 技术

【技术描述】将高炉鼓风机与高炉煤气余压发电（TRT）的透平串接起来，实现同轴传动，有效减小了高炉风机的耗电量。该技术已经在国内较多中小型高炉上得到成功应用。

【技术类型】×资源综合利用；√节能；×减排。

【技术成熟度与可靠度】该技术属于工业研发应用成果，已在我国部分中小型高炉上实现成功应用，系统成熟可靠。该项目已经在威钢、韶钢、徐钢等项目上得到成功应用，效果良好。

【预期环境收益】采用该技术可有效减少高炉风机的电力消耗[约 30kW·h/t(铁)]，及发电产生的 CO_2 排放。

【潜在的副作用和影响】暂无。

【适用性】可用于新建的中小型高炉项目。

【经济性】一座 2000m³ 级高炉，年产 185 万 t 铁水，每吨铁减少 30kW·h 的电耗，一年产生的效益可达 92.5 万元。

6.7.2.4　长寿高效环保高炉技术

【技术描述】在当前我国高炉工程已形成的特大型高炉高效低耗的工艺理论、内型设计及炉型构造、核心装备、智能控制等一系列重大关键技术基础之上，进一步研究开发以高炉长寿综合技术、智能环保高效的炉渣处理技术、水渣蒸汽白羽治理等为组成的技术群，结合产学研方式开展联合攻关，重点以湛江 3 高炉、宝钢 2 高炉大修等工程为应用载体和示范项目，打造新一代长寿、高效、环保高炉，综合技术达到国际领先水平。

【技术类型】×资源综合利用；√节能；√减排。

【技术成熟度与可靠度】该技术属于工业研发攻关阶段，部分成果已实现工业化应用，在我国部分钢厂的高炉系统进行了应用，但炉缸长寿的关键控制因素和异常侵蚀的防治措施、水渣蒸汽的污染物排水数据及其影响规律等方面还需要进一步探索和研究。

【预期环境收益】通过该系统可以最大限度地实现高炉在正常生产条件下炉缸平均寿命≥20 年，水渣蒸汽回收率≥50%，水渣蒸汽污染物减排 50%，在环保、节能方面上均有较为显著的效益。

【潜在的副作用和影响】暂无。

【适用性】可用于所有新建高炉、大修高炉或高炉技术改造。

【经济性】实施该技术，一方面为减少高炉大修频率带来的效益，例如一座 2000m³ 级的高炉固定投资为 7 亿人民币，如果采用了科学的炉缸长寿技术并生产维护得当，炉龄寿命可达到 15 年，平均每年的折旧费用为 4667 万元。而若没有采用合理科学的设计，且生产维护出现问题，炉龄寿命可短至 8 年以下，平均每年折旧费为 8750 万元，每年可节省折旧费用 8750−4667＝4083（万元），经济效益显著。另一方面，主要为高炉高效利用带来的显著效益，例如一座 2000m³ 级的高炉，若因炉缸出现侵蚀而降低利用系数 0.3t/(m³·d)，每年将减产 21 万 t。吨铁利润按 200 元计算（考虑当前市场因素），每年将损失 4200 万元。

6.7.3 加快工业化研发的关键技术

随着我国钢铁产能置换升级工作的加快推进，未来高炉炼铁发展调控仍然以低能耗、大型化为主基调。从钢铁企业需求侧来看，日益趋紧的环保政策、日益严峻的成本压力以及同质化技术产品的竞争压力，正在不断倒逼着我国高炉炼铁必须在低碳环保、可持续发展的趋势下加快工业化研发非对称性核心关键技术，具体表现在新一代长寿高效环保高炉技术、高炉四元炉料应用技术、高炉复合喷吹应用技术、热风炉烟气脱硫脱硝技术等实现进一步突破。

6.7.3.1 高炉水渣蒸汽污染物减排技术

【技术描述】当前高炉炼铁行业面临日益严苛的环保压力，高炉水渣冲制过程中产生大量含有渣棉、H_2S、SO_2 等有害物质的蒸汽"白羽"排入大气中。通过将冲渣蒸汽从现有烟囱接出，通过增压风机送到喷淋冷却系统，湿空气降温至 70℃，使原有湿空气中的水滴凝并聚合，并降低湿空气的含水量；再进入旋流脱水器，通过气液分离方式将聚合后的小水滴进行脱除；最后返回水渣烟囱排至大气，实现大幅度地消除"白羽"。

【技术类型】×资源综合利用；×节能；√减排。

【技术成熟度与可靠度】该技术属于成熟研发成果，已实现工业化应用，在我国河北地区众多钢厂的高炉水渣系统进行了应用。但对该技术减排的效果缺乏实际数据的支撑，对水渣污染物的排放数据及其影响规律没有进行系统的探索和研究，需对此做进一步的研究。

【预期环境收益】通过该系统可以最大限度地实现水渣蒸汽以凝结水的形式回收利用，减少高炉水渣蒸汽排放量（约 90%），可大量减少水渣蒸汽中的渣棉、H_2S、SO_2、NO_x 等有害物质的排放。以一座 2500m³ 高炉测算，预计"白羽"凝结水年可回收量约 500000m³，减少排放蒸汽污染环境的同时，也节约了宝贵的水资源。

【潜在的副作用和影响】暂无。

【适用性】可用于所有新建、大修高炉或高炉技术改造项目，但该系统仅限于高炉熔渣采用水淬处理的工艺类型。该系统的消白效果受到不同钢厂所处地域及季节性气候条件等因素的影响。

【经济性】以 1 座 2500m³ 高炉水渣系统为例,每年高炉预计生产 210 万 t 铁水,设置一套"白羽"治理系统的投资费用约为 1000 万~1200 万元,年运行成本主要由电费和维护费组成,约 120 万元,单位运营成本约 0.57 元/t(铁水)。该系统在效益上的贡献更多的是社会环保效益,经济上的投资收益率相对较小。

6.7.3.2 高炉复合喷吹应用技术

【技术描述】高炉复合喷吹是根据资源条件的变化,改变喷吹物料的组成,实现高炉最佳喷吹效果,代表了高炉喷吹技术的发展方向,也是高炉炼铁流程中喷吹工序与高炉工序优化结合的重要内容。进一步加快工业化研发"高炉喷吹铁碳废料(煤气灰、CDQ 粉、兰炭)、废塑料、废轮胎、富氢还原气(焦炉煤气、天然气)"等关键应用技术,在开展理论研究的基础上,积极寻求合适的高炉进行改造和工业性试验验证,以形成安全、稳定、可靠的高炉复合喷吹工艺技术和核心设备。

【技术类型】√资源综合利用;√节能;√减排。

【技术成熟度与可靠度】该技术国外钢厂已有较为成熟的应用,我国高炉未开展大规模的复合喷吹生产实践,尚处于工业研发阶段,未形成系统的应用技术体系。

【预期环境收益】通过实施该技术可以实现城市存量废液弃物的合理利用,减轻环境负荷、实现资源循环利用的同时,还可为高炉提供碳氢质燃料,实现高炉燃料减量替代,为高炉冶炼在节能、低碳、环保方面贡献效益。

【潜在的副作用和影响】暂无。

【适用性】可用于所有新建高炉、大修高炉或高炉技术改造项目。

【经济性】实施该技术的经济性需要根据喷吹不同含碳含氢燃料的性质、具体喷吹物料的市场价格行情等因素综合评估。在不影响高炉正常生产操作的条件下,可以实现喷吹燃料 0.8~1.0 的置换比,高炉降本增效作用明显,具有一定的节能和循环经济效益。如喷吹天然气、焦炉煤气等还原气体,则可实现进一步减少高炉 CO_2 的排放量,预计使得 CO_2 的排放量降低约 10%甚至更高,环保效益较为明显。其喷吹的经济性,取决于喷吹燃料的市场价格,如果低于所替代的焦炭价格则可取得明显的效益。

6.7.3.3 热风炉烟气脱硫技术

【技术描述】基于高炉热风炉烟气的关键参数及特性以及理论研发及工艺试验测试,研究开发了一套合适的脱硫技术方案;并结合系统优化、设备参数的选择优化、工业化现场调试完善,最终形成了一套基于热风炉烟气脱硫的成熟、可靠的技术方案。热风炉烟气净化后的各项成分指标达到 2019 年国家超低排放参数(按照《超低排放征求意见稿》执行)的标准后排放。

【技术类型】×资源综合利用；×节能；√减排。

【技术成熟度与可靠度】该技术属于工业研发攻关阶段，未形成成熟的系统化应用技术。

【预期环境收益】通过实施该技术可以实现我国高炉热风炉烟气超低排放，热风炉烟气脱硝后排放的 $SO_2 \leqslant 35mg/m^3$、颗粒物 $< 10mg/m^3$。可以进一步减少高炉排放物对大气环境的污染，具有重要的环保效益。

【潜在的副作用和影响】脱硫副产物的处理存在一定难度。

【适用性】可用于所有新建、运营中或大修高炉热风炉的环保技术改造项目。

【经济性】实施该技术的经济性主要体现在社会效益和环保效益上，可以实现热风炉排放烟气中污染物浓度进一步降低，以达到超低排放的目的，对我国绿色环保的贡献作用巨大。对高炉生产运营的经济效益则较低，高炉运行成本将增加约 2 元/t（铁）。

6.7.3.4 高炉煤气脱硫技术

【技术描述】随着环保标准的提高，高炉煤气燃烧后的烟气含硫超标，需要进行相关治理，而采用高炉煤气源头脱硫治理是未来的趋势。高炉煤气通常含有无机硫、有机硫，其中无机硫以 H_2S 为主，有机硫以 COS（羰基硫）为主。大部分钢厂高炉煤气燃烧后的烟气含硫量较高，不能满足超低排放的要求。高炉煤气精脱硫技术是对高炉煤气中端集中进行脱硫，使高炉煤气用户达到超低排放的要求。

高炉煤气脱硫技术主要有干法脱硫技术和水解湿法脱硫技术两类。高炉煤气脱硫的关键在于煤气中 COS 的控制与削减。COS 是一个结构上与二硫化碳类似的碳化合物，气态的 COS 分子为直线型，性质稳定，在高炉煤气无氧环境中难以与其他化合物直接发生化学反应，碱液吸收效率较低。工业气体中脱除 COS 一般采用先水解再脱硫化氢的方式，硫化氢脱除可使用碱性液吸收法、物理吸附法等。

【技术类型】×资源综合利用；×节能；√减排。

【技术成熟度与可靠度】该技术属于工业研发攻关阶段，未形成成熟的系统化应用技术。

【预期环境收益】通过实施该技术可以将高炉煤气中的硫脱除到 $\leqslant 35mg/m^3$。可以进一步减少高炉煤气燃烧排放物对大气环境的污染，具有重要的环保效益。

【潜在的副作用和影响】脱硫副产物的处理存在一定难度。

【适用性】可用于所有新建或大修高炉改造项目。

【经济性】实施该技术的经济性主要体现在社会效益和环保效益上，可以实现高炉煤气燃烧烟气中污染物浓度进一步的降低，以达到超低排放的目的，对我国钢铁企业绿色环保的贡献作用巨大。对高炉生产运营的经济效益则较低，高炉运行成本将增加约 10 元/t（铁）。

6.7.4　积极关注的关键技术

对于高炉炼铁流程的长远未来，仍无法回避高 CO_2 排放带来的巨大潜在问题。欧洲的 ULCOS 项目、日本政府正在积极推进的 COURSE50 项目，均旨在采用新的工艺技术减少 CO_2 的排放。我国应通过改善工艺功能实现低碳和脱碳炼铁，作为高炉的未来发展，应该积极关注以氧气高炉为基础的低 CO_2 排放工艺、高炉煤气 CO_2 脱除技术、高炉生物质炭应用技术等。

6.7.4.1　高炉煤气 CO_2 脱除技术

【技术描述】对高炉炉顶煤气中的 CO_2 进行脱除，大幅度提升 CO 的含量后，可返回高炉作为喷吹介质，达到很好的节能效果。目前阶段，煤气脱除 CO_2 主要采用的变压吸附（PSA）工艺，其成本和效率还有待进一步提高，工程上应用的经济性还有待验证。对于氧气高炉新工艺而言，煤气脱除 CO_2 的返回利用技术的应用，将大幅度提升高炉炼铁未来的竞争力，也是高炉炼铁应积极关注的关键技术。

【技术类型】√资源综合利用；√节能；√减排。

【技术成熟度与可靠度】该技术属于研发验证阶段，尚未有成熟的、经济的工程应用技术。

【预期环境收益】通过实施该技术可以深度脱除高炉煤气中 CO_2，并通过碳存储及合理处置、再利用等相关技术，进一步实现削减 CO_2 低碳高炉冶炼，大幅度地减少高炉工序 CO_2 的排放，具有显著的环保效益。

【潜在的副作用和影响】暂无。

【适用性】可用于所有新建、大修高炉或现役运营的高炉。

【经济性】实施该技术需要增加部分相应 CO_2 分离技术的投资，对高炉生产的经济性主要体现在 CO_2 分离以及分离后煤气回喷起到的高炉节能、减排层面上，社会和环保效益更为显著。

6.7.4.2　氧气高炉

【技术描述】氧气高炉工艺是用冷态氧气代替传统热风操作的一种新型炼铁工艺，其特点是内部无氮气，从而提高高炉还原率和利用系数，在冶炼效率和节能减排等方面具有显著优势。其中，欧盟和日本的"ULCOS""COURSE50"项目，都将氧气高炉炼铁流程作为钢铁企业炼铁中长期发展方向，集中力量进行技术攻关，值得关注和跟踪。

【技术类型】√资源综合利用；√节能；√减排。

【技术成熟度与可靠度】该技术属于研发攻关阶段，尚未有商业化工程应用实践。

【预期环境收益】通过实施该技术结合碳捕集与储存技术，可以比当前的高炉工艺 CO_2 排放最少的炼铁工艺减少 CO_2 排放 30%以上，其中炉顶煤气循环-氧气高炉流程是最有希望实现工业化的工艺流程，节能减排的环保效益较为显著。

【潜在的副作用和影响】暂无。

【适用性】该技术较适用于新建或大修高炉工程，可能涉及高炉系统结构的优化设计等。

【经济性】实施该技术可以实现高炉大喷煤操作，提升高炉利用系数，降低一次燃料消耗并减少 CO_2 排放，焦炭理论消耗可以降低到 300kg/t（铁），炉顶煤气循环利用预计可降低燃料消耗 10%，减少 CO_2 排放约 10%，综合经济效益较为明显。如果炉顶 CO_2 进一步实现储存和资源化利用，预计可以减少 CO_2 排放 30%以上。

6.7.4.3　高炉生物质炭应用技术

【技术描述】利用生物质炭替代传统的黑色燃煤（包括现有高炉的焦煤和焦炭等原燃料）。充分利用生物质炭为高炉冶炼提供能源及还原剂，可实现无化石燃料的高炉冶炼生产，同时也有助于高炉减少 CO_2 排放。该技术目前已由瑞典国家冶金研究院联合瑞典钢铁公司（SSAB）的乌克瑟勒松德工厂共同研究开发，也是高炉炼铁应积极关注的关键技术。

【技术类型】√资源综合利用；√节能；√减排。

【技术成熟度与可靠度】该技术属于工业化研发验证阶段，尚未有成熟的工程应用实践。

【预期环境收益】实施该技术主要是利用生物质炭替代传统的黑色燃煤，有助于减少 CO_2 排放，预计可以将化石燃料的 CO_2 排放降低 30%。

【潜在的副作用和影响】暂无。

【适用性】若该技术试验成功，可用于所有新建、大修高炉或现役运营的高炉。

【经济性】实施该技术预计可实现焦煤和焦炭等原料部分被生物质炭替代，充分发挥可再生能源生物质的应用潜力，在投资上无需额外投入，经济效益着重体现在降低高炉冶炼成本上，同时兼顾 CO_2 减排。从现阶段的试验来看，向小型高炉中喷入生物质炭已经产生了一些积极的效果，后续需要进一步关注规模化工业试验的效果。

6.7.4.4　氢冶金技术

【技术描述】研究开发了采用氢的直接还原炼铁工艺及配套炼钢技术，氢能源主要是利用非化石能源产生的（如核能制氢或新一代电解水制氢）高反应性的氢气与铁矿原料发生反应，生成直接还原铁（DRI），其过程不产生 CO_2 等温室气体，实现绿色炼铁生产。后续将直接还原铁与废钢一起装入电炉炼钢，或者制成热压块铁储存或出售。瑞典钢铁公司（SSAB）已开展 HYBRIT 项目，旨在联合开发用氢替代炼焦煤和焦炭的突破性炼铁技术，值得积极关注。

【技术类型】√资源综合利用；√节能；√减排。

【技术成熟度与可靠度】该技术属于工业研发验证阶段，尚未有商业化工程应用实践。

【预期环境收益】实施该技术后炼铁工艺排放物主要是水，对环境的友好度高。预计随着该技术的不断成熟和规模化运行，可以提供一个无碳炼铁解决方案，低碳减排层面的环保效益显著。

【潜在的副作用和影响】暂无。

【适用性】该技术适用于短流程直接还原炼铁领域。

【经济性】实施该技术需要考虑可再生能源及氢在价格和供应量方面是否有竞争力，廉价氢能源的获取将决定该技术实施及规模化推广的经济效益。预计随着氢制取技术的发展迭代，其经济性将日益凸显。

6.7.4.5 气基竖炉直接还原技术

【技术描述】直接还原技术，目前世界上主流的应用技术为气基竖炉直接还原工艺，是一种以 CO 和 H_2 为主要还原气，通过加热至还原所需温度后，通入至竖炉内还原铁矿石的气-固逆流反应炼铁工艺；其产品形态不同于熔融还原的液态铁水，而是固态海绵铁(DRI/HBI)。高品质海绵铁，其 P、S 和金属残留元素含量极低，具有稀释钢中有害元素、降低气体和夹杂物含量的作用，是电炉短流程炼钢不可缺少的杂质稀释剂；同时也是电炉冶炼纯净钢、优质钢等特种钢不可缺少的杂质稀释剂和铁质原料，以及转炉炼钢最好的冷却剂、载能材料和铁源。采用 DRI 代替优质废钢更适合于生产对氮、有害元素有严格要求的用于石油套管、钢丝绳、电缆线等钢种。此外，高质量的海绵铁还可直接应用于粉末冶金等领域。

【技术类型】√资源综合利用；√节能；√减排。

【技术成熟度与可靠度】该技术属于成熟技术，在国外天然气资源富裕且廉价，如中东、美洲地区等，已有大量的工业生产装置，最大单体装置可达 250 万 t/a。国内已有部分企业引进该工艺技术，但尚未有完整的应用实践经验。

【预期环境收益】实施该技术后炼铁工艺排放物主要为加热用燃料气的烟气，还原煤气基本实现内部循环使用，对环境的友好度高，碳排放仅为传统高炉工艺的 50%。预计随着富氢乃至全氢技术的不断成熟和规模化运用，将提供一个无碳炼铁解决方案，环保效益显著。

【潜在的副作用和影响】暂无。

【适用性】该技术适用于低碳短流程直接还原炼铁领域。

【经济性】实施该技术需要综合考虑气源、球团矿等铁料的价格和供应方面是否有竞争力，廉价气源将决定该技术实施及规模化推广的经济效益。

6.7.4.6　HIsmelt 熔融还原技术

【技术描述】HIsmelt 工艺是一种直接向熔池内喷吹铁矿粉和煤粉的熔融还原炼铁工艺。力拓集团于 2005 年在西澳 Kwinana 建成了试验厂，但由于各种原因，作业率一直不理想，限制了产能发挥，陷入长期生产摸索阶段。2017 年 8 月，力拓集团向我国山东墨龙转让 HIsmelt 技术，装置设计产能 80 万 t/a 的 HIsmelt 炉在墨龙成功开炉出铁。该技术装置的生产情况值得积极关注和跟踪。

【技术类型】√资源综合利用；√节能；√减排。

【技术成熟度与可靠度】该技术属于工业验证阶段，已有商业化工程应用，成熟度及可靠性待验证。

【预期环境收益】通过实施该技术可以直接利用铁矿粉原料，省去了炼铁烧结、球团及炼焦工序的能源消耗以及减少了 CO_2 排放，具有较好的综合环保效益。

【潜在的副作用和影响】暂无。

【适用性】该技术适用于短流程熔融还原炼铁领域。

【经济性】实施该技术的经济性优势主要体现在直接利用铁矿粉和煤粉上，原料成本上具有较好的优势，但现阶段该装置技术冶炼的煤比、产能、作业连续性等技术指标，是否具备优势的经济效益，仍需通过生产摸索进一步验证。

6.7.4.7　欧冶炉熔融还原技术

【技术描述】欧冶炉是在宝钢罗泾 COREX-C3000 基础上创新改造和发展起来的非高炉熔融还原炼铁工艺，主要以烧结矿、球团、焦炭和块煤作为入炉原燃料，具有少用焦炭、污染较小和操作灵活的技术优势。2012 年宝钢集团将 COREX 迁建至八一钢铁，装置产能为 150 万 t/a。通过对欧冶炉工艺技术和设备的升级与改造，于 2015 年实现了开炉，经过几年的生产实践和技术探索，经济技术指标不断提升，铁水成本低于高炉工艺。该技术的生产情况值得积极关注和推广。

【技术类型】√资源综合利用；√节能；√减排。

【技术成熟度与可靠度】该技术已在八一钢铁实现工业化应用，成熟度及可靠性好。

【预期环境收益】欧冶炉可以直接大量使用动力煤，输出清洁的高热值煤气，实现煤的清洁利用，同时可减少优质冶金焦炭的使用量；可以大量消纳各种有害废弃物，直接为城市废物处置和环保做贡献，具有较好的综合环保效益。

【潜在的副作用和影响】暂无。

【适用性】该技术原燃料要求较低，适应性广，且对钒钛矿的冶炼具有潜在的技术优势。

【经济性】随着欧冶炉生产稳定性提高，燃料结构优化效果凸显，铁水成本显著降低。2019 年铁水成本约低于高炉 75 元/t（铁），经济效益明显。

6.8 炼钢

6.8.1 排放和能源消耗

6.8.1.1 炼钢单元物质流入流出类型

转炉炼钢资源消耗和排放流程及电弧短流程资源消耗和排放流程见图 2-6-27、图 2-6-28。

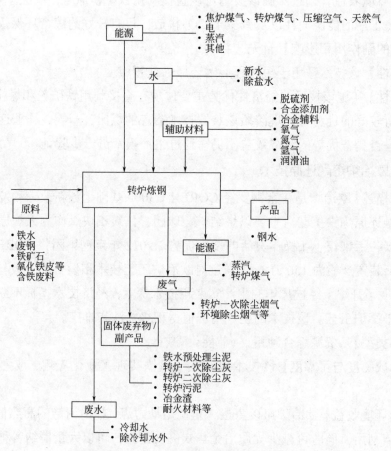

图 2-6-27 转炉炼钢资源消耗和排放流程

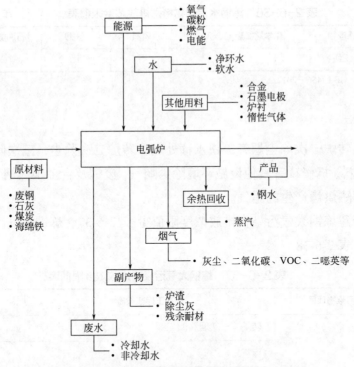

图 2-6-28　电弧炉短流程资源消耗和排放流程

（1）输入

铁水、废钢、DRI、铁合金、铁矿石、氧化铁皮、活性石灰、轻烧白云石、轻烧镁球、复合渣料、补热材料、耐火材料、氧气、氮气、氩气、蒸汽、压缩空气、煤气、天然气、电、电极、新水、除盐水。

（2）输出

钢水、转炉煤气、蒸汽、废水、转炉一次除尘灰、环境除尘灰、脱硫渣、转炉渣、精炼铸余渣。

6.8.1.2　工艺单元的主要环境影响

（1）废水

炼钢区域内少量生产废水收集后排入全厂生产废水排水管网，由全厂生产废水处理设施统一处理。单位产品基准排水量为 0.1m³/t。

现有及新建炼钢水污染物排放浓度限值见表 2-6-35。炼钢水污染物特别排放浓度限值见表 2-6-36。

表 2-6-35　炼钢水污染物排放浓度限值表　　单位：mg/L

pH 值	悬浮物	化学需氧量(COD$_{Cr}$)	氨氮	总氮	石油类	氟化物
6~9	30	50	5	15	3	10

注：数据来源于 GB 13456—2012。

表 2-6-36　炼钢水污染物特别排放浓度限值表　　　　　　单位：mg/L

pH 值	悬浮物	化学需氧量(COD$_{Cr}$)	氨氮	总氮	石油类	氟化物
6~9	20	30	5	15	1	10

注：数据来源于 GB 13456—2012。

（2）废气

废气包括转炉一次除尘烟气，铁水预处理、转炉二次除尘、三次除尘、电炉、精炼、上料加料、拆修罐等其他设施环境除尘烟气，废钢及合金预热烟气，钢水罐、铁水罐、中间罐烘烤产生的尾气。

现有及新建炼钢大气污染物排放浓度限值见表 2-6-37。炼钢大气污染物特别排放浓度限值见表 2-6-38。

表 2-6-37　炼钢大气污染物排放浓度限值表

序号	污染物项目	生产工序或设施	限值
1	颗粒物 /(mg/m³)	转炉（一次烟气）	50
		电炉	20
		铁水预处理（包括倒罐站、扒渣等）、转炉（二次烟气）、电炉、精炼炉	20
		钢渣处理	100
		其他生产设施	20
2	二噁英类 /[ng(TEQ)/m³]	电炉	0.5

注：数据来源于 GB 28664—2012。

表 2-6-38　炼钢大气污染物特别排放限值表

序号	污染物项目	生产工序或设施	限值
1	颗粒物/(mg/m³)	转炉（一次烟气）	50
		电炉	20
		铁水预处理（包括倒罐站、扒渣等）、转炉（二次烟气）、电炉、精炼炉	10
		钢渣处理	100
		其他生产设施	15
2	二噁英类 /[ng(TEQ)/m³]	电炉	0.5

注：数据来源于 GB 28664—2012。

炼钢颗粒物无组织排放浓度限值见表 2-6-39。

表 2-6-39　炼钢颗粒物无组织排放浓度限值表　　　单位：mg/m³

序号	无组织排放源	限值
1	有厂房生产车间	8.0
2	无完整厂房车间	5.0

注：数据来源于 GB 28664—2012。

（3）噪声

主要噪声源：转炉、电炉和 LF 冶炼设备、余热锅炉汽包和蓄热器排气、RH 真空泵、除尘系统风机、水泵。主要噪声源声级、治理措施、治理后声级见表 2-6-40。厂界环境噪声不得超过表 2-6-41 规定的排放限值。

表 2-6-40　炼钢主要噪声源、治理措施表

序号	噪声源	治理前/dB(A)	治理措施	治理后/dB(A)
1	转炉、LF	95~105	厂房隔声	约 85
2	电炉	95~120	厂房隔声、狗窝、平熔池工艺	约 85
3	余热锅炉汽包、蓄热器排气	102~106	消声器	约 80
4	真空泵	约 100	包扎隔声材料	约 85
5	除尘系统风机	95~105	消声器、风机房隔声	约 85
6	水泵	约 90	减振、建筑隔声	约 70

表 2-6-41　炼钢厂界环境噪声排放限值表　　　单位：dB(A)

序号	厂界外噪声环境功能区类别	昼间	夜间
1	3	65	55
2	4	70	55

（4）固体废物（固废）

固废主要包括铁水预处理、转炉一次除尘、二次除尘、三次除尘、上料加料系统、拆罐、修罐除尘粉尘，脱硫渣、转炉钢渣、铸余渣、废耐材。

炼钢固体废物产生及利用情况见表 2-6-42。

表 2-6-42　炼钢固废产生及利用情况表

序号	名称	单位产生量/[kg/t(钢)]	去向	固废类型
1	脱硫渣	约 8	渣处理中心	一般固废 II 类
2	转炉渣	约 100	渣处理中心	一般固废 II 类
3	电炉渣	约 120	渣处理中心	一般固废 II 类
4	铸余渣	约 20	渣处理中心	一般固废 I 类
5	含铁除尘灰	约 18	压块返回利用	一般固废 I 类
6	废耐材	约 10	供货商自行回收利用	一般固废 I 类

（5）二氧化碳（CO_2）

二氧化碳主要来源于转炉煤气排放。

6.8.1.3　炼钢单元单位产量的输入输出能源量

转炉工序能耗限额规定见表 2-6-43。

表 2-6-43　转炉工序能耗限额表

序号	相关标准	适应转炉	工序能耗/[kg(标准煤)/t]
1	钢铁企业节能设计规范（GB 50632—2010）	120～200t	≤-9.0
		＞200t	≤-12
2	《粗钢生产主要工序单位产品能源消耗限额》（GB 21256—2013）	现有	≤-10
		新建或改扩建	准入：≤-25，先进：≤-30

典型的转炉工序能耗计算见表 2-6-44。

表 2-6-44　典型转炉工序能耗计算表

序号	能源名称	单位	折合标准煤系数	实物单耗	折标准煤/[kg/t(钢)]
能源消耗					
1	混合煤气	GJ	34.16kg/GJ	0.06～0.10GJ/t	2.050～3.416
2	电	kW·h	0.1229kg/kW·h	30～45kW·h/t	3.687～5.531
3	工业水	m^3	0.0475kg/m^3	0.3～0.6m^3/t	0.014～0.029
4	软水	m^3	0.189kg/m^3	0.11～0.15m^3/t	0.021～0.028
5	压缩空气	m^3	0.0152kg/m^3	10～20m^3/t	0.152～0.304
6	蒸汽	t	0.1038kg/t	0～27t/t	0.000～2.803
7	氧气	m^3	0.0802kg/m^3	48～55m^3/t	3.850～4.411
8	氮气	m^3	0.0169kg/m^3	20～50m^3/t	0.338～0.845
9	氩气	m^3	0.8872kg/m^3	0.8～1.2m^3/t	0.710～1.065
能源回收					
1	转炉煤气	m^3	0.257kg/m^3	90～110m^3/t	23.130～28.270
2	蒸汽	t	0.1038kg/t	60～100t/t	6.228～10.380
	合计				-13.730～-25.026

电弧炉短流程炼钢资源消耗和排放见表 2-6-45。

表 2-6-45　电弧炉短流程炼钢资源消耗和排放表

输入			输出		
名称	单位	消耗	名称	单位	排放
原料			产品		
废钢	kg/t(LS)	1039~1232	钢水（LS）	kg	1000
生铁	kg/t(LS)	0~153	大气污染物		
铁水	kg/t(LS)		烟气	$10^6m^3/h$	1~2
				$m^3/t(LS)$	8000~10000
直还铁	kg/t(LS)	0~215		g/t(LS)	4~300
石灰/白云石	kg/t(LS)	25~140	灰尘	mg/m^3	0.35~52
碳（煤炭和碳粉）	kg/t(LS)	3~28	Hg	mg/t(LS)	2~200
石墨电极	kg/t(LS)	2~6	Pb	mg/t(LS)	75~2850
耐材炉衬	kg/t(LS)	4~60	Cr	mg/t(LS)	12~2800
合金：碳钢 合金钢与不锈钢	kg/t(LS) kg/t(LS)	11~40 23~363	Ni	mg/t(LS)	3~2000
			Zn	mg/t(LS)	200~24000
			Cd	mg/t(LS)	1~148
			Cu	mg/t(LS)	11~510
			HF	mg/t(LS)	0.04~15000
气体			HCl	mg/t(LS)	800~35250
氧气	$m^3/t(LS)$	5~65	SO_2	g/t(LS)	5~210
氩气	$m^3/t(LS)$	0.3~1.45	NO_x	g/t(LS)	13~460
氮气	$m^3/t(LS)$	0.8~1.2	CO	g/t(LS)	50~4500
			CO_2	kg/t(LS)	72~180
能源			二噁英	μg(I-TEQ)/t(LS)	0.04~6
电能	kW·h/t(LS) MJ/t(LS)	404~748 1454~2693	副产物		
			电炉渣	kg/t(LS)	60~270
			精炼渣	kg/t(LS)	10~80
燃料（天然气等）	MJ/t(LS)	50~1500	除尘灰	kg/t(LS)	10~30
			废弃耐材	kg/t(LS)	1.6~22.8
其他					
水	$m^3/t(LS)$	1~42.8	噪声	dB(A)	90~133

6.8.2　推荐应用的关键技术

6.8.2.1　炼钢用合金的高效和减量化利用技术

【技术描述】合金高效和减量化利用作为一项原辅料控制技术，对精炼过程降低生产成本、减少生产过程碳排放量、提高钢品质具有重要作用，已在几个大型钢铁企业中得到应用。

大部分钢厂的合金以现场操作工人凭经验判断的方式加入，通过固定某一合金元素收得率，并对比初始钢液成分与标准要求的差值，进行配料计算。个别钢厂采用烟气分析等手段，对加入的合金量进行预测，按照下限值加入。但上述方法均存在收得率取值固定、忽视钢液冶炼条件、加入后合金元素成分波动范围大、忽视合金本身性质等缺点。

合金高效和减量化利用技术是指从炼钢原料铁水、废钢开始，综合评估炼钢设备条件、冶炼工艺参数、全过程氧位变化及冶炼终点钢水成分等，通过利用预测模型，对当前炉次所加入的合金量进行计算，并根据钢厂生产实际，追踪全流程合金损失途径，调整合金加入种类、配比、时间及方式，以取得最佳效果。取代了原有利用固定收得率计算的方式，采用针对不同条件钢液使用不同合金元素收得率的动态计算，是一项将炼钢原料、设备、工艺等条件综合评价得出合金加入量，并对加入钢液合金的物性、加入比例、时机、方式等进行优化的新工艺技术。

【技术类型】×资源综合利用；√节能；√减排。

【技术成熟度与可靠度】该技术已在几个大型钢铁企业进行工业化应用，属于成熟技术，可在其他钢铁厂进行推广应用。合金高效和减量化应用技术的大型钢铁企业有首钢京唐（IF 钢用合金减量化）、新冶钢（Mn、Cr 系合金减量化），且正在首钢迁安（酸洗板用合金减量化）等开展合金减量化应用研究。

【预期环境收益】实施合金高效和减量化应用技术，通过提高合金元素收得率、降低使用过程损耗、建立合金品质数据库等技术措施，充分考虑合金本身性质、冶炼设备和工艺条件及钢液温度成分，可有效降低单位产品（钢）合金用量，实现合金元素窄成分精准化控制。

实施合金高效和减量化利用技术可获得的主要潜在环境效益包括：

①　减少炼钢用铁合金的消耗量。由于铁合金冶炼过程耗能巨大，且我国部分合金元素对外依存度高，降低铁合金消耗，有利于钢铁工业节能减排。

②　避免因合金加入时机及方式不当而造成合金烧损引起的炉尘灰增多问题，有利于清洁生产和保护环境。

【潜在的副作用和影响】实施合金高效和减量化应用技术对炼钢车间的生产调度

和数字化操作水平提出了更高的要求：

① 料斗称量设备精度需满足一定的要求；

② 对炼钢生产的调度要求更高，应防止钢液的转运时间过长，造成钢液条件改变，从而引起计算误差；

③ 现场操作工人需严格按照计算模型进行配料计算，防止人为因素的误操作。

【适用性】合金高效和减量化利用技术适用于所有钢厂的新工厂和现有工厂的升级改造。对于现有工厂是否适用，取决于现场信号数据采集系统的完备程度，部分钢铁厂信息化水平不够需要进行相应的技术改造以适应合金减量化的数据采集要求。

【经济性】与传统合金加入方式相比，采用合金高效和减量化利用技术后，铝、钛铁、锰系合金的收得率提高 5% 以上，综合效益显著。

6.8.2.2 高效铁钢界面技术

【技术描述】鱼雷罐和一罐制铁水运输方式作为典型的高效铁钢界面技术，对炼铁和炼钢间的衔接匹配、协调缓冲起着重要作用，在大型钢铁企业中得到广泛应用。

鱼雷罐铁水运输方式具有容量大、保温性能好、重心低、安全性高等优点，但其运输铁水到炼钢车间后，需进行一次倒罐作业，带来一定的铁损和温度损失。

一罐制工艺技术是指从高炉出铁、铁水运输、铁水脱硫到向转炉兑铁水过程中，均使用同一个铁水罐，中途不倒罐的铁水运输过程。该技术取消了传统的鱼雷罐车或者高炉铁水罐进行倒罐兑铁的中间过程，直接采用炼钢铁水罐到高炉承接铁水，是一项将高炉铁水的承接、运输、缓冲储存、铁水预处理、转炉兑铁及铁水保温等功能集为一体的新工艺技术。

【技术类型】×资源综合利用；√节能；√减排。

【技术成熟度与可靠度】该技术已实现工业化应用，属于成熟技术。国内采用鱼雷罐铁水运输方式的大型钢铁企业有宝钢股份（300t）、鞍钢（250t）、武钢三炼钢（250t）、首钢迁安（250t）、马钢四钢轧（300t）、邯钢新区（250t）等；采用一罐制铁水运输方式的大型钢铁企业有首钢京唐（300t）、沙钢（180t）、新余钢铁（210t）、重庆钢铁（180t）、韶钢（120t）、川威（120t）、新疆八钢（120t）等。

【预期环境收益】实施鱼雷罐铁水运输技术，通过优化供铁节奏、加快鱼雷罐周转率等措施，可有效减少铁水运输过程温降。

实施一罐制铁水运输技术可获得的主要潜在环境效益包括：

① 减少倒罐带来的铁水温降，使铁水温度提高 30~50℃，有利于后续脱硫工艺的有效发挥及增加废钢比；

② 避免因铁水倒罐造成的烟尘污染，有利于清洁生产和保护环境；

③ 无倒罐环节，减少铁损。

【潜在的副作用和影响】实施鱼雷罐铁水运输技术，因在炼钢车间存在一次倒罐作业，相应地需设置除尘点，同时会增加铁损和温度损失。

实施一罐制铁水运输技术对高炉、炼钢间的生产调度组织提出了更高的要求：

① 铁水供应必须满足转炉生产的连续性以及进入炼钢的及时性；

② 对炼钢生产的稳定顺行要求更高，一旦出现生产事故，铁水积压会影响高炉生产。

【适用性】高效铁钢界面技术适用于所有新建钢厂。对于现有工厂是否适用，取决于高炉出铁场、沿线铁路线及炼钢车间工艺布局等是否具备条件。

【经济性】与传统铁水运输方式相比，采用一罐制铁水运输技术后，转炉兑铁温度提高约 30～50℃。在相同的铁水供应量条件下，由于铁水温度提高，可相应提高转炉入炉废钢比约 1.2%～2%，增加钢水产能约（15～26）万 t/a。

6.8.2.3 降低铁钢比技术

【技术描述】传统转炉流程的铁钢比在 860kg/t（钢水）及以上，降低铁钢比是钢铁企业节能降耗的重要技术手段。目前降低铁钢比主要有以下两类技术：

一类是提高转炉流程废钢比的技术。采用常规顶底复吹转炉，通过鱼雷罐、铁水罐、钢水罐加盖技术，降低鱼雷罐、铁水罐、钢水罐运输过程中的铁水/钢水温降，提高铁水入炉温度或降低钢水出钢温度；通过废钢的分类管理、堆存管理、炉外废钢预热及添加，提高废钢加入量和入炉能量，实现废钢的高效利用；通过优化生产组织及调度，加快鱼雷罐、铁水罐、钢水罐的周转，减少运输过程中的温度损失。综合运用上述技术，可使得转炉流程废钢比达到 35%。

另一类是高废钢比转炉技术。该技术旨在实现转炉内废钢比达到 50%。国内对该技术了解有限，需要加快工业化研发，详细见 6.8.3 节的高废钢比转炉炼钢技术。

上述技术的开发及推广应用，在保证钢水质量的前提下可有效降低 CO_2 排放；同时可根据废钢和铁水的价格，灵活调整转炉及流程的废钢比，以降低炼钢成本。

【技术类型】√资源综合利用；√节能；√减排。

【技术成熟度与可靠度】国内钢厂通过鱼雷罐、铁水罐、钢水罐加盖技术，转炉炉外加废钢和废钢预热技术，并结合优化生产组织、精细化管控等生产管理措施，可把转炉流程铁钢比降低到 800kg/t（钢水）以下。如韶钢 2020 年 8 月铁钢比最低可达到 750kg/t（钢水），全年综合铁钢比 795kg/t（钢水）。

【预期环境收益】实施鱼雷罐、铁水罐、钢水罐加盖技术可获得的主要潜在环境效益包括：

① 减少铁水温降约 15～20℃；

② 降低转炉出钢温度约 10～15℃；

③ 提高铁水罐、钢水罐寿命。

实施降低铁钢比技术的主要环境效益体现在流程 CO_2 排放的差异上。35%废钢比转炉冶炼流程与常规 20%废钢比转炉流程相比，CO_2 排放量减少比例约 16%，详见表 2-6-46。

表 2-6-46　不同废钢比转炉流程 CO_2 减少量

废钢比	20%	35%
CO_2 减少比例/%	基础	约 16

【潜在的副作用和影响】废钢预热技术会带来炼钢车间内产尘点的增加以及相应的废气排放等环境问题。

【适用性】降低铁钢比技术适用于所有钢铁联合企业的新工厂和现有工厂。对于现有长流程钢铁联合企业，在已具有完备的铁水供应和转炉炼钢生产设施前提下，需要进行核算及相应的技术改造以适应降低铁钢比的技术要求。

【经济性】实施该技术时，投资增加项包括鱼雷罐、铁水罐、钢水罐加盖设施，废钢预热设施等。从全流程 CO_2 排放的角度来看，降低铁钢比技术能将 CO_2 排放量减少约 16%。

6.8.2.4　转炉一次干法除尘技术

【技术描述】转炉 1500℃的高温烟气经汽化冷却烟道冷却到 800℃后，进入蒸发冷却器。高压水经雾化喷嘴喷出将烟气冷却到 200~350℃之间，喷水量根据烟气热量控制，所喷出的水完全蒸发，降温的同时对烟气进行调质处理，使粉尘比电阻处在电除尘器易捕捉的范围内。通过蒸发冷却器，烟气中 30%~40%的粗颗粒粉尘沉降到香蕉弯，通过卸灰阀排出。经粗除尘的烟气进入有 4 个电场的卧式圆形电除尘器，其入口处设有气流均布板，使烟气在电除尘器内呈柱塞状流动，避免气体滞留，减少设备内部发生爆燃的概率。电除尘进、出口装有泄爆阀，降低煤气爆燃后可能产生的冲击波，烟气经除尘后含尘量降至 $20mg/m^3$。设备内部的粉尘通过扇形刮板机、链式输送机和星形卸灰阀排出。

系统阻力低，引风机采用轴流风机，利于系统泄爆。风机设变频调速，可实现流量跟踪调节。切换站由两个钟形阀组成，对回收煤气及放散、点燃两状态进行快速切换。回收的煤气在冷却器中通过直接喷淋冷却，使烟气温度降到 70℃以下，然后送至煤气柜。

【技术类型】×资源综合利用；√节能；√减排。

【技术成熟度与可靠度】转炉一次干法除尘技术成熟、应用广泛，近些年在新建钢厂上迅速推广。国内多家企业已具备 200t 以上大型转炉干法除尘总体技术能力，关键设备如风机、喷枪、杯阀、高压电源、泄爆阀等均实现国产化。干法除尘对操作、维护技术要求相对偏高，使用环节容易管理不善，造成频繁卸爆，影响转炉生产及除尘效果。

【预期环境收益】相对转炉一次湿法除尘，干法除尘节省了约 60%的喷淋水消耗，减少了白烟污染。放散塔放散烟气粉尘浓度低于 20mg/m³，环境效益显著。

【潜在的副作用和影响】转炉一次干法除尘系统一次性投资高，常应用于新建转炉。在老旧转炉尤其是小转炉除尘改造方面，应用不多。

干法除尘中出现较多的问题大部分源于设计选型、施工质量、程序细节、生产工艺，造成湿灰、烟道结垢、电除尘器泄爆、排放超标等，对操作、维护技术要求相对偏高，使用环节容易管理不善。

【适用性】该技术适用于一般脱磷转炉、钒钛转炉、脱碳转炉等。

【经济性】以年产 300 万 t 钢（2 座 120t/a 转炉）的炼钢车间为例，在电耗、蒸汽耗量、用水量、药剂费等方面与转炉一次湿法除尘系统对比，转炉一次干法除尘一年可节省 1000 万元的运行费用。

6.8.2.5 转炉湿式电除尘器

【技术描述】传统的转炉一次湿法除尘系统是目前转炉一次除尘应用最多的除尘工艺，其流程为：转炉 1500℃的高温烟气经汽化冷却烟道冷却到 1000℃后，进入一级文氏管，通过喷淋水冷却并除去大颗粒灰尘，再经过二级文氏管除去细小粉尘。净化的烟气经煤气引风机，合格的煤气通过三通阀切换，经水封逆止阀、V 形阀被输送到气柜；不合格的烟气通过烟囱，经点火燃烧后放散。

随着国内钢铁企业环保要求的提高，现有的湿法除尘工艺已不能满足新的烟气排放要求。基于此，在现有湿法除尘系统中增加一级湿式电除尘器，可实现烟气粉尘排放值≤10mg/m³。转炉湿式电除尘器可以采用立式结构（1 个电场）或卧式结构（2 个电场），湿式电除尘器烟气入口及收尘板顶部均设置有喷嘴，可实现烟气预除尘并有效冲洗收尘板上收集到的粉尘。转炉湿式电除尘器上设置有泄爆阀、煤气爆炸分析控制盒，可实现主动防爆。另外，转炉湿式电除尘器具有运行稳定、可靠性高、改造周期短、一次性投资低的特点。

【技术类型】×资源综合利用；×节能；√减排。

【技术成熟度与可靠度】2016 年底，转炉湿式电除尘器开始陆续应用在国内钢铁企业的转炉一次湿法除尘系统改造上，至今，数 10 套系统已投运。转炉湿式电除尘器是在传统湿式电除尘器技术基础上，增加煤气主动防爆、泄爆、抗爆的功能，并实现高效除尘。国内生产厂家除西马克外，中冶赛迪、中冶京诚均有制造、生产的能力，核心的部件如高压电源、泄爆阀、烟气成分传感器、防爆分析控制盒均实现了国产。对投运的转炉湿式电除尘器调研表明，通过防爆分析控制盒等技术，泄爆率低于 0.5‰，可保证设备稳定高效运行。

【预期环境收益】以 120t 转炉为例，当入口烟气粉尘浓度为 150mg/m³ 时，经过转炉湿式电除尘器除尘，排放浓度为 10mg/m³，每年可减排约 120t 微小颗粒物。

【潜在的副作用和影响】在原有的转炉一次湿法除尘系统中嵌入转炉湿式电除尘器，新增阻力约 1000Pa（含接入、接出的弯头阻力），增加了高压电源和循环水系统，提高了运行成本。

【适用性】该技术适用于转炉一次湿法除尘系统的改造。

【经济性】与转炉一次干法除尘系统相比，采用转炉湿式电除尘器，一次性投资仅为前者的 1/3，改造停炉时间短（一周内），适用于小型转炉一次湿法除尘系统改造。

6.8.2.6　绿色高效新型真空精炼技术

【技术描述】真空精炼技术是提高钢水洁净度的一种核心技术手段。绿色高效新型真空精炼技术集机械真空泵系统、多功能氧枪、一体式浸渍管及深熔池真空槽技术于一体，可减少钢液飞溅、提高喷粉效率、加强燃烧效果、提高反应效率，在保证良好冶金效果的同时显著缩短冶炼周期，降低能耗。

【技术类型】×资源综合利用；√节能；√减排。

【技术成熟度与可靠度】该技术属于成熟技术，已实现工业化应用。成功应用案例包括：日照钢铁 300tRH、包钢 260tRH、五矿营口 120tRH 等。

【预期环境收益】采用机械真空泵技术，相对于蒸汽泵和水环泵系统，无需蒸汽和浊环水处理设施，能耗低。采用多功能氧枪，集束喷吹提高氧气利用率；二次燃烧有效减少真空槽内结冷钢，进而降低燃气消耗。采用一体式浸渍管技术，可降低提升气体消耗量，缩短处理周期，减少钢水温降，提高浸渍管耐材寿命，降低耐材消耗。

【潜在的副作用和影响】RH 采用机械泵技术始于 2011 年，长期使用的维护成本尚待检验。

【适用性】该技术适用于所有钢铁联合企业的新建工厂和现有工厂。

【经济性】采用机械泵与纯蒸汽泵相比，吨钢可节约成本约 12 元；与蒸汽+水环泵相比，吨钢可节约成本约 8 元；采用一体式浸渍管技术，吨钢可节约成本约 4 元。

6.8.2.7 电炉密闭加料及废钢预热技术

【技术描述】 传统电弧炉生产中，需要开盖加料，造成了粉尘污染和生产环境的恶化，并产生大量的热散失。电炉生产过程中产生大量烟气，烟气中含有大量余热，其显热约 140kW·h/t（钢水），利用高温烟气预热废钢并在废钢预热过程中结合电炉的密闭加料技术可大幅度降低冶炼电耗。密闭加料及废钢预热经过 40 年的发展，形成了以竖炉和水平连续加料为代表的两类技术，其中水平连续加料技术开始逐步成熟。竖炉废钢预热温度约 500~800℃，水平连续加料废钢预热温度 300~400℃，最新技术采用强化预热后能够达到 550℃以上，接近竖炉的水平。

废钢预热技术主要有水平连续加料（Consteel）、竖炉装料废钢预热两类。从实际使用情况看国内外水平连续加料技术经过上百台连续加料的工程验证，其装备可靠性得到大幅提升，在国内外得到了广泛的应用（国产、特诺恩、达涅利）、大范围推广。其缺点是节能效果较差（360~380kW·h/t），但排出的烟气温度较高、波动较小，二噁英急冷治理可以不需要附加燃烧升温。

水平连续加料（Consteel）在预热效果上的缺点，并没有影响由于其生产效率提升、装备可靠性及生产工艺稳定带来的市场推广潜力，连续加料炼钢电弧炉的实际工程业绩和使用效果远远高于竖炉。随着新一代基于水平连续加料过程中的废钢穿透性预热方案提出，并融合多种能源介质（可选）的化学能高效输入型炼钢电弧炉，使得连续加料型电炉具有与竖炉接近或更高的电耗和电极消耗指标、低质能源（如转炉、高炉煤气、炭及社会可燃废弃物）的高效利用以及 CO_2 减排等优势。如果与连续加料生产的工艺稳定性、装备可靠性结合，将可能给现有的电弧炉炼钢生产方式带来一场重大的革新。Consteel 水平连续加料系统见图 2-6-29。

【技术类型】 ×资源综合利用；√节能；√减排。

【技术成熟度与可靠度】 在国内曾经使用过几台套竖炉，由于设备故障率高等原因，钢厂先后停用拆除，改为普通电炉。目前新推出的 EAF Quantum（量子电弧炉）、SHARC、EcoARC 均在国内签订了合同，但还未有投产的实例，该类技术的成熟度仍然有待观察。如 Quantum 在国内已签合同近 10 套，但从墨西哥投产的电炉论文发布的真实生产数据（表 2-6-47、表 2-6-48）看，电耗在 295~320kW·h/t 之间，天然气消耗在 12~15.5m³/t 之间，其生产的经济性在中国地区是值得怀疑的；而 EcoARC 电炉的生产过程添加大量的炭（约 40kg/t），这种电炉本质上是以炭的化学能替代电能，在某些地区会造成碳排放的增加。

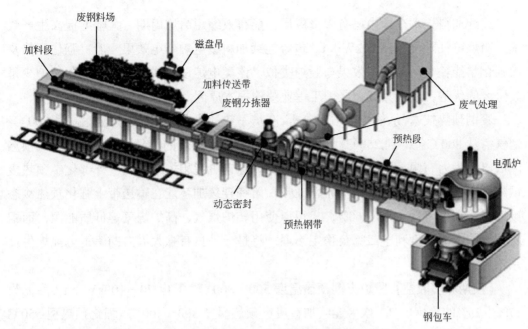

图 2-6-29　Consteel 水平连续加料系统

表 2-6-47　墨西哥 Quantum 真实生产数据 1

Electrical energy	kW·h/t	295(47MW)
Oxygen	m³/t	30
Natural gas incl. PCC	m³/t	12
Electrode	kg/t	0.83
Refractory	kg/t	1.4
Yield scrap to liquid	%	92.5
Dust generation	kg/t	11.1

表 2-6-48　墨西哥 Quantum 真实生产数据 2

Electrical energy	kW·h/t	319.1
Oxygen	m³/t	26.6
Natural gas incl. PCC	m³/t	15.5
Electrode	kg/t	0.83
Carbon injected	kg/t	18.6
Refractory	kg/t	1.54
Yield scrap to liquid	%	92.2
Dust generation	kg/t	11.02

连续加料技术在国内已有大量应用，能有效缩短冶炼周期，大幅度提高生产效率，冶炼电耗降低 30～90kW·h/t。传统连续加料型电炉节电效果一般，强化预热及增强化学能输入后其节能效果与竖炉类似。该类电炉设备成熟度高、装备维护少是其巨大的优势，也是其远超竖炉工程业绩的根本原因。

废钢预热技术，从能量守恒来分析，在炉子热散失、二噁英治理烟气温度（800℃，烟气需从 800℃急冷到 250℃）确定的前提下，废钢冶炼的能量是恒定的，烟气预热降低电耗潜力有限，因此要进一步降低电炉炼钢电耗和电极消耗，外部化学预热废钢降低电耗是重要途径之一。新型的水平/阶梯连续加料能在输送带上强化预热冷态废钢，热效率可达 50%～60%，且可以使用转炉煤气、高炉煤气等低质能源，而相对稳定的烟气温度利于二噁英稳定治理，将是一种具有强大潜力的炼钢电弧炉生产系统。

【预期环境收益】竖炉废钢预热温度 500～800℃，节电 70～100kW·h/t，降低约 17%～25% 的冶炼电耗；水平连续加料废钢预热温度 300～400℃（强化预热型 550℃以上），节电 30～50（强化 50～90）kW·h/t，降低约 8%～20% 的冶炼电耗，降低二氧化碳排放 47.5～85.5kg/t。由于电能输入总量减少，且无需开盖加料，两种形式的废钢预热技术均能缩短冶炼周期。

废钢预热技术不仅能提高产量，还能减少烟气中粉尘的排放。在废钢预热过程中，烟气穿过废钢层或预热通道，使约 20% 的粉尘被过滤、沉降留在废钢中。这个过程也能使锌富集，有助于锌循环利用。

连续加料虽然预热温度较竖炉低，节能效果不及竖炉，但其电弧炉始终保持平熔池冶炼，噪声排放显著低于传统电弧炉或竖炉。另外，连续加料烟气中的 CO 和 H_2 在预热通道中完全燃烧，烟气出口温度稳定在 800～1100℃，这是二噁英充分分解的必要条件。使用急冷设施使烟气温度迅速降低至 200～250℃能抑制二噁英的再次合成，无需额外消耗天然气等化学能补燃提高烟气温度。

尽管如此，根据国外两座连续加料电弧炉的实测数据，二噁英排放浓度超过 $0.1ng(TEQ)/m^3$。要使二噁英排放浓度低于 $0.1ng(TEQ)/m^3$，还需喷活性炭等技术手段。表 2-6-49 是其中一座电弧炉 8 年的实测数据。

表 2-6-49 某电弧炉 8 年的实测数据

污染物参量	数据单位	1999～2007 年
烟气	m^3/h	750000～800000
CO	mg/m^3	142～400
NO_x	mg/m^3	5～50
二噁英	$ng(I-TEQ)/m^3$	0.05～0.20
PM10	mg/m^3	0.40～0.86

连续加料技术使用化学能强化预热后，其废钢预热温度可达到或接近竖炉废钢预热温度，虽需花费一定天然气或煤气等化学能，但此时使用一次能源加热低温废钢，其能源利用效率比转换为电能后加热废钢高。值得注意的是连续加料过程中对化学能燃料的宽容性与化学能效率提升技术，将是一项具有重要意义的技术突破。

【潜在的副作用和影响】废钢预热在节能方面具有巨大的优势，但其中含有油脂、油漆、塑料或其他有机物，预热温度不高时有机物受热挥发（未充分燃烧），并合成二噁英类物质。国外实测一座废钢预热型电弧炉二噁英浓度达 9.2ng(TEQ)/m^3。二噁英可通过烧嘴加热二次燃烧来完全分解，通常，竖炉需花费大量化学能补燃烟气，补燃通常消耗天然气 10～12m^3/t。而连续加料有相对稳定的连续加料速度，因此生产过程中烟气温度波动较小。其烟气温度多在 800～1100℃，一般不需要对烟气进行补燃升温。

【适用性】废钢预热技术对新建或现有电弧炉均能适用。对现有电弧炉，主要考虑电炉车间内布置和废钢料场配置。废钢预热技术对手指型竖炉和连续加料有区别，从生产安全和装备可靠性角度考虑，手指型竖炉不适合大块料和破碎料的装料（大块料高位自由落体可能砸坏手指，破碎料从手指缝漏出）；而连续型加料废钢尺度并无特别要求，和料篮加料类似，料型适应性更强。

【经济性】以新建 100 万 t 产量电弧炉为例，采用连续加料技术后，钢厂炼钢及配套投资需增加 10%～15%（国外进口）或 5%～10%（国内配套）。

以 100 万吨产量电弧炉为例，采用连续加料技术后，每吨钢收益约 75～100 元。

节电：5000×10^4～9000×10^{4}kW·h；

碳排放：减少二氧化碳排放 4.75×10^4～8.55×10^{4}t；

环保指标：二噁英指标 0.2ng(TEQ)/m^3 [国标 0.5ng(TEQ)/m^3]；噪声指标<95dB（距炉门 5m），<65dB（厂房外）。

6.8.3 加快工业化研发的关键技术

6.8.3.1 高效低成本洁净钢冶炼技术

【技术描述】高效低成本洁净钢冶炼技术是炼钢技术的重要发展方向，是炼钢厂工艺和装备技术水平的集中体现，也是其技术竞争力的重要标志。打造高效低成本洁净钢平台需要重点关注铁水预处理技术、转炉高效脱磷及少渣冶炼技术、夹杂物系统控制技术、高效精炼及炼钢流程快节奏生产技术等。该技术的推广应用，降低炼钢流程物料和能源消耗，有利于转炉炼钢流程前后工序的节奏匹配及低成本、高附加值产品生产。

【技术类型】×资源综合利用；√节能；√减排。

【技术成熟度与可靠度】该技术已实现工业化应用，属于成熟技术，在日本以及国内宝钢、马钢、鞍钢、首钢迁钢、首钢京唐等数十家钢厂有系统应用。不同钢厂根据原料和装备条件，开发出了适应该厂的洁净钢冶炼技术。如宝钢的洁净钢生产从 IF 钢、管线钢开始，逐渐拓展到多个品种，包括帘线用钢、无取向硅钢、DI 材用钢以及不锈钢、轴承钢等，形成了一整套的工艺技术；日本住友和歌山钢厂打造的洁净钢生产平台，采用 SRP（simple refining process）工艺技术可以稳定生产低磷和超低磷钢种，同时可以大幅降低辅料消耗和过程渣量。

【预期环境收益】实施该技术可获得的主要潜在环境效益包括：

① 降低钢铁料消耗约 5kg 以上；

② 通过转炉高效脱磷和少渣冶炼技术可减少转炉冶炼过程渣量约 10%～30%，降低渣量排放；

③ 提高钢水收得率。

【潜在的副作用和影响】现有钢厂在采用某些洁净钢生产技术，如铁水三脱工艺进行少渣炼钢时，由于铁水三脱处理温降大，转炉入炉铁水温度低，会降低转炉废钢比；采用转炉留渣操作时，由于渣中 FeO 含量高，注意防控兑铁过程中存在的安全隐患；采用转炉"留渣+双渣"少渣炼钢工艺时，会影响转炉冶炼周期约 5～10min；采用转炉双联工艺时，由于脱磷专门占用一座转炉，会影响炼钢产能。

【适用性】该技术在推广应用至钢铁联合企业的新工厂或现有工厂时，需要综合考虑钢厂的原料特点、品种结构、生产节奏等综合条件，打造适用于本企业的洁净钢冶炼平台。

【经济性】该技术减少钢铁料消耗和铁损，降低炼钢过程渣量，降低资源和能源的消耗，提高产品附加值。

6.8.3.2 CO_2 在炼钢的利用技术

【技术描述】传统炼钢转炉底吹、LF 底吹时采用氮气或氩气等惰性气体用以搅拌熔池，提高冶金效果。CO_2 可代替氮气或氩气作为搅拌气体。相关基础理论研究发现，CO_2 高温下属于弱氧化性气体，具有强搅拌和冷却效应等冶金反应特性且不污染钢液，可用于转炉顶吹、底吹、LF 底吹、电炉底吹、连铸保护浇注等工序。该技术的推广应用，可实现 CO_2 的资源化利用，同时达到节能减排及洁净化冶炼的效果。

【技术类型】√资源综合利用；√节能；√减排。

【技术成熟度与可靠度】二氧化碳在炼钢的资源化利用技术被中国金属学会评价委员会一致认为总体成果达到国际领先水平，被评为《世界金属导报》2018 年世界钢铁工业十大技术要闻；并在首钢京唐、天津天管进行了工业示范，但暂未见到大规模推广应用实例。

据资料报道，20 世纪 60～70 年代，德国和日本已经将 CO_2 应用于转炉冶炼；日本住友金属和歌山钢铁厂在脱磷转炉应用 CO_2 替代 N_2 作为底吹气源,脱磷率达到 90%以上。但该技术是否大规模应用于工业生产情况不详。

【预期环境收益】CO_2 炼钢技术在首钢京唐 300t 转炉和天津钢管 100t 电炉上的实际试验技术指标见表 2-6-50。

表 2-6-50 CO_2 应用于转炉和电炉炼钢的试验指标表

项目	首钢京唐 300t 脱磷转炉		首钢京唐 300t 常规转炉		天津钢管 100t 电弧炉	
	应用前	应用后	应用前	应用后	应用前	应用后
烟尘量 /(kg/炉)			7196	6480		
钢铁料消耗 /(kg/t)	1030.18	1026.45	1083.88	1078.05	1098.86	1097.66
脱磷率/%	56.41	63.40	90.83	92.50		
磷含量/%	0.051	0.044	0.011	0.006	0.014	0.008
出钢氮含量 /(ppm)			17	11	58(全废钢) 46(40%铁水)	43(全废钢) 32(40%铁水)
渣中全铁/%	18.00	17.36	22.08	18.49		
终点碳氧积/× 10^{-6}			23.43	21.42	27.89	26.70
煤气量/m^3			109.20	114.44		
CO 体积分数 /%			55.66	58.32		
CO_2 气体消耗 /(m^3/t)	0	1.60	0	5.09	0	0.3～1.0

【潜在的副作用和影响】现有钢厂转炉顶吹 CO_2 会延长吹氧时间，影响冶炼周期，降低生产效率。底吹 CO_2 对透气砖寿命的影响观点不一，有研究认为底吹 CO_2 对透气砖寿命影响不大；另外又有研究认为，底吹 CO_2 会增加透气砖侵蚀。

有研究认为底吹 CO_2 有可能增加钢水中氧化物夹杂的含量。

【适用性】该技术大规模应用时 CO_2 气体来源需解决。

目前 CO_2 主要来源于石灰窑尾气、转炉炼钢煤气的回收利用以及化工企业副产品。

该技术在经济获取 CO_2 和落实透气砖侵蚀等潜在问题的基础上，可推广应用于所有钢铁联合企业的新工厂和现有工厂。

【经济性】实施该技术时的运行成本需考虑 CO_2 的制备费用。

普通转炉顶吹 O_2 炼钢时，吨钢粉尘产生量约 15kg；转炉顶吹 CO_2-O_2 混合气体炼钢时，就粉尘释放而言，吨钢粉尘产生量可降低至约 13.5kg。对于年产 500 万 t 钢厂来说，年粉尘排放减少量达到 0.75 万 t，同时实现了约 5000t CO_2 的资源化利用。

6.8.3.3 高废钢比转炉炼钢技术

【技术描述】传统转炉炼钢流程废钢比一般约 20%及以下，通过废钢炉外预热及优化生产工艺和组织管理等手段，目前最高至约 35%。随着废钢市场供应量的增加和低碳排放要求的提高，未来的转炉流程需适应更高的废钢比生产需求。高废钢比转炉炼钢技术通过顶吹和底吹供氧、炉内添加发热剂、底部喷吹石灰粉剂等技术措施，改变炉内热量供应、脱磷、脱硫等冶金反应过程。该技术的开发及推广应用，在保证钢水质量的前提下可有效降低 CO_2 排放；同时可根据废钢和铁水的价格，灵活调整转炉废钢比，以降低炼钢成本。

【技术类型】√资源综合利用；√节能；√减排。

【技术成熟度与可靠度】同类底吹氧转炉技术如 Q-BOP、K-OBM 等在日本、美国及欧洲地区已有成熟应用案例，其废钢比大多在 20%左右。

如何进一步提升转炉废钢比是国内外共同关注的热点技术，开展了不同程度的研究工作，其中 50%废钢比转炉炼钢技术在韩国浦项已进行了工业化试验。

国内无用于碳钢生产的底吹氧转炉，对高废钢比转炉炼钢的关键技术了解有限，需加快针对核心装备技术的研究开发。

【预期环境收益】实施该技术的主要环境效益体现在流程 CO_2 排放的差异上。50%废钢比转炉冶炼流程与常规 20%废钢比转炉流程相比较，CO_2 排放量减少比例约 32%，详见表 2-6-51。

表 2-6-51　不同废钢比转炉流程 CO_2 减少量

废钢比	20%	50%
CO_2 减少比例	基础	约 32%

【潜在的副作用和影响】采用底吹氧转炉的炉底及炉衬寿命降低，冶炼周期延长，影响生产效率。

【适用性】该技术适用于所有钢铁联合企业的新工厂和现有工厂，现有工厂需进行相应技术改造。

【经济性】投资增加项包括废钢预热设施、喷粉设施和修炉设施。高废钢比转炉炼钢技术通过混合使用铁水和 50%的废钢，能将 CO_2 排放量减少约 32%。

6.8.3.4 炼钢一体化智能管控成套技术

【技术描述】炼钢一体化智能管控成套技术具有以下特征：以少人化、无人化智能装备系统为基础（如转炉副枪、自动出钢及滑板挡渣等），提升装备智能化水平，有效降低操作工的劳动强度或解放现场操作人员；结合设备感知、仪表检测、大数据挖掘算法等智能控制技术，建立各工序（铁水预处理、转炉冶炼和炉外精炼）智能控制模型（如转炉炼钢过程控制模型、无副枪的自动化炼钢模型等），实现一键炼钢及高效智能生产；通过对炼钢外围条件管控（如起重机、铁水罐、钢水罐、原辅料、合金、耐材等）和工艺操作标准的数字化，实现炼钢物流的智能跟踪和调度，质量、成本的精细化过程管控。实施该技术，可使炼钢生产管理规范化、智能化，有助于减少劳动定员、有效降低生产成本，有利于生产经营组织。

【技术类型】×资源综合利用；√节能；√减排。

【技术成熟度与可靠度】该技术属于成套技术，其中包含的某些关键技术点，如一键炼钢、自动出钢等技术在国内外钢厂有成功应用的案例，如宝钢已实现转炉一键炼钢，宝钢、梅钢已实现自动出钢等。但系统集成的成套技术并未在钢厂得到大规模推广应用。

【预期环境收益】实施该技术可获得的主要潜在环境效益包括：

① 提高炼钢过程控制精度；

② 减少转炉后吹，降低终渣氧化性，提高合金收得率；

③ 通过精细化管控，减少不必要的原辅料和能源浪费。

【潜在的副作用和影响】暂无。

【适用性】该技术适用于所有钢铁联合企业的新建工厂或现有工厂。现有工厂采用该技术时，需要根据钢厂品种结构、产线设备配置和信息化情况等制定相应技术方案。

【经济性】该技术降低原辅料的消耗，降低炼钢生产成本，提高过程控制精度，降低产品不合格率，实现绿色智能生产。

6.8.3.5 钢水成分温度在线检测技术

【技术描述】基于激光的熔融金属监测是一个重要的研究课题。目前的方法包括使用激光散射来实现非接触温度测量，或者监测熔体中氧化物的生长以及由此导致的反射光强度的变化以及将强度降低速率与熔融金属的温度相关联等。另外，还有一种方法是应用激光诱导击穿光谱（LIBS）技术在线监测熔融金属的熔化过程。实施该技术可以在不中断炼钢生产过程的条件下，实时、快速获取炼钢过程温度和钢水成分信息，提高生产效率。

【技术类型】×资源综合利用；√节能；√减排。

【技术成熟度与可靠度】该技术已有试验应用案例。据资料报道，英国斯旺西大学一个研究团队开发的技术，能够连续监测炼钢炉中的温度，而不需要一次性探头或停止生产；并且通过与英国塔塔钢铁公司合作，使得该技术得以进行了全面试验。

【预期环境收益】通过实施该技术可不中断炼钢生产，其潜在节约的成本相当可观。

【潜在的副作用和影响】暂无。

【适用性】该技术适用于所有钢铁联合企业的新建工厂和现有工厂。

【经济性】该技术减少测温探头和取样装置等耗材的消耗，降低生产成本；缩短炼钢冶炼周期，提高产能。

6.8.3.6 大功率新型直流电弧炉电源供电技术

【技术描述】传统直流电弧炉供电单元采用二极管或晶闸管整流后将直流电输入炉内以供熔化废钢和使钢液升温。随着大功率电力电子技术的发展，高压IGBT元器件用作整流单元参与整流控波，具有提高供电稳定性、提高电能转换率、减少上级电网冲击等电气特性，同时还具有增强熔池搅拌效果、有利于低氮控制等冶金特性，可用于各种炉型和加料形式的电弧炉以及冶炼普钢和特钢产品。该技术的推广应用，可有效提高电能的使用效率，减少吨钢电耗，提升产品品质，缩短冶炼周期，达到节能减排的效果。

【技术类型】×资源综合利用；√节能；×减排。

【技术成熟度与可靠度】该技术在国内外已开展小容量机组的工业化试验，但暂未见到大容量产品的推广应用实例。

据资料报道，国内和日本已经有基于IGBT元器件整流的小容量电源实验装置用于小型直流试验炉；中冶赛迪、西马克均在开发基于IGBT元器件整流的大型直流电弧炉电源。但该技术均还在研发实验阶段，并未应用于工业生产。

【预期环境收益】根据2019年5月西马克（SMS）在"第二届中国电炉炼钢科学发展论坛"上的宣讲资料，一套大容量新型直流电源装置电能消耗水平与常规直流电源对比如表2-6-52所示。

表2-6-52　常规与新型直流电源电能消耗水平对比

对比项	常规直流电源	新型直流电源
平均功率因数	0.75	0.95
预计电能年损耗量/MW·h	25.7	18.4
电能消耗年成本/百万美元	1.28	0.92

注：工作时间，7500h/年；用电成本，0.05美元/kW·h；电源装机容量，90MW。

按照一座100t直流电炉，新型直流电源与常规直流电源相比较，每年可节约电能7.3MW·h，折合减少2949.2t标准煤消耗，即减少7278.1t二氧化碳排放量。

【潜在的副作用和影响】现有直流电弧炉采用基于IGBT的大容量整流电源，和传统直流整流电源相比，不会对环境造成额外的影响。

【适用性】该技术可以应用于各种加料形式的直流电弧炉，也可应用于利用电弧熔化渣、矿石或者焚烧废弃物的特殊工业用电炉。

该技术可推广应用于钢铁企业的新工厂和现有工厂升级改造项目。

【经济性】新建工厂：一次性设备总投资比传统整流电源形式节省 20% 左右。

电能消耗：每吨钢降低约 20～30kW·h。

运行成本：每吨钢成本降低 25～30 元。

6.8.4　积极关注的关键技术

6.8.4.1　一体化精炼工艺及装备技术

一体化精炼工艺及装备技术，尚处于前期技术论证和方案研究阶段，旨在从源头削减氧化物夹杂的生成量。该技术在改善钢水质量的同时，可降低初炼工序出钢温度，提升合金收得率，需要持续关注。

6.8.4.2　基于氢冶金的炼钢技术

作为源头节能减排技术，氢冶金是目前的研究热点。随着氢冶金关键技术的开发及完善，炼钢如何适应相应铁水的冶炼，也是必须长期关注的研究课题。

6.9　连铸

6.9.1　排放和能源消耗

6.9.1.1　连铸单元物质流入流出类型

连铸工序资源消耗和排放流程见图 2-6-30。

（1）输入

钢水、保温材料、中间包覆盖剂、保护渣、耐火材料、结晶器铜板/铜管镀层、软水、浊水、煤气、天然气、电、氧气、氮气、压缩空气、氩气、铁粉及冷却用废钢、润滑油、液压油。

（2）输出

铸坯、氧化铁皮、余热、冲渣水、各种冷却后的废水、蒸汽、各种烟气、各种噪声、废润滑油及废液压油、各种粉尘、燃烧时产生的 CO_2、磨损后的结晶器铜板/铜管镀层、钢水罐及中间罐残钢、铸坯切头及切尾、废铸坯、使用后的耐材废弃物（长水口、浸入式水口、钢包及中间包使用后的耐材）。

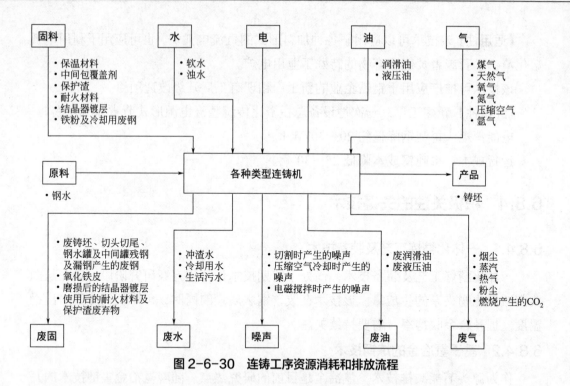

图 2-6-30 连铸工序资源消耗和排放流程

6.9.1.2 工艺单元的主要环境影响

铸坯冷却过程中产生的氧化铁皮大部分被冲渣水冲到旋流沉淀池中,已被回收利用;但要从连铸工序减少氧化铁皮的产生困难较大,当前这方面的研究较少。低过热度恒温浇铸、铸坯热送热装以及连铸连轧对降低钢水出钢温度和提高铸坯余热的利用都取得了很好的实际使用效果,但限于各企业铸坯质量、装备及生产管理水平,这些技术都还未被广泛使用。目前现有的结晶器铜板表面镀层材料很大部分仍在使用铬镀层(如各种结晶器铜管),镀液中铬离子对人体和环境都会造成很大的危害,是国家严格控制的重点排污物,应积极利用新的技术减少其对环境的危害。当前连铸机生产中还不能完全避免铸坯质量问题的发生,因此如能实现对每块生产的铸坯进行在线质量诊断,确认铸坯是否需要下线清理,将有效地降低能源消耗和废品率,应积极关注该类技术的发展和利用。

(1)废水

• 设备间接冷却水(包括软水系统和净环水系统):结晶器冷却水,采用软水,闭路循环;连铸机设备冷却水(包括 EMS 热交换器冷却水),采用软水,闭路循环;在线修磨机冷却水、离线修磨机冷却水和液压站冷却水,采用净环水,闭路循环。

• 连铸机油环水和冲氧化铁皮用水:部分设备采用直接冷却水,开路循环;二次冷却,喷淋冷却水;切割渣粒化水。

• 生活污水:车间排出的生活污水排入厂区管网后,送城市统一处理。

（2）废气

- 在浇铸过程中需向结晶器中加入保护渣，有少量烟尘产生。
- 连铸机浇铸时，钢包及中间包有少量烟尘产生。
- 中间罐及中间罐长水口预热时有烟气产生。
- 连铸机二冷区有大量水蒸气产生。
- 中间罐冷却时采用空气冷却，有热气产生。
- 不锈钢板坯连铸机切割时需要喷铁粉，有烟气产生。
- 不锈钢板坯连铸机板坯修磨时有烟气产生。
- 中间罐维修区中间罐倾翻装置在工作时有粉尘产生。

（3）噪声

- 切割机切割时产生的噪声。
- 压缩空气进行二次冷却和设备冷却时产生的噪声。
- 电磁搅拌时产生的噪声。

（4）固废

- 车间废钢包括废铸坯、切头切尾、钢水罐及中间罐残钢及漏钢产生的废钢。
- 从旋流沉淀池用抓斗抓上来的氧化铁皮及水处理系统产生的污泥。
- 车间每年产生的废耐火砖等工业垃圾。
- 磨损后的结晶器镀层。

（5）CO_2

- 预热中间包时产生的 CO_2。
- 预热浸入式水口时产生的 CO_2。
- 火焰切割时产生的 CO_2。

（6）润滑油及液压介质废料

- 设备润滑系统产生的废油。
- 液压系统产生的废液压油。

6.9.1.3　连铸单元单位产品的能源消耗

连铸工序能耗计算见表 2-6-53。

表 2-6-53　连铸工序能耗计算表

序号	项目	全年消耗		标准煤折算系数		折合标准煤 /(kg/10⁴t)
		单位	数值	单位	数值	
1	电	10^4kW·h	16246.91	kg(标准煤)/(10^4t·10^4kW·h)	0.0001229	1.9967
2	天然气	10^4m³	177.29	kg(标准煤)/(10^4t·10^4m³)	0.0012143	0.2153
3	焦炉煤气	10^4GJ	44.49	kg(标准煤)/(10^4t·10^4GJ)	0.03416	1.5198

序号	项目	全年消耗		标准煤折算系数		折合标准煤 /(kg/10⁴t)
		单位	数值	单位	数值	
4	高炉煤气	10^4GJ	2.88	kg(标准煤)/(10^4t·10^4GJ)	0.03416	0.0984
5	转炉煤气	10^4GJ	31.65	kg(标准煤)/(10^4t·10^4GJ)	0.03416	1.0812
6	氧气	10^4m³	3972.85	kg(标准煤)/(10^4t·10^4m³)	0.0000802	0.3186
7	氮气	10^4m³	2404.7	kg(标准煤)/(10^4t·10^4m³)	0.0000169	0.0406
8	压缩空气	10^4m³	35247.21	kg(标准煤)/(10^4t·10^4m³)	0.0000152	0.5358
9	工业新水	10^4m³	609.18	kg(标准煤)/(10^4t·10^4m³)	0.0000414	0.0252
10	软水	10^4m³	16.23	kg(标准煤)/(10^4t·10^4m³)	0.000189	0.0031
总的折标准煤/[kg(标准煤)/10^4t]						5.8347
全年钢坯产量/10^4t						1245.98
单位产品工序能耗/[kg(标准煤)/t]						4.68

6.9.2　推荐应用的关键技术

6.9.2.1　连铸坯直接热送热装技术

【技术描述】在 400℃以上温度装炉或先放入保温装置，协调连铸与轧钢生产节奏，然后待机装入加热炉。采用连铸坯热送热装技术效益明显，主要表现在大幅度降低加热炉燃耗、减少烧损量、提高成材率、缩短产品生产周期等方面。

【技术类型】×资源综合利用；√节能；√减排。

【技术成熟度与可靠度】该技术属于成熟研发成果，已实现工业化应用，但受限于各生产厂铸坯质量、部分裂纹敏感性钢种及生产管理水平，热送热装比例差异较大。

【预期环境收益】根据入炉温度的不同，节省能源消耗约 30%～45%；若热装温度为 1000～600℃，可节约 0.8～0.4GJ/t。可以降低 0.1%～0.3%的金属损耗。

【潜在的副作用和影响】暂无。

【适用性】适用于部分裂纹敏感性钢种除外的所有连铸车间和轧钢车间相连的生产厂。

【经济性】减少铸坯库存量，减少车间占地面积，降低建设成本和生产成本。

6.9.2.2　连铸恒温浇铸技术

【技术描述】连铸钢水过热度是保证连铸产量和铸坯质量的关键工艺参数之一。低过热度浇铸不仅可以实现高拉速，减少溢漏事故，提高铸坯内外部质量，同时也可以降低出钢温度，提高炉衬使用寿命等。为了降低中间包钢水过热度，要通过中间包烘烤及中间包等离子加热等钢水温度补偿措施实现。2015 年以后国内开发应用的中间包等离子加热技术，使用多石墨电极自成电回路，采用多点加热有利于多流连铸，无需改造现有中间包，采用真空石墨电极吹氩气避免钢水增氮、氧化及增碳，操作简单、运行成本低廉，克服了 20 世纪 90 年代开发的水冷单金属枪系统需要在中间包内砌筑笨重的钢质底电极、单点加热不均匀以及功率小和运行成本高等缺点。

【技术类型】×资源综合利用；√节能；√减排。

【技术成熟度与可靠度】该技术日本应用较早，国内北京奥邦开发的新型等离子加热技术具有完全自主知识产权。该技术在宝武梅钢公司投入工业化应用，也有岳阳中科、上海东振等企业中间包感应加热等相关技术产品，现场应用效果较好。

【预期环境收益】该技术将连铸过程中温度的被动控制转变为主动控制，实现低过热度恒温浇铸，且有效降低钢水上线温度，极大地节约了能源和降低耐火材料消耗。

【潜在的副作用和影响】暂无。

【适用性】适用于所有连铸生产线。

【经济性】减少因过热度波动导致的铸坯质量缺陷，提高铸坯质量。

6.9.2.3　连铸连轧技术

【技术描述】由连铸机生产出的高温无缺陷坯料无需清理和再加热（但需经过短时均热和保温处理）而直接轧制成材，这样把"铸"和"轧"直接连成一条生产线的工艺流程就称为连铸连轧。采用连铸坯连铸连轧技术效益明显，主要表现在生产周期短、占地面积少、固定资产投资少、金属的收得率高、钢材性能好、能耗少、生产成本降低等方面。

【技术类型】×资源综合利用；√节能；√减排。

【技术成熟度与可靠度】该技术国外公司应用较早且比较成熟，正处于积极工业化推广应用阶段，国内供应商尚没有成熟的技术或产品。

【预期环境收益】金属的收得率高，尤其是无头轧制技术成材率超过了 99%；由于采用热送热装、感应加热等技术，能耗仅为常规生产方式的 35%～45%，电耗仅为常规流程的 80%～90%，生产成本降低 20%～30%。

【潜在的副作用和影响】暂无。

【适用性】适用于生产薄板坯和薄带以及方坯棒线材的连铸连轧。

【经济性】生产周期短，占地面积少，固定资产投资少，产线长度缩短 60%～80%，可降低制造过程能耗 50%～65%，降低工序制造成本 200～440 元/t。

6.9.2.4　微合金钢板坯表面边角裂控制技术

【技术描述】通过角部高效传热新型曲面结晶器和铸坯角部循环相变晶粒超细化二冷控冷新工艺与装备技术的应用，有效解决了微合金钢铸坯边角裂纹产生的问题，能够显著降低各微合金钢板坯边角裂纹发生率，保障了微合金钢无缺陷化连铸生产。

【技术类型】×资源综合利用；√节能；√减排。

【技术成熟度与可靠度】该技术已应用至鞍钢、宝钢、河钢等企业，正处于积极工业化推广应用阶段。

【预期环境收益】采用该技术后，微合金板坯可满足钢铁行业连铸坯无缺陷直接送装轧制的要求。全行业若均采用该项目技术，可年降低二氧化碳排放超 500 万 t，并大幅减少烟尘污染，有效促进钢铁产品的绿色化生产。

【潜在的副作用和影响】暂无。

【适用性】适用于薄板坯、中薄板坯、常规板坯、宽厚板坯以及特厚板坯等全系列板坯坯型。

【经济性】避免了角部火焰清理，大幅降低人工清理等成本，提高金属收得率；降低铸坯再加热过程的大量燃料消耗，全行业每年因此可减少直接损失超 50 亿元。

6.9.2.5　铸轧优化匹配技术

【技术描述】通过合并连铸车间和轧制车间的板坯堆存跨，有效减少堆存区占地，降低了厂房及吊车等建设投资。与此同时，缩短了连铸与轧机间的距离，有效降低热送热装铸坯温降。

【技术类型】×资源综合利用；√节能；√减排。

【技术成熟度与可靠度】该技术已有工业化应用，正处于积极工业化推广应用阶段。

【预期环境收益】采用该技术后，对于年产 1000 万 t 的钢铁公司，可以节约近千吨标准煤，有效降低二氧化碳的排放量，并大幅减少烟尘污染，有效促进钢铁产品的绿色化生产。

【潜在的副作用和影响】暂无。

【适用性】适用于所有连铸生产线。

【经济性】降低铸坯再加热过程的大量燃料消耗，全行业每年因此可减少直接损失超 5000 万元。

6.9.3　加快工业化研发的关键技术

6.9.3.1　结晶器长寿技术

【技术描述】采用激光 3D 打印技术在结晶器基体上打印一层耐磨层，使基体在不同的工况要求下，具有抗高温侵蚀、抗裂纹，边角、弯月面抗高温耐磨性能，用于结晶器表面可成倍提高铜板出钢量。同时替代电镀工艺，免去因电镀工艺对基体寿命的影响，可成倍延长铜板基体寿命。

结晶器纳米镀层技术通过在现有金属镀层基体中复合纳米颗粒的方式，对基体进行弥散强化、高密度位错强化以及细晶强化，使镀层材料具有更高的强度、硬度及耐磨和高温稳定性，应用于冶金结晶器表面可显著提高结晶器铜板使用寿命，降低生产成本。

【技术类型】×资源综合利用；√节能；√减排。

【技术成熟度与可靠度】结晶器耐磨层激光 3D 打印技术已经进入工业化应用阶段，南钢中厚板、邯钢三炼钢等企业已经投入生产应用，寿命可提高 2 倍以上。纳米镀层技术目前已通过实验室的中试研发，正处于工业化测试阶段。

【预期环境收益】目前现有的冶金结晶器铜板表面镀层材料很大部分仍在使用铬镀层（如各种结晶器铜管），镀液中铬离子为吞入性毒物/吸入性极毒物，皮肤接触可能导致敏感，更可能造成遗传性基因缺陷，吸入可能致癌，对环境有持久危险性，是我国严格控制的重点排污物。采用耐磨层激光 3D 打印新涂层及纳米复合镀层技术，可以极大程度替代现有的铬镀层，减少对高价铬离子的使用。

同时，这两种技术都可极大程度减少铜板本身耗材的消耗，进而减少结晶器铜板原材料的使用，更加节能环保。采用耐磨层激光 3D 打印新涂层技术每次修复后的结晶器铜板厚度可保持不变。据统计，全国每年由于结晶器铜板的耗材消耗量约 20 亿元，若结晶器铜板使用寿命提高一倍，则可以减少约一半即 10 亿元的耗材消耗。

【潜在的副作用和影响】该结晶器纳米镀层技术，由于工艺方式依然是电沉积，过程中不可避免地采用金属离子，会有适量的废水产生，但均可通过相应的处理工艺进行处理和回收，对环境的影响可得到有效控制。另外，由于纳米镀层的铜板使用寿命更长，不需要频繁地进行电镀修复，综合来说相较原镀层技术，对环境的影响有积极向上的作用。

【适用性】可应用于各种需要表面强化的冶金结晶器铜板。

【经济性】据统计，全国每年由于结晶器铜板的耗材消耗量约 20 亿元，若结晶器铜板使用寿命提高一倍，则可以减少约一半即 10 亿元的耗材消耗。另外，结晶器铜板的更换每次耗时约 1～2h，减少结晶器铜板的更换频次，意味着有更多的时间进行连铸的正常生产，提高了生产的效率及连续性。以年产 100 万 t/流的连铸机计算，则平均每小时钢产量为 115t；原结晶器铜板一个月更换一次，现有结晶器铜板可两个月更换一次，则每年可减少 6 次的更换时间；每次更换耗时平均按 1.5h 计，则在此节省的更换时间内可生产钢坯 1035t；吨钢利润按 1000 元计，则每流板坯连铸机每年可增收 103.5 万元。全国板坯连铸机按 400 流计算，则每年可增收约 4 亿元。

6.9.3.2　高拉速连铸技术

【技术描述】在确保生产安全以及铸坯质量的前提下，提高铸机的拉坯速度，能够减少固定投资、生产运营成本，提高铸机产能，降低物料消耗及生产成本，是将来实现铸坯的连铸连轧和无头轧制的重要基础。

【技术类型】×资源综合利用；√节能；√减排。

【技术成熟度与可靠度】日本在常规板坯连铸高拉速方面技术成熟，工作拉速可以超过 2.0m/min，而国内普遍在 1.5m/min 左右；在小方坯连铸方面，Danieli、SMS、Primetals 均有拉速超高的业绩（6.0m/min），而国内最高为 5.0m/min。

【预期环境收益】降低物料消耗约 5%；提高铸坯的热送热装温度，降低能耗约 10%；降低生产成本 10%～20%。

【潜在的副作用和影响】暂无。

【适用性】适用于常规板坯连铸和小方坯连铸。

【经济性】小方坯连铸如果工作拉速能提高到 4.5m/min，在产能相同的条件下，流数可以减少 1/3，投资和生产运营成本可降低约 20%；提高铸坯的热送热装温度，降低能耗约 10%。

6.9.4　积极关注的关键技术

连铸坯质量在线预报及控制技术。

【技术描述】通过对连铸坯凝固过程和铸坯缺陷形成机理的研究或在线物理检测分析的方法，实现对连铸坯质量的在线诊断，确认每块生产的铸坯是否适合热送或是否需要下线清理，以及对操作过程的反馈控制，实现提高铸坯质量，降低废品率、能源消耗和生产管理成本的目的。

【技术类型】×资源综合利用；√节能；√减排。

【技术成熟度与可靠度】该技术目前还处于积极研究开发阶段。

【预期环境收益】提高铸坯热送率，降低废品率，降低能源消耗，减少生产成本。

【潜在的副作用和影响】暂无。

【适用性】适用于所有连铸生产线。

【经济性】能有效降低能源消耗和废品率，减少生产成本。

6.10 轧钢

6.10.1 热轧板带

6.10.1.1 排放和能源消耗

（1）热轧带钢生产线单元物质流入流出类型

热轧板带工序资源消耗和排放流程见图 2-6-31。

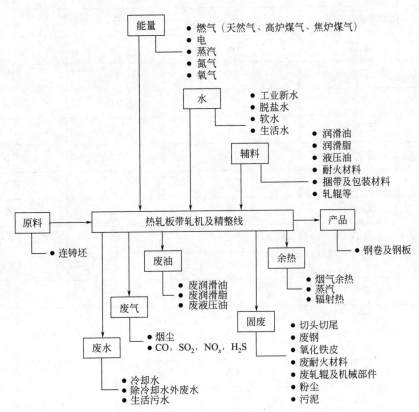

图 2-6-31 热轧板带工序资源消耗和排放流程

① 输入 连铸板坯、煤气、天然气、电、新水、除盐水、蒸汽、压缩空气、氧气、氮气、轧辊及机械部件、液压润滑油、润滑脂、耐火材料、捆带。

② 输出 钢卷、烟气（尘）、除尘灰、余热、冷却水、除冷却水外的其他废水、废钢、切头切尾、氧化铁皮、废轧辊及废机械部件、废耐火材料、废油、污泥等。

（2）工艺单元的主要环境影响

① 废水　热轧带钢废水包括间接冷却水过滤器反冲水，直接冷却水废水、在线冷却或离线冷却生产水废水、生活废水、其他生产废水（如煤气管道产生少量含酚氰冷凝水、含油废水等）。热轧带钢轧线废水水质标准见表 2-6-54。

表 2-6-54　热轧带钢轧线废水水质标准

序号	污染物项目	2015 年前建成企业[①]	2012 年后新建企业[①][②]	
		排放限值/(mg/L)	排放限值/(mg/L)	
		一般规定	一般规定	特别规定
1	pH 值	6~9	6~9	6~9
2	悬浮物	50	30	20
3	化学需氧量 COD	60	50	30
4	氨氮	8	5	5
5	总氮	20	15	15
6	总磷	1	0.5	0.5
7	石油类	5	3	1
8	挥发酚	0.5	0.5	0.5
9	总氰化物	0.5	0.5	0.1
10	氟化物	10	10	10
11	总铁	10	10	2
12	总锌	2	2	1
13	总铜	0.5	0.5	0.3
14	总砷	0.5	0.5	0.1
15	六价铬	0.5	0.5	0.05
16	总铬	1.5	1.5	0.1
17	总铅	1	1	0.1
18	总镍	1	1	0.05
19	总镉	0.1	0.1	0.01
20	总汞	0.05	0.05	0.01
	单位产品基准排水量/(m³/t)	1.8	1.5	1.1

① 国标 GB 13456—2012。

② 宝钢统一技术规定（2013 年）。

② 废气　热轧带钢板坯加热炉、热处理炉以混合煤气或天然气作为燃料，产生烟气，经烟囱高空排放；轧机工作时产生含尘气体，经排烟除尘系统净化后排放。热轧带钢轧线废气排放标准见表 2-6-55。某热轧带钢企业大气排放浓度见表 2-6-56。

表 2-6-55　热轧带钢轧线废气排放标准

序号	污染物名称	污染物	2015 年前建成企业[①]	2012 年后新建企业[①②]	
			排放限值/(mg/m³)	排放限值/(mg/m³)	
			一般规定	一般规定	特别规定
1	加热炉或热处理炉	烟尘	50	30	20
2		SO_2	250	150	100
3		NO_x	350	300	200
4	轧机	粉尘	50	30	20
5	平整机	粉尘	30	20	15

① 国标 GB 28665—2012。
② 宝钢统一技术规定（2013 年）。

表 2-6-56　某热轧带钢企业大气排放浓度

序号	污染源名称	污染物	排放浓度/(mg/m³)
1	加热炉或热处理炉	烟尘	3.21
		SO_2	53.54
		NO_x	123.00
2	轧机	粉尘	≤15
3	平整机	粉尘	≤15

③ 噪声　轧机、加热炉助燃风机、稀释风机、各种水泵、汽包排汽等产生的噪声。热轧带钢噪声控制标准见表 2-6-57。

表 2-6-57　热轧带钢噪声控制标准

噪声源	控制措施	效果/dB(A)
轧机	厂房隔声	约 70
飞剪	厂房隔声	约 70
平整分卷机	厂房隔声	约 70
高压水除鳞装置	厂房隔声	约 80
各类风机	消声器、机房隔声	约 80
水泵	厂房隔声	约 75

④ 固废　废钢、切头、切尾、废轧辊及废机械部件、废耐火材料、氧化铁皮、

除尘灰、小块氧化铁皮及污泥等。热轧带钢固废见表 2-6-58，中厚板生产固废见表 2-6-59。

表 2-6-58　热轧带钢固废表

序号	名称	产生量/[kg/t(钢材)]
1	废钢/切头尾	12
2	氧化铁皮	11
3	废耐火材料	0.2
4	小块氧化铁皮及污泥	0.45
5	废油	0.17
6	除尘灰	0.077
7	废轧辊及机械部件	0.52

表 2-6-59　中厚板生产固废表

序号	名称	产生量/[kg/t(钢材)]
1	废钢/切头尾	90
2	氧化铁皮	11
3	废耐火材料	0.25
4	小块氧化铁皮及污泥	16
5	废油	0.15

（3）热轧板带单元单位产量的输入输出能源量

热轧板带工序能耗计算见表 2-6-60。

表 2-6-60　热轧板带工序能耗计算表

能源名称	单位	折合标准煤系数	实物单耗	折标准煤/[kg/t(Fe)]
混合煤气	m³	0.3145	128	40.26
焦炉煤气	m³	0.6326	0.02	0.013
电	kW·h	0.1229	92	11.307
新水	t	0.0414	0.6	0.051
纯水	t	0.1890	0.09	0.017
氧气	m³	0.4000	0.1	0.04
压缩空气	m³	0.0152	28	0.456
蒸汽	kg	0.1286	6.7	0.887
回收				
蒸汽	m³	0.1286	38	4.887
工序能耗*				48.399

*重点钢铁企业均值。

6.10.1.2 推荐应用的关键技术

（1）变频调速控制技术

【技术描述】在热轧带钢生产中，产线装机容量一般在 200MW 以上，主传动电动机一般采用变频控制，辅助电动机如风机、各类水泵、空压机等大都采用恒频电动机驱动。风机、水泵、空压机等这类设备的特点是电动机功率大，不能频繁启动及制动；数量多（一般在 300 台左右），约占总装机容量的 10%；负载变化大，低负荷需求时消耗大量无用电能。依据生产品种对供水、供气、送风等系统流量、压力的细分要求，合理及时地通过频率的变化调节供应能力，可达到节水、节能的目的。采用变频调速节能技术，可以降低电能消耗 10% 左右。

【技术类型】×资源综合利用；√节能；√减排。

【技术成熟度与可靠度】对风机、高压水除鳞系统、层流冷却供水系统、空压站等，目前已有部分企业采用了变频控制技术，已取得较好的节能效果，技术成熟可靠。

【预期环境收益】以年产 350 万 t/a 热轧带钢产线为例，辅传动变频改造以后，初步估算单耗可节省 $5\sim10kW\cdot h/t$，节能≥2100t(标准煤)/a，CO_2 减排能力达 5500t/a。

【潜在的副作用和影响】暂无。

【适用性】该技术适用热轧带钢产线各类风机、供水泵电动机、除鳞泵电动机、空压机电动机等改造。

【经济性】以某厂除鳞泵站电动机改造为例，该厂配置有 4 台 10kV、3500kW 除鳞水泵电动机，三用一备。初步估算，除鳞泵变频改造费用约 650 万元，年节省电费 900 万元，投资回收期 7 个月，可产生较好的经济效益。

（2）热装技术

【技术描述】常规热连轧车间一般与连铸车间毗邻建设，连铸板坯经辊道送往热轧车间板坯库后再进入加热炉加热，之后进行轧制。板坯进入热轧厂板坯库后，有直接热装（DHCR）、热装（HCR）、冷装（CCR）三种装炉方式。DHCR 装炉方式可充分利用连铸坯余热（>600℃），板坯入炉温度高，减少加热炉燃耗；当连铸和热轧的生产计划不相匹配时，连铸板坯吊入保温炉或板坯库指定垛位进行堆垛、保温，而后再送入加热炉进行加热（HCR），HCR 装炉板坯温度可达 350℃以上；板坯进入板坯库后，若计划不符，则需等待较长时间后再装炉加热（冷坯加热 CCR）。板坯再加热的燃耗约占总能耗的 70%～80%，提高热装温度及热装比可大幅降低加热的能量消耗。

日本生产企业的热装轧制 HCR 和 DHCR 比例高，新日铁可以达到 80% 以上，我们最先进的宝钢也只有 60%。提高热装比其一是要提高连铸-热轧的一体化管理水平，尽可能高比例地实现两个环节的计划匹配。连铸-轧钢的衔接、匹配对钢铁工业发展的意义和价值是显著的。连铸-轧钢技术对于钢铁冶金企业而言，既是节能降耗、提高质量、开发品种的重要工序环节，也是提高生产效率和经济效益的重要手段。其二是在工艺上革新。炼钢-浇铸成形-热轧工艺流程，即理顺炼钢-炉外精炼-凝固成形工艺以及合理衔接匹配凝固成形-热压力加工流程的核心环节，同时实现整个钢铁生产工艺流程连续化、紧凑化的创新。

高热装比可以显著地降低板坯再加热过程的能量消耗以及 SO_2、CO_2、NO_x 的排放，减少污染。

【技术类型】 ×资源综合利用；√节能；√减排。

【预期环境收益】 以 350 万 t/a 热轧普碳钢为例，热装比 15%，平均热装温度≥400℃，加热炉综合燃耗在 1.25GJ/t 左右，若热装比提升至 60%，平均热装温度提升至 500℃，加热炉综合燃耗可降至 0.98GJ/t 左右。可减排粉尘约 1t/a，减排 SO_2 约 20t/a，减排 NO_x 约 50t/a，减排 CO_2 约 8.5 万 t/a。

【潜在的副作用和影响】 暂无。

【适用性】 该技术适用常规热轧带钢生产线。

【经济性】 以 350 万 t/a 热轧普碳钢为例，若热装比由 15%提升至 60%，平均热装温度提升至 500℃，加热炉综合燃耗可降至 0.98GJ/t 左右，预计可以产生经济效益 3200 万元/年。

（3）热轧全线的温度精准控制技术

【技术描述】 热轧带钢生产中，为保证产品性能，轧件加热及变形温度是主要控制因素之一。

通过加热炉分钢种、分段加热温度及加热时间、炉内气氛的精确控制，建立分钢种的智能燃烧模型，合理控制加热温度和保温时间，在确保加热质量的同时，优化加热炉燃耗。此外通过加热温度、在炉时间、炉内气氛的协同控制，降低坯料加热氧化，提高产品成材率，减少固废产生。

在精轧开轧温度要求一定的情况下，加热温度受粗轧温降制约。降低粗轧阶段中间坯温降，在不影响产品组织的情况下，就可以降低板坯加热温度，从而达到降低加热能耗和降低加热炉废气排放的目的。

热卷箱、保温罩等是当今普遍采用的防止中间坯温降的措施，其位于粗轧与精轧之间，用于改善中间带坯温度的均匀性和减少带坯头尾的温差；不仅可以改善进精轧机的中间带坯温度，使轧机负荷稳定，有利于改善产品质量，扩大轧制品种规格，减少轧废，提高轧机成材率，还可以降低加热板坯的出炉温度，有利于节约能源。

热卷箱布置在粗轧机之后、飞剪机之前，采用无芯卷取方式将中间带坯卷成钢卷，然后带坯尾部变成头部进入精轧机进行轧制，基本消除带钢头尾的温差。采用热卷箱，不仅可保持带坯的温度，而且可大大缩短粗轧与精轧中间的距离。热卷箱在国内已得到广泛应用。

保温罩布置在粗轧与精轧机之间的中间辊道上，一般总长度约 60m，由多个罩子组成，每个罩子均可根据生产要求进行开闭。罩子上装有隔热材料，罩子所在辊道为密封的。中间带坯通过保温罩，可大大减少温降。保温罩隔热材料对保温性能有较大影响，新型保温罩（如 Encopanel、HIBOX）利用高性能保温材料及表面热反射技术进一步提高保温性能，可最大限度地降低中间坯整个长度上的热损，与传统保温罩相比，减少热量损失 50%。

【技术类型】×资源综合利用；√节能；√减排。

【技术成熟度与可靠度】加热炉智能燃烧模型，在国内已有成熟应用；热卷箱技术成熟可靠，在国内已得到广泛应用；新型保温罩（如 Encopanel、HIBOX）在国内太钢、武钢等已有应用，技术成熟可靠。

【预期环境收益】以采用热卷箱及新型保温罩降低加热温度 30℃（1240℃降为1210℃）为例，吨钢可节省能耗约 0.0025kg 标准煤。350 万 t/a 热轧普碳钢则可减排粉尘约 0.3t/a，减排 SO_2 约 6t/a，减排 NO_x 约 15t/a。

【潜在的副作用和影响】暂无。

【适用性】常规热轧带钢生产。

【经济性】暂无数据。

（4）热轧轧制润滑技术

【技术描述】现代热轧带钢精轧机，由于道次变形量大、轧制速度快，特别是对轧制薄规格产品而言，轧制负荷大、轧辊磨损快，对轧制能耗、轧辊消耗、轧件表面质量、轧制生产效率等产生较大的影响。润滑是热轧工艺生产中降低轧辊消耗、改善产品表面质量、提高轧机生产能力的重要技术手段。热轧轧制润滑就是在精轧机轧制过程中，向工作辊表面喷射含油量 0~2% 的油水混合物，使其在工作辊表面形成一层润滑膜。通过这层润滑膜的作用，达到降低轧制力、减小辊缝间磨损的目的。轧制润滑如图 2-6-32 所示。

【技术类型】×资源综合利用；√节能；√减排。

【技术成熟度与可靠度】热轧轧制润滑技术可靠，在国内常规热连轧、薄板坯连铸连轧等产线已得到广泛应用。

【预期环境收益】①以 350 万 t/a 热轧带钢产线为例，采用轧制润滑技术以后，初步估算吨钢单耗可节省 3~5kW·h/t，节能 ≥1300t（标准煤）/a，CO_2 减排能力达3400t/a。② 减少氧化铁皮约 1kg/t，降低氧化铁皮产生量约 3500t，还可降低后工序酸洗的酸耗约 0.3~1.0kg/t。

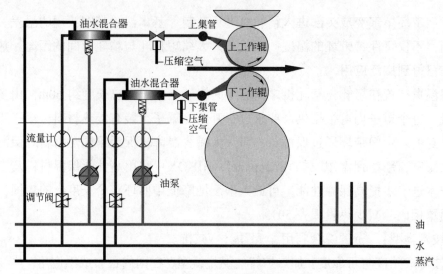

图 2-6-32　轧制润滑原理示意图

【潜在的副作用和影响】暂无。

【适用性】该技术适用热轧带钢产线。

【经济性】采用热轧润滑，经济效益显著。收益主要来自以下几部分：减少轧辊消耗，减少换辊试轧的废品，降低电能消耗以及增加产量。其中增加产量带来的收益约占总经济效益的 80%以上，而润滑剂消耗及设备一次性投资只是很少的一部分支出。对于年产量 350 万 t 的生产线来说，经济效益可达 2500 万元/年以上。

（5）带钢轧后柔性冷却技术

【技术描述】获得适宜的带钢卷取温度，有效地控制带钢的力学性能，采用轧后冷却工艺已成为热轧带钢生产的关键环节之一。冷却装置的冷却能力、冷却温度控制历程、冷却强度、卷取温度及其控制精度等都对最终产品的质量和性能有直接影响，轧后控冷技术是节能节材、高性能产品研发和生产中不可或缺的手段，特别是DP、TRIP、TWIP、CP、AHSS、UHSS、高级别管线钢、建筑结构用钢、超细晶粒钢、免热处理钢等代表性的先进钢铁材料均采用控轧控冷技术生产。

带钢冷却装置位于精轧出口和卷取入口之间的输出辊道上，通过上下集管或喷嘴将冷却水喷射至带钢上下表面，对带钢控制冷却。通常根据冷却模式不同采用计算机控制集管或冷却强度和冷却历程，从而对带钢温度进行精准控制。带钢冷却装置主要由上集管、下集管、侧喷、控制阀、供水系统及检测仪表和控制系统组成。轧后带钢冷却装置主要有常规层流冷却、加密型层流冷却、超快速冷却、超级在线加速冷却等不同形式，根据生产产品种类、规格不同，可选择一种或几种模式组合使用。

【技术类型】√资源综合利用；√节能；√减排。

【技术成熟度与可靠度】轧后带钢冷却技术成熟可靠，在国内常规热连轧、薄板坯连铸连轧、中厚板等生产线均已得到广泛应用。

【预期环境收益】①可实现减量化生产，以水代金，在产品强度一定的情况下，减少钢中合金元素的添加，减少资源的使用；②通过不同组合轧后冷却方式，可大幅度提高产品强度，促进下游工序产品的轻量化，减轻环境负担。

【潜在的副作用和影响】暂无。

【适用性】该技术适用于热轧带钢及中厚板生产线。

【经济性】①由于晶粒细化可减少材料中合金元素含量（如 Cr、Ni、Mo、Nb 等），可有效降低生产成本，根据产品不同，吨钢成本可降低 20～60 元；②可获得更好的材料力学性能，提高产品竞争力及附加值；③能够生产新钢种，扩大产品生产范围。

（6）在线热处理技术

【技术描述】在线热处理是利用轧制余热对板带进行热处理，可以省去离线热处理必须的二次加热，因而可以节省能源、简化操作、缩短产品的交货期。此外，在线热处理可以利用材料热轧过程中积累的应变硬化，某些情况下还可以得到比离线热处理更优的产品性能和质量。

在线热处理的方式包括直接淬火（DQ）、冷却速度控制、冷却路径控制。为了得到需要的材料组织和性能，有时还需要加热，例如 Q&P 过程。总之，依据需要的材料组织和性能来在线控制材料的冷却路径，加热或冷却，实现柔性化的热处理过程。通过轧后的热处理，可以得到多种多样的材料组织和性能，提升了材料性能的空间。为此应运而生了各种不同的在线热处理新设备、新工艺。

① ADCOS-PM 的柔性化在线热处理工艺：终轧之后，可以采用超快冷或者 ACC，实现从低冷速到高冷速的各种不同的冷却速度，如 UFC-F、UFC-B 和 DQ 等；而其后续还可以接续采用不同的热处理方式，例如不同速率的冷却、加热，不同的加热温度区间等，从而获得多种多样的组织，得到多种多样的材料性能，如图 2-6-33 所示。

② 中厚板 Super-OLAC+HOP 工艺：HOP 与 Super-OLAC 组合在一起，可以灵活地改变轧制线上冷却、加热的模式。与传统的离线热处理相比，过去不可能进行的在线淬火-回火热处理，可以依照需要自由地设计和实现，组织控制的自由度大幅度增加。利用 HOP 生产的钢板，材质均匀、屈强比低，特别适用于生产在寒冷地区和酸气环境中使用的高强、高韧管线钢。

在热连轧线上，也可通过超快冷、加密冷却或普通层冷的组合，控制冷却速率及冷却路径，结合卷取机及生产线上其他辅助设施实现在线热处理。

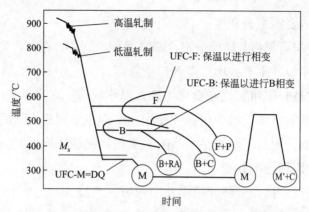

图 2-6-33 ADCOS-PM 系统的冷却路线控制

【技术类型】√资源综合利用；√节能；√减排。

【技术成熟度与可靠度】轧后板带在线热处理成熟可靠，在国内常规热连轧、薄板坯连铸连轧、中厚板等生产线均已得到广泛应用。

【预期环境收益】①利用轧制预热进行热处理，取消传统离线热处理需要的二次加热，节省燃料，减少加热废气（粉尘、SO_2、NO_x）的排放；②可实现减量化生产，材料以相变强化为主，在产品强度一定的情况下，减少钢中合金元素的添加，减少资源的使用；③通过不同组合在线热处理方式，可大幅度提高产品强度，促进下游工序产品的轻量化，减轻环境负担。

【潜在的副作用和影响】暂无。

【适用性】该技术适用于热轧带钢及中厚板生产线。

【经济性】① 以 DQ 产品为例，与离线热处理相比，由于取消淬火前二次加热，每吨钢燃耗可节省约 0.8GT。

② 由于晶粒细化可减少材料中合金元素含量（如 Cr、Ni、Mo、Nb 等），可有效降低生产成本，根据产品不同，每吨钢成本可降低 20～60 元；

③ 可获得更好的材料力学性能，提高产品竞争力及附加值；

④ 能够生产新钢种，扩大产品生产范围。

⑤ 制造工期可以缩短到 20 天左右，增强供货能力，在交货期和数量等方面更好地满足客户需求。

（7）热轧氧化铁皮控制技术

【技术描述】在热轧过程中，轧件的氧化贯穿始终，氧化铁皮是热轧钢带较常见的一种产品质量缺陷，并受到合金元素及诸多工艺参数的交互影响。热轧带钢表面氧化铁皮不易去除、带钢表面出现红色氧化铁皮、色差、氧化铁皮压入以及酸洗残留等问题，直接影响热轧板带表面质量，严重阻碍了产品档次的提升，对后续工序如酸洗效率和酸耗量产生较大的影响。

按照热轧板带氧化铁皮生成阶段的不同，可分为炉生氧化铁皮、粗轧和精轧区域二次氧化铁皮及精轧后至卷取的三次氧化铁皮。炉生氧化发生在加热炉内，同化学成分、加热温度、在炉时间、炉内气氛有关；粗轧及精轧区域二次氧化铁皮，同化学成分、轧制工艺参数、除鳞、冷却水、轧辊温度等因素相关；轧后至卷取三次氧化铁皮，与化学成分、卷取温度及卷取工艺参数等相关。控制氧化铁皮需从产品化学成分、加热及热轧工艺参数、变形工具等多方面加以控制。

① 通过降低加热温度、减少在炉时间、调节炉内气氛为偏还原性气氛，抑制炉生氧化铁皮生成。

② 优化化学成分及微合金化处理，依据合金元素选择氧化机制，抑制 Si/Mn 共晶相，降低氧化速率常数并提高氧化铁皮与钢基体的黏附性。

③ 通过快速降温使氧化铁皮发生韧-脆转变，进而萌生热裂纹，然后常规高压水去除已经脆化并裂化的氧化皮，从而实现高效除鳞。

④ 改善轧辊材质，采用合理轧辊磨削制度，及时彻底地去除轧辊表面残余裂纹；采用润滑轧制及轧辊辊温控制等技术，降低辊生氧化铁皮。

⑤ 通过热轧过程氧化铁皮协调变形机制，调整工艺参数控制氧化铁皮界面弯曲度，大幅减少后续酸洗钢表面色差，同时提升酸洗效率，降低用酸量。

⑥ 结合工业大数据，通过机器学习对模型参数进行优化和自学习；以热轧氧化行为高精度数学模型为基础，优化轧制工艺窗口，实现热轧氧化智能控制。

【技术类型】× 资源综合利用；√ 节能；√ 减排。

【技术成熟度与可靠度】目前该技术已经应用于国内十余家钢铁企业，覆盖碳锰钢、低碳钢及低合金高强钢等钢种，并推广至高碳钢、无取向硅钢及低温用钢等。

【预期环境收益】①采用新型加热工艺制度，氧化烧损量较常规工艺减少约 10%。②通过氧化皮结构精细化控制大幅提升了热轧钢材耐大气腐蚀能力，解决了钢材在生产、运输和仓储过程中由于锈蚀造成的系列表面问题，减少了耐蚀性贵重合金元素（如 Cu、Ni 等）的消耗。

【潜在的副作用和影响】暂无。

【适用性】该技术适用于热轧带钢及中厚板生产线。

【经济性】① 产品表面质量得到明显提升，大幅提高了钢铁企业的产品市场竞争力，系列高表面质量产品较普通产品价格提升 20～50 元/t；

② 因表面质量优，可大幅降低产品降级率，提升产品附加值；

③ 免酸洗钢售价可提升 50～80 元/t，酸洗钢降低酸洗成本 20～30 元/t。

（8）板坯低温加热技术

【技术描述】传统热轧工艺中，一火成材时，从连铸到精轧的大部分能量消耗于再加热中，其燃耗约占总能耗的 70%～80%，用于轧制的能耗仅占 20%～30%。板坯低温加热技术是热轧板带节能最有效的途径之一。虽然低温加热时因轧件变形抗力的提高使轧机电耗较高，但计算分析表明，燃耗的降低与轧制电耗升高相比，其综合节能效果仍十分明显。

为实现板坯低温加热，主要技术措施包括：

① 对传统热轧带钢，按冶金性能要求，在保证原有终轧温度的前提下，通过工艺与设备的改进，降低轧制过程中带钢的温降，从而降低板坯出炉温度。

② 在保证热轧带钢力学性能、产品质量及满足设备能力的前提下，适当降低精轧开轧温度与终轧温度；与之相对应，出炉温度也可适当降低。降低开轧温度和终轧温度可明显减缓精轧区氧化铁皮的形成，从而获得良好表面质量的热轧带钢。

③ 对部分钢种，通过低温轧制技术，采用以形变诱发铁素体相变和铁素体动态再结晶为主要机制的细化组织工艺，能明显提高钢材综合性能。与之相对应，板坯加热温度也可适当降低。

④ 通过钢的化学成分调整，在保证产品性能的前提下，将传统高温加热工艺改为低温加热工艺，如高温 HiB 钢生产工艺过渡到低温 HiB 钢生产工艺，加热温度可降低 250℃左右，节能效果显著。

因此，低温加热低温轧制工艺是一项既可降低能耗和生产成本，又可提高热轧带钢产品质量的技术。

【技术类型】×资源综合利用；√节能；√减排。

【技术成熟度与可靠度】板坯低温加热技术技术成熟可靠，在国内常规热连轧、薄板坯连铸连轧等生产线均有成熟应用。

【预期环境收益】①减少加热能耗、氧化烧损，提高轧钢加热炉的加热产量，延长加热炉的寿命，燃料节约使得温室气体的排放量大大减少；

② 减少轧辊的热应力疲劳裂纹以及氧化铁皮引起的磨损；

③ 降低脱碳层深度，提高产品的表面质量；

④ 细化晶粒、改善产品性能。

【潜在的副作用和影响】暂无。

【适用性】该技术适用于热轧带钢及中厚板生产线。

【经济性】以某厂普碳钢生产采用板坯低温加热、低温轧制工艺为例：

① 通过实施低温轧制，燃料消耗指标明显下降，吨钢工序综合能耗由原来的 55kg（标准煤）下降到 48kg（标准煤）以下，节省 7kg（标准煤）；

② 板坯低温加热氧化铁皮明显减少，烧损可下降 0.15%左右，产品成材率也得

到相应提高；

③ 吨钢轧辊辊耗可降低 0.1kg。

6.10.1.3　加快工业化研发的关键技术

薄板坯连铸连轧无头轧制技术。

【技术描述】钢水通过高拉速（拉速≥6m/min）浇铸为 70～110mm 的铸坯，出连铸机后铸坯不分段，直接进入粗轧机组轧制成薄带坯，而后经感应加热补温到精轧开轧温度，经精轧机轧制、层流冷却冷却及卷取机卷取成薄带钢。单条线产钢约 200 万 t/a，生产带钢厚度 0.8～4mm，1.5mm 以下薄规格带钢占比可达 50%，宽度最大为 1930mm。

典型代表是意大利 ARVEDI 公司开发的 ESP 工艺。2009 年 2 月，ESP 生产线建成投产，这是世界上生产热轧带钢最紧凑的生产线，总长仅有 191m，连铸和轧制工艺直接串联。薄板坯连铸结晶器出口铸坯厚度 90～110mm，液芯压下至 70～90mm 不需加热直接进入 3 机架四辊轧机进行粗轧，然后带坯经感应加热补温和高压水除鳞后进入 5 机架精轧轧制成品带钢；热轧带钢层流冷却到规定的卷取温度后，进入地下卷取机进行卷取。

薄板坯连铸连轧无头轧制系统见图 2-6-34。

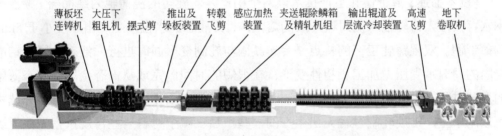

薄板坯连铸机　大压下粗轧机　摆式剪　推出及垛板装置　转毂飞剪　感应加热装置　夹送辊除鳞箱及精轧机组　输出辊道及层流冷却装置　高速飞剪　地下卷取机

图 2-6-34　薄板坯连铸连轧无头轧制示意图

主要技术特征：

- 高拉速（6m/min）高表面质量薄板坯连铸技术；
- 可通过无头尾连续轧制解决穿带问题；
- 通过无非稳定轧制，提高板带组织性能稳定性、均匀性、尺寸形状精度和成材率；
- 通过提高连接部位穿带速度并使间隙时间为零，提高生产效率；
- 可生产超越过去极限轧制尺寸的超薄带钢或宽幅薄板，部分实现"以热代冷"。

【技术类型】×资源综合利用；√节能；√减排。

【技术成熟度与可靠度】该技术首先由意大利 ARVEDI 公司于 2009 年开发成功，

而后推广至我国山东某钢厂,目前已成功投产 4 条生产线,第 5 条产线也在建设中,技术成熟可靠。同时意大利达涅利公司开发的类似产线 DUE,在国内某钢厂正在建设中。

【预期环境收益】取消传统热轧加热炉及常规薄板坯连铸连轧的保温炉,采用电感应加热补温,实现轧钢工序加热废气(粉尘、SO_2、NO_x)的"零排放"。从能源角度来看,该生产工艺吨钢燃耗较传统热连轧低约 20%,与常规薄板坯连铸连轧相当。

【潜在的副作用和影响】该工艺生产的产品质量(表面质量、屈强比等)与常规热连轧有较大差距,同时产品品种覆盖面受限。

【适用性】热轧薄带钢生产,以热代冷产品生产。

【经济性】该技术吨钢投资略高于传统热连轧生产线,低于常规薄板坯连铸连轧,但能大规模生产超薄热轧带钢产品,实现以热代冷,因此具备较好的经济性。

我国在此短流程连铸连轧无头轧制方面还处于空白,必须尽快进行关键技术的开发和再创新以及工业化的应用。

6.10.1.4 积极关注的关键技术

薄带铸轧技术。

【技术描述】薄带铸轧生产技术以两个相反方向旋转的浇铸辊为结晶器,将液态钢水直接注入铸轧辊与侧封板形成的熔池内,由液态钢水直接生产出厚度小于 5mm 的薄带钢。双辊铸轧工艺的特点是金属凝固与轧制变形同时进行,液态金属在结晶凝固的同时承受压力加工和塑性变形,在很短的时间内完成从液态金属到固态薄带的全部过程。正是由于这种快速凝固和塑性变形的双重作用,使双辊薄带铸轧技术可以用于生产常规轧制过程无法生产的一些产品,赋予材料一些常规过程无法得到的特殊性能;同时,双辊铸轧工艺与传统热轧带钢工艺相比,可降低能耗 70%,减少有害气体排放 70%以上,减少建设投资 60%,减少生产成本 20%,被冶金界公认为热轧带钢生产领域具有里程碑意义的革命。单条线产能约 50 万 t/a,与传统板带生产方法相比,可以完全省略板坯加热和热轧过程,从而节省大量能量,大幅度提高生产效率。

2018 年初,沙钢引进美国纽柯钢铁公司 Castrip 技术在亚洲建设的第一条直接铸轧超薄带生产线正式竣工投产。该生产线设备布局紧凑,代表了当今国际最先进的薄带铸轧技术,和传统工艺相比,不需要铸坯火焰切割、加热炉及热连轧机组,可生产厚度 0.7~1.9mm 的超薄规格热轧卷板产品,减少能耗,真正实现了绿色生产。

Castrip 典型工艺流程如图 2-6-35 所示。

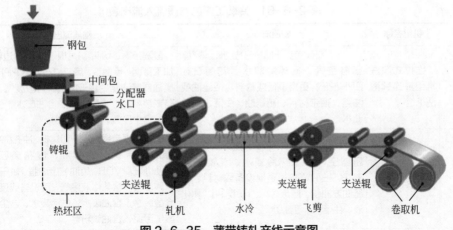

图2-6-35 薄带铸轧产线示意图

【技术类型】×资源综合利用；√节能；√减排。

【技术成熟度与可靠度】目前全球共有三条薄带铸轧产线商业应用。该工艺流程短、占地少，但是相对于其他热轧薄板工艺来说，商业应用的时间相对较短，工艺成熟度以及国内投产后的实际效果还有待观察。

【预期环境收益】取消传统热轧加热工序，利用铸带余热直接进行轧制，实现轧钢工序加热废气（粉尘、SO_2、NO_x）的"零排放"。双辊铸轧工艺与传统热轧带钢工艺相比，可降低能耗70%，减少有害气体排放70%以上，减少建设投资60%，减少生产成本20%。

【潜在的副作用和影响】该工艺生产的产品质量（表面质量、屈强比等）与常规热连轧有较大差距，同时产品品种覆盖面受限。

【适用性】热轧薄带钢生产，以热代冷产品生产。

【经济性】从国内沙钢薄带铸轧运行效果来看，减少了加工过程的能源消耗和有害物的排放。因辅料及备件成本高，产品收得率受限，其经济性尚需实践检验，但该技术值得积极关注。

6.10.2 冷轧板带

6.10.2.1 排放和能源消耗

（1）冷轧单元物质流入流出类型

冷轧就是以热轧带钢为原料，先除去带钢表面的氧化铁皮，接着把金属在再结晶温度以下进行轧制变形，获得所需成品厚度的轧制工艺过程。

冷轧单元机组众多，每个机组均有不同的物质流入和流出，具体见表2-6-61。

表 2-6-61 冷轧工序的物质流入流出表

序号	机组名称	物质流入	物质流出
1	推拉式酸洗机组或连续酸洗机组	热轧带钢、电、HCl、脱盐水、蒸汽、压缩空气、循环冷却水、花岗石或PPH/PE、更换设备或材料、液压油或油脂、捆带材料、防锈油、生活水、工业水	酸洗带钢、切头/切尾板、冲孔/冲边料、废加工带钢、废捆带、废花岗石或废PPH/PE、废油或废油脂、烘干废气、含酸废气、废设备或废材料、含酸废水、含油废水、生活废水、含尘废气、酸洗污泥等
2	酸洗轧机联合机组	热轧带钢、电、HCl、脱盐水、蒸汽、压缩空气、循环冷却水、花岗石或PPH/PE/PVDF、更换设备或材料、液压油或油脂、捆带材料、(防锈油)、乳化液、生活水、工业水	轧制冷硬带钢、切头/切尾板、冲孔/冲边料、废加工带钢、废捆带、废花岗石或废PPH/PE/PVDF、废油或废油脂、烘干废气、含酸废气、含乳化液废气、废设备或废材料、含酸废水、含油废水、生活废水、含尘废气、酸洗污泥、含油铁粉等
3	盐酸再生站	废盐酸、电、酸洗废水、压缩空气、更换设备或材料、液压油或油脂、生活水、工业水、燃气(天然气或焦炉煤气等)、耐火材料等	再生盐酸、氧化铁粉、烟气颗粒物、CO_2、CO、SO_2、NO_x、H_2S、含HCl废气、含酸废水、酸洗污泥、废耐火材料等
4	不锈钢混酸再生站	废 HNO_3 和 HF 液、电、酸洗废水、压缩空气、更换设备或材料、液压油或油脂、生活水、工业水、燃气(天然气或焦炉煤气等)、耐火材料等	再生 HNO_3、再生 HF、金属氧化物、烟气颗粒物、CO_2、CO、SO_2、NO_x、H_2S、含 HNO_3 和 HF 废气、含酸废水、酸洗污泥、废耐火材料等
5	磨辊间	轧辊、电、轴承及轴承座、蒸汽、压缩空气、循环冷却水、更换设备或材料、磨削液、液压油或油脂、生活水、工业水等	废轧辊及附件、废铁锈、废油或废油脂、废磨削液、废设备或废材料、含油废水、生活废水等

冷轧单元资源消耗和排放流程见图 2-6-36。

（2）冷轧工艺单元的主要环境影响

冷轧工艺单元的主要影响环境因素有废水、废气、噪声和固体废弃物，这些因素经处理后均有相关的排放规定。如废水处理后排放水质要满足 GB 13456《钢铁工业水污染物排放标准》，排放废气要满足 GB 28665《轧钢工业大气污染物排放标准》，厂界噪声要达到 GB 12348《工业企业厂界环境噪声排放标准》中的 3 类标准。

冷轧碳钢生产单元废水种类较多，主要包括酸碱废水、含油和乳化液废水、含铬废水，这些废水汇入到废水处理站后应经各处理系统分别处理。处理后的含油和乳化液废水、含铬废水再排入酸碱废水处理系统一并处理后达标外排。在 HJ 2019—2012《钢铁工业废水治理及回用工程技术规范》中推荐了相关比较成熟的各种废水处理工艺，可参照执行。

相对于碳钢废水及废液的处理，冷轧不锈钢废水及废液的处理难度更大。不锈钢酸洗后产生的硫酸废液因再生处理费用高，一般未在生产车间设置在线再生装置，其废液送往硫酸生产厂再处理或送往废水处理站进行处理。硫酸废液主要有两种处理工艺：①石灰中和法，特点是运营成本低、污泥产生量大、资源无法回收。②浓缩结晶法，特点是：a. 运营成本低；b. 剩余母液可回到酸洗段循环使用，蒸发冷凝液可作为酸洗线配酸使用；c. 可部分资源回收(硫酸铁去除率约 50%～70%、镍、铬去除率低)，结晶物含镍、铬等重金属，处置困难。硫酸废液的蒸发结晶处理尚处在探索阶段，目前主要采用的处理工艺基本上是石灰中和法，中和污泥产生量大，成为各不锈钢企业的难题。

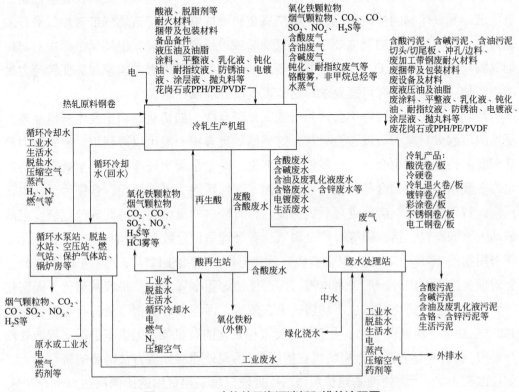

图 2-6-36　冷轧单元资源消耗和排放流程图

不锈钢混酸废液和废水处理工艺主要有以下几种：①废液废水混合石灰中和工艺，其特点是：工艺简单；消耗大量石灰；产生大量危废污泥，需二次处置；硝酸及硝酸盐中和后，仍然以硝酸钙形式向水体排放无机盐，总氮不达标，需要再次处理。②废液废水混合石灰中和法+生物脱氮工艺，其特点是：工艺简单；消耗大量石灰；产生大量危废污泥，需二次处置；可去除总氮，并降低废水硝酸盐；废水生物脱氮处理成本高。③废液树脂吸附回收法+中和处理+生物脱氮工艺，其特点是：树脂法部分回收游离酸（氢氟酸回收率约 10%，总硝酸回收率约 40%）；回收酸中的金属盐，分离率不稳定；化合酸仍需石灰中和处理和生物脱氮处理。④废液喷雾焙烧法再生+废水（中和、生物脱氮）工艺，其特点是：金属和氢氟酸全部回收；硝酸回收率 60%～70%；废水采用中和+生物脱氮处理。关于混酸废液的处理，截至 2018

年底，国内采用先进的喷雾焙烧法工艺约有 45%，尚有 55%左右的产能采用落后的工艺。截至 2018 年底，国内尚未对废水进行生物脱氮处理的产能约占 45%。

冷轧单元产生的废气，一般需要捕集并加以处理（布袋除尘或净化）达标排放，但需要说明的是连退机组退火炉、热镀锌机组退火炉、电工钢机组退火炉、罩式退火炉、废酸再生站焙烧炉等燃烧产生的废气目前均未经净化处理而直接外排至大气中。按照 GB 28665《轧钢工业大气污染物排放标准》，这些燃烧废气仅要求控制二氧化硫、氮氧化物的排放浓度；控制二氧化硫一般需采用清洁燃气或对燃气进行脱硫处理，控制氮氧化物就需要采用低氮烧嘴或进行脱硝处理。但环保指标中对其他烟气颗粒物、CO_2、CO、H_2S 等并未要求加以控制，不过随着国家对环保管控力度的不断加码，将来也有可能要求对这些废气成分加以控制。

冷轧机组在生产过程中会产生一些固体废弃物，如切头、切尾及生产废品等，更换的废耐火材料和废设备及材料，这些固体废弃物一般可以再利用。但同时为冷轧配套的公辅系统也会产生一些固体废弃物，特别是废水处理站，废水处理后会产生许多废水污泥，如含硅污泥、油性污泥、酸性污泥、碱性污泥、含铬污泥、生化污泥，特别是不锈钢废水处理后的污泥，含有较多的重金属，污泥成分复杂，组成波动大，既有铁、铬、镍等有价金属（三者合计质量分数为 10%～20%）和氧化钙等有用物质（30%～40%），又含有较高质量分数的氟（约 12%）、硫（约 1%）成分。针对此类污泥，国外一般参考电镀污泥、铬渣等重金属废物，采取减量化、无害化或资源化工艺，避免其对生态环境的潜在危害。污泥中含有相当量的有毒有害物质（如寄生虫卵、病原微生物、重金属）及未稳定化的有机物，如果不进行妥善的处理与处置，将会对环境造成直接或潜在的污染。污泥处理与处置方法需要的资金巨大，如在欧美地区，污泥处理基建费用占污水处理厂总基建费用的比例高达 60%～70%。随着废水排放标准的不断提高，污泥产生量也将急速增加，这些污泥经压滤脱水后形成固体废弃物。对于固体废弃物的处理，单从钢铁固废综合利用领域来讲，为保护和改善环境，减少污染物排放，近几年制修定的《中华人民共和国固体废物污染环境防治法》(2020 年 4 月 29 日修订，2020 年 9 月 1 日起施行)、《土壤污染防治行动计划》中，均对工业固体废物的规范化管理提出了明确规定，要求全面清理整治工业副产石膏、粉煤灰、冶炼渣以及脱硫、脱硝、除尘产生固体废物的堆存场所，完善防扬散、防流失、防渗漏等设施，制定整治方案，并将企业固体废物环境信息纳入企业信用信息征信系统。2016 年修订的《中华人民共和国环境保护税法》也提出"企业事业单位和其他生产经营者储存或者处置固体废物不符合国家和地方环境保护标准的，应当缴纳环境保护税。纳税人综合利用的固体废物，符合国家和地方环境保护标准的，暂予免征环境保护税"。这对冷轧固体废弃物的处理及综合利用形成倒逼机制，同时也是发展的契机，氧化铁粉、含铁尘泥等副产物的工业化利用、产业化、高值利用势在必行。

含铁尘泥含铁量较高，具有良好的经济价值。目前，钢铁企业将粒度较大的含铁尘泥作为原料的一部分直接配入烧结混合料，过细的含铁除尘灰经造球后再作为烧结配料炼钢助熔剂，通过厂内循环基本实现全部综合利用。钢铁企业采取"分质处理、综合利用"原则，深入推进含锌尘泥、氧化铁皮（氧化铁粉）的高值利用。国内冷轧其他污泥的去向多为烧砖或用作水泥掺料，但由于不锈钢污泥氟质量分数较高，在高温条件下，氟会以 HF、SiF_4 等气态物形式逸出，不仅腐蚀设备，导致窑口结圈，还会危害周围环境，甚至导致附近地区蚕桑业减产。同时，污泥掺量超过 2%(质量分数)时，所带来的环境安全性风险有待进一步评估。

冷轧单元环境问题的治理也遵循"减量化、再利用、再循环、再制造"的原则，减量化首先从源头加以治理，如：①通过工艺优化，减少热轧原料带钢氧化铁皮的生成，减少入口氧化铁粉尘的产生，降低酸洗酸耗；②采用镀铬轧辊，提高轧辊轧制带钢长度，减少备件消耗，降低乳化液铁粉污物产生，轧制带钢表面铁粉残留、下游工序脱脂段碱液消耗；③采用清洁燃气或对燃气进行脱硫、净化处理，减少 SO_2 和烟气颗粒物的排放；④冷轧退火炉采用低氮烧嘴，降低 NO_x 的排放；⑤无硝酸不锈钢酸洗工艺，一是彻底杜绝了大气环境红烟（NO_x）排放现象，二是停用了 SCR 脱硝装置，节省了处理 NO_x 的成本；⑥无酸酸洗工艺，不会产生酸的排放；⑦无铬钝化技术，不会产生铬的排放；⑧带钢粉末彩涂工艺，生产安全环保好，涂料无溶剂，生产中不产生易爆易燃挥发物；⑨无碱清洗工艺，不使用碱液进行清洗，杜绝了碱的排放。

再利用，如：①盐酸废液再生工艺，再生酸再用于生产机组，减少酸的消耗与排放；②退火炉烟气余热再利用，节约了能源。再循环，如冷轧生产过程中产生的切头、切尾、废品送炼钢车间回收利用，或作为五金厂原料进行二次利用。再制造，如冷轧单元的废耐火材料经固体废物综合利用场进行分拣、破碎、分选等加工处理，加工成为再生颗粒料，部分替代天然原料制成不定型或定型耐材产品返生产系统应用，其余再生颗粒料作为原料进入社会循环系统综合利用。

对冷轧单元的环境影响因素加以说明。

① 废水　冷轧单元产生的废水有含酸废水、含铬废水、含油废水等。

含酸废水：在冷轧单元中有酸洗段的机组上产生，如碳钢的推拉式酸洗机组、连续酸洗机组、酸轧联合机组、不锈钢的退火酸洗机组等。碳钢一般采用 HCl 进行酸洗，含酸废水成分中一般含有 HCl 约 7g/L、$FeCl_2$ 约 2.5g/L、$FeCl_3$ 约 10g/L、SiO_2 约 1g/L，紧急情况下 HCl 200g/L。这些含酸废水主要送往盐酸再生站进行处理，再生盐酸送往机组再利用；部分废水直接送往废水处理站进行处理，处理达标后进行排放。而不锈钢主要采用 H_2SO_4、HNO_3 和 HF 进行酸洗，含酸废水成分见表 2-6-62。

表 2-6-62　不锈钢酸洗含酸废水表

废水种类	浓度/(g/L)	备注
含硫酸废液	H₂SO₄: 250; SS: 65~70	酸洗热轧带钢时产生
含混酸废液	① 无酸再生装置时, HNO₃: 约150; HF: 约25; Fe: 约35; 另有少量 Si、Cr 等 ② 经 APU 处理后, HNO₃: 7~14; HF: 1.7~3.5; Fe: 26~28; 另有少量 Si、Cr 等	酸洗热轧、冷轧带钢时产生
硫酸酸洗后漂洗废水	H₂SO₄: 7; SS: 2	酸洗热轧带钢时产生
混酸酸洗后漂洗废水	HNO₃: 4; HF: 1; SS: 1	酸洗热轧、冷轧带钢时产生

含盐、含铬废水: 不锈钢冷轧退火酸洗机组目前一般采用中性盐进行电解, 则电解产生的排放含盐废水成分一般为 Na_2SO_4 约 200g/L、Fe 约 10g/L、Cr^{6+} 约 10g/L; 电解后漂洗产生的排放含盐废水成分一般为 Na_2SO_4 约 5g/L、SS 约 0.25g/L、Cr^{6+} 约 0.3g/L。

含锌废水: 在连续镀锌机组的光整和拉矫段产生, 废水中含有少量的锌。

含油废水: 主要来自冷轧各机组中的小车地坑、活套地坑、平整机或光整机地坑、各地下室地坑等。基础地坑渗水、冲洗水、生产水滴漏及其他水与机组各种滴漏油脂、乳化液、平整/光整液等结合形成含油废水。一般地坑含油废水成分为, 油 <1g/L、COD<0.01g/L; 平整机/光整机含油废水成分为, 油<1g/L、COD<4.5g/L。轧机区域含油废水成分见表 2-6-63.

表 2-6-63　轧机区域含油废水表

排放点	废水成分
地下室油坑排水	油: ≤2g/L
轧机排气系统洗涤排水	温度: 30~70℃; pH=7~8; 油: 约5g/L, Fe: ≤0.5g/L
轧机乳化液系统过滤器清洗排放	温度: 20~50℃; pH=5~7; COD: 约5g/L; 油: 0.4~9g/L; Fe: 0.2~5g/L
轧机乳化液系统乳化液排放	温度: 25~50℃; pH=7~8; 油: 20~50g/L; COD: 0.1~0.5g/L; Fe: 0.05~5g/L; SS: 0.2~0.4g/L
轧机清洗排水	温度: 30~70℃; pH=7~8; SS: 0.2~0.4g/L; 含油 COD: 0.1~1.4g/L; Fe: 0.03~5g/L

生活废水: 员工在工厂内工作及生活会产生一定量的生活废水, 其中 COD 约 0.35g/L、BOD 约 5g/L、SS 约 0.25g/L。生活废水全部进入生活污水排水管网, 并送市政污水处理厂集中统一处理达标后排放。

其他废水: 热轧、冷轧不锈钢退火酸洗机组退火炉直接冷却及冲氧化铁皮、湿式除尘器等产生废水,含 SS 约 0.5g/L,设置油循环水处理系统,废水经沉淀、过滤、冷却处理后循环使用。为保证循环水水质,系统设有水质稳定措施。

以上这些废水均需送往废水处理站进行处理,根据 GB 13456—2012《钢铁工业水污染物排放标准》,废水处理站出水水质见表 2-6-64。

表 2-6-64 废水处理站出水水质指标表

序号	水质项目	单位	排放限值	特别排放限值
1	pH	—	6~9	6~9
2	悬浮物	mg/L	30	20
3	化学需氧量 COD_{Cr}	mg/L	70	30
4	氨氮	mg/L	5	5
5	总氮	mg/L	15	15
6	总磷	mg/L	0.5	0.5
7	石油类	mg/L	3	1
8	挥发酚	mg/L	—	—
9	总氰化物	mg/L	0.5	0.5
10	氟化物	mg/L	10	10
11	总铁	mg/L	10	2.0
12	总锌	mg/L	2.0	1.0
13	总铜	mg/L	0.5	0.3
14	总砷	mg/L	0.5	0.1
15	六价铬	mg/L	0.5	0.05
16	总铬	mg/L	1.5	0.1
17	总铅	mg/L	—	—
18	总镍	mg/L	1.0	0.05
19	总镉	mg/L	0.1	0.01
20	总汞	mg/L	0.05	0.01

② 废气 冷轧机组产生废气的点比较多,其主要污染源、主要污染物和污染控制措施见表 2-6-65。

表 2-6-65 冷轧单元废气污染物和污染控制措施一览表

序号	污染源	主要污染物	污染控制措施
1	酸洗机组矫直机、深弯辊、拉矫机处	氧化铁颗粒物,浓度约 1.5~10g/m³	布袋除尘器
2	酸洗机组酸洗段废气	HCl雾,浓度约 500~1000mg/m³	酸雾洗涤塔
3	轧机段废气	油雾或乳化液油雾,浓度约 100~300mg/m³	油雾净化器

续表

序号	污染源	主要污染物	污染控制措施
4	废水处理站废气	HCl 雾	酸雾洗涤塔
5	废酸再生站焙烧炉	氧化铁颗粒物、二氧化硫、氮氧化物、HCl 雾	低氮烧嘴、清洁燃气
6	废酸再生站氧化铁粉输送	氧化铁颗粒物	布袋除尘器
7	废酸再生站脱硅机组洗涤塔	HCl 雾	酸雾洗涤塔
8	不锈钢退火酸洗机组退火炉段	烟气颗粒物、CO_2、CO、SO_2、NO_x、H_2S 等	脱硝处理、低氮烧嘴、清洁燃气
9	不锈钢退火酸洗机组退火炉冷却段	金属粉尘,含尘浓度约 $1 \sim 2g/m^3$	湿式洗涤器净化
10	不锈钢退火酸洗机组酸洗段	硫酸雾、硝酸雾和氟化氢气体,硝酸雾分解产生 NO_x	酸雾洗涤塔、脱硝处理
11	不锈钢退火酸洗机组抛丸段	氧化铁粉尘,浓度约 $20g/m^3$	布袋除尘器
12	不锈钢修磨抛光机组	油雾	油雾净化器
13	平整机组	平整时产生氧化铁粉尘,浓度约 $1.2g/m^3$;湿平整时产生平整液油雾,浓度约 $30 \sim 100mg/m^3$	布袋除尘器;油雾净化器

在上述这些机组所在的车间,还存在废气的无组织排放,同样需要加强对各种废气的捕集及净化,以满足环保要求。

冷轧单元产生的工业废气排放限值见表 2-6-66、表 2-6-67。

表 2-6-66　工业废气排放限值表　　　　　　　　单位：mg/m^3

生产工序或设施	污染物项目	普通限值[1]	特别限值[1]	超低排放限值[2]	河北省超低排放限值[3]
废酸再生	颗粒物	30	30	10	30
拉矫、精整、抛丸、修磨、焊接机及其他生产设施	颗粒物	20	15	10	10
焙烧炉	二氧化硫	150	150	50	50
	氮氧化物	300	300	150	150
酸洗机组	氯化氢	20	15	15	15
	硫酸雾	10	10	10	10
	硝酸雾	150	150	150	150
	氟化物	6	6	6	6
	铬酸雾	0.07	0.07	0.07	0.07
废酸再生	氯化氢	30	30	30	30
	硝酸雾	240	240	240	240
	氟化物	9	9	9	9
轧制机组	油雾	30	20	20	20

[1] GB 28665—2012《轧钢工业大气污染物排放标准》。

[2] 2018 年 5 月 7 日生态环境部发布的《钢铁企业超低排放改造工作方案》（征求意见稿）。

[3] DB 1312169—2018《钢铁工业大气污染物超低排放标准》。

表 2-6-67　废气无组织排放限值表　　　　单位: mg/m³

生产工序或设施	污染物项目	普通限值[①]	河北省超低排放限值[②]
废酸再生	颗粒物	5	5
酸洗机组及酸再生	氯化氢	0.2	0.2
	硫酸雾	1.2	1.2
	硝酸雾	0.12	0.12

① GB 28665—2012《钢铁工业大气污染物排放标准》。
② 2018 年 5 月 7 日生态环境部发布的《钢铁企业超低排放改造工作方案》征求意见稿。

③ 噪声　冷轧单元的主要噪声为风机的空气动力噪声,空压机、水泵噪声,设备运转噪声,剪切带钢噪声,剪切废料落入废料箱噪声等。

对风机运转产生的空气动力噪声,设计中采取消声器降噪,使大部分风机噪声值≤85dB(A);对噪声值>85dB(A)的噪声源,设计中采取隔声降噪措施,设密闭室或考虑厂房建筑隔声,也可考虑集中操作,设集中控制室。同时提高自动化操作水平,减少工人在噪声环境中的工作时间。

经过以上妥善处理,厂界噪声要达到《工业企业厂界环境噪声排放标准》(GB 12348—2008)中的 3 类标准。

④ 固体废弃物　冷轧单元各机组在生产过程中产生的固体废弃物主要有:各机组切头、切尾、切边废料,退火炉废弃的耐火材料,盐酸再生站产生的氧化铁粉、除尘灰,废水处理站脱水处理后的含铬污泥、酸碱污泥等。其产生情况见表 2-6-68。

表 2-6-68　固体废物产生情况及处置措施表

序号	固体废物名称	产生地点	处置措施
1	带钢废料	各机组	送炼钢车间回收利用,或作为五金厂原料进行二次利用
2	氧化铁粉	酸再生	外售
3	除尘灰量	酸再生、酸洗机组等	送烧结工序回收利用
4	废油脂	各机组	送有处理资质的单位回收
5	废备件	有关机组	送炼钢车间回收利用
6	废包装材料	各机组	送炼钢车间回收利用或送造纸厂等回收再利用
7	废轧辊	磨辊间	送炼钢车间回收利用
8	含硅污泥	酸再生站	委托有处理资质的单位进行处理
9	油性污泥	轧机乳化液间	委托有处理资质的单位进行处理
10	酸性污泥	废水处理站、酸洗机组	委托有处理资质的单位进行处理
11	碱性污泥	废水处理站、带脱脂段的处理机组	委托有处理资质的单位进行处理
12	含铬污泥	废水处理站	委托有处理资质的单位进行处理
13	生化污泥	废水处理站	委托有处理资质的单位进行处理
14	滤纸	轧机乳化液间、废水处理站	委托有处理资质的单位进行处理

（3）冷轧单元单位产量的输入输出能源量

冷轧单元典型机组单位产量的输入输出能源量见表 2-6-69。

表 2-6-69　冷轧单元典型机组单位产量的输入输出能源量表

每吨产品消耗指标	单位	折合标准煤系数	轧硬卷产品	酸洗产品	不锈钢产品	不锈钢冷轧产品
电	kW·h	0.122	85	30	130	520
燃气	GJ	29.3076	0.096	0.096	1.068	2.575
低压蒸汽	kg	0.097	30	30	104	409
工业水	m³	0.0475	0.36	0.21	0.21	0.66
纯水	m³	0.1890	0.136	0.17	0.11	0.46
氢气	m³	0.3514				
氮气	m³	0.0169	0.14		9.3	21.3
压缩空气	m³	0.0152	30	30	100	190
回收蒸汽	kg	0.097				
折算标准煤	kg(标准煤)/t		16.59	9.88	58.96	181.95

6.10.2.2　推荐应用的关键技术

盐酸废液再生技术。

【技术描述】冷轧厂酸洗带钢产生的废酸液具有极强的腐蚀性,如果不加以处理,将会对环境造成严重的污染。同时由于盐酸大量的排放,也造成了酸洗成本的提高。

盐酸废液处理的主流工艺是采用喷雾焙烧法工艺进行盐酸废液的再生,可以通过高温焙烧法处理废液,实现无害化资源化处置,回收金属及废酸。其化学反应为:

$$FeCl_2 + H_2O + O_2 \longrightarrow Fe_2O_3 + HCl$$

$$FeCl_2 + H_2O \longrightarrow Fe_2O_3 + HCl$$

金属氧化物 Fe_2O_3 通常作为磁性材料工业或涂料行业的原料使用,如作为软磁材料使用,需要进行酸净化(或称脱硅处理)盐酸废液再生。

另外一种盐酸再生工艺为流化床法。经预浓缩而剩下的酸液,继续浓缩并使氧化铁富集;从预浓缩器流出的酸液,通过一个配料装置导入焙烧中的流化床;在流化床中水被蒸发,氯化铁受热分解为氧化铁和 HCl。流化床直接生成 0.5~1.0mm 直径的铁球,致密、无粉尘、易处理,可直接用于炼钢或抛丸原料。

【技术类型】√资源综合利用;×节能;√减排。

【技术成熟度与可靠度】盐酸废液再生技术具有较高的技术成熟度,据统计,约90%的企业采用喷雾焙烧法盐酸再生工艺,其余采用流化床盐酸再生工艺。该技术已在冷轧企业作为酸洗机组配套设施的酸再生站被广泛使用,如宝钢、鞍钢、首钢、日钢等钢铁企业冷轧厂的酸再生站均在使用。盐酸废液再生技术在有酸企业市场占有率接近 100%。

【预期环境收益】通过实施该技术，可减少新酸的使用和废酸的排放，如使用酸再生的酸洗机组，其新酸的消耗为 1.5～2.5kg/t；而不使用酸再生的酸洗机组，其新酸的消耗为 4.0～5.0kg/t。同时废酸液的大量排放，造成废水处理站处理能力加大，会产生酸洗污泥，无法实现金属氧化物 Fe_2O_3 的回收，不能进行资源的综合利用。

【潜在的副作用和影响】采用高温焙烧法酸再生工艺，会产生能源消耗，同时会产生固废物（硅泥和氢氧化铁等）、废水、废气（水蒸气和燃烧废气以及脱硅产生的氢气）及少量的氧化铁粉、除尘灰量，需采取相应的环保措施，以减少排放和减轻对环境的影响。

采用流化床法酸再生工艺，几乎不产生废水，氧化铁小球无粉尘，会产生一些废气（水蒸气和燃烧废气，无氢气），对环境的影响小于焙烧法酸再生工艺。

【适用性】该技术可应用于碳钢酸洗机组，不能应用于不锈钢的酸洗。

【经济性】处理废酸能力为 6m³/h 的盐酸再生站，可以产生 3200L/h 的再生酸和回收约 960kg/h 的金属氧化物 Fe_2O_3。

6.10.2.3　加快工业化研发的关键技术

（1）无酸酸洗技术

【技术描述】金属材料在热轧成形后受高温氧化的影响，冷却后在表面会形成一层由金属氧化物组成的致密覆盖物（俗称"鳞皮"）。鳞皮的表面残留直接影响后续的冲压、涂装、冷轧等各项后处理工艺的质量水准。

为消除鳞皮对金属制成品的质量影响，国内外普遍采用化学酸性溶液（如 HCl）在一定温度下对鳞皮进行溶解、去除，而酸洗工艺始终存在废酸处理成本高、除鳞不均匀、基材损失大等典型缺陷。此外酸雾还会对工人和设备造成损害，引起环境污染，导致企业的运行、维护成本增加。为解决酸洗除鳞工艺的这一系列致命缺陷，国内外科研工作者进行了持续多年的大量研究，努力寻求一种可有效替代酸洗的新型除鳞工艺，如等离子除鳞、超声波除鳞、刷辊磨削除鳞、激光除鳞、高压水除鳞、抛丸除鳞、高压混合射流除鳞、氢还原除鳞等以及上述不同方法组合的除鳞方法。这类新型除鳞主要以物理力学方式、电以及声场等方式实现对化学酸洗的工艺替代。

【技术类型】×资源综合利用；×节能；√减排。

【技术成熟度与可靠度】国外新型除鳞技术发展主要为美国、日本、德国、意大利等为代表，其中又以美国的 EPS（eco-pickled surface）工艺最为典型。其采用水+磨料介质的混合浆料对待处理表面进行设定速度的持续喷射，从而达到鳞皮清除的目标。

国内早期主要以长沙矿冶研究院、湖南有色重机等企业作为典型代表，其利用高压水（压力高达 30～50MPa）作为驱动源，驱动细小磨料颗粒进行混合、高速喷射，实现金属表面附作物的强力清除。

宝钢从 2009 年开始着手开发 BMD（Baosteel mechanical descaling）技术，该工艺采用水+磨料颗粒的混合射流方式，通过射流介质在金属表面的持续击打、磨削而实现除鳞后的表面质量达到 Sa3.0 级，充分满足下游用户后续冲压、辊压、涂装、冷轧等各项严苛工艺要求。目前 BMD 系统的核心工艺已形成完全覆盖，已申报专利超 60 项，授权专利 56 项，其中发明专利 38 项。

【预期环境收益】由于不采用盐酸等化学物质对带钢进行除鳞，不会造成对环境的污染，盐酸的排放量为 0。

【潜在的副作用和影响】这类新型除鳞主要以物理力学方式、电以及声场等方式实现对化学酸洗的工艺替代，但会产生额外的电耗。

【适用性】与盐酸化学除鳞相比，这类新型除鳞还存在除鳞效率不高的问题，目前仅适用于小机组的生产。

【经济性】节约酸耗 1.5～2.5kg（酸）/t，且不需配置酸再生装置，但有些工艺会增加电耗约 100kW·h/t。

（2）无硝酸不锈钢酸洗技术

【技术描述】不锈钢酸洗通常采用混酸（HNO_3+HF）酸洗。混酸酸洗工艺是不锈钢生产过程中最大的污染环节。

混酸酸洗槽在酸洗不锈钢钢板时产生 HNO_3、HF 酸雾和大量的 NO_x，为有组织连续排放源，其防治措施一般采用酸雾净化塔水洗净化+SCR 氧化还原装置。混酸酸洗产生的废混酸及稀酸水中主要污染物为废 HNO_3、HF，其防治措施一种为酸回收+酸碱废水中和站，另一种为单独废酸、稀酸水中和站。

为应对环保压力，近年来开发了无硝酸不锈钢酸洗工艺。

无硝酸酸洗工艺为：硫酸+氢氟酸混合物+双氧水混合物（混合物中添加的药剂为缓蚀剂、钝化剂和稳定剂）。

此工艺的优点为：一是杜绝了大气环境红烟（NO_x）排放现象；二是停用了 SCR 脱硝装置，节省了处理 NO_x 的成本。其经济效益、环境效益均有大幅提升。

【技术类型】√资源综合利用；√节能；√减排。

【技术成熟度与可靠度】奥地利 Andritz 公司的发明专利"不锈钢酸洗工艺"（专利号 99122945.2）对此技术进行了描述，该发明提供了一种在不含硝酸的酸性液体中对不锈钢进行化学酸洗和/或电化学酸洗的方法。

无硝酸不锈钢酸洗技术已在上海克虏伯不锈钢公司、甬金科技不锈钢公司等使用，具有一定的技术成熟度与可靠度。

【预期环境收益】彻底杜绝了大气环境红烟（NO_x）排放现象，减排 NO_x100%，节省了处理 NO_x 的成本。

【潜在的副作用和影响】大型的不锈钢企业一般均配置有酸回收装置，废酸全部回收用于生产线，不进入中和站处理；中和站的配置主要服务于稀酸水的处理，其防腐等级、规模均未考虑废酸处理；且固体废弃物产生量小，并为一般固体废弃物，采用填埋方式即可满足环保处置要求。若采取该工艺，中和站将额外承担废酸的处理，将造成防腐等级的提高及规模的扩大，因酸量增加中和站需扩建（约增加投资 7000 万～8000 万元，年运行成本将增加约 1.5 亿元）；固废的产生量将大大增加，由于固废中镍、铬的大幅度提升，导致固废可能成为危险废物，由于量和质的变化，其处置费用不可低估，约 2400 万元/a。由于中和处理后废水含盐量高，将缩短下游污水处理膜系统的寿命，且浓盐水外排 Cr、Ni 等重金属含量能否达标还需考虑。另外对于大型不锈钢企业，由于不锈钢产品品种多，酸洗工序运行将调整频繁，不利于组织生产。

【适用性】无硝酸酸洗工艺适用于无酸再生装置的小型不锈钢冷轧工序企业，其技术是可行的、经济是合理的，经济效益、环境效益均佳。

【经济性】

① 不锈冷轧工艺氮氧化物处理成本情况　氮氧化物处理成本构成主要包括尿素、天然气、辅料（主要为催化剂）、维修费用。各生产线由于产量不同（铬钢酸洗时酸洗强度大，造成氮氧化物产生量大）；酸洗频次不同；钢种不同，氮氧化物处理成本（不含辅料和维修费用）差异较大（1.97～7.12 元/t）。年产量若按 100 万 t 计，核算单位成本 13.26 元/t（含辅料和维修费用）；年产量若按 200 万 t 计，核算单位成本 12.90 元/t（含辅料和维修费用）；年产量若按 300 万 t 计，核算单位成本 13.01 元/t（含辅料和维修费用）。氮氧化物处理总成本为 3903 万元。

② 混酸再生经济效益分析　若按某厂 300 万 t 产量计，混酸再生装置处理废混酸 96569m³，产生再生酸（HF 和 HNO_3）74822m³，节约氢氟酸（55%）和硝酸（98%）量分别为 6802t 和 7634.9t，共节约新酸成本约 5300.3 万元；减少废酸中和费用约 1931.38 万元；产生氧化铁粉 4294.56t，经济价值约为 742.97 万元，总收入约 7974.65 万元。成本消耗为 5859.38 万元（包括能源成本、设备折旧、尿素、材料备件及维修费用、职工薪酬），经济效益约 2115.27 万元。

（3）冷轧废水零排放技术

【技术描述】冷轧废水污染物种类繁多，处理难度大且处理后出水水质要求非常高。国内一线钢铁企业已开始摸索冷轧废水零排放技术方案，从而实现真正意义上的冷轧废水零排放。

① 废水零排放技术　目前，国内零排放的主流工艺为膜法和热法。热法主要包

括多级闪蒸、多效蒸发和压气蒸馏。膜法包括高压反渗透、碟管反渗透、电渗析（离子交换膜）、正渗透等。单独采用热法，虽然能达到"零排放"的目的，但设备投资巨大且运行费用较高。采用"膜法+热法"的组合工艺，可将废水浓缩至 1/30～1/40 倍，成为超高盐废水再经过热法处理，达到废水的零排放；不仅最大程度地降低了投资成本，减少了能源消耗，并且合理利用了一部分水资源。而膜法对进水水质要求较高，因此，零排放技术可分为三个阶段：预处理阶段、膜处理阶段、蒸发结晶阶段。零排放新技术包括碟管式反渗透（DTRO）、电渗析（ED）、机械式蒸汽再压缩技术（MVR）。

② 冷轧废水零排放"预处理+膜处理+蒸发结晶"工艺　包括预处理、膜处理、蒸发结晶三个阶段。

③ 冷轧废水零排放工艺路线　零排放工艺路线的选择分为混盐工艺和分盐工艺。其主要决定因素包括原水水质情况及工业盐的销路。若进水硫酸盐含量较高，可考虑采用分盐工艺，但分盐工艺投资及运行成本均较高，若暂时无法解决工业盐的销路，建议采用混盐处理，预留分盐处理占地空间及工艺备用出路，待后续具备条件时再进行分盐处理。若采用混盐工艺，纳滤的浓水可直接与高压反渗透浓水一并进入 DTRO/ED 处理。

【技术类型】×资源综合利用；×节能；√减排。

【技术成熟度与可靠度】冷轧废水种类多，前端工艺的处理效果，直接影响到后续废水回用及零排放的技术方案以及投资运行成本。废水零排放工艺主要是将废水变为固体废弃物。废水零排放技术是未来废水处理行业的发展趋势。

宝钢股份湛江钢铁作为行业首家具备全厂废水零排放能力的企业，于 2019 年 10 月 24 日真正实现了全厂废水零排放稳定运行。

冷轧废水零排放具有一定的技术成熟度和可靠度，由于目前处理成本偏高，制约了在行业内的推广应用。

【预期环境收益】该技术可实现废水零排放，环保效果明显。

【潜在的副作用和影响】废水零排放工艺主要是将废水变为固体废弃物，若不能对固体废弃物加以合理利用，则固废处理成本很高。

【适用性】该技术适用于冷轧工程废水处理，可延伸用于其他工程废水处理。

【经济性】采用"预处理+膜处理+蒸发结晶"工艺，可实现废水零排放，但处理成本较高，达到 12～19 元/t（不含固废处理及折旧）。而固体废弃物处置问题是制约着零排放技术发展的关键问题。希望随着将来废水技术的发展，能提高工业盐纯度，达到资源循环利用，促进经济与自然、社会的持续、健康、协调发展。

（4）冷轧废水污泥处理及回用技术

【技术描述】为冷轧配套的公辅系统也会产生一些固体废弃物，特别是废水处理站，废水处理后会产生许多废水污泥，如含硅污泥、油性污泥、酸性污泥、碱性污泥、含铬污泥、生化污泥，特别是不锈钢废水处理后的污泥，含有较多的重金属，污泥成分复杂，组成波动大，既有铁、铬、镍等有价金属（三者合计质量分数为 10%～20%）和氧化钙等有用物质（30%～40%），也含有较高质量分数的氟（约 12%）、硫（约 1%）成分。

含铁尘泥含铁较高，具有良好的经济价值。目前，钢铁企业将粒度较大的含铁尘泥作为原料的一部分直接配入烧结混合料，过细的含铁除尘灰经造球后再作为烧结配料炼钢助熔剂，通过厂内循环基本实现全部综合利用。钢铁企业采取"分质处理、综合利用"原则，深入推进含锌尘泥、氧化铁皮（氧化铁粉）的高值利用。

【技术类型】√资源综合利用；×节能；√减排。

【技术成熟度与可靠度】冷轧废水污泥处理及回用技术也遵循"减量化、再利用、再循环、再制造"的原则，首先从排放源头减量，其次在保障废水处理站稳定运行、水质达标排放的前提下，尽量使废水处理后的污泥减量。如北京首钢冷轧薄板有限公司通过对冷轧污泥产源的分析，在强化现有工艺设备的基础上，生化过程采用了 OSA 污泥减量化工艺，含酸系统采用了 PH、DO 双指标控制工艺，通过提高生化进水有机物浓度减少预处理含油污泥产生量。

针对不锈钢冷轧酸洗废水的来源和特点，宝钢股份提出了一条污泥源头减量、废水两段处理、污泥分段回收的技术路线，由此得到的前段重金属污泥，利用途径可参考含铁尘泥，用作转炉造渣剂、烧结原料、球团矿、生产直接还原铁或其他高附加值产品；后段含以 $CaSO_4$、CaF_2 为主的钙盐污泥，利用途径可参考氟石膏，用作水泥矿化剂、建材原料或冶金辅料。

总体来讲，废水污泥处理及回用技术具有一定的成熟度，国内外的企业也在采用不同的处理方式，但目前国内外尚无妥善安全、经济实用的废水污泥处理技术。随着科技的发展，希望未来能有所突破。

【预期环境收益】绿色、环保，无"三废"污染。

【潜在的副作用和影响】暂无。

【适用性】适用于冷轧碳钢、硅钢及不锈钢废水污泥处理及回用。

【经济性】暂无数据。

（5）废乳化液陶瓷膜处理及再利用技术

【技术描述】以陶瓷膜为主的无机膜分离技术是近年来国际上发展迅速的高新技术之一。陶瓷膜是以无机陶瓷材料经特殊工艺制备而成的非对称膜，呈管状及多通道状，管壁密布微孔。在陶瓷的亲水性和压力作用下，原料液在膜管内流动，小分子物质（或液体）透过膜渗出，大分子物质（或固体）被截流，从而达到分离、浓缩和纯化的目的。

陶瓷具有化学稳定性好，耐酸、碱有机溶剂，耐高温，抗生物能力强，分离效率高，机械强度大，容易再生，使用寿命长等突出特点。在诸如高温、高压、苛刻性化学或其他极端运行工作中，采用陶瓷膜超滤器，可得到选择性分离（过滤）。陶瓷膜超滤器能提高产品质量，重新利用有价值的物质。

由于乳化液在冷却钢板时，钢板表面的金属离子溶解到乳化液中，因此经过多次循环使用污染达到一定程度后，集中排往废水处理站；排往废水处理站的废乳化液中含有大量的金属离子和油泥以及机械杂质，这些物质均会造成膜堵塞或膜损伤，因此必须对废乳化液进行预处理（磁辊式纸带过滤机去除油泥和金属离子）。磁辊的磁性可以吸附去除金属离子；无纺布纸带可以截留油泥和机械杂质。我们采用的 $28g/m^2$ 无纺布，收到了良好的预处理效果。

氧化锆膜为纳米级，孔隙非常小，涂在陶瓷载体上，由于陶瓷本身的亲水性，只有水分子能够穿透，油分子被截留。水（包括乳化液废水）在 4℃时密度最大，其渗透性很差。适当提高水的温度，能有效增加水的表面张力，从而有利于废乳化液中水分子的渗透。温度越高，水的表面张力越大，越有利于水分子的渗透。但由于超滤膜管的密封圈以及膜组件的垫片是橡胶件，若长期在高温条件下运行，则易使之老化，降低其使用寿命，因此在正常运行中废乳化液的温度一般应控制在55～60℃为宜。这样既可以保证超滤装置在高效区相对稳定运行，又可以相对延长橡胶密封件的使用寿命。

废乳化液一般为中性或偏酸性。在轧制过程中，乳化液冷却钢板时会冲刷掉钢板表面的铁离子，溶解到废乳化液中，当废乳化液呈中性或偏酸性时，金属离子在酸性条件下呈游离状态，极易使膜堵塞；金属离子在碱性条件下呈聚合状态体积增大，在湍流的作用下反而不容易堵膜，从而有效保持无机膜渗透液的通量。因此，运行中将废乳化液的 pH 值（定量投加脱脂液）调整到 9～10 时，渗透液的通量明显提高，且保持时间长、衰减速度趋缓，延长了运行周期，从而有效地提高了超滤装置的工作效率。同时，渗透液水质质量也较为稳定。

运行中膜组件入口的压力为乳化液循环泵向无机膜管内部输送的压力；膜组件出口的压力为液体在无机膜管内的剩余压力，利用膜组件出口回流手动阀的启闭度来控制、调整。陶瓷膜管内部形成的压力越大，渗透液的通量越大。但压力太高将影响无机膜管的使用寿命，甚至导致膜的载体陶瓷的炸裂，造成设备损坏。此时渗透液水质也会随之变差，COD 和石油类污染物会升高。因此入口压力一般应控制在0.30～0.35MPa，出口压力控制在 0.05～0.15MPa。

总之，陶瓷膜处理废乳化液时需进行预处理，并控制超滤运行中废乳化液的温度、pH 值和压力。

【技术类型】√资源综合利用；×节能；√减排。

【技术成熟度与可靠度】废乳化液陶瓷膜处理及再利用技术已在武钢冷轧厂等企业应用，具有一定的技术成熟度与可靠度。

处理后达标的废水回用，仅用于超滤装置的漂（冲）洗水和药剂稀释用水，尚有较大的富余，还需要进行技术提升，以尽可能地加大废水处理回收再利用的力度。

【预期环境收益】超滤处理后的废水，经检测其石油类和COD的去除率一般都在 98%~99%，悬浮物稳定在<30mg/L；经处理后的乳化液废水，完全适用于无机（陶瓷）膜的冲洗和漂洗以及化学清洗溶液的稀释用水，实现了废水处理再利用，进而减少了废水排放，实现节能减排。

【潜在的副作用和影响】在超滤装置连续运行过程中，凝胶质以及油污逐渐堵塞膜及陶瓷的孔隙，使渗透液的通量逐渐下降，并随着时间的推移，渗透液通量的衰减速度越来越快。当渗透液通量衰减到<0.8m^3/h 时，必须切换化学清洗再生。

化学清洗再生分为碱性清洗和酸性清洗，其中每个过程中间都必须进行清水漂洗。碱性清洗用于去除附着在膜表面的油污和凝胶质，酸性清洗利用硝酸的强氧化性将堵塞膜孔和陶瓷孔隙的金属离子溶解并穿透过膜，使陶瓷膜充分再生。

【适用性】该技术适用于冷轧工程废乳化液处理，可延伸用于其他工程废水处理。

【经济性】暂无数据。

6.10.3　涂镀板带

6.10.3.1　排放和能源消耗

（1）涂镀单元物质流入流出类型

板带镀层（含退火）和涂层工序是以冷轧后的轧硬板为原料，先除去带钢表面的铁粉和油污等杂质，接着进入退火炉进行再结晶退火，获得冷轧板或继续进行表面镀层获得镀层板/继续进行表面涂层处理获得涂层板的工艺过程。

板带镀层（含退火）机组众多，每个机组均有不同的物质流入和流出，具体见表 2-6-70。

表 2-6-70　冷轧工序的物质流入流出表

序号	机组名称	物质流入	物质流出
1	连续退火机组	轧制冷硬带钢、电、脱脂剂、脱盐水、蒸汽、压缩空气、循环冷却水、耐火材料、更换设备或材料、液压油或油脂、捆带材料、防锈油、生活水、工业水、燃气(天然气或焦炉煤气等)、H$_2$、N$_2$、平整液、包装材料	退火带钢、切头/切尾板、冲孔/冲边料、废加工带钢、废捆带、废耐火材料、废油或废油脂、烘干废气、含碱废气、废设备或废材料、含碱废水、含油废水、生活废水、包装废材、烟气颗粒物、CO$_2$、CO、SO$_2$、NO$_x$、H$_2$S、碱洗污泥等

续表

序号	机组名称	物质流入	物质流出
2	连续热镀锌机组	轧制冷硬带钢、电、脱脂剂、脱盐水、蒸汽、压缩空气、循环冷却水、耐火材料、更换设备或材料、液压油或油脂、捆带材料、防锈油、生活水、工业水、燃气(天然气或焦炉煤气等)、H_2、N_2、光整液、包装材料、锌锭、钝化液、耐指纹液	镀锌带钢、切头/切尾板、冲孔/冲边料、废加工带钢、废捆带、废耐火材料、废油或废油脂、烘干废气、含碱废气、废设备或废材料、含碱废水、含油废水、生活废水、包装废料、烟气颗粒物、CO_2、CO、SO_2、NO_x、H_2S、H_2、N_2、锌渣、含锌废水、光整废液、钝化废液、耐指纹废液、钝化/耐指纹废气、含铬废水、碱洗污泥等
3	连续电镀锌机组	退火带钢、电、脱脂剂、脱盐水、蒸汽、压缩空气、循环冷却水、耐火材料、更换设备或材料、液压油或油脂、捆带材料、防锈油、生活水、工业水、电镀液、包装材料、钝化液、耐指纹液	镀锌带钢、切头/切尾板、冲孔/冲边料、废加工带钢、废捆带、废耐火材料、废油或废油脂、烘干废气、含碱废气、废设备或废材料、含碱废水、含油废水、生活废水、包装废材、电镀废液/水、钝化废液、耐指纹废液、钝化/耐指纹废气、含铬废水、碱洗污泥、电镀污泥等
4	彩色涂层机组	镀锌带钢或退火带钢、电、脱脂剂、脱盐水、蒸汽、压缩空气、循环冷却水、耐火材料、更换设备或材料、液压油或油脂、捆带材料、生活水、工业水、燃气(天然气或焦炉煤气等)、包装材料、涂料、钝化液	彩涂带钢、切头/切尾板、冲孔/冲边料、废加工带钢、废捆带、废耐火材料、废油或废油脂、烘干废气、含碱废气、废设备或废材料、含碱废水、含油废水、生活废水、包装废材、烟气颗粒物、CO_2、CO、SO_2、NO_x、H_2S、废涂料、钝化废气、焚烧废气、含铬废水、碱洗污泥等
5	电工钢退火涂层机组	轧制冷硬带钢、电、脱脂剂、脱盐水、蒸汽、压缩空气、循环冷却水、耐火材料、更换设备或材料、液压油或油脂、捆带材料、生活水、工业水、燃气(天然气或焦炉煤气等)、H_2、N_2、包装材料、涂层液等	电工带钢、切头/切尾板、冲孔/冲边料、废加工带钢、废捆带、废耐火材料、废油或废油脂、烘干废气、含碱废气、废设备或废材料、含碱废水、含油废水、生活废水、包装废材、烟气颗粒物、CO_2、CO、SO_2、NO_x、H_2S、H_2、N_2、废涂层液、涂层废气、碱洗污泥等
6	电工钢常化酸洗机组	热轧带钢、电、HCl、脱盐水、蒸汽、压缩空气、循环冷却水、花岗石或 $PPH/PE/PVDF$、更换设备或材料、液压油或油脂、捆带材料、(防锈油)、生活水、工业水、燃气(天然气或焦炉煤气等)、抛丸料、耐火材料、H_2、N_2等	轧制冷硬带钢、切头/切尾板、冲孔/冲边料、废加工带钢、废捆带、废花岗石或废 $PPH/PE/PVDF$、废油或废油脂、烘干废气、含酸废气、含乳化液废气、废设备或废材料、废耐火材料、抛丸废料、含酸废水、含油废水、生活废水、烟气颗粒物、CO_2、CO、SO_2、NO_x、H_2S、H_2、N_2、酸洗污泥等
7	电工钢绝缘涂层及拉伸平整机组	处理前带钢、电、脱脂剂、脱盐水、蒸汽、压缩空气、循环冷却水、更换设备或材料、液压油或油脂、捆带材料、生活水、工业水、燃气(天然气或焦炉煤气等)、绝缘涂料、耐火材料、H_2、N_2等	处理后带钢、切头/切尾板、冲孔/冲边料、废加工带钢、废捆带、废油或废油脂、烘干废气、含碱废气、废设备或废材料、废耐火材料、含碱废水、含油废水、生活废水、含 MgO 废水、废绝缘涂料、烟气颗粒物、CO_2、CO、SO_2、NO_x、H_2S、H_2、N_2、碱洗或其他污泥等
8	电工钢脱碳退火及涂 MgO 机组	处理前带钢、电、脱脂剂、脱盐水、蒸汽、压缩空气、循环冷却水、更换设备或材料、液压油或油脂、捆带材料、生活水、工业水、燃气(天然气或焦炉煤气等)、MgO 涂料、耐火材料、H_2、N_2等	处理后带钢、切头/切尾板、冲孔/冲边料、废加工带钢、废捆带、废油或废油脂、烘干废气、含碱废气、废设备或废材料、废耐火材料、含碱废水、含油废水、生活废水、废 MgO 涂料、烟气颗粒物、CO_2、CO、SO_2、NO_x、H_2S、H_2、N_2、碱洗或其他污泥等
9	冷轧精整机组(横切、纵切、重卷、包装机组等)	处理前带钢、电、压缩空气、循环冷却水、更换设备或材料、液压油或油脂、捆带材料、生活水、工业水等	处理后带钢、废加工带钢、废捆带、废油或废油脂、废设备或废材料、含油废水、生活废水等

（2）涂镀工艺单元的主要环境影响

涂镀工艺单元的主要影响环境因素有废水、废气、噪声和固体废弃物，这些因素经处理后均有相关的排放规定。如废水处理后排放水质要满足 GB 13456《钢铁工业水污染物排放标准》，排放废气要满足 GB 28665《轧钢工业大气污染物排放标准》，厂界噪声要达到 GB 12348《工业企业厂界环境噪声排放标准》中的 3 类标准。

涂镀工艺单元废水主要是碱洗废水，汇入到废水处理站后应经各处理系统分别处理。在 HJ 2019—2012《钢铁工业废水治理及回用工程技术规范》中推荐了相关比较成熟的各种废水处理工艺，可参照执行。

涂镀工艺单元产生的废气主要有连退机组退火炉、热镀锌机组退火炉、电工钢机组退火炉、罩式退火炉等燃烧产生的废气，目前均未经净化处理而直接外排至大气中。按照 GB 28665《轧钢工业大气污染物排放标准》，这些燃烧废气仅要求控制二氧化硫、氮氧化物的排放浓度；控制二氧化硫一般需采用清洁燃气或对燃气进行脱硫处理，控制氮氧化物就需要采用低氮烧嘴或进行脱硝处理。但环保指标中对其他烟气颗粒物、CO_2、CO、H_2S 等并未要求加以控制，不过随着国家对环保管控力度的不断加码，将来也有可能要求对这些废气成分加以控制。

涂镀机组在生产过程中会产生一些固体废弃物，如切头、切尾及生产废品等，更换的废耐火材料和废设备及材料，这些固体废弃物一般可以再利用。但同时为冷轧配套的公辅系统也会产生一些固体废弃物，特别是废水处理站，废水处理后会产生许多废水污泥。随着废水排放标准的不断提高，污泥产生量也将急速增加，这些污泥经压滤脱水后形成固体废弃物。对于固体废弃物的处理，单从钢铁固废综合利用领域来看，为保护和改善环境，减少污染物排放，《中华人民共和国固体废物污染环境防治法》(2020 年 4 月 29 日修订，2020 年 9 月 1 日起施行)、《土壤污染防治行动计划》中，均对工业固体废物的规范化管理提出了明确规定。2016 年修订的《中华人民共和国环境保护税法》也提出"企业事业单位和其他生产经营者储存或者处置固体废物不符合国家和地方环境保护标准的，应当缴纳环境保护税。纳税人综合利用的固体废物，符合国家和地方环境保护标准的，暂予免征环境保护税"。这对冷轧固体废弃物的处理及综合利用形成倒逼机制。

涂镀单元环境问题的治理也遵循"减量化、再利用、再循环、再制造"的原则，减量化首先从源头加以治理，如：①采用清洁燃气或对燃气进行脱硫、净化处理，减少 SO_2 和烟气颗粒物的排放；②退火炉采用低氮烧嘴，降低 NO_x 的排放；③无铬钝化技术，不会产生铬的排放；④带钢粉末彩涂工艺，生产安全环保好，涂料无溶剂，生产中不产生易爆易燃挥发物；⑤无碱清洗工艺，不使用碱液进行清洗，杜绝了碱的排放。

再利用，如退火炉烟气余热再利用，节约了能源。再循环，如生产过程中产生的切头、切尾、废品送炼钢车间回收利用，或作为五金厂原料进行二次利用。再制造，如冷轧单元的废耐火材料经固体废物综合利用场进行分拣、破碎、分选等加工处理，加工成为再生颗粒料，部分替代天然原料制成不定型或定型耐材产品返生产系统应用，其余再生颗粒料作为原料进入社会循环系统综合利用。

下面现就冷轧单元的环境影响因素分别加以说明。

① 废水　涂镀单元产生的废水有含碱废水、含锌废水、生活废水等。

含碱废水：在涂镀单元中有脱脂清洗段的机组上产生，采用碱液去除带钢上残留的油污、铁粉和其他脏污，一般采用碱液作为清洗剂。在清洗段有两种浓度的含碱废水，高浓度的含碱废水来自碱浸洗、碱刷洗和电解清洗，典型成分为：pH 值约 12、SS100～250ppm、油约 10 g/L、COD 约 0.1g/L、NaOH 约 30g/L、Fe_2O_3 约 1.5g/L；弱碱废水来自热水刷洗和热水漂洗段，典型成分为：油约 0.4g/L、COD 约 0.1g/L、NaOH 约 0.2g/L、Fe_2O_3 约 0.6g/L。

含锌废水：在连续镀锌机组的光整和拉矫段产生，废水中含有少量的锌。

生活废水：员工在工厂内工作及生活会产生一定量的生活废水，其中 COD 约 0.35g/L、BOD 约 5g/L、SS 约 0.25g/L。生活废水全部进入生活污水排水管网，并送往市政污水处理厂集中统一处理达标后排放。

以上这些废水均需送往废水处理站进行处理，根据 GB 13456—2012《钢铁工业水污染物排放标准》，废水处理站出水水质见表 2-6-71。

表 2-6-71　废水处理站出水水质指标表

序号	水质项目	单位	排放限值	特别排放限值
1	pH	—	6～9	6～9
2	悬浮物	mg/L	30	20
3	化学需氧量 COD_{Cr}	mg/L	70	30
4	氨氮	mg/L	5	5
5	总氮	mg/L	15	15
6	总磷	mg/L	0.5	0.5
7	石油类	mg/L	3	1
8	挥发酚	mg/L	—	—
9	总氰化物	mg/L	0.5	0.5
10	氟化物	mg/L	10	10
11	总铁	mg/L	10	2.0
12	总锌	mg/L	2.0	1.0
13	总铜	mg/L	0.5	0.3
14	总砷	mg/L	0.5	0.1

续表

序号	水质项目	单位	排放限值	特别排放限值
15	六价铬	mg/L	0.5	0.05
16	总铬	mg/L	1.5	0.1
17	总铅	mg/L	—	—
18	总镍	mg/L	1.0	0.05
19	总镉	mg/L	0.1	0.01
20	总汞	mg/L	0.05	0.01

② 废气 涂镀机组产生废气的点比较多,其主要污染源、主要污染物和污染控制措施见表2-6-72。

表2-6-72 涂镀单元废气污染物和污染控制措施一览表

序号	污染源	主要污染物	污染控制措施
1	连退、镀锌、彩涂、电工钢退火涂层等机组的清洗段废气	碱雾,浓度约30~100mg/m³	碱雾洗涤塔
2	镀锌、连退等湿光整/平整废气	油雾,浓度约30~100mg/m³	油雾净化器
3	镀锌钝化、耐指纹废气	镀锌钝化、耐指纹废气	废气净化器
4	彩涂机组涂层室、涂料配液室废气	涂料燃烧废气	废气焚烧炉
5	电工钢涂层室废气	铬酸雾、非甲烷总烃	活性炭吸附净化系统
6	电工钢配液室废气	颗粒物	水幕除尘
7	连退机组退火炉、热镀锌机组退火炉、电工钢机组退火炉、罩式退火炉等	烟气颗粒物、CO_2、CO、SO_2、NO_x、H_2S等	低氮烧嘴、清洁燃气

在上述这些机组所在的车间,还存在废气的无组织排放,同样需要加强对各种废气的捕集及净化,以满足环保要求。

涂镀单元产生的工业废气排放限值见表2-6-73、表2-6-74。

表2-6-73 工业废气排放限值表 单位:mg/m³

生产工序或设施	污染物项目	普通限值①	特别限值①	超低排放限值②	河北省超低排放限值③
热处理炉、拉矫、精整、焊接机及其他生产设施	颗粒物	20	15	10	10
热处理炉	二氧化硫	150	150	50	50
	氮氧化物	300	300	150	150
	硝酸雾	240	240	240	240
	氟化物	9	9	9	9
涂镀层机组	铬酸雾	0.07	0.07	0.07	0.07

续表

生产工序或设施	污染物项目	普通限值[1]	特别限值[1]	超低排放限值[2]	河北省超低排放限值[3]
各机组脱脂段	碱雾	10	10	10	10
涂层机组	苯	8	5	5	5
	甲苯	40	25	25	25
	二甲苯	40	40	40	40
	非甲烷总烃	80	50	50	50

① GB 28665—2012《轧钢工业大气污染物排放标准》。

② 2018 年 5 月 7 日生态环境部发布的《钢铁企业超低排放改造工作方案》（征求意见稿）。

③ DB 13/2169—2018《钢铁工业大气污染物超低排放标准》。

表 2-6-74　废气无组织排放限值表　　　　　单位：mg/m³

生产工序或设施	污染物项目	普通限值[1]	河北省超低排放限值[2]
涂层机组	苯	0.4	0.4
	甲苯	2.4	2.4
	二甲苯	1.2	1.2
	非甲烷总烃	4.0	4.0
厂界	颗粒物		1.0
	苯		0.1
	甲苯		0.6
	二甲苯		0.2
	非甲烷总烃		2.0

① GB 28665—2012《轧钢工业大气污染排放标准》。

② 2018 年 5 月 7 日生态环境部发布的《钢铁企业超低排放改造工作方案》（征求意见稿）。

③　噪声　主要噪声为风机及气刀的空气动力噪声，空压机、水泵噪声，设备运转噪声，剪切带钢噪声，剪切废料落入废料箱噪声等。

对风机运转产生的空气动力噪声，设计中采取消声器降噪，使大部分风机噪声值≤85dB(A)；对噪声值>85dB(A)的噪声源，设计中采取隔声降噪措施，设密闭室或考虑厂房建筑隔声，也可考虑集中操作，设集中控制室。同时提高自动化操作水平，减少工人在噪声环境中的工作时间。

经过以上妥善处理，厂界噪声要达到《工业企业厂界环境噪声排放标准》GB 12348—2008 中的 3 类标准。

④　固体废弃物　涂镀单元各机组在生产过程中产生的固体废弃物主要有：各机组切头、切尾、切边废料，退火炉废弃的耐火材料，废水处理站脱水处理后污泥等。

其产生情况见表 2-6-75。

表 2-6-75 涂镀单元固体废物产生情况及处置措施表

序号	固体废物名称	产生地点	处置措施
1	带钢废料	各机组	送炼钢车间回收利用，或作为五金厂原料进行二次利用
2	锌渣	热镀锌机组	回收再利用
3	废耐火材料	退火炉	经固体废物综合利用场进行分拣、破碎、分选等加工处理，加工成为再生颗粒料，部分替代天然原料制成不定型或定型耐材产品返生产系统应用，其余再生颗粒作为原料进入社会循环系统综合利用
4	废油脂	各机组	送有处理资质的单位回收
5	废备件	有关机组	送炼钢车间回收利用
6	废包装材料	各机组	送炼钢车间回收利用或送造纸厂等回收再利用
7	碱性污泥	废水处理站、带脱脂段的处理机组	委托有处理资质的单位进行处理
8	生化污泥	废水处理站	委托有处理资质的单位进行处理

（3）涂镀单元单位产量的输入输出能源量

涂镀单元典型机组单位产量的输入输出能源量见表 2-6-76。

表 2-6-76 涂镀单元典型机组单位产量的输入输出能源量表

每吨产品消耗指标	单位	折合标准煤/kg	冷轧退火钢板	热镀锌钢板	电工钢板	涂层钢板
电	kW·h	0.122	80	75	238	60
燃气	GJ	29.3076	1.075	1.045	1.045	0.85
低压蒸汽	kg	0.097	75	80	100	60
工业水	m^3	0.0475	0.52	0.46	0.66	0.41
纯水	m^3	0.1890	0.7	0.604	0.71	0.52
氢气	m^3	0.3514	1.5	2.0	2.5	0
氮气	m^3	0.0169	65	95	30	0
压缩空气	m^3	0.0152	100	100	40	50
回收蒸汽	kg	0.097	−48	−55	0	0
折算标准煤	kg(标准煤)/t		47.18	46.17	54.08	38.93

6.10.3.2　推荐应用的关键技术

（1）低合金高强结构钢技术

【技术描述】实现全国钢铁总产能的下降是钢铁工业转型升级的一大目标，在保证满足下游用户需要的前提下压缩产量，根本性的方法就是采用高强钢取代低强度的普通结构钢，即在保证构件整体受力功能的基础上减少钢材使用量。在全国约 6900 万 t 年产量中约有 68%应用于除汽车、家电以外的领域，包括建筑、建设及相关的辅助设施，统称建材板。这些用途的涂镀板不需要进行深冲压加工，只进行简单的咬合或折弯即可，都属于商品级或结构钢的范畴，材料尺寸的选择只取决于强度级别和伸长率。我国在汽车板行业采用高强钢已经取得了非常成功的经验，汽车板的强度已经超过了 1000MPa，汽车重量在以千克级别下降。即使同样在建筑领域，2000 年以来国家就大力推广 400HRB 以上级别的高强螺纹钢，已经得到了全面实施，对节省钢材使用量发挥了巨大的作用，取得了成功的经验。但更为广泛的建材板采用高强钢减少材料的使用量却被人们忽略，大量使用的都是 Q195 级别的钢板，强度只有 195MPa，据此强度数据设计的构件粗大笨，很耗材料。在现代炼钢技术条件下，将结构钢的牌号由 Q195 提升到 Q355，即强度提高到 355MPa，炼钢成本只增加 80～100 元/t，而减少 30%～40%材料的使用量，对控制全国钢铁总产能的效应是非常显著的。因此，必须像推广高强螺纹钢一样，通过修订产品标准，修改设计规范，大力推广低合金高强结构钢。

【技术类型】√资源综合利用；√节能；√减排。

【技术成熟度与可靠度】低合金高强钢已经是非常成熟的产品，低合金高强钢的镀锌技术也已经能够完全满足生产的需要。这项技术推广的关键是改变设计观念，由增加尺寸提高结构件受力能力改变为增加钢材牌号提高受力能力。要通过修订标准，修改设计规范加以引导。

【预期环境收益】如果每年能够使得 3000 万 t 的结构钢镀锌板牌号由 Q195 提升到 Q355，可以节省钢材使用量 1000 万 t 以上，减少能耗 1200 万 t（标准煤）。

【潜在的副作用和影响】暂无。

【适用性】适用于各种建筑、建设及辅助设施的结构件。

【经济性】可以减少钢材使用量，经济效益显著。

（2）涂层线 VOC 处理和热能回用技术

【技术描述】涂层线是将涂料涂敷到带钢表面，进行烘烤固化以后获得彩涂板。涂料在常温和固化过程中会散发出 VOC 气体，废气中 VOC 的成分主要是有机物（二甲苯、三甲苯、四甲苯、醋酸丁酯等），特点是直径比空气大，沸点比较高，约为 117.6～196.8℃。

目前涂层线 VOC 废气有多种处理利用方法，主要包括冷凝回收、高沸点溶剂吸收、活性炭吸附、催化焚烧、热力燃烧、沸石转轮吸附+RTO 处置等。根据 VOC 废气产生的特点及经济性，沸石转轮吸附+RTO（蓄热式焚烧氧化装置）技术具有净化效率高、污染物分解彻底、热能回收效率高、装置耗能低等优点，是当前处理利用 VOC 废气较为理想的方法。该方法包括沸石转轮吸附和 RTO 两大部分，其中沸石转轮吸附单元负责将配漆间、辊涂间等处低浓度 VOC 废气浓缩成可以焚烧的高浓度 VOC 废气和达标的无害气体，而 RTO 单元则将固化炉内的和浓缩后的 VOC 废气进行焚烧氧化成无害气体后达标排放。

【技术类型】 √资源综合利用；√节能；√减排。

【技术成熟度与可靠度】 已经有大量企业采用，技术非常成熟。

【预期环境收益】 处理率达 95%～98%。

【潜在的副作用和影响】 暂无。

【适用性】 适用于所有的涂层线。

【经济性】 可以将余热利用于固化炉，减少天然气使用量，经济效益显著。

（3）退火炉低 NO_x 烧嘴燃烧技术

【技术描述】 退火炉低 NO_x 烧嘴燃烧技术包括分级燃烧技术、烟气回流燃烧技术、无焰燃烧技术。

分级燃烧技术指空气分两级参与燃烧：一级空气与燃料首先发生一级燃烧，该燃烧过程燃气过剩、空气不足，能极大地减少快速型 NO_x 的产生；二级空气卷吸炉内的烟气后继续与未反应的燃料产生二次燃烧，烟气稀释二次助燃空气的氧含量，有效降低火焰燃烧温度，极大地减少热力型 NO_x 的产生。两者同时作用，有效地降低 NO_x 的排放。

烟气回流燃烧技术指烟气在空气的高速射流作用下循环回流并与空气充分混合参与助燃。助燃气体中 O_2 的含量远低于 21%，产生贫氧燃烧，降低局部高温，抑制热力型 NO_x 产生。

无焰燃烧技术指主燃烧空间温度 900℃以上，空气预热到 600℃以上，燃气和空气高速平行喷入主燃空间，带动主燃空间气氛强烈卷席，实现极限贫氧燃烧；火焰锋面消失，燃烧温度均匀，NO_x 降低到极致。

【技术类型】 ×资源综合利用；×节能；√减排。

【技术成熟度与可靠度】 分级燃烧技术、烟气回流燃烧技术已成熟应用，如攀钢镀锌机组、鞍钢镀锌机组、烨辉连退等项目；无焰燃烧为新技术，德国 WS 无焰燃烧双 P 辐射管加热系统已有在线应用，如鞍钢鱼嘴（重庆）汽车板连退热处理炉，运行稳定。

【预期环境收益】 分级燃烧技术可实现 NO_x 排放指标降低到 200mg(O_2 8%)以下，需结合烟气回流技术，以满足现行国标强制排放标准。烟气循环回流助燃技术可与空气分级燃烧技术组合应用，实现 NO_x 排放指标降低到 150mg(O_2 8%)以下。无焰燃烧技术可以实现 NO_x 排放指标达到 100mg(O_2 8%)以下。

【潜在的副作用和影响】 烟气外部回流可能降低烟气余热回收利用率，带来能耗增加。无焰燃烧只能在炉膛温度和空气预热温度达到一定条件后才能持续稳定进行，需兼顾中低温炉温条件下燃烧稳定性和安全性，系统较为复杂，投资成本较高。

【适用性】分级燃烧技术适用于连续退火炉的直接加热或间接加热。烟气循环回流助燃技术适用于连续退火炉的间接加热，尤其是 U 型和 W 型辐射管加热系统。无焰燃烧技术适用于 900℃以上直接加热或 I 型/P 型/双 P 型辐射管加热。

【经济性】无焰燃烧系统需兼顾中低温条件下有焰燃烧的稳定性，燃烧系统一次性投资略偏高。

（4）高耐蚀性镀层板制造技术

【技术描述】腐蚀是由于材料与所在环境的相互作用而发生的自然变质或损坏，如大气环境下的材料受阳光、风沙、雨雪、霜露及一年四季的温度和湿度变化作用，其中大气中的氧和水分是造成材料腐蚀的重要因素。引起材料腐蚀的工业气体含有 SO_2、CO_2、NO_2、Cl_2、H_2S 及 NH_3 等，这些成分虽然含量很小，但对钢铁的腐蚀危害不可忽视，其中 SO_2 影响最大，Cl_2 可使金属表面钝化膜遭到破坏。海洋大气的特点是含有大量的盐，主要是 NaCl，盐颗粒沉降在金属表面上，由于其具有吸潮性及增大表面液膜的导电作用，同时 Cl^- 本身又具有很强的侵蚀性，因此加重了金属表面的腐蚀。

钢板的防腐除了采用涂漆防腐外，生产出高耐蚀性的材料也是一个重要的途径。为此冷轧行业开发了各种镀层钢板，以延长材料的使用寿命。

目前常见的镀层种类及性能比较见表 2-6-77。

表 2-6-77　常见镀层种类及性能比较

镀层种类	Galfan	GI	电镀锌	GA	Galvalume	热镀铝
镀层特点	镀液中含有约5%的铝，剩余成分为锌	镀液的锌含量不小于99%	在退火板的基础上再进行电镀锌	在 GI 的基础上再进行镀层合金化处理	镀液中含有约55%的铝、约1.6%的硅，剩余成分为锌	带钢表面镀 Al
裸板耐腐蚀性	4	3	3	2	5	5
加工成形性能	5	3	5	3	3	2
切边牺牲保护	5	5	5	5	3	1
成形后耐腐蚀性	5	3	3	5	3	2
涂膜附着力	5	4	5	5	4	3
涂漆后耐腐蚀性	5	4	4	5	4	3
可焊性	4	4	4	4	2	1
耐热性/反射性	3	3	3	2	4	5

注：5 为最优，1 为最次。

近期开发的锌铝镁镀层耐腐蚀性能远远高于镀锌和镀铝锌。平面部分耐盐雾试验与 Galvalume 板相似，约是 GI 板的 10～20 倍，为 Gafan 的 5～8 倍。切口断面部分、弯曲加工部分及有划伤的部分耐盐雾试验优于 Galvalume 板、Gafan 板和 GI 板。耐氨性是镀锌板的 2 倍，是 Galvalume 板的 10 倍。耐酸碱性与 GI 板相仿，优于 Galvalume 板和 Gafan 板。镀层为 90g/m² 时，耐腐蚀性比加工成工件后热浸镀方法获得的 560g/m² 镀层更加优越。

锌铝镁镀层钢板研发之初是为了替代部分不锈钢的使用场景。不锈钢虽然耐蚀性不错，但成本太高；其他镀锌系列钢板除了表面耐腐蚀性不如不锈钢之外，更重要的是对于断面或涂层破损处的保护能力很差。而锌铝镁镀层有优异的抗红锈能力和剪切断面的自愈合防腐蚀性（锌铝镁镀层的初期腐蚀产物会流动并覆盖裸露的基板），同时它还具备远优于镀铝锌镀层钢板的焊接性能，完美解决了普通镀层钢板无法有效保护剪切断口、漏镀点、镀层破损等位置的缺点，可以说是在综合使用性能上最接近不锈钢的镀层钢板之一。

Al-Si 镀层 1500MPa 热冲压钢是汽车安全件最主要的用材，全球每年应用近 400 万吨。现有的 Al-Si 镀层技术是由安米于 1999 年开始研发并逐步在全球范围内形成垄断的。

上述各种高耐蚀性镀层板技术体系包括材料设计技术、材料制造技术、材料使用及先进加工技术、应用示范。在材料制造技术中，连续热镀锌机组作为高性能汽车用钢技术环境最为重要的一个工序，具体又细分为镀锌原板技术、冷硬钢板焊接技术、带钢清洗技术、退火技术、镀层技术、光整拉矫技术、钝化及耐指纹技术等。使用这些技术的组合，就可以生产出各种高耐蚀性镀层产品。

【技术类型】√资源综合利用；×节能；√减排。

【技术成熟度与可靠度】高耐蚀性镀层产品 Galfan、GI、电镀锌、GA、Galvalume、热镀 Al 等具有较高的技术成熟度，目前国内绝大部分的冷轧厂镀锌机组均可以生产其中一种或多种镀层产品。目前国内以宝钢、鞍钢、首钢等生产的产品实物质量等最为优异。

日新制钢公司在 20 世纪 90 年代成功开发了 Zn-6%Al-3%Mg 镀层，商品名为"ZAM"。该镀层耐蚀性为纯锌镀层（Zn-0.2%Al）的 18 倍，为 Galfan 合金的 5 倍。锌铝镁镀层被称为继第三代高耐蚀镀层 Galvalume、Galfan 以后的第四代高耐腐蚀镀层材料。2000 年，日本新日铁公司又开发出高耐蚀性新型热镀合金钢板，商品名为"SuperDyma"，其成分为 Zn-11%Al-3%Mg-0.2%Si，产品耐蚀性为镀锌板的 15 倍以上，为 Galfan 镀层板的 5～8 倍，切口耐蚀性优于 Galvalume 镀层，且涂漆性及耐黑变性也均优于 Zn-5%Al-0.1%Mg 镀层钢板。

欧洲钢铁公司重点关注汽车用 Zn-Al-Mg 镀层钢板，成分为 Al 1.0%～3.7%、Mg 1.0%～3.0%。

POSCO 开发了名为 PosMAC 的 Zn-Al-Mg 镀层钢板,成分为 Al2.5%、Mg3.0%;耐蚀性是 GI 板的 5~10 倍,优于 GL 镀层,并具有优良的切边保护性。

BHP 公司是世界著名的 Galvalume 镀层钢板研究及开发者,产品质量居于世界领先地位。为解决 Galvalume 镀层钢板切边保护性差的问题,BHP 开发了商品名为"ZINCALUME"的 Zn-Al-Mg 镀层钢板。成分为 Al47%~57%、Mg2.0%,年曝晒试验表明表面切边耐蚀性和平面耐蚀性得到大幅提高。

近年来,我国的钢铁企业也进行了 Zn-Al-Mg 镀层钢板的开发。高铝系的生产企业有苏州博思格和宝钢,成分为约 2%+GL;中铝系的生产企业有酒泉钢铁等,成分为 11%Al+3%Mg;低铝系的生产企业有宝钢、大连蒂森、唐钢、首钢。

【预期环境收益】高耐蚀性镀层板极大地延长了钢材的使用寿命,减少了因生产、更换腐蚀构件和保护现有构件工作而造成的碳排放,因此高耐蚀性镀层板属于冷轧绿色产品。

【潜在的副作用和影响】高耐蚀性镀层板在生产过程中会消耗燃气和电力以及锌、Al、Mg 等金属,会排放废水、废液、废气,对环境造成一些负面影响。

【适用性】该技术适于冷轧厂镀锌机组高耐蚀性镀层板的生产。

【经济性】全球每年由于更换腐蚀构件和保护现有构件而造成的花费约占 GNP 的 2%~4%,如果延长了钢材的使用寿命,相当于减少了花费。

（5）高性能汽车用钢制造技术

【技术描述】汽车工业是我国国民经济的支柱产业,我国汽车产销量已连续多年蝉联世界第一,巨量的碳排放造成巨大的环境破坏,排放限制迫在眉睫。另外汽车安全性要求日益提高,安全法规日趋严格,因此,发展汽车轻量化具有重要的战略意义。

有机构做过测试,如果汽车减重 10%,则油耗减少 6%~8%,CO_2 排放减少 10%,制动距离减少 5%,加速时间减少 8%,转向力减少 6%,轮胎寿命增加 7%。所以说汽车轻量化是节能减排的重要途径之一,是全球汽车厂商的共同选择。

传统高强度汽车用钢已经不能完全满足汽车工业对轻量化和高安全性的双重要求。新一代汽车轻量化钢铁材料的开发与应用,需要探索全新的组织调控与工艺控制思路,实现超高强韧钢的制备与产业化应用。

高性能汽车用钢技术体系包括材料设计技术、材料制造技术、材料使用及先进加工技术、应用示范。在材料制造技术中,冷轧领域作为高性能汽车用钢技术环境最为重要的一个工序,具体又细分为高性能汽车用钢的酸洗及轧制技术、退火技术、热镀锌技术、精整技术等。经过冷轧一系列的工序,最后生产出满足汽车高强度钢要求的产品。其中退火炉是上述生产工序最核心的部分,它需要根据各钢种热处理工艺制度的要求,合理配置加热、均热、缓冷、快冷、(再加热)、过时效、终冷装备。生产超高强钢时，超高冷却速率的强力冷却装置是核心装备；生产 Q&P 钢时，还需要配置感应加热装置。传统的高强度钢多是以固溶、析出和细化晶粒作为主要强化手段，而先进高强度钢（AHSS）是指通过相变进行强化的钢种，组织中含有马氏体、贝氏体和（或）残余奥氏体。第一代 AHSS 主要包括双相（DP）钢、相变诱导塑性（TRIP）钢、马氏体（M）钢、复相（CP）钢、热成形（HF）钢，第二代 AHSS 主要为孪晶诱导塑性（TWIP）钢。目前已开发成功第三代高强钢，包括 Mn-TRIP 钢、Q&P 钢，具体见图 2-6-37。

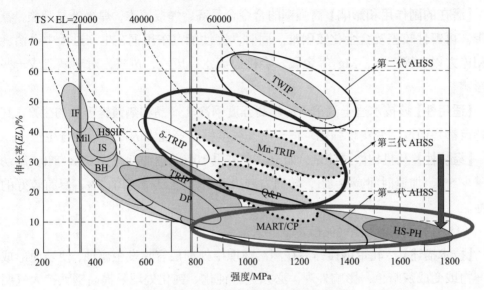

图 2-6-37　钢材强度与伸长率的关系

汽车用冷轧高强度钢分为冷轧产品和热镀锌产品，其工艺特点都是通过相变实现强化。此外，还有一种热冲压成形模具淬火硬化的超高强钢在欧洲的汽车制造业获得了广泛应用。

【技术类型】 ×资源综合利用；√节能；√减排。

【技术成熟度与可靠度】 我国的主要大型钢铁企业已具备生产 980MPa 及以下 GI 产品的能力，DP 钢、CP 钢以及 TRIP 钢等能够供应 GI 产品，相应钢种的 GA 产品也已实现批量生产。

宝钢具备生产 1700MPa M 钢冷轧板的能力，为目前世界上抗拉强度最高的汽车高强钢钢种，还具备 1180MPa 级别 DP 钢、Q&P 钢 GI、GA 产品的批量供货能力，已完成 Mn-TRIP980 和 Mn-TRIP1180GI 镀层钢板的工业试验；鞍钢、首钢、河钢等能够生产 980MPa 级别的 DP 钢 GI 产品。

中国的主要钢铁企业具备生产 TRIP590、TRIP780 产品的能力。

首钢已成功开发 CP980GI 产品，更高强度级别的 CP1180GI 正在开发之中。韩国浦项已成功开发出 800MPa 和 1000MPa 级的 TRIP 钢，钢板的成形性能非常好，可以加工成复杂形状的汽车部件。在日本，三菱汽车公司与新日铁、住友金属及神户制钢等合作开发出汽车底盘零件用 TRIP 高强度钢板，在其新车型中已有 80 余种底盘零件用 TRIP 钢板制造。

【预期环境收益】发展汽车轻量化具有重要的环境战略意义，有机构做过测试，如果汽车减重 10%，CO_2 排放减少 10%。高性能汽车用钢属于冷轧绿色产品。

【潜在的副作用和影响】高强钢的合金含量高，焊接困难，焊缝处易开裂，甚至断带，可镀性较差及合金化较困难。同时，高性能汽车用钢在生产过程中会消耗燃气和电力以及锌、Al、Mg 等金属，会排放废水、废液、废气，对环境造成一些负面影响。

【适用性】该技术适于汽车用冷轧高强度钢冷轧产品和热镀锌产品的生产，其工艺特点都是通过相变实现强化，适于有高强度钢生产能力的冷轧厂进行生产。

【经济性】有机构做过测试，如果汽车减重 10%，则油耗减少 6%～8%，制动距离减少 5%，加速时间减少 8%，转向力减少 6%，轮胎寿命增加 7%，具有较好的经济性。

（6）镀锌带钢无铬钝化技术

【技术描述】冷轧带钢镀锌后在潮湿环境中处理层容易发生腐蚀，使表面形成腐蚀产物或变成灰暗色，影响外观，必须进行钝化。钝化处理是提高钢铁抗大气腐蚀的有效方法。

但当前使用最广泛的是铬酸盐钝化处理。主要原因是该工艺简单、成本低、抗蚀性能好。经铬酸盐处理后形成铬/基体金属混合氧化物膜层，膜层中铬主要以六价和三价形式存在。由于六价铬是致癌物质，对人体及环境都有严重危害，随着人们环境意识的增强，必须研究一种取代铬酸盐钝化的方法。

钝化液及钝化后的产品中不含铬及铬离子，称为无铬钝化。

目前有三价铬钝化也宣称是无铬钝化，但是三价铬钝化其钝化液及钝化产品中含有的三价铬离子会转变成六价铬离子，同时三价铬离子本身也具有毒害性，因而并不是真正意义上的无铬钝化。

【技术类型】×资源综合利用；×节能；√减排。

【技术成熟度与可靠度】目前某些无铬钝化的防腐蚀效果类似于六价铬或三价铬钝化，有些指标甚至超过六价铬钝化；而同时有些无铬钝化的工艺简单，无需改变现有镀锌工艺，因此使用无铬钝化代替有铬钝化在效果上和生产上都被证明是可行的，其技术是成熟的，国内外很多厂如宝钢、首钢等已使用无铬钝化技术。

【预期环境收益】铬酸盐毒性高且易致癌，随着环保意识的增强，铬酸盐的使用受到严格的限制，急需开发低毒性的铬酸盐替代品。

表面处理使用无铬钝化，其钝化液中不含铬及铬的任何价位离子，在源头上控制了铬离子的存在，使生产企业做到了使用新产品进行清洁生产的目的。同时，钝化后的产品不含任何铬离子，使铬的排放量为 0，也保证了最终产品符合环保要求，不会存在对人体有害的铬。

【潜在的副作用和影响】暂无。

【适用性】无铬钝化技术可以广泛应用于镀锌后的带钢表面钝化处理。

【经济性】目前无铬钝化剂价格偏高，但无铬钝化无疑是环保型钝化发展的方向，需要继续努力，开发出低成本的无铬钝化剂，使其能够真正替代铬成为绿色钝化。

（7）带钢粉末彩涂技术

【技术描述】粉末彩涂与传统的溶剂型彩涂相比，具有高环保（生产及使用过程有害气体零排放）、高品质（加工性、装饰性及耐候性高）、高能效（单位成本优于传统溶剂型彩涂）等特点，正成为彩涂板生产更新换代的技术。目前欧美国家粉末彩涂正在逐渐替代溶剂彩涂。

粉末云工艺如下：粉涂法的预处理类似于传统的辊涂法预处理，也需要将带材表面碱液清洗脱油除污、表面铬化、热风干燥。预处理后的基板外表面涂上黏结剂，经感应加热到 175℃，进行干燥，形成 5～10μm 的干燥膜；带钢达到的最高温度一般为 80℃，再通过水冷的辊子将基板冷却到 40℃左右。

涂层粉末通过安装在涂层室顶部的风动粉末传送系统送往涂层舱。处理好的基板穿过装在箱体里的粉末云涂层舱处在一个强大的静电场下，粉末旋转刷产生涂料粉末云，形成粉末云的固体涂料颗料带有很高的电荷，其飞向高速运行的基板，产生足够大的边界穿透力，均匀地沉积在带钢表面上。未在带钢表面沉积的涂料颗粒重新通过粉末传送系统送往涂层舱。

【技术类型】×资源综合利用；√节能；√减排。

【技术成熟度与可靠度】20 世纪 90 年代，美国 MSC（Material Sciences Corporation）已成功开发了粉末涂层技术工作，并把粉末云涂装技术授权给 SMS 公司在除北美以外的地区使用。

自 2004 年以来，荷兰 EMB 技术公司一直从事开发带材粉末涂层技术工作，最近新开发了 EMB 电磁涂刷技术，从根本上克服了喷枪涂敷技术的局限性和缺点，如喷嘴堵塞和过喷等。EMB 电磁涂刷技术是能给板材和带材等敷上涂层的特殊机器。这种机器几乎能使任何材质的扁平材都以相当高的速度和极好的厚度控制敷上均匀的粉末涂层。

2016 年 11 月 2 日，由中冶京诚自主研发的国内第一条高速粉末连续喷涂彩涂板卷生产线在山东科瑞钢板有限公司热试成功。此次热试成功的板宽 1250mm 粉末喷涂机组，连续生产速度可达 80m/min。由此可见，带钢粉末彩涂技术是基本成熟的。

【预期环境收益】涂料无溶剂，使苯、甲苯、二甲苯、非甲烷、总烃等污染物排放量为 0，生产中不产生易爆易燃挥发物，环境友好。

【潜在的副作用和影响】暂无。

【适用性】各种材料，如铝、钢、玻璃、陶瓷、木材、纸和各种塑料都可以使用这种粉末涂层技术。粉末云涂层工艺理论上可以适应的机组最高速度为 300m/min。不过到目前为止已建成的一套粉末云涂层机组，涂装带钢宽度达 1300mm，机组最高速度还只达到 100m/min。因此这种带钢粉末彩涂技术目前还无法达到常规溶剂彩涂法相同的效率，对更高速机组还需要进一步研究。

【经济性】SMS 对粉末涂层与液体涂层（即常规彩色涂层）做了一个费用比较，包括以下几个方面：投资成本；能耗；生产成本；人员费用；原材料消耗；运行专利费用。

粉末云涂装生产线比常规彩色涂层生产线节约投资约 1000 万马克。按照 10 年折旧，年利率 3.5%计算，粉末云涂装生产线节约的投资为 11 马克/t。

能耗的比较：假设常规彩色涂层机组采用天然气作为原料，生产线有关参数为：生产能力 20t/h；参考带钢 1350mm×0.8mm；参考速度 60m/min；涂层：初涂每面涂层厚度为 8.5μm，精涂每面涂层厚度为 26.25μm。

总的热能包括炉子的加热、后燃烧系统的加热及热量损失，约合 5269kW。天然气的热值为 48MJ/kg，密度为 0.768kg/m³，需要耗用天然气 514m³/h，假设天然气的价格为 0.25 马克/m³，则天然气消耗为 128 马克/h。而粉末云涂装工艺不需要热能，那么节约的费用为 6 马克/t。

电耗的比较：常规彩色涂层机组工艺段的装机容量为 1600kW，而粉末云涂装生产线工艺段的装机容量为 2200kW，多耗电 600kW·h，假设电价为 0.13 马克/(kW·h)，费用为 78 马克/h，比常规彩色涂层机组多支出费用 4 马克/t。

总能耗平衡，粉末云涂装生产线节约的投资为 2 马克/t。

生产费用的比较：常规彩色涂层机组需耗用溶剂清洁费用 2 马克/t，烘烤炉维护费用 15 马克/t，涂层辊更新 7 马克/t；粉末云涂装生产线需耗用粉末喷头清洁费 2 马克/t，粉末涂层装置维护费 12 马克/t。综合比较，粉末云涂装生产线节约的投资为 10 马克/t。

人工费：粉末涂层生产线需要 4 个操作人员，而常规彩色涂层生产线则需要 7 个操作人员。综合比较，粉末云涂装生产线节约的投资为 4 马克/t。

原材料费用：常规彩色涂层机组需要的涂料费用为 216 马克/t，而粉末云涂装生产线需要的涂料费用为 176 马克/t。综合比较，粉末云涂装生产线节约的投资为 40

马克/t。

运行专利费用：MSC 粉末云涂装技术需要支出一定的专利费，约为 0.006 美元/ft²。按照 2.10 马克/美元的兑换率，则粉末云涂装生产线多支出的费用为 29 马克/t。

总费用比较结果：粉末云涂装生产线比常规彩色涂层机组节约 38 马克/t。

6.10.3.3　加快工业化研发的关键技术

（1）热轧带钢免酸洗直接还原加热热镀锌技术

【技术描述】表面镀锌是提高钢铁材料使用寿命的最常用技术，其中 90%以上采用热浸镀锌。酸洗作为传统热轧板镀锌生产流程一个必不可少的环节，同时也带来了一些问题：一方面酸洗工序本身增加成本，同时酸液挥发还严重地污染环境，废酸需进行再生处理也增加了处理成本；另一方面在含 Si、Mn 等合金元素的高强热镀锌板的生产工艺中，由于合金元素的选择性氧化容易出现漏镀缺陷，为了解决这一问题，通常需要额外的预氧化、预镀等工序，这无疑将增加生产工序，降低生产效率，提高成本。该技术利用热轧过程中产生的氧化铁皮，在还原性气氛中将氧化铁皮还原为纯铁，利用纯铁的良好润湿性进行在线连续热镀锌，消除了酸洗的不足，也解决了由 Si、Mn 等合金元素选择性氧化造成的漏镀问题。

【技术类型】×资源综合利用；×节能；√减排。

【技术成熟度与可靠度】国外研究单位对于免酸洗还原热镀锌技术的研究已经开展了多年，Danieli 已经建立了免酸洗工艺产线，POSCO 也初步研发了免酸洗涂镀工艺原型技术。国内东北大学开展了热轧带钢免酸洗还原加热热镀锌工艺技术的研究，填补了我国在该技术方面的空白，促进我国热镀锌短流程工艺的革新。

该技术具有一定的成熟度与可靠度，但还需要进一步进行更广泛的工业化验证。

【预期环境收益】热轧带钢免酸洗直接还原加热热镀锌技术省去了酸洗工序，极大地减少了废酸、酸雾、残渣和漂洗废水的产生量，减轻了对生态环境的破坏，改善了操作人员的工作条件。

每吨钢减少盐酸消耗 2.3kg，环保效果明显。

【潜在的副作用和影响】该技术省去了酸洗工序，但与常规工艺相比，其生产效率是否降低和炉内是否需要更长的加热还原段还需要进一步验证。

【适用性】该技术仅适用于热轧带钢热镀锌工艺，不适用于冷轧带钢退火热镀锌工艺。

【经济性】热轧带钢免酸洗直接还原加热热镀锌技术省去酸洗工序，每吨钢减少盐酸消耗 2.3kg，环保效果明显，可节约酸洗工序成本约 100 元/t。

（2）水性涂料涂层技术

水性涂料由于采用水作为溶剂，VOC 含量较传统溶剂涂料降低 70%以上，不仅降低了储存、施工过程的爆燃危险，而且大大减少了对操作工人的职业危害，同时减少 VOC 的排放量，符合绿色环保的发展理念。就目前所有的喷涂液体涂料，水性涂料是 VOC 含量较低的一种，水性涂料的 VOC 减排效果明显。但是，水性涂料有其自身的缺点，对储存、施工条件要求较高。传统溶剂型涂料的喷涂线无法直接采用水性涂料，需要对喷涂生产线进行必要的改造才能满足施工条件。另外，目前性能相同的水性涂料成本较溶剂型涂料高。

从政策来看，使用水性涂料将是未来 VOC 减排的主要方向之一。

2013 年 9 月，国务院印发《大气污染防治行动计划》，明确"在石化有机化学、涂料、包装印刷等行业实施挥发性有机物综合整治，完善涂料等产品挥发性有机物限制标准，推广使用水性涂料"。2015 年 1 月 26 日，财政部与国家税务总局联合发布《关于对电池、涂料征收消费税的通知》（财税[2015]16 号），对施工状态下挥发性有机物含量高于 420g/L 的涂料征收消费税。2016 年 6 月 21 日，《国家危险废物名录（2016 版）》发布，自 2016 年 8 月 1 日起执行，水性涂料不再列入。

工程机械企业在 2014 年就已经开始对水性涂料进行应用研究，目前已有大规模应用的案例。因此，工程机械行业大规模采用水性漆是可行的，现在已有更多的工程机械企业在进行工艺试验。在工程机械行业中水性涂料取代溶剂型涂料虽然目前速度不是很快，但是已成为一种趋势，而且后期进度会加快。

6.10.3.4 积极关注的关键技术

（1）带钢连续真空物理气相（PVD）镀膜技术

【技术描述】物理气相沉积（physical vapor deposition，PVD）技术作为一种生态兼容性好和功能强大的沉积技术，可以灵活地进行镀层设计，而且靶材及基材多样化。PVD 技术沉积的膜可以是单质金属、化合物以及合成膜，也可以是复合膜、梯度膜或多层膜。其可用来制备单晶、多晶、非晶以及纳米材料，也可研制用于光学材料、磁性材料和耐蚀材料等的功能膜。

【技术类型】√资源综合利用；×节能；√减排。

【技术成熟度与可靠度】POSCO 在 2012 年 3 月建起了全宽度 PVD 中试线。全宽度中试线可加工最大 1550mm 宽的钢带，最高速度为 140m/min；可生产用于质量评估和质量认定的样品，产品种类能够满足汽车、家电和建筑用总需求的 80%以上。

2017 年，安赛乐米塔尔投资 6400 万欧元新建的钢带连续 PVD 生产线投产运行，该生产线避免了钢基体及镀层的氧化，且镀层附着力极好。目前该生产线开发出两种产品：①Jetgal：第三代汽车钢 Fortiform 镀层；②Jetskin：高表面质量镀层，可替代电镀锌产品，产品规格为(0.4～2.0)mm×(750～1550)mm。

德国蒂森克虏伯公司建成的 PVD 中试线可以实现宽度达 300mm、运行速度达

60m/min 的带钢连续化涂镀，具有良好的工业化前景。这条中试线配备有镀前等离子清洗、热辐射蒸镀、电子束蒸镀以及涂层后续热处理等过程，可以进行新型涂层如氧化物涂层、Zn-Mg 涂层以及带钢表面合金化的开发。

近年来，国内外各大钢铁公司以及科研机构如蒂森克虏伯、安赛乐米塔尔、POSCO、Tata、中国钢研等纷纷开展 PVD 技术制备锌合金镀层的研究。

POSCO 目前在国内申请的 PVD 技术相关的专利共 12 项，相关专利信息见表 2-6-78。

表 2-6-78　POSCO 申请的 PVD 相关专利信息

序号	申请号	专利名称
1	CN201180062870.6	Al-Mg 镀层多层结构的镀合金钢板及其制造方法
2	CN200880123264	具有良好的密封剂粘合性和耐腐蚀性的锌合金涂层钢板及其制备方法
3	CN201080058177	带传送装置、用带传送装置处理带表面的装置以及处理带表面的方法
4	CN201080070535	连续涂布设备
5	CN201180058259	干法涂覆装置
6	CN201180062870	具有优异镀层粘附性和耐腐蚀性的 Al 镀层/Al-Mg 镀层多层结构的镀合金钢板及其制造方法
7	CN201280065252	具有优异抗变黑性和优异粘附性的 Zn-Mg 合金涂覆钢板及其制造方法
8	CN201280077973	Zn-Mg 合金镀层钢板及其制造方法
9	CN201380081749	加热装置及包括该装置的涂覆机
10	CN201580070958	粘附性优异的镀覆钢板及其制造方法
11	CN201680063698	微粒子发生装置及包括该装置的涂覆系统
12	CN201680075464	用于高速涂覆的真空沉积装置

安赛乐米塔尔目前在国内申请的 PVD 技术相关的专利共 8 项，相关专利信息见表 2-6-79。

表 2-6-79　安赛乐米塔尔申请的 PVD 相关专利信息

序号	申请号	专利名称
1	CN200880013588	涂布基体的方法以及金属合金的真空沉积装置
2	CN200880115896	用于在金属带上沉积合金镀膜的工业蒸汽发生器
3	CN200980106228	用于涂覆金属带材的方法和用于实施所述方法的设备
4	CN200980150715	用于在金属带上沉积合金涂层的工业蒸汽发生器
5	CN200980162901	红外反射体
6	CN201380073180	等离子体源
7	CN201380078628	设置有锌涂层的钢板
8	CN201380078629	设置有锌涂层的涂漆钢板

蒂森克虏伯目前在国内申请的 PVD 技术相关的专利共 8 项，相关专利信息见表 2-6-80。

表 2-6-80　蒂森克虏伯申请的 PVD 相关专利信息

序号	申请号	专利名称
1	CN200680034901	耐腐蚀扁钢产品的制造方法
2	CN201180026914	在一个或多个面上的基底涂层
3	CN201580024943	由具有金属覆层的钢板制造钢构件的方法、钢板及钢构件
4	CN201580027027	制造设置有金属的防腐蚀保护层的钢构件的方法和钢构件
5	CN201580075062	将金属保护镀层施加到钢产品的表面上的方法

中国钢研科技集团有限公司对真空镀控制技术、真空环境除气技术、镀膜沉积工艺技术等系列技术开展了研究。目前在国内申请的 PVD 技术相关的专利共 5 项，相关专利信息见表 2-6-81。

表 2-6-81　中国钢研申请的 PVD 相关专利信息

序号	申请号	专利名称
1	CN201710036767.3	一种连续 PVD-UV 彩涂联合机组及生产工艺
2	CN201510548452.8	钢带连续热镀锌与镀锌镁合金的联合机组及其生产方法
3	CN201510547520.9	生产锌镁合金镀层钢板及彩涂板的联合机组及其生产方法
4	CN201510171086.9	一种镁合金镀层钢带的工业化全连续型 PVD 生产工艺
5	CN201310339798.8	一种沉积锌合金镀层多功能实验装置及其方法

由此可见，目前该技术主要还处在起步阶段，尚未大规模投入工业化应用。

【预期环境收益】绿色、环保，无"三废"污染。

【潜在的副作用和影响】暂无。

【适用性】目前 POSCO 的 PVD 中试线，最高速度为 140m/min，处理最大带钢宽度为 1550mm，能否使用在更高速度和更大带钢宽度上还有待于继续研究。

电镀、热浸镀、有机涂层等受限于工艺或装备条件，通常只能涂镀单一镀层；PVD 工艺灵活，可以实现单面、双面、单层、多层、差厚镀层任意组合。

【经济性】暂无数据。

（2）带钢表面无碱清洗技术

【技术描述】目前在冷轧后处理机组的脱脂清洗工艺主要采用化学清洗+电解清洗+物理清洗的方法，其中化学清洗主要采用碱液。碱液的使用会产生含碱废水和含碱废气，对环境造成不利的影响。

目前国内外正在开展带钢表面无碱清洗技术研究，如超声波清洗、高压水射流清洗等。

超声波是频率高于 20000Hz 的声波，它方向性好、穿透能力强，易于获得较集中的声能，在水中传播距离远。超声波清洗机的原理主要是通过换能器，将功率超声频源的声能转换成机械振动，通过清洗槽壁将超声波辐射到槽子中的清洗液。由于受到超声波的辐射，槽内液体中的微气泡能够在声波的作用下保持振动。当声压或者声强受到压力到达一定程度时，气泡就会迅速膨胀，然后又突然闭合。在这段过程中，气泡闭合的瞬间产生冲击波，使其周围产生 $10^{12} \sim 10^{13}$Pa 的压力。这种超声波空化所产生的巨大压力能破坏不溶性污物而使它们分化于溶液中，蒸汽型空化对污垢直接反复冲击。

高压水射流清洗技术是近年来在国际上兴起的一门高科技清洗技术。高压水射流清洗具有清洗成本低、速度快、清净率高、不损坏被清洗物、应用范围广、不污染环境等特点。"高压水射流"是指通过高压水发生装置将水加压至数百个大气压以上，再通过具有细小孔径的喷射装置转换为高速的微细"水射流"。此"水射流"的速度一般都在 1Ma（马赫数，1Ma≈340.3m/s）以上，具有巨大的打击能量，可以完成不同种类的任务。将这种高度聚能的水射流用来完成各种清洗作业的技术称为"高压水射流清洗技术"。

【技术类型】 ×资源综合利用；×节能；√减排。

【技术成熟度与可靠度】 高压水射流清洗和超声波清洗技术在石油化工、电力、冶金等工业部门中得到了广泛的应用，现在已经普遍应用于清洗容器，如高压釜、反应器冷却塔、T 罐槽车、管道、气管线及换热器以及清洗船舶上积附的海洋生物和铁锈钢铁铸件上的清砂等。

中冶南方已经成功开发了超声波和电解兼容的清洗新工艺，并成功运用于某硅钢连退机组，平稳运行了近半年。该清洗工艺，在超声波作用下，清洗效率提升了，电解电流值调低了 1/3，电耗大幅度降低，电极板使用寿命也延长了一倍以上。同时槽内液体在超声波振动的影响下，泡沫明显减少，沉积淤泥量也少，方便了生产操作维护。

由于超声波振子浸在槽内液体中，其振动能转化为热能被碱液吸收，可以减少碱液在生产过程中的补热需要。同时由于其振动传质效率高、乳化效果明显，属于物理清洗方式，可大幅降低碱液的浓度，从而降低碱液的消耗，是脱脂技术绿色环保的发展方向。但这种技术还未摆脱碱的使用，不是真正意义上的无碱清洗工艺。

【预期环境收益】 绿色、环保，无"三废"污染。

【潜在的副作用和影响】 暂无。

【适用性】 高压水射流清洗和超声波清洗技术在石油化工、电力、冶金工业部门中得到了广泛的应用，在冷轧生产机组中有待大规模应用，带钢表面无碱清洗技术有待于开发。

【经济性】对于带钢表面无碱清洗技术而言，目前仍在积极关注，暂无经济性数据。

6.10.4 长材

6.10.4.1 排放和能源消耗

（1）长材单元物质流入流出类型

长材工序资源消耗和排放流程见图2-6-38。

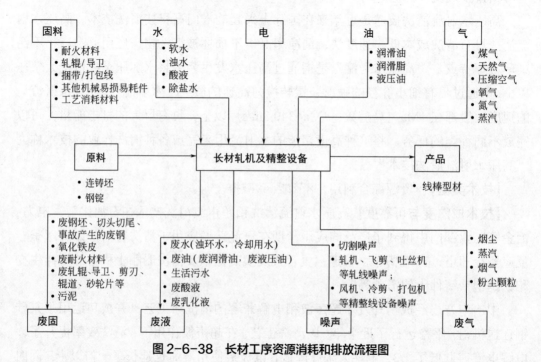

图2-6-38　长材工序资源消耗和排放流程图

① 输入　连铸坯、煤气、天然气、电、新水、除盐水、酸液、蒸汽、压缩空气、氧气、氮气、轧辊及导卫、液压润滑油、润滑脂、耐火材料、捆带或打包线。

② 输出　长材成品(线材盘卷、成捆棒材、成捆型材、成排钢轨等)、烟气(尘)、粉尘颗粒、余热、冷却水、除冷却水外的其他废水、废酸液、废钢、切头切尾、氧化铁皮、废耐火材料、废油、污泥等。

（2）工艺单元的主要环境影响

① 废液　主要包括浊环水、冷却用水、生活污水、废酸液、废乳化液、废润滑油及废液压油等。

主工艺线的工艺、设备控制冷却水，与轧机、设备接触后形成带有部分铁屑的废水（浊环水），经水处理单元循环利用。例如高速线材水耗量约 $20m^3/t$，其中补充新水约为 3%。

轧线设备经润滑后产生的废润滑油及废液压油，经集中收集后集中更换处理。

针对部分需酸洗处理的特殊钢产生的废酸液，目前只能经集中使用后集中收集，集中更换处理。

长材车间轧线废水水质标准见表 2-6-82。

表 2-6-82　长材车间轧线废水水质标准

序号	污染物项目	2015 年前建成企业[①] 排放限值/(mg/L)	2012 年后新建企业[①②] 排放限值/(mg/L)	
		一般规定	一般规定	特别规定
1	pH 值	6~9	6~9	6~9
2	悬浮物	50	30	20
3	化学需氧量 COD	60	50	30
4	氨氮	8	5	5
5	总氮	20	15	15
6	总磷	1	0.5	0.5
7	石油类	5	3	1
8	挥发酚	0.5	0.5	0.5
9	总氰化物	0.5	0.5	0.1
10	氟化物	10	10	10
11	总铁	10	10	2
12	总锌	2	2	1
13	总铜	0.5	0.5	0.3
14	总砷	0.5	0.5	0.1
15	六价铬	0.5	0.5	0.05
16	总铬	1.5	1.5	0.1
17	总铅	1	1	0.1
18	总镍	1	1	0.05
19	总镉	0.1	0.1	0.01
20	总汞	0.05	0.05	0.01
	单位产品 基准排水量/（m^3/t）	1.8	1.5	1.1

① 国标 GB 13456—2012。

② 宝钢统一技术规定（2013 年）。

② 废气　加热炉、热处理炉以混合煤气或天然气作为燃料，产生烟气，经烟囱

高空排放；轧机工作时产生含尘气体，经排烟除尘系统净化后排放。

加热炉及热处理炉产生的烟气、粉尘颗粒等，包含 CO_2、SO_2、NO_x 等污染物，通过烟囱统一排放；不达标的成分则通过末端集中控制处理，达标后排放。现阶段，长材轧钢工序，加热炉能源消耗占整个工序的 60% 以上，从源头节省燃料消耗、减少尾气排放等角度，可以通过轧制系统工艺流程优化来减少加热炉的燃料消耗，如采用热装热送技术、直接轧制技术、线棒材连续铸轧技术等；并通过余热回收技术减少加热工序、收集工序等热量排放，如加热炉烟气余热深度回收技术、加热炉黑体强化辐射节能技术及风冷线及冷床余热回收技术等。

长材轧线废气排放标准见表 2-6-83。

表 2-6-83　长材轧线废气排放标准

序号	污染物名称	污染物	2015 年前建成企业[1] 排放限值/(mg/m³)	2012 年后新建企业[1][2] 排放限值/(mg/m³)	
			一般规定	一般规定	特别规定
1	加热炉或热处理炉	烟尘	50	30	20
2		SO_2	250	150	100
3		NO_x	350	300	200
4	轧机	粉尘	50	30	20

[1] 国标 GB 28665—2012。
[2] 宝钢统一技术规定（2013 年）。

③ 噪声　轧机、飞剪、加热炉助燃风机、风冷线风机、各种水泵、汽包排汽、冷剪、锯机、抛丸机等产生的噪声。这些噪声可通过源头治理、过程控制及末端治理来实现。例如，在风机等能发出声音的地方增加隔音棉做吸声处理；在锯机、抛丸机组处增加封闭装置；高线风冷线上操作工，带防高温防护罩及消声设施。

热轧长材噪声标准见表 2-6-84。

表 2-6-84　热轧长材噪声控制标准

序号	噪声源	声级/dB(A)	控制措施	效果/dB(A)
1	轧机	约 90	厂房隔声	约 75
2	锯机/剪切机	约 95/90	设锯罩隔声、厂房隔声	约 75
3	高压水除鳞装置	约 95	厂房隔声	约 80
4	风机	约 95	消声器、包扎隔声	约 80
5	水泵	约 85	建筑隔声	约 70
6	汽包排气	约 105	消声器	约 85
7	冷却塔	约 80		约 80
8	加热炉助燃风机	约 95	消声器、隔声包扎、风机房隔声	约 75

④ 固废 废钢、切头、切尾、废耐火材料、废轧辊及导卫、氧化铁皮、除尘灰、小块氧化铁皮及污泥等。主要是通过源头减量、优化工艺方案提高、提高工艺控制水平等减少固废排放。例如，通过单独传动高速模块轧机及控轧控冷技术、万能轧制技术、高精度轧制技术，提高线棒型材的金属收得率、轧机利用率等减少切头切尾、切废、轧辊及导卫等固废排放。

通过热装热送技术、直轧技术及线棒材连续铸轧技术，缩短工艺流程，减少因加热产生的氧化烧损，并提高轧制稳定性来减少氧化烧损、切头切尾及切废等固废排放。

长材轧线固废见表 2-6-85。

表 2-6-85 长材轧线固废表

序号	名称	产生量/[kg/t(Fe)]	序号	名称	产生量/[kg/t(Fe)]
1	废钢/切头尾	12	5	废油	0.17
2	氧化铁皮	11	6	除尘灰	0.077
3	废耐火材料	0.2	7	轧辊及导卫	0.25
4	小块氧化铁皮及污泥	0.45			

（3）长材单元单位产量的输入输出能源量

长材工序能耗计算见表 2-6-86。

表 2-6-86 长材工序能耗计算表

序号	项目	单位	实物单耗	折标准煤/[kg/t·(Fe)]	比例
1	消耗能源			55.88	100.00%
1.1	混合煤气	GJ	1.14	38.84	69.51%
1.2	电	kW·h	130.03	15.98	28.60%
1.3	新水	m³	0.85	0.07	0.12%
1.4	脱盐水	m³	0.03	0.006	0.01%
1.5	氧气	m³	0.05	0.004	0.01%
1.6	压缩空气	m³	31.71	0.39	0.69%
1.7	焦炉煤气	m³	0.02	0.01	0.02%
1.8	蒸汽	kg	4.86	0.58	1.04%
2	回收能源			-3.84	
2.1	蒸汽	kg	-31.96	-3.84	
工序能耗合计/[kg（标准煤）/t(Fe)]				52.04	

注：典型高速线材车间热装数据。

6.10.4.2 推荐应用的关键技术

（1）热送热装技术

【技术描述】 含加热炉工序的传统棒线材生产带来的成本问题如下：

① 连铸热坯冷却后再进加热炉加热，热量损失；

② 热送热装仍需加热，带来的节能效果不明显；

③ 再加热会带来其他损耗，如燃料损耗、公辅介质损耗；

④ 氧化铁皮带来成材率损耗；

⑤ 设备投资、维护成本、人工成本等。

随轧制技术发展，连铸与轧钢的衔接工艺发展了图 2-6-39 所示的 4 种。图中温度下降以后再经过加热上升的区域为能量损耗陷阱，直接反映出连铸出坯后的余温是否得到有效利用。

显然按能耗由高到低的顺序排列：CCR（cold charging，常温冷坯装炉）＞HCR（hot charging，400～700℃热坯装炉）＞DHCR（directly hot charging，700℃以上连铸坯热送热装）＞DR（director rolling，不进加热炉直接轧制）。

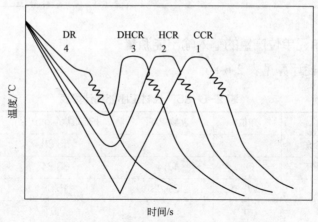

图 2-6-39 连铸连轧衔接工艺发展趋势

1—常温冷坯装炉；2—400～700℃热坯装炉；3—700℃以上连铸坯热送热装；4—不进加热炉直接轧制

【技术类型】 √资源综合利用；√节能；√减排。

【技术成熟度与可靠度】 该技术属于推广应用初期，正逐步市场推广。热装热送技术已被市场接受，技术逐步成熟。

【典型企业】

① 九江高线项目 2009 年，河北九江高线新建 4 条双高线，连铸与轧钢之间采用热装热送。从 2010 年投产至今，热送率约 70%。

② 川威新区长材项目 2010 年，川威新区新建中棒、小棒及高线项目，连铸

与轧钢之间采用热装热送。从 2011 年投产至今，热送率约 70%。

【市场覆盖率】 热送热装已普遍应用于线、棒、型材各类生产线，适用于普钢及大部分优特钢产品生产。新建生产线以配备该工艺作为首选。

【预期环境收益】 采用该技术，线棒材生产时，通过热装热送技术吨钢能耗降低约 30%～50%。

【潜在的副作用和影响】 暂无。

【适用性】 可用于所有长材领域的线棒材生产。

【经济性】 热送热装技术，相比传统冷装加热工艺，吨钢节省能耗 30%～50%。

（2）控轧控冷技术

【技术描述】 长材生产过程中，控轧控冷技术是未来发展的重要方向。控轧控冷即通过控制轧制温度及道次压下量、开冷温度、终冷温度、冷却速度等参数，控制产品的最终组织，如图 2-6-40 所示。

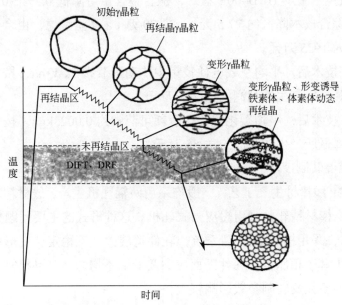

图 2-6-40　典型控轧控冷示意图

另外，结合高速线材的单独传动高速模块轧机技术，控轧控冷技术还可以应用于棒材生产，尤其是在螺纹钢筋生产的过程中，可在不牺牲产能的基础上，解决切分轧制工艺的弊端，提高产品表面及内部质量。

【技术类型】 √资源综合利用；√节能；×减排。

【技术成熟度与可靠度】 该技术属于推广应用初期，正逐步市场推广。控轧控冷技术已被市场接受，技术逐步成熟。

【典型企业】

① 宝钢高线　2016 年，宝钢高线进行改造，实现全线低温轧制及控轧控冷技术，以提高高速线材优特钢产品品质。

② 福建三山线棒复合生产线　2017 年，福建三山线棒复合生产线进行改造，高线新增减径机组，棒材采用高速棒材生产工艺，全线实现控轧控冷，降低螺纹钢合金生产成本。

【市场覆盖率】控轧控冷已普遍应用于线、棒、型材各类生产线，适用于普钢及大部分优特钢产品生产。新建生产线以配备该工艺作为首选。

【预期环境收益】采用该技术，线棒材生产时，可通过控轧控冷技术提高产品品质及合金添加量。

【潜在的副作用和影响】暂无。

【适用性】可用于所有长材领域的线棒材及型钢生产线。

【经济性】以高速线材为例：

① 采用该技术生产 HRB400E 盘螺，锰合金含量可降低 0.2%～0.4%，按 0.3% 平均值计算，综合成本降低约 27.5 元/t，按 70 万 t/a 产量考虑，由合金成本降低所产生的利润约为 1925 万元。

② 采用该技术后，平均空载电耗较集中传动可节省 7kW·h/t，按 70 万 t/a 产量考虑，由电耗降低所产生的利润约为 245 万元。

③ 采用该技术后，平均碳化钨辊环消耗可节省约 0.0023kg/t，按 70 万 t/a 产量考虑，由辊环降低所产生的利润约为 65 万元。

（3）高精度轧制技术

【技术描述】线棒材生产工艺，一般均采用两辊轧机生产，线材精轧区采用悬臂 V 形顶交轧机，棒材精轧区采用短应力式轧机。这种形式的主要问题集中在：

① 轧制时，采用椭圆-圆孔型系统，轧件宽展大、不稳定、变形率较低、能耗高，轧件易产生耳子和压折，轧件断面应力及变形不均匀，产品机械性能不均匀，尺寸精度受孔型参数及轧制参数影响较大；

② 生产线轧制效率、成材率、轧机利用系数较多辊轧机低；

③ 可以实现自由尺寸轧制，但"自由尺寸"轧制范围较窄，一般只有 0.5mm，轧制灵活性较差。

高精度轧机发展趋势见图 2-6-41。

多辊高精度轧制技术，包含三辊及四辊轧制技术，可以应用于线棒材生产，具有以下特点：

① 轧制时轧件受到三向或四向受压的应力状态，宽展小、变形率高、能耗低，轧件不易产生耳子和压折，轧件断面变形均匀，产品机械性能均匀，尺寸精度及表

面质量高；

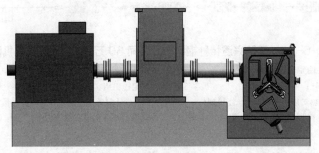

(a) 高精度三辊轧机

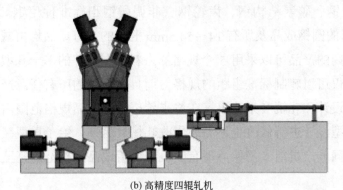

(b) 高精度四辊轧机

图 2-6-41　高精度轧机发展趋势

② 生产线产量、轧制效率、成材率、轧机利用系数较高，操作费用较低；

③ 可以实现更宽泛的"自由尺寸"轧制，轧制灵活性高；

④ 可实现单线、无扭轧制，机架间距小、纵向张力小，机架间无需设置活套，设备占地面积小；

⑤ 多辊高精度轧机配合控温装置，实现热机轧制；

⑥ 提高产品的尺寸精度及力学性能，减少下游热处理成本，降低下游碳排放。

【**技术类型**】√资源综合利用；√节能；√减排。

【**技术成熟度与可靠度**】该技术属于推广应用初期，正逐步进行市场推广。三辊及四辊高精度轧制受设备制造和速度响应等因素影响，还不能达到高速度（线材最大速度 120m/s）、高精度轧制要求，需进一步通过专业融合实现技术突破。

【**典型企业**】①三辊减定径　2006 年重型机三辊减定径机组（RSB）在江阴兴澄特钢投入运行，如图 2-6-42 所示。

整个两辊轧机部分以平/立交替方式布置以实现无扭轧制。该小棒轧线的核心是作为精轧机的 5 机架重型减定径机组（RSB）。在减定径机组上游布置了由于热机轧制工艺的全自动控制水冷线，包括用于控制晶粒尺寸/组织的闭环控制系统。

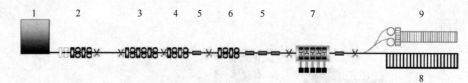

图 2-6-42　江阴兴澄特种钢铁有限公司 60 万 t/a 特钢棒材轧机配置

1—加热炉；2—粗轧：两辊轧机 4 架（将来 6t）；3——中轧：两辊轧机 6 架；4—二中轧：两辊轧机 4 架；5—水冷线；
6—三中轧：两辊轧机 4 架；7—5 机架 370 重型减定径机组；8—冷床；9—预留：大盘卷线
技术参数：加热炉能力，130t/h；坯料规格，180mm×12m；轧制速度，最高 18m/s；产量，600000t/a；
成品规格，ϕ 15.0～60.0mm；钢种，碳钢、合金钢、结构钢、弹簧钢、易切钢、冷镦钢及轴承钢

　　该轧线设计用于年产 60 万 t 供国内及海外市场的特钢棒材。主要生产钢种包括轴承钢、弹簧钢、碳素结构钢、齿轮钢、非调质钢和标准件用钢。所有 ϕ15.0～ϕ60.0mm 范围的圆钢成品及所有 14～54.5mm 范围的六方成品均由减定径机组轧出。整个规格范围内的产品可以采用 5 个规格的来料，在纯粹的单一孔型序列中轻松地轧制出来。不仅可以轧制标准组距的规格，而且范围内的所有任意产品规格都可以用同一个孔型设计和轧辊套系轧出。在将来希望轧制成品规格范围内的新规格时，既不需要对孔型设计进行修改也不需要修改轧槽。另外，给予重型减定径机组的设备能力，采用同一个机组、仍保持现有的机组配置成品规格范围甚至可以扩展到最大的 ϕ100mm。

　　目前任何规格的尺寸公差均能满足保证值 1/4DIN EN 10060 甚至更好。所获得的尺寸公差和椭圆度的典型值见表 2-6-87。

表 2-6-87　所获得尺寸公差和椭圆度的典型值

规格	公差/mm	椭圆度/mm	DIN 1013
15mm	±0.070	0.07～0.11	约 1/6 DIN
25mm	±0.084	0.07～0.11	约 1/8 DIN
40mm	±0.090	0.08～0.11	<1/8 DIN
50mm	±0.100	0.11～0.16	<1/8 DIN
60 mm	±0.120	0.11～0.18	<1/8 DIN

　　兴澄首台套推广后，三辊减定径机组及技术陆续在宝钢特钢棒卷复合线、新冶钢小棒和中棒、湘钢小棒、济源小棒、南钢新中棒、青钢中棒、福建吴航棒卷复合线等生产线上进行了推广普及。

　　② 四辊减定径　四辊减定径最早应用于日本钢铁企业，但无推广。达涅利近年来开发出四辊减定径机组 DSD 模块轧机后，进行了市场推广。DSD 技术由 2 架平-立交替 2 辊减径机和 2 架四辊定径机组成，孔型系统依次为：H-V-+-X。根据达涅利介绍高精度轧制工艺下可以达到 1/8 DIN EN 10060 精度。

国内首台套在山东寿光巨能特钢新小棒生产线上应用，项目目前正在建设，实施后具体效果待验证。

【市场覆盖率】截止到 2011 年底，世界已有 80 余套三辊减定径机组生产线材和棒材，其中，中国的占有量达到 10%以上。大冶特钢、上海五钢分别于 2001 年 4 月、2002 年 2 月在国内率先引进这项新技术。随后江阴兴澄特钢、湘钢、济钢、东北特钢、莱钢永锋钢厂等企业也相继引进了三辊减定径机组。在优特钢棒材生产线上，三辊减定径技术应用市场占有率占绝对优势，超 90%的优特钢棒材减定径机组采用三辊模式。

四辊减定径机组及技术目前正在市场推广，市场占有率较低，使用效果有待验证。

【预期环境收益】采用该技术，线棒材生产时，可产生如下环境收益：

① 线材及棒材生产时，可通过该技术提高金属收得率 0.3%～0.5%。

② 尺寸精度提高，可满足更多下游用户对高精度产品的需求，减少 10%的下游热处理量，且 15%的产品因减少热处理时间而使得热处理费用降低 50%，减少 CO_2 等排放；

③ 生产运行成本降低，能耗消耗、轧辊和导卫磨损方面降低 20%～30%，减少固废排放。

【潜在的副作用和影响】暂无。

【适用性】可用于所有长材领域的线材高速轧制及优钢棒材的高精度轧制。因螺纹钢需用两辊轧制肋，故该技术不适用于螺纹钢生产领域。

【经济性】①线材　金属收得率提高 0.3%～0.5%，对于 50 万 t/a 线材生产线，相当于每年的成品材增加 1500～2500t，按照 500 元/t 盈利计算，增加效益 75 万～125 万元；轧机利用率提高 3%～5%，对于 50 万 t/a 线材生产线，每年的成品增加 15000～25000t，按照 500 元/t 盈利计算，增加效益 750 万～1250 万元。

② 棒材　综合后续热处理成本降低 12～20 元/t，对于一条 70 万 t/a 优质棒材生产线，综合每年可减少热处理成本 840 万～1400 万元；金属收得率提高 0.3%～0.5%，对于 70 万 t/a 棒材生产线，相当于每年的成品棒材增加 2100～3500t，按照 500 元/t 盈利计算，增加效益 105 万～175 万元；轧机利用率提高 3%～5%，对于 70 万 t/a 棒材生产线，每年的成品增加 21000～35000t，按照 500 元/t 盈利计算，增加效益 1050 万～1750 万元；产品的尺寸精度提高，可以达到 1/8 DIN，远高于国标要求，可满足更多下游用户对高精度产品的需求。

较普通棒材生产线，配置高精度轧制装备技术，虽然直接投资成本增加，但是其金属收得率、轧机利用率及产品精度均得到提高，且有效降低下游工序热处理成本，减少碳排放，间接受益提高，利于整个产业的绿色可持续发展。

（4）切分轧制技术

【技术描述】在轧制过程中利用轧辊孔型、导卫装置中的切分轮或其他切分装置将轧件沿纵向切成两线或多线的轧制技术。在棒材生产过程中可分为传统多线切分轧制技术和切分高速棒材轧制技术。

1）传统多线切分轧制技术

主要采用以下几种生产工艺：

① 切分轮法：先用特殊的孔型将轧件轧成准备切分的形状，再在轧机的出口处安装不传动的切分轮，利用其侧向分力将轧件切开。这种方法连轧机上普遍采用，是目前切分轧制的主要方法。

② 辊切法：利用轧辊孔型的特殊设计，在变形过程中将轧件分开，但轧辊强度和韧性要求高，轧辊孔型设计合理准确。

③ 圆盘剪切分法：利用剪切原理，用圆盘剪将轧件切开。剪刃有一定重合量，切分后有扭转，剪切设备较重，不用时移开，操作不方便，较少用。

④ 火焰切分法：先将轧件准备成切分的形状，再用火焰纵向切开；消耗能源和损失金属，较少使用。

传统多线切分轧制具有以下特点及优点：

① 轧制时轧件受到三向或四向受压的应力状态，宽展小、变形率高，能耗低，轧件不易产生耳子和压折，轧件断面变形均匀，产品机械性能均匀，尺寸精度及表面质量高；

② 生产线产量、轧制效率、成材率、轧机利用系数较高，操作费用较低；

③ 可以实现更宽泛的"自由尺寸"轧制，轧制灵活性高；

④ 可实现单线、无扭轧制，机架间距小，纵向张力小，机架间无需设置活套，设备占地面积小；

⑤ 多辊高精度轧机配合以控温装置，实现热机轧制；

⑥ 提高产品的尺寸精度及力学性能，减少下游热处理成本，降低下游碳排放。

2）切分高速棒材轧制技术

切分高速棒材轧制技术，即在传统切分轧机的基础上，后续对应配置 2 条线的 45°顶交悬臂式精轧机组，精轧机组前后配置必要的水冷段及空冷段，以实现双线精轧机组的控制轧制，轧后采用高速上钢的方式上冷床。

该生产技术较多线切分轧制技术，具有如下特点及优点：

① 产线成材率高；

② 产品精度高，可实现稳定的负偏差轧制；

③ 生产线稳定、故障率低；

④ 易通过控轧控冷降低合金成本；

⑤ 冷床齿条上螺纹钢呈单根放置，棒材无缠绕，精整劳动强度低、定员少。

【技术类型】资源综合利用；√节能；√减排。

【技术成熟度与可靠度】该技术已经被市场接受，可逐步市场推广，技术正逐步成熟。

【典型企业】川威集团 2# 棒材生产线（多线切分）于 2010 年 5 月建成投入试生产，设计生产能力 100 万 t/a，最高轧制速度 16m/s，主要产品为 $\phi(12\sim25)$mm 的热轧带肋钢筋。全线轧机共 18 架，呈平立交替布置（其中 16#、18# 机架为平立可转换轧机），由粗轧机组 $\phi610$mm×4+$\phi480$mm×2、中轧机组 $\phi480$mm×6 和精轧机组 $\phi380$mm×6 组成，全部为高刚度短应力线轧机。粗中轧采用无孔型轧制技术，可降低辊耗和提高生产效率。粗、中轧机组采用微张力轧制，精轧机组采用活套无张力轧制，产品尺寸精度高。中轧后设有预穿水水冷装置，精轧后设有轧后水冷装置，可实现控轧控冷工艺，提高钢材组织和性能。

目前，各规格轧制方式如下：

$\phi12$mm，四线切分轧制；

$\phi14$mm，三线切分轧制；

$\phi16\sim22$mm，两线切分轧制；

$\phi25$mm，单线轧制。

徐钢双高速棒材生产线（切分高棒）。该公司 1# 线于 2020 年 12 月建成投入试生产，设计生产能力 140 万 t/a，最高轧制速度 40m/s，主要产品为 $\phi(12\sim22)$mm 的热轧带肋钢筋。全线轧机 24 架，其中粗轧机组 6 架、中轧机组 6 架、预精轧机组 4 架、精轧机组 2×4 架。1#～16# 架轧机均为短应力线轧机，精轧机组为双模块轧机。精轧机组前后均配置较长的水冷段装置，可实现控轧控冷工艺，提高钢材组织和性能。

【市场覆盖率】截止到 2020 年底，国内螺纹钢棒材重点生产企业均采用多线切分轧制生产技术，如八钢、石横特钢、建龙、新兴铸管、川威等；多家企业均采用了切分高速棒材轧制技术，如徐钢、重钢、联鑫、永峰等。多线切分及切分高速棒材轧制技术目前正在积极进行市场推广。

【预期环境收益】采用该技术，螺纹钢棒材生产时，可产生如下环境收益：

1）多线切分轧制生产技术

① 螺纹钢棒材生产时，可通过该技术提高小时产量，较单根轧制，小时产量可提高 70%～90%；

② 生产运行成本降低，能耗消耗、轧辊和导卫磨损方面降低 25%～30%。

2）切分高速棒材轧制技术

① 螺纹钢棒材生产时，较多线切分轧制，可通过该技术提高成材率约 0.7%；

② 生产运行成本降低，通过辊环出成品，产品表面质量好，较切分轧制吨钢Mn 合金含量降低约 0.2%～0.4%。

【潜在的副作用和影响】暂无。

【适用性】可用于长材领域的中、小型建筑用钢棒材、高速棒材生产线。

【经济性】产量提高 70%～90%，单线日产量可达到 4000t，按照 500 元/t 盈利计算，每天增加效益约 100 万元；生产运行成本降低，能耗消耗、轧辊和导卫磨损方面降低 25%～30%。

6.10.4.3 加快工业化研发的关键技术

（1）单独传动高速模块轧机技术

【技术描述】线材传统生产工艺，在高速区采用了 8～10 机架的精轧机、4 机架的减定径轧机集中传动形式，即 1 台主电动机同时传动多架轧机（图 2-6-43）。这种形式的主要问题集中在：

① 生产大规格时存在甩机架空过情况，但电动机仍带动空过机架空转，电耗高。

② 各机架间的速度匹配相对固定，轧机的备辊量多、辊耗大、生产成本高；

③ 传动链长，加工制造及精度控制、高速旋转时的振动控制均较困难；

④ 固定速比带来的各机架间的孔型设计较为固定，不灵活；

⑤ 单电动机传动，功率大，高压传动装置投资运行成本高；

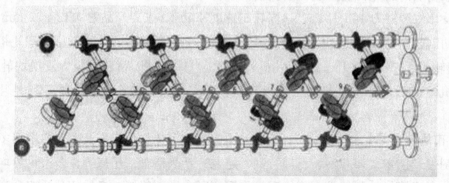

图 2-6-43 传统线材高速轧机集中传动结构示意图

高线高速区轧机发展趋势见图 2-6-44。

传统棒材生产工艺，因受轧制速度限制，生产中小规格螺纹钢筋时通过切分轧制工艺生产。切分轧制虽能提升螺纹钢产品的产能，但也存在下列问题：

① 产品尺寸精度较差，较难实现特定公差范围内的精确轧制；

② 多根切分轧制，轧线故障率高，且对后续剪切、冷床制动及齿条步进等，有不同程度影响，进而提高故障风险；

③ 切分带明显，对外观、表面质量均匀性均不利；

图 2-6-44　高线高速区轧机发展趋势

④ 控轧控冷工艺应用不充分，对合金添加依赖性更大；

⑤ 对设备调整、人工经验操作依赖程度较高，故障率偏高。

单独传动高速模块轧机，可应用于线材高速区轧制，解决高速区域轧机集中传动带来的问题，配合前后控轧控冷装备及工艺，实现线材产品的高速区单独传动控轧控冷工艺。

另外，单独传动高速模块轧机及控轧控冷技术还可以应用于棒材生产，尤其是在螺纹钢筋生产过程中，可在不牺牲产能的基础上，解决切分轧制工艺的弊端，提高产品表面及内部质量。

梅尔传动-10 机架线材精轧机布置见图 2-6-45。

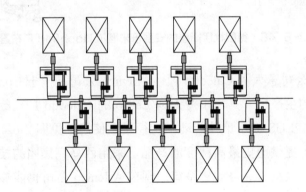

- 单个小电机功率400~800kW
- 低压供电
- 独立的短传动轴
- 轴承和接手少
- 没有分配齿轮箱
- 只有正齿轮

图 2-6-45　梅尔传动-10 机架线材精轧机布置

【技术类型】√资源综合利用；√节能；×减排。

【技术成熟度与可靠度】该技术属于推广应用初期，正逐步市场推广。高速线材轧制速度受控制响应等因素影响，还不能达到集中传动的轧制速度（线材最大

120m/s)，需进一步专业融合及技术进步。棒材单独传动控制轧制技术已趋于成熟稳定，广泛用于螺纹钢筋高速轧制工艺。普通圆钢高速轧制工艺，则需在高速轧制后制动控制方面进一步研究。

【典型企业】① 巴西 Siderurgica Norte 厂　2009 年，MEERdrive®梅尔传动技术在巴西的 Siderurgica Norte 厂成功地运行。

② 德国安赛乐米塔尔 Hochfeld 厂　2012 年，最新一代的 MEERdrive®梅尔传动技术在德国杜伊斯堡的安赛乐米塔尔 Hochfeld 厂被采用，单线设计产能为 690000t/a，该厂布置图见图 2-6-46。

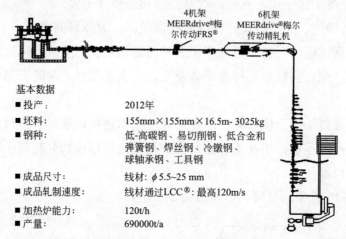

图 2-6-46　德国杜伊斯堡的安赛乐米塔尔 Hochfeld 厂布置图

③ Arlenico 公司意大利 Caleotto 厂　Arlenico 公司是位于 Como 湖附近的特殊优质线材生产线的生产厂。其位于意大利 Lecco 的 Caleotto 厂已经将西马克集团提供的 MEERdrive® PLUS 梅尔单独传动减定径投入使用，见图 2-6-47。Arlenico 公司现在能够给市场上提供历史最高精度的产品。采用西马克集团的技术，包括最新设计的先进的水冷线以及二级自动化系统，现在 Arlenico 公司也能够实现热机轧制。

早在 2018 年 12 月，Arlenico 公司就正式签署了初步验收证书，紧接着对几个不同钢种、$\phi(5.5\sim27)$mm 的线材进行了性能测试轧制生产，最高轧制速度为 115m/s，随后的数月中在 750℃的低温下进行生产。自第一次试轧以来，$\phi5.5$mm 的线材，完全满足了低至 0.05mm、椭圆度 50%的公差。

④ 福建吴航线卷复合线　西马克于 2013 年在福建吴航建设了一条不锈钢线卷生产线，主要生产$\phi(13\sim38)$mm 的线材及大盘卷产品，年产能 30 万 t。高速区设备配置 4 机架 PSM 三辊轧机+8 机架 Meer drive 模块轧机，最高轧制速度 90m/s。

【市场覆盖率】德国 SMS 公司的 MEER 单独传动线材减定径机组在全球的业绩较多，目前正在进一步推广中。单独传动领域的市场占有率处领先地位。国内包含中冶赛迪、哈飞、广园、中钢等企业均在研发并积极推广该技术。

图 2-6-47　MEERdrive® PLUS 梅尔单独传动减定径机组

【预期环境收益】线棒材生产时，可通过该技术降低能耗，平均每吨钢电耗降低约 7kW·h。

【潜在的副作用和影响】暂无。

【适用性】可用于所有长材领域的线材高速轧制及螺纹钢筋棒材的高速轧制。因棒材高速轧制后需强制制动上钢，故该技术在对表面质量要求较高的棒材圆钢领域，暂无应用，需进一步研究推广。

【经济性】

1）线材

① 电耗少约 10kW·h/t;

② 高速轧机备辊数量减少 40%～70%，进而减少备辊库存、管理成本、备辊加工周转成本等；

③ 综合运营成本（轧辊、人工、电耗等）减少约 30%，以 50 万 t/a 的产线为例，每年可节省约 2000 万元。

2）棒材

① 合金成分添加量（以 Mn 为主）可减少 0.2%～0.3%;

② 产能基本持平，成材率增加约 0.5%;

③ 轧机利用率较切分生产线提高 1%～2%;

④ 尺寸公差控制精度可比国标要求范围的上限低 0.5%，而传统轧制精度比国标要求范围的上限低 1%，对于螺纹钢可实现精准的负偏差控制；

⑤ 吨钢综合成本减少 20～30 元，以 100 万 t/a 的螺纹钢产线为例，每年可节省 2000 万～3000 万元。

（2）万能轧制技术

【技术描述】随着型钢生产线的建设项目越来越多，迫切需要万能轧制技术，以实现高精度、高效率、低故障率轧制。

万能轧制技术具有如下特点：

① 结构紧凑而且具有较高强度和刚度；

② 采用滚动轴承组合的轧辊辊系，精度高、承载能力强、寿命长、安装维护方便。

万能轧机区域布置见图 2-6-48.

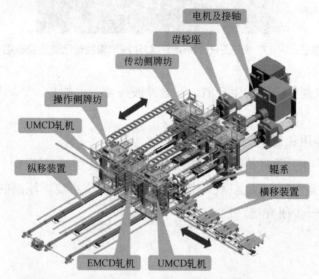

图 2-6-48　万能轧机区域布置

【技术类型】√资源综合利用；√节能；√减排。

【技术成熟度与可靠度】我国万能生产线的核心技术装备主要依靠引进，如 SMS、Danieli 等，在中型型钢方面，自日钢、马钢、莱钢引进国外技术装备建成半连续万能中型型钢生产线以来，天津中重在消化吸收后走在了中型短应力线万能轧机国产化的前列。但牌坊式中型型钢万能连轧/半连轧生产线、牌坊式小型型钢万能连轧/半连轧生产线在国内尚属空白。该机型结构紧凑而且具有较高强度和刚度。

【预期环境收益】①轧制效率提高，电动机可以实现可逆控制，减少轧制间隙，能源消耗降低 5%～10%；

② 产品收得率提高约 1%；

③ 轧辊的备件消耗降低，辊耗降低约 0.5～1.0kg/t。

【潜在的副作用和影响】暂无。

【适用性】长材型钢生产线。

【经济性】

① 产品尺寸精度高，通条尺寸及组织均匀性高，轧件平直度高，可实现高速重轨百米长尺寸生产；

② 降低能源消耗，吨钢电耗成本降低约 2.3 元/t，对于一条 50 万 t/a 重轨生产线，综合每年可减少电耗成本约 115 万～230 万元；

③ 产品收得率提高，对于一条 50 万 t/a 型钢生产线，因产品收得率提高，每年可增加收益 500 万元；

④ 辊耗降低，对于一条 50 万 t/a 型钢生产线，因辊耗降低，可节约成本约 38 万～76 万元。

我国在万能轧制技术方面工业化应用较少，必须尽快进行关键技术的开发和再创新以及工业化的应用。

（3）线棒材棒线材直轧与连续铸轧生产技术

【技术描述】线棒材棒线材直轧技术，即不进加热炉直接轧制。该技术的核心为，连铸出坯后，不进加热炉，将带有预热的铸坯快速输送至轧钢车间主轧线进行直接轧制。直接轧制开轧温度比常规轧制低，比理论低温轧制高，后部工序温度相同。铸坯芯部温度高，有利芯部变形渗透；粗轧阶段，芯部温度扩散至表面使表面温度升高。连铸定尺切割因素影响，铸坯头部温度低，尾部温度高。粗轧机组能力比常规轧制时的选型大，此时可考虑在粗轧机组前增加电磁感应补热以提高铸坯温度，减小铸坯头尾及芯表温差。

连续铸轧就是将方坯连铸和轧钢生产线无缝连在一起实现连续铸造轧制。随着拉速大于 6m/min 的高速连铸机出现，使得棒线材铸轧成为可能。通过放大连铸坯断面尺寸及轧机设计调整，单线连续铸轧棒线材产量由 40 万 t/a 提高到了 80 万 t/a。单线棒材连续铸轧工艺见图 2-6-49。

炼钢区　　　　连铸区　　　　连轧区　　　　精整区

图 2-6-49　单线棒材连续铸轧工艺

连续铸轧技术具有如下特点：

① 较少的设备及土建工程，取消了加热炉及其上料系统。

② 能源消耗低。传统加热炉的加热工序能耗占总能耗的 50%左右，因此，取

消了加热炉，仅用感应加热器补温（可选项），生产成本大大降低。

③ 由于没有了头部冲击引起的堆钢事故，成材率得到较大提高，设备利用率达到 90%以上。产量提高约 4%。

④ 取消了加热炉，钢坯氧化少，棒材无短尾，线材无超差头尾，没有切头损耗，成材率提高 2%以上。

⑤ 较少的操作人员配置，全部自动轧钢，借助于视频监控，轧钢车间仅一个操作室即可实现全轧线操作。

⑥ 从废钢原料到最终产品全流程不到 2h，从液态钢水到棒材成品约 12min。由于没有中间库存，流动资金少，生产成本低。

⑦ 减少二氧化碳排放和水的消耗。每吨钢材的二氧化碳排放减少 100kg。

⑧ 由于流程短，车间占地面积小，建设投资省。

【技术类型】 √资源综合利用；√节能；√减排。

【技术成熟度与可靠度】 直轧技术属于推广应用初期，正逐步市场推广。热装热送技术已被市场接受，技术逐步成熟；直接轧制技术受连铸与轧钢界面影响，如连铸坯温度均匀性问题、头尾温差问题、连铸与轧钢节奏匹配问题等，还不能达到所有铸坯直接轧制生产，需进一步专业融合及技术研究。

连续铸轧技术属于推广应用初期，正逐步市场推广。目前达涅利在海外已有部分业绩，但年产量一般小于 50 万 t。针对年产量大于 80 万 t 的线棒材生产线需要，连铸与轧钢节奏匹配问题、带载自动压下问题等需要进一步专业融合及技术研究。

【预期环境收益】

1）直轧技术

采用该技术可在热装热送基础上减少吨钢标准煤 20～30kg。

以年产 100 万吨为例，采用直接轧制工艺，能产生如下各方面的环境收益：

① 采用免加热直接轧制，可节约燃料、降低能耗。对于采用煤作为燃料的加热炉，在连铸坯热送情况下，加热炉的平均煤耗为 45kg/t（钢）。取消加热工序，每年可节省标准煤约 4.5 万 t，折合减少碳排放 11.7 万 t、二氧化硫 382.5t、氮氧化物 333t。对于采用高炉煤气作为燃料的加热炉，在连铸坯热送情况下，加热炉的平均煤气消耗为 250m^3/t。取消加热工序，将高炉煤气用于发电。

② 采用直接轧制避免了钢坯的二次加热，可至少减少 0.5%～1.0%的氧化烧损。

③ 连铸火切及割缝减损。采用直接轧制，连铸切坯由火切机改为液压剪，减少碳排放。

2）连续铸轧技术

① 取消传统长材加热工序，仅利用电磁补热，利用连铸坯芯表温差余热直接进行轧制，实现轧钢工序加热废气（粉尘、CO_2、SO_2、NO_x）的"零排放"；

② 较热装热送降低能耗 70%，减少有害气体排放 70% 以上；

③ 较传统加热炉加热轧制工艺，提高金属收得率 1.5%～2.5%，较直接轧制金属收得率提高 1%；

④ 轧制效率较线材提高 1%～2%，较棒材切分轧制提高 1%～3%。

【潜在的副作用和影响】

① 直轧技术：暂无数据。②连续铸轧技术：该工艺生产的产品类型受连铸速度影响，与常规线棒材生产线有一定差异，同时产品品种覆盖面受限。炼钢、连铸与轧钢工序均为刚性连接，最大产能受限，需进一步研究工序衔接模式。

【适用性】 普通螺纹钢线棒材生产线。

【经济性】

1）直轧技术

直轧技术相比热装热送工艺经济性指标如下：

① 年产 100 万 t 的螺纹钢生产线每年可节省标准煤 2 万～3 万 t，煤的单价按 1000 元/t 计算，取消加热采用直接轧制则节省 2000 万～3000 万元。对于采用高炉煤气作为燃料的加热炉，采用直接轧制工艺，按照 3.5m³ 高炉煤气可发 1 度电，吨钢折合可多发电 71.4kW·h。扣除自用电和消耗后，按照发电效益 0.5 元/(kW·h) 计算，每年可多发电的效益为 3571 万元。

② CO_2 每年减少排放量 4.9 万～7.4 万 t，SO_2 每年减少排放量 1500～2250kg，NO_x 每年减少排放量 2100～3500kg。

③ 加热炉氧化铁皮烧损减少 0.5%～1.0%。若减少 0.6% 的氧化烧损，单价按 2000 元/t 计算，每年能节省 1200 万元。

④ 连铸切坯方式采用液压剪，若火切机燃气消耗成本约 0.5 元/t，按照每 12m 坯料割缝 5mm 计算，折合钢耗 0.47kg/t。按照 100 万 t 计算，折合每年减少割缝及火切燃气费用 144 万元。

⑤ 年产 100 万 t 推钢加热炉，折合年平均维修费用 75 万元，人工费用 100 万元，加热炉机械耗电费用 150 万。取消加热炉后，可减少维修及人工等费用 325 万。

综上效益合计，对于常见的采用高炉煤气作为燃料，热装、热送连铸坯的年产 100 万 t 炼钢轧钢生产线，取消加热炉后，采用直轧工艺可带来年效益 5240 万元；而根据运行数据，新增的连铸连轧设备电耗和原来的冷床、热送辊道、行车等大体相抵。直轧钢坯温度低，会造成轧制电耗增加约 10kW·h/t（钢），造成新增年耗电约 600 万元，扣除后，总体经济效益仍有 4640 万元，效益非常可观。

2）连续铸轧技术

国内目前山西建邦棒材生产线已经投产，因产线产量受限，其经济性尚需实践检验。

（4）型钢数字化、智能化孔型设计技术

【技术描述】 型钢数字化、智能化孔型设计技术，即在现有依靠经验公式计算表格的基础上，基于计算机技术、大数据技术等，通过数字化平台，建立数字化型钢（包含型钢及棒线材）产品模型，并在工程设计及工业化生产中应用的一种技术。

型钢数字化、智能化孔型设计技术具有如下特点：

① 可快速调用、查找，减少了人为因素，计算速度快、准确度高；

② 基于大数据技术，可与生产技术相互结合，通过生产技术反馈设计数据，随时迭代更新；

③ 基于多次数据计算及反馈，设计数据可快速应用于工业生产，并缩短热试周期，提高工作效率；

④ 基于大数据技术，可实现孔型优化，进而减少轧辊磨损、导卫磨损及备品配件的使用量，提高经济效益。

【技术类型】 √资源综合利用；√节能；√减排。

【技术成熟度与可靠度】 型钢数字化、智能化孔型设计技术属于推广应用初期，正逐步市场推广。该技术需要设计技术与生产技术的进一步融合，尤其是基于大数据技术，需进一步研究。

【预期环境收益】 采用该技术，线棒材生产时，可产生如下环境收益：

① 提高设计准确度，提高劳动效率约 10%～20%；

② 减少试生产、调试周期，单规格调试周期由目前的 1 周缩短至 3 天左右。

【潜在的副作用和影响】 暂无。

【适用性】 所有型钢、线棒材等长材生产线。

【经济性】 该技术主要优势是减少设计错误、提高劳动效率、缩短调试周期。

6.10.4.4 积极关注的关键技术

型钢近终型铸轧一体化技术。

【技术描述】 随着型钢生产线的建设项目越来越多，迫切需要型钢近终型铸轧一体化技术，以实现型钢高效率、低故障率轧制。

型钢近终型铸轧一体化技术具有如下特点：

① 较少的设备及土建工程，取消了加热炉及其上料系统。

② 能源消耗低。传统加热炉的加热工序能耗占总能耗的 50%左右，因此，取消了加热炉，仅用感应加热器补温（可选项），生产成本大大降低。

③ 由于没有了头部冲击引起的堆钢事故，成材率得到较大提高，设备利用率达到 90%以上。产量提高约 4%。

④ 取消了加热炉，钢坯氧化少，型钢无短尾，无超差头尾，没有切头损耗，成材率提高 2%以上。

⑤ 较少的操作人员配置，全部自动轧钢，借助于视频监控，轧钢车间仅一个操作室即可实现全轧线操作。

⑥ 从废钢原料到最终产品全流程不到 2h，从液态钢水到型钢成品约 12min。由于没有中间库存，流动资金少，生产成本低。

⑦ 减少二氧化碳排放和水的消耗。每吨钢材的二氧化碳排放减少 100kg。

⑧ 由于流程短，车间占地面积小，建设投资省。

【技术类型】√资源综合利用；√节能；√减排。

【技术成熟度与可靠度】型钢近终型铸轧一体化属于研发初期。目前无业绩，连铸与轧钢节奏匹配问题、带载自动压下问题等需要进一步专业融合及技术研究。

【预期环境收益】①取消传统长材加热工序，仅利用电磁补热，利用连铸坯芯表温差余热直接进行轧制，实现轧钢工序加热废气（粉尘、CO_2、SO_2、NO_x）的"零排放"；

② 较热装热送降低能耗 70%，减少有害气体排放 70%以上；

③ 较传统加热炉加热轧制工艺，提高金属收得率 1.5%～2.5%，较直接轧制金属收得率提高 1%；

④ 轧制效率较传统产线提高 1%～2%。

【潜在的副作用和影响】暂无。

【适用性】长材型钢生产线。

【经济性】目前国内尚未有投产生产线，根据分析其减少了加工过程的能源消耗和有害物的排放；因产线产量受限，其经济性尚需实践检验，但该技术值得积极关注。

6.10.5　钢管

6.10.5.1　排放和能源消耗

（1）单元物质流入流出类型

钢管工序输入输出物质流程见图 2-6-50。

① 输入　连铸坯、耐火材料、润滑材料、新水、煤气/天然气、电、氧气、氮气、蒸汽、压缩空气、焊条。

② 输出　钢管、除尘灰、炉渣、废品、氧化铁皮、废油品、泥饼、焊渣。

（2）工艺单元的主要环境影响

① 废水　无废水排放。

② 废气

a. 管坯/荒管加热炉、热处理炉在加热过程中，产生的烟气。

b. 轧制过程中，主机产生的水蒸气粉尘、芯棒石墨润滑和毛管喷硼砂过程中产生的粉尘，通过除尘系统产生的废气。

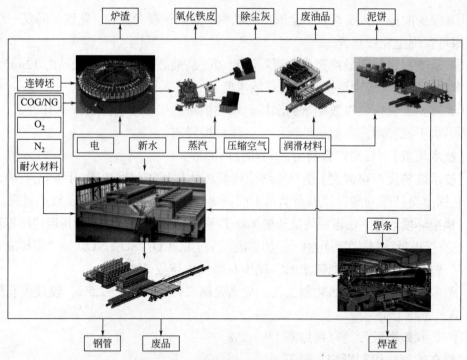

图 2-6-50　钢管工序输入输出物质流程

c. 焊管生产过程中，焊接机在焊接时产生少量的焊接烟气，通过除尘系统产生的废气。

③ 噪声　钢管输送、设备（包括锯切、除尘系统风机、水泵）产生的噪声。

④ 固废　氧化铁皮、炉渣、废耐材、废润滑材料、废轧辊与工具、废品/切头/铁屑、泥饼、焊渣。

⑤ CO_2　加热炉、热处理炉在生成过程中均有二氧化碳排放。

上述污染物在经过相关设备的处理后，满足排放标准。

（3）单位产量的输入输出能源量

见表 2-6-88。

表 2-6-88　钢管连轧工序能耗计算表

能源名称	单位	折合标准煤系数	实物单耗	折标准煤/[kg/t(Fe)]
水	m^3	1392kJ/kg	32	44544
电	kW·h	3602kJ/（kW·h）	110	396220
压缩空气	m^3	445kJ/m^3	30	13350
燃料	GJ	35588kJ/m^3	2.7	96087.6
氮气	m^3	495 kJ/m^3	1.1	544.5
工序能耗				550746.1

6.10.5.2 推荐应用的关键技术

小口径连轧"以热代冷"技术。

【技术描述】小口径连轧"以热代冷"技术是指利用热连轧自动化水平高、产品质量好等生产优势，同时根据小口径钢管生产规模和成品规格，通过适当调整机架数量、设备布置等，实现用热连轧技术替代传统冷轧、冷拔技术生产小口径钢管的目的。

这为小口径无缝钢管实现"以热代冷"、节能环保提供了优选的技术途径。

【技术类型】√资源综合利用；√节能；√减排。

【技术成熟度与可靠度】该技术属于成熟研发成果，已实现工业化应用。中冶赛迪首推的少机架三辊连轧管机组已在市场上得到了成功应用。

【预期环境收益】对于同等产量，小口径热连轧技术对于燃气、电等能源以及工模具的消耗较冷轧冷拔技术要低 30%～50%。同时，冷轧冷拔技术生产过程中需要酸洗，并产生酸雾、含酸废水、粉尘、废酸等，对于空气和水有很大的污染，如改用热连轧技术，每吨钢管将减少 0.2t 废酸量。除此之外，由于热轧技术的成材率较冷轧冷拔技术高出约 3%～5%，也间接减少了对环境的污染。

【潜在的副作用和影响】暂无。

【适用性】原则上可应用于部分规格的冷轧、冷拔车间。

【经济性】采用热轧工艺部分取代冷轧/冷拔工艺，综合成本降低 100～400 元/t（钢）。

6.10.5.3 加快工业化的技术

（1）管坯穿孔和毛管内表面防氧化一步法生产技术

【技术描述】管坯在穿孔成毛管的过程中，毛管内部会产生氧化铁皮，并在随后的吹氮喷硼砂过程尽可能除掉。但是内部的氧化铁皮不能被完全去除，会在之后的轧制过程中产生钢管缺陷。同时，使用大量硼砂，对生产环境和生产人员健康造成了危害。

在顶头内孔放置一根小直径钢管，该钢管前端与顶杆连为一体，在顶杆与顶头连接处附近开一个小孔，该孔与钢管连通。管坯在穿孔时，用带有一定压力的氮气把防氧化剂从小直径钢管的尾端吹送到小直径钢管的前端，通过顶杆小孔，将防氧化剂喷射到毛管的内表面，实现边穿孔、边向毛管内表面喷射防氧化剂，防止毛管内表面产生氧化铁皮。

该技术实现了钢坯穿孔和毛管内表面喷射防氧化剂同步进行，保证了毛管内表面不会产生氧化铁皮。同时，使用该技术可取消吹氮喷硼砂装置，减少了一个工序，节省了生产时间，加快了生产节奏，也减小了温降。

【技术类型】×资源综合利用;√节能;×减排。

【技术成熟度与可靠度】管坯穿孔和毛管内表面防氧化一步法生产技术属于研发阶段,国外已有研发成果,国内尚无应用实例。

【预期环境收益】通过该技术,取消了吹氮喷硼砂装置,从而可加快生产节奏,减少温降,减少能耗和生产成本,提高产品质量。同时,生产中也不会产生含有硼砂的气雾。

以 30 万 t/a 热连轧厂为例,取消吹氮喷硼砂装置,可减排粉尘约 10t/a。

【潜在的副作用和影响】暂无。

【适用性】可应用于所有热连轧钢管车间。

【经济性】以 30 万 t/a 热连轧厂为例,取消吹氮喷硼砂装置,年减少约 990t 硼砂消耗;除尘系统风量由于减少 30%,相应的能耗和设备投资能减少 30%,所带来的综合经济效益可达 1000 万元以上。

（2）钢管在线余热热处理技术

【技术描述】钢管余热热处理技术主要是充分利用定减径后的钢管余温实现在线热处理,通过控轧控冷工艺,细化钢管组织晶粒,以提高产品的力学性能、生产开发新品种。

【技术类型】×资源综合利用;√节能;×减排。

【技术成熟度与可靠度】目前这项技术已有研发成果,但市场占有率仅为 1%左右,亟待推广运用。

【预期环境收益】利用定减径后余温,通过控轧控冷工艺,降低钢管的合金元素含量,提高产品质量,降低生产成本。

【潜在的副作用和影响】暂无。

【适用性】原则上可应用于所有热轧钢管车间。

【经济性】以 30 万 t/a 热连轧厂为例,定减径后增加一套在线余热处理设备。初步估算,增加投资费用约 1000 万元,年节省合金成本 3000 万元,投资回收期 4 个月,可产生较好的经济效益。

（3）四辊轧制技术

【技术描述】与传统二辊、三辊连轧管机相比,四辊连轧管新工艺具有产品壁厚精度更高、壁厚更薄、芯棒分组数量更少、生产更灵活、劳动生产率和成材率更高等显著优点。四辊张减机具有产品质量更好（内孔圆度更好、外径精度更高）、轧制效率更高、轧辊寿命更长等优点,特别是在控制厚壁管的内六方缺陷上优势明显。四辊连轧管机和四辊张减机见图 2-6-51。

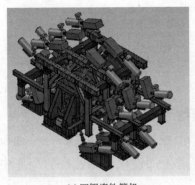 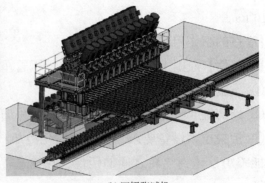

(a) 四辊连轧管机　　　　　　　　　　(b) 四辊张减机

图 2-6-51　钢管四辊连轧管机和四辊张减机

【技术类型】×资源综合利用；√节能；×减排。

【技术成熟度与可靠度】目前这项技术已有研发成果，但国内尚无应用实例。

【预期环境收益】采用四辊连轧机及四辊张减机，可提高成材率和产品质量，减少工模具消耗。

【潜在的副作用和影响】暂无。

【适用性】原则上可应用于所有热轧钢管车间。

【经济性】热连轧厂如采用四辊连轧机和四辊张减机，初步估算，设备投资增加约 10%，产品壁厚精度可提高 1%，切损减少 0.5%，外径公差减小 0.1mm 以及工模具消耗减少、生产附加值高产品等，可产生较好的经济效益。

6.10.5.4　积极关注的技术

连续化、短流程生产技术。

【技术描述】连续化、短流程生产技术是指将连铸车间生产的长尺高温连铸坯经飞锯锯切成无缝钢管生产所需的定尺长度后，快速运输往无缝钢管车间热轧生产线进行轧制。连铸和轧制之间设置感应加热设备检测连铸坯的温度，并根据需要进行平衡。

【技术类型】×资源综合利用；√节能；√减排。

【技术成熟度与可靠度】该技术应用在无缝钢管属于前沿阶段，目前国内钢厂正在研发中。

【预期环境收益】热的连铸坯从连铸设备进入随后的感应加热设备，温度均衡后，直接进入轧制机组。这一技术不需要设置传统的燃气加热炉，大幅度降低管坯加热炉燃耗，减少烧损量及氮氧化物、粉尘、二氧化硫等大气排放物，提高无缝钢管生产的成材率，在生态环境和经济效益两方面实现显著效果。

以 30 万 t/a 热连轧厂为例，环形加热炉综合燃耗在 1.45GJ/t 左右。取消环形加热炉，可减排粉尘约 1.32t/a，减排 SO_2 约 6.6t/a，减排 NO_x 约 26.4t/a，减排 CO_2 约

$4.5 \times 10^4 t/a$。

【潜在的副作用和影响】 暂无。

【适用性】 原则上可应用于所有热轧钢管车间，但需要以下几个条件：

① 质量合格的连铸圆管坯；

② 连铸生产与无缝钢管生产工序间的协调稳定；

③ 相关技术设备要求，如采用雾化冷却、高温管坯在线锯切、在平面布置上尽可能缩短连铸到热轧之间的距离、在输送辊道上加设保温罩及在管坯库中设保温坑等；

④ 采用计算机管理系统。

【经济性】 以 30 万 t/a 热连轧厂为例，如能实现全部热装热送，取消环形加热炉，可减少设备投资，同时燃耗可减少 43.5GJ/a，烧损可减少 1%。初步估算，所带来的综合经济效益可达 4000 万元以上。

6.11 能源管控与环保

6.11.1 发电厂与新能源

6.11.1.1 排放和能源消耗

钢铁企业煤气优先供应各生产工序，富余的用于发电。余能余气发电物质输入输出如图 2-6-52 所示。

（1）电厂输入

煤气、新水、除盐水、电、助燃空气、压缩空气、氮气、蒸汽、脱硫剂、脱硝剂、太阳能、风能。

注：原则上不再新建燃煤自备电厂。

（2）电厂输出

电、蒸汽、余热、烟气、废水、脱硫灰。

（3）余能余气发电的主要环境影响

① 废水　电厂区域内少量生产、生活废水（煤气冷凝水、锅炉废水、循环冷却水排污、电厂化学废水、脱硫废水等）分类收集排入全厂生产/生活废水排水管网，由全厂废水处理设施统一处理。

② 废气　煤气燃烧产生的烟气。常规烟气中主要污染物成分及超低排放要求见表 2-6-89。

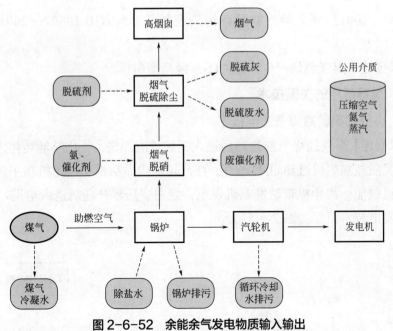

图 2-6-52　余能余气发电物质输入输出

表 2-6-89　污染物成分及超低排放要求

序号	名称	单位	参数	备注
一	烟气污染物成分			
1	SO₂浓度	mg/m³	≤200	3%O₂, 干基
2	NOₓ浓度	mg/m³	≤200	
3	颗粒物浓度	mg/m³	≤10	
二	超低排放			
1	SO₂浓度	mg/m³	≤35	3%O₂, 干基
2	NOₓ浓度	mg/m³	≤50	
3	颗粒物浓度（有组织）	mg/m³	≤5	
4	颗粒物浓度（无组织）	mg/m³	≤10	

③ 噪声　发电单元的噪声主要是机械动力声、气体动力声、燃烧噪声和电磁噪声等。

对于噪声的防治主要是采用综合治理方式，即首先从声源上控制噪声，设置隔声罩等。声源上无法根治的生产噪声，则采取行之有效的隔声、消声、吸声、隔振等噪声控制措施。

④ 固废　电厂烟气中粉尘含量较低,全厂固废排放主要是脱硫过程产生的脱硫灰、脱硝定期更换的催化剂。

电厂固废的堆放和处置应满足《一般工业固体废物贮存、处置场污染控制标准》

（GB 18599—2001）、《危险废物贮存污染控制标准》（GB 18597—2001）的有关
规定。

⑤ 碳排放　煤气燃烧产生大量 CO_2，经高烟囱排放。

6.11.1.2　推荐应用的关键技术

（1）小型化高参数煤气发电技术

【技术描述】煤气经煤气加热器后送入锅炉炉膛燃烧，将化学能转化为热能。除
盐水作为工质被加热成过热/再热蒸汽，在汽轮机内做功推动汽轮机转子转动，热能
被转换为机械能；汽轮机带动发电机发电，经主变压器升压后送入电网。小型化高
参数煤气发电技术原理如图 2-6-53 所示。

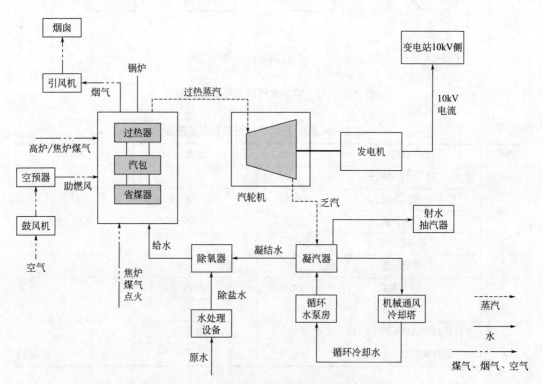

图 2-6-53　小型化高参数煤气发电技术原理

【技术类型】√资源综合利用；√节能；×减排。

【技术成熟度与可靠度】技术成熟可靠，普遍适用。

【预期环境收益】采用高参数发电机组，提高全厂热效率，减少碳排放，机组参
数由高温高压提升至高温超高压，标准煤消耗量减少约 82g/(kW·h)；机组参数由高
温高压提升至超高温亚临界，标准煤消耗量减少约 28g/(kW·h)。

【潜在的副作用和影响】暂无。

【适用性】30MW 及以上规模的超/高温超高压机组，80MW 及以上的超高温亚

临界机组。

【经济性】 机组发电热效率大幅度提升，常规高温高压发电效率仅为 30%，高温超高压机组发电效率为 37.5%，超高温亚临界发电机组效率则超过 40%。以 100MW 高温超高压机组的煤气量为基准，超高温亚临界机组比高温超高压机组多发电 6.49 %，多收益 2980 万元；超高温超高压比高温超高压机组多发电 2.1%，多收益 1000 万元。

（2）烟气污染物治理技术

【技术描述】 源头的煤气净化已无法满足严苛的环保要求，电厂单元应单独考虑末端烟气处理设施。脱硝采用 SCR 工艺具有普遍适用性，脱硫除尘则根据电厂的自身情况进行差异性选择，主流技术包括小苏打脱硫+除尘工艺、石灰石-石膏法脱硫+湿电除尘工艺和循环流化床脱硫工艺。

【技术类型】 ×资源综合利用；×节能；√减排。

【技术成熟度与可靠度】 技术成熟可靠，普遍适用。

【预期环境收益】 电厂单元已经普遍执行超低排放要求，烟气污染物治理将大幅度降低污染物排放总量。以 80MW 机组为例，预计可实现减少颗粒物排放 16t/a、减少氮氧化物排放 480t/a、减少二氧化硫排放 560t/a。

【潜在的副作用和影响】 烟气治理可能产生的二次污染，如脱硫废水、脱硫灰等如治理不到位，会再次污染环境。

【经济性】 电厂单元实现超低排放对钢铁企业实现绿色环保贡献较大，运行成本约为 15 万元/MW。

（3）绿色能源技术

【技术描述】 为了顺应钢铁行业能源发展战略，应对国家发改委和国家能源局对钢厂等大工业企业需承担与其年用电量相对应的绿电消纳量要求，针对钢铁行业的特点，充分利用钢厂厂房屋顶资源、水面资源开发分布式光伏发电，利用厂区空地开发分散式风电，利用厂区周边海上陆上资源开发风电应用，能够有效降低钢厂电力成本，提高钢厂绿电占比。因此，绿色能源的合理开发利用，既能为钢厂带来实实在在的经济价值，又能解决部分绿电消纳指标，承担起相应的社会责任，建立钢厂绿色制造的品牌形象。

绿色能源技术主要包括光伏发电技术和风力发电技术。

① 光伏发电技术　光伏发电是根据光生伏特效应原理，利用太阳能电池将太阳光能直接转化为电能。光伏发电系统主要由太阳能电池板（组件）、控制器和逆变器三大部分组成。根据钢厂屋顶、水面资源特点就地安装，直接接入附近车间单元中低压配电系统，就地消纳，减少输电损耗。光伏发电系统结构见图 2-6-54。

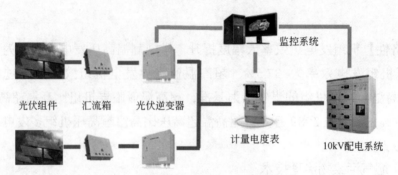

图2-6-54　光伏发电系统结构

光伏发电系统具有安全可靠、无噪声、低污染、无需消耗燃料和架设输电线路即可就地发电供电、建设周期短的优点。

② 风力发电技术　风力发电的基本原理是风的动能通过风轮机转换成机械能，再带动发电机发电转换成电能。充分利用钢厂厂区空地开发分散式风电，就近接入钢厂车间 10kV 或 35kV 配电系统，就地消纳，能够有效降低钢厂电力成本，提高钢厂绿电占比。风力发电系统结构见图 2-6-55。

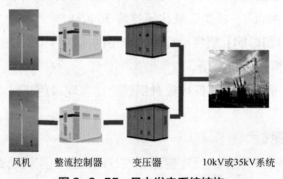

图2-6-55　风力发电系统结构

【技术类型】√资源综合利用；√节能；√减排。

【技术成熟度与可靠度】　光伏发电技术和风力发电技术属于成熟研发成果，已实现工业化应用。

【预期环境收益】光伏发电技术和风力发电技术都是利用自然资源发电，不排放任何污染物，是取之不尽用之不竭的清洁能源。相对于火力发电，使用太阳能和风能发电，每发 1kW·h 电相当于节约了 0.4kg 标准煤，同时减少污染排放 0.272kg 碳粉尘、0.997kg 二氧化碳、0.03kg 二氧化硫、0.015kg 氮氧化物，环境收益显著。

【潜在的副作用和影响】

① 光伏发电技术　光照、雨水、风沙等的侵蚀都会加速电缆和光伏发电设备的老化，导致设备绝缘性能下降，造成设备故障。

② 风力发电技术　噪声、视觉污染等。

【运营数据】

① 光伏发电技术　国内某钢厂光伏项目建设在冷轧、宽厚板、热处理、棒线厂房及海力物流库房屋面，总面积 45 万 m^2，总容量 36MW，采用 10kV 接入，可实现连续发电 25 年；全生命周期内可提供绿色电力 8.5 亿 $kW·h$；节约标准煤约 33.2 万 t，减少碳粉尘 22.6 万 t、二氧化碳排放量 85 万 t、二氧化硫排放量 2.5 万 t、氮氧化合物排放量 1.2 万 t。

② 风力发电技术　在江苏某港口安装了 7 台分散式风电发电系统，一台分散式风机，相当于种了 5000 棵树，在其整个生命周期能够减少 16 万 t 的二氧化碳排放，相当于节省了 8 万 t 的煤。

【适用性】

① 光伏发电技术　可用于新建或现有工厂水泥屋面、彩钢板屋面的厂房，主要是平面屋顶和斜面屋顶。太阳能光伏发电项目全生命周期为 25 年，建设时需考虑新建或现有工厂的使用年限。对于新建或现有的工厂厂房，建设光伏发电项目，需对厂房承载力等结构荷载进行核算，并采取相应的加固措施。

② 风力发电技术　可用于新建或现有工厂空旷或未利用的区域，如码头周边，主要是分散式风电的建设。而陆上风电和海上风电的建设，不仅需要良好的风能资源条件和地质条件，而且投资成本较大。

【经济性】

① 光伏发电技术　36MW 光伏发电项目，每年发电 3500 万 $kW·h$，用户提供厂房屋顶，享受折扣电价，电力价差和国家补贴等能为用户年节省开支 1400 万元；同时，节能减排效益显著，充分把用户现有厂房屋顶盘活利用。

② 风力发电技术　江苏某港口建设的 16.8MW 分散式风电项目，占地不超过 $200m^2$，在港口的用电替代率 48.6%，年节省电费 100 多万元。

【实施的驱动力】

① 光伏发电技术　环保驱动力，减少碳粉尘、二氧化碳、二氧化硫等的排放；经济驱动力，节省用电成本，盘活固定资产，完成绿电消纳指标。

② 风力发电技术　环保驱动力，减少碳粉尘、二氧化碳、二氧化硫等的排放；经济驱动力，发电成本低于油电和核电，经济性优于煤电，降低用户用电成本，完成绿电消纳指标。

【应用钢厂】

① 光伏发电技术　该技术已广泛用于国内外大工业和工商业工厂领域，钢铁行业中，宝钢、中天、西昌钢钒、沙钢、马钢等公司均已建设投运光伏发电项目。

② 风力发电技术　该技术已在我国"三北"地区、荷兰等欧美国家陆上或海上

广泛应用，而分散式风电现已成为工厂、工业园区等发展新能源项目的重点技术，国内首个分散式风电项目在辽宁核电厂建成。

（4）能源结构优化技术

【技术描述】钢铁企业能源结构将进一步调整升级，改善产业布局，优化生产工艺结构，实现全流程精细化管理和节能在线诊断，降低对传统能源的依赖，吨钢综合能耗持续下降。推动能源生产利用方式变革，为建设清洁低碳、安全高效的钢铁能源体系提供技术支撑。

【技术类型】√资源综合利用；√节能；√减排。

【技术成熟度与可靠度】示范阶段，技术积累发展迅猛。

【研究内容】能源一体化管控、新能源的开发与利用、清洁生产技术工艺的推广与应用。

【预期环境收益】降低全厂综合能耗，减少排放总量和强度。

【潜在的副作用和影响】暂无。

（5）煤气-蒸汽联合循环发电技术（CCPP）

【技术描述】低热值的高炉煤气或高、焦炉混合煤气经必要的净化后直接燃烧推动燃气轮机发电，再利用烟气余热产生蒸汽推动蒸汽轮机发电。

CCPP 发电热效率达到 46% 以上，自用电率仅为 3.5%，是目前钢铁领域热效率最高的发电技术。以 180MW CCPP 机型为基准，煤气量对应超高温亚临界机组则为 150MW 规模；虽然 CCPP 的投资接近 8 亿，比常规高效机组高接近 6%，但年平均收益比比常规高效机组多 1.5 亿，项目收益优于常规高效机组。

【技术类型】√资源综合利用；√节能；×减排。

【技术成熟度与可靠度】技术较可靠，对燃料成分和热值要求过于严格。

【预期环境收益】CCPP 机组较常规小型发电机组运行效率更高，较亚临界超高温参数机组供电标准煤节约 46g/(kW·h)。

【潜在的副作用和影响】暂无。

6.11.1.3 加快工业化研发的关键技术

（1）多能互补技术

【技术描述】光热、地热能等作为可再生能源在绿色制造、低碳环保方面优势明显，但由于资源不稳定和机组容量的制约，技术经济指标较差。多能互补技术则能够充分利用各品级资源，促进可再生能源高效利用。

多能互补技术将突破限制，以煤气发电机组为主体，对其他可再生能源耦合利用，发掘低阶能源潜力，充分发挥可再生能源成本低和规模效应的优越性。

【技术类型】√资源综合利用；√节能；×减排。

【技术成熟度与可靠度】各子单元技术成熟，局部工业示范。

【预期环境收益】将低品级的能源纳入高效机组中，提升发电的转化效率，最终实现减少碳排放。

【潜在的副作用和影响】暂无。

（2）高参数拖动技术

【技术描述】钢铁企业汽拖（汽动鼓风、制氧汽拖等）以中温中压、高温高压机组为主，而高参数（高温/超高温超高压）发电机组在电厂单元已经取得成熟应用，二者热效率上存在较大差距。高参数拖动技术将以高参数拖动汽轮机为主体，集成高参数发电和高参数汽拖技术，采用母管制合理调配鼓风和汽轮发电机组间的负荷分配，优化回热系统，实现在高效发电的同时高效拖动。

高参数机组的热效率较常规机组提升超过20%，利用电厂单元高效发电机组拖动鼓风机等大型转动设备将对实现主体工艺高效运行、煤气资源再利用开拓一条新途径。

【技术类型】×资源综合利用；√节能；×减排。

【技术成熟度与可靠度】关键设备成熟，系统可靠性较高。

【预期环境收益】CCPP机组较常规小型发电机组运行效率更高，较亚临界超高温参数机组供电标准煤节约46g/(kW·h)。

【潜在的副作用和影响】暂无。

（3）小型化超临界发电技术

【技术描述】降低供电煤耗是电厂单元最重要的研究课题，采用发电效率更高的超临界技术将是电厂单元下一步的发展方向。

在低热值煤气发电领域通过提升煤气发电参数至超临界，可进一步提升低热值煤气发电效率，较现有发电技术可高约10%，100MW发电效率可达42%～43%。充分利用冶金行业余热余能资源，为节能减排做贡献。

【技术类型】√资源综合利用；√节能；×减排。

【技术成熟度与可靠度】大型超临界火电的关键设备和技术均为成熟产品，具有较强的参考意义；国外已有小型化机组应用案例，技术可靠度高。

【预期环境收益】电厂的全厂热效率进一步提升，较亚临界超高温参数机组发电标准煤节约14g/(kW·h)。

【潜在的副作用和影响】暂无。

6.11.1.4　积极关注的关键技术

超临界CO_2闭式循环发电系统。

【技术描述】超临界二氧化碳闭式循环发电系统的基本工作原理与常规蒸汽/燃

气轮机循环发电系统类似，其特殊性在于循环工质为高压（7～25MPa）、高密度的超临界二氧化碳流体。

得益于超临界二氧化碳的特殊物性，该循环系统在 500～1000℃热源温度下热效率可达 35%～55%，更高温度下甚至高于蒸汽/燃气联合循环系统；同时，该循环系统具备更高的紧凑性，其关键叶轮机部件体积可降至蒸汽/燃气轮机循环系统的1‰～5‰。此外，该循环系统能在 1～2min 短时间内快速启动，同时兼备低噪声、无污染、安全性和经济性等诸多优势。

【技术类型】√资源综合利用；√节能；×减排。

【技术成熟度与可靠度】超临界二氧化碳闭式循环仍处于基础理论研究和方案设计阶段。目前已掌握热力循环分析、设计和优化，涡轮/压气机设计及内部流动控制，微通道换热器设计、制造及缩尺试验验证等多项关键技术。

【预期环境收益】新型工质传热效率高，做功能力强；黏性接近于气体，流动性强，易于扩散，系统循环损耗小，全厂热效率高。采用无水处理流程，节约了大量的水资源和水处理剂等。

【潜在的副作用和影响】暂无。

6.11.2 水处理

6.11.2.1 排放和能源消耗

钢铁工业的主要生产工序有原料、烧结、焦化、炼铁、炼钢、轧钢等，排水主要来源于生产工艺过程用水及分离水、设备与产品冷却水、设备与场地清洗水等。

原料场的污染物来自原料场堆放的矿石粉、铁粉尘、废渣等冶炼原料。废水产自雨水和过量的原料场喷洒水，经沉淀池处理后排放。

烧结厂的污染物来自烧结混合粉粒矿料、湿式除尘设施及地坪冲洗、环冷机余热锅炉脱盐浓水和锅炉循环水排水。废水处理后循环使用，少量排放。

焦化厂生产污水来自煤焦工段、化产品回收（煤气净化）及化产品精制工段。其中煤焦工段生产废水处理后循环使用；煤气净化、化产品回收及精制工段的生产污水均进入焦化污水处理厂进行生化处理，达标后综合利用或排放。

炼铁厂生产废水主要来自高炉煤气洗涤废水、炉渣粒化废水和铸铁机铸块喷淋冷却废水，分别处理后各自循环使用。

炼钢厂生产废水主要来自转炉烟气湿法净化除尘废水、钢水精炼装置抽气冷凝废水、连铸工艺相关生产废水，分别处理后循环使用，少量排放。

轧钢厂生产排水因轧制工艺不同分热轧厂和冷轧厂两类。热轧厂生产废水分别是钢板、钢管、型钢、线材等工序直接冷却水的排水，经去除悬浮物、油脂和降低水温等处理后循环使用，少量排放；冷轧厂生产排水除设备间接冷却循环水系统强制排污水外，其他均为生产污水，主要有酸碱废水、含油和乳化液废水、含铬废水、酸洗漂洗废水和酸再生脱硅废水等，分别处理后达标排放。

上述各工序生产排水的污染负荷可按相应生产工序的生产工艺及单位产品的污染物排放量进行估算。

钢铁工业生产单元及辅助设施废水中的主要污染物及污染特征见表2-6-90。

表2-6-90　钢铁工业生产单元及辅助设施废水中主要污染物及污染特征表

生产单元	主要污染物															污染特征				
	悬浮物	油	酚	苯	酸	碱	锌	镉	砷	铅	铬	铜	氰化物	氟化物	硫化物	浑浊	色度	无机污染物	有机污染物	温度
原料	√															√	√	√		
烧结	√															√	√	√		
焦化	√	√	√	√											√	√	√		√	
炼铁	√		√				√			√			√	√		√	√	√		√
炼钢（含连铸）	√	√												√		√	√	√		√
轧钢（热轧）	√	√														√				√
冷轧	√	√			√	√	√	√			√	√				√	√	√	√	
自备电厂	√				√	√										√	√			√

同时，废水的排放与前端的供水、用水密不可分，节水减排是一个有机的整体。水资源的综合利用要统筹考虑供水、用水、排水的全生命周期，节水减排技术的综合应用。

现代大型联合钢铁企业主要生产工序水的输入输出如图2-6-56所示。

2000～2018年我国钢铁工业协会重点统计钢铁企业的吨钢废水排放量数据见图2-6-57。

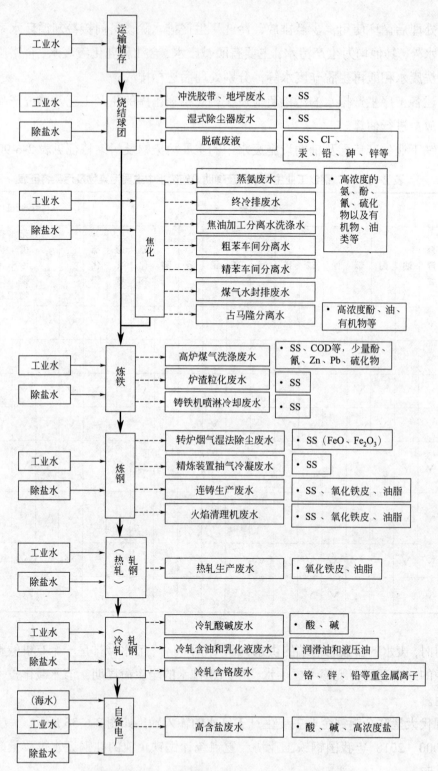

图 2-6-56　钢铁企业主要工序水资源输入输出

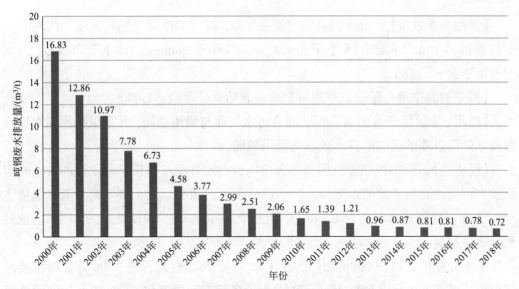

图 2-6-57　重点统计钢铁企业吨钢废水排放量变化

由图 2-6-57 可见，从 2000 年到 2018 年，重点统计钢铁企业的吨钢废水排放量从 16.83m³/t 下降到 0.72m³/t，取得了巨大的进步，说明企业对废水处理的重视程度和处理技术水平在近年已经达到比较高的水平。

6.11.2.2　推荐应用的关键技术

钢铁企业内污水的处理与回用是我国老钢铁企业改造和新建钢铁企业节水减排的发展趋势。钢铁企业要达到较高水平的吨钢取新水量、重复水利用率以及吨钢废水排放量指标，在各工序及中央水处理厂实施水处理回用工程是一个必然措施。因此，技术应用前景是极为广阔的。预测在大型钢铁联合企业中行业潜在普及率可以达到 90% 以上。同时需要指出，建立健全系统的技术管理体系对于钢铁企业水处理非常关键，主要包括：给水；合理用水；车间、厂及其之间的水处理、循环或串级利用、排水水量水质计量和指标控制；区域及厂区总污水处理厂回收、处理、回用和达标排放；突发水环境事件控制机制和技术等。

（1）钢铁企业综合污水处理及回用技术

【技术描述】钢铁企业外排综合污水经药剂软化、絮凝、澄清、高效过滤、杀菌处理后去除绝大部分悬浮物、硬度等；部分水再经膜处理脱盐后补充厂区脱盐水系统或循环冷却水系统。采用的关键技术主要为具有自主知识产权的多流向强化澄清池、V 形滤池以及反渗透脱盐及回用水含盐量控制技术。

【应用场景】钢铁企业中央水处理厂。

【技术类型】√资源综合利用；×节能；√减排。

【技术成熟度与可靠度】该技术属于成熟研发成果，已实现广泛的工业化应用。

【预期环境收益】外排水污染物平均去除率: SS、COD 两项指标均在 70%左右，石油类 66%；出水水质: SS 小于 5mg/L，COD 小于 30mg/L，油小于 2mg/L。污水减排率达到 80%以上。

【潜在的副作用与影响】产生浓盐水需要后续处理或达标排放。

【适用性】适用于我国钢铁行业综合污水处理与回用领域，并可以拓展到钢铁行业原水处理以及矿区的矿井水处理与回用领域。

【经济性】日照钢铁控股集团有限公司综合污水处理与回用示范工程的实践表明，该技术可以达到显著的节水效果；污水减排率达到 80%以上，每年减少新水用量达 898 万 m³，吨钢新水用量为 2.79m³/t，吨钢耗水下降率达 20%以上，全厂水的重复利用率可达到 98%。

污水处理厂规模 30000m³/d，占地 1.46 万 m²，工程总投资 4600 万元（包括污水处理及其深度处理部分）。该工艺的关键设备已实现国产化，设备投资仅为国外同类设备的 50%。

该项目实施后，每年减少外排污水 1095 万 m³，节约资金额约 1206 万元/年。

（2）净循环水处理及回用技术

【技术描述】钢铁企业各工序单元均需要利用水作为设备的冷却介质，保证设备的安全稳定运行。由于这部分冷却用水不直接接触物料，因此水质通常较为洁净，称为净循环系统。这部分冷却用水经过使用后仅有温度的升高，经过冷却塔冷却处理后即可重复使用。在此过程中水量会由于蒸发不断减少，因此需要定期进行补水。

当水中盐分累积到一定程度后需要排放并补充新水，维持净循环系统的水中盐分含量不会超出一定的限值，保证净循环系统管路、设备的稳定运行。同时为了防止循环水在管网及设备冷却层内发生结垢、腐蚀、长藻等问题，需要定期定量向水中投加阻垢剂、缓蚀剂、杀菌剂等药剂。

此外，作为一种保障措施，通常会在净循环系统内设置旁通过滤器，去除少量的悬浮污染物，防止水中悬浮污染物不断累积。

最后，排放的废水经废水管网进入钢铁企业中央水厂生产废水处理系统进行处理。

该技术的应用保证了各工序净循环系统的吨产品耗水量、重复用水率等指标的经济性。

【应用场景】各工序单元净循环系统，具体包括高炉、炼钢、连铸、热轧、冷轧等单元风口套、结晶器、加热炉等设备的间接冷却。

【技术类型】√资源综合利用；节能；√减排。

【技术成熟度与可靠度】该技术属于成熟研发成果，已实现广泛的工业化应用。

【预期环境收益】在保证循环水管网及设备安全稳定运行的前提下，提高了工序单元净循环水系统运行的稳定性，并提升了各工序单元的水循环利用率，可以减少吨产品新水耗量。

【潜在的副作用与影响】排放的废水盐度高，需要后续处理。

【适用性】适用于我国钢铁行业各工序净循环系统水处理与回用领域，并可以拓展到其他工业企业类似的净循环系统水处理及回用领域。

【经济性】随着水处理及回用技术的实施，我国钢铁企业吨钢新水耗量及重复用水率指标均有了显著进步，分别从 2000 年的 $28.86m^3/t$、86.05%提升到 2018 年的 $2.91m^3/t$、97.89%，已达到国际先进水平。

（3）浊循环水处理及回用技术

【技术描述】钢铁企业各工序单元除了设备需要利用水进行冷却外，还需要利用水进行冲洗除尘等，包括冲洗设备、冲洗物料、煤气除尘等。由于这部分水在使用完后除了温度的升高之外，还会带入大量的悬浮污染物及油类污染物，因此与净循环水处理系统相比，除了必要的冷却设施外，还需要设置沉淀、除油、过滤等单元，将使用后的水净化至可以重复使用的状态。由于这部分用水水质通常十分浑浊，因此被称为浊循环系统。

与净循环系统类似，浊循环系统由于冷却塔的存在，大量水分被蒸发，水中同样会累计盐分。当累积到一定程度后需要排放并补充新水，维持浊循环系统的水量及水质满足循环使用的要求。同时为了防止循环水在管网及设备冷却层内发生结垢、腐蚀、长藻等问题，同样需要定期定量向水中投加阻垢剂、缓蚀剂、杀菌剂等药剂。排放的废水经废水管网进入钢铁企业中央水厂生产废水处理系统进行处理。

该技术的应用保证了各工序净循环系统的吨产品耗水量、重复用水率等指标的经济性。

【应用场景】各工序单元浊循环系统，具体包括高炉、炼钢、连铸、热轧、冷轧等单元煤气喷淋、钢材表面冷却等与物料或能源介质直接接触的冷却、冲洗用水。

【技术类型】√资源综合利用；节能；√减排。

【技术成熟度与可靠度】该技术属于成熟研发成果，已实现广泛的工业化应用。

【预期环境收益】在保证循环水管网及设备安全稳定运行的前提下，提高了工序单元浊循环水系统运行的稳定性，并提升了各工序单元的水循环利用率，可以减少吨产品新水耗量。

【潜在的副作用与影响】排放的废水悬浮污染物含量高、盐分含量高，还会产生含油污泥，需要后续处理。

【适用性】适用于我国钢铁行业各工序浊循环系统水处理与回用领域，并可以拓展到其他工业企业类似的浊循环系统水处理及回用领域。

【经济性】随着水处理及回用技术的实施，我国钢铁企业吨钢新水耗量及重复用水率指标均有了显著进步，分别从 2000 年的 28.86m³/t、86.05%提升到 2018 年的 2.91m³/t、97.89%，已达到国际先进水平。

（4）水阶梯利用技术

【技术描述】钢铁联合企业水系统是一个涉及多用户、不同工艺用水水质需求及水量需求、多个供水种类、多个排水种类、多个水系统的复杂系统。在包括原料场、烧结、焦化、炼铁、炼钢、连铸、热钢、冷轧等工序的联合企业中，各车间用水水质、水温以及排水水质、水温等条件差别较大。

水阶梯利用技术主要指以各类主体工艺装备、构筑物对水质的不同需求为基础，涵盖钢铁企业"按水质供水""循环用水""串级用水""再生水回用"等节水技术集成以及因此而采取的包括水质稳定药剂投加、净循环与浊循环水处理等的水质保障技术及水处理技术集成。该技术为串级用水、串级供水、一水多用等提供最大可能，使各种水质能充分利用，减少废水排放。以炼铁厂为例，对高炉净循环冷却水系统、高炉煤气清洗循环水系统、高炉水冲渣循环系统等的排污水进行依次串接循环使用，前一系统排污水作为后一系统的循环补充水，最终利用水冲渣系统得以完全消耗。通过这种多系统串接排污循环使用，可实现炼铁厂废水的零排放。

全厂各水系统对水质（工业水、净化水、过滤水、软化水、除盐水、精除盐水、杂用水等）、水量的需求差异很大，用水方式有直流使用和循环使用之分，更有一些用户排水中含有物料带入的有机（焦化污水等）或无机（冷轧工艺排水等）污染物质。因此，合理经济地向用户按水种供水使其保持较高的用水效率，按照可接受水质的差异恰如其分地筹划好系统内外重复使用和串级使用，对必须的生产排出水做好专项治理、统一处理和回用的综合统筹，是达到节水总体目标必须落实的一项细致工作。

【应用场景】钢铁联合企业各厂区、各工序内的用水、排水，各水种水质水量存在差异，利用这种差异可以实施串级用水，实现在更大范围内水的间接循环使用，在总体上实现节水、减污，甚至可达到废水零排放。

【技术类型】√资源综合利用；   节能；√减排。

【技术成熟度与可靠度】该技术属于成熟研发成果，已实现广泛的工业化应用。

【预期环境收益】实现总体上合理的系统内回用和系统间循序的串接补充，恰如其分地划分出满足工艺需要分质供水层次，可以使得各系统改变以往全部补充工业新水、各系统排水不分水质状况一致向外排放的状况，避免总补充新水量大、总排水量大、为污水回收利用建设庞大的处理设施等弊端，实现节水减排的目标。

【潜在的副作用与影响】需要各企业对用排水有精细化的科学管理水平及相应的投入。

【适用性】适用于我国钢铁行业各工序水系统节水减排领域，并可以拓展到其他工业企业类似的水系统。

【经济性】随着分质供排水体系的建立以及水处理和回用技术的实施，我国钢铁企业吨钢新水耗量及重复用水率指标均有了显著进步，分别从 2000 年的 $28.86m^3/t$、86.05% 提升到 2018 年的 $2.91m^3/t$、97.89%，已达到国际先进水平。

6.11.2.3　加快工业化研发的关键技术

在常规的循环水处理及废水处理已经有了较完善的应用后，钢铁行业应该尤为关注的是大型钢铁联合企业复杂水系统的综合统筹，研发全过程的节水减排技术，大力开展工业水处理的智慧化管控技术研发；发挥行业传统优势，在难降解有机污水及高含盐水处理处置等行业难点问题的技术解决方案中取得关键技术突破；创新开发行业急需的新材料、药剂，并利用集成优势在整体技术工艺整合上形成行业技术特色。

（1）复杂工业水系统的全流程节水减排智能管控集成技术

【技术描述】通过自动化控制、智能化、物联网及大数据技术应用，开发适用于大型工业企业多水源、涵盖用水处理及废水处理的全厂区水系统优化算法，建立钢铁企业水处理全流程控制专家管理系统，综合应用钢铁企业各主体生产工艺水处理技术，优化用水方案，采用过程治理与集中治理相结合，以分质供水、串级供水、梯级使用等手段，提高循环水浓缩倍数，降低各生产工艺系统水排放量，达到钢铁企业内部供排水系统的最优化；通过传感技术，自控技术和软件、通信技术的集成创新，结合循环水管理经验和水处理药剂，实现安全、高效的工业循环冷却水自动化处理，降低新水用量，提高重复利用率，确保钢铁企业节水与减排目标的实现。

【应用场景】全厂各环节水系统，包括工序水处理系统及中央水处理系统。

【技术类型】√资源综合利用；√节能；√减排。

【技术成熟度与可靠度】该技术属于正在研发优化过程中成果，已完成中试并进行了示范应用。

【预期环境收益】提高了水系统运行稳定性并降低环保风险，通过钢铁企业各水处理系统合理、智能运行，可以减少排水并保证环境排放达标。

【潜在的副作用与影响】需要高度的自动化控制系统及数据管理系统，有数据保密需求。

【适用性】适用于钢铁园区整体用、排水系统规划、运行、优化的全过程管控。

【经济性】通过水网络优化和智慧管控平台的应用，可以保障钢铁企业各水处理系统合理、智能运行，减少排水并保证环境排放达标，减少水处理过程能耗。最终实现钢铁企业综合节水 5%～10%，节省水处理运行费用 10% 以上。

（2）高含盐废水减量化处理及最终处置技术研究

【技术描述】研发针对高含盐废水的浓缩技术、膜法处理及热法处理相关设备及工艺组合，同时进行浓含盐废水回用及最终消纳目标的选择研究，以寻求具有最佳技术经济效益的工艺路线、投资与运行成本。

【应用场景】中央水处理废水深度处理及回用。

【技术类型】√资源综合利用；节能；√减排。

【技术成熟度与可靠度】正在研发阶段，个别单项处理技术较为成熟，需要进一步集成优化，并进行示范。

【预期环境收益】可以达到废水的"近零排放"，最终在钢铁厂内消纳。

【潜在的副作用与影响】投资及运行成本较高，最终产物利用较困难。

【适用性】适用于钢铁企业浓盐水及外排综合污水深度处理后的高含盐水处理处置。

【经济性】应努力实现废水中盐组分与水的同时资源化。

（3）难降解有机污水深度处理及提标改造技术的研究

【技术描述】研究如焦化污水等难降解有机污、废水减量化预处理技术、提标改造技术、深度处理回用技术和回用途径，根据难降解有机污水处理后达到的水质指标、周边用水户对水质的要求，研究难降解有机污水处理回用可选择的技术路线以及最终处置途径，以达到废水"零排放"的目的。

【应用场景】焦化废水处理系统。

【技术类型】√资源综合利用；节能；√减排。

【技术成熟度与可靠度】正在研发阶段，作为主要工艺的污水生物深度处理及高级氧化处理等手段尚未完全成熟。

【预期环境收益】可以大幅减少钢铁企业外排废水的有机物含量，并可以达到废水排放标准，降低钢铁行业的环境污染影响。

【潜在的副作用与影响】投资及运行成本相对较高。

【适用性】适用于钢铁企业焦化废水、冷轧废水等深度处理处置。

【经济性】部分废水可以回用处置，但基本出发点是环境效益。

（4）工业水处理药剂及材料开发

【技术描述】开发循环冷却水、锅炉水、反渗透等系统阻垢剂以及缓蚀剂、杀菌灭藻剂等工业水处理药剂。开发新型纳米功能环境净化及修复材料（混凝剂、絮凝剂，吸附剂，重金属去除、COD 去除药剂等）。

【应用场景】全厂各环节水系统，包括工序水处理系统及中央水处理系统。

【技术类型】√资源综合利用；节能；√减排。

【技术成熟度与可靠度】部分药剂已经成熟，作为一个整体，还有待开发环境影响小、效果显著、成本低的药剂及处理材料。

【预期环境收益】可以降低钢铁企业外排废水量及其污染物量。

【潜在的副作用与影响】部分药剂的利用需要在经济性与处理效果上进行平衡。

【适用性】适用于钢铁企业循环水水质稳定处理、水环境修复等。

【经济性】可以节约水资源，减少废水排放量。

（5）基于矾花图像识别的智能加药技术

【技术描述】混凝沉淀工艺在钢铁企业工序水处理及中央水处理环节大量应用，传统模式下依靠工人定时巡检查看矾花形貌后指导药剂投加，存在不适应水质波动造成出水超标、人力投入大、药剂浪费等问题。通过对人工控制过程的模拟及升级，开发基于矾花图像识别的智能加药技术，利用图像识别、智能算法、机器学习等技术，实现对混凝沉淀工艺无人化智能控制；并且在保证出水稳定连续达标的前提下，大幅降低混凝工艺药剂投加量。

【应用场景】全厂内具有混凝沉淀工艺的水处理系统，具体包括浊循环水处理系统及中央水处理系统。

【技术类型】√资源综合利用；节能；√减排。

【技术成熟度与可靠度】技术已开发，并在钢铁企业示范应用，需要加快推广，并取得更多应用数据的支撑。

【预期环境收益】可以稳定钢铁企业水处理水质，减少药剂投加量。

【潜在的副作用与影响】暂无。

【适用性】适用于钢铁企业混凝工艺智能控制，同时也适用于其他工业行业以及市政领域水处理系统的混凝沉淀工艺。

【经济性】钢铁企业生产废水处理澄清池应用基于矾花图像识别的智能加药技术，实现澄清池的无人化智能控制，水质达标率 100%，与传统人工控制模式相比，药剂投加量节省30%以上。

（6）工业废水膜分离技术

【技术描述】工业废水膜分离技术尤其是有机膜分离技术作为目前水处理领域的新型、高效水处理技术，仍然是国外技术及材料占据主导地位。我国的有机膜产品从寿命、运行指标上与国外产品仍有较大差距。同时可从无机膜的研发与应用上实现超越。

【应用场景】中央水处理厂深度处理及回用系统。

【技术类型】√资源综合利用；节能；√减排。

【技术成熟度与可靠度】已有部分国产无机膜产品开始商业化应用，但作为钢铁企业废水处理的物化处理手段，推广应用不广泛。

【预期环境收益】可以降低钢铁企业外排废水量。

【潜在的副作用与影响】设备投资及运行成本相对较高。

【适用性】适用于钢铁企业外排废水及有机污水的深度处理处置。

【经济性】深度处理废水可以回用。

（7）冷却塔风机智能控制系统

【技术描述】钢铁企业各类循环水系统在使用后均有温度升高，为了重复使用，必须通过冷却塔对其进行降温，满足生产线对循环水水温的要求。冷却塔风机能耗很高，如以全流程钢厂热轧单元为例，其净循环水处理系统冷却塔风机能耗可高达十几万至几十万 kW·h/d，是整个循环水系统能耗的主要组成部分。现阶段对冷却塔风机的控制十分粗放，通常都是由工人根据冷却塔进出水温度，凭经验决策风机开启台数及开启负荷，这种控制方式很可能造成冷却后循环水水温远低于生产线对水温的要求，并不经济，甚至会出现水温太低对冷却系统造成负面影响的情况。开发冷却塔风机智能控制系统，在保证循环水水温满足产线需求的前提下，可减少冷却塔风机整体能耗，节约能源。

【应用场景】钢铁企业循环水系统冷却塔控制。

【技术类型】资源综合利用；√节能；减排。

【技术成熟度与可靠度】正在研发阶段，尚无工程示范。

【预期环境收益】可以降低钢铁企业整体能源消耗量。

【潜在的副作用与影响】需在现有冷却系统基础上增设相关仪表，并能够对冷却塔风机进行精确实时控制。

【适用性】适用于钢铁企业循环水单元冷却塔控制，同时也适用于其他使用冷却塔控制水温的场景。

【经济性】可将钢铁企业循环水系统能耗降低 20%以上，实现对冷却系统的智能控制、减员增效。

6.11.2.4　积极关注的关键技术

（1）难降解有机污水杂环有机物特异性降解菌筛分技术

【技术描述】当前难降解有机污水如焦化污水的生物强化处理缺乏有效的微生物资源库，并且缺乏对于污水复杂的有机物构成造成的微生物系统间协同与拮抗作用的研究，造成生化处理出水很难达到环境及回用的严格要求，同时企业将承受高额的深度处理运行成本。此关键技术针对特定的吡啶、喹啉、吲哚等多种难降解有机物研发其特异性降解菌剂，构建特效微生物菌群，并建立全新优化工艺，最终达成难降解有机污染物的全生物降解。

【应用场景】焦化废水处理系统。

【技术类型】√资源综合利用；√节能；√减排。

【技术成熟度与可靠度】正在研发阶段，有部分示范应用。

【预期环境收益】可以降低钢铁企业外排废水量及有机物量，并降低废水回用的工作环境风险。

【潜在的副作用与影响】生物处理技术调控水平要求高，对运行管理水平要求较高。

【适用性】适用于钢铁企业焦化污水等有机污水深度处理处置。

【经济性】可将焦化污水生化处理工艺运行时间降低约 1/3，并可实现对原有工艺的提质增效。

（2）大型钢铁联合企业节水减排智慧化管理系统

【技术描述】将大型钢铁联合企业的全部水系统，通过自动化控制、智能化、物联网及大数据技术应用的方式，绝大部分完成智慧化、无人化管理及运行，降低新水用量，提高重复利用率，争取达到"近零排放"，建设钢铁行业智慧工厂示范项目。

【应用场景】全厂水系统排水管网及中央水处理系统。

【技术类型】√资源综合利用；√节能；√减排。

【技术成熟度与可靠度】该技术为水系统的全流程节水减排智能管控集成技术的升级，正在研发过程中，待完善及推广应用。

【预期环境收益】通过钢铁企业水系统智能、精细化运行，提高了水系统运行稳定性并降低环保风险，保证环境排放达标并降低钢铁企业外排废水量。

【潜在的副作用与影响】对数据管理及自动化设备依赖性较高，对老厂技术应用存在大量改扩建需求。

【适用性】适用于现代化钢铁联合企业水系统的自动化、互联网化及智慧化管理。

【经济性】可以提高钢铁企业水资源利用水平，降低排水总量并保证环境排放达标，同时减少水处理过程能耗。

6.11.3 固废处理

6.11.3.1 排放和能源消耗

如图 2-6-58 所示，钢铁企业每个环节均会产生固体废弃物，主要包括高炉渣、钢渣、脱硫灰和含铁尘泥，其中吨钢产生高炉渣 300～400kg、炼钢渣 100～150kg、含铁尘泥 100～150kg、脱硫石膏约 30kg，吨钢固废平均产生量为 550～650kg（各企业工艺技术不同会有所差异）。

在高炉渣水淬工艺中，每吨渣耗电约 2kW·h，补充用水约 $0.8m^3$，压缩空气约 $3m^3$。

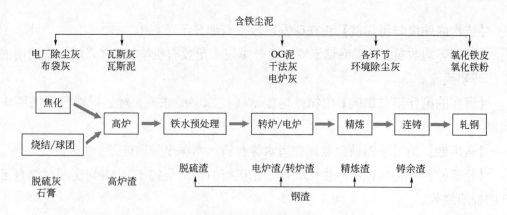

图2-6-58 钢铁企业固废产生环节

国内某钢厂，含锌尘泥的转底炉处理工艺中，处理每吨含锌尘泥需焦炉煤气约150m³，高炉煤气约1500m³，电耗约190kW·h，新水约1.5m³，软水约1.3m³，压缩空气约82m³，氮气约100m³，可回收蒸汽0.65t，综合能耗约160kg（标准煤）。

国内某钢渣热闷处理生产线，处理每吨钢渣水耗约0.4m³，电耗约15kW·h。烟气有组织排放，排放浓度低于10mg/m³。

没有国内外脱硫灰处理相关能源消耗数据。

6.11.3.2　推荐应用的关键技术

钢铁冶金过程产生的固体废弃物主要包括高炉渣、钢渣、含铁尘泥等。目前高炉渣处理利用问题已经得到有效的解决转变为资源，但大量的钢渣、含铁尘泥等冶金固废仍是困扰行业的难题。根据国家战略，现在废弃物的处置技术应围绕生产洁净化、处置高效化展开。

在钢渣处理利用方面，我国的钢渣辊压破碎-余热有压热闷处理工艺及装备，利用熔融钢渣余热喷水产生蒸汽，消解钢渣中的 f-CaO，促进了渣铁分离和尾渣资源化利用，将钢渣的资源化利用率由10%提高到约30%。国内仍有较多钢铁企业采用落后的热泼法工艺，占地大、污染环境，不能完全消解 f-CaO，处理后钢渣稳定性不好，尾渣不能资源化利用。

钢铁冶炼过程中，生产吨钢将产生约35kg 的含锌尘泥固废。由于缺乏有效的处理工艺，这些含锌尘泥固废目前主要的处理方式是：直接返回烧结利用、厂内堆存或外售转移。直接返回烧结利用，由于含锌尘泥中普遍含锌、钾、钠等对钢铁冶炼的有害元素，循环利用会导致有害元素富集，造成高炉炉衬损坏、炉内结瘤、煤气管路堵塞腐蚀等问题，高炉锌负荷高，将严重影响高炉生产顺行和使用寿命。堆存导致区域重金属富集，引起排水重金属超标，造成土壤及水体污染，环境问题突出。外售转移仅是将固废转移，并未得到有效处理，存在极大的环保风险。转底炉技术适用于处理含锌尘泥固废，同时生产过程中不再有新的固废产生，能够彻底将固废尘泥进行资源化利用，近年来已成为钢铁企业首选的含锌尘泥处置工艺。

因此，在钢渣处理技术中宜首先考虑采用钢渣辊压破碎-余热有压热闷等先进的工艺技术及装备，对钢渣进行处理，满足环境排放及资源化利用要求，对流动性好的钢渣也可采用风淬和滚筒法钢渣处理工艺；在冶金尘泥处理方面，宜采用转底炉或回转窑工艺处理，实现钢铁企业含铁尘泥的资源化及高值化利用。

（1）钢渣资源化处理技术

【技术描述】钢渣经渣罐倾翻车倒入破碎床，经辊压破碎后由接渣车，将钢渣送入热闷罐进行有压热闷，热闷后的大块渣钢通过振动筛留在渣跨厂房后返回炼钢，其余尾渣通过胶带机输送至筛分磁选线进行破碎磁选。

熔融液态钢渣由专用容器缓慢倾倒至斜放置的旋转滚筒内，在滚筒内喷水急冷并与滚筒内放置的钢球碰撞、研磨，被破碎成粒度较小的颗粒，之后再用板式输送机排到渣场。

【技术类型】√资源综合利用；√节能；√减排。

【技术成熟度与可靠度】该技术由中冶建筑研究总院有限公司和中冶节能环保有限责任公司研发，共获批国家专利 20 余项，其中 5 项发明专利，形成了专利保护群。以殷瑞钰院士为主任的技术鉴定委员会评价该技术为"国际首创，世界领先"，属于成熟研发成果。已成功应用于河南济源、珠海粤裕丰、沧州中铁、常州东方特钢、江苏镔鑫特钢、首钢曹妃甸、马来西亚关丹等多家钢铁企业二十多条生产线。

宝钢 BSSF 渣处理及综合利用技术全面系统解决了钢渣从处理到利用的一系列技术、工程和产业化难及瓶颈，构建了支撑绿色钢铁的全球最佳钢渣处理技术，累计推广 40 台套，钢渣年处理产能超过 800 万 t，并获得 2010 年度国际钢协技术创新奖，达到国际领先水平。

【预期环境收益】国内某钢渣热闷处理生产线，吨渣电耗降低约 40%；一级除尘可以实现粉尘排放浓度<50mg/m³，二级除尘可以实现粉尘排放浓度<10mg/m³，岗位粉尘可以实现<8mg/m³。

以滚筒工艺占全国市场份额 50% 计算，减少天然资源消耗 3960 万 t/a，减少水泥消耗 630 万 t/a，减少 CO_2 排放 335 万 t/a，有力推动了钢铁行业绿色制造和资源再生利用的技术进步。

【潜在的副作用和影响】该技术的目的是大幅降低钢渣稳定化时间，使其满足后续的资源化利用，是钢渣的一次处理。因此该技术并不涉及后续的利用，只是为后续的利用奠定基础。所以，针对该技术而言，不存在潜在的副作用和影响。

【适用性】可用于所有新建工厂和现有工厂的钢渣处理。

【经济性】江苏镔鑫特钢有限公司钢渣辊压破碎-余热有压热闷处理生产线设计

能力为 70 万 t/a，自 2017 年 5 月投产运行以来，整条生产线运行顺畅，钢渣处理率达到 99% 以上，渣罐倾翻车、钢渣辊压破碎机、渣槽转运台车和钢渣有压热闷罐等设备运行平稳。该项目吨钢渣处理运行费用不到 30 元，平均每年创造营业收入约 1.2 亿元，新增利润约 3000 余万元，新增税收约 1500 余万元，经济效益明显。烟气有组织排放，排放浓度低于 $10mg/m^3$。

（2）炼钢厂含铁固体废弃物资源化利用技术

【技术描述】炼钢厂含铁固体废弃物包括转炉钢渣、含铁尘泥、除尘灰等，这部分资源的回收利用，可从源头实现节能减排。该技术通过钢渣分选、配置转底炉、OG 泥冷压块等技术手段，将渣钢、金属化球团、冷压块、冷固球团等相应产品，返回烧结或作为冷却剂、化渣剂加入转炉工序进行资源化利用。该技术的实施，实现了厂内固体废弃物的自消化，减少了外部排放。

【技术类型】√资源综合利用；√节能；√减排。

【技术成熟度与可靠度】该技术已实现工业化应用，属于成熟技术，在国内宝钢、沙钢、马钢、燕钢、太钢、莱钢等数十家钢厂有系统应用。如宝钢湛江于 2015 年率先实现了含铁尘泥 100% 厂内循环使用；沙钢的转底炉处理含铁、锌尘泥生产线，每年可生产金属化球团 20 万 t，全部用作炼钢原料。

【预期环境收益】实施该技术可获得的主要潜在环境效益在于提高固体废弃物的综合利用率，减少含铁固体废料的排放堆存。

【潜在的副作用和影响】暂无。

【适用性】该技术适用于所有钢铁联合企业的新建工厂或现有工厂。

【经济性】该技术减少物料倒运环节，降低资源和能源的消耗，减少固体废弃物排放。

（3）转底炉处理含锌尘泥关键技术

【技术描述】转底炉处理含锌尘泥关键技术利用煤基直接还原理论，以转底炉为还原反应器，以含碳尘泥球团为原料；原料在转底炉内的高温还原气氛下快速还原，原料中的锌在炉内变成蒸汽从球团内逸出，进入烟气系统再收集回收，经富集后可直接作为次氧化锌产品外售。同时，经过直接还原工艺，原料球团被还原为金属化球团，可作为优质原料进入高炉或转炉。

【技术类型】√资源综合利用；√减排。

【技术成熟度与可靠度】该技术目前在国内属于成熟研发成果，已在唐山燕钢、宝钢湛江、宝钢宝山、首钢京唐等企业应用。结合已投产项目的运行情况来看，该工艺各项指标稳定，工艺可靠。

【预期环境收益】国内某钢铁公司 2 条 20 万 t/a 转底炉生产线，可全量处置其厂内冶炼产生的含锌尘泥，解决了厂内的尘泥污染问题。该生产线生产过程中无液废和固废产生，产生的烟气有组织排放，排放浓度可达到《钢铁企业超低排放改造方案》超低排放要求。

相比高炉长流程，年减排 CO_2 29.4 万 t（折标准煤 11.8 万 t），同时，转底炉处理含锌尘泥生产的金属化产品返回高炉作为原料使用，代替了部分含锌率高的尘泥在高炉内部循环富集，降低了高炉锌负荷，有利于高炉顺行和延长高炉使用寿命。

【潜在的副作用和影响】暂无。

【适用性】可用于所有新建工厂和现有工厂冶炼产生的含锌尘泥处理。

【经济性】某钢铁公司设计能力为 20 万 t/a 的转底炉含锌尘泥生产线，于 2016 年 6 月建成投产，投产后快速达到设计处理能力，整条生产线运行良好，含锌尘泥脱锌率达到 85% 以上，产品金属化率大于 70%。项目年平均运行费用 9000 万，折合吨尘泥约 450 元；项目年产生的可外售产品有直接还原铁球和粉约 13 万 t、粗锌粉约 3500t、蒸汽约 13 万 t，这些产品外售产生的营业收入约 14300 万元/年。综合来看，每年可产生净利润约 5300 万元，经济效益明显。

6.11.3.3　加快工业化研发的关键技术

当前我国工业固废资源化综合利用率还远远低于国际先进水平，基于工业固废治理全过程污染负荷分析的新技术开发需持续推进。未来宜加快工业化的关键技术应主要围绕装备智能化、产品高值化进行研发，重点研发冶炼渣/尘废物有价金属深度分离、重金属解毒关键技术；深入尾矿、钢渣、脱硫石膏等大宗工业固体废物有价元素提取及综合利用技术研究；开发尾渣循环利用、尾渣工业窑炉协同处置利用等关键技术，环保设施智能化运行优化管理技术；开发高温熔渣高效处理及余热回收一体化工艺成套装备及智能化技术，尾渣大批量、高附加值、多途径利用技术，钢铁渣尘全流程梯级回用技术，工业固废处理利用智能化处理技术及装备，典型工业处理的远程一键制操作、多源固废协同处置无害化、热处理资源化处置及全过程污染控制等技术，含铁尘泥厚料层去除有害元素技术。

（1）烧结协同处置固废技术

【技术描述】烧结协同处置固废技术是指利用烧结工艺生产规模大、可容性强、生产过程存在高温过程、配套污染治理系统完备等的特点，在不影响烧结矿生产的情况下进行固废的协同处置，利用高于 1350℃ 的烧结温度场环境燃烧、分解有害固废，同时也对固废中的有益元素如 Fe、C 和烧结矿成矿必需元素如 Ca、Mg 等进行利用，以达到固废无害化处置和资源循环利用的目的。按照固废的来源分类，可将烧结协同处置固废技术可分为协同处置冶金固废和协同处置城市固废。经过多年研究和实践，烧结协同处置钢铁厂区内产生的瓦斯灰、OG 泥等冶金固废和垃圾焚烧飞灰、有机危废等城市固废形成多种技术，如含锌粉尘脱锌烧结技术、粉尘预制粒、飞灰水洗预处理等技术。

【技术类型】√资源综合利用；节能；√减排。

【技术成熟度与可靠度】当前，烧结协同处置固废技术正处于工业化研发的阶段，部分技术如含锌粉尘预还原脱锌后返回烧结技术、粉尘预制粒烧结处置技术等已经在钢铁企业投入应用，取得了一定工业化经验。但具有普遍适用性和显著经济效益的烧结协同处置技术还需要加行工业化研发。未来，随着技术研发和政策制定的完善，烧结协同处置城市固废技术可在 2025 年前实现工业化应用。

【预期环境收益】烧结协同处置技术利用烧结生产规模大的特点，可以处置大量的固废。以一台 $360m^2$ 的烧结机为例，在烧结混合料中添加 0.5%～1.0%的固废，则固废的年处置量可达 1.9 万～3.8 万 t。在不影响烧结生产的前提下，添加比例越大，处置量越大。不仅可以解决烧结厂区内冶金固废的处置问题，还可以协同处置部分城市来源的固废，在尽可能减少资源投入使用的情况下，最大化地回收利用固体废弃产物，减少环境污染，减轻城市固废的治理压力。

【潜在的副作用和影响】烧结处置固废时，虽然可以确保对烧结生产不产生明显影响，但烧结矿的 K、Na、Pb、Zn 等有害元素有可能出现升高，从而对高炉炼铁操作不利。此外，若固废中的 Cl 含量较高，配入烧结也会引起烧结设备腐蚀加重和烟气二噁英含量上升。

【适用性】可用于所有烧结矿生产的新工厂和现有工厂。

【经济性】该技术可以实现提高资源综合利用率，并为企业创造一定经济效益。以钢铁流程固废为例，2018 年据钢铁产量估算钢铁流程产生含锌尘泥量约为 9000 万 t，其中铁金属量、碳含量和锌金属量分别高达 3600 万 t、900 万 t 和 270 万 t，相当于一个特大型铁矿、一个大型煤矿和一个大型锌矿，总价值近 1400 亿元。未来，随着技术研发和政策制定的完善，烧结协同处置城市固废技术可在 2025 年前实现工业化应用。

（2）高温熔渣高效处理及余热回收一体化技术

【技术描述】该工艺技术可以实现钢铁企业高温熔渣的热量回收，避免或降低钢渣中金属铁的氧化，同时实现尾渣性能的改善。该技术中高温熔渣主要指高炉渣和普通碳钢渣，所以，不涉及重金属危险废弃物。

【技术类型】√资源综合利用；√节能；√减排。

【技术成熟度与可靠度】目前，该技术还没有可以提供的结果。

【预期环境收益】目前，该技术还没有可以提供的结果。

【潜在的副作用和影响】暂无。

【适用性】可用于所有新建工厂和现有工厂的高温熔渣处理。

【经济性】目前该技术还没有可以提供的结果。

6.11.3.4　积极关注的关键技术

（1）冶炼渣高温熔融直接还原调质改性无害化处理

在高温熔态条件下对冶炼渣进行直接还原改性，结合不同辅助原料共熔，明确冶炼渣还原、改性过程熔渣熔体的物质特征变化规律，开展熔态体系内液相金属产生、沉积行为特征研究。进行冶炼渣定向调质改性基础研究，实现冶炼渣高附加值利用和重金属固化稳定化协同处置。同时确定冶炼渣熔融适宜的耐火材料。

（2）难处理冶金尘泥和垃圾焚烧飞灰协同资源化

以固废焚烧残余物中原本有害的氯素为氯化剂，在高温下将冶金粉尘和焚烧残余物中的重/碱金属转化为易挥发的氯化物并富集到烟尘中，同时高温降解飞灰中的二噁英，获得合格的钢铁冶金原料和有色冶金原料。研究高温焙烧过程重/碱金属转化-挥发-冷凝机制和二噁英降解机理，研究有价组元溶出行为和逐级分离提取并资源化技术及装备。

（3）典型钢铁尾矿渣灰泥多固废协同处置高附加值利用

针对尾矿、钢尾渣、脱硫脱硝灰等典型钢铁企业固废特点，开展多固废协同预处理技术，解决钢尾渣、$CaSO_3$不稳定，尾矿、尾泥物理形态单一等难以利用难题。通过协同处置、复合配伍、机械化学激发等手段开展多种固废协同制备高附加值产品，如胶凝材料、装配式结构/非结构预制构件、功能填料、场地修复材料、高端涂料等。研究处理利用过程物相转化、胶结机理、强化机制，开发钢尾渣活性激发、脱硫灰氧化、协同处置、高附加值利用技术及装备。

6.11.4　能源介质

6.11.4.1　能源介质的输配及管控

钢铁生产过程实质上是物质、能量以及相应信息的流动与转换过程，其动态运行过程的物理本质是：铁素物质流在碳素能量流的驱动和作用下，按照设定的"程序"，沿着特定的"流程网络"做动态有序运行。实际生产过程中，由于含铁物质流与含碳能量流耦合交错，工序界面连接、匹配程度不一，导致能源消耗影响因素多，能耗水平差异大；煤气、蒸汽、电力等二次能源产生、使用过程动态变化，能源缓存与存储水平各异，给能源的高效管理带来一定难度。因此，围绕钢铁生产能源系统与生产制造耦合紧密，多能源介质转换复杂的工艺特点，以能源的高效转换和精益化运行管理为目标，借助工业大数据分析技术深度挖掘工业生产数据内部的潜在规律，构建智慧能源体系，从而提高钢铁全流程能源系统的管控水平，降低能源介质的放散，提升能效，成为钢铁企业节能降耗的重要手段，是钢铁行业智能化发展和提升管理效益的重要方向。

在钢铁企业中，副产的焦炉煤气、高炉煤气、转炉煤气、蒸汽，以及制备的氧气、氮气、氩气、压缩空气等，是各工序必须要的能源介质。以某年产量 700 万 t 长流程钢铁企业为例，各工序能源介质耗量统计见表 2-6-91。

表 2-6-91　700 万 t 长流程钢铁企业能源介质耗量统计

序号	工序	高炉煤气/(m³/h)	转炉煤气/(m³/h)	焦炉煤气/(m³/h)	氧气/(m³/h)	氮气/(m³/h)	氩气/(m³/h)	蒸汽/(t/h)	压缩空气/(m³/min)
1	原料								360
2	焦炉	386199		24356	1500	2400			250
3	球团			18700					150
4	石灰					2510			190
5	烧结			16480		400		84	300
6	高炉	799170			72600	52060		15	230
7	炼钢			10490	89510	66470	1430	69	190
8	连铸			5560	3960	150	150		132
9	轧钢	503790						4	830
10	其他	1730799	34240	203430	2350	11760	80	32	120
	小计	3419958	34240	279016	169920	135750	1660	204	2752

从上表可知，全流程钢厂能源介质的输配和管控的量大，输配和管控的手段、措施、装备水平的先进与否，决定着能源介质输配和管控效率和质量。

目前钢铁企业能源介质管理仅对介质的产耗进行粗放的管控，与各工序生产信息关联并不紧密，导致能源介质调度滞后、被动、低效。钢铁企业能源介质的输配和管控，主要包括能源介质输配设施和管控水平的提升两方面。

6.11.4.2　推荐应用的关键技术

（1）单段膜型煤气柜

【技术描述】国内外钢铁行业中，干式煤气柜已经广泛应用于焦化、炼铁及炼钢等工艺副产煤气的储存、缓冲和回收利用。主要的柜型有曼型柜（M.A.N）、新型柜和膜型柜（威金斯）。曼型柜及新型柜主要用于高炉煤气及焦炉煤气的储存，而两段式膜柜用于转炉煤气的储存。近年来，随着关键设备橡胶膜生产能力的提高和性能改进，经过各大科研院所的技术攻关，大型高压化单段膜型煤气柜的技术已经成熟，并逐步得到越来越多的推广和应用。单段膜型煤气柜采用单段式橡胶膜作为主要密封构件，而其活塞系统也为单段，没有 T 挡板及下部台架，由侧板、立柱、活塞、柜顶、柜底板及抗风桁架和楼梯等附件组成。橡胶膜上端连接在柜体侧板内侧中部，下端连接在活塞底部，构成一个密封空间储存煤气。与传统两段膜型柜一样，其具有能储存高含尘量煤气介质、活塞运行速度快、吞吐量大、耐温性能优秀的优势；与之相比，更具有储气压力稳定，适合高压化、操作维护更简单等特殊优点；与曼型柜和新型柜相比，其具有密封性能好、运行费用低、操作维护方便、没有密封油系统和含油废水的排放、更加经济环保等优点。

【技术类型】×资源综合利用；√节能；√减排。

【技术成熟度与可靠度】该技术属于成熟研发成果，已实现工业化应用，2000年以来，欧、美、印度等市场已有大规模应用；近年以来，国内单段膜型煤气柜的应用也越来越广泛，包括宝钢、梅钢、莱钢、罗源钢铁等企业均已有投产在用案例。根据投产运行情况，特别是在转炉煤气和 15 万 m^3 以下高炉煤气的储存上，大量实践证明，运行情况良好，性能可靠，工艺和装备水平已达到国际先进水平。据粗略统计，国内各设计及施工单位累计申请相关发明及实用新型专利 40 项以上，具备完善的自主知识产权。近十年来，该设备在国内钢铁行业从无到有逐步发展，近 3~5年来占到新建煤气柜数量的近 10%并持续提升，市场接受度越来越高；在欧美及印度等国外市场，单段膜型煤气柜已占到钢铁行业新建煤气柜的 60%~70%。焦炉煤气耐受性橡胶膜产品，未来在焦炉煤气的储存上将有比较大的应用前景。

【预期环境收益】以 12 万 m^3 高炉煤气柜为例，每年预计可减少排放二氧化硫约20~30t、氮氧化物 15~20t、一氧化碳约 80~100t、粉尘约 150~200t，具有显著的环境收益。与稀油密封型煤气柜（曼型柜和新型柜）相比，由于单段膜型煤气柜没有密封油系统，运行过程中没有动力消耗，折合每年运行费用能够节约密封用油及电能等能源消耗（50~100）万；更由于运行过程中没有含油废水的产生和处理，每年预计减少含油废水的排放约 300~500t，环境效益极佳。

【潜在的副作用和影响】暂无。

【适用性】可用于钢铁行业高炉煤气及转炉煤气的储存，也适用于市政、化工等行业中各种低压燃气介质的储存。由于焦炉煤气杂质含量高，成分复杂，焦炉煤气的储存需进行脱硫、脱萘、除焦油等精制后方可使用，并且煤气柜使用寿命较短。

【经济性】以 12 万 m^3 单段膜型高炉煤气柜为例，投资成本约为（3000~4000）万元。活塞运行速度超 5m/min，比通常的高炉煤气柜（新型柜）活塞速度提高了一倍；大大提升了煤气管网突发事故工况的适应能力，有效降低了高炉煤气系统的放散率，确保管网压力的稳定；改善煤气用户的使用条件及效率，通过错峰发电及降低煤气放散率等，预计每年创造约（700~800）万的经济效益；减少废气放散、减少密封油系统及含油废水的排放，使自然环境更佳。

（2）钢企气体能源输配动态仿真及管网规划技术

【技术描述】根据钢厂气体能源介质通过相应管网从产生端到消耗端的输送、储存、转换等运行规律，利用图论有向图原理及流体流动基本定律，建立气体能源介质管网运行仿真模型，通过多方案、多工况场景的模拟计算，为能源介质管网的科学规划、精准配置以及建设、运行优化提供数据支撑。

【技术类型】×资源综合利用；√节能；√减排。

【技术成熟度与可靠度】该技术属于成熟研发成果，已申请发明专利 2 项（1 项授权）、实用新型专利 1 项（已授权）。管网模拟仿真平均误差达到±5%以内，已实现工业化应用，在国内部分钢厂的煤气、蒸汽管网新建、改造设计以及已建成管网的运行诊断、优化中得到应用，但目前市场占有率还不大，应用前景较大。

【预期环境收益】该技术可针对管网的新建、改造设计及运行配置提供科学指导，提升能源介质输配系统柔性，为能源调配提供优化空间，改善能介输配和实际生产的匹配性，包括：

① 合理选配煤气柜、蒸汽蓄热站、发电厂等能介缓冲设施的能力、总图布置，优化布置管网路由等。

② 以降低输配阻损、投资为目标，合理确定管网的连接方式、管径。

③ 以降低输配温降、保温投资为目标，合理确定管道保温材料及厚度。

④ 以调控效果为目标，配置合理的检测、调控设施和调控参数。

通过上述优化，可以减少能源介质不必要的放散，提高能源输配、利用效率，减少外部能源购买成本。

南京钢铁厂应用该技术对高炉煤气管网改造方案进行优化，有效减少了管网压力波动范围，棒材、烧结等用户煤气能源单耗可降低 0.11GJ/t，煤气放散总量下降约 30%，平均放散量减少 $1608m^3/h$，转化为发电效益约 204 万元/年。

宝钢中压蒸汽管网采用该技术进行供汽调节方案优化，与现有运行方案相比减少管网蒸汽输送㶲损 7%，降低管网蒸汽冷凝损失 20%以上，用户端蒸汽压力提高约 3%。

该技术还可以针对煤气管网应急预案制订、煤气放散压力阈值及煤气水封压力等级的科学配置，有效避免大用户紧急关停等事故造成煤气泄漏等安全、环境事件发生。

【潜在的副作用和影响】暂无。

【适用性】该技术适用于各类型钢厂新建及老旧厂区改造，尤其对于长流程、二次能源种类多的钢铁企业。

【经济性】该技术只需增加系统少量设计费用成本，与传统设计费用相比提高30%，基本不增加硬件投资，对于新建或改造方案优化，或能减少管网建设投资。该技术的应用可减少能源介质放散，如南钢每年减少高炉煤气不必要的放散约 1400万 m^3，减少环境污染；同时，可提高能源利用率，每年可为企业节约能源成本几百到上千万元。

（3）企业环保智能化管控平台

【技术描述】企业环保智能化管控平台是指通过物联网、大数据、云计算等信息与通信技术，通过高度感知的环保基础环境，构建环保智能化管控平台，全面实施环保监控，实现污染源以及周边环境等及时、互动、整合的信息感知、传递和处理，实施环保设施智能运维以及环保职能管理及环保数据信息化，实现环保与生产的智慧联动，以更加精细和动态的方式实现环境管理和决策。

【技术类型】×资源综合利用；×节能；√减排。

【技术成熟度与可靠度】企业环保智能化管控平台涵盖内容较多，属于正在不断发展的技术。

目前已实施情况来看，企业以及工业园区现有的环保智能化系统主要以环境监测系统为主，涵盖污染源在线监测数据、排放口信息等内容，在宝武集团宝钢股份、湛江钢铁等企业和工业园区都有广泛应用，这一层面的应用主要是属于排放数据监控及预警。

危险废物及固体废物管理系统、排污许可台账管理系统等属于在企业环境管理方面应用，湛江钢铁正在实施，此类应用主要针对目前排污许可及危险废物环境管理要求，对环保业务进行了精细化和高效管理，实现信息化管理。

按照国家及地方对钢铁行业超低排放中无组织排放治理的要求，依托监测视频监控技术、智能识别、物联网技术等，以人工智能为核心，实现无组织排放数据获取、传输、分析、处理、评价、决策服务、系统自学习以及治理的闭环运行，构建无组织粉尘排放管控治一体化系统。武安裕华钢铁公司建成了全国首套钢铁行业无组织智能管控治一体化平台。此类应用属于环保管控的智能化应用范畴。

随着国家排污许可、钢铁企业超低排放等要求的实施，企业环保智能化管控平台的建设需求日益增加，环保智能化管控平台将不限于环保数据监控及预警、环保业务信息化，更强烈的需求来源于污染物管控治一体化系统、生产过程智慧环保监控、环保与生产智能联动等综合服务方面。

【预期环境收益】企业环保智能化管控平台使企业环保管理能够实现合法合规和精细高效的结合，对废气、废水、噪声、固体废物进行监控和控制，降低污染物排放量，保障区域环境质量。

【潜在的副作用和影响】暂无。

【适用性】该技术适用于各类型钢厂新建及老旧厂区改造。

【经济性】环保智能化管控能够实现环保设施智慧运行，降低环保设施运营成本。环保智能化管控下一步目标是能够实现环保数据与生产数据联动，通过大数据分析、云计算等方式，寻求生产与环保排放数据潜在关联，促进生产成本优化和污染物进一步减排。

6.11.4.3 加快工业化研发的关键技术

钢厂能源流与物质流动态耦合优化调配技术。

【技术描述】围绕钢厂能源系统与生产制造耦合紧密、多能源介质转化复杂的特点，以建立能源管控与钢铁生产制造信息融合的数据平台为基础，以机理建模、大数据分析等手段构建充分反映物质流、能量流相互耦合以及多能源介质协同转化的能源系统数字孪生，并结合智能算法形成钢厂能源流与物质流动态耦合优化调配技术，根据钢厂生产过程中能源的产生、分配和消耗的实时动态，及时提供能源优化调配方案，保证生产过程能源的供需平衡，并最大限度减少二次能源放散和能源外购，实现能源的配置最优和节能降耗。

【技术类型】×资源综合利用；√节能；×减排。

【技术成熟度与可靠度】该技术处于研发阶段，相关专利数量还不多，正在进行工业应用推广，少量钢厂开始进行工业示范，如沙钢、韶钢。

【预期环境收益】通过实施该技术可以提高全厂能源的动态优化配置，保障生产所需能源的平稳供应、减少能源介质的放散和外购能源成本，直接的环境效益表现在减少煤气、蒸汽等能源介质的放散损耗，同时根据发电机组优化配置提高企业自发电率，减少外购电成本；间接的环境效益包括稳定能源供应波动，提高用能端的能效，如加热炉充分燃烧，减小烟气排放环保压力。

【潜在的副作用和影响】暂无。

【适用性】该技术适用于各类钢铁企业，特别对于长流程、大规模企业，由于能源介质种类多、产耗量大、转换关系复杂，其优化空间更大，产生的效益更明显。

【经济性】该技术属于智能化提升技术，因其实施应用需要大量的数据基础，其投资大小与企业本身的信息化基础相关，不考虑对现有信息化基础改造其投资约为（600~1000）万元，根据沙钢目前应用的多介质能源耦合优化调度效益测算，单月煤气发电收益可提高 80 万元，吨钢综合能耗下降 5.24kg（标准煤）；韶钢应用煤气智能管控技术，通过潮流仿真、调度预演等功能实现了煤气系统的精细化管理，高炉煤气、焦炉煤气放散率较前一年分别降低 0.179%和 0.103%，预期全年吨钢综合能耗可降低 4kg（标准煤）。

6.11.4.4 煤气的高效利用

（1）排放和能源消耗

（1.1）煤气资源流入流出类型　钢铁生产产生大量的副产煤气，主要包括焦炉煤气、高炉煤气、转炉煤气。

三种煤气的来源、典型热值成分详见表 2-6-92。

表2-6-92 三种煤气来源、典型热值及成分表

项目	焦炉煤气	高炉煤气	转炉煤气
来源	煤在焦炉绝氧的状态下炭化、干馏产生	铁矿石和焦炭在高炉中发生还原反应产生	氧气转炉冶炼钢水时产生
热值	$16000 \sim 1930 kJ/m^3$	$3000 \sim 3800 kJ/m^3$	$6000 \sim 8400 kJ/m^3$
主要成分	CO: 6%~9%; CO_2: 2%~3%; N_2: 2%~4%; H_2: 56%~60%; CH_4: 22%~26%; O_2: 0.4%~0.6%; C_mH_n: 2%~4%	CO: 20%~26%; CO_2: 14%~26%; N_2: 57%~59%; H_2: 1%~4%; CH_4: 0.3%~0.8%; O_2: 0.3%~0.8%	CO: 45%~66%; CO_2: 16%~21%; N_2: 17%~27%; H_2: 1%~3%; CH_4: 0.1%~0.6%; O_2: 0.1%~0.3%; C_mH_n: 0.1%~0.3%

副产煤气约占企业耗能总量的 30%～40%，副产煤气的合理利用直接影响企业的能耗水平。副产煤气除供应到钢铁生产各工序作为燃料外，目前剩余的副产煤气主要用作燃气发电，剩余的副产煤气利用价值偏低。剩余煤气的高效资源化利用，不仅有利于降低钢铁厂单位产品的能源消耗和污染物排放，还可以与石化行业形成工业生态链，产生新的经济效益和社会效益，具有重要的意义。

副产煤气资源化利用的输出产品主要包括 H_2、CO、CO_2、液化天然气、甲醇、乙醇、乙二醇、合成氨等。

副产煤气主要利用途径见图 2-6-59。

（1.2）主要环境影响

1）废水 煤气高效利用过程中，正常运行时装置产生的废水主要是原料气中的饱和水凝析出来形成的液体，以及脱硫系统产生的脱硫排污水，均送污水处理中心集中处理。

2）废气 煤气高效利用过程中，正常运行时无废气排放，在事故或特殊情况下有可燃气体排放，排放气体经过火炬系统燃烧后达到排放要求，开停车置换的煤气、氮气直接排向大气。吸附过程产生的含硫再生气由管道输送至煤气管网作为燃料。

3）噪声 煤气高效利用过程中，主要噪声源为加压机、压缩机、泵等设备产生噪声，以及高速气流与管道摩擦产生噪声，通过优化流程，设置消声器、隔声包扎等满足噪声环保要求。

4）固废 煤气高效利用过程中，产生的固废为装置废弃吸附剂，可回收处理。

（1.3）全厂煤气的输入输出能源量 表 2-6-93 为某典型长流程钢厂的煤气平衡简表。

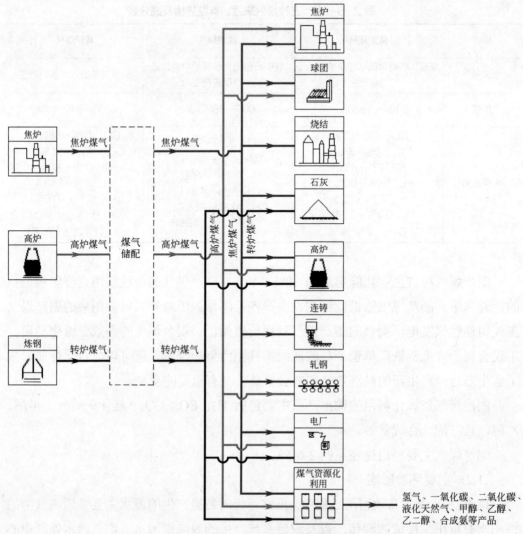

图 2-6-59　副产煤气主要利用途径

表 2-6-93　某长流程钢厂煤气平衡简表

序号	名称	生产量	单产煤气（单耗煤气）	煤气热值	煤气种类	年总产煤气（年总耗煤气）	比例
		万 t/a	GJ/t	kJ/m³		万 GJ/a	
1	煤气发生						
1.1	焦炉	210	7.52	17900	COG	1579.2	30.52%
1.2	高炉	600	5.09	3350	BFG	3054	59.01%
1.3	炼钢	712.8	0.76	7200	LDG	541.7	10.47%
	发生合计					5174.9	100%

续表

序号	名称	生产量	单产煤气（单耗煤气）	煤气热值	煤气种类	年总产煤气（年总耗煤气）	比例
		万 t/a	GJ/t	kJ/m³		万 GJ/a	
2	煤气消耗						
2.1	焦化	210	0.91	17900	COG	191.1	14.65%
			2.7	3350	BFG	567	
2.2	球团	180	0.81	17900	COG	145.8	2.82%
2.3	烧结	869.5	0.15	18820	COG	130.4	2.52.%
2.4	高炉	600	0.02	18820	COG	12	22.96%
			1.96	3350	BFG	1176	
2.5	炼钢	712.8	0.11	17900	COG	78.4	1.51%
2.6	连铸	695	0.06	17900	COG	41.7	0.81%
2.7	大 H 型钢	220	0.97	3350	BFG	213.4	4.12%
2.8	中 H 型钢	180	0.98	3350	BFG	176.4	3.41%
2.9	中小 H 型钢	140	0.98	3350	BFG	137.2	2.65%
2.10	小型钢	120	0.91	3350	BFG	109.2	2.11%
2.11	矿渣微粉	90	0.54	3350	BFG	48.6	0.94%
	消耗合计					3027.2	58.50%
3	剩余煤气					4847.7	41.50%

注：表中 COG 为焦炉煤气，BFG 为高炉煤气，LDG 为转炉煤气。

结果显示，年产 700 万 t 钢厂生产消耗的煤气占 58.5%，剩余煤气占 41.5%，剩余煤气的高效资源化利用具有十分重要的意义。

（2）推荐应用的关键技术

(2.1) 焦炉煤气深加工实现高附加值利用技术

【技术描述】焦化企业炼焦生产出的副产品焦炉煤气，热值较高，早些年主要用作燃料，如民用燃气、工业燃气或者发电。焦炉加热使用燃料，在钢铁联合企业主要使用高炉煤气；在独立焦化企业，主要使用自产焦炉煤气。

近年来，新建钢铁联合企业对焦炉煤气这种高热值煤气的需求日益减少，焦炉煤气出现富余；在独立焦化企业，加热焦炉外的剩余焦炉煤气需寻找出路。同时，将焦炉煤气作为燃料，未能充分发挥其富含 55%～60%氢气及 23%～27%甲烷的特性，经济效益不显著，未能实现高附加值利用。利用焦炉煤气进行深加工，制氢或生产清洁燃料 LNG，不仅能解决多余焦炉煤气的利用问题，具有良好的经济效益，同时还有利于节能减排。

焦炉煤气制氢是以焦炉煤气为原料，经过粗脱、压缩、预处理以及多段变压吸附（PSA）的工艺，以提取产品氢气。

焦炉煤气制 LNG 工艺，先经过预处理、加氢等净化工序，深度净化脱除煤气中的硫等杂质，然后在催化剂的作用下将煤气中的 H_2、CO 及 CO_2 合成转化成甲烷，甲烷经低温液化后得到产品 LNG。

【技术类型】√资源综合利用；×节能；√减排。

焦炉煤气高附加值利用技术已列入国家发改委《产业结构调整指导目录（2019 年本)》钢铁鼓励类。

【技术成熟度与可靠度】该技术属于成熟应用阶段，已实现工业化应用，在独立焦化企业应用较多，如内蒙古恒坤化工、河南京宝新奥能源等多家企业，利用焦炉煤气生产 LNG；如武钢焦化、七台河宝泰隆利用焦炉煤气提氢。但钢铁联合企业应用较少。

【预期环境收益】该技术可避免将焦炉煤气直接作为燃料燃烧，减少 CO_2 排放。

【潜在的副作用和影响】暂无。

【适用性】以焦炉煤气为原料制取氢气的工艺技术，多与其他加氢、用氢的生产工艺配套应用，如粗苯精制（苯加氢）、焦油加氢、焦炉煤气制乙二醇等。

该技术最适用于独立焦化企业，解决剩余焦炉煤气的利用问题。

【经济性】以焦炉煤气为原料制取的产品氢气，可用于其他加工用原料，也可作为产品直接销售，是目前所有技术中成本最低的氢供应方式。提取氢气后的解吸气，可掺混到回炉煤气作为焦炉的燃料气。

以处理 4.7 万 m^3/h 焦炉煤气为原料生产 LNG 为例，生产 LNG 约 113600t/a，项目建设投资约 5 亿元，项目投资财务内部收益率（税前）约 19.9%。

与直接作为燃料相比，用焦炉煤气生产氢气、LNG 或其他化工产品，可使其附加值提升近 1 倍或更高。

(2.2) 焦炉煤气（及转炉煤气、高炉煤气）制取液化天然气技术

【技术描述】焦炉煤气中含有约 26%的甲烷等烯烃，可直接分离液化出焦炉煤气中的甲烷等烯烃得到液化天然气（LNG）；还含有接近 60%的 H_2 和约 10%的 CO

和 CO_2，可通过甲烷化，将原料气中的 CO 和 CO_2 与 H_2 反应生产甲烷和水，增加液化天然气的产率；由于焦炉煤气中 H_2 含量远大于 CO 和 CO_2 含量，即使通过甲烷化后，还剩余大量 H_2，采用向焦炉煤气中补充 CO 或 CO_2，可进一步提高 LNG 的收率，甲烷化时 CO 比 CO_2 消耗的氢气少，故最好补充 CO 含量高的转炉煤气，当无剩余转炉煤气时，也可补充高炉煤气。

液化天然气热值高，是一种高能清洁燃气，同时也是重要的化工原料。

经过粗脱硫的焦炉煤气与经过增压、预处理的转炉煤气或高炉煤气混合后经煤气压缩机压缩，加压后的混合煤气进入预处理工序除去苯、萘、焦油、氨及其他重烃化合物等。净化后的混合煤气再进入煤气压缩机进行二次压缩，然后进入加氢脱硫工序将有机硫转化为无机硫后一并脱除，自加氢脱硫工序来的原料气进入甲烷化反应器，在催化剂的作用下，CO、CO_2 与 H_2 发生甲烷化反应，甲烷化反应属于强放热反应，副产高压饱和蒸汽。来自甲烷化工序的甲烷化气体进入干燥工序吸附水分干燥后进入深度净化工序，将原料气中可能含有的微量汞脱除，然后送液化工序进行液化分离，最终以 LNG 形式出冷箱，通过低温管道输送至 LNG 储罐储存，生产 LNG 后剩余排放气作为预处理等工序的再生气源，再生后的解析气返回煤气管网作为燃料使用。

【技术类型】√资源综合利用；×节能；√减排。

【技术成熟度与可靠度】该技术属于成熟研发成果，已实现工业化应用。

【预期环境收益】预计实现钢铁企业减少 CO_2 排放量 1%。

【潜在的副作用和影响】暂无。

【实用性】可用于有一定量富余煤气的钢铁企业。

【经济性】产品及原材料的价格对其经济性起着决定性影响，以 $40000m^3/h$ 焦炉煤气补充转炉煤气制 LNG 为例，LNG 价格按 3600 元/t 计算，不考虑原料气成本的前提下，单位焦炉煤气收益约 0.94 元/m^3。

(2.3) 煤气合成甲醇等化工产品技术

【技术描述】转炉煤气 CO 含量高、焦炉煤气 H_2 含量高，通过合成，生产甲醇等化工产品。甲醇是极为重要的有机化工原料，在化工医药轻工纺织及运输等行业都有广泛的应用，其衍生物产品发展前景广阔。

经过粗脱硫的焦炉煤气与经过增压、预处理的转炉煤气混合后经煤气压缩机压缩，加压后的混合煤气进入预处理工序除去苯、萘、焦油、氨及其他重烃化合物等。净化后的混合煤气再进入煤气压缩机进行二次压缩，然后进入加氢脱硫工序将有机硫转化为无机硫后一并脱除。再经过甲烷转化，将甲烷转化为 CO、CO_2 和 H_2，然后送入甲醇合成压缩机进行压缩后进入甲醇合成工段，生成的粗甲醇送再经过精馏得到甲醇产品。再生后的解析气返回煤气管网作为燃料使用。

【技术类型】√资源综合利用；×节能；√减排。

【技术成熟度与可靠度】该技术属于成熟研发成果，已实现工业化应用。

【预期环境收益】预计使用该技术，能够实现钢铁企业减少 CO_2 排放量 1%。

【潜在的副作用和影响】暂无。

【实用性】可用于有一定量富余煤气的钢铁企业。

【经济性】产品及原材料的价格对其经济性起着决定性影响，以 40000m³/h 焦炉煤气补充转炉煤气制甲醇为例，甲醇价格按 2000 元/t 计算，不考虑原料气成本的前提下，单位焦炉煤气收益约 0.96 元/m³。当制甲醇并联产 LNG 时，一般效益会更好。

(2.4) 焦炉煤气制氢气联产 LNG 技术

【技术描述】焦炉煤气中含有约 26%的甲烷等烯烃，直接将甲烷等烯烃分离液化得到 LNG，剩余的富氢气体经过 PSA 吸附得到产品氢气，向化工企业供应氢气，作为化工产品的原料气。

原料焦炉煤气首先经过除油脱硫单元，采用电捕焦油器脱除绝大部分焦油后，再进入粗脱硫塔脱除绝大部分无机硫；初步净化的焦炉煤气经煤气压缩机压缩，加压后的焦炉煤气进入预处理工序除去苯、萘、焦油、氨及其它重烃化合物等；净化后的焦炉煤气再进入煤气压缩机进行二次压缩，然后进入加氢脱硫工序将有机硫转化为无机硫后脱除，自加氢脱硫工序来的原料气进入 MDEA 脱碳工序，脱除原料气中的 CO_2，来自脱碳工序的原料气进入干燥工序吸附水分干燥后进入深度净化工序，将原料气中可能含有的微量汞脱除，然后送液化工序进行液化分离，最终一部分以 LNG 形式出冷箱，通过低温管道输送至 LNG 储罐储存，生产 LNG 后剩余的富氢气经过 PSA 吸附得到产品氢气，其余气体作为预处理等工序的再生气源，再生后的解析气返回煤气管网作为燃料使用。

【技术类型】√资源综合利用；×节能；√减排。

【技术成熟度与可靠度】该技术属于成熟研发成果，已实现工业化应用。

【预期环境收益】主要是与石化行业形成工业生态链，减少石化行业本身的制气装置，从而减少原材料消耗及碳排放。

【潜在的副作用和影响】暂无。

【适用性】可用于有一定量焦炉煤气富余，且周边化工企业有用氢需求的企业。

【经济性】产品及原材料的价格对其经济性起着决定性影响，以 40000m³/h 焦炉煤气制氢气联产 LNG 为例，氢气价格按 1 元/m³，LNG 价格按 3600 元/t 计算，不考虑原料气成本的前提下，单位焦炉煤气收益约 0.99/m³。

（3）加快工业化研发的关键技术

冶金煤气深加工实现高附加值利用技术。

【技术描述】以钢铁企业的焦炉煤气、高炉煤气或转炉煤气为原料,制取乙二醇、乙醇等化工产品,实现冶金煤气高附加值低碳应用。

焦炉煤气中含有较多的氢,而高炉煤气或转炉煤气含有较多的碳源。乙二醇的生产原料主要是 H_2、CO 和 O_2,CO 偶联得到草酸二甲酯,然后将草酸二甲酯加氢制得乙二醇。利用冶金煤气生产乙醇,主要有生物发酵法制乙醇、合成气-甲醇-乙酸-乙醇(或合成气-甲醇-乙酸-乙酸乙酯-乙醇)、合成气-甲醇-二甲醚-乙酸甲酯-乙醇等技术路线。

【技术类型】√资源综合利用;×节能;√减排。

该技术已列入国家发改委《产业结构调整指导目录(2019 年本)》钢铁鼓励类。

【技术成熟度与可靠度】以煤制气产生的合成气为原料生产乙二醇的工艺技术,已实现工业化应用,如山东华鲁恒化工升股份有限公司先后投产两套装置,规模分别为年产 5 万 t 和 50 万 t。

以冶金煤气为原料生产乙二醇的主要工艺路线与煤制乙二醇基本相同,只是氢气和一氧化碳来源及净化方式不同,可靠度较高。该技术处于研发阶段,到 2020 年中为止,尚无投用报道。

以合成气 H_2、CO 和 O_2 制乙醇,三条技术路线均有工业装置投产:生物发酵法制乙醇在首钢京唐投产,醋酸法制乙醇在南京、唐山均有投产,二甲醚羰基化加氢制乙醇已在陕西投产。

【预期环境收益】该技术可合理利用冶金煤气,避免直接作为燃料,造成污染环境,减少 CO_2 排放。

【潜在的副作用和影响】暂无。

【适用性】该技术适用于钢铁联合企业。

【经济性】以处理 4.2 万 m^3/h 焦炉煤气为例,可生产乙二醇 13 万 t/a,并联产 4.5 万 t/a 合成氨,项目建设投资约 9.2 亿元,项目投资财务内部收益率(税前)约 20.7%。

年产钢 1000 万 t 的钢铁联合企业剩余各种煤气可配套生产 100 万 t 乙醇,年产值达 50 亿元以上。

(4)积极关注的关键技术

暂无。

6.11.4.5 余热的回收及利用

(1)排放和能源消耗

(1.1)工艺单元物质流入和流出类型

1)流入 我国钢铁工业的余热和显热耗能占总能耗的 1/3 左右,可回收的余热资源十分丰富。按照余热源的温度,可以分为高温余热、中温余热和低温余热,统计结果表明,在我国大中型钢铁企业中,高、中、低温余热的量分别为 3.36GJ/t(钢)、2.19GJ/t(钢)和 2.89GJ/t(钢),其总量为 8.44GJ/t,相当于 287kg(标准煤)/t(钢)。

按余热资源的分布情况可以分为:排气余热、高温产品和炉渣的余热、冷却介质的余热、废气余热、废汽余热和废水余热等,其中,排气余热多为排出废气带走的热(包括高、焦、转炉煤气的显热),占余热资源总量的一半左右,温度范围差别大。

钢铁企业各工序余热资源及利用情况见图 2-6-60。

高	●红焦显热 ●焦炉煤气 化学热 ○荒煤气 显热		●高炉煤气 化学热 ●炉顶余压 ○熔渣显热	●转炉煤气 化学热 ●转炉煤气 高温显热 ○熔渣显热 ○电炉烟气	※炉窑高温 烟气	
中		※烧结矿中 温显热 ○烧结机中 温烟气	●热风炉 烟气	○转炉煤气 中温显热 ○连铸坯辐 射热	※炉窑中温 烟气 ○板坯辐 射热 ※汽化冷却	○放散蒸汽 ○蒸汽余压
低	○焦炉烟气 ○氨水	○烧结矿低 温显热 ○烧结机低 温烟气	○冲渣水 显热 ○热风炉低 温烟气	○转炉煤气 低温显热 ○连铸坯辐 射热	○炉窑低温 烟气 ○各类冷 却水	○钢炉排烟 ○冷凝水 ○熔烧烟气
	焦化	烧结	高炉	炼钢	轧钢	公用

图 2-6-60　钢铁企业各工序资源及利用情况

●大部分回收;※部分回收;○基本未回收

2)流出　钢铁企业余热利用流出,主要是通过蒸汽或者热水回收并输送至热用户。钢铁企业内余热资源流入及流出情况如图 2-6-61。

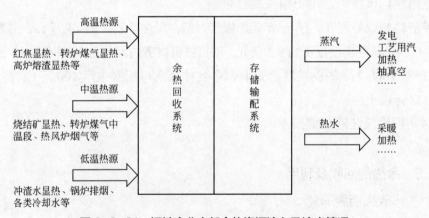

图 2-6-61　钢铁企业内部余热资源流入及流出情况

钢铁企业余热资源具有以下特点,影响其回收和利用。

① 余热回收的蒸汽参数低　目前,钢铁企业的余热资源中,利用余热产生蒸汽

的主要技术有干熄焦技术、烧结矿环冷余热发电技术、转炉煤气汽化冷却系统、电炉烟气余热回收系统和加热炉汽化冷却系统等。

表 2-6-94　钢铁企业余热蒸汽的典型参数表

余热蒸汽种类	温度/℃	压力/MPa	是否过热
干熄焦	540	9.8	是
烧结环冷	375	2.0	是
转炉煤气	240	3.2	否
电炉烟气	210	2.0	否
加热炉烟气	188	1.3	否

由表 2-6-94 可知，按照目前国内钢铁企业余热的回收技术水平，回收余热蒸汽的参数普遍较低，后续余热蒸汽的使用范围受到限制，且热能转化为动能等其他形式的能的效率较低。

② 余热分散　钢铁企业中余热资源分布分散，且回收的余热较多为饱和蒸汽，导致饱和蒸汽输送过程凝结水多，极大影响余热蒸汽的合理使用。

③ 余热不连续　由于钢铁工艺的特点，余热资源不连续，回收的余热具有间歇性、波动性和周期性，不利于后续的高效利用。

(1.2) 工艺单元的主要环境影响

1) 废水　钢铁企业余热回收过程中，产生的废水主要是余热锅炉系统的排污，排污水统一处理，不会造成环境污染。

2) 废气　余热回收过程中不会产生废气。

3) 噪声　余热回收的蒸汽如不能并网，通过排汽消声器排放会导致噪声问题，因此，应该重视余热锅炉的蒸汽参数，并通过对全厂蒸汽输配的优化改善管网蒸汽参数的稳定性，提升蒸汽回收利用率并减少噪声产生。

4) 固废　余热回收过程中不产生固废。

5) CO_2　余热回收过程不产生 CO_2 排放。回收余热资源可以替代部分一次燃料，因此余热回收是钢铁企业降低 CO_2 排放量的有效措施。

(1.3) 钢铁主要流程单位产量的输入输出能源量

某典型钢铁企业主要工序余热资源及利用方式如表 2-6-95 所示。

表 2-6-95　钢铁企业主要工序余热资源及利用方式

余热余能种类	温度/℃	热量/[kg(标准煤)/t]	㶲/[kg(标准煤)/t]	利用技术
焦炭显热	1050	18.56	10.6036	干熄焦（CDQ）余热发电
炼焦烟气显热	1300	2.92	1.796	—

余热余能种类	温度/℃	热量/[kg (标准煤)/t]	㶲/[kg (标准煤)/t]	利用技术
焦炉煤气显热	745	6.19	3.0737	焦炉煤气回收利用（煤调湿技术）
烧结矿显热	790	23.9	12.18	烧结矿环冷余热发电
烧结烟气显热	320	42.6	13.26	烧结余热发电
石灰显热	150	0.33	0.05	—
石灰烟气显热	200	3.02	0.6656	石灰回转窑尾气余热利用技术
高炉铁渣显热	1450	12.33	8.0149	高炉渣处理技术
热风炉烟气显热	290	12.49	4.3239	主要通过热交换器
转炉煤气显热	1200	6.5	3.8	转炉煤气汽化冷却系统
电炉烟气显热	1600	—	—	电炉烟气汽化冷却系统
钢包烘烤烟气显热	950	10.33	5.6	—
钢渣显热	1200	4.1	2.237	钢渣处理技术
连铸坯显热	860	15.028	7.937	热装热送技术
加热炉烟气显热	790	19.73	10.0526	蓄热式燃烧技术和传统换热器
冷却水显热	48	9.456	—	汽化冷却系统
热轧产品显热	500	7.7	3.715	—

由表 2-6-95 可知，部分余热利用工艺成熟，余热回收率较高；部分工艺的余热资源目前还没有成熟的回收技术，或仅能回收部分余热资源。提高余热利用水平的主要措施包括提高现有余热蒸汽回收设备的效率和开发新的余热蒸汽回收装置，并通过对蒸汽输配系统的优化，提升余热资源的整体利用效率。

（2）推荐应用的关键技术

（2.1）石灰回转窑尾气余热利用技术

石灰回转窑尾气余热利用系统见图 2-6-62。

【技术描述】回转窑在煅烧石灰的过程中会产生大量的高温烟气，这些高温烟气在预热石灰石原料后温度在 200～300℃之间，仍然含有较高的热量，因其温度偏低而利用价值不高，通常被直接排放进入周围环境，这样既造成了能源浪费，又污染了环境。石灰回转窑尾气余热利用技术是将回转窑高温烟气直接进入卧式余热锅炉进行换热，实现余热的高效利用。通过余热回收将烟气温度降低至 180℃左右，通过换热管将烟气温度传递给水，产生过热蒸汽，并入蒸汽系统管网，实现回转窑尾气的余热回收。在回转窑主烟道与余热利用系统之间安装电动挡风门，根据回转窑工况动态调节进入余热利用系统的烟气量，以达到最优的余热利用效果。

【技术类型】×资源综合利用；√节能；×减排。

【技术成熟度与可靠度】该技术属于成熟研发成果，已实现工业化应用，在国内石灰回转窑工程中，市场覆盖率超过 60%。

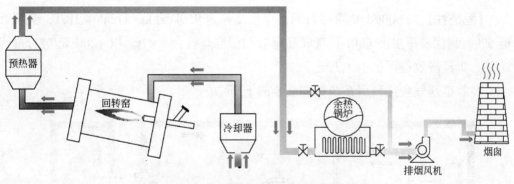

图 2-6-62　石灰回转窑尾气余热利用系统

【预期环境收益】预计使用本套回转窑尾气余热利用技术，能够实现系统热耗降低 3%～5%。

【潜在的副作用和影响】暂无。

【适用性】可用于所有新建和现有回转窑。但该系统不适用于使用在回转窑法以外的石灰窑窑型。

【经济性】以 1000t/d 石灰回转窑为例，单位热耗为 1200kcal/kg，热耗降低 3%，则代表每生产 1000t 石灰成品可节约标准煤折合 5.14t。以 1200 元/t（标准煤）计算，年经济效益可达 204 万元。

(2.2) 套筒窑烟气余热利用技术

【技术描述】套筒窑是我国主流的冶金石灰生产装备之一，虽然结构复杂，但由于采用负压操作，环保效果好，因此广泛的应用于国内各大钢铁企业。目前国内绝大多数套筒窑设备，在生产过程中，将废气简单除尘后直接排空，烟气中的热能并没有被收集利用，造成能源浪费。对石灰套筒窑废气中的余热进行回收利用，能够进一步降低石灰生产能耗，更好地发挥石灰套筒窑节能减排的优势，有利于套筒窑的进一步推广应用。套筒窑烟气余热利用技术是在驱动风换热器后面设置煤气预热器，利用驱动风换热器后的高温废气（300～400℃），预热煤气（预热温度 220℃左右），使排烟温度降低至 200℃以下，实现烟气余热的回收利用。

【技术类型】×资源综合利用；√节能；×减排。

【技术成熟度与可靠度】该技术属于成熟研发成果，已实现工业化应用，在国内套筒窑工程中，市场覆盖率超过 40%。

【预期环境收益】预计使用本套套筒窑尾气余热回收技术，能够实现系统热耗降低 3%～5%。

【潜在的副作用和影响】暂无。

【适用性】可用于所有新建和现有套筒窑。但该系统不适用于使用在套筒窑法以外的石灰窑窑型。

【经济性】以 600t/d 套筒窑为例，单位热耗为 950kcal/kg（1cal=4.18J），热耗降低 5%，则代表每生产 600t 石灰成品可节约标准煤折合 4.07t。以 1200 元/吨标准煤计算，年经济效益可达 161 万元。

套筒窑烟气余热利用系统如图 2-6-63 所示。

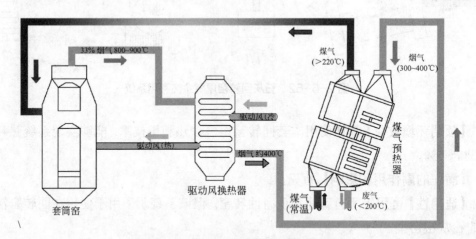

图 2-6-63　套筒窑烟气余热利用系统

(2.3) 焦炉荒煤气余热回收利用技术

【技术描述】炼焦过程中产生大量荒煤气，温度在 700～750℃。国内外通行的荒煤气冷却方法是喷洒循环氨水使荒煤气冷却至 80～85℃，再经初冷器与循环水间接冷却将荒煤气温度降低至 25℃以下。高温荒煤气中所含的这部分热量约占整个炼焦能耗的 1/3，可通过以下方式对焦炉荒煤气余热进行回收利用：

焦炉上升管荒煤气余热回收利用：焦炉设上升管换热器，以水（或导热油）为工质，回收荒煤气显热产生 0.6～0.8MPa 蒸汽；

初冷器上段循环水余热回收：初冷器顶部设热水换热段回收荒煤气余热，回收的热量夏季用于制冷、冬季用于采暖，采用真空碳酸盐脱硫工艺时还可用于煤气净化的真空碳酸盐脱硫；

循环氨水余热回收利用：在循环氨水回焦炉前，设制冷机组或换热器回收循环氨水余热，相当于间接回收荒煤气余热，回收的热量夏季用于制冷、冬季用于采暖。

【技术类型】×资源综合利用；√节能；√减排。

该技术已列入国家发展改革委《产业结构调整指导目录（2019 年本）》钢铁鼓励类和《国家重点节能低碳技术推广目录（2017 年本，节能部分）》

【技术成熟度与可靠度】该技术为成熟技术，已在国内部分焦化企业得到应用，如邯钢焦化、安钢焦化等。新建项目普遍应用。

【预期环境收益】实施焦炉上升管荒煤气余热回收利用技术：可产生 0.6～0.8MPa

蒸汽，100～110kg/t（焦），降低炼焦能耗 10kg（标准煤），相当于减排粉尘 6.8kg/t（焦）、二氧化硫 0.75kg/t（焦）、氮氧化物 0.37kg/t（焦）、二氧化碳 24.92kg/t（焦）。

实施初冷器上段循环水余热回收利用技术：可回收热量 117MJ/t（焦），降低炼焦能耗 4kg（标准煤），相当于减排粉尘 2.72kg/t（焦）、二氧化硫 0.3kg/t（焦）、氮氧化物 0.15kg/t（焦）、二氧化碳 9.96kg/t（焦）。

实施焦炉循环氨水余热回收利用技术：回收热量 211MJ/t（焦），降低炼焦能耗 7.2kg（标准煤），相当于减排粉尘 4.89kg/t（焦）、二氧化硫 0.54kg/t（焦）、氮氧化物 0.27kg/t（焦）、二氧化碳 17.94kg/t（焦）。

【潜在的副作用和影响】在合理控制上升管换热器后荒煤气排出温度的情况下，无副作用。如上升管换热器后荒煤气排出温度低于 500℃，推焦时上升管易冒黑烟，污染环境。

【适用性】既适用于新建焦炉也适用于现有焦炉。

上述三种荒煤气余热回收方式不推荐同时使用。新建企业推荐采用焦炉上升管荒煤气余热回收利用+初冷器上段循环水余热回收利用。现有企业改造推荐采用上升管余热回收利用或焦炉循环氨水余热回收利用。

【经济性】以 180 万 t 焦化为例，焦炉上升管荒煤气余热回收利用装置投资约 2800 万元，回收 0.6～0.8MPa 蒸汽 110kg/t（焦），吨焦运行成本 3.53 元，投资回收期约 2.5 年。

（2.4）高炉冲渣水余热回收技术

【技术描述】将高炉冲渣水的热量用特殊的板式换热器交换出来用于采暖或发电。系统中需要采取特殊措施，过滤、防堵、防腐蚀，保证系统正常运行。冲渣水温高于 60℃，局部供暖要求的地区均可采用。

【技术类型】×资源综合利用；√节能；×减排。

【技术成熟度与可靠度】该技术属于成熟节能技术，已在北方部分高炉上得到使用，比如在安钢、承德建龙、河北一带的高炉项目上得到应用。

【预期环境收益】一座 4350m³ 级高炉，采用该节能技术可为 70 万 m² 面积供暖，可实现每年节省 2.85 万 t 标准煤的燃料，将减少 CO_2 排放 7.5 万 t。

【潜在的副作用和影响】暂无。

【适用性】可用于北方寒冷地区新建高炉项目。

【经济性】该技术应用于一座 4350m³ 级高炉，每年可节省 2.85 万 t 标准煤的燃料，单价按照 1200 元/（标准煤）估算，每年将产生 3420 万元经济效益。

（2.5）焦炉烟道气余热回收利用技术

【技术描述】焦炉烟道废气带出热量约占整个炼焦能耗的 17%。焦炉烟道废气温度随焦炉炉型、蓄热室换热面积、焦炉热工参数（立火道温度）、加热煤气种类而异。焦炉总烟道废气温度一般在 190℃～270℃之间，可采用以下方式对焦炉烟道气余热进行回收利用。

回收焦炉烟道气余热生产低压蒸汽：在总烟道设置烟气旁路，利用风机将热烟气抽出，旁路上设置低压余热锅炉或者热管式换热装置回收余热产生 0.6～0.8MPa 蒸汽，换热后烟道气回焦炉烟囱排放大气。焦炉烟道气需脱硫脱硝时，与脱硫脱硝装置配套使用。

烟道气余热+煤调湿：将烟道气与煤调湿相结合，采用焦炉烟道气作为干燥热源对炼焦煤进行分级及适度干燥。

【技术类型】×资源综合利用；√节能；√减排。

该技术已列入国家发展改革委《国家重点节能低碳技术推广目录（2017 年本，节能部分）》。

【技术成熟度与可靠度】该技术成熟可靠。回收焦炉烟道气余热生产低压蒸汽技术已在部分独立焦化企业（焦炉煤气加热的捣固焦炉，废气温度高）得到推广应用。烟道气余热用于煤调湿已在原济钢焦化、柳钢焦化得到工业化应用。

【预期环境收益】实施回收焦炉烟道气余热生产低压蒸汽技术：可回收 0.6～0.8MPa 蒸汽 83kg/t（焦），降低炼焦能耗 7.4kg（标准煤），相当于减排粉尘 5.03kg/t（焦）、二氧化硫 0.55kg/t（焦）、氮氧化物 0.27kg/t（焦）、二氧化碳 18.44kg/t（焦）。

【潜在的副作用和影响】暂无。

【适用性】回收焦炉烟道气余热生产低压蒸汽技术：适用于焦炉总烟道烟气温度较高（高于 220℃）的新建焦炉和现有焦炉。当焦炉烟道气脱硫脱硝对烟气温度要求较高（SCR 脱硝要求烟气温度 180℃以上），且焦炉总烟道烟气温度较低时，不适用。

烟道气余热+煤调湿：烟气中水分含量过大时不适用，故仅适用于贫煤气加热焦炉烟气。

【经济性】以 120 万 t 焦化为例，烟道气余热回收利用装置建设投资约 1000 万元，回收 0.6～0.8MPa 蒸汽 83kg/t（焦），吨焦运行成本 4.62 元，投资回收期约 2 年。

（2.6）退火炉烟气余热利用技术

【技术描述】未进行烟气余热回收的冷轧带钢连续退火机组、连续热镀锌机组等的退火炉烟气排放温度均在 300℃以上，如果风机入口前烟气温度超过 400℃，必须采用渗入冷风的方式，使烟气温度降至风机工作温度后排放，这样不仅增加了风机的运行功率，而且造成烟气余热的浪费，十分可惜。为降低机组能耗，进行退火炉烟气余热回收利用，可取得良好的节能效益。

对退火炉烟气余热回收利用，目前最常见的技术有 3 种：低压换热器回收技术、过热水回收技术和余热锅炉回收技术。

1）低压换热器回收技术　低压换热器回收技术主要是在烟道上设置与水槽一一对应的低压气水换热器，在换热器中，烟气走壳程，热水走管程，水槽中的水由水泵加压至循环回路进行吸热和放热。其控制原理比较简单，当烟气潜热较高时，调节控制水量；较低时，由外来蒸汽补充。

2）过热水回收技术　过热水回收系统主要包括 3 个子系统：前级换热系统、后级换热系统以及定压补水系统。在前级换热系统中，烟道上设置烟气水换热器作为余热回收装置，产生过热水（最高 140℃），由循环热水泵加压，进入后级换热系统。在后级换热系统中，过热水通过水水换热器或气水换热器加热不同的介质，如：水、空气等。定压补水系统，主要是为了防止闭式循环水回路中的过热水发生汽化，维持循环水回路的工作压力高于过热水的饱和压力。

其控制原理比较复杂，自动化控制回路较多，与低压换热器回收技术相比，增加了烟气流量调节功能及定压补水系统控制。

3）余热锅炉回收技术　余热锅炉回收技术主要是在烟道上设置余热锅炉，以及设置一套锅炉给水系统。通过余热锅炉回收烟气余热，产生蒸汽，并入车间蒸汽管网供机组使用。

【技术类型】 √资源综合利用；√节能；×减排。

【技术成熟度与可靠度】退火炉烟气余热利用技术已在宝钢、武钢、鞍钢、首钢等冷轧厂的连续热镀锌机组、连续退火机组上广泛应用，具有较高的技术成熟度与可靠度。

【预期环境收益】减少退火炉热量散失约 40%，减少排烟风机的运行功率，节能效果好。

【潜在的副作用和影响】暂无。

【适用性】可适用于冷轧单元有退火炉烟气余热的机组。

【经济性】根据退火炉烟气余热的烟气和烟气温度的不同、余热供热用户的用量不同，余热利用也不一样。一般大型连续退火机组的余热回收量可达约 10000kW。

（2.7）烧结余热高效回收技术

【技术描述】烧结系统余热分为烧结烟气显热和冷却废气显热。有针对性地将烧结机尾部几个风箱内的高温烟气汇集后采用蒸汽锅炉进行单独余热回收。采用梯级给风和热风叠加技术提高冷却废气温度和可回收空间，即高温段烧结矿采用大风量高风温的冷却方式，低温段烧结矿则采用小风量低风温的冷却方式，将低温段冷却后热废气串级后作为高温段冷却风循环利用。并依据"分配得当、各得所需、温度对口、梯级利用"原则，加强烧结系统各环节之间的衔接，对冷却热废气进行分级回收与梯级利用，即对温度较高的余热实施动力回收，生产高品质蒸汽后发电；对温度居中的余热，实施动力回收或实施直接热回收；对温度较低的余热实施直接回收,即热风烧结、点火助燃及干燥烧结混合料。

【技术类型】资源综合利用;√节能;√减排。

【技术成熟度与可靠度】烧结烟气余热回收技术已在日照 600m² 烧结机应用,冷却废气余热回收技术已在国内外得到了广泛应用,市场占有率达 50%,其中基于冷却废气零排放的热能高效循环利用技术已在宝钢 600m² 烧结机应用。该技术已获授权专利近 40 件,发明专利 20 件,其中专利"烧结冷却机废气的余热利用方法及其装置"(ZL201010151375.X)获中国专利优秀奖。"烧结预热高效综合利用系统的研究与应用"技术成果经中冶集团科技成果鉴定达国际先进水平。

【预期环境收益】采用环冷机余热高效回收技术,可在不新增除尘装置的前提下彻底解决环冷机含尘废气的无组织排放问题。

【潜在的副作用和影响】暂无。

【适用性】可用于所有烧结新工厂和现有工厂。

【经济性】烧结工序中烧结烟气和冷却废气显热约占烧结矿烧成系统热耗量的 50%,采用余热回收技术后,吨烧结矿可发电 20kW·h 以上,对于一台 600m² 烧结机来讲,年经济效益达 7500 万元。

(3)加快工业化研发的关键技术

(3.1)利用高压余热锅炉回收荒煤气显热技术

【技术描述】常规焦炉排出荒煤气的温度约 700～750℃,直接用氨水喷洒冷却至 85℃。部分项目配置上升管换热器回收荒煤气部分显热,但如上升管换热器后荒煤气温度低于 500℃,推焦时上升管易冒黑烟,污染环境。即现有上升管荒煤气余热回收技术无法实现荒煤气热量的充分回收,且仅能产生低压蒸汽,热品质较差。

该技术通过余热锅炉实现荒煤气余热的深度回收。首先对高温荒煤气除尘去掉其中大部分煤尘和焦尘,随后送入高温余热锅炉与锅炉给水换热,再经焦油喷洒换热(生产 210℃低温水供给余热锅炉),最后经氨水喷洒冷却后送至煤气净化装置。

【技术类型】×资源综合利用;√节能;×减排。

该技术已列入国家发改委《产业结构调整指导目录(2019 年本)》钢铁鼓励类。

【技术成熟度与可靠度】该技术目前处于工业试验阶段:在国内某 4.3m 焦炉上进行工业试验。

【预期环境收益】以年产焦炭 150 万 t 焦化项目为例:荒煤气发生量 75000m³/h,按荒煤气温度由 650℃降到 260℃,可产生 12MPa 饱和蒸汽 29.58t/h,蒸汽年效益 3628 万元。若发电机组背压到 0.6MPa,可发电 3370kW·h/h,年发电 2952 万 kW·h,发电年效益 1771 万元;同时还可产生 0.8MPa、240℃生产用蒸汽 32t/h,蒸汽年效益 3363 万元。

【潜在的副作用和影响】暂无。

【适用性】该技术适用于新建和改造项目。

【经济性】以年产焦炭 150 万 t 焦化项目为例,发电和蒸汽的年总效益为 5134 万元。

(3.2)烧结矿竖式冷却技术

【技术描述】相比现有烧结矿环冷机的大风快冷错流冷却方式,烧结矿竖式冷却技术采用小风慢冷厚料层原理来对烧结矿进行冷却。较小的冷却风(约为环冷机冷却风量的 30%～40%)在炉膛内自下而上垂直穿过烧结矿,与自上而下缓慢流动的烧结矿形成逆流热交换,增加冷却时间(约为环冷机冷却时间的 2～3 倍),提高冷却料层厚度,对烧结矿进行冷却。其中,竖式冷却炉是气固换热的场所,是整个竖式冷却系统的关键核心所在。冷却后的低温烧结矿通过下部的排料装置有序定量排出,冷却热风从竖式冷却炉上部的出风口进入余热锅炉,经过锅炉的热废气再经过除尘及循环风机重新引入竖式冷却炉下部,作为冷却循环介质使用。

【技术类型】×资源综合利用;√节能;√减排。

【技术成熟度与可靠度】当前该技术正处于工业化研发的阶段,在国内已有几家应用的案例,比如天津天丰钢铁、梅山钢铁、兴澄特钢等,并且正在建设的有鞍钢、瑞丰钢铁等,但基本都未完全达到理想效果。普锐特冶金技术有限公司进行了竖式冷却技术的研究,并在鞍钢 265 m² 烧结机旁建立了一套竖式冷却系统,竖式冷却炉为圆形炉型。该竖式冷却系统还未投入运行,其效果有待考察。

【预期环境收益】

① 冷却设备漏风率大大降低:常规烧结矿冷却装置的漏风率高达 40%～50%,较大的漏风率使得风机的电耗增加、烧结矿层透气性差,新型烧结矿冷却机采用密闭的腔室对烧结矿进行冷却,良好的气密性使其漏风率接近于零。

② 冷却设备气固换热效率提高:烧结矿冷却方式由错流换热转变为逆流换热,使散料床换热装置效率得到较大提高。

③ 热废气品位提高:热废气温度趋于稳定,全面提高了回收烧结矿显热的质量,同时使得所有冷却机出口热废气温度保持在 450～550℃这样一个较高的水平上,比常规冷却机出口热废气温度高 150℃左右。

④ 烧结矿显热回收率可以提高到 70% 以上。

【潜在的副作用和影响】暂无。

【实用性】可用于所有烧结矿生产的新工厂和现有工厂。

【经济性】按全国年产烧结矿 10 亿 t 计算,一年多回收的显热相当于 630 万 t 标准煤。

(3.3)转炉煤气中低温余热回收技术

【技术描述】转炉煤气除尘 OG 法、LT 法、半干法以及不同的改进方法,基本局限于转炉烟气烟温在约 800℃以上高温显热的高效回收和"湿法"的除尘处理。这种"湿法"的除尘方式使得转炉煤气中 800℃以下的显热被低温水汽化吸收,由于汽化的水蒸气存在于低压的含尘煤气中,无法被回收为可再利用的蒸汽,因此这种"湿法"除尘方式产出的均为湿煤气。

转炉煤气中低温余热回收技术是采用高温除尘的主要手段消除烟道内爆炸隐患;回收 150℃以上烟气显热,提高烟气余热回收率;提高回收煤气的干度,提高煤气利用价值。

【技术类型】×资源综合利用;√节能;√减排。

【技术成熟度与可靠度】承钢 40t 转炉做了全干法余热回收和布袋除尘技术的工业性试验。包钢 4#80t 转炉进行了余热回收装置试验。

解决高温除尘消除烟道内爆炸隐患的技术问题后,转炉煤气中低温余热回收技术可以很快在国内推广。

【预期环境收益】节约了喷淋水等水的消耗,使转炉外排烟气不带水,减少了白烟污染。

节约蒸汽等重要的能源介质,节能环保效果显著。

回收煤气为干煤气,对后续煤气利用工序的使用带来热值高等优势,热利用效率高,相对排放值降低。

【潜在的副作用和影响】转炉煤气中低温余热回收后,转炉炉尘为干灰尘,灰尘的后续利用存在什么副作用和影响应该开展研究。

【适用性】该技术适用于一般脱碳转炉。

【经济性】以年产 300 万 t 钢(2 座 120t 转炉)的炼钢车间为例,考虑配套发电投资的情况下,采用转炉烟气中低温余热回收系统,转炉一次除尘及煤气回收系统增加投资 4000 万,项目年收益 3000 万元,投资回收期不到 2 年。

我国重点钢铁企业转炉 900 余座,若采用转炉烟气中低温余热回收系统,转炉一次除尘及煤气回收系统每年将多回收蒸汽 2430 万 t 蒸汽、多回收 $1620 \times 10^4 GJ$ 煤气、节水 2005 万 t、节电 7.15×10^4 万 $kW \cdot h$。

(4)积极关注的关键技术

钢铁企业目前余热资源主要通过水蒸气的形式回收,并通过低压饱和蒸汽管网输送,制约了能量转换效率的进一步提升,因此需要采用非蒸汽介质的方式为进一步提升余热利用效率创造条件。

(4.1)钢材在线余热回收技术

【技术描述】钢管余热回收技术主要是希望通过某种技术手段或措施,将定减径后钢管(通常≤900℃)的余温进行回收利用,以起到节能增效、避免浪费的目的。

【技术类型】√资源综合利用;×节能;√减排。

【技术成熟度与可靠度】目前这项技术尚没有成熟的体系，未来需重点考虑以下几个方面的问题：

① 定减径后钢管最长可达 90m，根据工艺要求，需要在几十米长的冷床上边滚动边空冷，因此，未来需要解决在如此大的面积范围内将热量进行集中收集、且不影响钢管的正常冷却和运输问题。冷床上冷却的钢管如图 2-6-64 所示。

图 2-6-64　冷床上冷却的钢管

② 解决收集的热量如何实现最大化利用问题。

【预期环境收益】定减径后的钢管从 900℃空冷到 100℃以下，以 $\phi114.3mm×10.92mm×12m$ 的钢管为例，冷却时间为 1.16h，期间产生的热量为 31800kcal，相当于 36.97kW·h，通常小时钢管产量为 120，如能实现热量收集利用，可节约能源，产生经济效益。

【潜在的副作用和影响】暂无。

【适用性】原则上可应用于所有热轧钢管车间。

【经济性】以年产 30 万 t/a 热连轧厂为例，按照 50%的利用率，约可用电 1650 万 kW·h，所带来的综合经济效益可达 1200 万元以上。

(4.2) 熔融盐蓄热技术

钢铁企业内部分余热资源受工艺的限制，部分为周期性变化的余热资源，需要结合蓄热技术来匹配用户需求。随着钢铁企业更多地采用太阳能、风能等绿色能源，也需要建设更大规模的蓄热系统与之匹配，为用户提供稳定高效的能源供给。采用熔融盐蓄热技术，可以解决余热资源在时间上周期性波动的问题，实现与其他绿色能源在时间上的匹配或互补。此外，通过熔融盐蓄热系统，可以进一步降低传热温差，减少转化过程中的㶲损，如利用钢铁工艺的余热资源提供稳定的过热蒸汽等。

(4.3) 高温液态熔渣干法粒化及显热回收技术

【技术描述】基于高温液态高炉渣的特性和高炉生产工艺特点，采用转杯离心粒化技术实现了液态高炉渣由液态到固体颗粒的转化，采用自流床粒子余热锅炉技术实现了高温固体颗粒的显热回收，并结合系统优化、设备参数的优选、工业化现场调试完善，实现了兼顾物料品质调控的熔渣离心粒化及余热回收工艺系统集成，最终形成了一套针对高温液态熔渣干法粒化和显热回收的成熟、可靠的技术方案。与现有的高炉渣水淬系统相比，吨渣可回收余热折标准煤 35kg，吨渣可节约水 1t，粒化后的渣粒玻璃化率>90%，满足国家矿渣水泥的标准，可有效解决目前水淬工艺存在的环境污染问题（硫排放）。

【技术类型】 √资源综合利用；√节能；√减排。

【技术成熟度与可靠度】 该技术处于工业研发攻关阶段，已完成半工业化试验，尚未进行工业化试验，未形成成熟的系统化应用技术。

【预期环境收益】 通过实施该技术可以实现有效解决目前高炉水淬工艺存在的环境污染、水资源浪费、显热无法回收利用的问题，吨渣可回收余热折标准煤 35kg，吨渣可节约水 1t。

【潜在的副作用和影响】 暂无。

【实用性】 可用于所有新建、运营中或大修高炉水渣系统的改造。

【经济性】 实施该技术的经济性主要体现在社会效益和环保效益上，吨渣可回收余热折标准煤 35kg，吨渣可节约水 1t，粒化后的渣粒玻璃化率>90%，满足国家矿渣水泥的标准，可有效解决目前水淬工艺存在的环境污染问题（硫排放），吨铁单耗可降低 10kg 标准煤。

6.11.5 工业炉窑

6.11.5.1 排放和能源消耗

工业炉窑资源消耗及排放流程如图 2-6-65 所示。

（1）工业炉窑物质流入流出类型

1）输入　合格钢坯（包含各种规格的冷钢坯、热钢坯）、煤气（包含高炉煤气、混合煤气、焦炉煤气、天然气、液化石油气等）、电、净环水、浊环水、除盐水、压缩空气、氮气、液压润滑油、润滑脂。

2）输出　加热合格的钢坯、烟气（尘）、粉尘颗粒、余热、蒸汽、冷却水、除冷却水外的其他废水、氧化铁皮、废耐火材料、废油等。

（2）工艺单元的主要环境影响

1）固体废物　工业炉窑的固体废物主要包含氧化铁皮、废耐火材料。氧化铁皮一部分经工业炉窑刮渣机构送出炉外，经水处理进行收集；另一部分在停炉时清运出炉外，氧化铁皮通过收集送往烧结单元，对金属元素进行回收。加热炉在检修时需要产生少量的废弃耐火材料。工业炉窑固体废物见表 2-6-96。

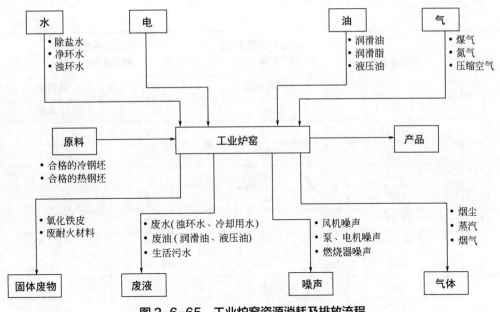

图 2-6-65　工业炉窑资源消耗及排放流程

表 2-6-96　工业炉窑固体废物

序号	名称	产生量/(kg/t)
1	氧化铁皮	8
2	废耐火材料	0.1

2）废液　工业炉窑的废液主要包括浊环水、冷却用水、生活污水、废润滑油和液压油、其他生产废水（如煤气管道产生少量含酚氰冷凝水、含油废水等）。工业炉窑在生产时使用的浊环水、冷却水经水处理单元循环利用。产生的生活污水、废润滑油和液压油、其他生产废水经收集后集中处理。工业炉窑废水水质标准见表 2-6-97。

表 2-6-97　工业炉窑废水水质标准

序号	污染物项目	2015 年前建成企业 排放限值/(mg/L)	2015 年后新建企业 排放限值/(mg/L)	
		一般规定	一般规定	特别规定
1	pH 值	6~9	6~9	6~9
2	悬浮物	50	30	20
3	化学需氧量（COD）	60	50	30
4	氨氮	8	5	5
5	总氮	20	15	15
6	总磷	1	0.5	0.5
7	石油类	5	3	1
8	挥发酚	0.5	0.5	0.5

序号	污染物项目	2015 年前建成企业排放限值/(mg/L)	2015 年后新建企业排放限值/(mg/L)	
		一般规定	一般规定	特别规定
9	总氰化物	0.5	0.5	0.1
10	氟化物	10	10	10
11	总铁	10	10	2
12	总锌	2	2	1
13	总铜	0.5	0.5	0.3
14	总砷	0.5	0.5	0.1
15	六价铬	0.5	0.5	0.05
16	总铬	1.5	1.5	0.1
17	总铅	1	1	0.1
18	总镍	1	1	0.05
19	总镉	0.1	0.1	0.01
20	总汞	0.05	0.05	0.01
	单位产品基准排水量/（m³/t）	1.8	1.5	1.1

3）噪声　工业炉窑噪声主要包含风机噪声、泵噪声、电机噪声、燃烧器噪声等。主要噪声源是风机，目前通过设置消声器、风机房以及对风机及风机房进行隔声处理等方式进行降噪。工业炉窑噪声标准见表 2-6-98。

表 2-6-98　工业炉窑噪声标准

序号	噪声源	声级/dB(A)	控制措施	效果/dB(A)
1	水泵	约 85	建筑隔声	约 70
2	汽包排气	约 105	消声器	约 85
3	加热炉助燃风机	约 95	消声器、隔声包扎、风机房隔声	约 85
4	燃烧器	约 85	建筑隔声	约 75

4）外排气体　外排（送）气体主要包括蒸汽及烟气。产生的蒸汽由车间管网回收并加以利用。工业炉窑以高炉煤气、混合煤气或天然气为燃料，产生烟气，经烟囱高空排放。

工业炉窑产生的烟气、粉尘颗粒等，包含 CO_2、SO_2、NO_x 等污染物，通过烟囱统一排放，不达标的成分则通过末端集中控制处理，达标后排放。现阶段，工业炉窑能源消耗占整个轧钢工序的 60% 以上，从源头节省燃料消耗、减少尾气排放等角度，可与通过轧制系统工艺流程优化来减少加热炉的燃料消耗，如采用热装热送技术、直接轧制技术。并通过余热回收技术减少加热工序、收集工序等热量排放，如，加热炉烟气余热深度回收技术、加热炉黑体强化辐射节能技术等。工业炉窑废气污染物排放标准见表 2-6-99。

表 2-6-99　工业炉窑废气污染物排放标准

序号	污染物名称	污染物	2015 年前建成企业排放限值/(mg/m³)	2015 年后新建企业排放限值/(mg/m³)	
			一般规定	一般规定	特别规定
1	加热炉或热处理炉	烟尘	50	30	20
2		SO₂	250	150	100
3		NOₓ	350	300	200

6.11.5.2　推荐应用的关键技术

（1）工业炉窑烟气余热深度回收技术

工业炉窑余热深度回收示意图如图 2-6-66 所示。

【技术描述】工业炉窑烟气经过空气预热器或者煤气预热器后，还剩存 350℃左右的烟气余热，通过在加热炉烟道内设置余热锅炉（含过热器、蒸发器和省煤器）、水预热器、烟气-水换热器等，逐级、深度回收烟气余热，使排烟温度降低到 130～150℃（视烟气含硫量大小），热回收率达到 60%左右，降低轧钢车间综合单耗的同时，外供饱和蒸汽或者过热蒸汽，创造经济效益。

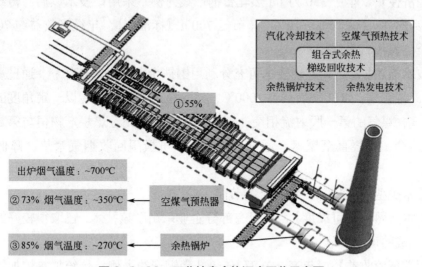

图 2-6-66　工业炉窑余热深度回收示意图

【技术类型】√资源综合利用；√节能；×减排。

【技术成熟度与可靠度】目前已有部分企业采用了该技术，已取得较好的节能效果，技术成熟可靠。

【预期环境收益】以年产 350 万 t/a 热轧带钢产线为例，采用该技术以后，初步估算吨钢可产生饱和蒸汽 30～40kg/t（钢），折合 3.8～5.1kg（标准煤）/t（钢），减排能力达 35 万 t（CO_2）/a。

【潜在的副作用和影响】暂无。

【适用性】该技术适用于各类型工业炉窑。

（2）工业炉窑 L2 模型及过程控制技术

【技术描述】工业炉窑 L2 模型及过程控制技术是在 L1 级基础自动化的基础上，通过增加加热炉模型和坯料跟踪，精确控制每块坯料温度，优化加热质量和速度。通过计算机精确计算代替人工手动设定工业炉窑温度，确保工业炉窑运行稳定，节约能耗，提高钢坯加热质量。

【技术类型】×资源综合利用；√节能；√减排。

【技术成熟度与可靠度】目前已有部分企业采用了该技术，已取得较好的节能效果，技术成熟可靠。

【预期环境收益】以年产 350 万 t/a 热轧带钢产线为例，传统加热炉加热吨钢燃耗一般在 1.2GJ/t，采用该技术以后，初步估算吨钢燃耗可降低 5%～10%，即吨钢燃耗可减少 0.06～0.12GJ/t，年节能≥7000t(标准煤)/a，减排能力达 18 万 t(CO_2)/a。

【潜在的副作用和影响】暂无。

【适用性】该技术适用热轧生产线加热炉及热处理炉等。

【经济性】以年产 350 万 t/a 热轧带钢产线为例，采用该技术以后，传统加热炉加热吨钢燃耗可降低 5%～10%，年节能 7000t（标准煤），年经济效益约 700 万元。

（3）蓄热式燃烧技术

【技术描述】蓄热式燃烧技术可充分利用钢铁企业的低热值燃料，通过烧嘴前的蓄热体，将空气、煤气预热至约 1000℃，然后经过各自烧嘴砖以一定角度的射流喷出，空气、煤气的第一股射流相交、混合及燃烧，不完全燃烧产物再与第二股射流相交、混合、燃烧直至燃尽。通过这些措施，可极限回收烟气余热，降低加热炉单耗。

【技术类型】√资源综合利用；√节能；√减排。

【技术成熟度与可靠度】目前已有部分企业采用了该技术，已取得较好的节能效果，技术成熟可靠。

【预期环境收益】以年产 350 万 t/a 热轧带钢产线为例，传统加热炉加热吨钢燃耗一般在 1.2GJ/t，采用该技术以后，初步估算吨钢燃耗可降低 8%～12%，即吨钢燃耗可减少 0.096～0.144GJ/t，年节能≥8400t(标准煤)/a，减排能力达 21.6 万 t(CO_2)/a。

【潜在的副作用和影响】暂无。

【适用性】该技术适用于无高热值煤气的热轧生产线加热炉。

【经济性】以年产 350 万 t/a 热轧带钢产线为例，采用该技术以后，传统加热炉加热吨钢燃耗可降低 8%～12%，年节能 8400t（标准煤），年经济效益约 840 万元。

6.11.5.3　加快工业化研发的关键技术

超低 NO_x 燃烧器技术。

【技术描述】利用工业炉窑排出的高温烟气将助燃空气预热至高温（>400℃）、高速空气/燃气射流（>100m/s），带动燃烧空间气氛强烈卷吸，极限降低燃烧反应区的可燃物和氧气浓度，火焰锋面消失，NO_x 降低到极致，实现超低 NO_x 排放。

【技术类型】×资源综合利用；×节能；√减排。

【技术成熟度与可靠度】该技术已逐步开始推广应用，如安阳 1780mm 热轧加热炉燃烧系统改造项目。

【预期环境收益】第一代超低 NO_x 燃烧器已在安阳热轧加热炉工程实现 NO_x 排放指标小于 150mg（O_2 @8%），第二代产品正在实验测试阶段，预期可实现 NO_x 排放指标小于 120mg（O_2 @8%）；超低 NO_x 燃烧器的最终目标是通过燃烧器本身实现 NO_x 排放指标小于 100mg（O_2 @8%）。

以一条 350 万 t/a 的热轧生产线为例，与第一代产品相比，第二代产品可年减少 NO_x 排放约 80t/a；最终目标是减少 NO_x 排放约 135t/a。

【潜在的副作用和影响】暂无。

【适用性】该技术适用于各类直接加热的工业炉窑。

【经济性】暂无数据。

6.11.5.4　积极关注的关键技术

智能化加热炉平台。

【技术描述】智能化加热平台以工业互联网系统及智能化设备为支撑，在保证加热炉燃烧控制核心功能的基础上，进行了控制、决策、可视化等方面的全面提升。智能加热平台定位为包括加热炉智能控制、设备健康管理、智能决策分析等为一体的全方位加热炉运行管理系统。

智能加热平台具有如下特点：

① 基于角色的加热炉管理支持和信息实时推送。

② 智能辅助加热炉运行管理决策。

③ 生产全过程可回溯分析。

④ 质量、能源决策分析。

⑤ 控制级实现有人监控无人操作。

⑥ 生产经验、专家经验数值化。

【技术类型】×资源综合利用；√节能；√减排。

【技术成熟度与可靠度】该技术属产品 DEMO 开发完成，全功能平台产品开发推进中，正逐步市场试水推广。目前在建龙钢铁和首钢京唐钢铁都具备现场实施的机会。

产品第一次结合工业互联网平台实施，在具体实施中与工业互联网平台的融合等方面需要进一步进行融合和技术研究开发，另外基于数据的挖掘算法方面也需要进一步提升。

【预期环境收益】

① 稳定加热环节的加热质量，通过温度及气氛控制提高整体成材率 0.3%～0.5% 左右。②加热环节的综合能源消耗降低 3%。

【潜在的副作用和影响】生产现场智能化系统及传感器的运用，带来相应设备及系统维护要求的提升。

【适用性】该技术适用热轧生产线加热炉及热处理炉等。

【经济性】

① 成材率整体提升 0.1 %～0.3 %，对于 350 万 t/a 热轧带钢生产线，相当于每年的成品材增加 3500～10500t，按照 1500 元/t 盈利计算，增加效益 525 万元～1575 万元。②综合能耗降低约 3%，对于 350 万 t/a 热轧带钢生产线，采用该技术以后，传统加热炉加热吨钢燃耗可降低 3%左右，年经济效益约 300 万元。③提升劳动协同效率 30%～50%，加热炉运维班组可有效减员增效，按照 4 个班组每个班组减员 1 人考虑，每年人力成本方面可以节约开支约 100 万元。

6.12 其他废弃物消纳

6.12.1 固废

目前，钢厂内可利用的城市废弃物主要包括废钢、轮胎、电镀污泥等。

6.12.1.1 推荐应用的关键技术

废钢环保回收处理技术。

【技术概要】采用可移动的除尘罩车，将废钢切割在密闭环境内进行，产生的高粉尘浓度烟气通过抽气管排出切割工位。废钢切割罩通过切割罩滑轮在移动轨道上的移动切换废钢切割工位；通过移动驱动器实现移动抽气管和固定抽气管的连接分离，实现切割工位切换时抽气管道的切换。采用火花捕集器实现对高温铁屑的去除，并通过布袋除尘器实现废钢切割过程烟气的超净排放。实现废钢切割过程产生的高浓度烟气的达标排放，除尘烟气外排粉尘浓度低于 $20mg/m^3$，装置采用 PLC 远程控制。

6.12.1.2 加快工业化研发的关键技术

环保协同处置固废技术。

【技术概要】以固废焚烧残余物中原本有害的氯素为氯化剂，在高温下将冶金粉尘和焚烧残余物中的重/碱金属转化为易挥发的氯化物并富集到烟尘中，同时高温降解飞灰中的二噁英，获得合格的钢铁冶金原料和有色冶金原料。研究高温焙烧过程重/碱金属转化-挥发-冷凝机制和二噁英降解机理，研究有价组元溶出行为和逐级分离提取并资源化技术及装备。

6.12.1.3 积极关注的关键技术

（1）焦炉协同处置冶金企业及城市固废中难降解高分子聚合物技术

【技术描述】我国是世界炼焦生产第一大国，2019 年全国焦炭产量超过 4.7 亿 t；另一方面，随着我国工业化进程的加快，冶金企业及城市固废中难降解的高分子聚合物（如冶金企业的废胶带、废轮胎，城市固废中废塑料、废橡胶等）产生量大且难于处理，严重影响环境。借助焦炉炭化室 1000℃的高温干馏环境，协同处置难降解高分子聚合物，将其高温裂解转化为固（焦炭）、液（焦油等）、气（煤气）三态进行资源化利用，实现污染物的零排放，既有利于实现冶金企业及城市固废的无害化和资源化利用，又有利于炼焦企业实现与城市共生共融的生态链接。

【技术类型】√资源综合利用；×节能；√减排。

【技术成熟度与可靠度】利用焦炉处理部分种类的塑料，在日本已实现工业化生产；在我国进行小焦炉试验研究，并在首钢迁安建设一条工业中试生产线，试生产后停运。利用焦炉处理废橡胶，未见工业化应用的报道。

【预期环境收益】预期年产 200 万 t 焦化项目可协同处理 4 万 t 难降解高分子聚合物固废，实现难降解高分子聚合物城市固废的资源化利用和无害化处置，可减少因填埋城市固废而造成土地资源的浪费以及土壤环境的破坏，彻底避免了因城市固废焚烧而产生的氯化氢、二噁英、氰化物及氮氧化物、硫合物、粉尘等污染物的排放。

【潜在的副作用和影响】需通过试验研究，确定最佳配比以不影响焦炭质量。

【适用性】该技术适合于大型钢铁企业所属焦化厂或离城市较近的焦化企业。

【经济性】年产 200 万 t 焦化项目可协同处理 4 万 t 难降解高分子聚合物固废，可多产焦油和焦炉煤气，节约炼焦煤消耗，在扣除焦炭产量减少造成的经济损失后，每年可产生经济效益 1600 万元，合 400 元/t（固废）。

（2）石灰窑协同处理固废技术

【技术描述】以石灰窑物料焙烧反应、传热传质与固废降解机理研究为基础，开发石灰窑协同处理焚烧部分有机固废、高热值有机固废替代石灰窑燃料、石灰窑高 CO_2 酸性尾气处理碱性固废（如赤泥）等关键技术及装备，实现石灰窑行业高效协同处理城市固废，石灰窑工业与城市共融共生、协同发展的技术突破。

【技术类型】×资源综合利用；×节能；√减排。

【技术成熟度与可靠度】该技术属于技术概念，正在开展技术研究。

【预期环境收益】运用该技术后能实现石灰窑协同处置城市固废，达到变废为宝的目的，具有重大的环境效益。

【潜在的副作用和影响】暂无。

【适用性】可用于所有使用煤气和煤粉的石灰竖窑的新工厂和现有工厂。

【经济性】暂无数据。

6.12.2　废液

6.12.2.1　推荐应用的关键技术

城市污水资源化回用于钢铁企业关键技术。

钢铁企业是用水大户，由于历史等方面的原因，我国钢铁企业布局不合理，水资源短缺已成为制约其发展的重要因素，很多城市钢厂正在寻找新的水源。工业回用对象一般用水量较大，对处理程度要求不高的冷却水和工艺低质用水只需进行物化处理即可满足许多工业用水水质要求，处理工艺简单，成本低。因此研究城市废弃物如城市污水资源化回用于钢铁企业具有很强的现实意义。

【技术描述】在钢铁企业利用城市污水深度处理水以及城市污水钢铁厂区内直接处理两条不同处理路线下,确定污水分质处理技术,工业冷却水水质稳定处理技术,污水资源化回用中的卫生安全保障技术、水源稳定安全保障技术等,同时利用城市钢厂余热处理处置城市污泥。

【技术类型】√资源综合利用；节能；√减排。

【技术成熟度与可靠度】该技术较成熟，已在个别钢铁企业进行了推广应用。技术较可靠。

【环境收益】钢铁企业通过利用城市污水资源，可以减少其他水资源消耗，减少区域的污水排放，保障水环境质量。

【潜在的副作用与影响】城市污泥处理量较大，对于提高钢铁企业的余热利用水平有较大压力。

【适用性】适用于位于城市市区内并有城市污水输送管网条件的钢铁企业，作为其河湖地表水及地下水等常规水资源外的工业水来源。

【经济性】在缺水城市可以提高水资源利用率，减少水资源费。

6.12.2.2 加快工业化研发的关键技术

暂无。

6.12.2.3 积极关注的关键技术

暂无。

6.13 特殊钢种生产

6.13.1 不锈钢

6.13.1.1 排放与能源消耗

（1）不锈钢二步法熔炼单元物质流入流出类型

不锈钢二步法熔炼单元的输入材料和输出物质与不锈钢冶炼的其他工艺类似，唯因不锈钢渣的毒性，其处理需要重点关注。其物质能量流程如图 2-6-67 所示。

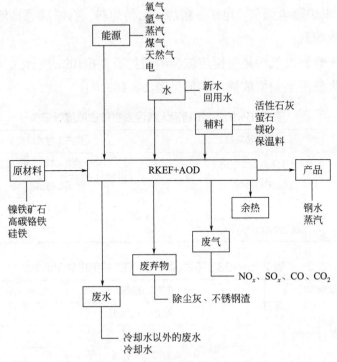

图 2-6-67　物质能量流程图

1）输入　镍铁矿石、活性石灰、萤石、镁砂、保温料、高碳铬铁、硅铁、氧气、氩气、蒸汽、煤气、天然气、电、新水。

2）输出　钢水、蒸汽、废水、废气、除尘灰、电炉渣、脱碳渣、精炼渣。

（2）工艺单元的主要环境影响

1）废水　回转窑、矿热炉（或电炉）及 AOD 区域内少量生产废水收集后排入全厂生产废水排水管网、由全厂生产废水处理设施统一处理。

现有及新建不锈钢厂水污染物排放浓度限值见表 2-6-100，执行水污染物特别排放限值的炼钢水污染物排放浓度限值见表 2-6-101。

表 2-6-100　不锈钢水污染物排放浓度限值表

pH 值	悬浮物/(mg/L)	化学需氧量/[kg/t(钢)]	氨氮/[kg/t(钢)]	VOC/[g/t(钢)]	氟化物/(mg/L)
6～9	30	0.2	1.12	0.015	10

表 2-6-101　不锈钢水污染物特别排放浓度限值表（pH 值除外）

pH 值	悬浮物/(mg/L)	化学需氧量/[kg/t(钢)]	氨氮/[kg/t(钢)]	VOC/[g/t(钢)]	氟化物/(mg/L)
6～9	20	0.2	1.12	0.015	10

2）废气　电炉除尘烟气，电炉、精炼、上料加料、拆修罐等其他设施环境除尘烟气，废钢预热烟气。

现有及新建炼钢大气污染物排放浓度限值见表 2-6-102，执行大气污染物特别排放限值的炼钢大气污染物排放浓度限值见表 2-6-103。

表 2-6-102　不锈钢大气污染物排放浓度限值表

序号	污染物项目	生产工序或设施	限值
1	颗粒物/（mg/m³）	电炉、精炼炉	20
		钢渣处理	100
		其他生产设施	20
2	二噁英类/[ng（TEQ）/m³]	电炉	0.5

表 2-6-103　不锈钢大气污染物特别排放限值表

序号	污染物项目	生产工序或设施	限值
1	颗粒物/（mg/m³）	电炉、精炼炉	10
		钢渣处理	100
		其他生产设施	15
2	二噁英类/[ng（TEQ）/m³]	电炉	0.5

不锈钢冶炼颗粒物无组织排放浓度限值见表 2-6-104。

表 2-6-104　不锈钢冶炼颗粒物无组织排放浓度限值　　　单位: mg/m³

序号	无组织排放源	限值
1	有厂房生产车间	8.0
2	无完整厂房车间	5.0

3）噪声　主要噪声源：电炉和精炼设备、余热锅炉汽包和蓄热器排气、除尘系统风机、水泵。主要噪声源声级、治理措施、治理后声级见表 2-6-105，厂界环境噪声不得超过表 2-6-106 规定的排放限值。

表 2-6-105　不锈钢冶炼主要噪声源、治理措施表

序号	噪声源	治理前/dB(A)	治理措施	治理后/dB(A)
1	电炉、精炼炉	95~105	厂房隔声	约 85
2	余热锅炉汽包、蓄热器排气	102~106	消声器	约 80
3	真空泵	约 100	包扎隔声材料	约 85
4	除尘系统风机	95~105	消声器、风机房隔声	约 85
5	水泵	约 90	减振、建筑隔声	约 70

表 2-6-106　不锈钢厂界环境噪声排放限值表　　　单位: dB(A)

序号	厂界外噪声环境功能区类别	昼间	夜间
1	3	65	55
2	4	70	55

4）固废　电炉除尘、上料加料系统、拆罐、修罐除尘粉尘，脱硫渣、电炉渣、精炼渣、废耐材。不锈钢固体废物产生及利用见表 2-6-107。

表 2-6-107　不锈钢固废产生及利用情况表

序号	名称	单位产生量/[kg/t(钢)]	去向	固废类型
1	脱硫渣	约 8	渣处理中心	一般固废 II 类
2	电炉渣	约 100	渣处理中心	一般固废 II 类
3	精炼渣	约 20	渣处理中心	一般固废 I 类
4	含铁除尘灰	约 39	压块返回利用	一般固废 I 类
5	废耐材	约 10	供货商自行回收利用	一般固废 I 类

5) CO_2 CO_2 排放量达 0.42t/t（钢）。

（3）不锈钢单元单位产量的输入输出能源量

电炉、回转窑、AOD 工序能耗限额规定见表 2-6-108。

表 2-6-108　各工序能耗限额表

序号	相关标准	适应工序	工序能耗/[kg（标准煤）/t（钢）]
1	无	电炉	≤328.2
2	钢铁企业节能设计规范 （GB 50632—2010）	AOD	≤45.2
3	钢铁企业节能设计规范 （GB 50632—2010）	回转窑	≤46

6.13.1.2　推荐应用的关键技术

（1）红土镍矿两步法用于不锈钢熔炼技术

【技术描述】将镍铁生产和不锈钢冶炼工艺打通，独创的 RKEF（回转窑+电炉，rotary kiln electro furnace）+AOD 双联法不锈钢冶炼工艺，属于世界首创，并取得了发明专利。镍铁水不经过冷却，直接热送到 AOD 炼钢炉，节约了大量的能量，大大提高了不锈钢的炼钢速度，减少了原料的损耗，提高了经济效益。

【技术类型】√资源综合利用；√节能；√减排。

【技术成熟度与可靠度】该技术属于成熟研发成果，浙江青山钢铁使用含镍富铁的氧化镍矿生产镍铁合金，比一般的传统工艺（烧结+电炉）具有显著的优势，并成功应用于不锈钢生产。

【预期环境收益】整个生产工艺是全封闭式的，其能量损耗和粉尘排放是最低的。每吨铁在生产过程中的电能消耗降低了 1500kW·h，粉尘排放降低 80%。

【潜在的副作用和影响】暂无。

【适用性】该工艺主要采用红土镍矿为原料进行一体化冶炼，对红土镍矿的依存度较高，因此适用于红土镍矿来源稳定的不锈钢生产企业。

【经济性】采用该短流程生产不锈钢，使得不锈钢生产成本降低约 1000～2000元/t（钢）。

（2）不锈钢酸洗废酸回收再生利用技术

【技术描述】目前生产不锈钢的钢铁厂的酸洗工艺主要采用硝酸、硫酸和氢氟酸混合作为酸洗介质，会产生相当多的酸洗废液，该技术采用喷雾焙烧法对酸洗废液进行在线即时回收再生，然后送回酸槽重新使用，既减少了环境污染，又降低了成本。该系统中，废酸从废酸罐打入文氏塔，与焙烧炉的热气进行混合而得到预浓缩，并在焙烧炉上部被蒸发为热气，废酸熔液中的金属离子结晶为金属氧化粉末并从焙烧炉底部被输送到氧化站中处理。而上部热气经文氏塔、吸收塔、喷射洗涤塔、冷凝塔和氧化塔等一步步的冷却回收，进入脱销净化处理。焙烧炉产生的热气所含酸气大部分在吸收塔找被回收，NO_x 则大部分在氧化塔找被回收。

【技术类型】 √资源综合利用；×节能；√减排。

【技术成熟度与可靠度】 该技术属于成熟研发成果，已实现工业化应用，是国内近年来引进的世界先进水平废酸回收再生利用新工艺。

【预期环境收益】 喷雾焙烧技术可将废酸及酸液找金属离子全部回收利用，运行过程只产生较少洗涤废水，焙烧过程产生的焙烧废气也能达到国标排放。

【潜在的副作用和影响】 暂无。

【适用性】 喷雾焙烧技术适宜大中型规模不锈钢热轧、冷轧废酸回收。

【经济性】 该技术需追加新设备投入，或改造原有废酸处理设施，但能降低酸洗成本、节约外排废酸处理建设投资和运行成本，提高外排标准，达到环保要求。

（3）不锈钢除尘灰（粉尘）在钢厂自循环综合利用技术

【技术描述】 该技术采用除尘灰与黏结剂以一定比例混合后压球，压球原料中不配加还原剂，利用电炉入炉原料铬镍生铁中的碳、硅还原回收不锈钢除尘灰中的铁、镍、铬等有用元素，该技术不仅可以实现除尘灰中有用元素的有效利用，还能解决除尘灰堆放造成的环境污染。

【技术类型】 √资源综合利用；×节能；√减排。

【技术成熟度与可靠度】 该技术属于成熟研发成果，国内已成功利用该技术，实现了不锈钢除尘灰的综合利用。

【预期环境收益】 高温直接还原技术可将除尘灰中的有价元素几乎全部回收利用，减少了污染物的排放及其存放或治理成本，环境效益和社会效益显著。

【潜在的副作用和影响】 增加电炉的负荷，增加电耗。

【适用性】 可用于所有生产不锈钢的新工厂和现有工厂的除尘灰综合利用。

【经济性】 该技术需追加新设备投入，或改造原有除尘灰处理设施，但能降低原料消耗，减少除尘灰无害化处理成本，回收尘中的有价元素，环保效益显著，可能有一定的经济效益。

6.13.1.3 加快工业化研发的关键技术

（1）不锈钢除尘灰（粉尘）在钢厂外综合利用技术

【技术描述】 该技术采用碳还原剂与除尘灰及其他辅料以一定比例混合后，经造球或压块，在环形转底炉、流态床鼓风竖炉或电炉（转炉）、熔融还原炉中对其进行高温直接还原回收，该法不仅可以实现除尘灰中有用元素的有效利用，还能解决除尘灰堆放造成的环境污染。

【技术类型】√资源综合利用；×节能；√减排。

【技术成熟度与可靠度】该技术属于成熟研发成果，国外已实现工业化应用，欧美及日本已成功利用该技术实现了不锈钢除尘灰的综合利用，但国内尚未出现成熟的回收工艺，虽进行了部分回收，但多是一些试探性试验，缺少工业化应用。

【预期环境收益】高温直接还原技术可将除尘灰中的有价元素几乎全部回收利用，减少了污染物的排放及其存放或治理成本，降低了原料消耗，以及由生产原料带来的附加污染物排放和治理成本。

【潜在的副作用和影响】暂无。

【适用性】可用于所有生产不锈钢的新工厂和现有工厂的除尘灰综合利用。

【经济性】该技术需追加新设备投入，或改造原有除尘灰处理设施，但能降低原料消耗，减少除尘灰无害化处理成本，节约外排除尘灰处理建设投资和运行成本，提高外排标准，达到环保要求。

（2）酸泥处置技术

【技术描述】酸泥为轧钢厂不锈钢酸洗的废酸水经中和、絮凝、沉淀、浓缩、压滤后的产物，该技术采用回转窑对酸泥进行破碎烘干处置，然后供烧结工序或电炉工序利用或在水泥行业利用；或者直接采用矿热炉对酸泥进行处置，回收有价金属；该技术不仅可以回收酸泥中的有用元素，还能解决酸泥堆放造成的环境污染。

【技术类型】√资源综合利用；×节能；√减排。

【技术成熟度与可靠度】该技术属于不成熟研发成果，尚未出现成熟的酸泥处置工艺。

【预期环境收益】酸泥处置技术解决了酸泥堆放造成的环境污染，促进了不锈钢生产的循环经济发展，具有较高的推广价值和环保效益。

【潜在的副作用和影响】暂无。

【适用性】可用于所有生产不锈钢的新工厂和现有工厂的酸泥处置。

【经济性】该技术需追加新设备投入，或改造原有酸泥处理设施，但可以回收酸泥中的有价金属元素，解决酸泥堆放造成的环境污染，达到环保要求。

（3）棒线材特殊钢熔融还原短流程冶炼技术

【技术描述】对于轴承钢、锅炉管等高品质特殊钢棒线材，由于合金含量较高，在冶炼过程中需要加入大量合金，传统电炉（转炉）-精炼-连铸（模铸）流程长，生产线较长，电能、热能及原料等资源损耗较大，综合利用率不高。该技术采用铬矿或镍矿替代高碳铬铁和镍铁在电炉炉内直接熔融还原合金化冶炼，缩短了生产流程，提高了主原料选择的灵活性，直接在电炉中使用铬矿石或铬矿粉，大量使用废钢；节约电能；提高生产率，降低生产成本；提高产品质量；减少排放，环境可控。

【技术类型】√资源综合利用；√节能；√减排。

【技术成熟度与可靠度】该技术在国外属于成熟研发成果，已实现工业化应用，日本川崎制铁已成功利用该技术实现了高品质特殊钢工业化生产，形成了独有的特殊钢冶炼工艺。国内棒线材特殊钢熔融还原短流程冶炼技术仍处在还原机理研究阶段，尚未得到工业应用。

【预期环境收益】棒线材特殊钢熔融还原短流程冶炼技术利用铬矿或镍矿直接合金化，最直接的表现即是取消了铬矿（镍矿）转化为铬铁（镍铁）的过程，及其这个过程产生的污染和处理环节。取消了该过程，缩短的生产流程相当于取消了一个生产单元，因此减少了电力消耗、还原剂消耗、辅助材料、熔剂材料、职工福利费用（薪金、劳保、保险等）、设备折旧、车间公用消耗及管理经费、车间生产成本，以及污染物排放和治理成本等。

【潜在的副作用和影响】暂无。

【适用性】适用于生产铬、镍合金含量较高的棒线材特殊钢。

【经济性】该技术不需任何附加投资成本。通过铬矿或镍矿直接合金化，减少了铬矿或镍矿制成铬铁或镍铁的过程，仅这一方面就可大幅减少污染物排放；另一方面，在实际冶炼过程中，还可增加废钢使用量，节约电能，从节能减排方面可以实现效益回报。

6.13.1.4　积极关注的关键技术

不锈钢渣的无害化处理和综合利用技术。

【技术描述】该技术采用高温还原、湿法浸出还原、固化 Cr^{6+} 技术和提高不锈钢渣活性技术，将不锈钢渣中有毒 Cr^{6+} 还原成无毒 Cr^{3+} 或者固化 Cr^{6+}，实现无害化处理及用于水泥与陶瓷行业；通过配加辅料返回烧结、高炉及炼钢的方法，实现不锈钢渣的综合利用，发挥不锈钢渣作为二次资源的价值。

【技术类型】√资源综合利用；√节能；√减排。

【技术成熟度与可靠度】该技术属于不成熟研发成果，不锈钢渣因含 Cr^{6+} 而被视为有害废物。综合不锈钢渣组成、技术成本、附近敏感区域及解毒后渣的使用途径等因素，其利用潜力较大，但目前的资源化技术水平仍需提高。

【预期环境收益】不锈钢渣的综合利用，可以减少其堆放，由此减少水溶性 Cr^{6+} 对水体的污染，并减少原料采购等成本。

【潜在的副作用和影响】暂无。

【适用性】不锈钢厂应根据自身情况、技术条件、下游需求等方面，有条件地选择采用哪种工艺或技术。

【经济性】该技术因处于不成熟状态，各种处理工艺均存在不同的缺点，或是只能处理渣的某种状态，或是处理量小，或是无法多次重复使用等等，单纯从环保方面考虑，收益不大。

6.13.2 其他

特种冶金流程主要为真空感应-电渣重熔-真空自耗，往往以传统冶金流程的高纯铁、合金企业的优质合金等为金属物料，以耐材企业的耐火材料及冶金渣料为辅料进行生产。特冶流程在绿色化生产方面有别于传统冶金流程，其中真空感应炉的真空抽取的粉尘量极少，冶金熔炼过程基本以纯铁、优质纯合金、返回切头切尾料等作为原料熔炼，基本不进行冶金造渣，主要以炉衬耐材的损耗形成固废。电渣重熔炉以真空熔炼钢锭作为原料，以新预熔渣作为渣料进行冶金熔炼，其生产过程会产生废渣、废气等外排物。真空自耗炉主要以电弧熔炼金属，冶金熔炼过程几乎无气液固废弃物外排。全流程的各熔炼炉的循环水为软水自循环，循环利用率在 98% 以上。

6.13.2.1 排放与能源消耗

特冶流程如图 2-6-68 所示。

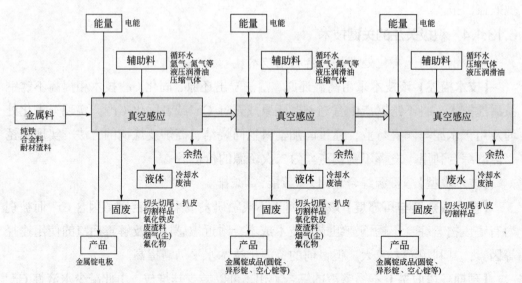

图 2-6-68　特冶流程

（1）特冶流程单元物质流入流出类型

1）输入　金属料、电、辅助料（氩气、循环水、压缩空气、液压润滑油）。

2）输出　金属锭成品（圆锭、异形锭、空心锭等）、烟气（尘）、氟化物、冷却水、切头切尾、氧化铁皮、废渣料、废油等。

（2）特冶流程的主要环境影响

1）废水　主要为循环冷却水的泄漏、蒸发、换水等，循环利用率在98%以上，对环境基本没有影响。在降耗方面提高水的利用率的基本途径为维护设备良好运行，减少因设备故障导致的循环水泄漏。

2）废气　真空熔炼炉、真空自耗炉、全封闭气氛保护电渣炉生产过程中废气排出量可忽略不计；非密闭气氛保护电渣炉的耗气/排气量主要为氩气流量，同时高温炉渣形成的烟气中含氟化物烟尘，经烟囱高空排放。此处应关注研发大型电渣炉的废气回收处理设备与相应技术开发。

3）噪声　各熔炼炉配置的真空泵、风冷机、水泵、汽包排汽等不可避免地产生噪声，一般处理方式为围挡、包隔、建设在厂房外面。特冶流程工位噪声控制标准见表2-6-109。

表2-6-109　特冶流程工位噪声控制标准

序号	噪声源	声级/dB(A)	控制措施	效果/dB(A)
1	风机	约95	包扎隔声	约80
2	真空泵	约95	围挡隔声	约80
3	水泵	约85	建筑隔声	约70
4	冷却塔	约80	—	约80
5	天车地车等机械	约80	—	约80

4）固废　特冶流程的最大关注点还是在产品质量稳定方面，特冶流程产生的污染物外排非常少，与传统流程的排放量不在一个量级，因此常年来关注度不高。

特冶流程产生的固废主要有：废钢、切头切尾、扒皮、切割取样、废耐火材料、氧化铁皮、除尘灰、氧化铁皮及污泥等。因特冶流程本身的产量不大，所产生的废钢、切头切尾、扒皮、切割取样等物料会回收再利用，主要难以回收或无回收价值的是氧化铁皮、除尘灰、氧化铁皮及污泥等。

在真空熔炼炉的废旧炉衬耐火材料排放方面，一般企业的炉衬换新全部外包给耐材公司，耐材公司会将废旧耐火料回收循环利用，生产新的耐火材料。固废表见表2-6-110。

表2-6-110　固废表

序号	名称	产生量/(kg/t)
1	切头切尾/扒皮	150
2	废耐火材料	59.37
3	氧化铁皮	1
4	废油	0.07
5	烟尘（非密闭电渣炉）	0.02

（3）电渣炉单位产量的输入输出能源量

见表 2-6-111。

表 2-6-111　电渣炉能耗计算表

序号	项目	单位	实物单耗	折标准煤/[kg/t·(Fe)]	比例
1	消耗能源			166.2	100.00%
1.1	电	kW·h/t（钢）	1293	158.9	95.606%
1.2	新水	t/t（钢）	0.07	0.006	0.004%
1.3	新渣料	kg/t（钢）	59.4	7.3	4.39
1.4	氩气	m^3	0.5	0.00	0
	工序能耗合计			166.2	—

注：5t 电渣炉数据。

6.13.2.2　推荐应用的关键技术

（1）中高碳特殊钢转炉高碳出钢技术

【技术描述】轴承、弹簧、硬线等中高碳特殊钢在转炉冶炼过程中，利用转炉冶炼前期高效脱磷工艺，在冶炼终点通过精准控制，实现高碳出钢操作，从而降低钢水中氧含量，有效减少增碳剂及合金加入量，并减少钢中脱氧夹杂物，提高钢水质量。

【技术类型】×资源综合利用；√节能；√减排。

【技术成熟度与可靠度】该技术属于成熟研发成果，已实现工业化应用，在安阳钢铁公司、莱芜钢铁公司等钢铁企业已得到成熟应用，许多钢铁公司对该技术处于开发探索阶段。

【预期环境收益】对于中高碳特殊钢，转炉终点碳含量每升高 0.01%，转炉吨钢氧耗降低 $0.087m^3$，并节约碳粉 0.1kg。如转炉终点碳含量平均由 0.08%提高至 0.5%，转炉吨钢氧耗可 $3.65m^3$，吨钢节约碳粉 4.2kg。另外可适度提高合金收得率，减少一次脱氧夹杂物数量，提高钢水质量。

【潜在的副作用和影响】暂无。

【适用性】该技术可用于钢铁企业生产所有中高碳钢种。

【经济性】该技术无任何附加成本，转炉终点碳含量平均由 0.08%提高至 0.5%，转炉吨钢氧耗降低 $3.65m^3$，吨钢节约碳粉 4.2kg。另外可适度提高合金收得率，减少一次脱氧夹杂物数量，提高钢水质量。

（2）电渣炉除尘系统

【技术描述】非密闭的电渣炉在生产过程中，会严重污染大气环境，主要有两种污染源：一是在化渣期间会产生大量的烟尘、粉尘；二是采用含氟渣系（如三七渣70%CaF$_2$-30%Al$_2$O$_3$），在冶炼过程中会产生氟化物等有害气体。

湿法除尘：将电渣炉产生的含氟粉尘经收集，以碱性溶液洗涤（NaOH），碱性溶液吸收烟尘中的氟化物形成 NaF，同时，粉尘被吸收进入水中，达到除尘净化的目的。此法的特点是需用一定量的水和碱；烟尘净化效果好，净化后烟气纯净度高；设备投资大。因为氟化物与水反应产生的氢氟酸对金属及硅酸盐均有腐蚀作用，对设备技术条件要求苛刻；净化后带来水的二次污染，又带来一定的处理技术难题。这种方法使用较少。

干法除尘：将电渣炉产生的烟尘经收集后，在烟道中加入适量净化剂（一般用CaO 粉，即石灰粉）与烟尘中的氟化物反应，生成 CaF$_2$，再由除尘器布袋过滤，来实现烟尘净化的目的。此法设备简单，易于操作，不会造成二次污染，运行费用少，对于小型电渣炉较为合适。

干法除尘器一般由收集罩（用于收集含氟粉尘）、管道、CaO 粉储存给进器（将CaO 与含氟粉尘充分混合）、袋式除尘器（过滤含尘气体）、反吹风装置（吹除布袋上附着的灰尘）、抽风机和电动机等装置构成。

【技术类型】×资源综合利用；×节能；√减排。

【技术成熟度与可靠度】除尘技术已有工业化应用，国内现有电渣炉超千台，少数采用湿法去氟，易造成二次污染，多数采用直接排空的方法以减少车间氟的浓度，但仍超标（达 2.6mg/m^3），且污染面扩大。我国引进的德国电渣炉烟尘收集和气体净化系统，采用干法净化，其排空尾气含氟浓度小于 1mg/m^3，可满足电渣车间环境保护的需要，而且治理彻底，不产生二次污染。

【预期环境收益】以太钢使用 DZ18-SS 型 10t 电渣炉干式除尘器为例，使用 CaF$_2$：Al$_2$O$_3$= 7:3 渣系，渣量为 130kg 时，炉口氟化物最大散放浓度为 129.6 mg/m^3，粉尘浓度为 305mg/m^3，车间氟化物浓度为 0.722mg/m^3，车间粉尘浓度为 0.22mg/m^3，氟化物排放浓度为 3.072mg/m^3。使用干法除尘器后，粉尘排放浓度降为 1.64mg/m^3，车间氟化物浓度为 0.4mg/m^3，氟化物排放浓度降为 0.62mg/m^3。除尘效率>85%，净化能力>80%。

【潜在的副作用和影响】暂无。

【适用性】现有干法除尘装备技术适用于几十吨以下的电渣炉，对于百吨级以上电渣炉，因炉型结构差异较大尚需进行特定设计开发除尘系统。

【经济性】干式除尘器工作原理科学，设计合理，投资小，运行花费时间及次数少，粉尘和氟化物的车间浓度及排放浓度均低于国家规定的允许值。

6.13.2.3　加快工业化研发的关键技术

电渣炉的无氟渣系应用技术。

【技术描述】目前服役于尖端领域的特种合金、高温合金、有色合金等材料的主要冶炼流程为：真空感应（VIM）—电渣（ESR）—自耗（VAR），其中 VIM 和 VAR 均为无渣真空熔炼，只有 ESR 工序有冶金渣的使用。传统渣成分主要为 CaF_2-Al_2O_3-CaO-MgO，并根据金属合金材料的不同少量加入 SiO_2/B_2O_3/BaO/TiO_2 等。目前世界上的大型工业电渣炉（30~450t）基本无全封闭除尘系统，渣中较高含量的 CaF_2（50%~80%）易挥发造成环境污染及生产车间人员的职业病，急需开发适用于不同材料熔炼要求的无氟渣系。

【技术类型】×资源综合利用；√节能；√减排。

【技术成熟度与可靠度】该技术虽然研究起步较早，但是无氟渣电导率低，熔点高，化渣引燃困难，渣皮厚度不均匀，影响钢锭表面质量，且在冶炼过程控制中，仍有部分技术难题有待突破，至今属于尚未成熟工业化的研发成果，目前无法全面取代含氟渣。

【预期环境收益】氟化物排放量将由约 2~3kg/h 降低至 0，彻底解决氟化物污染问题。另外电渣生产后的无氟固体废渣，可以进入大型炼钢厂进行循环利用，或直接进行社会资源化利用。

【潜在的副作用和影响】暂无。

【适用性】可用于所有电渣炉系统，但是需要根据熔炼材料的特性予以调整，并可能对于某些质量要求较高的材料熔炼并不适用。

【经济性】无氟渣系的设计选择应从多方位考虑，在优先保证特种材料冶炼的质量后再考虑环保，降低渣中 CaF_2 比例可以大幅度提高电效率。以 35%CaF_2-35%Al_2O_3-35%CaO-5%MgO-5%SiO_2 对比传统的典型三七渣 70%CaF_2-30%Al_2O_3 为例，低氟渣渣阻提高 1.75 倍，熔炼 H13 钢时电耗降低 400kW·h/t（钢）以上。无氟渣 49%CaO-43%Al_2O_3-7%SiO_2 比三七渣的电导率降低 70%以上，熔炼 1Cr13 钢时电耗降低 800kW·h/t（钢）以上。

6.13.2.4　积极关注的关键技术

大型密闭式气氛保护电渣炉装备与技术。

【技术描述】我国（上重）在大型电渣炉设计与使用方面处于世界领先水平。近年来国内新建的几吨到几十吨的电渣炉，在吸收国外气氛保护技术后，均实现了密闭式熔炼操作，其粉尘和氟化物排放较低。但近百吨到 450t 的电渣炉，还处于敞开式气氛保护熔炼的水平。其熔炼过程含氟渣料易挥发造成环境污染，应大力开发工业用大型密闭式气氛保护电渣炉装备与技术。

【技术类型】×资源综合利用；×节能；√减排。

【技术成熟度与可靠度】该技术属于处于研发阶段，并无任何大型电渣炉的实际应用案例。

【预期环境收益】采用全密闭式气氛保护后，预计粉尘排放量将减低 90%以上，氟化物排放量降低 80%以上。

【潜在的副作用和影响】暂无。

【适用性】该技术适用于大型铸锻厂的百吨级以上电渣炉的配套设计及应用。

【经济性】因该技术处于研发阶段，尚不能确切给出运行成本及节约性经济指标。

第 7 章
钢铁绿色制造建议

钢铁绿色制造以循环经济为基本原则，以清洁生产为重要基础，在突出资源高效利用和节能减排的同时，实现产品制造、能源转换、废弃物处理-消纳和再资源化等功能。一方面应重点应用成熟和具有经济性的绿色制造技术，加快研发和实现工业化具有潜力的绿色制造技术；另一方面应从国家政策管理、体系建设、产业环境、人才培养和配套支撑等角度给予大力支持。

7.1　国家政策

1）国家战略高度布局新一代冶金技术。开展氢冶炼等新一代战略性冶金技术的国家层面规划和定位，推动国家顶层设计，突破新一代清洁、高效、可循环生产工艺和节能减排技术。

2）加强技术路线图中"推荐应用的关键技术"的应用推广力度，实施系统化的绿色改造，推动资源综合利用、节能、减排从局部向全流程、全系统转变。

3）加大对技术路线图中"加快工业化推广应用的技术"和"积极关注技术"的研发投入。加强对于钢铁绿色制造关键核心技术研发、科研成果转化等方面的政策支持，以及金融领域的配套支持，实现零散式的绿色制造技术向群体性绿色技术的突破。

4）加大财政税收扶持力度，创新激励手段，降低钢企绿色转型成本。绿色研发和投资的效果具有长期性和不确定性等特点。在现有技术路径下，很多行业绿色工艺技术开发应用、绿色产品市场推广都将在不同程度上直接推高企业成本，企业绿色转型的主动意识不强，发展绿色制造的综合能力普遍不足。需国家从体系建设和税收交易角度减轻企业成本压力。

5）引导金融机构加大对钢铁绿色制造的信贷支持。引导国内外各类金融机构参与绿色制造体系建设，鼓励金融机构为企业发展绿色制造提供适用的金融信贷产品，积极利用风险资金、私募基金等新型融资手段，探索建立适合绿色制造体系发展的风险投资市场。

7.2　体系建设

1）推进绿色工厂建设，发挥标杆示范作用。立足于城市资源环境现状和规划发展要求，鼓励先进绿色工厂构建，通过支持标杆工厂的建设以及政策撬动，带动其他企业推广，最终实现绿色化生产。

2）提升钢铁行业绿色发展标准化水平。依托行业协会，对现行节能减排、清洁生产、环境保护等行业标准进行全面清查和评价，充分考虑不同区域的自然资源、环境容量差异，借鉴国际经验，建立绿色技术、绿色设计、绿色产品的行业标准和管理规范；鼓励钢铁行业积极参与到绿色标准制订中，提升钢铁行业绿色发展标准化水平。

3）完善钢铁绿色制造评价和激励机制（促进科技创新、加快科技成果转化）；完善科技投入机制（加大科技专项计划资金投入力度）。

4）大力推动产城融合，构筑共享价值。充分发挥钢铁企业工艺设备特点以及在能源、资源转化利用中的作用，实现对城市的资源贡献和资源共享，推动城市循环经济建设，投入城市公益慈善事业和社区建设。

7.3 产业环境

1）优化产业结构，推动产业布局优化调整。进一步钢铁行业供给侧结构性改革，依据资源环境承载能力，加快推动产业布局调整优化，聚焦京津冀、汾渭平原、长三角，以及长江经济带等重点区域，打造绿色生产体系。

2）以工艺流程为导向，适度发展短流程技术，从体系建设和税收角度交易加以保障，如废钢的使用不能仅从经济性角度引导。

3）基于全生命周期理念推动钢铁绿色制造，构建钢铁产品全生命周期管控体系，将钢铁绿色制造理念和技术，推广应用至采购、生产和销售全流程环节中，引领全产业链绿色发展。

7.4 人才培养

加强人才培养体系建设，为钢铁绿色制造提供人才保障。行业协会开展专业技能培训，重点普及绿色制造理念，培养和引进绿色装备系统设计、集成技术和关键零部件研发人才；鼓励钢厂加强绿色制造技术交流和行业经验分享，积极创造绿色就业岗位，为传统领域从业人员转向绿色岗位提供各种转岗培训。推动综合性大学、工程技术院校和高等职业学校开设与绿色制造、绿色营销、绿色物流、绿色管理有关的专业，夯实人才基础，逐步建立绿色制造的人才培养长效机制。

第3篇
智能制造

第1章
钢铁行业智能制造发展现状与智能化需求

1.1 钢铁行业智能制造总体发展情况

钢铁行业经过多年的发展，具备了良好的自动化、信息化基础条件，形成了 ERP-MES-PCS 三层五级的管控系统。为了解钢铁行业智能制造基础和发展情况，围绕 13 个问题域对重点钢铁企业进行了问卷调查，如图 3-1-1 所示。

图 3-1-1　钢铁企业智能制造发展现状与需求调查问题域

调查问卷共收到 36 家钢铁企业回复，调查企业合计产量 3 亿 t，产品品种覆盖型材、线材、棒材、中厚板、薄板、钢管等，具有一定的代表性。基于 36 家钢铁企业问卷 13 大类 80 项问题回复信息，进行了 13 个方面数据统计和汇总分析，借鉴中国电子技术标准化研究院"智能制造能力成熟度模型"，提出了钢铁企业智能制造成熟度模型，对调研企业 11 项单项能力成熟度和企业整体成熟度按 5 级要求进行了评价分析，初步判断调研钢铁企业智能制造能力成熟度分布在 1.8～3.5 级之间。图 3-1-2 为各企业智能制造能力总体分布图。

1.1.1 钢铁行业重点领域智能制造发展现状

总体看来，调研企业具备较好的自动化、信息化基础，但距离智能制造要求还有很大提升空间。钢铁行业重点领域智能制造发展现状主要表现在以下方面。

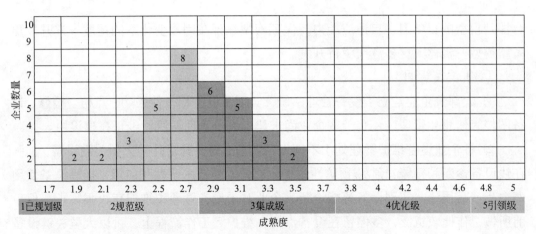

图 3-1-2　企业智能制造能力总体分布图

（1）检测

① 钢铁企业常规检测仪表（压力、流量、温度等）配置齐全。主要产线用于重要工艺参数的专用仪表配置率较高。尤其以扁平材产线配置最为齐全，部分产线在表面质量和三维轮廓方面也已经迈出一步。

② 部分检测装置的测量精度和稳定性尚需提高。一些重要工艺变量实时检测或在线监测装置需要开发。特别是铁前工艺多为黑箱操作，过程实时检测仪表仍是技术难点，需要加大研发力度，推动新技术设备的不断升级，满足工艺过程实时检测的需求，促进铁前工艺生产稳定高效。以工业生产大数据为基础的多传感器融合技术和软测量技术实际应用亟待推进。需要提高智能仪表采用度，提高检测装置精度，实现数据自动上传。目前部分仪表已经实现国产化，但与进口产品相比依然存在较大差距，可以集中优势力量，加强所开发检测仪表的测量稳定性，满足工业化需求。

（2）设备控制和过程控制

① 基础自动化控制系统配置率100%。各工艺过程控制系统配置率72%～100%。在过程自动化方面，扁平材生产各工序配置明显高于长型材，具有更好地实现智能制造的基础。70多种数学模型在各工序成功应用，一些数学模型具有实时优化、自学习功能 。机器人取得了成功应用。

② 部分企业关键生产工序的基本控制功能还存在较大的提升空间，需要进一步加强基础建设。控制系统配置率高的企业，重点提高其控制性能，形成数学模型和控制系统联动，动态优化并调整工艺过程设定点，实现工艺过程动态优化闭环控制。铁前工序数学模型种类较多，大多只能作为工艺生产的参考工具，工艺过程优化控制几乎没有实现，这也是铁前自动化、智能化水平落后于钢后工序的原因所在。各工序现有很多数学模型存在可靠性、适应性问题，迫切需要多种学科的交叉集成，加强模型运行条件维护，并借助大数据分析、智能算法等信息化技术与工艺知识结

合提升模型的自学习、自适应能力，保证模型在外在因素变化下的精度，并开发更多新模型。机器人更多应用亟待开发。

（3）设备管理

① 大部分企业建立了设备管理系统，实现了设备和备件采购、点检、检修、设备图档等信息化管理。还有一些企业尚未建立设备管理系统，或正在建设中。

② 各企业设备维护管理处于不同发展阶段。需要针对几种大型关键设备，加强在线设备诊断和预警、预测/预防性维护、远程诊断技术研发和应用，提高设备使用寿命和产品质量，实现设备智能诊断。企业对于设备管理和维护有较强需求，但目前所做工作比较宽泛，多停留在设备点检、维护等工作流程上，可以大型关键设备为突破口，以弱故障、隐性故障作为主要研究对象，实现数据的实时分析和在线预警，并进一步实现预测式维护。

（4）质量管控

① 调研企业建立了质量管理系统，90%企业覆盖产品规范、冶金规范、合同质量设计、检化验信息管理、质量判定管理、质保书管理等质量管控环节。

② 各企业管控水平差异明显。需要加强产品质量和工艺规程数字化、规范化，加强全流程产品质量一贯制管控，提升合同质量设计、产品质量在线监控和评价的自动化水平。需要充分发挥大数据汇集和分析挖掘作用，实现全流程质量监控和优化。在各工序产品质量已经得到较好控制的基础上，企业对于设计、生产、服务等产品全生命周期质量管控的需求迫切。可以具有良好软硬件基础的炼钢-热轧-冷轧生产全流程为突破口，实现多源异构数据的整合分析，掌握多工序工艺质量参数的关联关系，建立产品质量标准库，实现生产过程监控、过程质量分析与预警、在线质量判定、质量异常溯源、过程工艺参数反向优化等功能，并逐步扩展到产品设计和服役性能。

（5）能源与环保

① 70%以上企业建立了能源管理系统，93.33%企业实现了在线运行管理方式。环保监测系统具有烟气、污水、噪声等环保监测数据采集和监视等功能。

② 各企业能源管理水平差别较大。应基于实时能源产耗数据实现动态调度和能源优化。需要加强能源预测及平衡模型、生产计划与能源计划协同生成、多介质综合优化等技术研发与应用。重视 CO_2 预测和交易支持预研。

（6）计划与调度

① 分厂级制造执行系统产线覆盖范围84.6%。制造执行系统具有计划调度管理（53.13%）、物料跟踪与实绩管理（93.75%）、在线质量管理（84.38%）、仓库管理（87.5%）、发货作业管理（93.75%）、工器具管理（46.88%）等功能。

② 应提升计划排产自动生成水平。生产计划覆盖范围需要从分厂扩展到全流程，

并实现交货期、质量、生产效率、物流周转周期、能耗、综合成本等多目标优化。基于流程"界面"技术和物质流能量流协同技术，加强上下游、生产-能源-物流等动态协同调度。

（7）经营管理

① 企业普遍建立了采购管理、销售管理信息化系统。32.26%企业实现了与下游大客户的需求信息链接，41.94%企业实现了与钢铁电商信息的链接。大部分企业建立了生产管理信息化系统，覆盖了92.3%的生产线。60.61%企业对原材料、在制品、成品等有效标识，并能基于识别技术实现自动或半自动出入库管理。

② 需要提升市场分析预测、合同智能分析、合同材料推荐等技术水平。加强订单管理、计划调度、物流跟踪和仓储配送综合管理。基于生产实际情况进行物料采购、配送，基于客户和产品需求动态调整库存水平。

（8）互联互通

① 87.50%企业的管理区域网络覆盖大部/全部办公区域，87.50%企业的生产区域网络覆盖大部/全部生产区域。在网络安全方面，100%企业设置外网防火墙，71.88%企业实现了L1、L2、L3网卡隔离。

② 需要加强管理网、生产网、物联网的集成应用，提升从设备间，到车间、到工厂以及企业上下游系统间的互联互通，为企业数据集成、信息融合、系统集成、协同制造奠定坚实基础。重视企业工业信息安全问题，远程监控以及多工序、各层次互联互通的网络风险问题，需要相关专业进行技术或标准上的支持。

（9）信息融合

① 78.13%实时数据库与生产管理系统实现互通集成。53.13%实现了企业信息门户与主要管理系统集成，3.13%企业实现了所有管理系统集成。

② 企业应用数据分析主要用于专业指标统计、综合指标统计和专业分析，在自动化、信息化水平不断完善的基础上，搭建大数据云平台，集成整合各工序的过程数据（生产过程数据、设备管理、能源环保、计划调度、经营管理等），建立多维企业数据中心，开展复杂多维数据关联分析和深度挖掘，充分发挥大数据蕴含的价值，是各钢铁企业的迫切需求。重视企业级数字化和模型化工作，建立企业物质流、能量流、价值流网络化系统模型，并在此基础上进行模拟仿真，支撑钢铁制造流程及其运行优化。

（10）系统集成

① 调研发现企业管控衔接水平较低，主要采取数据交换形式，25%企业没有实现企业资源计划与制造执行系统集成，31.25%没有实现制造执行系统与过程控制集成。大部分调研企业的企业资源计划、用户关系管理、供应链管理各系统之间缺少

产供销一体化信息融合和业务协同。半数企业没有实现与战略客户、战略供应商的协同。即使实现了管控功能集成的企业，管控一体化水平也有待提升，如销产信息一体化，90.23%通过接口协同，只有9.68%企业实现业务协同。

② 需要加强钢铁企业系统集成工作，主要包括生命周期产品质量管控、供应链协同、管控衔接、产供销一体化、业财无缝衔接等。有机衔接用户需求、产品研发、工艺设计、生产制造、交付使用、服役周期等各环节，形成生命周期产品质量动态、闭环管控；贯通上游、下游企业间的产业链，实现信息协同、资源协同、业务协同、市场协同；通过企业资源计划、制造执行系统与过程控制之间信息融合和功能集成，实现管控动态衔接和实时优化。

受限于企业考核机制等原因，产品生产全流程的数据共享存在较大推行阻力，已经成为制约产品质量和生产效率提升的关键问题。可以自动化、信息化水平有明显优势的扁平材等生产流程作为切入点，打破各工序之间的信息壁垒，建立多工序协调优化控制系统结构，形成各工序交接界面的工艺规则库，实现工序间关键参数的自主交互，从质量全流程角度构建运行指标评判标准，实现扁平材温度、板形、组织性能等关键质量参数由单工序局部优化到制备全流程全局优化的转变。

钢铁企业普遍构建了企业资源计划（ERP）—制造执行系统（MES）—过程控制（PCS）三层次信息化系统，但系统之间缺少信息融合和功能集成。制造执行系统与过程控制系统、企业资源计划系统集成度较低，实现系统之间的信息同步共享和一体化运作，将成为流程优化和扁平化管理的关键。

需要进一步加强供应链上下游企业间以及钢铁全流程工序间的协同和共享，以达到降低原料采购成本，降低原料、在制品和成品总体库存水平，降低全流程生产运作成本，提高生产效率，缩短产品制造周期和提升精准服务能力的目的。作为流程工业的典型代表，钢铁行业的产供销一体、质量与工艺参数的映射关系、各个生产工序的相互协调都将存在极大的挑战，目前很多企业和研究机构都在进行相关的工作，但大多集中于质量监控、局部工序优化等点状、局部研究，以大数据和智能控制驱动的全流程整体优化处于正在起步阶段。以信息深度感知、智慧优化决策和精准协调控制为特征，建立具有国际先进水平的智能化工厂样板，以点带面逐步推动本领域的整体智能化发展，将成为我国钢铁行业实现从跟跑到领跑转变的关键。

1.1.2　钢铁行业重点领域智能化需求

钢铁制造业作为主要的原材料工业，根本任务就是以低的资源能源消耗、低的环境生态负荷、高的流程效率和劳动生产率向社会提供足够数量且质量优良的高性能钢铁产品,满足社会发展、国家安全、人民生活的需求。

钢铁工业市场环境、技术环境和社会环境发生了巨大的变化,其智能化发展需求可归结为以下几点。

1)敏捷化,体现在外部市场快速响应和内部资源柔性配置方面。在供给侧,钢铁产能严重过剩,产品同质化竞争日益加剧;在需求侧,宏观经济走势不确定性因素增多,用户日趋小批量、多品种、多规格的个性化需求,对钢铁企业经营管理提出了更高的快速响应和柔性应对要求。钢铁企业需要宏观研判经济态势、产业政策、环保政策、下游产业发展,对目标市场进行需求预测和快速响应,需要根据自身资源特色、能力禀赋优势,制定独特发展战略、产品组合优化和个性化服务方案,并据此灵活配置、协同组织内部资源,打通营销、研发、生产、供应、服务环节,构建协同优化的供应链和价值链。

2)精益化,体现在质量稳定、即时交付和精细成本管控方面。随着社会经济转型升级,对钢铁产品品种规格的需求越来越多,对产品质量的要求越来越高。钢铁企业必须提高生产过程和产品质量的稳定性、一致性、可靠性,缩短新产品研发周期,即时提供高质量产品和个性化服务,而钢铁工业是典型的流程工业,最终产品质量的优劣是由全流程的各个环节共同决定的,要想获得稳定、优良的产品质量,必须进行全流程"窄窗口"质量管控。为应对激烈市场竞争,钢铁企业需要通过一体化计划调度、能源生产协同调配、全流程界面优化和各工序自动控制,以及生产成本精细归集和透明分析,实现全流程紧凑连续、动态协同运行,降低原料、能源成本,提升劳动生产率,降低库存和资金占用,实现精细化降本增效,提升企业竞争力。

3)绿色化,体现在源头减少、高效转化和合规排放方面。随着社会的进步,政府和民众的环保意识以及对环境保护的要求大大提升,对具有高能耗、高污染特点的传统的钢铁制造业提出了挑战。钢铁企业需要加强各生产工艺过程精准控制和全流程工序界面协同优化,从源头节能减排。同时通过能源预测动态调配,以及钢厂环境动态监控,实现余热余能高效转换,废弃物循环利用和合规排放,为构建高效、清洁、低碳、循环的绿色制造体系提供技术支撑,推动钢铁工业高质量发展。

钢铁工业发展对智能制造的需求见图 3-1-3。

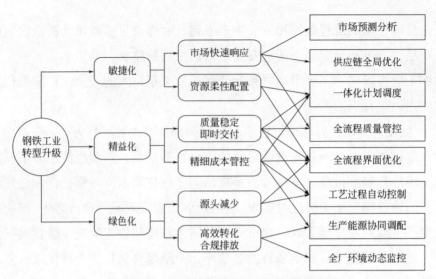

图 3-1-3 钢铁工业发展对智能制造的需求

1.2 钢铁行业智能制造案例

1.2.1 宝钢智能制造案例

　　宝钢股份作为宝武集团钢铁业的核心企业，在智能制造浪潮中应当成为新技术的领头羊。宝钢股份目前具有宝山、青山、湛江、梅山等制造基地，宝山基地是国际上产品种类和制造规模最大的钢铁制造单元之一。图 3-1-4 展示了宝钢股份分层次推进智能制造的概况。

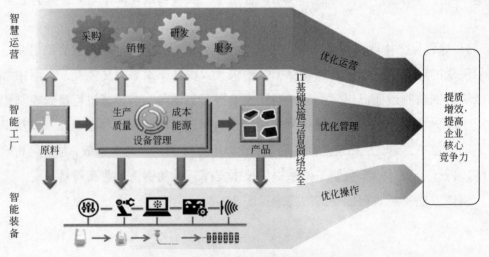

图 3-1-4 宝钢股份智能制造分层次示意图

公司力图通过不断完善检测、控制与决策等计算机系统，开展运营的辅助智能决策模型与系统、制造的智能优化计划、产品的质量大数据监管技术的研制，通过机器人和更高度的自动化技术、操作少人化技术等的逐步实施，通过知识自动化技术的研发和逐步应用，实现企业效益不断增加、产品质量稳定、成本不断下降的本质目的，最终增强企业竞争力。

经过近几年的努力，宝钢智能制造取得丰硕成果，举两例如下。

1）以 1580 热轧国家示范项目为导向，开展了智能车间的全方位智能制造技术研发。该项目按照"作业无人化、全面在线检测、新一代控制模型、设备状态监控与诊断、产线能效优化、质量一贯管控、一体化协同计划、可视化虚拟工厂"等智能化标准，策划实施了行车无人化改造、智能检测与诊断、感知-控制-决策一体化工艺模型、智能设备、智能节能、热轧尺寸、温度、断面类质量自动判定、磨辊间自动化改造、热轧生产动态排程、可视化仿真平台、数字化工厂等项目。通过智能车间试点示范建设，1580 热轧产线实现了质量工序能耗、内部质量损失分别下降 5.5%、10%，劳动效率提升 11%；同时，突破了一批钢铁智能制造核心共性技术和车间级智能制造实践方法，形成热轧智能车间标准（框架模型），为钢铁车间级智能制造升级提供了可推广、可复制经验。

2）在制造管理领域，以提升柔性制造能力为切入点，就新一代碳钢板材全产线（含炼钢、连铸、热轧、冷轧等）智能排程、库存智能自动处置、质量余材优化系统、原料码头传送自动决策、后加工多级库存协同与生产智能排程等开展了一系列研发和应用工作，取得了巨大的生产效率提升和生产过程的优化，大幅度提高了产线的柔性制造能力，大大减少了部分岗位的工作负荷，若干技术初步做到了无人智能决策，实现了知识自动化技术在钢铁业的应用。以连铸智能排程为例，中间包利用率明显提升、调宽次数减少、劳动效率提升 10 倍以上。

宝钢股份将通过智能化实现钢铁全流程工序间协同、产购销协同、上下游企业协同三个层次的协同优化，提升供应链整体运作效率、增强企业定制化生产能力，提高企业智能制造水平。插页图 2 为宝钢股份智能化未来架构。

1.2.2　河钢集团唐钢智能制造案例

智能制造架构发展的总体目标是制造企业实现智能化、绿色化、产品质量品牌化。通过构建纵向贯通、横向集成、协同联动的支撑体系，与物理系统相融合，覆盖产品设计、生产、物流、销售、服务等一系列的价值创造活动，将原料、焦化、炼铁、炼钢、热轧到冷轧等全部作业链的生产活动串联起来，真正实现自感知、自决策、自执行、自适应。在此总体目标下，河钢唐钢自 2014 年起进行整体信息自动化系统的改造，搭建了符合面向智能制造的信息系统架构，并持续改进提升，不断融合业内的主流思想，对未来架构的发展进行了路径规划与展望。

2014 年起，唐钢公司开始进行产品结构调整，从生产普材向高端家电板和汽车板转型。信息自动化体系是企业生产运营的重要支撑，因此，围绕解决企业的实际经营难题，通过对传统架构的问题梳理，结合企业发展的新需求，唐钢公司对信息化整体架构进行了重新设计，如插页图 3 所示。

不同于传统的 5 级系统，唐钢公司在 3 级与 4 级之间加入了 3.5 级系统，包括公司级订单设计系统 ODS、公司级计划排程系统 APS、公司级质量管理系统 QMS。将需要直接参与生产过程的管理职能转移到 3.5 级，对生产制造环节进行柔性化改造，优化生产组织流程，压缩制造周期，快速响应市场需求，实现全局生产计划排程及全流程可追溯的全面质量管理，满足客户对于产品个性化定制化的质量要求及交期要求，实现对客户的"适时""适质""适量"交货，有力支撑了唐钢全面与市场接轨，服务客户，以产品为中心，提高有效供给的发展战略。另外，建立钢铁企业工厂数据库，并将其定位在架构的 2.5 级，用于为 3 级以上相关系统提供数据支撑。在总体架构上，3.5 级和 2.5 级的设计，使整个信息化体系中层级的衔接更加紧密，支撑了生产一贯制、质量一贯制的落地，实现了按单生产，将管理的重点下沉到对产线的支撑，实现了多品种、小批量式订单的生产组织，满足了快速对接市场、响应客户的需求。

唐钢公司未来将在目前信息自动化建设的基础上做进一步的优化。主要是在 3 级层面上进行精简化，在 2 级以上加大工业机器人的应用，并与信息系统进行交互集成。如图 3-1-5 所示。通过构建纵向贯通、横向集成、协同联动的支撑体系，与物理系统相融合，覆盖产品设计、生产、物流、销售、服务等一系列的价值创造活动，将原料、焦化、炼铁、炼钢、热轧到冷轧等全部作业链的生产活动串联起来，真正实现自感知、自决策、自执行、自适应。

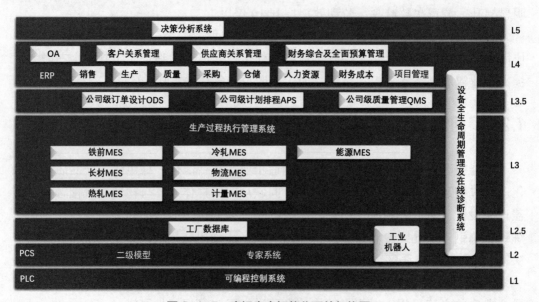

图 3-1-5　唐钢未来智能化系统架构图

1.3 小结

钢铁行业经过多年的发展，具备了良好的自动化、信息化基础条件，按照智能制造能力成熟度1～5级分析,钢铁企业智能制造能力成熟度分布在1.8～3.5级之间，处于规范级、集成级阶段，下一步将朝着优化级、引领级发展，通过智能制造满足钢铁企业敏捷化、精益化、绿色化需求，实现高质量可持续发展，支撑钢铁大国向钢铁强国转变。

第2章
2020—2035年钢铁行业智能制造目标

2.1 到 2025 年钢铁行业智能制造目标

到 2025 年,数字化网络化制造在全国重点钢铁企业普及并得到深度应用,新一代流程制造智能工厂在部分领域试点示范取得显著成效并开始在部分企业推广应用,我国进入世界钢铁强国行列。

建立覆盖不同品种、不同流程的钢铁企业示范智能工厂,达到国际先进水平,并开始在钢铁工业推广应用。建立一个基于动态-精准设计的"虚拟工厂"仿真平台;形成全流程动态有序-连续运行的高效、低"耗散"生产运行体系;形成市场快速响应、运营精益化的管控一体化体系;形成基于大数据中心和知识管理的开放的智能化系统架构。

示范企业实现流程数字化设计、生产智能化管控、企业精益化运营、系统开放性架构。具体目标为:

1)流程数字化设计。以冶金流程工程学为指导,从流程工序功能集解析-优化、工序关系集协调-优化、流程系统工序集重构-优化多个层次,基于流程机理建立物理系统模型和数字化"虚拟工厂"模型,通过人机交互和仿真模拟,动态模拟钢铁生产全过程,支持新产品开发、新生产流程动态精准设计和现有产线优化改造,实现生产流程物质流、能量流网络本身的结构优化。

2)生产智能化管控。工艺变量实时在线监控、工艺过程闭环控制、工序界面协同优化、全流程产品质量窄窗口控制、物质流能源流协同调配等关键技术取得突破,形成全流程动态有序-连续运行的高效低"耗散"运行生产模式,并大幅提高产品品质稳定性、适用性、可靠性。

3)经营精益化协同。建立产品全生命周期质量管控、产供销一体化、供应链全局优化、业务财务一体化系统,形成纵向-横向集成优化的钢铁智能工厂科学决策和运营支撑保障体系,企业品牌化、绿色化水平和综合效益显著提升。

4)系统开放性架构。通过工业互联和数据中心,打破业务、层级间信息孤岛;通过机理解析、经验分享和数据挖掘,建立融合物理系统建模、数学模型和规则建模的人机融合的管控决策机制;基于人-信息-物理系统(HCPS)构建开放、可扩展、迭代优化的智能制造体系架构。

2.2 到 2035 年钢铁行业智能制造目标

到 2035 年,新一代智能制造的流程制造智能工厂完成试点示范并开始推广应用,我国流程制造业实现转型升级,总体水平达到世界先进水平,部分领域达到世界领先水平，为我国建成世界一流的制造强国打下坚实的基础。

示范企业智能化技术和新模式在钢铁企业普遍推广应用，全行业智能化水平有根本性提升，总体水平达到国际先进水平，部分企业处于国际领先水平。具体体现是：

1）全流程在线连续的稳定、可靠、高效的自动检测系统；

2）各工序界面动态协同，实现全流程智能闭环控制；

3）实现面向用户个性化需求的批量定制、柔性生产；

4）形成基于数据挖掘和知识应用的智能化系统；

5）智能制造成熟度评估指标达到 4～5 级。

第 3 章
钢铁行业智能制造亟需突破的瓶颈

钢铁行业智能制造发展任重道远，还需要突破智能装备、智能系统、工业专用软件以及新一代信息技术等瓶颈。

3.1　智能装备

钢铁行业在智能装备上亟需突破的瓶颈主要是三大类，一是在线检测装备，二是工业机器人，三是智能化工序装备。

3.1.1　需要应用的技术

（1）连铸板坯表面缺陷在线检测技术

主要应用领域为连铸板坯生产线，可用于在线检测 1000℃以上高温连铸坯的表面缺陷，包括表面裂纹、划痕、接痕、凹陷等，对于连铸坯表面质量问题的及时反馈具有重要的意义，可为高温坯热装热送工艺提供技术保障。

（2）高精度在线棒线材断面形状尺寸检测装置

高精度、非接触式的在线尺寸测量仪器，属于光机电一体化的高性能、智能化的仪器仪表。由测量单元、显示控制单元及配套的防护装置等组成。主要应用于轧钢生产线，在线检测红热棒线材的外径尺寸及螺纹钢的内径、纵肋高、横肋高等特征尺寸参数。

（3）热轧板带表面在线检测技术

通过 CCD 摄像技术在线采集热轧钢板的表面图像，并通过图像处理与模式识别技术对采集的钢板表面图像进行实时的处理与分析，从而得到钢板的表面缺陷分布情况，并对缺陷信息进行统计与保存，同时可对一些严重的或周期性的缺陷进行报警。具体内容与实现原理如下：将特殊的光源（如激光线光源）照射到钢板表面，钢板表面反射光的光强分布反映了表面缺陷的分布情况。通过 CCD 摄像机采集钢板表面的反射光，并转换成灰度图像，对灰度图像进行处理与分析，就可以得到钢板表面缺陷的信息，如坐标、尺寸、类型、严重等级等。

（4）带钢表面质量在线检测核心技术与装备

涉及计算机、图像处理、控制等多学科领域，采用此技术不仅能够准确检测、定量描述和把关产品质量，而且可以及时发现由于设备和工艺问题产生的辊印、划伤等缺陷并立即采取措施，促进产品质量提高。

（5）百米高速重轨超声波在线检测系统关键技术

超声波在线检测系统是百米高速重轨生产的关键环节，项目研究了水淋超声探伤原理及误判机理，开发了紧密随动式超声波在线检测系统，该系统可根据待检轨面的形状变化和位置波动进行自适应调整，满足了高速重轨在线、精准、快速探伤要求，取得了复杂表面在线无损快速检测技术的重大突破。

（6）基于扫描电镜微观组织表征新技术

该技术为由扫描电镜背散射电子晶体取向衬度成像技术和试样表面无缺陷电解抛光制样技术相结合的一种微观精细组织表征新技术，创新了微观精细组织的观察分析方法，可实现对微观精细组织快速、准确表征。该表征新技术可缩短不锈钢新产品研发周期，满足工业化大生产快速、准确表征微观精细组织的需求，为不锈钢等产品研发、质量提升以及工艺改进等提供了重要支撑。

3.1.2 需要加快工业化研发的技术

（1）基于机器视觉的 BK Vision 金属表面缺陷在线检测系统

钢铁生产中，金属表面缺陷在线检测、监测对保证产品质量具有重要的意义。该基于机器视觉的 BK Vision 金属表面缺陷在线检测系统的应用能为企业在持续稳定生产、质量管控、节能降本、提高产品竞争力等方面提供持续有效的监控预警手段，主要表现在：卷钢可以不用开卷全程跟踪质量，避免了中厚板质量检测持续抽检及翻板；铸坯上实现了线性热装热送降低能耗、降低废品率，减少工人劳动强度，减少质量异议，提高客户满意度和信任度等钢厂生产价值及社会价值。

BK Vision 金属表面缺陷检测系统拥有特殊光路研发、图像高速采集、海量数据实时处理、复杂背景图像识别等多项关键技术。以机器视觉技术为基础，采用非接触式、在线检测方法，提出了采用高对比度特种可见光源和高速工业相机扫描相机配合光源对运动的板、带、棒、坯等金属表面进行全幅扫描，再经过快速图像处理与图形识别算法，从摄取的图像中获取目标的缺陷等信息，然后通过深度缺陷检测算法进行分析得出结果，该技术将摄像机获取到的大量钢板图像数据，通过并行计算机系统综合计算、分析，形成数据集模型，以便在后续轧制中再次出现同类缺陷时，实现自动分析及缺陷报警。

（2）基于机器视觉的机架间带钢跑偏测控技术

热连轧产线在轧制薄规格产品时，直接或间接影响轧制稳定性最主要的因素是带钢跑偏。通过安装基于机器视觉的带钢跑偏检测装置，实现对机架间带钢跑偏的在线检测，准确测量机架间带钢跑偏数据，建立调平控制的机理模型和数值模型，通过大数据分析和样本训练不断提高模型精度，实现带钢头部自动调平值预报及甩尾控制。

相机及安装平台装在轧机顶端，拍摄机架间的区域，当机架间有带钢时，CCD相机实时拍摄带钢图片，并对图片边缘信息进行提取，经坐标变换后得到带钢两侧边部坐标，从而提取出带钢中心线偏移量，同时能够得到带钢宽度信息，并实时显示在画面中，实现对机架间带钢跑偏的实时监测。通过检测到的带钢位置信息，建立调平控制模型，实现对带钢头部的辊缝预设定调平控制、头部跑偏在线控制及跑偏甩尾控制。

（3）基于机器视觉的中厚板轮廓检测系统

厚板生产过程中，板坯的头尾部及侧面会由于一系列的因素而发生较为严重的塑性变形，使得轧制成品的平面形状偏离矩形形状，需要后续的精整以及剪切工序使其满足订单所需的规格。而现今钢板轮廓检测方法，大多苦于现场环境复杂、噪声污染严重，检测精度不高。因此，基于机器视觉的中厚板轮廓精准识别成为提高中厚板剪切效率、降低剪切损耗的有效手段和必选方案。

该技术以提升中厚板检测精度、降低剪切损耗为主要目标，以机器视觉技术作为宽厚板轮廓的检测方法，快速检测到宽厚板头尾部及侧弯特征，为后续剪切提供数据指导，具有非常广阔的应用前景，可广泛应用在新建设的中厚板生产线项目或传统中厚板生产线升级改造项目。

（4）在线式电磁超声探伤检测技术

探伤是轧钢钢板产量高效、高质量生产的关键环节，涵盖了多个工序，但是目前国内主要采用人工离线探伤的操作，存在不稳定、工作强度大、劳动效率低、钢板质量难以保证等问题。电磁超声探伤系统通过智能自动化控制应用取代了目前钢板质量检测区域的大部分人工操作，以减轻工人劳动强度，同时稳定工艺控制、保证了钢板的质量，有力地促进了轧钢热轧钢板环节"无人化、零缺陷"生产的实现。电磁超声探伤可以实现无人操作，该技术的成功应用将为钢厂带来极大的经济效益、质量效益、安全效益，具有巨大推广应用价值。

（5）基于机器视觉的钢材尺寸、表面缺陷等在线检测识别技术

为了实现钢铁材料的高质量发展，通过对钢材尺寸、表面缺陷等进行在线检测识别，可以提高生产效率、降低废品率并降低劳动强度，针对冶金轧制和成品长材加工中对金属材料尺寸、外形表面质量在线综合检测的迫切需求，研发基于机器视觉的钢材尺寸、表面缺陷等在线检测识别技术与装备，包括金属材料尺寸和外形在线综合检测仪、基于机器视觉技术的热轧高速线材表面质量在线检测仪、基于机器视觉技术的铁磁性金属表面微小裂纹在线检测和标识仪、热轧板带边部无定向边部链式毛刺检测技术四项检测技术及装备，在冶金锻造、轧制和成品加工领域实现在线综合检测。

（6）金属材料自动化相控阵超声探伤技术

随着国民经济对金属材料及制品质量要求的快速提升，人们对于无损检测的要求越来越高，自动化的相控阵超声探伤技术逐渐成为应用热点。与传统的超声波探

伤相比，相控阵探伤设备可以实现灵活的电子扫查，大大简化了设备的机械组成和结构；相控阵设备利用声束的聚焦、偏转和扫查，很容易检出各种类型、位置和取向的缺陷，具有更高的缺陷检出率和分辨力；相控阵设备的检测速度快，晶片间无检测盲区，缺陷漏检率低。近些年，我国金属材料生产企业开始大量引进自动化相控阵超声探伤设备：钢铁行业引进棒材和管材在线相控阵超声探伤设备；有色金属行业引进板材 C 扫描相控阵超声探伤设备。目前，航空、军工、核电、机械等重要用途优特材料大多要求进行相控阵超声检测，这几乎成为无损检测准入门槛。具体内容包括：相控阵声场的建模与仿真；相控阵超声声束偏转、聚焦和电子扫查的电气控制方法；超大规模超声波激发和处理通道及其抗互扰技术；相控阵图像重建与显示技术；高灵敏度和高分辨力相控阵探头制作技术。

（7）基于视觉定位的机器人全自动冲击实验系统

冲击试验机按国标 GB/T 229 对金属材料进行冲击试验，用来对金属材料在动负荷下抵抗冲击的性能进行检验。冲击实验能灵敏地反映出材料的宏观缺陷、显微组织的微小变化和材料的质量，试样加工简单，试验时间短，得到广泛应用。冲击实验是冶金、机械制造等单位必备的检测仪器，也是科研单位进行新材料研究不可缺少的测试仪器。国内力学冲击实验室现有的工作模式完全由人工进行，目前每台机器需要 2 人同时操作，一人冲击试样，一人记录数据。冲击机上料口位置较低，人工操作时需要不停地扭腰弯腰，劳动强度大，且具有一定安全隐患。基于视觉定位的机器人全自动冲击实验系统规范了试验操作，降低了人工劳动强度，排除了人为误差，提高了试验准确性，提高了工作效率。该产品的研发，在推动我国实验室智能化装备水平发展的同时，也推动自身的发展。

（8）基于 LIBS 技术的全自动废旧金属分拣系统

金属制品使用过程中的新旧更替现象是必然的，由于金属制品的腐蚀、损坏和自然淘汰，每年都有大量的废旧金属产生，特别是在实现工业化时间比较长的发达国家。适当地处理和回收利用废旧金属，既保护了环境，节约了珍贵的金属资源，也能带来巨大的经济效益。目前，废钢的收集过多地依赖人工，效率很低且管理混乱，废旧金属回收冶炼工艺也比较粗放，各种来源、形貌、成分的废钢几乎不经过分类和筛选就进入转炉、电炉，浪费了资源，降低了效率。基于 LIBS 技术的全自动废旧金属分拣系统，可通过自动样品装载，传动，样品捕获同步控制，采用激光对废样块表面进行预剥蚀，消除表面对基体成分识别的干扰；传输至检测位置后，根据要检测材料中元素含量范围的差异性特点，筛选特征元素的发射谱线，通过采集的特征谱线信号，优化设计神经网络相关算法，进而实现对材料的快速鉴别，继而通过样品分拣系统完成对样品的分离。

（9）LOMOPA-1000全自动跨尺度金相激光光谱原位分析系统

洁净钢技术研究及其生产工艺控制技术目前已经成为各钢铁企业的重要课题，目的是减少钢中的杂质。控制杂质的关键是需要准确和快速地测定钢中夹杂物，并优化相应的炼钢工艺。目前，在金相分析领域，大尺度米级样品的夹杂物分析还处于空白阶段。因此，开发LOMOPA-1000全自动跨尺度金相激光光谱原位分析系统，对大型钢铁企业、科研院所、检测机构等具有重要的意义。由GPU计算工作群通过软件控制系统实现对高精密数控工作台、显微照相矩阵系统和激光光谱仪的精确控制，同时通过数据处理系统完成数据的采集和分析工作。

（10）转炉一键出钢无人化技术

转炉一键出钢无人化技术能替代人工操作自动完成转炉出钢操作，它通过图像识别以及多种传感器融合技术检测转炉出钢状态，使用激光定位技术精准控制钢包车自动驾驶，依据转炉出钢模型自动控制倾动角度，根据冶炼合金模型自动控制旋转溜槽向钢包中加入熔剂及合金，采用红外线下渣检测装置实际监控钢流带渣量，发现带渣立即自动结束出钢过程，提升钢水纯净度。

（11）连铸自动浇钢机器人技术

连铸是钢铁行业的中心环节，是实现钢铁铸坯高效、高质量生产的关键环节，涵盖了多个工序，但是目前国内均采用人工操作，存在危险性大、工作强度大、劳动效率低、钢坯质量难以保证等问题。无人化大包连铸平台通过工业机器人应用取代了目前大包区域的大部分人工操作，以减轻工人劳动强度，确保操作人员远离高温液态金属危险区域，大大降低安全风险，同时稳定了工艺控制、保证了钢坯的质量，有力地促进了炼钢连铸环节"无人化、零缺陷"生产的实现。该技术采用密封圈自动落料机构实现长水口密封圈的自动落料、采用探头自动拆卸装置实现探头的自动拆卸和取样头的自动切除脱离，采用电磁大包下渣检测实现大包下渣的准确检测和报警，采用结晶器保护渣自动添加装置实现加渣操作的无人化，采用结晶器液位控制系统和自动开浇系统实现中间包的自动开浇操作，采用动态轻压下和凝固末端重压下实现铸坯质量的提升，采用机械手自动喷号系统实现标号作业的无人化。

（12）无人行车与智能库管技术

无人天车与库管系统基于先进传感和无线通信技术收集行车、运输链、过跨车等设备的位置和状态等实时信息，并通过软件接口与工厂管理系统进行数据集成，贯通进料、上料、生产、下线、储存、发货等多环节信息流，以此实现生产信息与物流信息的实时交互。借助作业调度和路径优化算法，系统根据当前任务和设备状态自动生成最高效、安全的作业方案，并通过多级联动控制驱动行车的自动吊运。同时，在机器视觉等辅助技术的帮助下，行车可以实现更加精确的定位和稳定行驶。

（13）钢铁冶炼天车无人化技术

钢铁行业物料车间存在大量的天车，传统的控制是通过操作工现场操作，人员多，操作调度难，工作效率低。通过机器视觉计算获取料场实时库存及所有天车的工作情况，同时结合其他信息系统获取物料的进出库信息，采用智能算法提供准确的调度计划，并通过自动控制，取代人工操作，可避免恶劣的工作条件下人为操作导致的安全事故，有效提高工作效率。钢铁冶炼天车无人化技术主要通过 2D 扫描仪成像技术，对料场进行实时扫描并进行三维建模，获取料场物料及汽车的实时状态；根据来料实绩、用料需求及料场实时状态，采用大数据分析方法对天车的历史行为轨迹和运行参数进行分析，建模并通过智能算法找出物料的堆放位置及天车的运行路径，生成高效的调度计划；采用高精度的编码技术及传感设备，实现天车各机构走行位置的精确检测，并通过变频、防摇技术，实现天车各机构的精确定位控制，完成天车的自动卸料和取料操作；利用高精度的光电检测装置，对料场的人、车等进出情况进行实时检测，保障料场设备和人的安全；采用智能的防撞和壁障算法，实现天车自动避障，主动防碰撞。

3.1.3　需要关注的前瞻技术

采用新型传感器技术、光机电一体化技术、软测量技术、数据融合和人工智能技术、冶金环境下可靠性技术，研究冶金流程重要工艺变量（参数）在线检测和连续监控技术。包括：

1）重要工艺变量实时监测，包括：铁水成分、温度实时测量，钢水成分、洁净度、温度实时测量，铸坯内部缺陷和表面缺陷实时监测，钢材内部缺陷、表面缺陷和性能实时监测等；

2）全流程在线连续监测，包括：钢水成分、纯净度连续测量，铸坯质量在线连续监测，钢材表面质量和性能在线连续监测等。

3.2　智能系统

3.2.1　需要应用的技术

（1）烧结过程智能控制管理系统

系统将烧结配料、混合、加水、布料、点火、烧成等生产工序的过程控制进行模型化处理，建立子模型之间的关系网络，从而真正实现烧结全过程优化智能控制，全面提高了自动化控制水平。关键技术和独特设计有：

① 采用了基础控制级和管理控制级两级控制方案，系统结构新颖独特。

② 合理解决配料、加水、布料、烧成等模型之间的关系和内部关键技术，实现烧结全过程大闭环优化智能控制。

③ 采用向量技术，解决配料、加水控制中物料跟踪和过程纯滞后问题。

④ 建立污泥流量数学模型，实现污泥自动配加，稳定混合料水分率。

⑤ 采用多组热电偶矩阵技术和 BRP 技术，实现超前控制，达到均匀烧透的目的。

⑥ 采用模糊控制技术，解决烧透位置和烧透偏差控制非线性问题。

⑦ 采用料位变化速度参与混合料料量控制，实现了料位的超前控制。

⑧ 解决超声波料位计安装位置和使用环境问题，实现压实度精确测量。

⑨ 利用 VB 语言开发出设备实时故障报警管理软件。

（2）烧结终点判断与智能控制系统

系统采用智能控制技术、图像分析处理技术和生产过程数模在线计算的综合解决方案，来判断烧结生产的终点。针对系统具有大滞后、时变等控制难点，采用了前馈/反馈和带有参数自校正的模糊控制器，其模糊控制规则综合归纳了生产操作经验、专家知识和在线生产操作分析统计数据以及烧结矿断面图像分析结果，进行智能推理判断，实现烧结终点判断与控制。

（3）550m² 烧结机智能闭环控制系统

结合首钢烧结生产经验，运用科学的算法与技术，自行研制开发的一套新型的烧结智能控制系统。采用线性规划、最小二乘法等数学方法及神经元网络方法，解决烧结生产过程流程长、环节多、复杂性、非线性、时变性和不确定性的技术难题，从而实现烧结生产过程的智能化，达到烧结生产低耗、高产和优质的目的。

该系统包括 3 个子系统和 18 个模块。质量闭环控制子系统：配料计算模块；混匀矿无扰自动换堆模块；碱度闭环控制模块；FeO 闭环控制模块；成分预报模块。烧结过程控制子系统：生产组织模块；总料量控制模块；返矿控制模块；水分优化控制模块；透气性控制模块；点火智能控制模块；终点智能控制模块；终点偏差智能控制模块；机尾红外成像分析模块；烧结过程热状态分析模块。生产信息管理子系统：报表统计；历史数据查询；物料维护。

（4）特大型烧结系统优化集成及控制技术

在特大型烧结系统集成先进的烟气净化、余热发电等工艺的基础上，进行全流程优化并采用先进的自动化控制技术，实现烧结生产的优质、高效、低耗、低排。烧结在钢铁冶金行业是除炼铁、轧钢外的第三大耗能工序，且烧结过程产生大量粉尘，还排放多种有害污染物。过去，烧结系统设计仅仅是将烧结、烟气净化、余热发电等工艺进行简单整合，未进行优化选择与衔接，导致运行时暴露了诸多弊端，不利于烧结行业低耗、低排发展。此外，由于烧结生产中干扰因素多且关联性强，还未有一套自动控制系统能够独立地对烧结过程进行精准判断与调整，严重制约了烧结过程标准化作业水平的提高。因此采用新的智能控制思想和方法，提高烧结生产稳定性，优化集成先进的节能减排技术，是进一步解决烧结行业能耗高、污染重、自动控制水平低等问题的必要途径。具体包括：

① 针对国内外各种烧结、烟气净化及余热发电技术的特点，进行系统之间的优化选择与集成，并且三系统同步设计、同步施工、同步投产，实现了全系统高效稳定运行。

② 通过开发固体燃料分级分段配加及燃料熔剂联合外配技术，采用先进的抑噪降噪措施，优化生产工艺装备，实现烧结低耗、低噪、清洁生产。

③ 通过自主开发烧结 BRP 综合控制技术，促使全流程稳定运行，实现过程控制的标准化与智能化。

④ 搭建烧结系统能源消耗与安全检修监控平台，提升工作效率，实现精细化管理。

（5）炼焦配煤优化系统

炼焦配煤优化系统安装于焦化厂配煤车间，与自动配煤装置连接，是由计算机控制的，数据库支持的，多学科、多专业紧密架构成一体的炼焦配煤新方法，是炼焦生产中的一种新工艺。炼焦配煤优化系统通过最优决策和专家知识库，在保证焦炭质量、现有煤种和库存限量等条件下，尽量少配主焦煤和煤源紧张的煤种，尽量多配挥发分高、弱粘性煤或不粘性煤，尽量扩大炼焦煤源，自动优化出炼焦用煤成本最低的配煤方案。

炼焦配煤优化系统将国内外数十年来沿用的宏观理论配煤、模糊估算配煤、人工经验配煤科学化、数值化、精确化，既提高焦炭质量、降低炼焦用煤成本，又可监控配煤生产作业。针对炼铁对焦炭质量的要求，该系统将特别加大降低焦炭热反应性、提高热反应强度的控制力度，优化选择适合于炼铁生产需求的最佳配煤模型。

（6）焦炉控管一体化系统

焦炉控管一体化系统（简称 CCMS）是集现场检测、先进控制、优化调度、生产管理等功能于一体的控制管理系统。CCMS 实现对焦炉加热的优化控制，将焦炉控制管理水平从基础自动化控制级升级到炼焦过程管理级；而且能实现对焦炉的均匀稳定加热，达到节能、稳定和改善焦炭质量、延长焦炉使用寿命，提高劳动生产率，简化操作，减少废气的目的。

（7）2500m³ 高炉低燃料比技术

以精料和使用廉价原料作为物质基础，进一步巩固高炉高产的技术；加强燃料性能研究和燃料结构优化研究，深入了解多焦种冶炼的技术特点和难点，摸索规律，以降低燃料消耗,尤其是焦炭的消耗;以提高铁水质量为目标,开展低硅冶炼技术研究;以优化高炉操作和延长使用寿命为着手点,确保高炉稳定运行,优化高炉煤气分布,提高 CO 利用率。

（8）操作平台型高炉专家系统的开发和应用

高炉冶炼是复杂的冶金物理化学过程,传统的高炉操作主要依赖操作人员的经验。为提高高炉冶炼自动控制水平和生产效率,国外对高炉专家系统进行过大量研究。专家系统是在高炉冶炼主要参数曲线和数学模型基础上,将专家经验编成规则,运用逻辑推理判断冶炼进程,并提出操作建议。实践表明,高炉采用专家系统后炉况更稳定,铁水成分波动小、增铁节焦效益明显。操作平台型高炉专家系统是一种基于数学模型的在线专家系统,该系统由一些相对独立,又有信息交换的专家子系统组成,各子系统对操作的关键进行推理和诊断。此专家系统充分考虑我国操作人员的需求,以炉况顺行、炉温控制、布料控制、炉型管理等关键功能为主,开发了面向工长的操作平台。此外还开发了炉缸炉底侵蚀、理论焦比分析等数学模型,对高炉中长期操作提供参考。

（9）高炉热风炉节能燃烧智能控制技术

通用燃烧优化控制技术（BCS）,借助于燃烧效果的软测量、最佳运行工况的自动寻优、智能软伺服接口以及滚动持续优化等多项技术,实现热风炉的燃烧的自动优化控制。在满足高炉所需热风温度及流量的前提下,降低煤气的消耗,延长设备的安全性和使用寿命,提高控制系统的自动化水平。

（10）高炉喷煤评价体系

立足于高炉喷吹煤粉在炉内反应行为,研发煤粉性能评价、优化配煤以及进行高炉喷吹的技术方案。具体包括:

① 开发出一种新的基于主成分分析的高炉喷煤综合特性指标提取方法,解决高炉喷煤评价指标繁多、适宜喷吹煤种难以选择的问题。

② 提出并建立高炉喷吹煤粉分解热计算概念,开发基于铁水成本最低的"高炉喷煤评价及配煤软件"。

③ 开发考虑高炉喷煤分解热、灰分成渣热、脱硫耗热的风口回旋区理论燃烧温度在线计算模型,实现高炉炉缸热状态的准确监测和判断。

④ 开发新型高炉喷煤燃烧效率模拟实验装置,实现煤粉喷入高炉风口燃烧率的精确模拟。

（11）大型高效板坯连铸机自主设计与集成

通过自主设计、自主集成,完成拥有自主知识产权的、以生产高端精品板材为主的国产化大型高效板坯连铸机。该连铸机具备自动开浇、结晶器液压振动、漏钢预报、动态二冷控制、动态轻压下、铸坯跟踪、铸坯质量在线判定等先进功能。关键技术包括：①带钢包倾斜功能的钢包回转台系统；②优化的钢包下渣检测技术；③自动开浇技术；④结晶器液压振动与非正弦波振动；⑤漏钢预报；⑥基于多切片二维传热数学模型的动态二冷控制系统；⑦带压力、位移传感器的智能扇形段与动态轻压下技术；⑧精准的铸坯跟踪系统；⑨铸坯质量在线判定（辅助）系统；⑩快速数据采集与存储技术。

（12）高效低成本洁净钢关键生产技术

洁净化是现代钢铁材料发展的主要潮流，洁净钢生产是当代炼钢技术发展的重大方向，无论是对普通商品钢材，还是高档商品钢材乃至尖端商品钢材，寻找质量和成本管控最适度的契合点永远是企业追求的目标。关键技术包括：

① 在自动化炼钢系统基础上，自主开发国内首套大型转炉脱磷模型，实现转炉终点磷准确预报；

② 形成以碳氧积管控为核心的高效熔炼与底吹控制技术，为高效低成本洁净钢的冶炼提供条件；

③ 开发融合氧化铁影响的 RH 碳氧双预报脱碳模型，RH 脱碳结束碳含量和 RH 出站碳含量达到行业领先水平；

④ 以恒拉速为核心的连铸生产组织、设备维护和备件优化，开发异断面同铸技术，发明快速调整扇形段辊缝和连铸机外弧线技术，并进行连铸区关键设备改造，形成无缺陷铸坯稳定生产控制技术，显著提高连铸生产效率，并降低生产成本；

⑤ 开发"通用系统质量控制与分析模型"，变历史数据为实验数据，提高对信息化平台数据深度挖掘与利用能力。

3.2.2 需要加快工业化研发的技术

（1）烧结生产过程控制新技术

在降低矿料库存的条件下，采取固化配料结构，研究并改进配料烧结过程控制新技术，逐步使烧结生产在成本较低的条件下稳定高效，产品质量满足高炉的需求。

① 研究与应用抽风燃烧过程控制新技术，提前预测烧结终点技术，研究并应用烧结系统及其烧结终点控制方法，提高烧结主抽风机与脱硫增压风机协同度，借鉴并应用新型环保筛；

② 研究与应用烧结混合料水分智能控制技术，借鉴应用微波在线测水装置，实施除尘灰外运改造，改进白灰供料系统，增设返矿温度在线监测，实施混合机防粘料改造，研究并应用新型皮带防护装置；

③ 研究与应用原燃料供应过程控制新技术，研究应用电子皮带秤校核方法、料仓防喷料装置，高褐铁矿配比烧结生产技术，建立烧结矿料有害元素控制模型，发

展低库存条件下配料生产控制技术等。

（2）基于激光烟气分析方法的转炉智能炼钢系统

以数学模型为基础，通过大数据研究方法形成转炉冶炼过程控制系统的吹炼模型、加料模型和终点控制模型，形成一套转炉智能制造控制及仿真系统软件。控制系统通过流程输出端数据群能够自调整过程控制参数。控制及仿真系统利用过程监控数据具备自学习功能。研究转炉智能制造技术的过程监控方法，通过炉气成分分析、音频化渣技术、副枪技术或倒炉取样以及下渣检测技术检验和修正模型。在创新应用激光炉气分析技术的基础上，提高入炉原料供应标准，完善转炉基础数据信息在线检测技术，开发静态和动态智能控制模型、自动出钢技术，实现对转炉冶炼全过程的无干预智能化炼钢。

（3）连续加料电弧炉冶炼过程智能控制技术

以连续加料电弧炉为背景，基于废钢预热、留钢操作、全程泡沫渣埋弧、高强度喷碳供氧等新工艺，通过对加料、供电、吹氧、喷碳等系统运行的协调优化，实现安全、经济、全自动化的短流程冶炼生产。主要内容包括：

① 基于碳氧比的吹氧、喷碳速率控制，实现冶炼过程中的吹氧量与喷碳量的平衡，保证炉内碳氧反应充分，提高钢铁料收得率。

② 基于实时吨钢电耗的加料速度控制，实现能量输入速度与废钢加入速度的平衡，稳定熔池温度，有效地消除熔化后期剧烈升温造成的熔池大沸腾现象。

③ 采用基于电极位移的钢水液面检测技术，实现伸缩式超音速氧枪与钢液面的随动，提供良好的氧化反应条件和钢水搅拌效果。

④ 基于炉况信息的智能预报技术，实现连续加料电弧炉关炉门炼钢操作，改善埋弧效果，减少电能消耗、减少冶炼过程对环境的污染。

⑤ 基于信息化与冶炼工艺自动化的融合，一键式操作规范化了冶炼生成过程，有利于提高产品质量、降低消耗。

（4）冷轧带钢整辊无线式板形仪和智能板形控制系统

带钢冷轧机大多为四辊或六辊轧机，其板形调控装置或手段有：倾斜轧辊、弯曲轧辊（液压弯辊）、横移轧辊（轴向窜辊）、分段冷却轧辊等。装备板形测控系统的目的，就是要科学充分发挥这些调控装置的作用，提高板形质量，将工人和工程师从复杂繁重的体力和脑力劳动中解放出来，实现板形检测和控制的自动化及智能化。板形测控系统由板形检测系统（板形仪）和板形控制系统组成。板形仪由板形检测辊、板形信号传输装置、板形信号处理计算机组成。板形控制系统由控制计算机、可编程控制器、板形调控装置组成。该项目板形测控系统的技术原理就是，通过安装在轧机出口或入口侧的板形仪实时检测在线板形，通过板形控制系统实时控制在线板形。技术内容包括：

1）基于通道解耦理论模型和数字无线传输技术的整辊无线式板形仪，实现高精度板形检测。包括：①通道耦合与信号解耦理论模型，整辊无缝式板形检测辊，辊面质量和检测精度高。②无线式数字化板形信号传输装置，稳定可靠寿命长。③误差补偿和分量识别等板形信号处理技术，实现精准检测和深度感知。

2）基于动态解耦、预测自适应和机理智能模型的板形控制系统，实现高精度高速度控制。包括：①一次板形单独控制、二次和四次板形解耦控制的动态解耦模型，实现全程解耦控制。②板形预测自适应控制技术，补偿大滞后和时变性。③机理智能板形控制技术，通过条元法机理模型进行设定控制，通过神经网络智能模型进行闭环控制，提高精度和速度。

（5）高精度薄带材冷轧过程智能化控制系统

冷轧控制过程是典型多工序、多变量、多层级的大型复杂工业流程。针对尺寸质量精度差、薄硬规格轧制易振动、生产效率低下等关键共性技术难题，以材料加工过程自动化、信息化、智能化、绿色化等为出发点，开发具有自主知识产权的冷轧智能化质量精准控制系统具有非常重要的现实意义。该技术将给出冷轧自动化系统的硬件配置与软件功能总体方案，建立冷轧多层次完整的控制体系架构，开发基于控制器性能综合最优评价的多机架协调板厚控制模型、基于板形调控功效系数的多变量板形前馈和反馈控制模型、以超差长度最小为指标的最优动态变规格控制模型、基于成本函数的冷连轧负荷分配模型、融合工艺机理和大数据的轧制过程数学模型等智能化质量精准控制模型，为酸洗冷连轧或单机架冷轧机提供完整的控制系统方案。

（6）钢材组织性能与表面氧化状态智能预测及协同优化系统

在工业大数据的数字感知的基础上，基于物理冶金学研究，通过人工智能和机器学习等现代信息技术，进一步赋予系统以感知、记忆、思维、学习能力以及行为决策能力等能力。同时基于热轧板带生产过程复杂性和用户个性化定制需求，构建跨系统、跨工序的钢铁工艺质量大数据平台，充分利用物理模型、传感器更新、运行历史等数据，融合物理冶金学和生产数据实现热轧全流程组织-性能-表面演变的数字孪生。以生产全流程工艺机理为基础，实时分析生产过程工艺、设备参数与产品质量的关系，满足用户的定制化需求并进行质量在线综合评判和异常原因追溯。结合设备过程控制能力给出工艺参数和制备工序流程的优化方案，以数据为基础提高机理不明或复杂工况下的数学模型设定精度和质量控制精度，通过多工序协调匹配提高产品质量稳定性和生产效率。

3.2.3　需要关注的前瞻技术

生产工序工艺闭环控制，包括钢水洁净度自动闭环调控、钢材性能自动闭环调控。

跨工序网络化协调优化控制，包括炼铁各工序协调优化、炼钢各工序协调优化、轧钢各工序协调优化，以及全流程动态有序-协同连续优化。

基于全流程数字化模拟仿真的多产线一体化计划调度。

全流程产品质量的精准溯源分析和工艺优化。

钢材生产和节能减排协同的多场景多目标综合优化。

3.3　工业专用软件

广义上前面介绍的自动化系统和信息化管理系统均属于工业专用软件。本节重点介绍钢厂智能化设计软件和全流程仿真模拟（数字孪生）软件。

（1）钢厂智能化设计软件

目前钢厂设计主要基于产能匹配和物流路径进行静态设计，需要从钢厂工序功能集的解析-优化、工序关系集的协同优化和流程工序集的重构优化视角，以绿色化、智能化和产品品牌化为目标，梳理工序关系集，解析工序功能，预测功能效果，优化钢铁制造流程。必要时，可打破原有工序功能集、工序关系集和流程工序集，重构钢铁制造流程。引入诸如动态甘特图和网络规划等运筹学、协同学方面的新思路和新概念，研发新的设计理论和方法体系，将冶金工程、模拟仿真、可视化技术和计算机等多学科交叉融合，开发钢厂智能化设计软件。

（2）全流程仿真模拟（数字孪生）

根据企业在产业链的定位，拟生产的主要产品、生产类型、生产模式、核心工艺（例如高效精准冶炼控制技术、高拉速与恒拉速条件下均质化铸坯的控制技术、坯材的精细冷热加工和热处理等），以及产品大纲，对冶炼、凝固、压力加工、表面处理等工艺及其界面进行动态分析与优化，建立满足动态-协同运行的钢厂管控规则体系；基于流程机理建立物理系统模型和数字化"虚拟工厂"模型，动态模拟仿真钢铁生产全过程，力争使其全程控制机理与数据透明化、运行规律在线可视化，支持工艺过程持续改进提升，满足产品质量稳定性、可靠性和适用性持续提升的目标要求。

3.3.1　需要应用的技术

（1）宝钢铁水运输计算机仿真系统研究

铁水运输系统，通常通过一般铁路的设计规约和经验公式进行评价，但由于地域范围小、调度频繁，无法直接动态定量评估铁水物流分配方案、铁路布置等的合理性。

1）铁水运输系统具有混杂特点，包含：离散事件动态、连续变量动态系统和人的智能因素，针对铁水运输系统对象建立了具有层次化、着色、赋时和消息传递机制的面向对象 Petri 网模型；机理统计模型和规则库专家系统嵌入模型。

2）基于铁水运输系统是一个典型的混杂系统，且包含决策功能，提出一种基于知识的分层事件调度仿真策略。

3）高炉出铁规律、物流规律、工艺规程以及铁水运输规律是在人的干预下运行的，调度工作既要考虑到宏观的物流平衡，同时也要保证微观的工艺规程和运输规则，为此提出物流-工艺-运输一体化铁水调度模型。

4）为解决仿真系统中的机车运行问题，提出铁水运输分区分级路径动态选择算法和基于虚拟探测与竞争规则的厂区铁路列车避碰算法，有效地解决了运输网络与生产系统相结合的路径选择问题。

5）在系统上，在国际上首次设计实现针对铁水工艺铁路运输相关问题的铁水运输系统的仿真。

（2）冷连轧机轧制过程动态仿真及控制优化

采用 MATRIXx 仿真平台建立包括优化控制级、过程控制级、设备和虚拟轧件在内的完整的冷连轧机多微机分布式协同仿真系统，系统仿真精度达到 80%以上。该仿真系统的特点是能够对任意一卷带钢经过五机架冷连轧机的轧制过程进行全面仿真，既可以用实际数据，也可在对新钢种进行初始的物性参数设定后进行仿真研究，避免了生产试验的风险；不仅可以模拟五机架轧机的工艺过程，而且可以对轧制过程进行局部细化分析、整个过程重现、提供过程故障分析研究平台；可以独立进行穿带、甩尾、辊缝有带钢校正和无带钢校正、常规轧制、连续轧制、AGC、优化设定、动态变规格等过程的仿真，比生产试验机组具有更强的针对性；作为研究冷连轧机工艺和自动化控制的研究平台，可以解决科研与生产的矛盾，具有继续研究轧制过程力能参数的能力，能够对不同数学模型做出比较、评价，为新建冷轧机的控制系统设计提供必要的技术支撑。

（3）高品质钢洁净化智能控制的多维多尺度数值模拟仿真技术

高品质钢洁净化智能控制的多维多尺度数值模拟仿真技术显著提升高品质钢精炼和连铸过程反应器的冶金效率，提高高品质钢洁净度和连铸坯质量，降低生产成本。

3.3.2 需要加快工业化研发的技术

虚拟工厂可视化技术。

随着钢铁生产自动化、信息化系统的丰富，需要处理的信息密度越来越大，传统的被动生产管控方式无法满足生产者对工厂的感知效率，亟需一种远程化、集中化、智能化的人机交互方式。针对该方面的需求，研究并开发基于数字孪生的虚拟工厂可视化技术，对钢铁工业推进至智能制造具有重要意义。虚拟工厂可视化技术以数字孪生为基础，建立实际物理对象的虚拟对象，该对象包含实际物理对象的3D几何模型、运动学模型与动力学模型。结合生产现场实时或历史数据，驱动虚拟对象与物理对象同步，实现状态孪生，并通过动力学模型实现对生产中设备寿命与运行状态、产品质量、生产工艺等的分析、预测与优化，为生产者提供智能化辅助决策。通过5G通信、云平台等互联网技术，可以实现生产管控的远程化与集中化。

3.3.3 需要关注的前瞻技术

基于流程模拟仿真的数字化钢厂动态精准设计。

数字化设计、数字化交付和数字化运维一体化。

跨设备、工序、流程的多尺度数字孪生模型。

3.4 新一代信息技术

新一代信息技术包括工业互联网、大数据和人工智能等技术。

（1）工业互联网

需要加强社会互联网、企业管理网、生产网、物联网、5G的集成应用，提升从设备间，到车间、到工厂以及企业上下游系统间的互联互通，为企业数据集成、信息融合、系统集成、协同制造奠定坚实基础。重视企业工业信息安全问题，远程监控以及多工序、各层次互联互通的网络风险问题，需要相关专业进行技术或标准上的支持。

（2）大数据

企业应用数据分析主要用于专业指标统计、综合指标统计和专业分析，在自动化、信息化水平不断完善的基础上，需要搭建融合实时流数据、非结构图像/音频/文档数据的大数据云平台，集成整合各工序的过程数据（生产过程数据、设备管理、能源环保、计划调度、经营管理等），建立多维企业数据中心，开展复杂多维数据关联分析和深度挖掘，充分发挥大数据蕴含的价值。

（3）人工智能

人工智能技术应用停留在专家系统、模糊控制、人工神经元网络建模优化等阶段，群体智能优化、深度学习、增强学习等应用较少。在生产调度与计划排程优化、智能化决策支持、关键设备故障自动诊断、在线过程质量评判和全流程质量追溯等方面还需要做大量研究开发工作。

3.4.1　需要加快工业化研发的技术

（1）工业互联网与大数据平台建设

工业互联网的本质是通过构建精准、实时、高效的数据采集互联体系，建立面向工业大数据存储、集成、访问、分析、管理的开发环境，实现工业技术、经验、知识模型化、标准化、软件化、复用化，不断优化研发设计、生产制造、运营管理等资源配置效率，形成资源富集、多方参与、合作共赢、协同演进的制造业新生态，可满足工业数据的爆发式增长、企业的智能化决策、新型制造模式下的业务交互需求。钢铁冶金行业作为典型的流程行业，其生产过程存在多工序连续生产、工序间强遗传、各影响因素非线性等特点，其数据形式则表现出高通量、强耦合、多态时变、多元异构的特征。基于工业互联网的构架体系，可实现从数据感知到数据转换，再到信息提取和认知，最终实现智慧决策和资源的优化配置，进而解决多类工业设备接入、多源工业数据集成、数据管理与处理、数据建模分析、应用创新与集成、知识积累迭代实现等一系列问题。

通过工业互联网及大数据平台，完成基于多协议的全流程各类多元异构数据的采集，并对采集完的数据进行时空变换，在时间轴和空间轴完成数据的匹配，将数据精准关联到物料上，实现产品的全息数字化；构建完整的质量、工艺、关键设备数据等内容的工厂级分类数据库，并实现数据的预处理、数据空间建设、数据安全建设、数据存储等；部署 SOA 中间件平台，实现进程管理、业务管理、作业管理、开发管理、日志管理、接口管理等一系列服务，通过提供工业数据管理能力、可复用的工业微服务组件库、应用开发环境实现工业应用的快速开发；提供多类微服务模型，包括机器学习算法模型、规则引擎模型、冶金物理模型、工业 App 等，形成一套适合冶金行业的工业互联平台，为质量提升及改进提供基础数据服务、协同环境、安全保障等，实现工业互联网及大数据平台的最终价值。

（2）钢铁企业智能视频监控系统

大型钢铁企业作为国家安全生产重点监管的企业，近几年仍然多次发生重大安全事故，凸显了钢铁行业安全生产形势的严峻性。无论是厂区内车辆和行人的监测，还是生产车间人员着装和行为规范，钢铁企业都有着非常明确和严格的要求。但传统视频监控系统存在依赖人员实时观察、数据分析困难及被动监控等固有的问题，降低了实时监控的效果和质量。通过构建基于 AIoT 的工业级智能视频监控系统，将能够对监控视频中的物体、行为、事件等对象进行检测、识别、跟踪，从而实现智能分析和判断，减少或取代人力的干预，在加强安全防护、生产监控、应急管理监控、厂区安全监控、能源环保监控等方面具有重要的意义。

智能视频监控系统的技术架构主要包含泛在连接层、智能感知层和可视化层。泛在连接层主要是进行各类不同类型的相机设备、硬盘刻录机设备连接，采集底层视频采集设备的数据信息。智能感知层主要是将采集到的视频数据信息进行实时的智能分析，感知其中所包含的信息，将非结构化的视频数据转换成结构化的数据进行分析并存储。可视化层主要是指智能视频监控系统可支持桌面终端、移动终端以及大屏系统等进行多样性的可视化展示。工厂级其他管理系统以及第三方系统与智能视频监控系统可进行插拔式融合。智能视频监控系统解决了工厂级信息化系统、自动化系统、生产辅助系统中现行存在的"应用烟囱"问题，构建技术框架一致、可弹性扩展、实现泛在连接、"可测可控、可产可管"的横向集成环境，实现工艺技术、自动化技术与信息技术的融合创新。

（3）基于大数据技术的数字化板坯

把所有的炼钢数据和板坯质量信息进行关联，能够更好地提升现场生产和工艺人员的工作效率，并利用分析辅助工具更快速准确地提升分析能力。

以大数据平台技术为基础，将板坯相关的数据信息进行统一存储和管理，通过物理建模，将钢水与板坯的形态进行转化关联，将钢卷的位置和板坯进行关联对应。利用大数据平台技术，集成常规需要的数据统计分析工具，通过灵活画面配置，达到所见即所得的分析效果。

3.4.2 需要关注的前瞻技术

全面感知、实时分析、科学决策、精准执行闭环的信息物理系统构建。

机理、规则和数据融合的语义网络和知识图谱。

第 4 章

2035 年钢铁行业智能制造重点发展领域及重点任务

　　钢铁行业重点发展领域及重点任务包括冶金流程在线检测、冶金工业机器人、钢铁复杂生产过程智能控制、全流程一体化计划调度、全流程质量管控、能源与生产协同优化、设备精准运维、钢铁供应链全局优化等。

4.1　冶金流程在线检测装置

　　采用新型传感器技术、光机电一体化技术、软测量技术、数据融合和数据处理技术、冶金环境下可靠性技术，以关键工艺参数闭环控制、物流跟踪、能源平衡控制、环境排放实时控制和产品质量全面过程控制为目标，开发冶金流程重要工艺变量（参数）在线检测和连续监控装置。

　　主要内容包括：

　　1）重要工艺变量实时监测，包括：铁水成分、温度实时测量，钢水成分、温度实时测量，铸坯内部缺陷和表面缺陷实时监测，钢材内部缺陷、表面缺陷和性能实时监测，污染源在线监测等；

　　2）全流程在线连续监测，包括：钢水成分、纯净度连续测量，铸坯质量在线连续监测，钢材表面质量和性能在线连续监测，全线废气和烟尘的监测等。

　　需要研发的重要工艺变量实时检测或监测装置包括以下子任务：

　　① 炼铁类

- 烧结 FeO 含量在线测定

- 烧结废气气氛检测仪，多燃料品种、品质分析判定

- 烧结矿粒度、炉算条状况，运行设备关键部位的图像识别

- 原燃料理化、成分在线检测

- 炉顶气流分布的直接测量

- 高炉料罐称重检测

- 高炉料面形状在线检测

- 炉底、炉缸侵蚀直接测量

- 出铁温度在线测量

- 铁水包温度和侵蚀情况检测

- 铁水温度在线连续测量

- 炉料输运过程中的跟踪、识别

　　② 炼钢类

- 在线定氢仪、在线定氧仪、在线定氮仪

- 废钢成分监测

- 钢水温度在线测量

- 钢包温度和侵蚀情况检测
- 结晶器内全方位钢水液面波动检测
- 单喷嘴堵塞检测
- 铸坯凝固终点在线检测
- 热态辊缝在线检测
- 铸坯四侧表面检测
- 连铸二冷温度检测、连铸钢坯液芯检测
- 铸坯内部缺陷在线判断
- 铸坯表面缺陷在线监测

③ 轧钢类

- 加热炉煤气热值检测装置
- 钢坯入炉称重
- 钢坯炉内温度连续测量
- 坯料长度自动测长
- 热轧棒材断面形状在线检测
- 热轧棒材表面质量在线检测
- 钢板尺寸在线监测
- 钢板平直度在线检测
- 钢板性能实时预报
- 热态下的钢材表面质量在线检测、热轧表面质量在线检测
- 冷轧表面质量在线检测、镀锡表面质量在线检测
- 表面检测系统对钢板表面缺陷自动判断分类技术
- 中厚板轮廓仪,含长宽厚,板型、厚度分布检测
- 测镰刀弯仪
- 轧制力实时检测、各道次轧件尺寸实时检测
- 计数器在线自动计数

④ 能源环保类

- 污染源连续在线监测
- 性价比高、测量准确的通用型质量流量计

4.2 冶金工业机器人

针对钢铁生产恶劣环境和复杂工况,融合机器视觉、安全场景感知、工况识别、精准执行技术,开发智能工业机器人,实现精准、高效、可靠生产。具体内容包括:

1) 堆取料机无人化，铁水自动取样、送样，焦炭自动取样分析，硫铵包装机器人，热风系统放灰，原料成分检测，铁水自动测温取样，泥炮自动加泥，高炉开、堵铁口机器人、炉况检测扫描机器人、炉体耐火砖堆砌机器人。

2) 钢水自动测温取样机器人，取样成分自动分析，钢包修补用机器人，电炉/转炉自动出钢机器人，炉后加料机器人，钢包水口安装机器人，精炼炉自动换电极机器人。

3) 中间包操作（大包烧眼、测温定氧定氢、取样、中间包覆盖剂定量加入等）机器人、大包长水口操作（连接、清理、预热等）机器人和结晶器操作（SEN更换、结晶器保护渣加入、隔板插入、钢渣移除等）机器人、连铸坯内部缺陷检测、连铸坯标号等，结晶器保护渣自动添加装置机器人，该机器人要与控制层进行数据交换，根据当前生产状态数据如钢种、拉速、规则以及液面高度等，自动识别场景执行浇铸保护渣的自动添加。

4) 全自动拉伸试验机系统，棒材自动取样机器人、棒材表面自动检测机器人、棒材自动打印焊牌机器人。

5) 切割机器人、喷涂机器人和搬运机器人。

6) 热轧钢卷自动打捆、喷号机器人、钢材的标识、板坯表面处理机器人、捞锌渣机器人、无人化钢卷运输车、无人行车、自动剪头剪尾、称重计量挂标牌垫防护纸板、成品包装套袋、机器人换辊、轧钢冷床描号机器人、冷轧拆捆带机器人。

7) 机器视觉：流程过程中通过机器视觉与标号机器人配合使用，在加热炉入炉、冷床出口、剪切线各工序入口等进行物料的识别及跟踪，实现流程的贯通及自动。同时利用机器视觉对过程中板材的尺寸进行测量，精确控制生产过程质量。

8) 管道清理机器人。

4.3 钢铁复杂生产过程智能控制系统

针对钢铁生产检测难、建模难、优化控制难等问题，研究开发难检测工艺变量的软测量技术，机理、经验、数据相融合的建模技术，基于经验的异常因素前馈控制技术，基于对象模型的预测控制技术，开发反馈预测结合的钢铁复杂生产过程智能控制系统。

钢铁复杂生产过程智能控制系统主要内容包括：

（1）智能冶炼控制系统

① 冶炼工位闭环控制，包括高炉过程多维可视化和操作优化，炼钢过程智能控制模型，工艺设定点实时优化，钢水质量自动闭环控制，铸坯凝固过程多维可视化和质量在线判定，基于应力、应变和凝固过程模型的连铸仿真优化。

② 冶炼全工序协调优化控制，包括冶炼工序集成协调优化模型，各工序设定点动态协调优化。

（2）智能轧钢控制系统

① 轧钢工序闭环控制，包括产品性能预报模型，工艺设定点实时优化，冷、热连轧工艺模型和优化控制，基于轧制工艺-组织-性能模型的质量闭环控制；

② 轧钢全工序协调优化控制，包括全工序控轧控冷模型，轧制工序动态协调优化，高端产品质量自动闭环控制。

（3）需要研发、完善的数学模型

① 炼铁

- 烧结透气性模型。
- 原料成分在线分析系统、特殊炉况预测及预防模型、炉缸平衡模型、Rist 操作线模型、贮铁渣计算模型。
- 铁水温度预测模型。
- 热风炉自动烧炉控制模型。
- 自动喷煤控制模型。
- 铁水包周转模型。
- 铁前各个系统的物流、信息流、能量流的交流及管控。

② 炼钢

- 电炉炼钢自动冶炼过程模型。
- 精炼自动冶炼过程模型。
- 自动脱硫模型。
- 温度预测、成分预测、合金加入量计算、动静态吹炼等模型的适应性和精度提高。
- 天车调度模型，钢包周转模型。
- 结合凝固坯壳厚度在线检测设备的铸坯凝固终点预测模型。
- 连接炼钢-精炼-连铸的铸坯质量在线判定与分析系统。
- 基于流程的工业大数据分析工具的连铸坯质量知识提取与分析系统。
- 基于知识与数据驱动的复合型铸坯质量专家系统。
- 基于铸坯表面光学检测与表面缺陷机理模型相结合的铸坯表面质量评判分析系统。
- 连铸切割优化，铸坯质量判定模型。

③ 轧钢

- 智能燃烧自动控制模型。
- 热连轧特殊钢种层冷模型。

- 钢板宽度自动控制模型、镰刀弯自动控制模型、冷却过程自动控制模型。
- 型材轧制过程的模型。
- 钢材组织、机能预测模型。
- 针对表面检测，增加相应的模型。
- 厚板成品库的吊运和堆放过程模型。
- 锻造过程模型。
- 板材 LP 模型，多点设定，宽度设定优化。
- 棒材孔型计算模型。

4.4　全流程一体化计划调度系统

面向钢铁生产的运行环节，以准时交货、在制品减少、工序均衡、运行效率、能源优化等为指标进行多目标优化。综合应用网络技术、运筹学、人工智能技术等先进技术，通过企业资源计划管理层、生产执行管理层和过程控制层互联，从销售订单、资源计划、生产计划、作业计划到过程控制进行纵向集成，从原料、炼铁、炼钢、轧钢到产品实现横向集成，通过对综合生产指标→全流程的运行指标→过程运行控制指标→控制系统设定值过程的自适应的分解与调整，进行全流程一体化计划调度，实现全流程动态有序、协同连续运行，达到钢铁企业安稳运行、质量升级、节能减排、降本增效等业务目标，满足多品种个性化市场需求，提升生产管控的协同优化能力。

具体内容包括：

1）研发合同到制造的产线选派决策优化软件。建立销产匹配模型和生产瓶颈分析模型，综合考虑订单质量要求、交货期、产能综合效率和产能富余量，基于工艺规范知识库，实现合同到制造的产线选派决策优化。

2）研发启发式一体化计划排程软件。解析钢铁流程多工序界面非线性动态耦合特征，分析总结不同品种钢材生产流程的设备配置、工艺路径、连接方式、启停条件，研究建立可动态重构的全流程整体网络化模型。通过流程仿真计算计划排程改进方向和协同优化变量，通过反复迭代优化给出多个可解释的满意解，最终通过人机协同确定优化的计划排程方案。

3）研发建立多层级多时间维度分层递阶的动态调度协同软件。综合考虑合同计划、生产计划、作业计划到动态调度，上层优化结果作为下层优化的目标型约束条件，下层优化结果作为上层优化的反馈调整约束条件，形成"理想看板+实时偏差反馈+未来耦合影响预测+动态调整优化"的一体化计划调度动态闭环过程。

4.5　全流程质量管控系统

全流程产品质量管控的目的是联通产品开发、工艺设计、生产制造、用户使用多个环节，打破信息孤岛，实现工艺规程、质量标准的数字化，基于大数据的全流程产品质量在线监控、诊断和优化，构建产品研发-工艺设计-产品生产-用户使用全生命周期多 PDCA 闭环管控体系。

在实际生产过程中，集成目前 L2~L4 系统功能，实现订单评审、质量设计（静态）、生产计划、过程控制、质量检验判定、动态质量设计（调整）、质量异议处理等各业务环节的联通和互操作，构建全流程质量动态管控集成化流程。

具体内容包括：

1）全制造周期集成质量信息平台。建立产品质量标准、工艺制造规程数据库，构建全流程生产数据、检化验结果跨工序时空精准匹配的数据仓库。

2）全流程产品质量在线监控和综合评判。产品质量的在线监控和诊断采用分类的方法展开，根据产品质量类型、生产状态等特征，建立基于单变量、高维变量过程统计及非线性预测等多种方法并用的质量在线监控模型，并通过工序能力指数评价质量的稳定性，采用模式匹配、关联规则、聚类分析等方法实现质量异常的精确诊断。

3）全流程产品质量的溯源分析。采用反映全流程物质流演化过程的产品跟踪模型，实现不同工序间物质流关联、递阶查询和回溯匹配。通过专家规则推理、案例匹配及逆映射模型反向溯源等方法的综合运用，形成多层次递进式质量异常追溯机制。

4.6　能源与生产协同优化系统

物质流、能量流协同是将钢铁企业生产优化的制造执行系统 MES、能源优化的能源管理系统 EMS 进行协同，实现能源的综合智能调控。通过管控各种能源介质的产生-转换-缓冲-使用-回收等能量流网络各个环节，通过能源高效转化、适当缓冲能力、减少能流网络损耗等途径，实现能量流网络动态平衡、能质匹配。

实现能源与生产协同优化，需要研究开发以下新技术：全流程物质流-能量流耦合的能量流网络模型，基于能量流网络模型的动态仿真，多尺度多视角能效评估，多场景能源计划和多介质能源优化，生产预测与能源反馈结合的能源动态闭环控制。

具体内容包括：

1）全流程物质流与能量流耦合网络化信息-物理模型：通过流程图和动态甘特

图建立各工序模型，分析物质流输入输出和能源使用及回收情况；通过管网模型建立各能源介质模型，分析各种能源介质产生、转换、输配情况。

2）开发多尺度多视角的钢铁流程能效评估软件：确定协同调配目标群，运用多尺度（企业-流程-工序/介质-设备）和能量流网络方法，对钢铁流程进行能效评估。

3）基于动态仿真的多场景生产计划和多能源介质的能源优化调配：基于全流程物质流与能量流耦合的网络化信息-物理模型，采用动态仿真和基于大数据多场景分析方法，制订生产计划，采用能源转化链和分解-协调方法，对煤气-蒸汽-电力-技术气体-水等多能源介质进行优化调配。

4）生产预测与管网反馈相结合的能源动态闭环控制：采用一次能源使用-二次能源回收预测与能源管网实时信息反馈相结合的方法，实现全流程能源动态闭环控制，提高生产组织的计划性及减少能源介质气体的无序排放。

4.7　设备精准运维系统

实现设备的全面监控与故障诊断，通过预测维护降低运营成本，提升资产利用率。主要内容：

1）选取重点设备建立在线设备监测与诊断系统，实时采集现场运行数据，进行在线设备诊断，并预测劣化趋势，辅助维修决策。

2）根据备件更换频次、运行时长、型号、厂家等信息进行自动数据汇总和寿命预测的信息系统，提高设备预防性维修的命中率。

3）基于物联网实现远程诊断和预防性维修维护，整合各车间工艺节点数据；运用设备预维护和在线监控等管理手段，预测故障发生，减少操作误差，提高设备使用寿命和产品质量，实现设备智能诊断。

4）利用现有在线监测手段、完善部分关键主体设备在线监测，建立公司在线监测诊断网络，科学、精准诊断、预测出设备发生问题的概率，自动生成对应的维护措施。

5）建立焦化、烧结、炼铁、炼钢、轧钢系统关键设备运行状态在线监控、数据诊断及维护大数据系统。

6）远程诊断和维护、第三方运维平台需求。远程诊断和维护以及第三方运维平台。主要是对大型设备运行状态进行远程诊断和维护，同相应设备制造企业建立设备全生命周期管理的数据交互平台，实现设备备件零库存、远程故障诊断和维护等。

7）企业间建立备件共享降低备件库存。

4.8　钢铁供应链全局优化系统

面向原燃料采购及运输、钢材生产加工、产品销售及物流等供应链全过程优化，提高对上游原燃料控制能力，深化与下游客户业务协同，实现优化资源配置、动态响应市场变化、整体效益最大化。

主要内容包括：

1）优化上游资源选择与配料：跟踪原料市场变化，预测分析市场趋势，优化原料选择和运输。强调原料的优化配置和综合利用。

2）加强与下游客户供应链深度协同：建立电子商务和供应链协同信息 EDI 规范，迅速响应客户需求，及时提供合格产品，减少库存、中间环节和储运费用。

3）生产计划与制造执行一体化协同：订单产品规格自动匹配，前后工序协调一致，后一工序及时获取前一工序的生产数据并按照生产指令进行最优生产。

4）全供应链物流跟踪：覆盖原燃料、在制品、产品、废弃物资源化利用的物流跟踪，通过准确、直观地反映物流资源分布动态、计划执行情况和库存变化趋势，为优化资源调配提供依据。

5）市场预测方法和机制的研究，设计市场信息的获取渠道和准则，研发预测的方法和系统，虚拟计划的可实现性计算与仿真，最终实现预测式制造。

4.9　钢铁工业互联网平台

钢铁工业互联网平台构建涉及数据全面的采集与流动、工业数据云平台建设，以及多层次数据处理和分析能力构建，在此基础上支撑各种智能应用，通过数据反馈闭环，以实现信息系统之间以及信息系统与物理系统之间的相互作用。

钢铁工业互联网平台构建应考虑：

1）推动工厂管理软件之间的数据流动和信息交互。

2）推动全面数据感知采集，包括设备、工序、流程和生产环境信息。

3）部署边缘计算节点，实现边缘数据分析处理功能，同时构建边缘数据控制闭环，满足边缘实时控制、数据安全等要求。

4）利用云和大数据技术，推动工厂内部数据集成分析，同时构建决策反馈闭环，实现对工业生产的控制以及各种智能决策应用。

5）通过工业云平台，汇集产品数据、用户数据、环境数据、协作企业数据等，并利用大数据技术、实现海量、复杂数据的综合存储、分析和处理。

6）构建综合反馈闭环，在工业云平台大数据集成与分析基础上，建立从工业云到企业信息系统的综合性分析反馈闭环，提升工厂内外联动。

钢铁工业智能制造工业互联网平台分为边缘层、平台层、应用层三大核心层级。具体内容包括：

1) 边缘层。通过工业互联、设备接入、协议解析，实现时序数据、关系数据、非结构对象（事件、图像、声音、文本）等数据汇集，运用边缘计算技术，实现错误数据剔除、数据缓存等预处理以及边缘实时分析，降低网络传输负载和云端计算压力。同时，边缘层也是实时监控、在线管控等功能实现的载体。

2) 平台层。包括数据中心、知识中心和软件开发。通过数据中心，为工业用户提供海量工业数据的管理和分析服务；通过知识中心，积累沉淀常规和 AI 算法组件以及钢铁行业的机理知识、经验规则等组件，通过工业建模平台，构建数据模型与工业知识融合的语义网络，形成价值判断和行为生成（决策、控制）模块，支撑人机结合的知识管理；通过软件开发，在开放的开发环境中以工业微服务的形式提供给开发者，用于快速构建定制化工业 APP。同时，平台层也为应用层各应用功能提供数据、信息、知识的支撑。

3) 应用层。针对不同应用场景，构建经营、执行、控制等智能体组件，集成实现钢铁工业智能制造各项功能，为用户提供设计、生产、管理、服务等一系列创新性应用服务，实现价值的挖掘和提升。

第5章

2035 年钢铁行业智能制造技术发展路线图

　　智能化是钢铁工业的重要发展方向之一，但不会在短时内一蹴而就，要经历一个探索、研发、积累、集成、创新的过程，建议采用数字化、网络化、智能化并行推进的技术路线，研究开发-试点示范-推广普及模式，确定智能化钢厂的推进步骤和切入点。

　　面向钢铁行业智能制造的 2025 年和 2035 年总体建设目标，针对钢铁智能化发展瓶颈问题，充分利用互联网、大数据、人工智能等先进的 IT 技术，融合机理知识、实践经验，重构产品、制造、服务等产品全生命周期的各环节，研发流程数字化设计、生产智能化管控、企业精益化运营、系统开放性架构新技术、软件和系统，实现钢铁企业生产、运行、管理、服务等过程的自感知、自决策、自执行、自适应，形成智能化新业态、新模式，支撑钢铁工业转型升级和可持续发展。

　　我国钢铁行业智能制造技术路线图如下。

			2025	2035
总体需求	钢铁		针对钢铁智能化发展瓶颈问题，充分利用先进的IT技术，融合机理知识、实践经验，重构产品、制造、服务等产品全生命周期的各环节，研发流程数字化设计、生产智能化管控、企业精益化运营、系统开放性架构新技术、软件和系统，实现钢铁企业生产、运行、管理、服务等过程的自感知、自决策、自执行、自适应，形成智能化新业态、新模式，支撑钢铁	
发展目标	钢铁		到2025年，数字化网络化制造在全国重点钢铁企业普及并得到深度应用，新一代智能制造的流程制造智能工厂在部分领域试点示范取得显著成效。示范企业实现流程数字化设计、生产智能化管控、企业精益化运营、系统开放性架构	到2035年，新一代智能制造的流程制造智能工厂推广应用，全流程在线连续自动检测；各工序界面动态协同，实现全流程智能闭环控制；实现面向用户个性化需求的批量定制、柔性生产；形成基于数据挖掘和知识应用的智能化系统；智能制造成熟度评估指标达到4~5级
发展重点	钢铁	在线检测装置	采用新型传感、机器视觉、软测量、数据融合技术，以关键工艺参数闭环控制、物流跟踪、能源平衡控制、环境排放实时控制和产品质量全面过程控制为目标，开发冶金流程重要工艺变量（参数）在线检测和连续监控装置	
		工业机器人	针对钢铁生产恶劣环境和复杂工况，融合机器视觉、安全场景感知、工况识别、精准执行技术，开发智能工业机器人，实现少人化、精准、高效、可靠地生产	
		智能控制系统	针对钢铁生产建模难、优化控制难等问题，研究机理、经验、数据相融合的建模技术，基于经验的异常因素前馈控制技术，基于对象模型的预测控制技术，开发反馈预测结合的钢铁复杂生产过程智能控制系统。包括智能炼铁控制系统、智能炼钢控制系统、智能轧钢控制系统	
		一体化计划调度	纵向集成企业资源计划管理层、生产执行管理层和过程控制层，横向集成从原料、炼铁、炼钢、轧钢到产品实现，进行全流程一体化计划调度，实现全流程动态有序、协同连续运行，满足多品种个性化市场需求，提升生产管控的协同优化能力。包括流程仿真、一体化计划，动态调度等	
		全流程质量管控	联通产品开发、工艺设计、生产制造、用户使用环节，实现工艺规程、质量标准的数字化，基于大数据的全流程产品质量在线监控、诊断和优化，构建产品研发-工艺设计-产品生产-用户使用全生命周期多PDCA闭环管控体系	

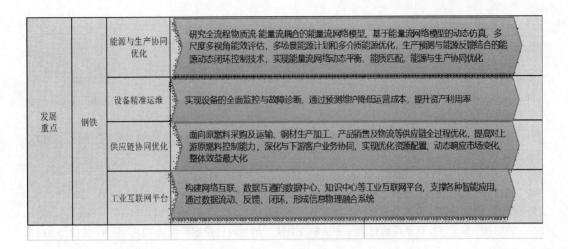

发展重点	钢铁	能源与生产协同优化	研究全流程物质流-能量流耦合的能量流网络模型，基于能量流网络模型的动态仿真，多尺度多视角能效评估，多场景能源计划和多介质能源优化，生产预测与能源反馈结合的能源动态闭环控制技术，实现能量流网络动态平衡、能质匹配，能源与生产协同优化
		设备精准运维	实现设备的全面监控与故障诊断，通过预测维护降低运营成本，提升资产利用率
		供应链协同优化	面向原燃料采购及运输、钢材生产加工、产品销售及物流等供应链全过程优化，提高对上游原燃料控制能力，深化与下游客户业务协同，实现优化资源配置、动态响应市场变化、整体效益最大化
		工业互联网平台	构建网络互联、数据互通的数据中心、知识中心等工业互联网平台，支撑各种智能应用，通过数据流动、反馈、闭环，形成信息物理融合系统

图 3-5-1 我国钢铁行业智能制造技术路线图

参考文献

[1] 中国金属学会, 中国钢铁工业协会. 2011—2020年中国钢铁工业与科学技术发展指南. 北京: 冶金工业出版社, 2012.

[2] 赵振锐, 刘景钧, 孙雪娇, 等. 面向智能制造的唐钢信息系统优化与重构[J]. 冶金自动化, 2017, 41(3): 1.

[3] 夏青. 钢铁行业ODS设计与实现[J], 冶金自动化, 2017, 41(3): 12.

[4] 王颖, 董磊, 张旭. 唐钢全流程质量管理系统的应用[J]. 冶金自动化, 2017, 41(3): 20.

[5] 胡浩. 唐钢智能化设备全生命周期管理平台的搭建[J]. 冶金自动化, 2017, 41(3): 27.

[6] 殷瑞钰. 关于智能化钢厂的讨论——从物理系统一侧出发讨论钢厂智能化[J]. 钢铁, 2017, 52(6): 1~12.

[7] 殷瑞钰. "流"、流程网络与耗散结构——关于流程制造型制造流程物理系统的认识[J]. 中国科学: 技术科学, 2018, 48(2): 136~142.

[8] 钱锋, 桂卫华. 人工智能助力制造业优化升级. 中国科学基金, 2018, 32(3): 257-261.

[9] 柴天佑, 丁进良, 桂卫华, 等. 大数据与制造流程知识自动化发展战略研究[M]. 北京: 科学出版社, 2019.

[10] 桂卫华, 王成红, 谢永芳, 等. 流程工业实现跨越式发展的必由之路[J]. 中国科学基金, 2015, 29(5): 337-342.

[11] 孙优贤, 吴澄, 王天然编著. 智能自动化促进工业节能、降耗、减排. 北京: 科学出版社, 2015.

[12] 孙彦广. 钢铁工业智能制造的集成优化[J]. 科技导报, 2018, 36(21): 30-37.

[13] 刘文仲. 中国钢铁工业智能制造现状及思考[J]. 中国冶金, 2020, 30(06):1-7.

[14] 颉建新, 张福明. 钢铁制造流程智能制造与智能设计[J]. 中国冶金, 2019, 29(02):1-6.

[15] 刘景钧, 封一丁. 智能制造在钢铁工业的实践与展望[J]. 河北冶金, 2018(04):74-80.

[16] 王国栋. 近年我国轧制技术的发展、现状和前景[J]. 轧钢, 2017, 34(1):1-8.

[17] 张勇军, 何安瑞, 郭强. 冶金工业轧制自动化主要技术现状与发展方向[J]. 冶金自动化, 2015(3):1-9.

[18] 张殿华, 陈树宗, 李旭, 等. 板带冷连轧自动化系统的现状与展望[J]. 轧钢, 2015, 32(3):9-15.

[19] 张殿华, 彭文, 丁敬国, 等. 板带热连轧自动化系统的现状与展望[J]. 轧钢, 2015, 32(2):6-12.

[20] 何安瑞, 邵健, 孙文权, 宋勇. 适应智能制造的轧制精准控制关键技术[J]. 冶金自动化, 2016, 40(05):1-8,18.

[21] Jian Y, Shu-Jin J, Bin D, et al. Multi-objective model and optimization algorithm based on column generation for continuous casting production planning[J]. Journal of Iron and Steel Research International, 2018:25(9).

[22] 俞胜平, 柴天佑. 开工时间延迟下的炼钢连铸生产重调度方法. 自动化学报[J], 2016, 42(3): 358-374.

[23] 张春生, 李铁克. 炼钢与热轧调度方案动态协调方法研究[J]. 冶金自动化, 2016, 40(5): 19-25, 3.

[24] 邓万里. 智能制造视野下钢铁企业能源管控系统展望[J]. 钢铁, 2020, (08).

[25] 孙彦广, 梁青艳, 李文兵, 等. 基于能量流网络仿真的钢铁工业多能源介质优化调配[J]. 自动化学报, 2017, 43(06):1065-1079.

[26] 郑忠, 黄世鹏, 龙建宇, 高小强. 钢铁智能制造背景下物质流和能量流协同方法[J]. 工程科学学

报，2017，39(01):115-124.

[27] 李杰等. CPS:新一代工业智能. 上海: 上海交通大学出版社，2017.

[28] 赵振锐, 孙雪娇. 钢铁企业智能制造架构的探索、实践及展望[J]. 冶金自动化, 2019, 43(01):24-30.

[29] 李鸿儒，封一丁，杨英华，等. 钢铁生产智能制造顶层设计的探讨[C]//中国金属学会. 第十一届中国钢铁年会论文集——S18. 冶金自动化与智能管控. 中国金属学会:中国金属学会，2017:56-60.

[30] 工业互联网产业联盟（AII）. 工业互联网体系架构（版本 2.0）. 2020.

[31] 周济等. 走向新一代智能制造. Engineering，2018:1-5.

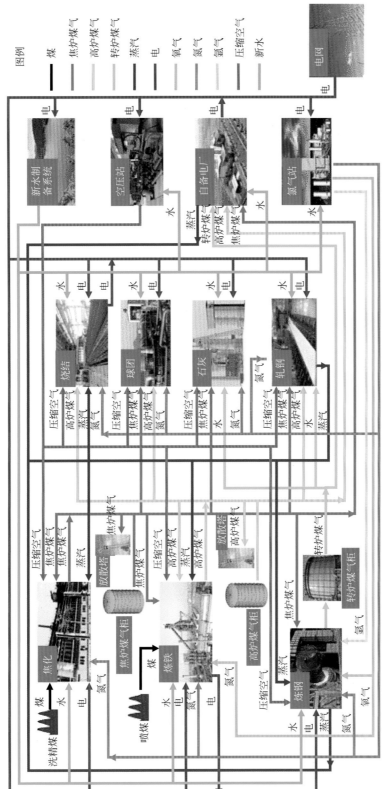

图 1　长流程钢铁生产能源转换及流向示意图

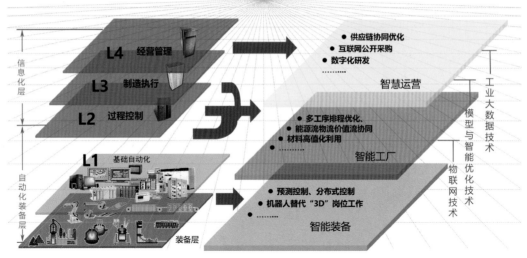

图 2　宝钢股份智能化未来架构

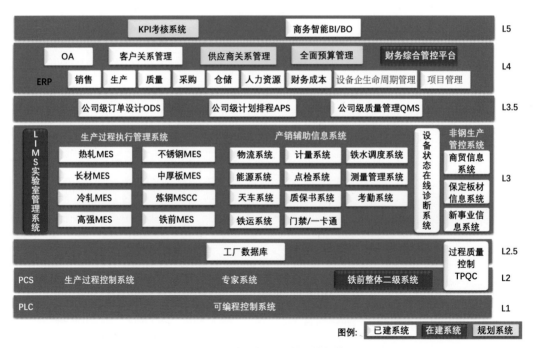

图 3　唐钢面向智能制造的架构